浙江省普通高校“十三五”新形态教材

三维实体建模与设计

Creo（Pro / Engineer）篇

方贵盛◎主　编　江有永◎副主编

ZHEJIANG UNIVERSITY PRESS
浙江大学出版社

图书在版编目（CIP）数据

三维实体建模与设计．Creo(Pro/Engineer)篇 / 方贵盛主编．—杭州 ：浙江大学出版社，2020.6(2025.1重印)
ISBN 978-7-308-19818-9

Ⅰ．①三… Ⅱ．①方… Ⅲ．①三维-系统建模-计算机辅助设计-高等职业教育-教材 Ⅳ．①TP391.72

中国版本图书馆CIP数据核字(2019)第273647号

三维实体建模与设计——Creo（Pro/Engineer）篇

方贵盛　主编

责任编辑　王　波
责任校对　徐　霞
封面设计　续设计
出版发行　浙江大学出版社
（杭州市天目山路148号　邮政编码310007）
（网址：http://www.zjupress.com）
排　　版　杭州晨特广告有限公司
印　　刷　广东虎彩云印刷有限公司绍兴分公司
开　　本　787mm×1092mm　1/16
印　　张　24.25
字　　数　590千
版 印 次　2020年6月第1版　2025年1月第2次印刷
书　　号　ISBN 978-7-308-19818-9
定　　价　68.00元

前言

根据当前我国应用型高等院校教育发展的特点，结合岗位职业能力培养的需要，编者确定本教材的主要编写内容，精心挑选四十余个工程案例，内容涵盖草图设计、基础零件设计、复杂零件设计、零部件装配与运动仿真、工程图制作等多个方面，重点介绍企业实际工作中经常用到的一些三维实体建模任务，以及Creo(Pro/Engineer)软件的常用功能。

本书与同类教材最大的不同在于：本书充分考虑了应用型高校学生学习的特点，根据工程教育专业认证"以学生为中心，以结果为导向"的教育教学理念，以任务为引领，以企业生产实践为主线，根据学生的认知过程，由易到难，采用自顶向下的案例教学、项目教学方式组织教材内容。先对每个要完成的建模任务进行整体分析，按结构将其划分为若干个关键造型步骤分步加以解决，再进行相关知识点的讲解，然后针对每个具体的操作步骤进行详细介绍，并对一些常见问题进行详细讲解，最后基于自主学习的要求，融学、训、做于一体，辅以适当的练习案例供学生自行练习，给学生动手与思考的机会。书中的绝大多数设计案例均标有工程尺寸，学生可以自行思考完成部分或全部三维建模任务，而不需要按照操作步骤去寻找特征相关部分的尺寸。书中最后还模拟相关工作岗位的主要工作过程，给出了一些案例，供学生在实训时使用。

本书可作为应用型高校机械类、机电类等专业学生的教材，也可作为学生竞赛、职业资格证书培训机构和企业的培训教材以及相关技术人员的参考书。

本书由浙江水利水电学院方贵盛、江有永、蔡杨、蔡丹云等编写，其中项目一、二、五、八由方贵盛编写，项目三由蔡杨编写，项目四由蔡丹云编写，项目六、七由江有永编写。全书由方贵盛进行统稿。

在本书编写过程中，编者参考了一些书刊，并引用了其中的一些资料，在此一并向相关作者表示衷心的感谢。

本书所涉及的相关学习资料可在浙江省精品在线开放课程网站 http://zjedu.moocollege.com/course/detail/30005455 上查阅。

编　者

2019年12月

目录

Creo

01 项目一

数字化三维CAD软件认知

02 项目二

初识Creo(Pro/Engineer)软件

03 项目三

二维参数化草绘设计

项目四

三维零件设计基础

项目五

复杂零件三维设计

项目六 零件装配与运动仿真

07 项目七

工程图绘制

三维实体建模与设计综合训练项目

项目一　数字化三维CAD软件认知

认知1　数字化技术与数字化三维CAD软件

计算机辅助设计(CAD)等计算机辅助技术的发展,使得在产品开发的不同阶段运用数字化模型描述产品,并对产品进行设计、开发、评价和修改成为可能。特别是产品全生命周期管理(PLM)系统和基于网络的产品描述模型,为全球制造条件下的产品质量保证奠定了基础。

技术的进步和市场竞争的日益激烈,使得产品的技术含量和复杂程度不断增加,而产品的生命周期日益缩短。因此,缩短新产品的开发和上市周期就成为企业形成竞争优势的重要因素。在这种形势下,在计算机上完成产品的开发,通过对产品模型的分析,改进产品设计方案,在数字状态下进行产品的虚拟试验和制造,然后再对设计进行改进或完善的数字化产品开发技术变得越来越重要。

数字化技术实质上是基于产品描述的数字化平台,建立基于计算机的数字化产品模型,并实现产品开发全过程的数字化,从而避免使用物理模型的一种产品开发技术。产品模型数字化的目的是通过建立数字化产品造型,利用数字模拟、仿真、干涉检验、计算机辅助工程(CAE)等数字分析技术,改进和完善设计方案,提高产品开发的效率和产品的可靠性,并最终为基于网络的全球制造提供数字化产品模型和制造信息。

数字化技术具有如下的显著特点与优势:

(1)面向装配。数字化设计技术建立的基本数学模型就是面向装配的产品模型,而非单个零件。它集成了零部件和装配的全部可用信息,形成了一个包括各种信息的全局的数字化产品模型,这一模型可被不同设计环节的众多工程师使用。数字化设计技术可跟踪查寻高度复杂的零部件和大型装配之间的内部关系。例如,项目经理可在任何时候查寻并显示那些超过设定重量的零件,并且在早期的产品设计周期内,不花费什么代价就可方便地更改设计。

(2)面向产品生命周期。从产品开发、制造到发布信息的集成,产品生命周期中各个环节的信息均被统一到模型中并得到相应的管理与维护。由于其信息的完备性,它有助于实现产品的设计兼容性分析、面向装配的设计、面向制造的设计和面向维修的设计等。

(3)具有统一的数学模型。数字化技术建立了从产品设计到制造的单一计算机化产品定义模型,覆盖了整个设计制造及管理过程。

(4)数字化技术结合了先进的基于计算机的自动化设计软件和数据管理技术,通过缩短产品研制周期和降低成本,为长期生产效率的提高奠定了基础。

(5)数字化设计允许产品设计在制造实物模型之前,在计算机屏幕上完成设计和验证工作。一项设计工作可由多个设计队伍在不同的地域分头并行设计、共同装配,行成一个完整的数字化模型。

认知2　数字化三维CAD软件在机电类职业岗位中的应用

常用的数字化CAD软件有AutoCAD、Pro/Engineer(Creo)、UG、MasterCAM、CAXA、CATIA、SolidWorks、SolidEdge等。这些软件在机电类职业岗位中得到了广泛的应用。下面列举其中的几种典型岗位。

一　机械设计师(相关岗位:机械设计技术员)

岗位职责

1. 负责产品结构设计,制图,零部件加工工艺的制定。
2. 样品制作和试生产及相关技术文件的编制等工作。
3. 负责编制产品所需材料、配套件、标准件的明细表及消耗定额。
4. 负责解决生产现场中出现的技术、工艺问题。

岗位要求

1. 机械专业或机电专业。男女不限,年龄25～45岁。
2. 熟练使用AutoCAD制图,熟练使用Creo(Pro/Engineer)或UG等三维制图。
3. 责任心强,有团队协调、合作能力;沟通协调能力和表达能力良好。

二　产品结构设计师

岗位要求

1. 电子设备结构设计、机械、机电及相关专业。
2. 熟悉产品结构设计的开发流程;具备独立产品结构开发设计能力。
3. 熟练使用Creo(Pro/Engineer)进行三维造型设计,掌握Creo(Pro/Engineer)的骨架设计、布局设计和曲面造型设计。
4. 了解塑料材料及金属材料的性能,熟悉塑胶、钣金、五金零件的加工工艺。
5. 有团队合作精神,有责任心;做事认真细心,动手能力强。

三　模具设计师

岗位要求

1. 大专及以上学历，能独立开发设计模具，熟练使用AutoCAD等制图软件，学习Creo(Pro/Engineer)或UG软件的一种，用Creo(Pro/Engineer)软件者优先。

2. 熟练掌握注塑模具结构知识，能读懂CAD 2D/3D模具图纸，懂得模具的加工工艺，熟悉EMX或UG的自动分模。

3. 熟悉软件的零件设计，精通软件的装配知识。

4. 为人勤恳，工作仔细，有上进心，服从安排者优先。

项目二　初识Creo(Pro/Engineer)软件

认知1　Creo(Pro/Engineer)软件功能概述

Creo软件的前身Pro/Engineer是美国参数技术公司(Paramatric Technology Corporation,简称PTC)开发的集CAD/CAE/CAM于一体的参数化建模软件。PTC公司自1985年开始研究参数化设计技术,1988年开发出Pro/Engineer软件,经过三十几年的发展,Pro/Engineer已经成为三维设计软件的领头羊。2010年10月,PTC公司推出CAD设计软件包Creo,它是一个整合了PTC公司的三个软件(Pro/Engineer的参数化技术、CoCreate的直接建模技术和ProductView的三维可视化技术)的新型CAD设计软件包,是PTC公司闪电计划所推出的第一个产品。目前已经发展到Creo 6.0版本。它被广泛应用于航空航天、机械、电子、汽车、家电、玩具等领域,主要用作产品的数字化设计、零部件装配、有限元分析、机构运动仿真、数控加工仿真、模具设计、钣金件设计、工程图绘制等。与Pro/Engineer软件相比,Creo软件对操作界面进行了较大的改动,从原来的层级菜单形式改为了图标形式,更加直观形象,如增加了快速访问工具栏、前导工具栏等。另外针对非参模型增加了柔性建模工具。对于选型配置方面,许多参数选型都已窗口化,使得新用户上手更加容易。

一　Creo(Pro/Engineer)软件的主要特点

1. 基于特征的造型技术

Creo(Pro/Engineer)软件采用基于特征的造型方法,将整个零件模型分解成若干个几何特征分别加以构造。特征是一个事物区别于其他事物所具有的特点。比如人体,按结构特征可分为头、躯干、四肢等几部分,而头又可分为眼睛、鼻子、耳朵、嘴巴等几部分。每一部分都有区别于其他部分的特征。而几何特征是具有一定形状和尺寸的几何体,比如孔特征、圆角特征、倒角特征、筋特征等。

2. 采用参数化技术

将零件或特征的主要尺寸用参数来描述,当参数值改变时可以获得不同尺寸大小的零件系列。采用参数化技术的好处在于,彻底改变了自由建模的无约束状态,几何形状均以尺寸参数的形式被有效控制,即所谓的全尺寸约束。因此,可以通过编辑尺寸数值来驱动几何形状的改变。当打算修改零件形状时,只需修改一下尺寸即可实现。

3. 全相关性

用Creo(Pro/Engineer)软件设计的零件三维模型,可以用于零部件装配、有限元分析、加工仿真、工程图制作等。在设计过程中,如果零件的某个参数值发生了更改,则与该零件相关的装配体零件尺寸、工程图尺寸等均会自动做出修改,这就是软件的全相关性。当然,如果在工程图中修改了零件的某个尺寸,则该零件三维模型尺寸也会自动做出调整。

二　Creo(Pro/Engineer)软件的主要功能

1. 三维建模功能

采用基于特征的参数化建模技术,能够创建复杂的零件模型,并可根据模型参数进行编辑修改。

2. 零部件装配功能

可以将零件组装在一起,以检验零件的装配质量,提早发现零件设计中的问题,并可在装配环境下对零件进行修改。

3. 工程图制作功能

由三维零件模型自动生成二维工程图,并标注尺寸等,方便用户交流。

4. 机构及运动仿真功能

对机构运动性能进行仿真,包括运动学分析和动力学分析。

5. 有限元分析

对模型进行结构力学、热力学等有限元分析,提前发现零件设计过程中存在的缺陷。

6. 数控加工功能

根据所选择的机床环境对零件进行仿真加工,并生成数控程序,可直接传入数控机床进行加工。

7. 模具设计功能

根据零件三维模型进行模具结构设计,包括设置收缩率,设计分型面、浇注系统、抽芯机构、凸凹模结构等。

8. 钣金件设计功能

钣金是对金属薄板的一种综合加工工艺,包括裁剪、冲压、折弯、成形、拼接等加工工艺。利用平面壁、拉伸壁、旋转壁、混合壁、法兰壁、偏移壁、延伸壁、折弯、成形等特征可进行钣金件设计。

三　Creo(Pro/Engineer)软件在机电类课程教学中的应用

随着现代教育技术的发展,CAD软件(包括Creo软件)在机电类课程教学中日益受到重视,被广泛应用于机械制图、机械设计、机床夹具设计、CAD/CAM、数控加工技术、模具设计与制造、产品结构设计、钣金件设计等课程教学,以提高教学质量,加快学生对课程的理解与应用。如在机械制图教学中可以利用Creo软件中观察到各种截交线、相贯线的结果以及几何体的投影关系,在机械设计课程教学中可进行铰链四杆机构、曲柄机构、齿轮等的运动仿真等。

认知2　Creo(Pro/Engineer)软件初始界面认知

在桌面上双击Creo软件图标，启动PTC Creo Parametric软件。软件启动后初始界面如图2-1所示。整个界面由快速访问工具栏、工具栏、导航选项卡、Web浏览区、工作区、信息栏等部分组成。

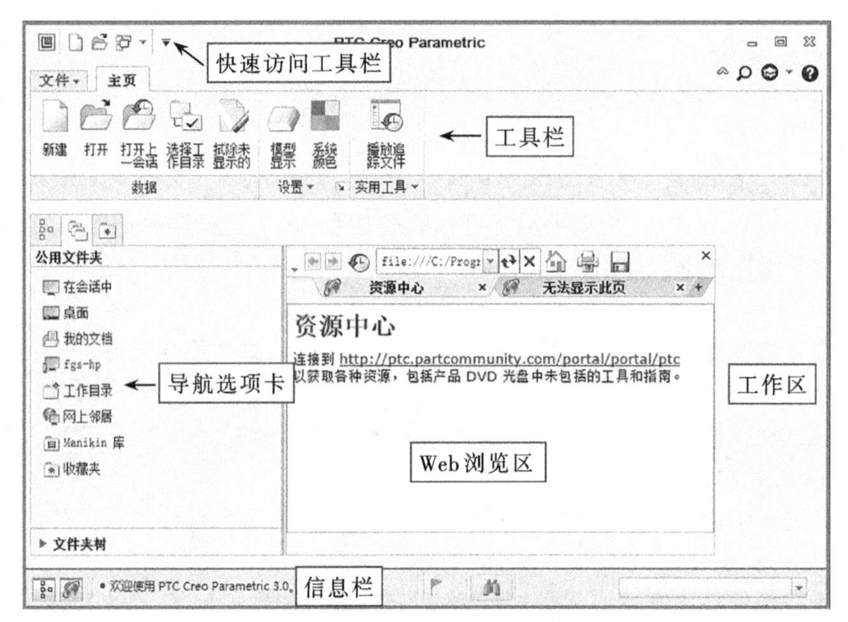

图2-1　Creo软件初始界面

单击快速访问工具栏中的“新建”按钮，弹出“新建”对话框(见图2-2)，单击对话框中的“确定”按钮后，弹出零件建模操作界面，如图2-3所示。

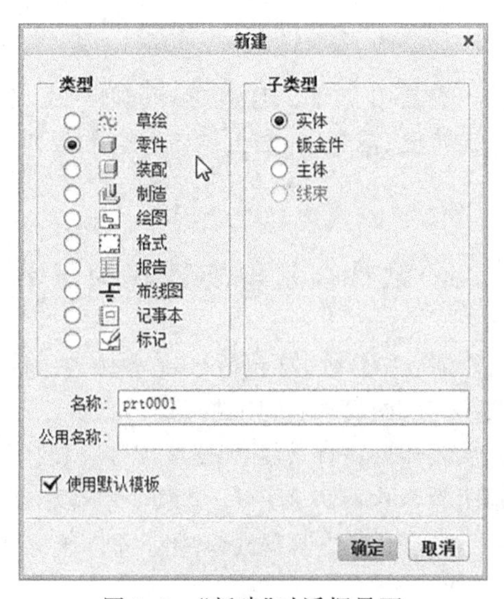

图2-2　“新建”对话框界面

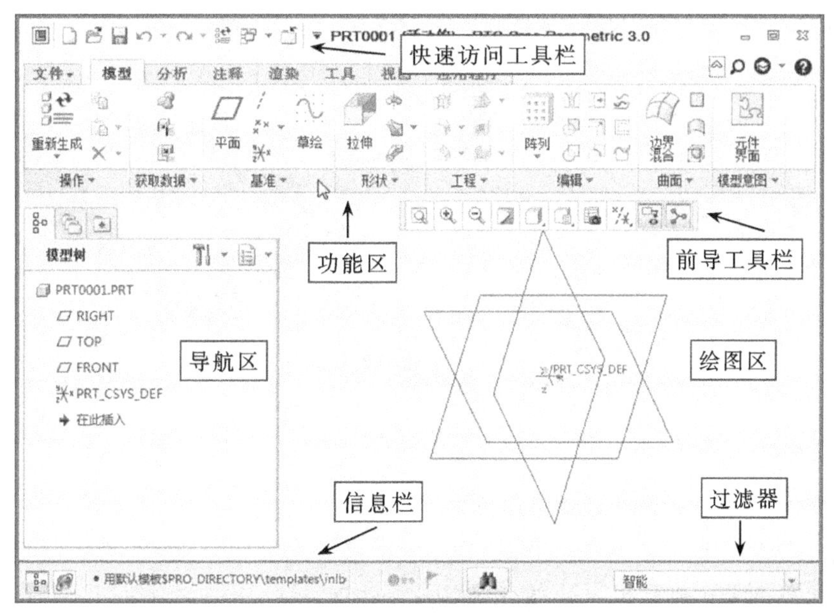

图2-3　零件建模操作界面

零件建模操作界面窗口中包含了快速访问工具栏、功能区、导航区、绘图区、前导工具栏、信息栏和过滤器等部分。快速访问工具栏提供用户执行的常用命令,可以将功能区中的常用命令添加到其中。功能区中包括所有用于设计的命令,这些命令分布在不同的标签页中。导航区用于设计过程中导航、访问和处理设计工程或数据。绘图区是Creo生成和操作设计模型的显示区域。前导工具栏为用户提供模型外观编辑和视图操作的工具。信息栏显示与窗口中的工作有关的信息。过滤器主要用于方便用户对模型不同部分的选择。

任务1　Creo(Pro/Engineer)三维建模设计初体验

学习目标

1. 理解Creo软件的零件设计思路。
2. 掌握三维零件模型的显示控制方式。
3. 能够使用鼠标对模型进行旋转、缩放、平移操作。
4. 掌握模型视角的改变方式。

设计任务

采用Creo软件绘制如图2-4所示的长方体。

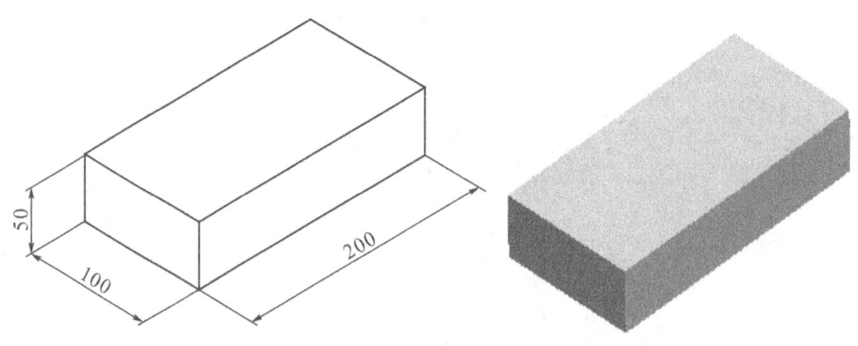

图 2-4　一个简单的长方体

相关知识点

1. 三维零件模型的六种模型显示方式

在Creo软件中提供了六种模型显示方式:带反射着色、带边着色、着色、消隐、隐藏线和线框。通过前导工具栏可以在这六种模式中进行切换,如图2-5所示。表2-1中列出了三维零件常用的六种模型显示方式样例。

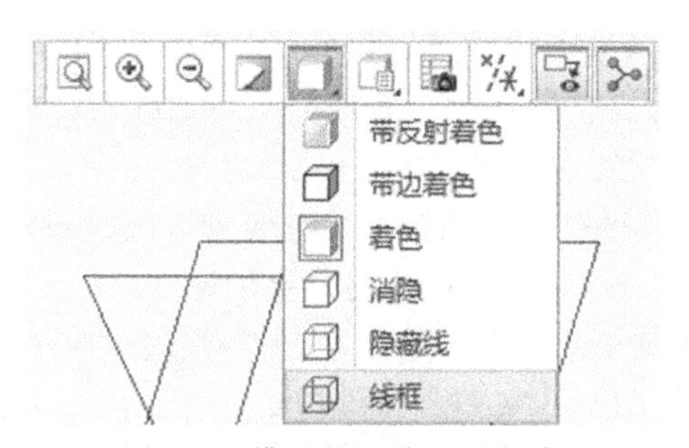

图 2-5　模型的六种显示方式

表 2-1　三维零件常用的模型显示方式样例

模型类型	1.线框模式	2.隐藏线模式	3.消隐模式
样例			
模型类型	4.着色模式	5.带边着色模式	6.带反射着色模式
样例			

2. 三维零件模型常用的观察视角

在Creo软件中提供了几种标准的模型视角控制方式，如标准方向、默认方向、俯视图(TOP)、仰视图(BOTTOM)、左视图(LEFT)、右视图(RIGHT)、前视图(FRONT)、后视图(BACK)等。通过前导工具栏可以在这几种观察视角中进行切换，如图2-6所示。表2-2中列出了长方体的几种不同观察视角样例。当然，用户也可以通过“重定向”“视图法向”按钮创建非标准的观察方向。

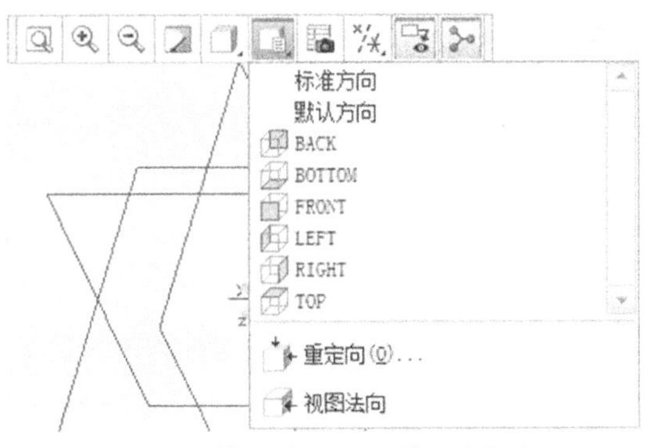

图2-6　模型常用的几种观察视角

表2-2　模型常用的视角方向

视角类型	1. 标准方向(缺省方向)	2. 俯视图
图示	TOP FRONT RIGHT	TOP
视角类型	3. 右视图	4. 前视图
图示	RIGHT	FRONT

操作步骤

步骤1　设置工作目录

单击菜单“文件”→“管理会话”→“选择工作目录”命令，将文件放置在自己建立的文件夹下。

步骤2　新建文件

单击快速访问工具栏中的新建文件按钮，在弹出的“新建”对话框(见图2-7)中选择“零件”类型，单击“使用默认模板”复选框取消选中标志，在“名称”栏输入新建文件名“box”。单击“确定”按钮，打开“新文件选项”对话框(见图2-8)。选择“mmns_part_solid”模板，按下“确定”按钮，进入三维零件绘制环境。

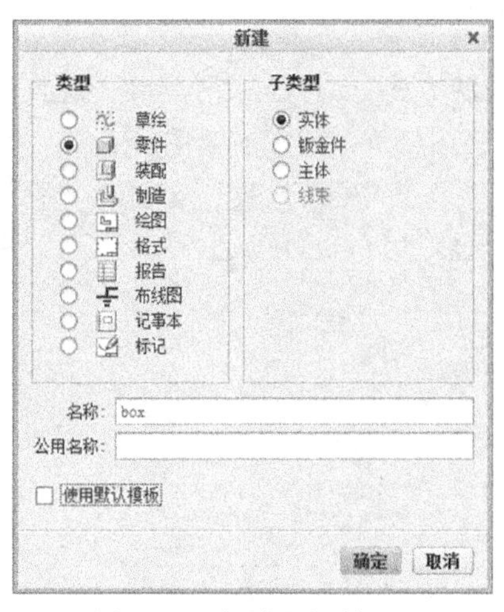

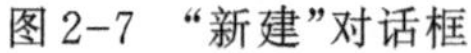
图2-7 “新建”对话框

图2-8 “新文件选项”对话框

在三维零件绘制环境中,默认的有基准平面(FRONT、TOP、RIGHT)、坐标系(PRT_CSYS_DEF),如图2-9所示。

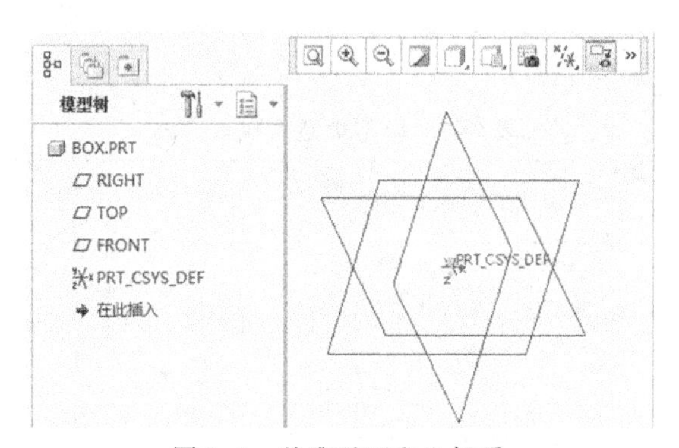

图2-9 基准平面和坐标系

步骤3 通过创建拉伸特征构造长方体零件

①单击功能区中的拉伸按钮,打开拉伸特征操作面板,如图2-10所示。

②单击“放置”面板中的“定义”按钮,打开“草绘”对话框,如图2-11所示。

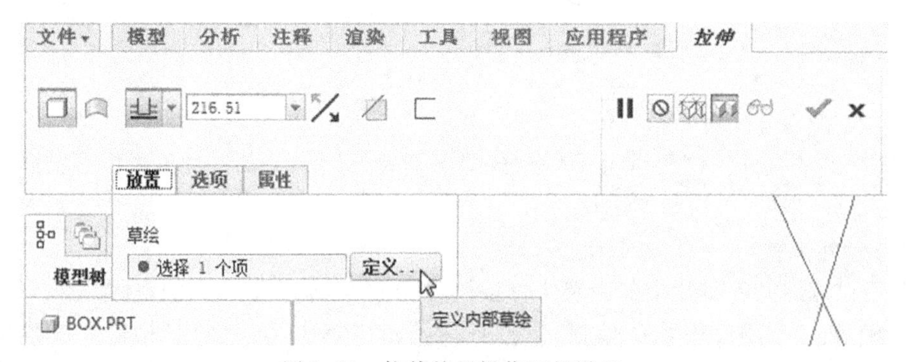

图2-10 拉伸特征操作面板设置

③选择TOP基准面为草绘平面,参照面及方向为缺省值(此处为RIGHT基准面),如

图2-11所示。

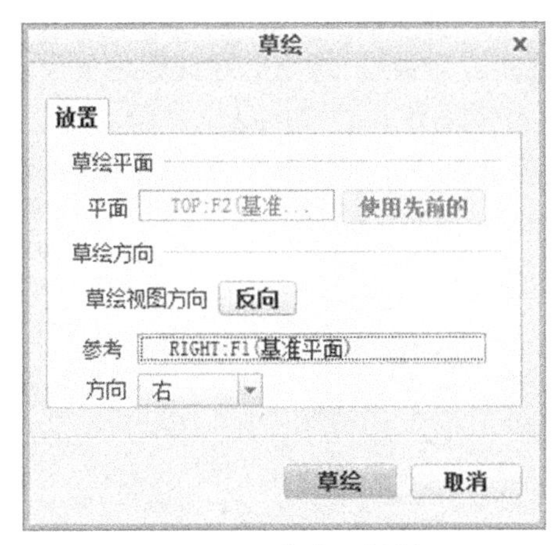

图2-11　“草绘”对话框

④绘制如图2-12所示的二维矩形截面。

⑤单击完成按钮✔,返回拉伸特征操作面板。

⑥在数值编辑框中输入50,单击按钮✔,完成拉伸特征的创建,结果如图2-13所示。

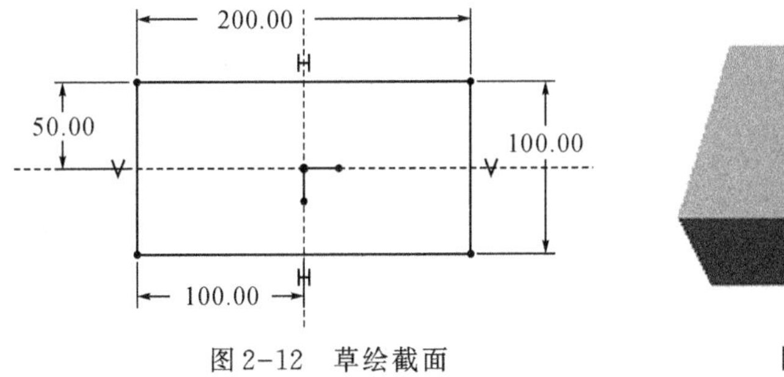

图2-12　草绘截面　　图2-13　底座拉伸结果

步骤4　文件保存

单击菜单“文件”→“保存”命令,保存当前模型文件。

步骤5　模型显示方式改变

单击前导工具栏上的模型显示方式按钮,即可弹出六种模型显示方式切换按钮,如图2-14所示,选择其中一种按钮即可改变模型的显示方式。

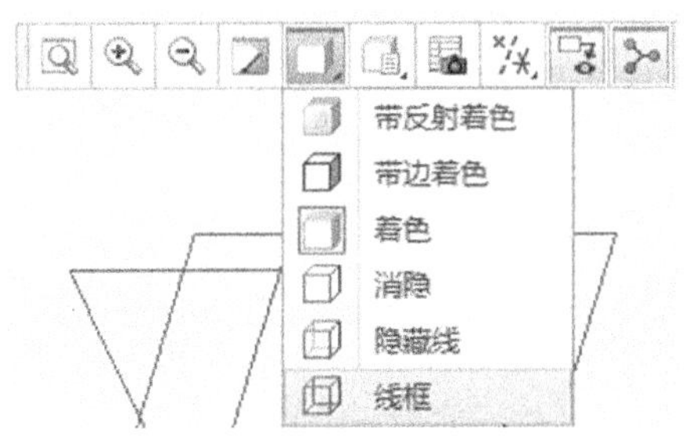

图2-14　模型显示方式切换按钮

步骤6 模型视角方式改变

单击前导工具栏上的视图控制按钮，即可弹出模型视角方向改变按钮，如图2-15所示。在其中单击需要的视角方向类型，绘图区中的图形就会转换到选定的视角。

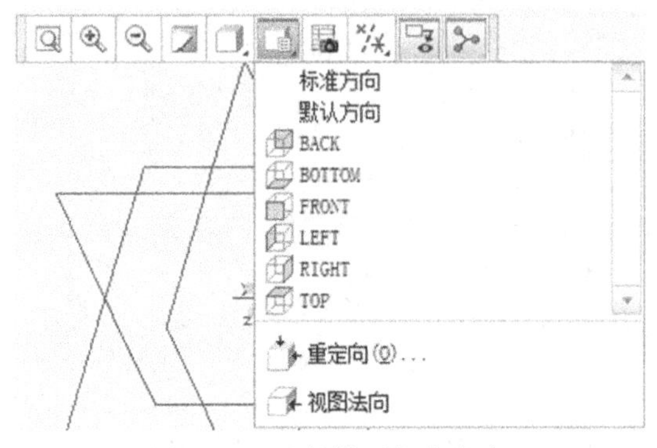

图2-15 选择模型视角方向

步骤7 鼠标操作

①向上滚动鼠标中键可以缩小零件模型。

②向下滚动鼠标中键可以放大零件模型。

③按住滚动鼠标中键后拖动鼠标，可以对零件模型进行旋转。

④同时按下Shift键和鼠标中键后拖动鼠标，可以对零件模型进行平移。

项目三　二维参数化草绘设计

Creo软件采用基于特征的模型创建方式，如通过创建拉伸、旋转、扫描、混合等特征来构建三维图形。而大多数特征都是在一个二维平面内通过绘制一个几何截面方式来创建的。这些二维几何截面就是草图。草图是使用直线、圆、圆弧等草绘命令绘制的形状和尺寸大致精确的具有特殊意义的几何图形。

认知1　草绘设计环境认知

在Creo软件中可以通过两种方法进入草绘设计环境：一是建立新的草绘截面文件，由这种方式建立的草绘截面可以单独保存，并且在创建特征时可以重复利用；二是在创建实体特征的过程中，通过绘制截面进入草绘环境，这种草绘截面只属于该特征，不能重复使用。本节着重讲述第一种进入草绘环境的方法，第二种方法在创建三维零件时介绍。

一　草绘界面

单击工具栏中的新建文件按钮，在弹出的“新建”对话框中选择“草绘”类型，按下“确定”按钮，进入草绘设计环境，如图3-1所示。

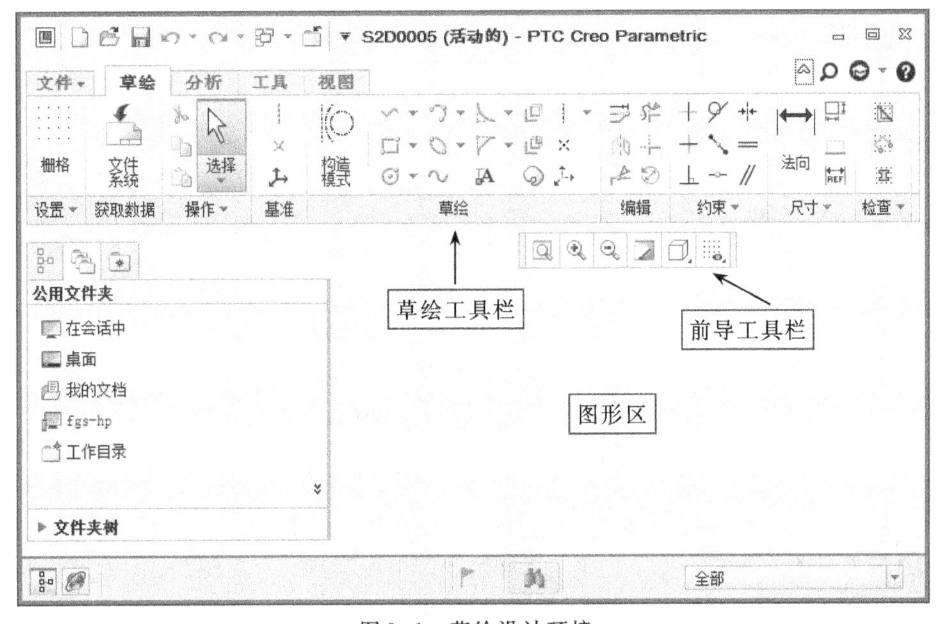

图3-1　草绘设计环境

草绘界面由以下几个部分组成:快速访问工具栏、功能区、图形区、导航区、信息栏等。

二 与草绘有关的工具栏

功能区中与草绘有关的工具栏包括栅格、获取数据、操作、基准、草绘、编辑、约束、尺寸、检查等栏目按钮。各工具栏中包括了各种图元(点、直线、圆、圆弧、矩形等)的绘制及编辑命令图标按钮,如图3-2所示。其中有些按钮后带有下三角图标,单击该图标可以选择与该按钮相类似的命令,如图3-3所示。

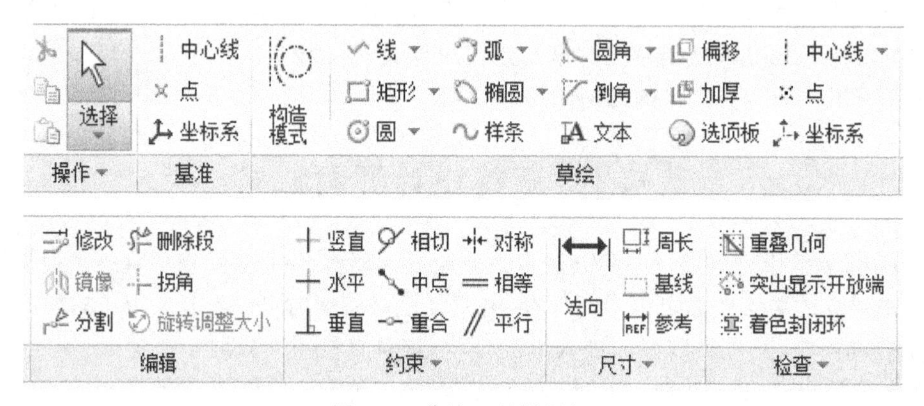

图3-2 草绘工具栏图标

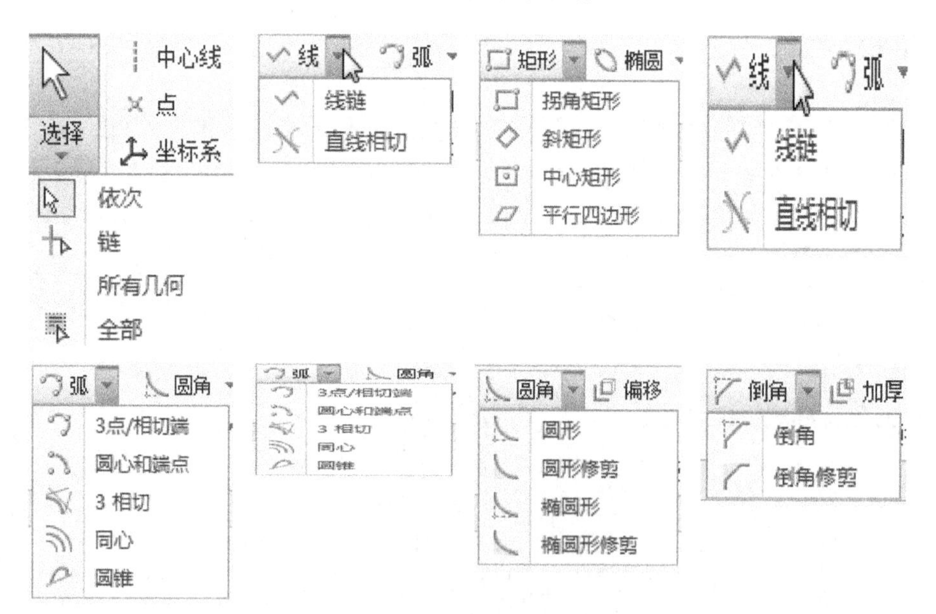

图3-3 草绘工具栏下拉图标

草绘工具栏中包含了直线、矩形、圆、圆弧、椭圆、样条曲线、文字、圆角、倒角、选项板、中心线、点、坐标系等几何图元的绘制按钮。其中选项板按钮图标(Creo 3.0版为选项板,Creo 4.0版为选项板)按下以后,会出现“草绘器调色板”对话框(见图3-4),在其中可以选择系统已经绘制后的标准图样,如五边形、工字形等图样,甚至是用户自己绘制完毕保存的图样。

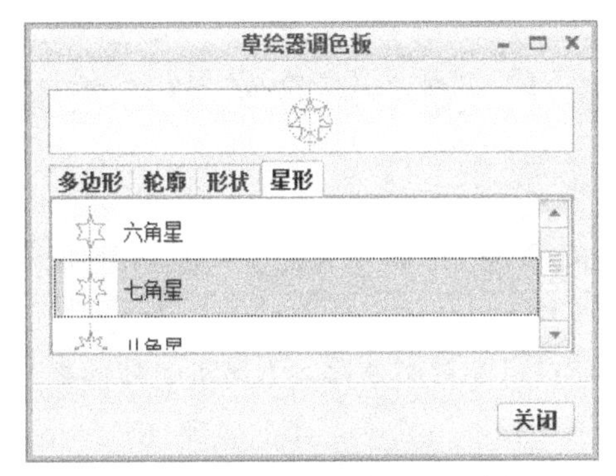

图 3-4　“草绘器调色板”对话框

编辑工具栏中包含了修改、镜像、分割、删除段、拐角、旋转调整大小等按钮。约束工具栏中包括了竖直、水平、垂直、相切、中点、重合、对称、相等、平行等九种约束按钮。尺寸工具栏中包括了法向、周长、基线、参考等标注方式。检查工具栏包括了重叠几何、突出显示开放端、着色封闭环等三个按钮，主要用于对用户绘制的二维截面草图进行检测，以检查截面是否封闭、是否存在开放端点、是否存在重叠的几何图元等，如图 3-5 所示。当按钮按下时，相应的功能起作用。

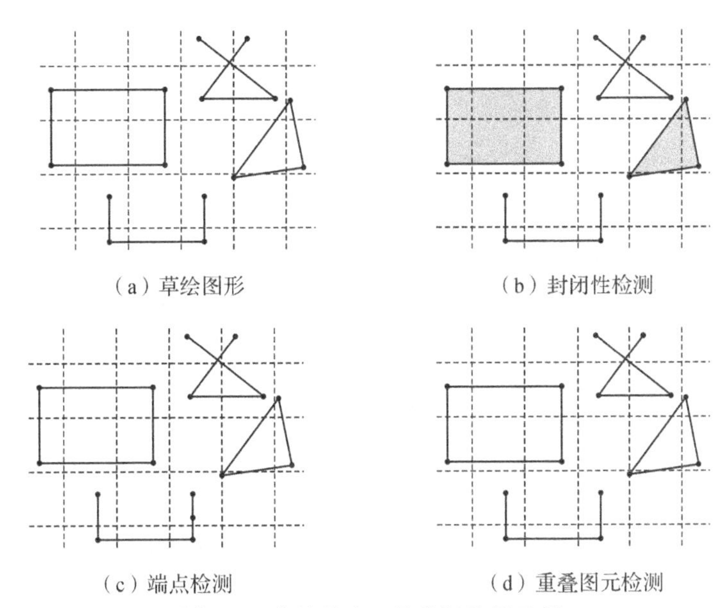

图 3-5　草绘检查工具按钮使用示例

任务1　随心所欲绘制二维草图

【工程案例一】卡通图形草绘设计

采用Creo(Pro/Engineer)软件绘制如图3-6所示卡通图形。

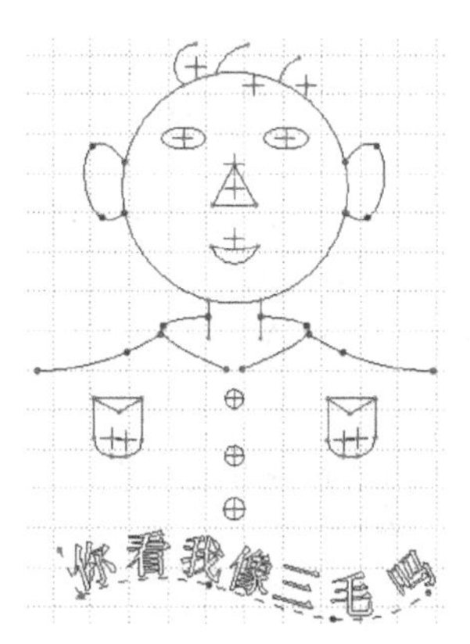

视频3-1

图3-6　自由草绘图形

学习目标

1. 能够使用草绘工具栏直线、矩形、圆、圆弧、文字、样条曲线等图标按钮绘制二维草图。

2. 能够使用草绘工具栏倒圆角、修剪、镜像、复制、删除等图标按钮对二维草图进行编辑。

相关知识点

1. 草绘工具栏按钮及含义

草绘工具栏按钮及含义如表3-1所示。

表3-1　草绘工具栏按钮及含义

按钮	含义	按钮	含义
选择	选取图元，可以通过依次、链、所有几何、全部等按钮进行图元选择方式切换	轴端点椭圆	通过轴上三点绘制椭圆
线	两点绘制直线	中心和轴椭圆	通过中心等三点绘制椭圆
直线相切	与两图元相切的直线		创建样条曲线
直线相切	两点绘制中心线	圆形	圆角
矩形	通过两对角点方式绘制矩形	圆形修剪	圆角修剪
斜矩形	通过三角点方式绘制斜矩形	椭圆形	椭圆形
中心矩形	通过一中心点和一角点方式绘制矩形	椭圆形修剪	椭圆形修剪

续　表

按钮	含义	按钮	含义
平行四边形	通过三角点方式绘制平行四边形	倒角	倒角
圆心和点	通过圆心和圆上一点绘制圆	倒角修剪	倒角修剪
同心	选择一圆或圆弧创建另一同心圆	A	书写文本
3点	三点创建一个圆		偏移
3相切	创建与三个图元相切的圆		加厚
3点/相切端	三点创建圆弧		通过调色板创建标准图形
同心	创建同心圆弧	中心线	创建中心线
圆心和端点	圆心、起点、终点三点创建圆弧	中心线相切	创建相切中心线
圆心和端点	创建与三图元相切的圆弧		创建点
圆锥	三点创建圆锥弧		创建坐标系

2. 编辑工具栏按钮及含义

编辑工具栏按钮及含义如表3-2所示。

表3-2　编辑工具栏按钮及含义

按钮	含义	按钮	含义
修改	尺寸修改	删除段	图元删除
镜像	图元镜像	拐角	图元裁剪
分割	图元分割	旋转调整大小	图元缩放与旋转

操作步骤

步骤1　设置工作目录

单击菜单“文件”→“管理会话”→“选择工作目录”命令，将文件放置在自己建立的文件夹下。

注：设置工作目录的目的在于将自己绘制的图形放置在自己熟悉的文件夹下，便于文件管理。因为Creo(Pro/Engineer)软件打开一个图形文件是按工作目录所在的路径进行查找的。

步骤2　新建文件

单击工具栏中的新建文件按钮，在弹出的“新建”对话框中选择“草绘”类型，在“名称”栏输入新建文件名“Sanmao”。单击“确定”按钮，进入二维草绘环境。

步骤3　草图绘制

(1)关闭尺寸与几何约束符号，打开网格与端点显示

单击前导工具栏上的草绘器显示过滤器按钮，去除“显示尺寸”与“显示约束”按钮前面的对号，如图3-7所示。

图3-7　草绘器显示过滤器

(2)绘制两条中心线

单击草绘工具栏中的中心线绘制按钮 中心线 ,在绘图区合适位置单击鼠标左键绘制,结果如图3-8所示。

(3)绘制圆形头

单击草绘工具栏中的圆绘制按钮 圆 ,以两条中心线的交点为圆心绘制一个圆,结果如图3-9所示。

(4)绘制眼睛

单击草绘工具栏中的椭圆绘制按钮 椭圆 ,在绘图区合适位置三次单击鼠标左键就可完成椭圆绘制,结果如图3-10所示。

(5)眼睛镜像

单击选择椭圆形眼睛,椭圆会以绿色加亮显示(默认状态下)。单击草绘工具栏中的镜像按钮 镜像 。然后,在"选取一条中心线"的系统提示下(在界面下部信息栏中),单击第一步绘制的竖直中心线即可完成镜像操作,结果如图3-11所示。

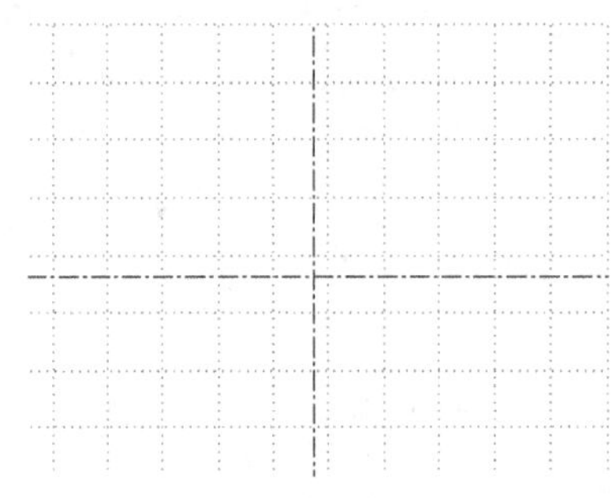

图3-8　绘制中心线

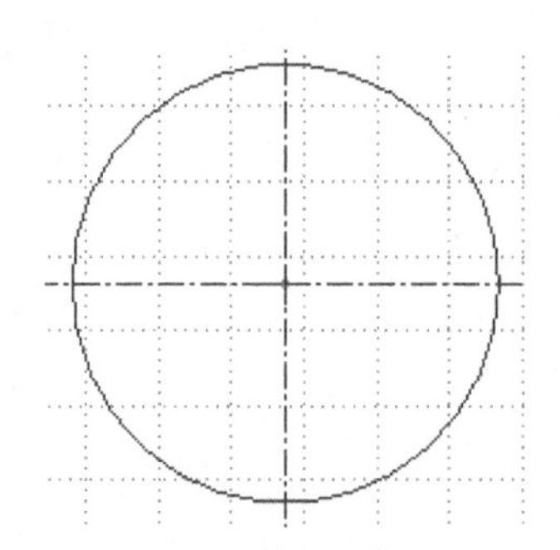

图3-9　绘制圆形头

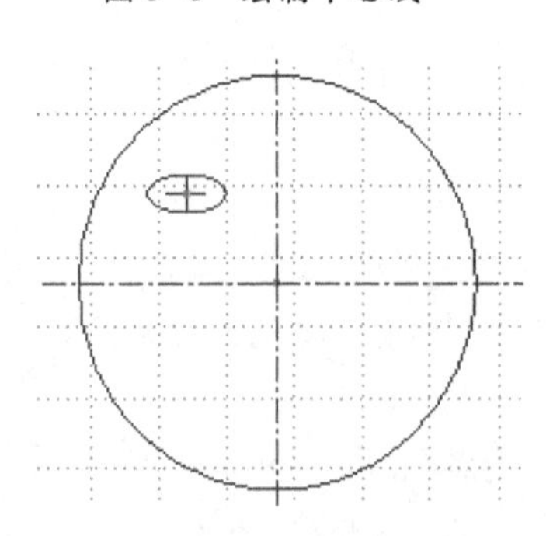

图3-10　绘制眼睛

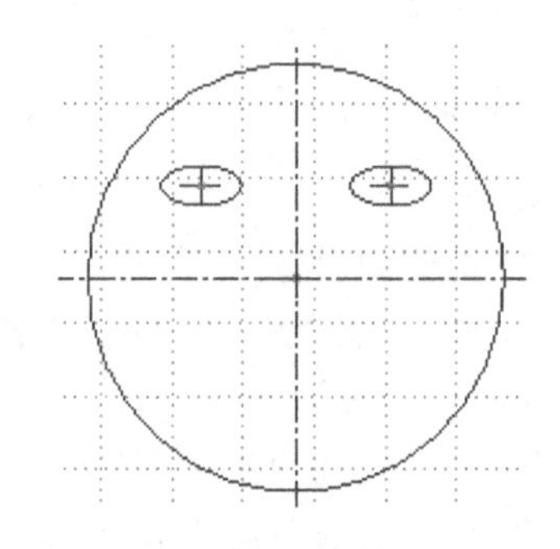

图3-11　眼睛镜像

(6)绘制鼻子

单击草绘工具栏中的直线绘制按钮 线，在绘图区合适位置单击鼠标左键，此时一条“橡皮筋”线附着在光标上出现，在合适位置单击鼠标左键，此时绘制完成一段直线，继续单击鼠标左键绘制如图3-12所示三角形鼻子。要结束直线的创建，只需单击鼠标中键即可。

(7)绘制嘴巴

单击草绘工具栏中的圆弧绘制按钮 弧，在绘图区合适位置单击鼠标左键作为圆弧的起点，然后选择第二点作为圆弧的终点，这时会出现一个“橡皮筋”圆，移动鼠标单击选择第三点，即可绘制一条圆弧，该圆弧通过选择的三点。采用同样的方法绘制另一圆弧，结果如图3-13所示。注意：要先绘制嘴巴下边的长圆弧，再绘制嘴巴上部的短圆弧，否则难以绘制。

(8)绘制耳朵

单击草绘工具栏中的样条曲线绘制按钮 样条，在圆上合适位置单击鼠标左键作为样条曲线的起点，一条“橡皮筋”样条附着在光标上出现，再选择第二点，就会出现一段样条线，重复单击鼠标左键，绘制样条线的其他点。最后单击鼠标中键结束样条绘制。结果如图3-14所示。

(9)耳朵镜像

单击选择样条曲线表示的耳朵，样条曲线会以绿色加亮显示。单击草绘工具栏中的镜像按钮 镜像。然后，在“选取一条中心线”的系统提示下，单击第一步绘制的竖直状中心线即可完成镜像操作，结果如图3-15所示。

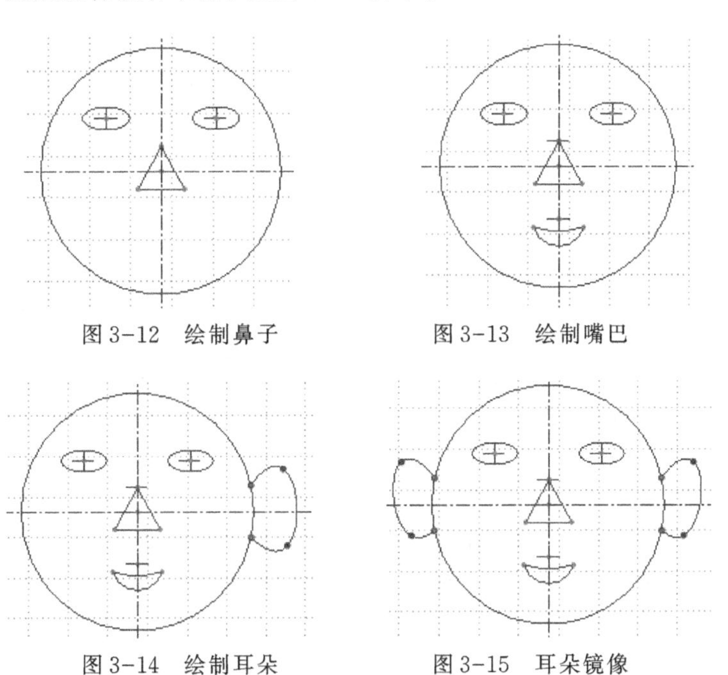

图3-12　绘制鼻子　　图3-13　绘制嘴巴

图3-14　绘制耳朵　　图3-15　耳朵镜像

(10)绘制头发

采用三点画圆弧的方式绘制出三根头发，结果如图3-16所示。

(11)绘制脖子

采用直线绘制方式绘制出两条直线代表脖子,结果如图3-17所示。

(12)绘制衣服

先采用样条曲线绘制方式绘制出一条衣领和一条肩膀,然后镜像即可,结果如图3-18所示。

(13)绘制纽扣

采用圆绘制方式绘制出两个小圆代表纽扣,结果如图3-19所示。

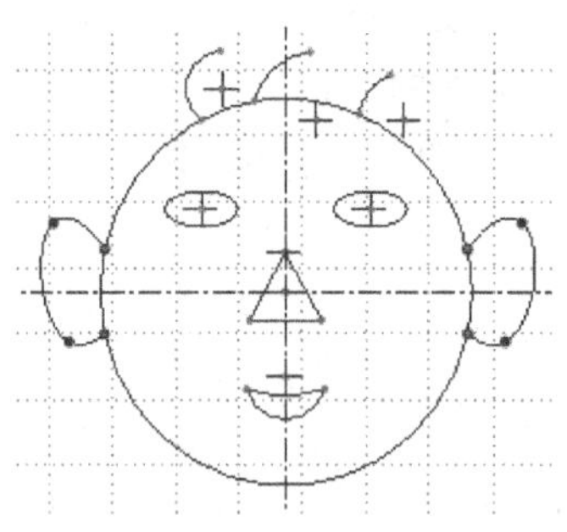

图3-16 绘制头发

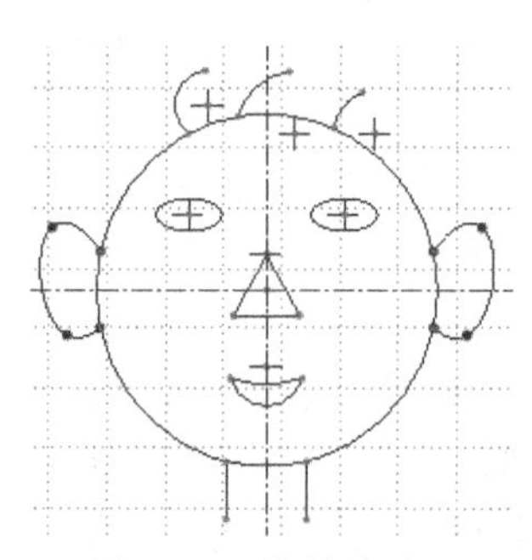

图3-17 绘制脖子

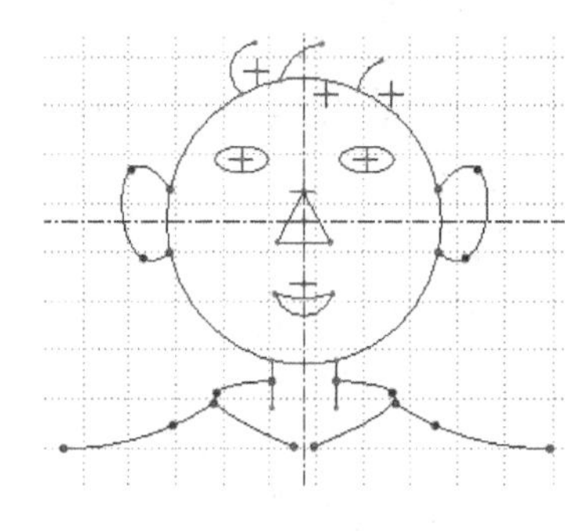

图3-18 绘制衣服

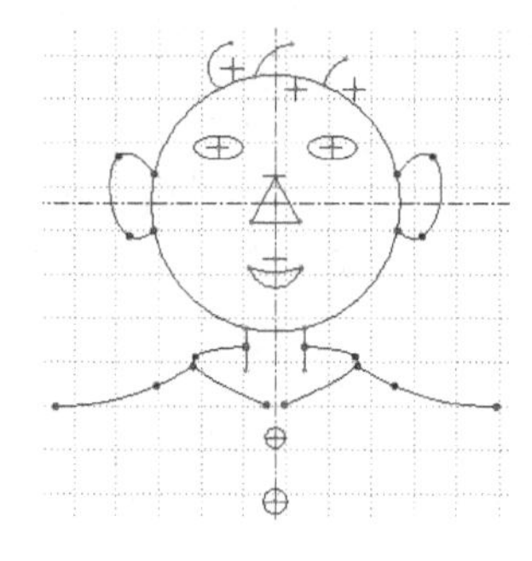

图3-19 绘制纽扣

(14)口袋绘制及镜像

①绘制矩形

单击草绘工具栏中的矩形绘制按钮 矩形,在绘图区合适位置单击鼠标左键作为矩形的一个顶点,拖动鼠标即出现一个由"橡皮筋"线组成的矩形,将该矩形拖动到所需大小,再单击鼠标左键放置第二点作为矩形斜对角的顶点,即可绘制出所需矩形,如图3-20所示。

②矩形倒圆角

单击草绘工具栏中的圆角绘制按钮 圆角,使用鼠标左键拾取第一个要倒圆角的边,然后再选取相邻的另一条边,即可完成一个圆角的绘制,如图3-21所示。用同样的方法绘制另一个圆角,结果如图3-22所示。

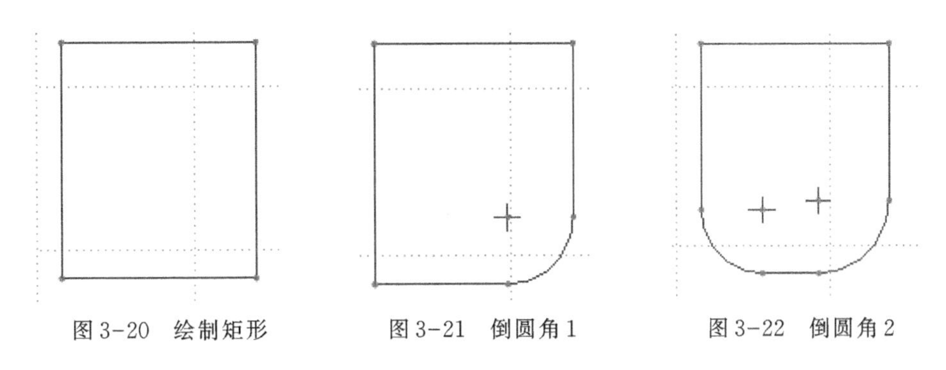

图 3-20　绘制矩形　　图 3-21　倒圆角 1　　图 3-22　倒圆角 2

③口袋镜像

按住 Ctrl 键，单击选择口袋图形的各个图元（或用框选方式选择，单击鼠标左键后按住拖动，将各图元框选在内，即可完成多个图元选择）。再单击草绘工具栏中的镜像按钮。然后，在“选取一条中心线”的系统提示下，单击第一步绘制的竖直状中心线即可完成镜像操作，结果如图 3-23 所示。

（15）绘制样条曲线

单击草绘工具栏中的样条曲线绘制按钮 样条，在衣服下合适位置单击鼠标左键作为样条曲线的起点，一条“橡皮筋”样条附着在光标上出现，再单击第二点，就会出现一段样条线，重复单击鼠标左键，绘制样条线的其他点。最后单击鼠标中键结束样条绘制。结果如图 3-24 所示。

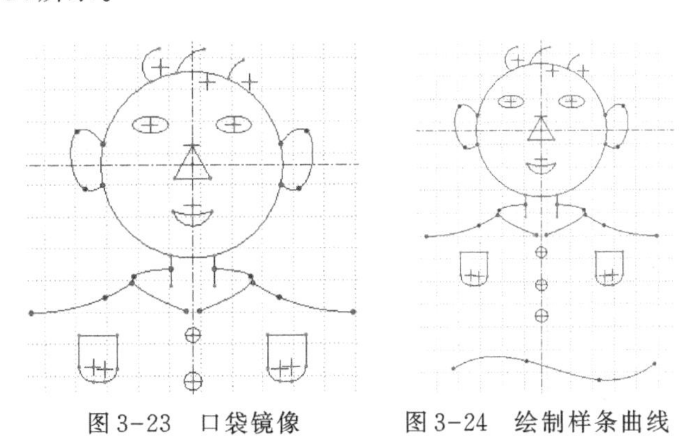

图 3-23　口袋镜像　　图 3-24　绘制样条曲线

（16）书写文字

单击草绘工具栏中的文字书写按钮 文本，然后选取样条曲线的起点作为文字书写方向的起点，向上拖动鼠标，单击鼠标左键创建一条垂直于样条曲线的构建线，此时系统弹出“文本”对话框（见图 3-25）。在“文本行”下的文本编辑器中输入“你看我像三毛吗”，然后单击“沿曲线放置”复选框将其选中，再选择样条曲线，单击“确定”按钮，完成文字的创建，结果如图 3-26 所示。用户可以拖动“长宽比”滑动杆以改变文字的宽度，也可以拖动“斜角”滑动杆以改变文字的倾斜角度。

（17）删除中心线

单击鼠标左键选中两条中心线，然后按键盘上的删除键“Del”，将两条中心线删除，结果如图 3-27 所示。

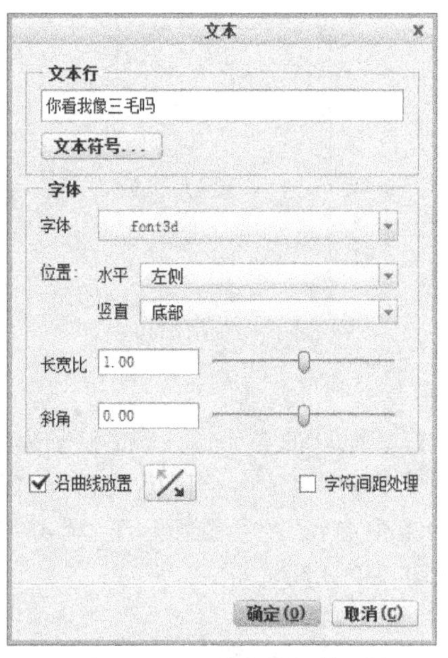

图 3-25 “文本”对话框

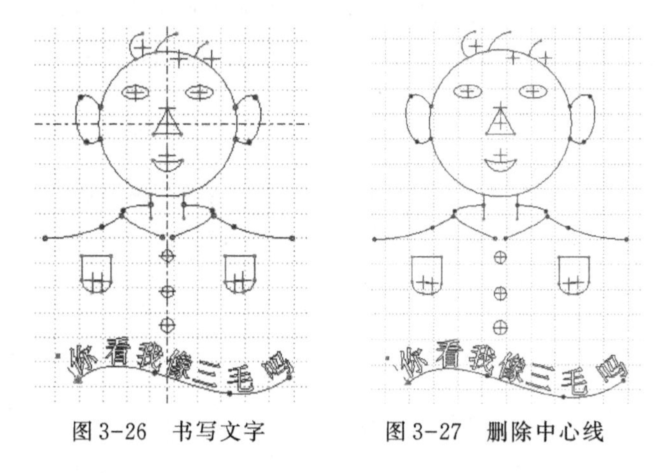

图 3-26 书写文字　　图 3-27 删除中心线

步骤4 文件保存

单击菜单“文件”→“保存”命令,保存当前模型文件。保存后文件名为 sanmao.sec,其中 sec 为二维草绘图形的后缀名。

任务2 根据尺寸要求绘制二维草图

【工程案例二】薄片零件草图绘制

采用 Creo(Pro/Engineer)软件绘制如图 3-28 所示薄片的草绘图形。

视频 3-2

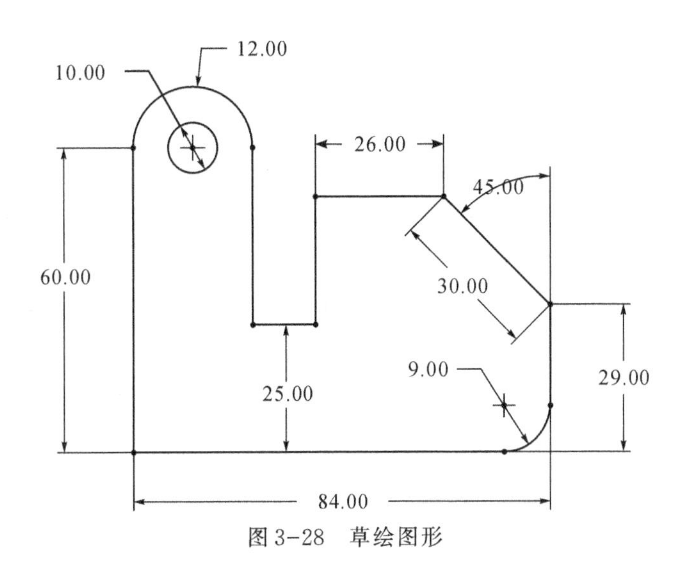

图 3-28　草绘图形

学习目标

1. 进一步掌握基本图元的绘制与编辑方法。

2. 能够使用直线尺寸(包括水平、竖直、倾斜尺寸)、半径尺寸、直径尺寸标注方法对草图进行尺寸标注。

相关知识点

1. 强尺寸与弱尺寸

在草绘环境下绘制了几何图形后,系统都会自动产生相关的尺寸。这些由系统自动添加的尺寸叫作弱尺寸,默认以浅蓝色显示。但是这些弱尺寸不一定符合用户的要求,这时就需要用户自己添加尺寸。用户自己添加的尺寸叫作强尺寸,默认以深蓝色显示。强尺寸添加后相关的弱尺寸会自动消失。

2. 约束、尺寸约束和几何约束

在草绘图形中系统会自动添加两种约束:尺寸约束和几何约束。尺寸约束是用来控制草图的大小和位置的,即标注尺寸;几何约束是用来控制草图中几何图元间的相互位置关系,如水平、竖直、平行、相切等。这里主要考虑尺寸约束。如图 3-29 所示。

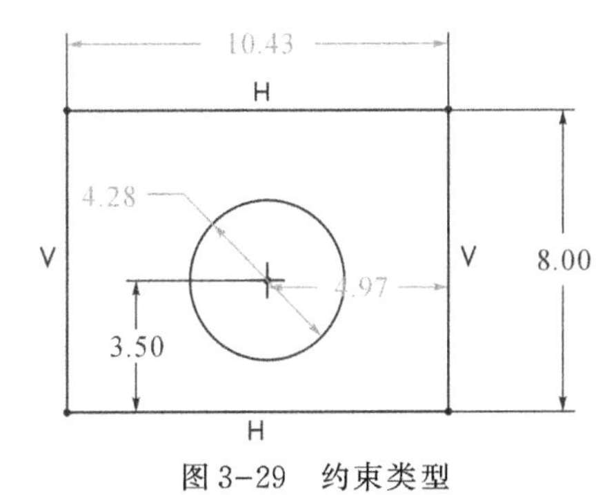

图 3-29　约束类型

3. 全约束、过约束与欠约束

Creo(Pro/Engineer)软件采用全约束来控制草图截面的形状和大小。即绘制一个图元不仅要确定它的定形尺寸,还要包括它相对于其他图元间的位置尺寸,如图3-30所示。如果用户在绘制图元时,缺少一些尺寸,则为欠约束。当欠约束时,系统会自动计算该图形缺少哪些尺寸,然后以弱尺寸方式自动补全,如图3-29所示。如果用户添加了多余的尺寸,则为过约束,如图3-31所示。草图过约束时,系统会弹出警告对话框(见图3-32),提示用户取消尺寸添加命令或删除其他的约束来解决尺寸冲突,同时在草图中高亮显示冲突的尺寸约束。用户可以选择"撤销"选项或删除其他相冲突的尺寸。

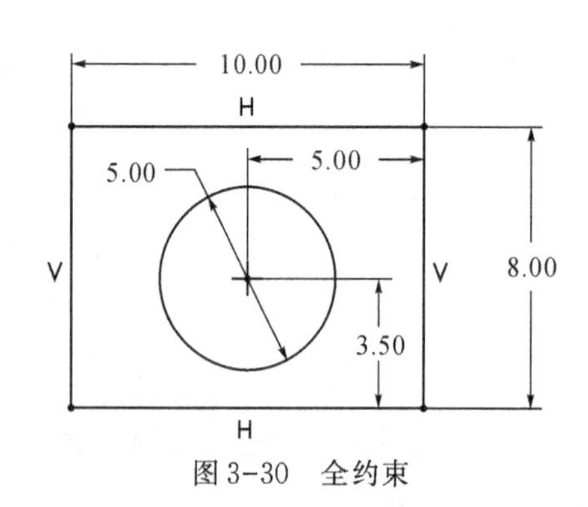

图3-30 全约束

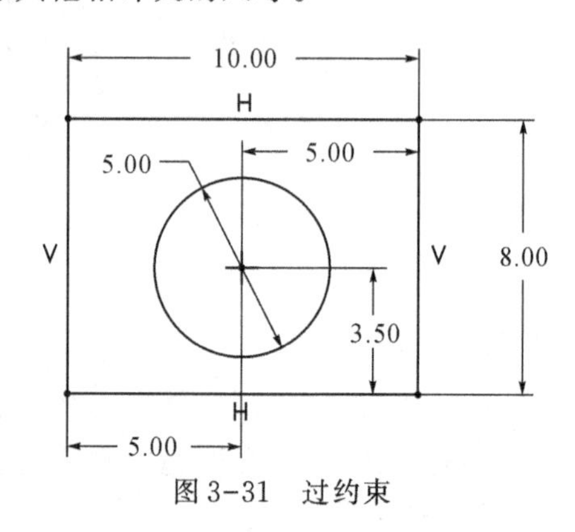

图3-31 过约束

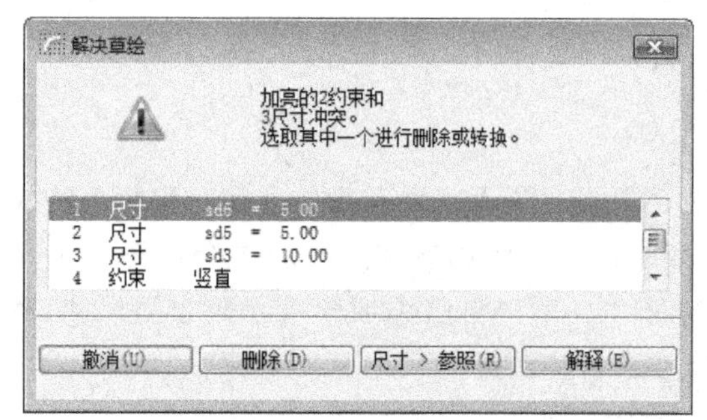

图3-32 "解决草绘"警告对话框

操作步骤

步骤1 设置工作目录

单击菜单"文件"→"管理会话"→"选择工作目录"命令,将文件放置在自己建立的文件夹下。

步骤2 新建文件

单击工具栏中的新建文件按钮,在弹出的"新建"对话框中选择"草绘"类型,在"名称"栏输入新建文件名"bopian"。单击"确定"按钮,进入二维草绘环境。

步骤3 草绘环境设置

单击主菜单"文件"→"选项"命令,弹出"PTC Creo Parametric选项"对话框,切换到"草绘器"选项卡,在草绘器约束假设中保留水平排列、竖直排列约束项,将其余选项前的钩均去除,如图3-33所示。

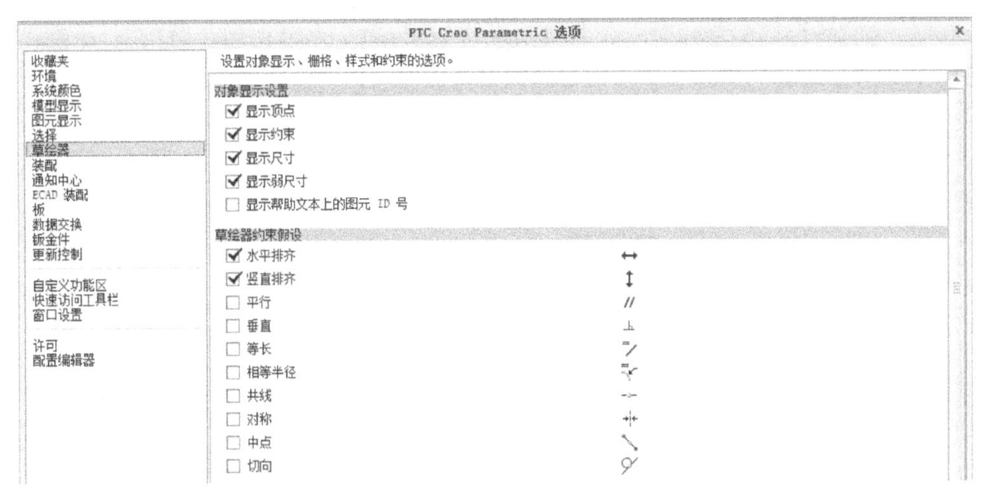

图 3-33　“PTC　Creo　Parametric选项”对话框

注：如果不做这一步，用户在草绘时，系统就会自动添加一些几何约束，如等长、等半径等。用户添加尺寸时就会产生问题，这对初学者来说不容易理解与解决。

步骤4　草绘基本图形

(1)绘制第一条直线，以确定图形的大致尺寸和位置

单击草绘工具栏中的直线绘制按钮 线，在绘图区合适位置单击鼠标左键，此时一条“橡皮筋”线附着在光标上出现，在合适位置单击鼠标左键，此时绘制完成一段直线，单击鼠标中键结束直线的创建。双击直线上的尺寸值，弹出尺寸编辑框，在其中输入84，并按键盘上的回车键，此时系统会自动对直线的长度进行调整，如图3-34所示。

(2)绘制其他直线段

继续单击草绘工具栏中的直线绘制按钮 线，绘制其他直线段，如图3-35所示。

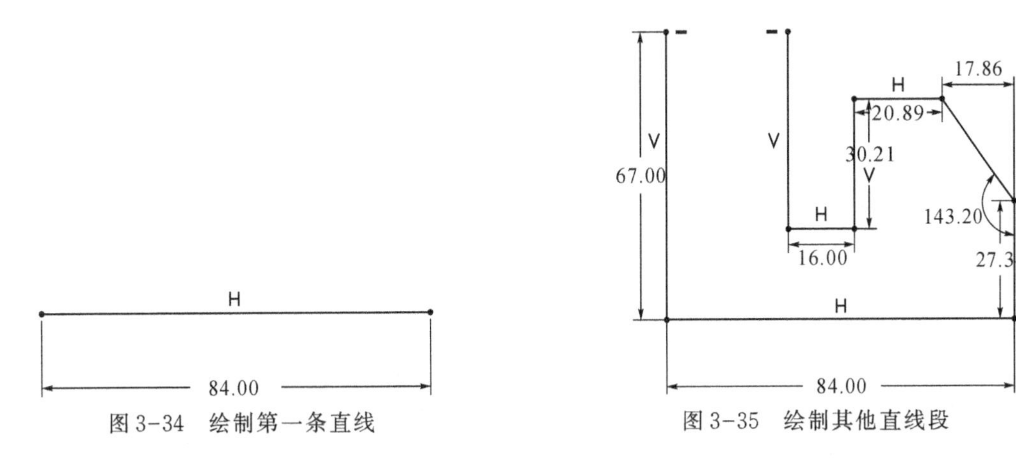

图 3-34　绘制第一条直线

图 3-35　绘制其他直线段

(3)绘制圆弧

单击草绘工具栏中的圆弧绘制按钮 弧，采用三点方式绘制圆弧，其中两个端点分别在两条直线的端点上，另一点拖动到合适位置，绘制出半圆弧，如图3-36所示。

(4)绘制圆

单击草绘工具栏中的圆绘制按钮 圆，采用圆心半径方式绘制圆，其中圆心与圆弧的

圆心在同一位置,当移动鼠标时系统会自动进行捕捉,另一点拖动到合适位置,绘制出圆,如图3-37所示。

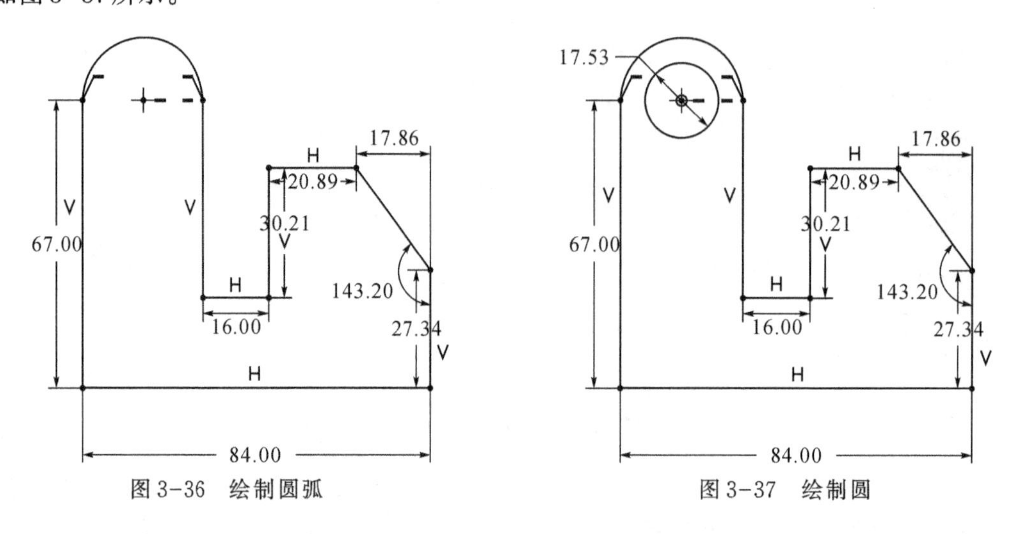

图3-36 绘制圆弧　　图3-37 绘制圆

(5)倒圆角

单击草绘工具栏中的圆角绘制按钮 圆角,使用鼠标左键拾取第一个要倒圆角的边,然后再选取相邻的另一条边,即可完成圆角的绘制,如图3-38所示。

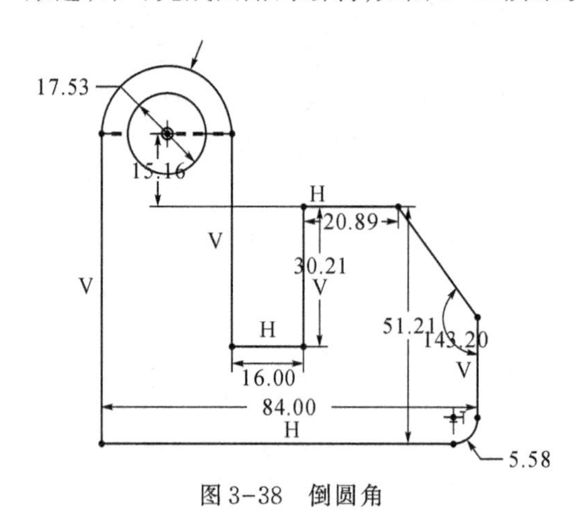

图3-38 倒圆角

步骤5 尺寸标注

(1)将弱尺寸改变为强尺寸

单击浅蓝色直线尺寸值84,选中后尺寸以绿色显示,单击鼠标右键弹出快捷菜单,如图3-39所示,单击其中“强”,则该尺寸会弹出编辑框,在其中输入数据后该尺寸就变为强尺寸,颜色改为深蓝色。对于Creo 4.0版,点中弱尺寸后,会出现快捷工具栏,在其中选最后一个“强”按钮,此时会弹出编辑框,在其中输入数据后该尺寸就变为强尺寸,颜色改为了深蓝色。

(2)尺寸拖动

单击尺寸84,尺寸变成绿色显示,然后按住鼠标左键拖动,尺寸随之移动,到合适位置松开左键即可,结果如图3-40所示。

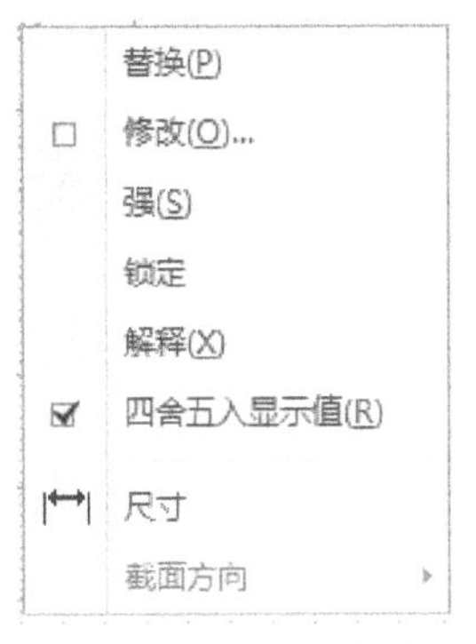

图3-39　快捷菜单

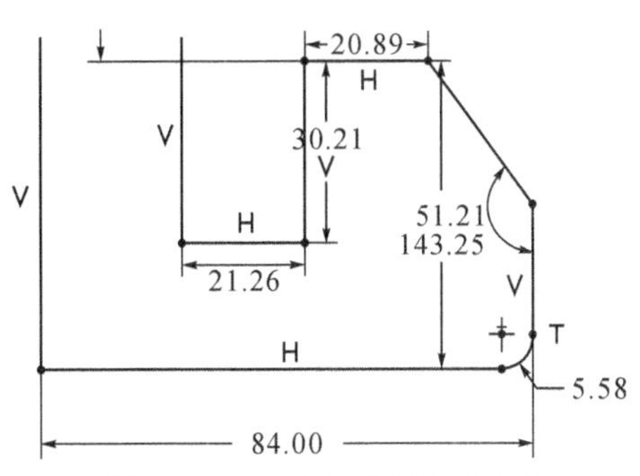

图3-40　尺寸加强及拖动结果

(3)水平尺寸标注

单击工具栏上的尺寸标注按钮，用左键选择需要标注尺寸的直线，在适合位置处单击鼠标中键放置尺寸，在弹出的尺寸编辑框中输入尺寸数值26，按键盘回车键确定。完成的标注如图3-41所示。

(4)竖直尺寸标注

单击工具栏尺寸标注按钮|⟷|，选择需要标注尺寸的直线(或直线的两个端点或两条平行直线或圆中心与一直线等均可)，在适合位置处单击鼠标中键放置尺寸，在弹出的编辑框中输入60，按键盘回车键确定。依次完成其他竖直尺寸标注，结果如图3-42所示。

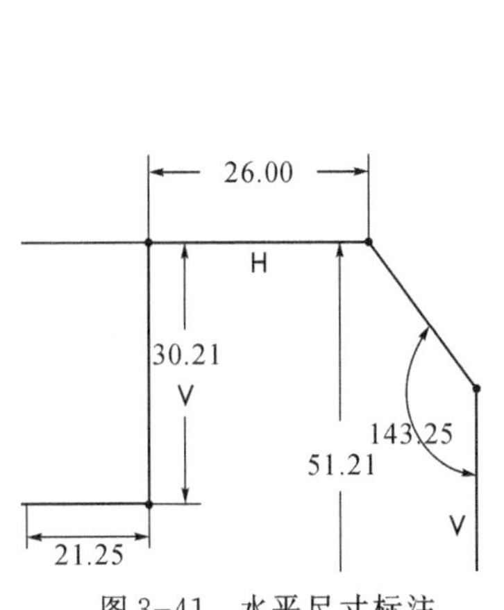

图3-41　水平尺寸标注

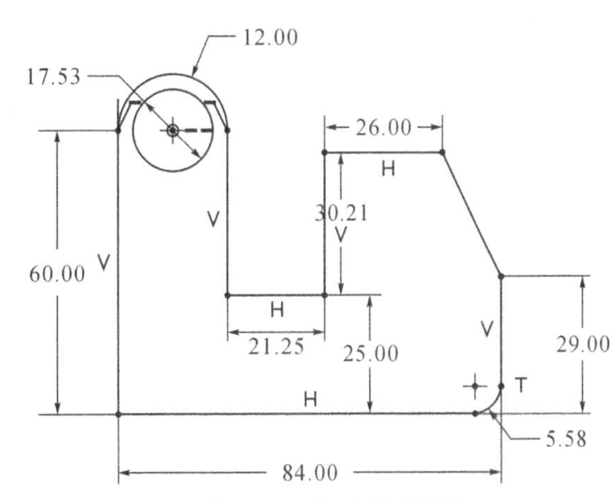

图3-42　竖直尺寸标注

(5)倾斜尺寸标注

单击工具栏尺寸标注按钮|⟷|，单击选择需要标注尺寸的直线，在适合位置处单击鼠标中键放置尺寸，在弹出的编辑框中输入30，按键盘回车键确定。完成的标注如图3-43所示。

(6)半径尺寸标注

单击工具栏尺寸标注按钮|⟷|，单击选择需要标注尺寸的圆弧(或圆)，在适合位置处单击鼠标中键放置尺寸，在弹出的编辑框中输入12，按键盘回车键确定。完成的标注如图3-44所示。

(7)直径尺寸标注

单击工具栏尺寸标注按钮|↔|,双击(两次击键的速度要快)选择需要标注尺寸的圆(或圆弧),在适合位置处单击鼠标中键放置尺寸,在弹出的编辑框中输入10,按键盘回车键确定。完成的标注如图3-45所示。

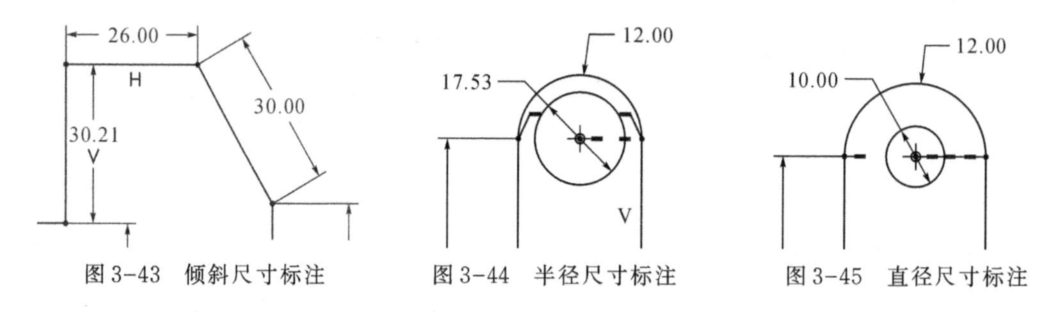

图3-43　倾斜尺寸标注　　图3-44　半径尺寸标注　　图3-45　直径尺寸标注

(8)角度标注

单击工具栏尺寸标注按钮|↔|,分别选择需要标注尺寸的两条直线,并在适合位置处单击鼠标中键放置尺寸,在弹出的编辑框中输入45,按键盘回车键确定。完成的标注如图3-46所示。

图形最终标注结果如图3-47所示。

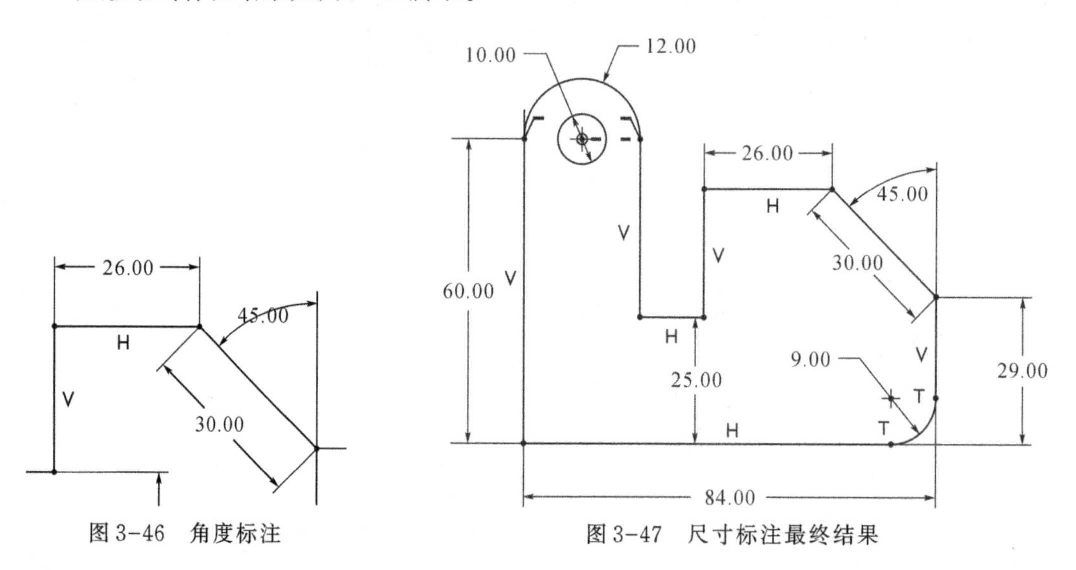

图3-46　角度标注　　图3-47　尺寸标注最终结果

步骤6　文件保存

单击菜单"文件"→"保存"命令,保存当前模型文件。

举一反三

采用Creo(Pro/Engineer)软件绘制如图3-48所示垫片的草绘图形。

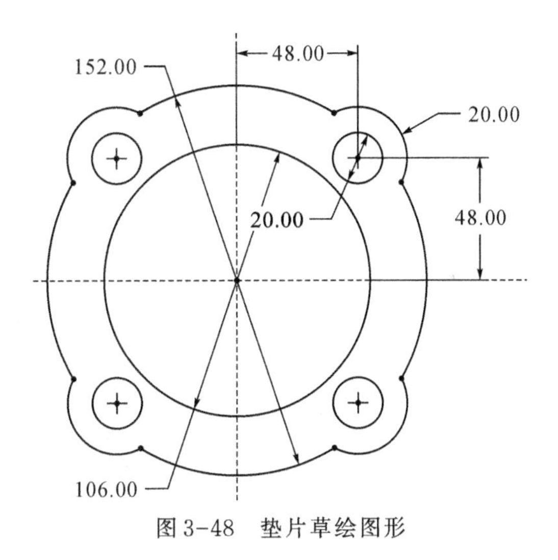

图 3-48　垫片草绘图形

草绘提示如表3-2所示。

表3-2　垫片草绘提示

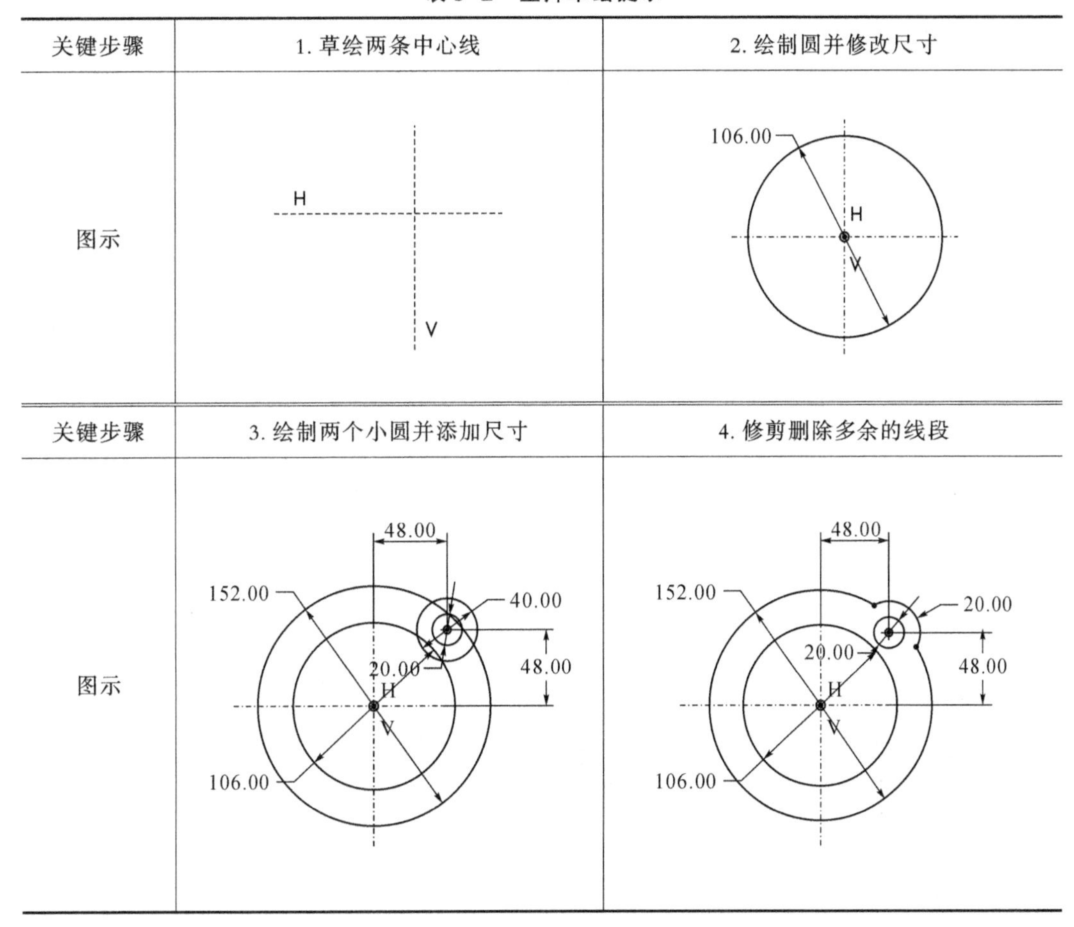

关键步骤	1. 草绘两条中心线	2. 绘制圆并修改尺寸
图示	H V	106.00 H V
关键步骤	**3. 绘制两个小圆并添加尺寸**	**4. 修剪删除多余的线段**
图示	48.00 152.00 40.00 20.00 48.00 H V 106.00	48.00 152.00 20.00 20.00 48.00 H V 106.00

续　表

关键步骤	5. 图元镜像	6. 修剪多余的线段
图示		

注:图元修剪方法

单击草绘工具栏中的"删除段"按钮 删除段 ,然后单击需要删除的线段即可。

工程案例练习

采用Creo(Pro/Engineer)软件绘制如图3-49所示草绘图形,并标注尺寸。

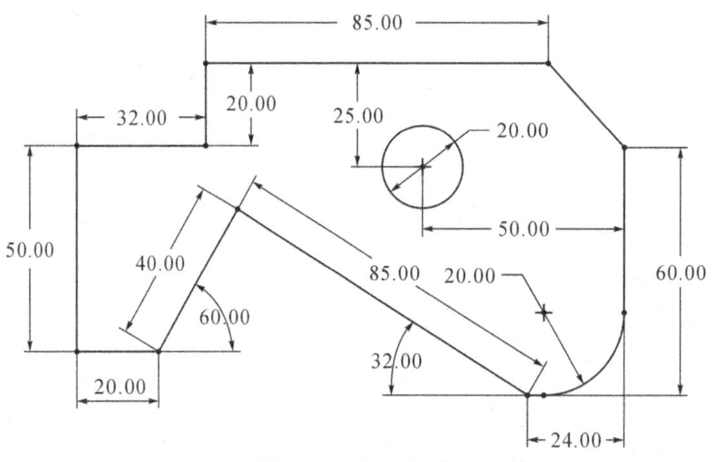

图3-49　草绘图形

任务3　应用几何约束简化草图绘制过程

【工程案例三】五角星草图绘制

采用Creo(Pro/Engineer)软件绘制如图3-50所示五角星的草绘图形。

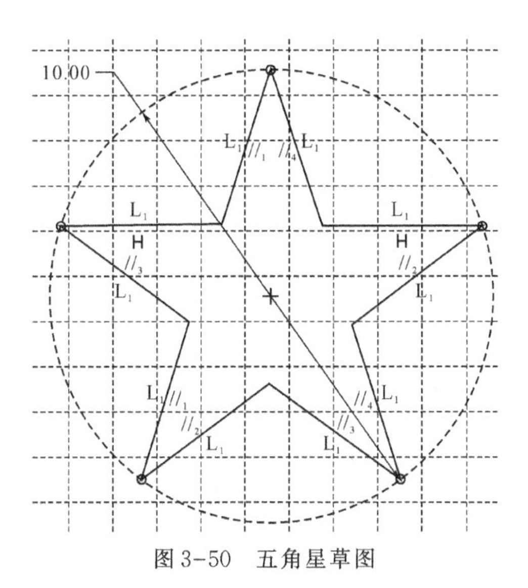

图3-50　五角星草图

视频3-3

学习目标

1. 进一步掌握草图绘制与编辑命令。
2. 进一步掌握尺寸标注的基本方法。
3. 能够使用几何约束简化草图的尺寸标注过程。

相关知识点

几何约束的类型

草图对象之间的平行、垂直、共线和对称等几何关系称为几何约束。几何约束可以替代某些尺寸标注,运用几何约束可以提高绘图的速度和精度。Creo(Pro/Engineer)软件在草绘界面功能区提供了九种约束类型,如表3-3所示。

表3-3　约束工具栏按钮及含义

约束工具栏	按钮	名称	符号	含义
竖直 相切 对称 水平 中点 相等 垂直 重合 平行 约束	竖直	竖直约束	V	使直线竖直或两点在同一竖直线上
	水平	水平约束	H	使直线水平或两点在同一水平线上
	垂直	垂直约束	⊥1	使两直线相互垂直
	相切	相切约束	T	使两图元相切
	中点	中点约束	*	使图元端点在直线的中点处
	重合	重合约束	⊕	使两图元共线、两点重合、两点对齐或点在线上
	对称	对称约束	←—	使两图元对称
	相等	相等约束	L5 R1	等长、等半径
	平行	平行约束	//1	使两直线平行

操作步骤

步骤1 设置工作目录

单击菜单“文件”→“管理会话”→“选择工作目录”命令，将文件放置在自己建立的文件夹下。

步骤2 新建文件

单击工具栏中的新建文件按钮，在弹出的“新建”对话框中选择“草绘”类型，在“名称”栏输入新建文件名“Wujiaoxing”。单击“确定”按钮，进入二维草绘环境。

步骤3 草绘图形

(1)绘制圆

单击草绘工具栏中的圆绘制按钮 圆，采用圆心半径方式绘制圆，将鼠标移动至系统自动添加的直径尺寸数字上，待其变色后，左键双击尺寸数字，在弹出的编辑框中输入10后按回车键确定，圆自动调整大小，结果如图3-51所示。

(2)在圆上绘制五角星

单击草绘工具栏中的直线绘制按钮 线，绘制如图3-52所示五角星直线。注意使直线的端点落在圆上，系统会自动进行捕捉。

(3)添加约束

单击约束工具栏上的相等约束按钮 相等，依次选择五角形的两条边，系统会在每条边上添加一个相等约束L_1，结果如图3-53所示。

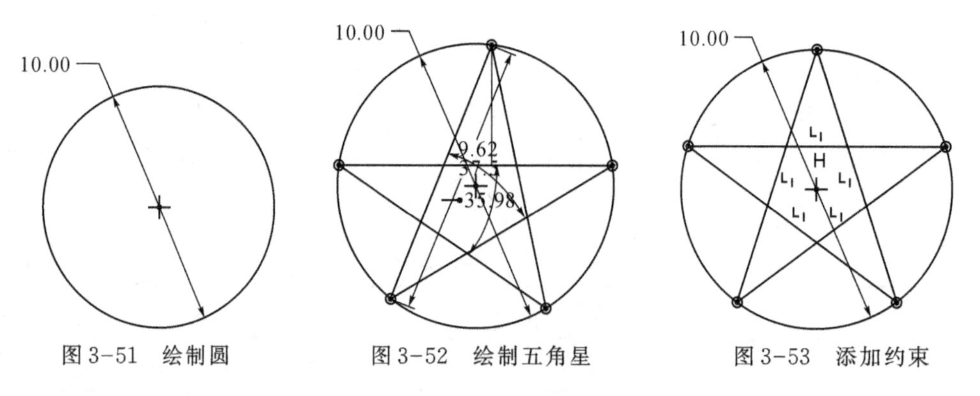

图3-51 绘制圆　　图3-52 绘制五角星　　图3-53 添加约束

(4)删除中间多余线段

单击草绘工具栏中的“删除段”按钮 删除段，然后单击需要删除的线段即可，也可以按住鼠标左键移动鼠标，这时与鼠标轨迹相交的线段均被删除，如图3-54所示。中间多余线段删除后，系统会自动对约束进行修改，结果如图3-55所示，其中自动添加了相等约束、共线约束和平行约束。

(5)将外圆改变为构造圆

单击选中外圆，右击弹出快捷菜单，单击“构造”选项，圆会变为构造圆。注意该圆不能删除，否则会缺少约束参照，变为欠约束。关闭尺寸与约束显示后，结果如图3-56所示。对于Creo 4.0版，点中外圆后，会出现快捷工具栏，在其中选最后一个“切换构造”按钮，圆就会变为构造圆。

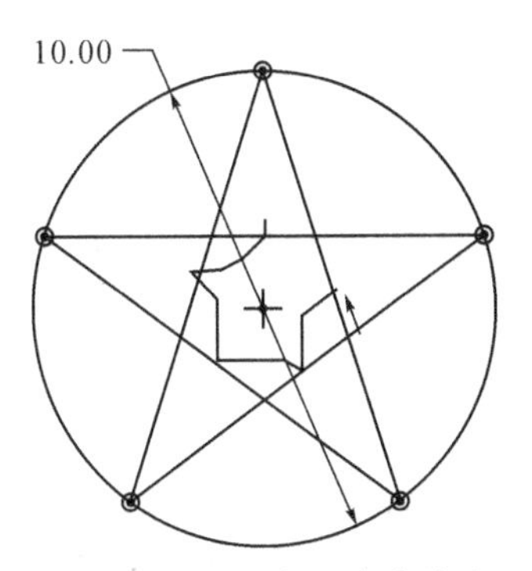

图 3-54　删除中间多余线段

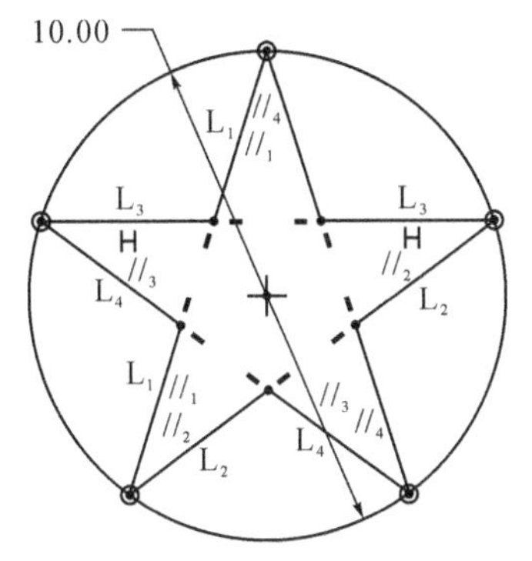

图 3-55　线段删除结果

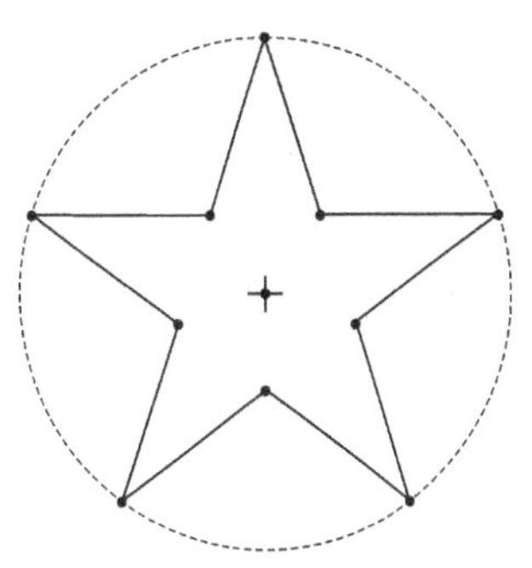
图 3-56　五角星草绘轮廓

步骤 4　文件保存

单击菜单"文件"→"保存"命令，保存当前模型文件。

【工程案例四】花状图形草绘设计

采用Creo(Pro/Engineer)软件绘制如图3-57所示花状草绘图形。

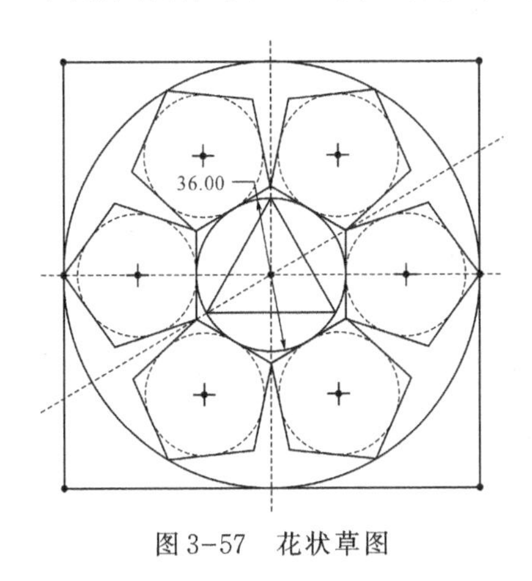

图 3-57　花状草图

视频 3-4

学习目标

1. 学习相等约束、相切约束的添加方法。
2. 巩固图元镜像的使用方法。

操作步骤

步骤 1　设置工作目录

单击菜单"文件"→"管理会话"→"选择工作目录"命令，将文件放置在自己建立的文件夹下。

步骤 2　新建文件

单击工具栏中的新建文件按钮，在弹出的"新建"对话框中选择"草绘"类型，在"名称”栏输入新建文件名“Hua”。单击“确定”按钮，进入二维草绘环境。

步骤3 草绘几何图形

(1)草绘圆

利用草绘工具栏中的圆绘制按钮 ◎圆 绘制出如图3-58所示的圆，并编辑修改圆的直径尺寸为36。

(2)在圆内绘制三角形并添加相等约束

利用草绘工具栏中的直线绘制按钮 线 绘制出如图3-59所示的三条直线，在绘制直线时使直线的端点自动落在圆上。单击约束工具栏上的“相等约束”按钮，然后选择三角形的两条边，系统会在每条边上添加一个相等约束L_1，如图3－60所示。继续添加相等约束，直至草图中不存在浅蓝色尺寸为止。

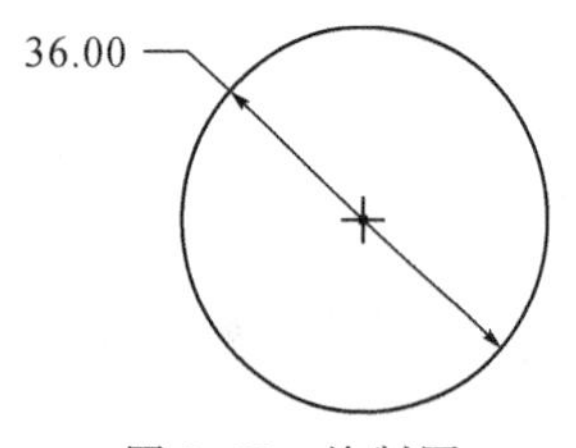

图3-58 绘制圆

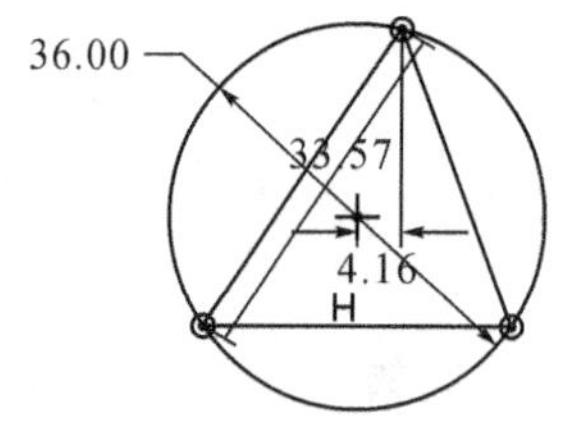

图3-59 绘制三角形

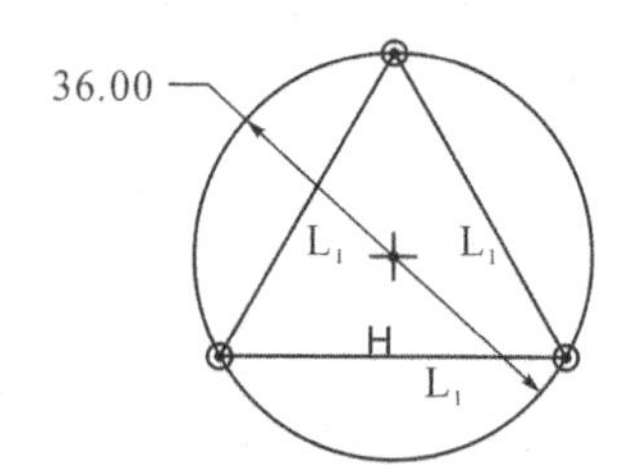

图3-60 添加相等约束

(3)在圆外绘制六边形，并添加相等约束与相切约束

利用草绘工具栏中的直线绘制按钮 线 绘制出如图3-61所示的六边形，然后单击约束工具栏上的“相等约束”按钮 ═ 相等，然后选择六角形的任意两条边，系统会在每条边上添加一个相等约束L_2。继续添加相等约束，使六边形的六条边均相等。接着单击相切约束按钮 相切，然后单击六边形的一条边和圆，系统会在直线与圆相切处添加一个相切约束T。继续添加相切约束，直至草图中不存在浅蓝色尺寸为止，结果如图3-62所示。

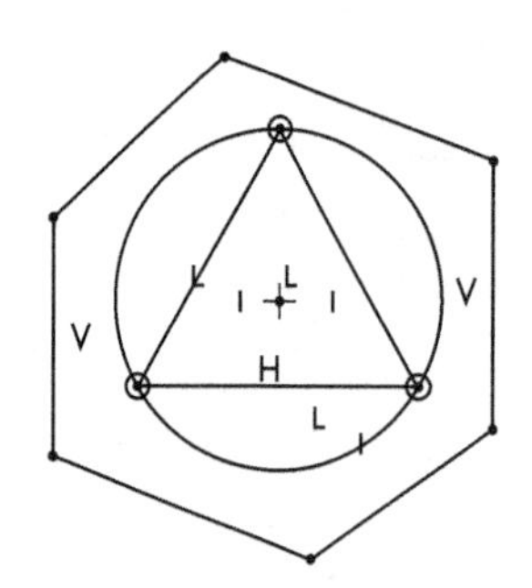

图3-61 绘制六边形

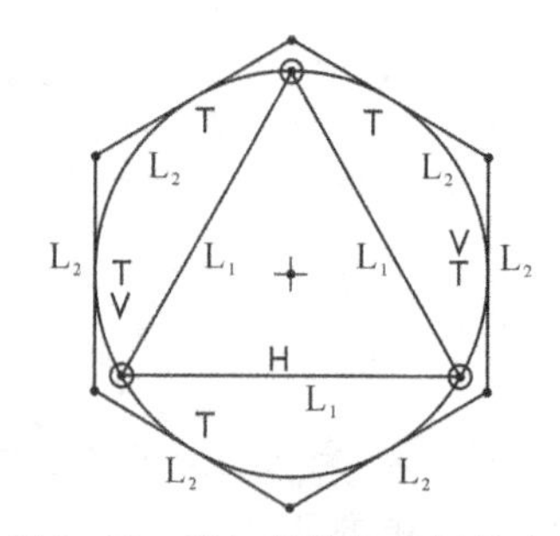

图3-62 添加相等与相切约束

(4)在六边形右边绘制如图3-63所示五边形，并添加相等约束，结果如图3-64所示。

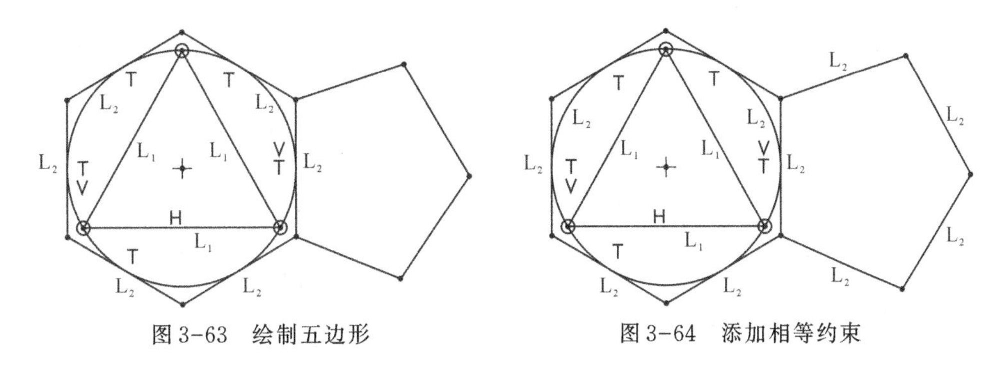

图 3-63　绘制五边形　　　　图 3-64　添加相等约束

(5)在五边形内绘制如图 3-65 所示的圆，并添加相切约束使圆与五边形相切，结果如图 3-66 所示。

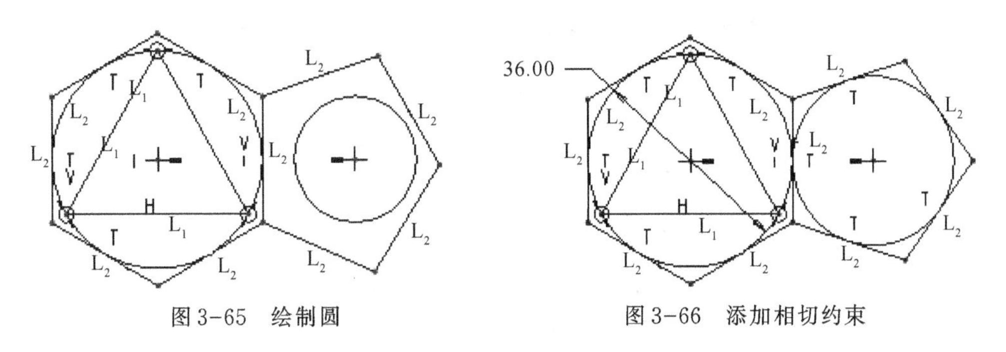

图 3-65　绘制圆　　　　图 3-66　添加相切约束

(6)将五边形内的圆改变为构造圆

单击选中五边形内的圆，然后按住鼠标右键弹出如图 3-67 所示的快捷菜单，选择其中的“构造”选项，此时圆会变为构造圆，如图 3-68 所示。Creo 4.0 版的构造圆处理方法同图 3-56 所示。

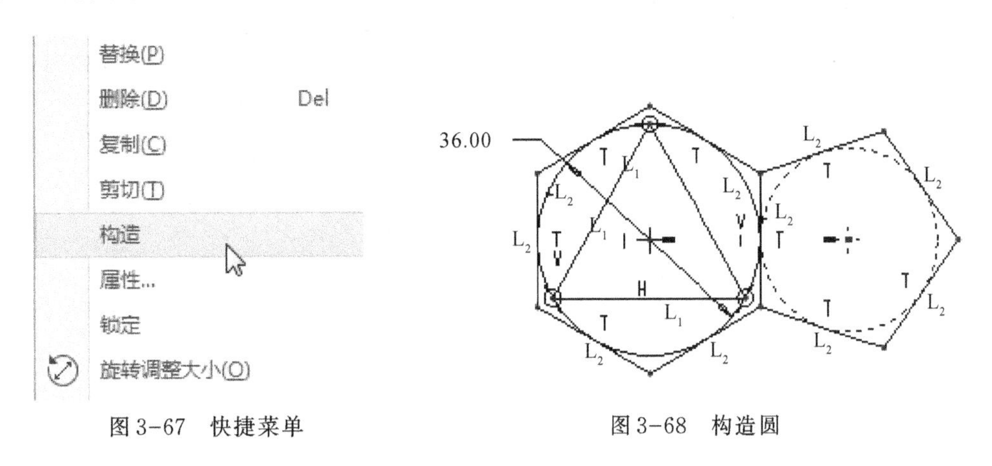

图 3-67　快捷菜单　　　　图 3-68　构造圆

(7)绘制一中心线，然后将五边形进行镜像，结果如图 3-69 所示。

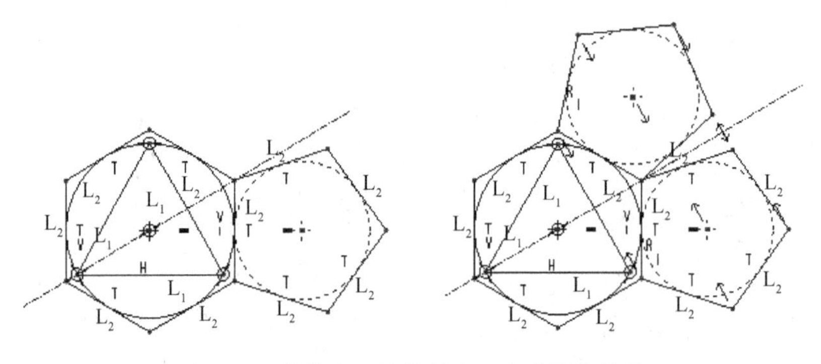

图 3-69　镜像中心线绘制及五边形镜像结果

(8)绘制一竖直中心线,然后对右边两个五边形进行镜像,结果如图 3-70 所示。

(9)绘制一水平中心线,选择上边两个五边形进行镜像,结果如图 3-71 所示。

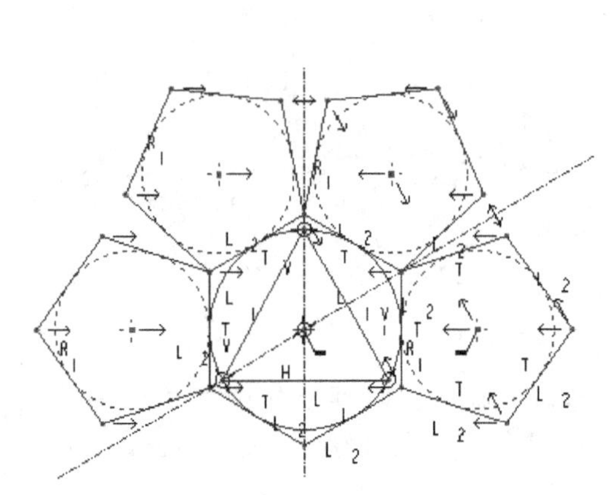

图 3-70　竖直中心线绘制及镜像结果

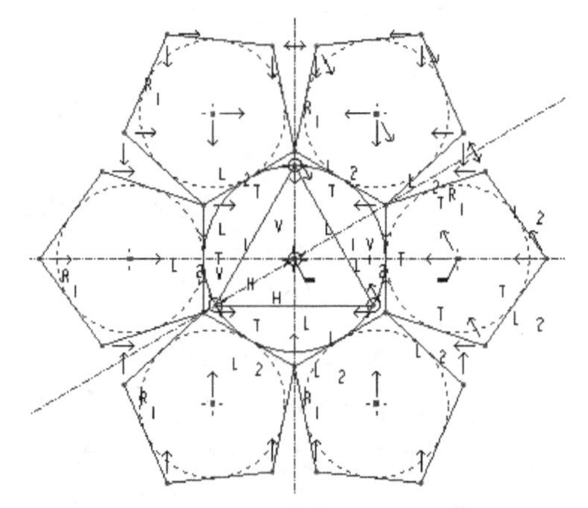

图 3-71　水平中心线绘制及镜像结果

(10)绘制一圆,圆心在三角形的中心,另一点通过五边形的任意一顶点,结果如图 3-72 所示。

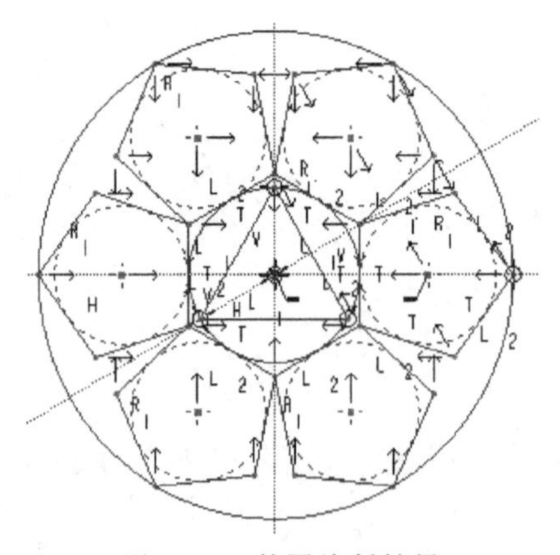

图 3-72　外圆绘制结果

(11)在圆外绘制一矩形,然后添加四个相切约束,使矩形与圆相切,如图 3-73 所示。

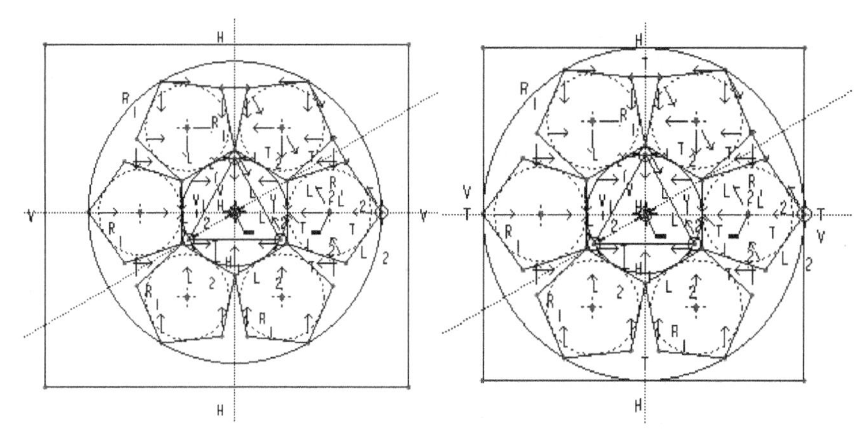

图 3-73　四边形绘制及相切约束添加

(12)关闭约束符号,打开尺寸标注,结果如图 3-74 所示。

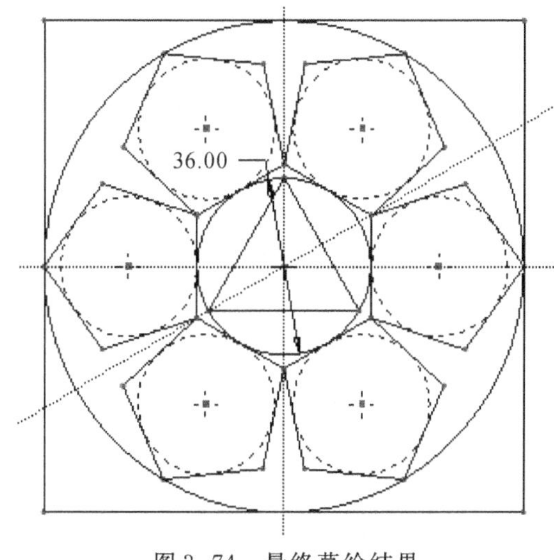

图 3-74　最终草绘结果

步骤 4　文件保存

单击菜单“文件”→“保存”命令,保存当前模型文件。

任务 4　综合工程案例实战演练

【工程案例五】手柄状图形草绘设计

绘制如图 3-75 所示二维草绘图形。

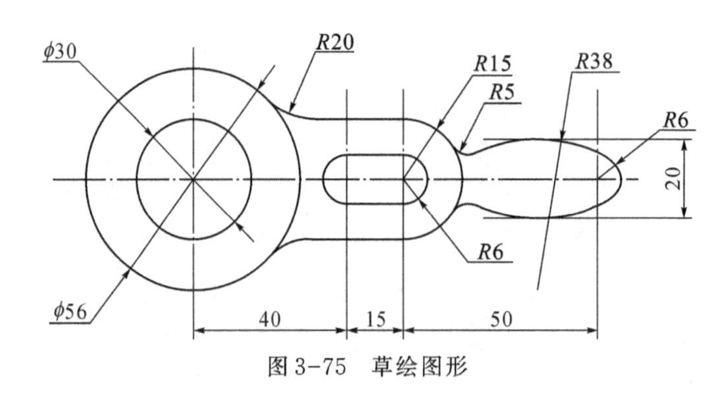

视频 3-5

图 3-75　草绘图形

学习目标

1. 草图绘制与尺寸、约束添加综合应用。
2. 构造线的绘制方法。

设计思路

从总体角度出发,先创建中心线,确定图元间的相互位置关系,然后从左到右分部分进行绘制,必要时需要绘制辅助线(即构造线)。过渡部分的圆弧一般采用倒圆角方式来创建,很少采用画圆弧的方式来创建。圆弧一般也可采用画圆的方式来创建,然后采用“删除段”命令 删除段 删除多余的线段即可。对于对称的图形,大多只需要绘制一半或其中一部分即可,其余部分可用镜像方式来生成。

操作步骤

步骤 1　设置工作目录

单击菜单“文件”→“管理会话”→“选择工作目录”命令,将文件放置在自己建立的文件夹下。

步骤 2　新建文件

单击工具栏中的新建文件按钮,在弹出的“新建”对话框中选择“草绘”类型,在“名称”栏输入新建文件名“Shoubing”。单击“确定”按钮,进入二维草绘环境。

步骤 3　草绘几何图形

(1)草绘中心线

通过基准工具栏上的中心线 中心线 绘制按钮绘制如图 3-76 所示四条竖直中心线和一条水平中心线,并标注尺寸。

(2)绘制左边两个同心圆

通过圆绘制按钮 圆 绘制如图 3-77 所示两个同心圆,并标注尺寸。

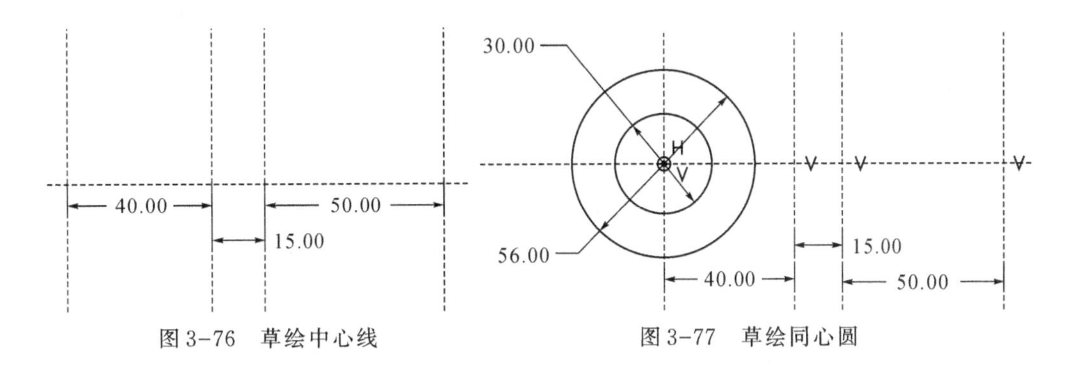

图 3-76　草绘中心线　　　图 3-77　草绘同心圆

(3)绘制中间部分的内环

通过圆绘制命令圆(圆弧一般采用画圆的方式来完成,然后采用删除段命令删除段删除多余的部分)、直线绘制命令线、删除段命令删除段绘制出如图 3-78 所示的回形轮廓,并添加等半径约束和半径尺寸 $R6$。

(4)绘制中间部分的外环

通过圆绘制命令圆、直线绘制命令线、删除段命令删除段绘制出如图 3-79 所示的外形轮廓,并添加半径尺寸 $R15$。

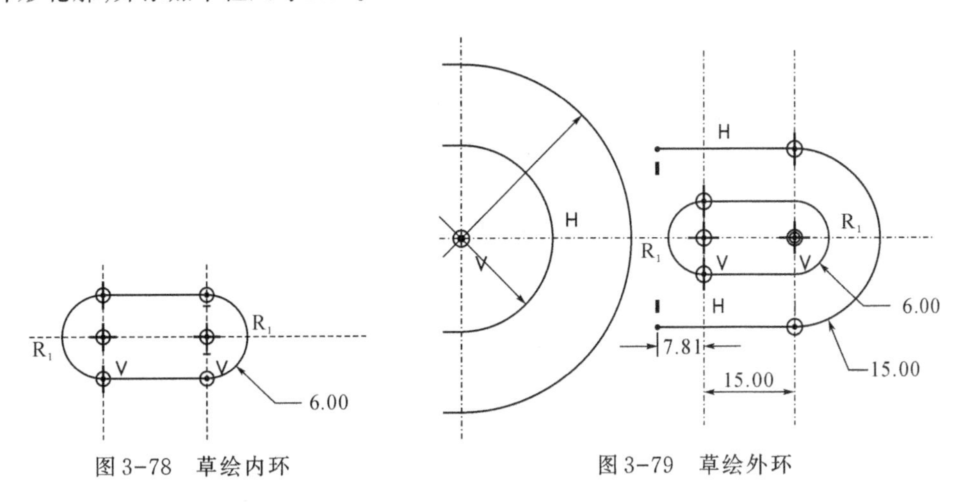

图 3-78　草绘内环　　　图 3-79　草绘外环

(5)倒圆角并修改圆角尺寸

采用倒圆角命令按钮圆角实现圆与直线间的过渡,并添加等半径约束 R_2 和半径尺寸 $R20$,如图 3-80 所示。

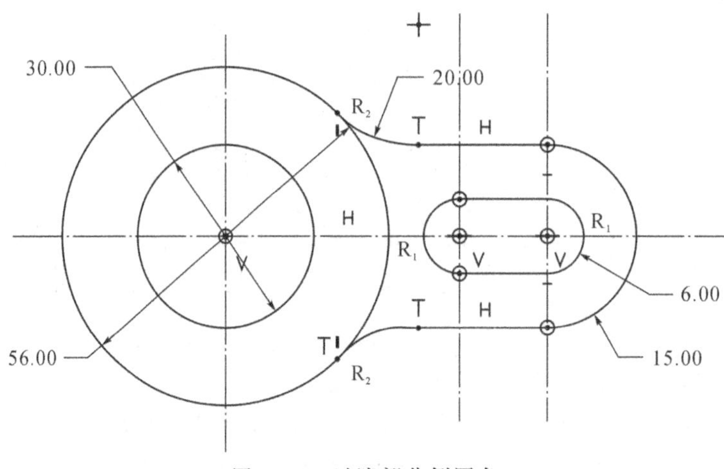

图3-80　过渡部分倒圆角

(6)绘制右侧小圆和构造线

通过绘制圆命令按钮◎圆、绘制直线命令按钮✓线 绘制如图3-81所示的两条直线和一个圆,然后单击直线将其选中,右击弹出快捷菜单,选择其中的“构建”选项,该直线会变为辅助构造线。

(7)在构造线与圆之间绘制一圆

通过绘制圆命令按钮◎圆 在构造线与小圆之间绘制一大圆,位置如图3-82所示。添加相切约束,使大圆外切于构造线,内切于小圆,结果如图3-83所示。

(8)倒圆角

使用倒圆角命令按钮,单击大圆及中间部分$R15$的圆弧,系统创建出过渡圆弧,如图3-84所示。

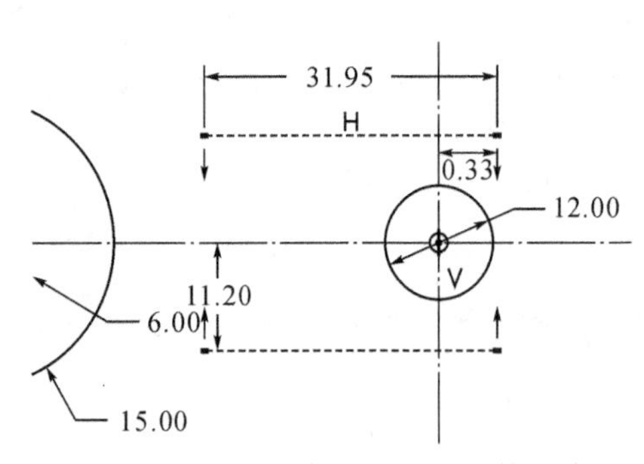

图3-81　绘制右侧的圆与辅助构造线

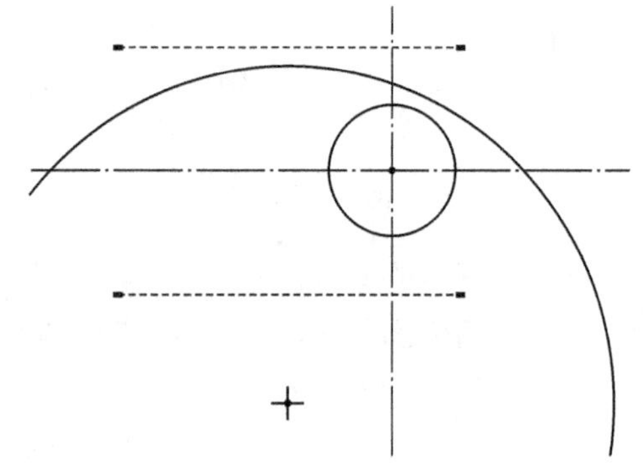
图3-82　绘制圆

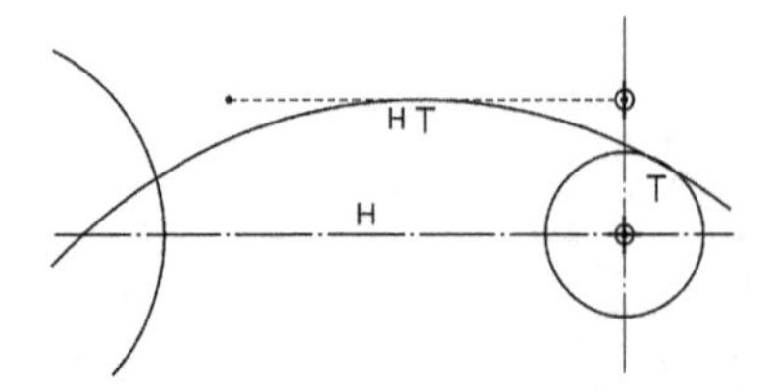

图3-83　相切约束添加结果

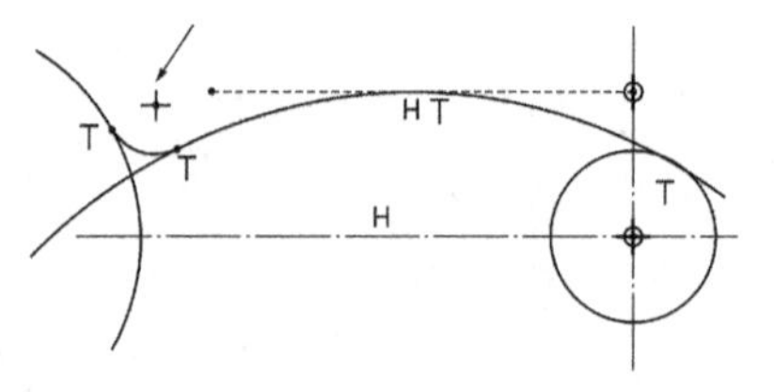

图3-84　倒圆角

(9)修改多余线段

使用删除段命令按钮 删除段,删除过渡部分多余的线段,并修改过渡圆弧的尺寸,使其为R5,结果如图3-85所示。

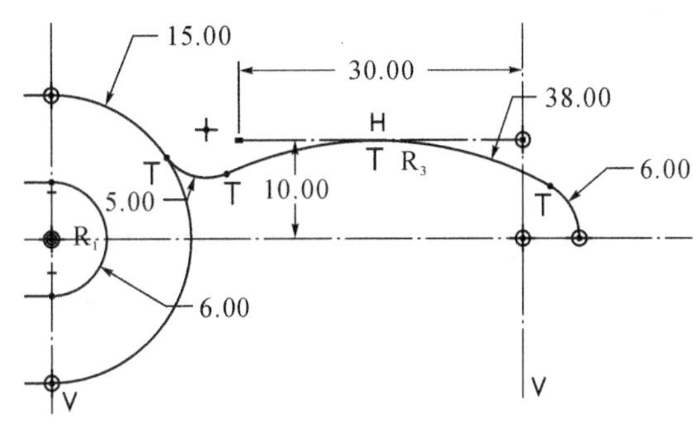

图3-85　过渡部分

(10)镜像

先选中右侧手柄上半部的图元(可框选,可点选),然后单击镜像按钮 镜像 ,再选择水平中心线,系统镜像结果如图3-86所示。

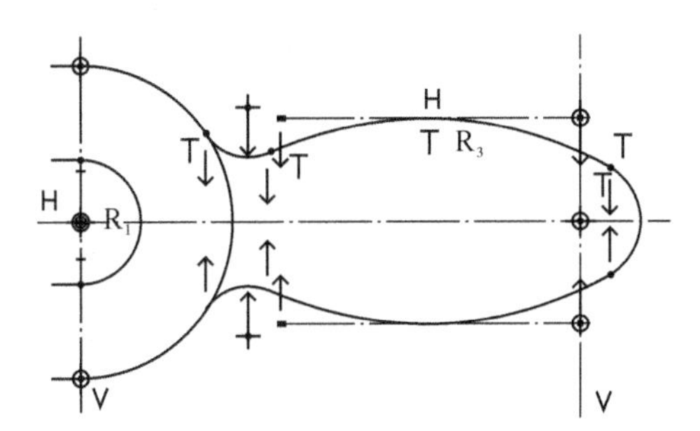

图3-86　镜像结果

(11)调整尺寸位置

通过单击相应的尺寸数值,按住鼠标左键拖动鼠标,将尺寸拖动到合适的位置,结果如图3-87所示。

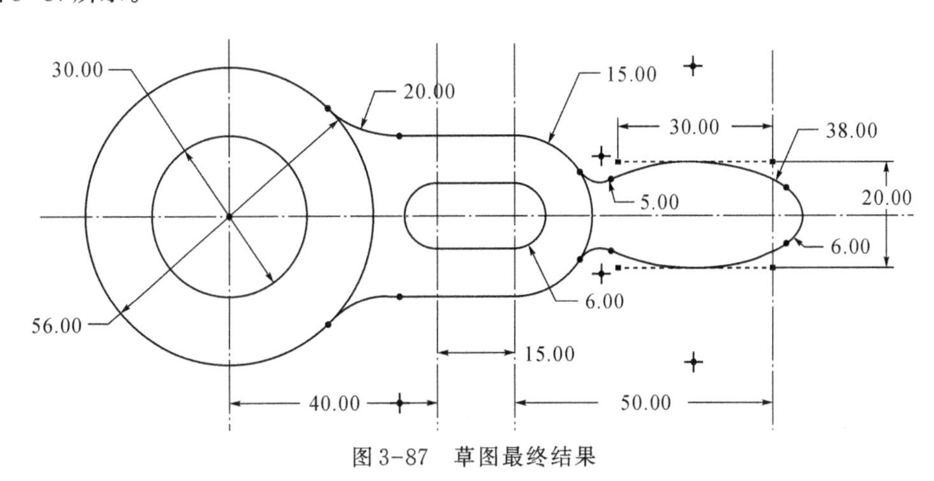

图3-87　草图最终结果

综合案例练习

绘制如图 3-88 所示各草绘图形,并标注尺寸。

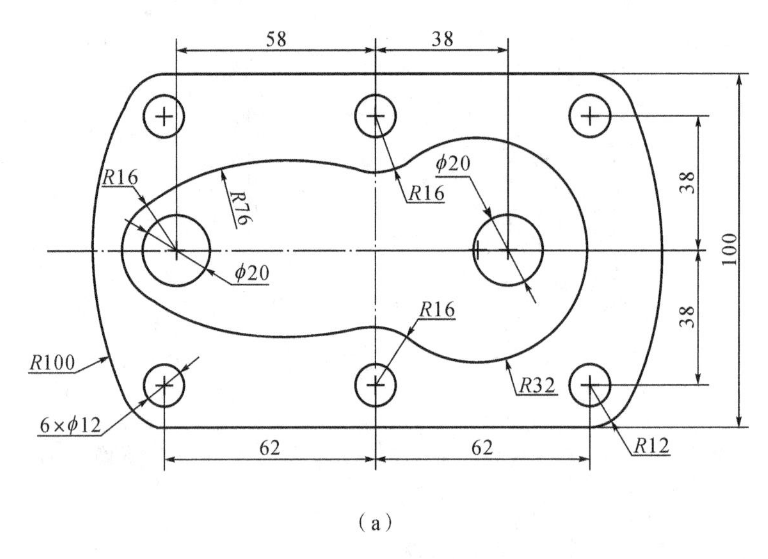

(a)

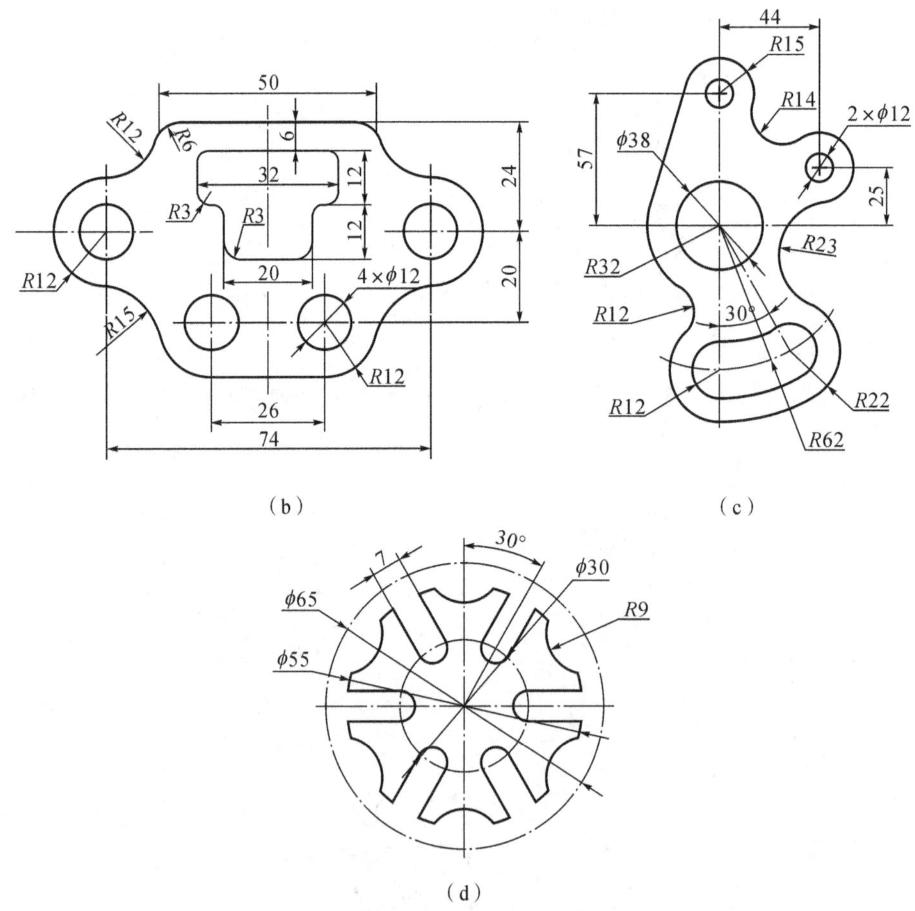

(b)

(c)

(d)

图 3-88　综合练习题

项目四　三维零件设计基础

认知1　特征与参数化特征造型

Creo软件采用基于特征的参数化造型技术。每个零件均由一个或多个特征组成。所谓特征就是具有一定形状和尺寸的几何体,它能够区别于其他事物存在。如同人主要由头、手、脚、躯干等几部分组成,其中手、脚等就是其主要的特征。Creo软件的特征构成如图4-1所示。图4-2所示为零件特征造型的实例。

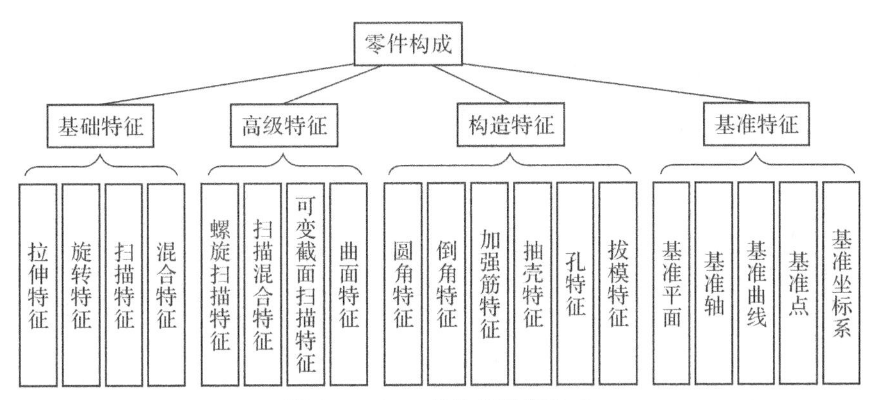

图4-1　Creo软件的特征构成

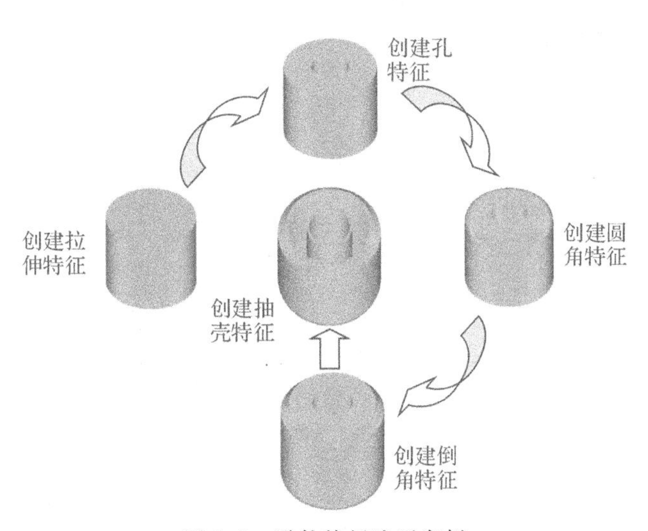

图4-2　零件特征造型实例

参数化建模是在20世纪80年代末逐渐占据主导地位的一种计算机辅助设计方法。它将零件的主要尺寸用参数来表示,当参数取不同的值时可以得到不同大小的一组零件。矩形的参数化如图4-3所示。

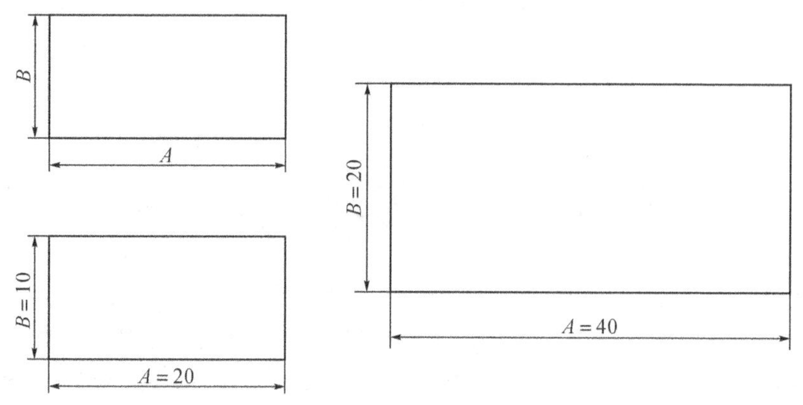

图4-3　参数化设计实例

认知2　三维零件设计环境认知

单击工具栏中的新建文件按钮,在弹出的“新建”对话框中选择“零件”类型,按下“确定”按钮,进入三维零件设计环境,如图4-4所示。

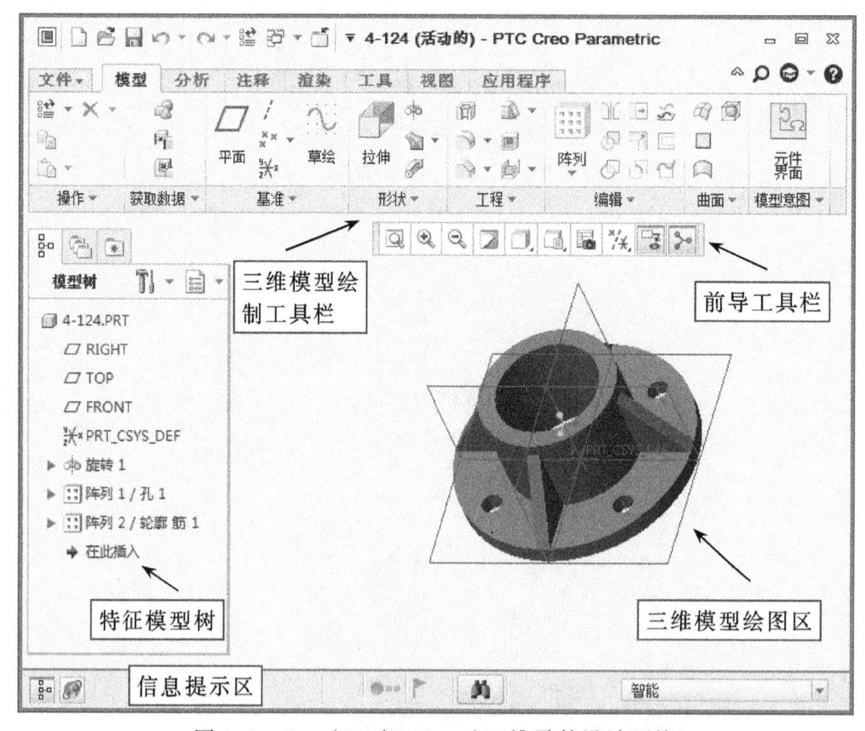

图4-4　Creo(Pro/Engineer)三维零件设计环境

与传统的Windows软件一样，Creo(Pro/Engineer)的三维零件设计环境包含了所有的菜单和工具栏。除此以外还包含了模型树、信息提示区、状态栏等。

其中模型树用于记录零件的特征创建过程，便于单个特征的编辑。信息提示区用于显示重要的提示，包括当前操作的状态信息、警告信息以及要求输入的必要参数、错误信息等。状态栏用于显示系统当前的状态，如模型再生状态、暂停状态等。

任务1　以拉伸方式创建三维零件模型

【工程案例一】轴承座的三维建模

视频4-1

某机械厂生产如图4-5所示轴承座，要求建立其三维模型。

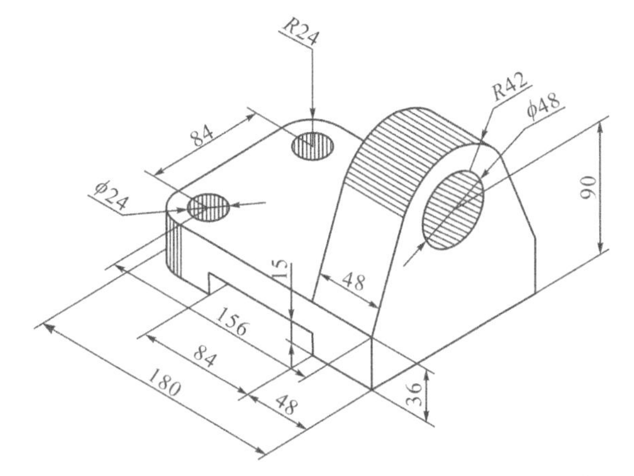

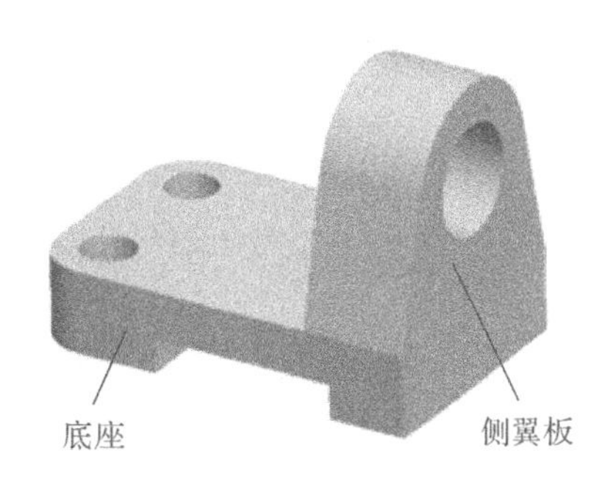

图4-5　轴承座

学习目标

能够应用拉伸特征创建零件的三维模型。

零件建模分析

整个轴承座由底座和支撑板构成，而底座和支撑板均可通过截面拉伸方式创建而成。其创建过程如表4-1所示。

表4-1　轴承座的三维造型过程

关键步骤	1. 拉伸添加底座	2. 拉伸切割底座	3. 拉伸添加侧翼
图示			

相关知识点

1. 拉伸特征的定义

拉伸特征是将二维截面沿指定方向延伸指定距离而形成的一种三维特征。它是创建三维模型的最基本方法。

2. 拉伸特征在零件造型中的作用

拉伸特征主要应用于截面相等且拉伸方向与截面垂直的场合。

3. 拉伸特征的操作面板

创建拉伸特征需要确定一些主要参数,如拉伸方向、拉伸长度等,这些均通过拉伸操作面板来确定,如图4-6所示。

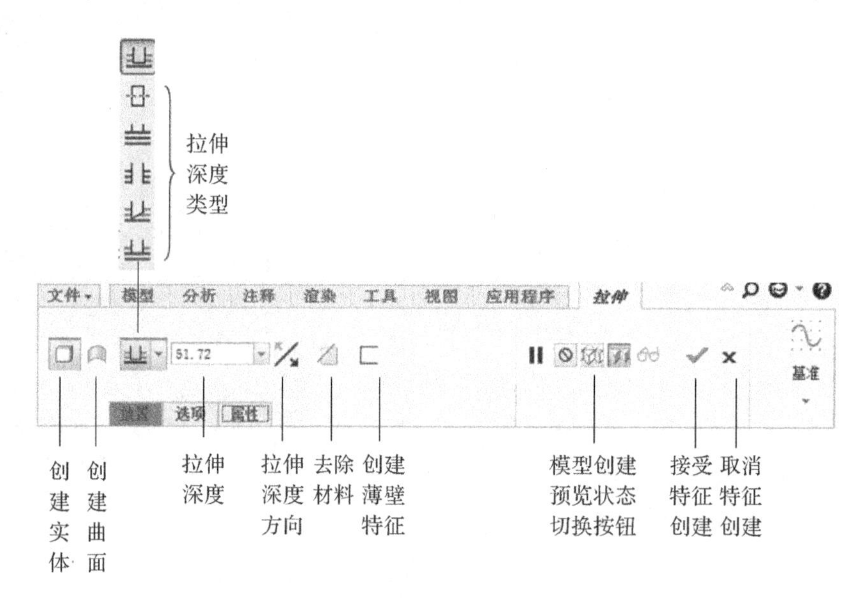

图4-6 拉伸特征操作面板

操作步骤

步骤1 设置工作目录

单击菜单“文件”→“管理会话”→“选择工作目录”命令,将文件放置在自己建立的文件夹下。

步骤2 新建文件

单击工具栏中的新建文件按钮,在弹出的“新建”对话框(见图4-7)中选择“零件”类型,单击“使用默认模板”复选框取消选中标志,在“名称”栏输入新建文件名“4-5”。单击“确定”按钮,打开“新文件选项”对话框(见图4-8)。选择“mmns_part_solid”模板,按下“确定”按钮,进入三维零件绘制环境。

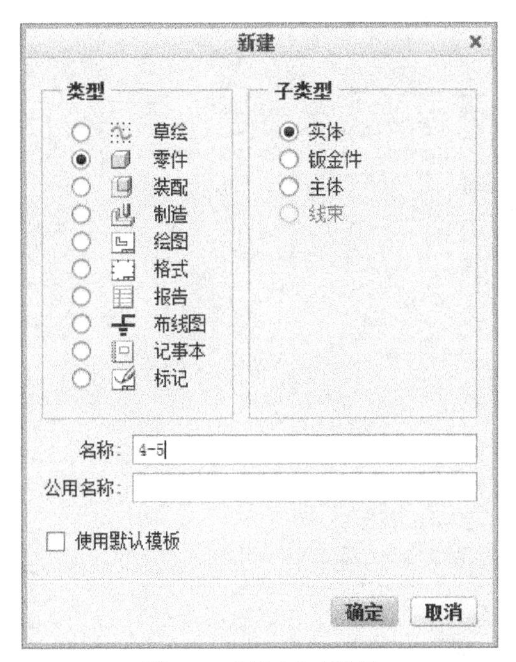

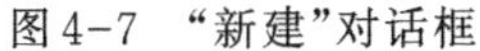
图4-7　“新建”对话框

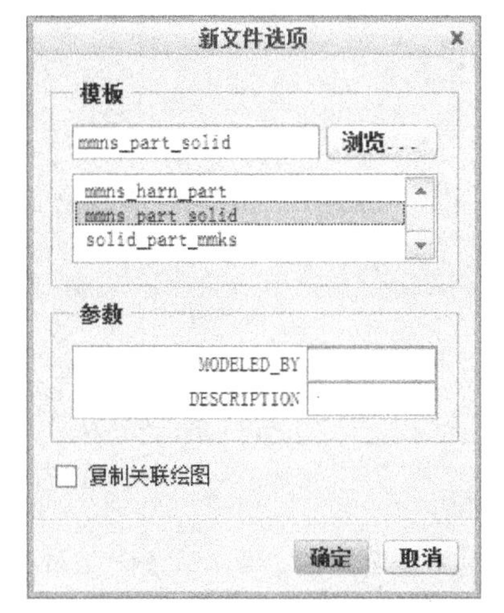

图4-8　“新文件选项”对话框

注：mmns_part_solid为公制单位，其中mm为毫米、n为牛顿、s为秒。part为零件，solid为实体。

在三维零件绘制环境中，默认的有三个基准平面(FRONT、TOP、RIGHT)、一个标有三个轴的基准坐标系(PRT_CSYS_DEF)，如图4-9所示，它们的打开和关闭，可以通过单击屏幕上前导工具栏的基准显示过滤器按钮来控制，如图4-10所示。当某项基准前面的√去掉后，该项基准不显示。如图4-10中不显示点基准符号。

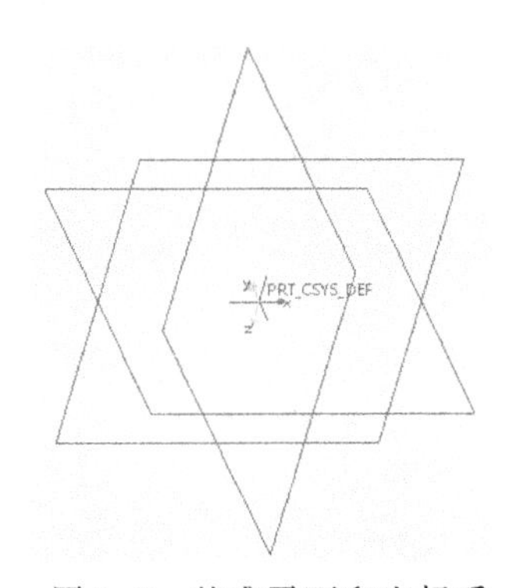

图4-9　基准平面和坐标系

图4-10　基准显示过滤器按钮

步骤3　通过拉伸创建基础底座

①单击按钮，打开拉伸特征操作面板。

②单击“放置”面板中的“定义”按钮，打开“草绘”对话框，如图4-11所示。

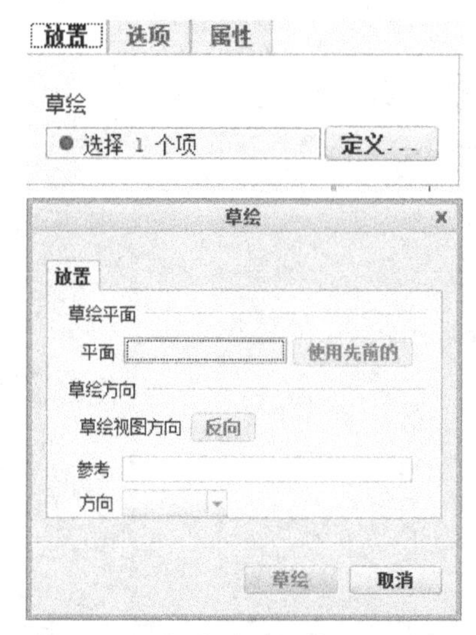

图 4-11　拉伸特征操作面板设置

③单击选择绘图区的TOP基准面为草绘平面，草绘方向中的参考面及方向为默认值(此处为RIGHT基准面)，如图4-12所示。单击对话框中的“草绘”按钮，系统自动调整TOP基准面的方向，使之与用户视线垂直。

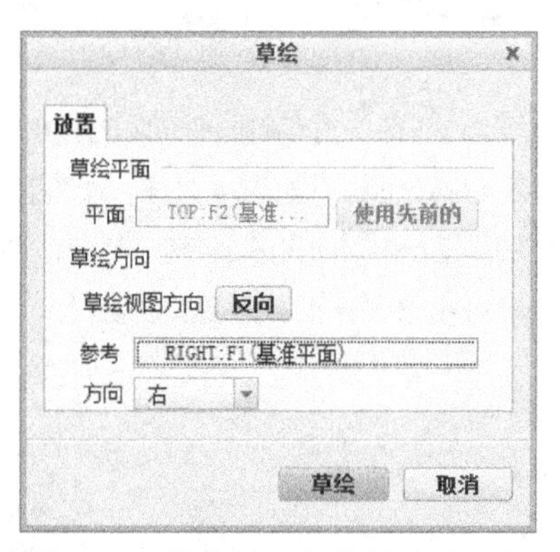

图 4-12　草绘平面与草绘方向选择

(**注**：如果系统没有调整TOP草绘面的方向，则需要进行相应参数设置，其方法是：单击菜单“文件”→“选项”，弹出“PTC Creo Parametric选项”对话框，切换到“草绘器”属性页，往下移动页面，使界面中出现“草绘器启动”项，单击“使草绘平面与屏幕平行”，当前面出现“√”时，按下对话框中的“确定”按钮即可。)

④单击前导工具栏中的模型显示方式按钮□，将模型显示方式改为线框模式，如图4-13所示。

⑤绘制如图4-14所示的二维截面。

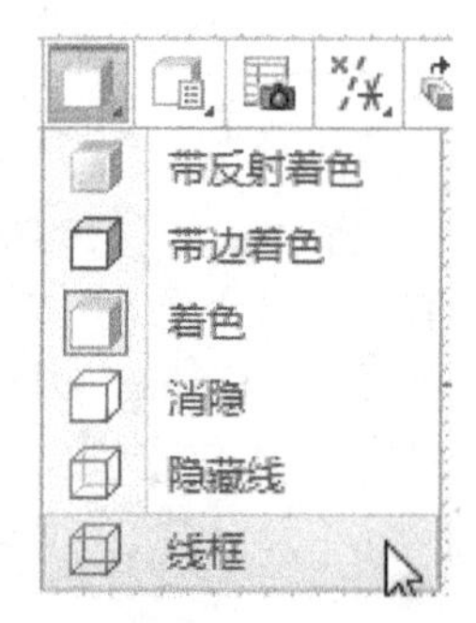

图 4-13　模型显示方式切换

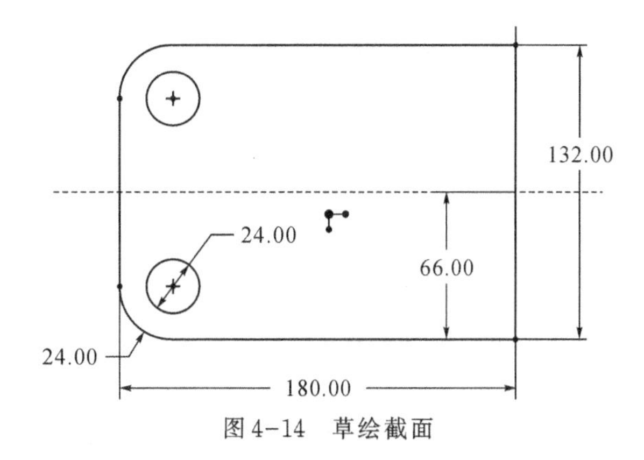

图 4-14　草绘截面

⑥单击草绘完成按钮✔,返回拉伸特征操作面板。

⑦在数值编辑框中输入 36,单击按钮✔,完成拉伸特征的创建,结果如图 4-15(a)所示。

⑧单击前导工具栏中的模型显示方式按钮,将模型显示方式改为着色模式,如图 4-15(b)所示。

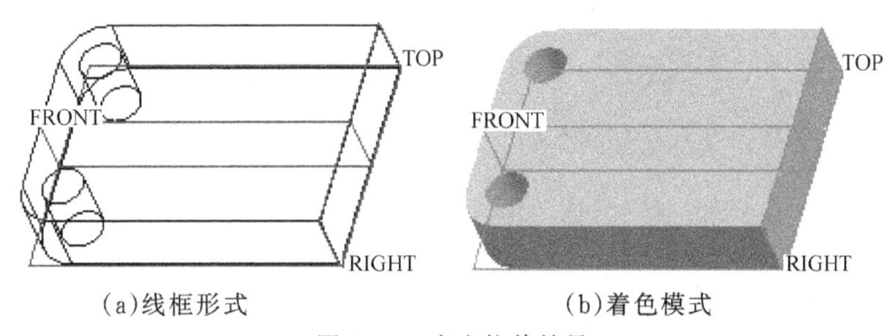

(a)线框形式　　(b)着色模式

图 4-15　底座拉伸结果

步骤 4　拉伸切割底座

①单击按钮,打开拉伸特征操作面板。

②单击“放置”面板中的“定义”按钮,打开“草绘”对话框。

③选择底座前表面为草绘平面,单击草绘按钮,系统进入草绘工作环境。

④单击草绘按钮,系统进入草绘工作环境。

⑤绘制如图 4-16 所示矩形二维截面。单击完成按钮✔,返回拉伸特征操作面板。

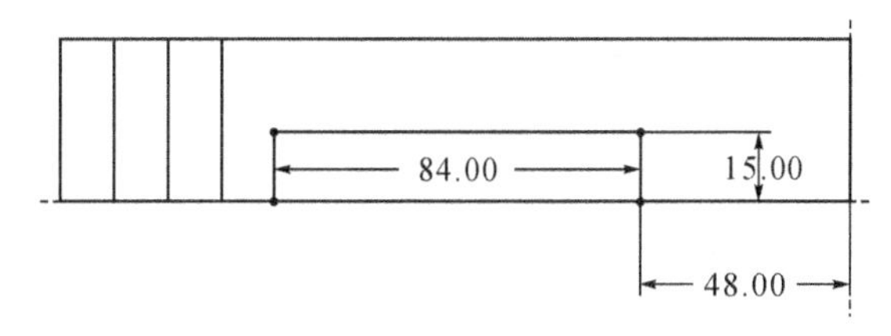

图 4-16　草绘二维截面

⑥单击前导工具栏中视图控制按钮,选择“默认方向”选项(见图 4-17)。

(**注**:此操作的目的在于可从三维角度观察截面的拉伸方向,避免拉伸方向选错。)

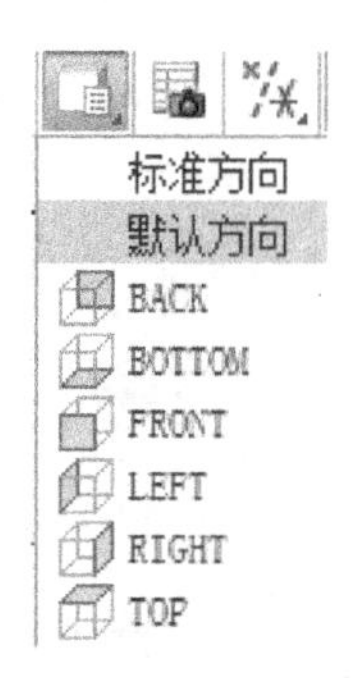

图4-17 视图控制

⑦通过单击拉伸特征上的箭头,改变特征拉伸的方向,使其与前拉伸特征重叠,如图4-18所示。

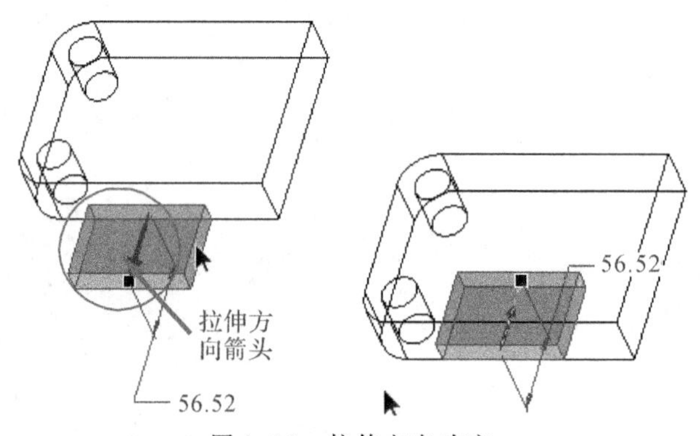

图4-18 拉伸方向改变

⑧按下去除材料按钮,改特征添加为特征切除。

⑨单击中的下拉箭头,选择按钮,确定拉伸长度为穿透整个零件。

⑩单击操作面板上的按钮,完成拉伸特征的创建,结果如图4-19所示。

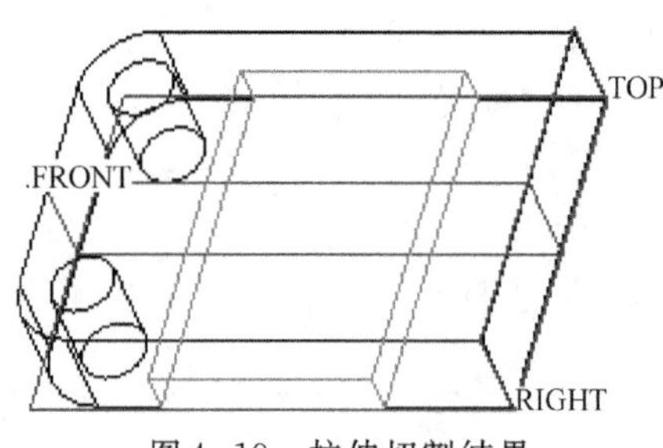

图4-19 拉伸切割结果

步骤5 拉伸添加支撑板

①单击按钮,打开拉伸特征操作面板。

②单击“放置”面板中的“定义”按钮,打开“草绘”对话框。

③选择零件右表面为草绘平面,参照面按缺省值设置。

④单击草绘按钮,系统进入草绘工作环境。

⑤绘制如图4-20所示二维截面。单击草绘完成按钮,返回拉伸特征操作面板。

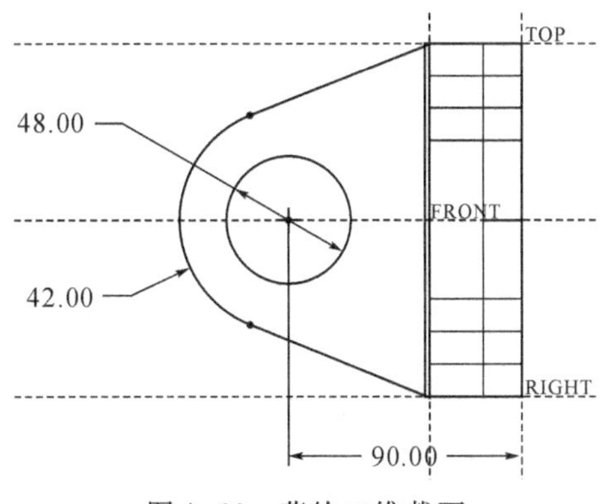

图4-20　草绘二维截面

⑥单击前导工具栏中视图控制按钮,选择“默认方向”选项。

⑦通过单击拉伸特征上的箭头,改变特征拉伸的方向,使其与前拉伸特征重叠,结果如图4-21所示。

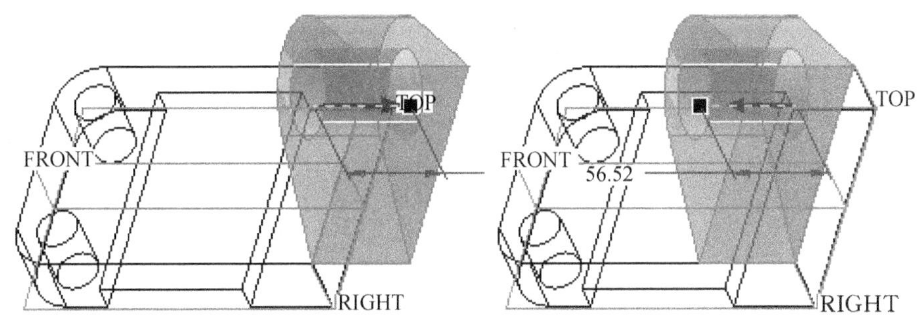

图4-21　拉伸方向改变

⑧在数值编辑框中输入48,单击操作面板上的按钮✔,完成拉伸特征的创建,结果如图4-22所示。

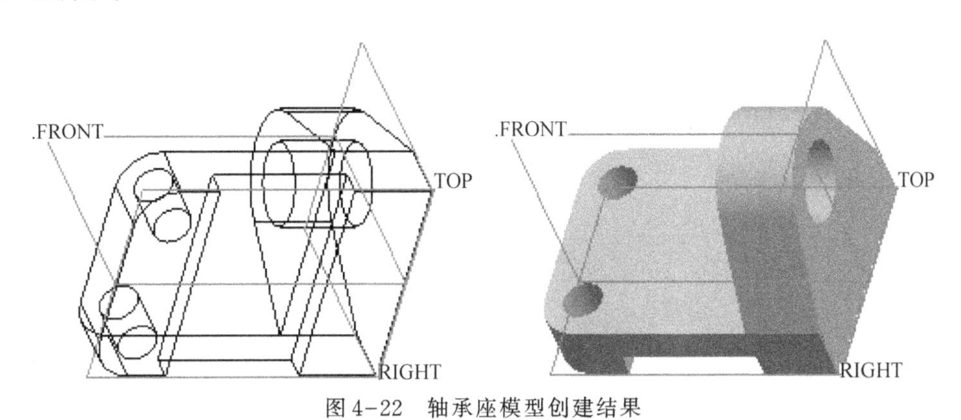

图4-22　轴承座模型创建结果

步骤6　文件保存

单击菜单“文件”→“保存”命令,保存当前模型文件。保存后文件名为zhouchengzuo.prt,其中prt为三维零件图形的后缀名。

举一反三

某机械厂生产如图4-23所示轴承座,要求建立其三维模型。

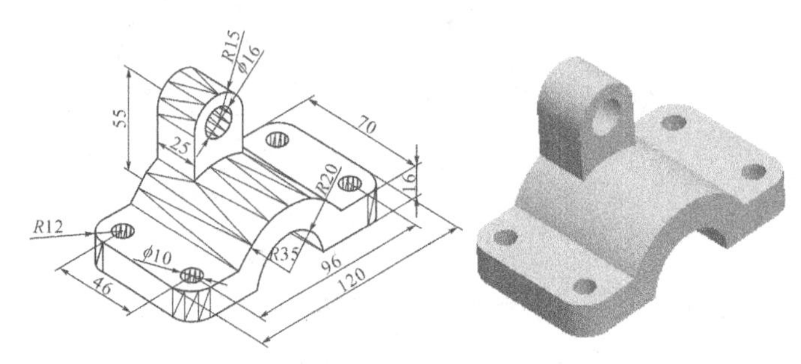

图4-23　轴承座

建模提示如表4-2所示。

表4-2　建模提示

关键步骤	1. 拉伸添加底座	2. 拉伸添加桥拱,截面形状为
图示	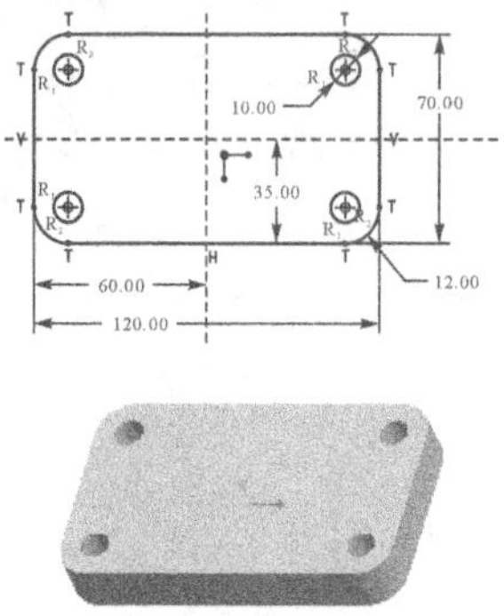 10.00 70.00 35.00 60.00 120.00 12.00	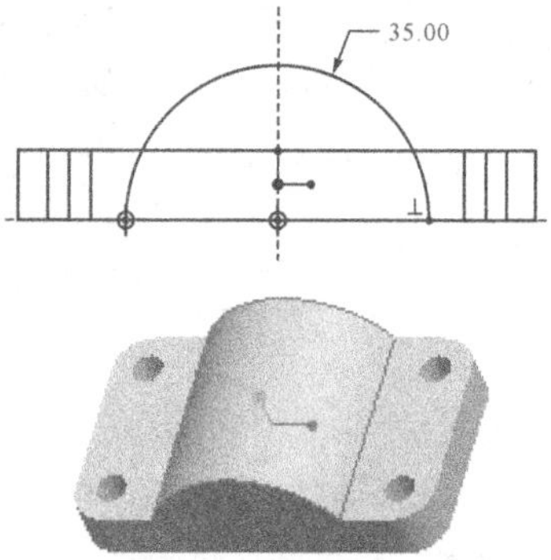 35.00
关键步骤	3 .拉伸切割桥拱,截面形状为1个ϕ40的圆	4. 拉伸添加支撑座,截面形状为
图示	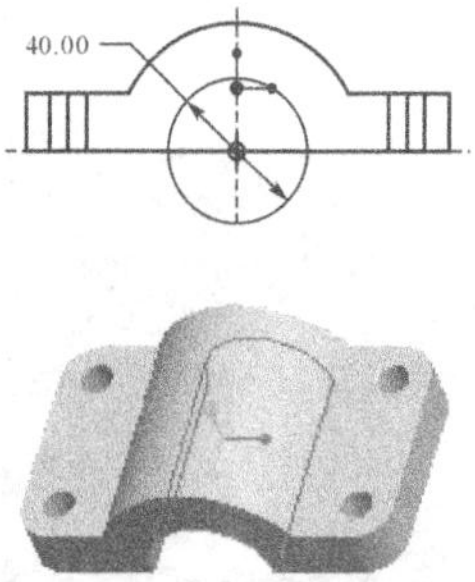 40.00	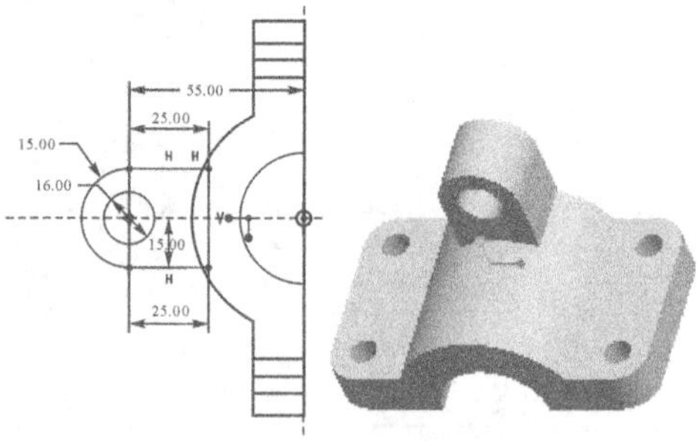 55.00 25.00 15.00 16.00 15.00 25.00

小结

1. 拉伸特征创建失败的原因及处理方法

在截面拉伸过程中,当出现如图4-24所示"不完整截面"提示对话框时,应利用系统在截面上的提示点检查所创建的截面是否存在以下问题:(1)截面不封闭;(2)截面轮廓中存在多余的线条;(3)截面线条相互交叉。如图4-25所示。

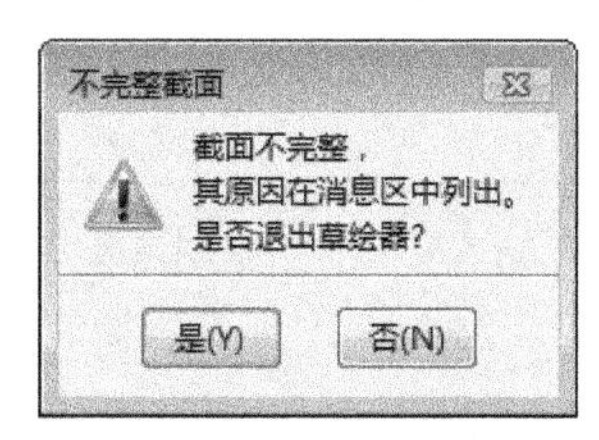

图 4-24　“不完整截面”提示对话框

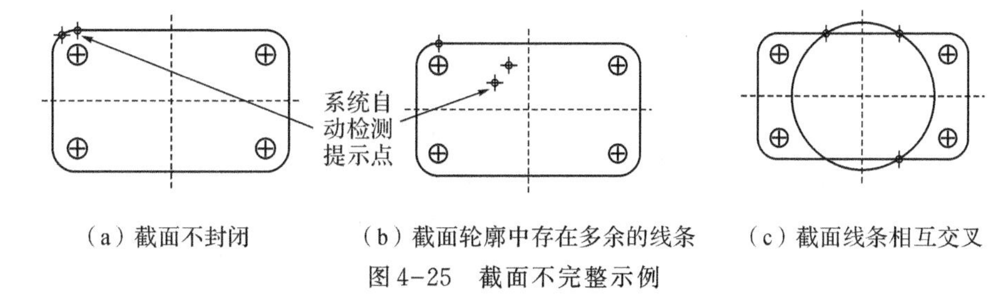

（a）截面不封闭　　（b）截面轮廓中存在多余的线条　　（c）截面线条相互交叉

图 4-25　截面不完整示例

另外也可以根据截面中是否存在多余的尺寸来检查截面不完整的原因。

2. 拉伸特征的编辑修改方法

当特征创建完成后，用户可以随时对它进行修改，如图 4-26 所示。

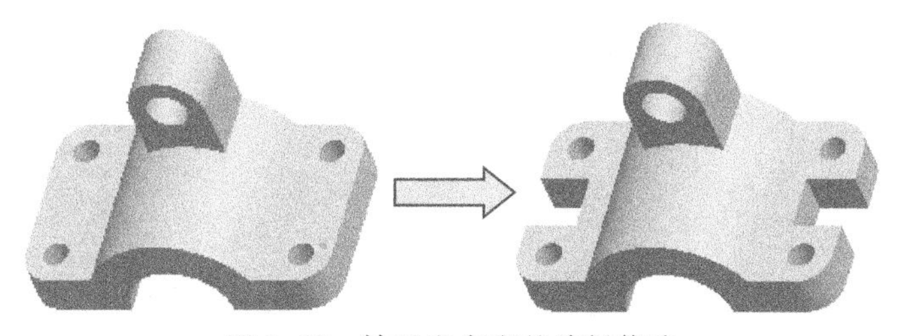

图 4-26　轴承座底座的编辑修改

具体的操作步骤：

①在零件 4-22.PRT 的特征模型树中单击“拉伸 1”（见图 4-27），然后单击鼠标右键出现快捷菜单（见图 4-28），选择其中的“编辑选定对象的定义”按钮，回到拉伸特征操作面板，单击“放置”面板中的“编辑”按钮，如图 4-29 所示。

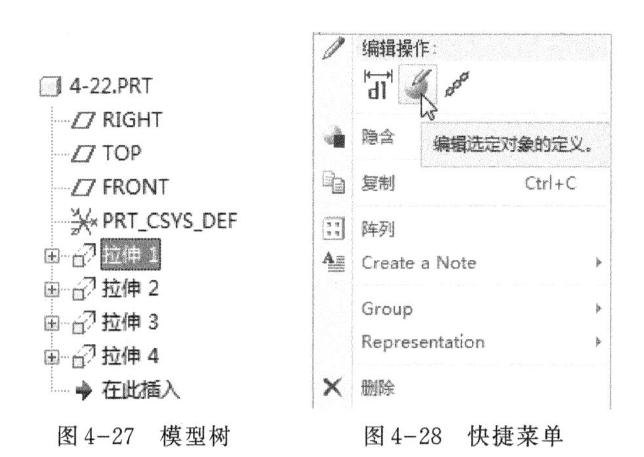

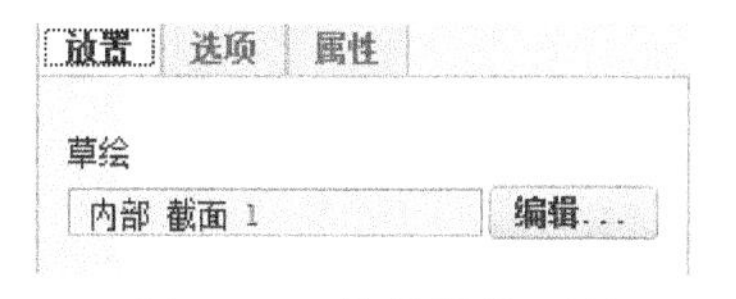

图 4-27　模型树　　图 4-28　快捷菜单　　图 4-29　拉伸操作面板

②进入二维草绘环境后,对原来的截面进行修改,如图4-30所示。

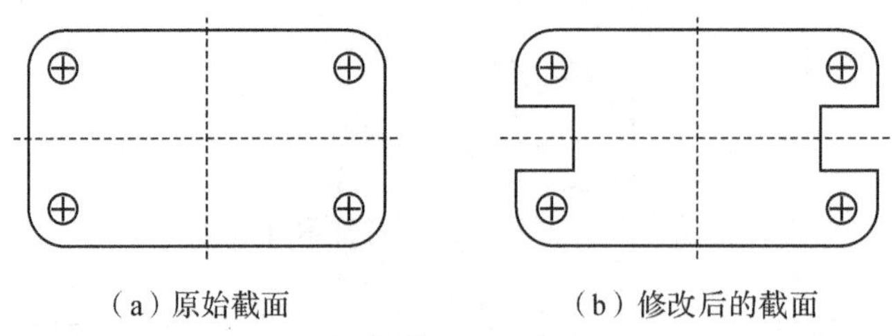

(a) 原始截面　　(b) 修改后的截面

图4-30　修改截面

③单击草绘完成按钮✔,返回拉伸特征操作面板。

④单击操作面板上的按钮✔,完成底座拉伸特征的编辑修改。

⑤单击菜单"文件"→"保存副本"命令,在"保存副本"对话框中"新建名称"选项中输入文件名"4-22b",按下"确定"按钮,以不同的文件名保存当前模型文件。

工程案例练习

创建图4-31、图4-32所示各零件的三维模型。

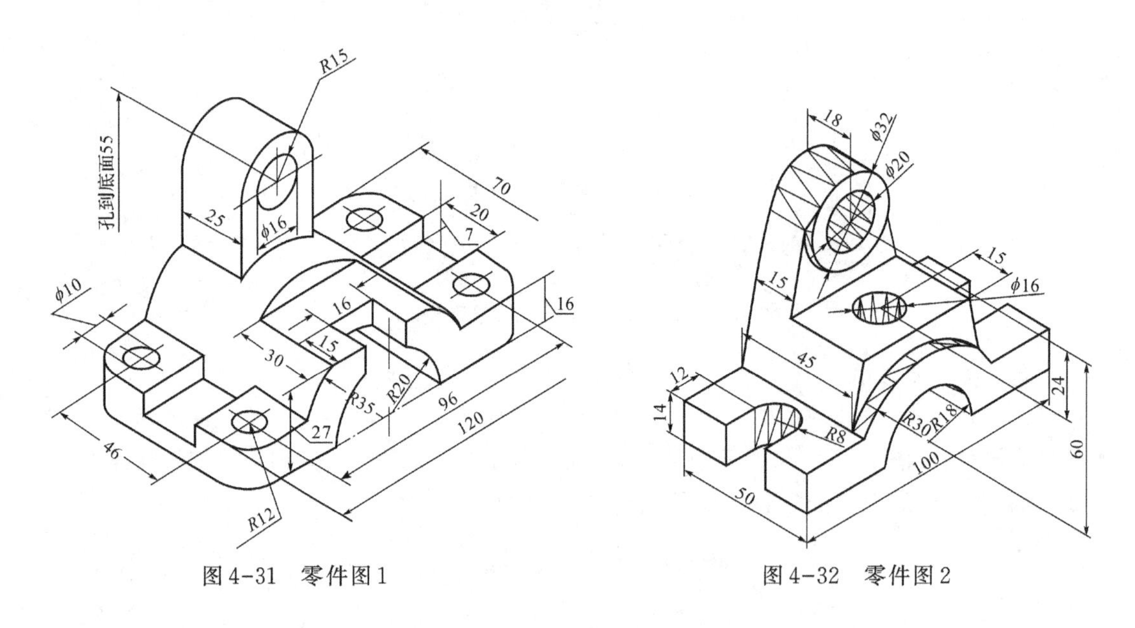

图4-31　零件图1　　图4-32　零件图2

任务2　以旋转方式创建三维零件模型

【工程案例二】定位轴的三维建模

视频4-2

某机械厂生产如图4-33所示定位轴,要求建立其三维模型。

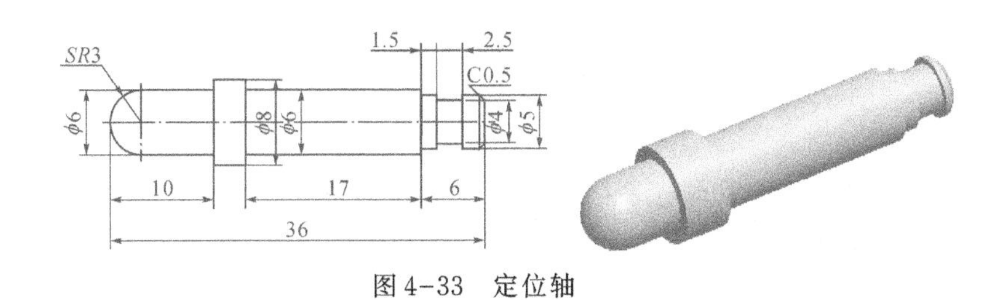

图 4-33　定位轴

学习目标

能够应用旋转特征创建零件的三维模型。

零件建模分析

从结构上来看,该零件属于回转类零件,可以看作某截面沿中心轴旋转而成。从造型的角度来看,除了圆头部分必须采用旋转方式创建外,其余部分均可采用创建拉伸特征的方式来构造。不过最直接的构造方法就是创建一个二维截面,然后绕一中心轴旋转而成,如表 4-3 所示。

表 4-3　定位轴的三维造型过程

关键步骤	1. 创建旋转封闭截面	2. 截面旋转结果
图示		

相关知识点

1. 旋转特征的定义

旋转特征就是将二维草绘截面绕着一条中心线旋转一定角度而形成的特征。

2. 旋转特征在零件造型中的作用

旋转特征主要适用于创建回转体实体。

(**注:**要创建旋转特征,旋转截面必须包含一条旋转轴,而且截面必须处在旋转轴的一侧。)

3. 旋转特征的操作面板

旋转特征的操作面板各项的含义如图 4-34 所示。

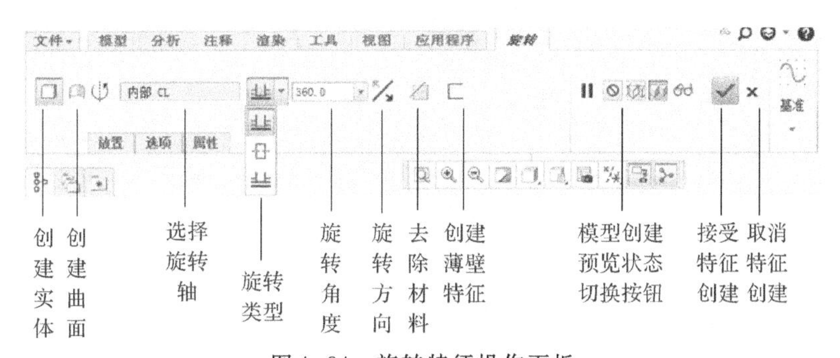

图 4-34　旋转特征操作面板

操作步骤

步骤1 设置工作目录

单击菜单“文件”→“管理会话”→“选择工作目录”命令，将文件放置在自己建立的文件夹下。

步骤2 新建文件

单击工具栏中的新建文件按钮，在弹出的“新建”对话框中选择“零件”类型，单击“使用默认模板”复选框取消选中标志，在“名称”栏输入新建文件名“4-32”。单击“确定”按钮，打开“新文件选项”对话框。选择“mmns_part_solid”模板，按下“确定”按钮，进入三维零件绘制环境。

步骤3 通过旋转创建定位轴

①单击旋转特征创建按钮 旋转，打开旋转特征操作面板。

②单击“放置”面板中的“定义”按钮，打开“草绘”对话框，如图4-35所示。

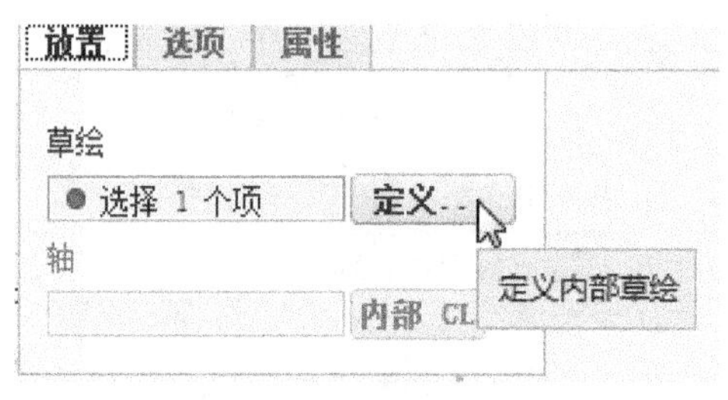

图4-35 旋转特征操作面板放置面板设置

③选择FRONT基准面为草绘平面，参考面及方向为缺省值(此处为RIGHT基准面)，如图4-36所示。单击“草绘”按钮进入草绘状态。

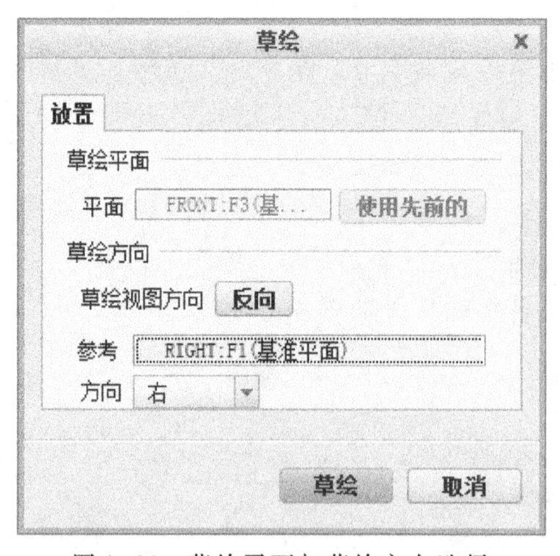

图4-36 草绘平面与草绘方向选择

④绘制如图4-37所示的二维截面和中心线。

(**注**：系统默认的两条垂直参考线并非是中心线，中心线需要通过绘制中心线图标另外绘制。)

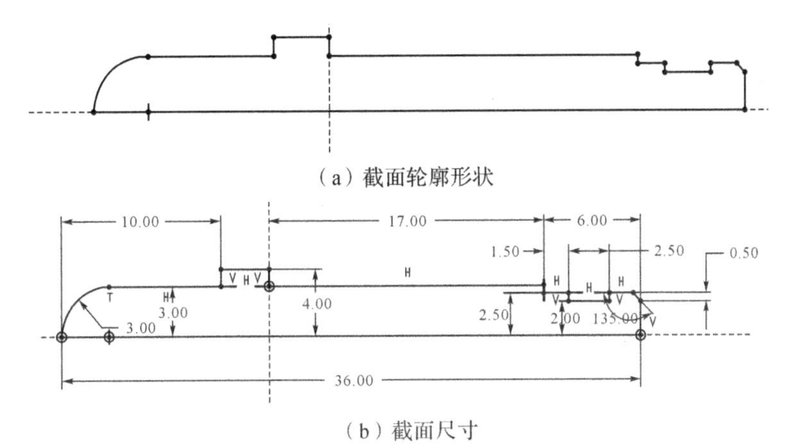

（a）截面轮廓形状

（b）截面尺寸

图 4-37　旋转截面及中心轴

（**注**：由于该截面尺寸较小，用户在草绘时会自动添加一些不必要的约束，如等长、垂直，导致尺寸无法正常修改，这是在用户初学时最容易出现的问题。解决的方法是去除一些系统自动添加的约束。具体操作步骤如下：

（1）选择主菜单“文件”→“选项”命令，弹出“PTC Creo Parametric 选项”对话框。

（2）将对话框切换到“草绘器”属性页，在“草绘器约束假设”栏目中保留其中的水平排齐、竖直排齐，其余均去除，如图 4-38 所示。依次单击两次“确定”按钮，返回旋转草绘状态。）

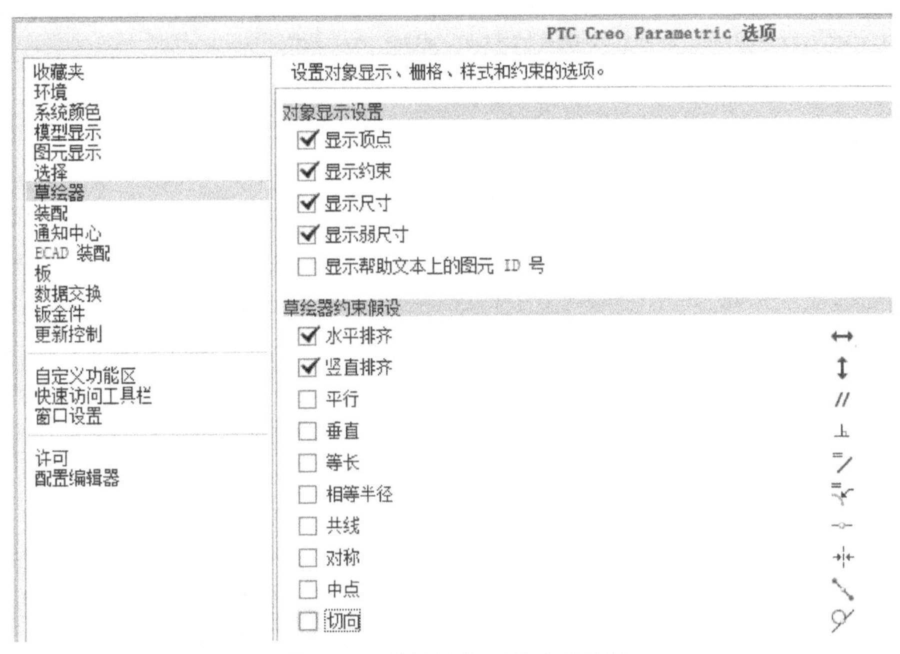

图 4-38　草绘器约束假设对话框

⑤单击草绘完成按钮✔，返回旋转特征操作面板。

⑥单击操作面板上的按钮✔，完成定位轴零件创建。

步骤4 文件保存

单击菜单“文件”→“保存”命令,保存当前模型文件。

举一反三

某泵业有限公司生产如图4-39所示填料压盖,要求建立其三维模型。

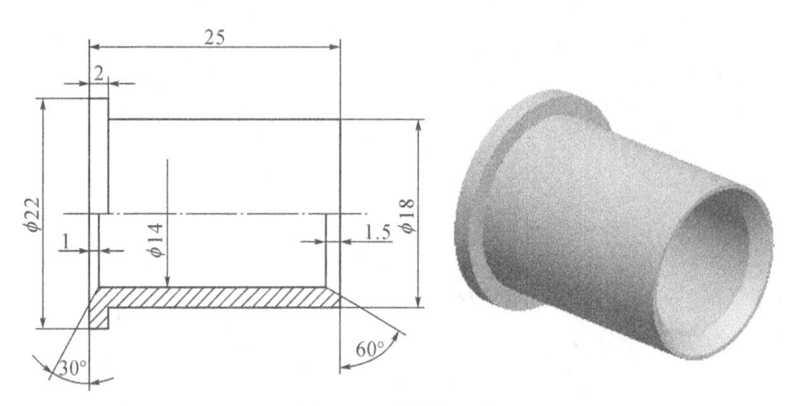

图4-39 填料压盖

建模提示如表4-4所示。

表4-4 建模提示

关键步骤	1. 草绘旋转截面	2. 拉伸添加桥拱
图示	截面形状 25.00 1.00 11.00 30.0 7.00 60.00 9.00 2.00 1.50 截面尺寸	

小结

旋转特征创建失败的原因及处理方法:

(1)没有绘制旋转中心线;(2)截面穿过中心线,即旋转截面位于中心线的两侧(见图

4-40)；(3)截面不完整，当创建的旋转特征为实体时其旋转截面要封闭。

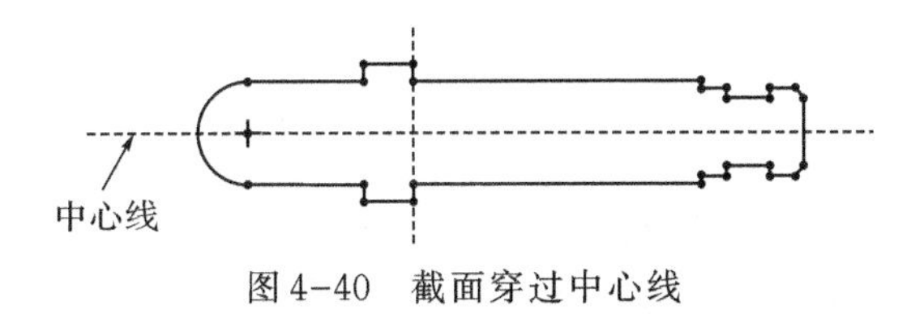

图4-40　截面穿过中心线

趣味建模——花瓶的三维建模

花瓶的三维建模过程如表4-5所示。

表4-5　花瓶的三维建模过程

关键步骤	1. 草绘旋转截面和中心线	2. 旋转生成瓶体	3. 抽壳
图示	80.00　H　400.00　200.00　160.00　208.00　60.00		
关键步骤	4. 渲染成陶艺花瓶	5. 渲染成铜瓶	6. 渲染成玻璃瓶
图示			

关键步骤讲解：

步骤3　瓶体抽壳

①点选抽壳工具图标 壳，弹出抽壳操作面板(见图4-41)。将厚度值改为2。

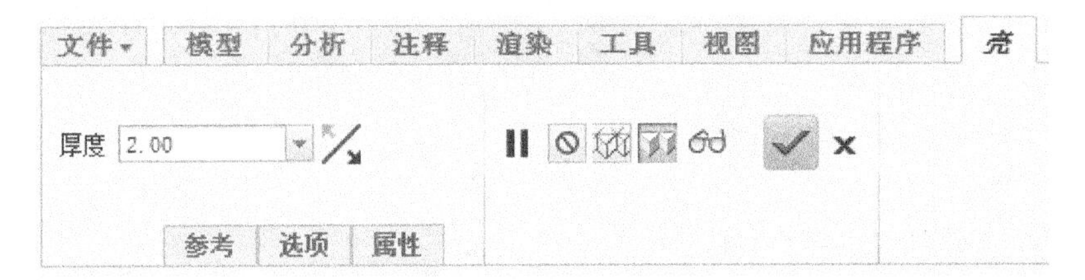

图4-41　抽壳操作面板

②单击瓶口上表面,单击操作面板上的确定按钮,抽壳即完成,如图4-42所示。

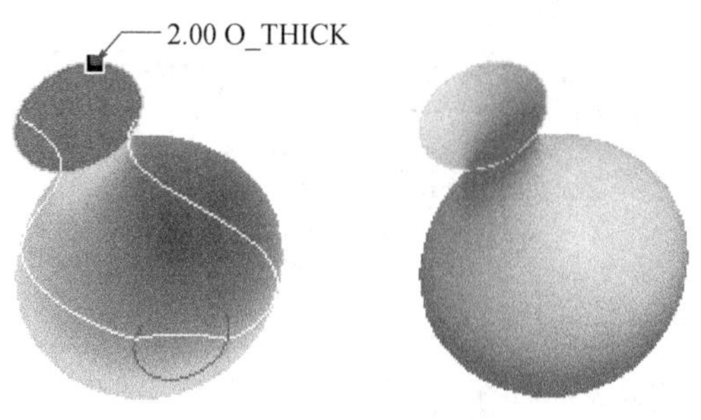

图4-42 抽壳操作

步骤4 花瓶渲染

通过单击功能区的“渲染”页,将功能区由“模型”界面切换到“渲染”界面(见图4-43),单击其中的“外观库”下拉按钮,弹出下拉对话框(见图4-44),在“我的外观”中选择一种外观颜色,然后通过单击界面右下角的选择过滤器“零件”来过滤对象(见图4-45),然后单击所绘制的零件,再单击“选择”对话框的“确定”按钮即可完成模型材质的变换。

对于Creo 4.0版本,需要单击功能区的“视图”页,将功能区由“模型”界面切换到“视图”界面,然后单击其中的“外观库”下拉箭头按钮,弹出下拉对话框,在“我的外观”中选择一种外观颜色,然后通过单击界面右下角的选择过滤器“零件”来过滤对象,再单击所绘制的零件,最后单击“选择”对话框的“确定”按钮即可完成模型材质的变换。

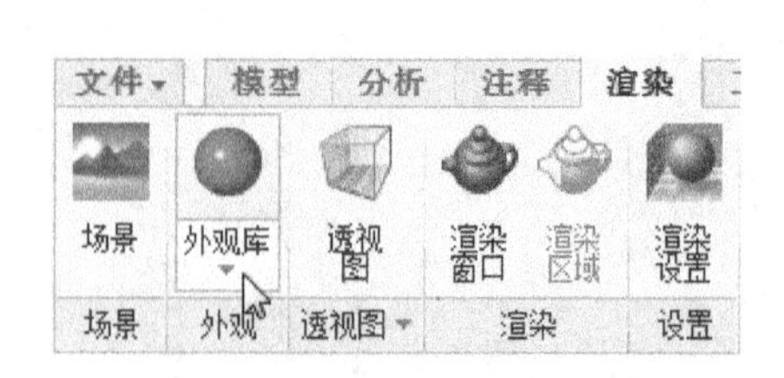

图4-43 功能区“渲染”界面

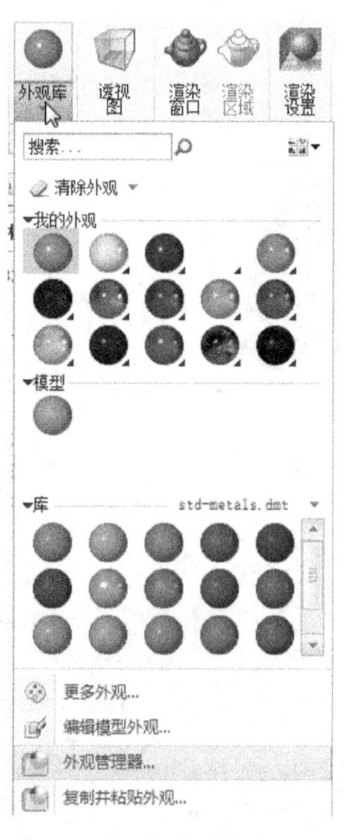

图4-44 外观编辑器对话框

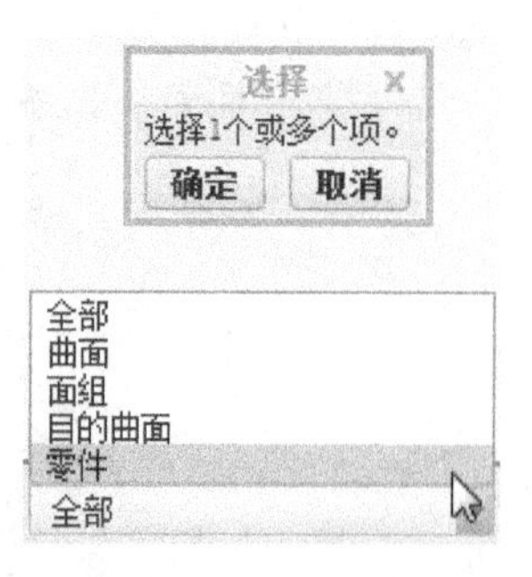

图4-45 选择过滤器与“选择”对话框

工程案例练习

创建如图4-46、图4-47所示各零件的三维模型。

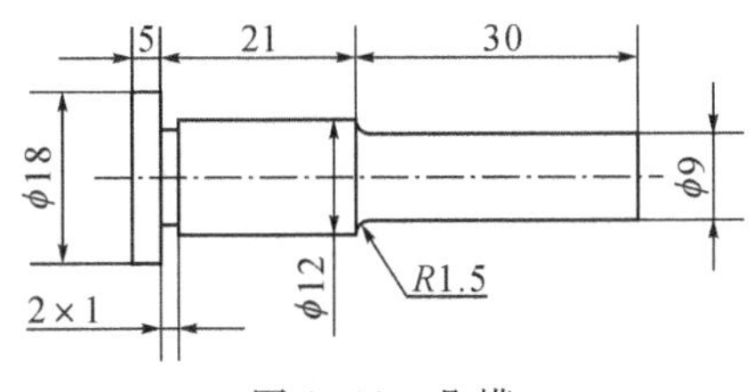

图4-46　凸模

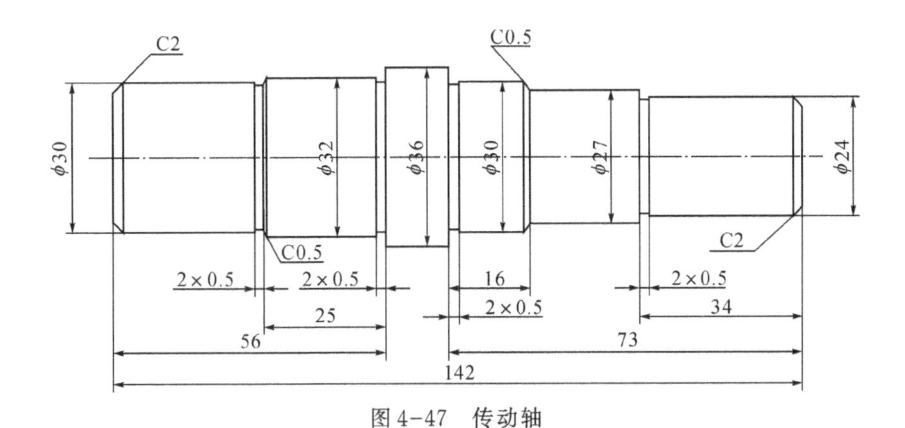

图4-47　传动轴

任务3　以扫描方式创建三维零件

【工程案例三】弯曲工字钢型材三维建模

视频4-3

某钢铁厂生产如图4-48所示弯曲工字钢型材，要求建立其三维模型。

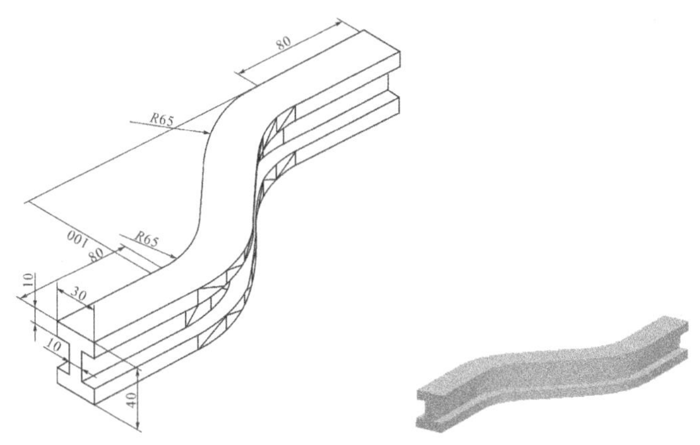

图4-48　弯曲工字钢型材

学习目标

能够应用扫描特征创建零件的三维模型。

零件建模分析

弯曲工字钢型材是一种典型的扫描特征实体。由于其扫描轨迹是弯曲的，无法用前面所讲的拉伸和旋转特征来实现。但由于其扫描截面形状与尺寸均相同，且始终与轨迹路线相垂直，故可以采用扫描方式来创建，如表4-6所示。

表4-6　弯曲工字钢的三维造型过程

关键步骤	1. 创建扫描轨迹	2. 创建扫描截面	3. 扫描结果
图示			

相关知识点

1. 扫描特征的定义

扫描特征是草绘截面沿着草绘轨迹扫掠而形成的一种特征。

2. 扫描特征在零件造型中的作用

扫描特征用于创建扫描截面形状与尺寸均相同，且始终与轨迹路线相垂直的一类零件。

3. 扫描特征操作面板

扫描特征的操作面板各项的含义如图4-49所示。

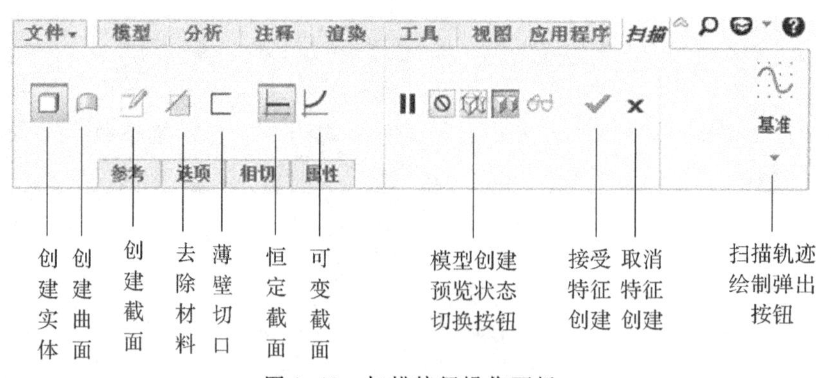

图4-49　扫描特征操作面板

操作步骤

步骤1　设置工作目录

单击菜单"文件"→"管理会话"→"选择工作目录"命令，将文件放置在自己建立的文件夹下。

步骤2　新建文件

单击工具栏中的新建文件按钮，在弹出的“新建”对话框中选择“零件”类型，单击“使用默认模板”复选框取消选中标志，在“名称”栏输入新建文件名“Gongzigang”。单击“确定”按钮，打开“新文件选项”对话框。选择“mmns_part_solid”模板，按下“确定”按钮，进入三维零件绘制环境。

步骤3　扫描创建弯曲工字钢

①单击“模型”标签页“形状”面板中的“扫描”按钮，打开“扫描”操作面板。

②单击操作面板右侧的“基准”下方的下拉箭头，弹出基准工具栏，单击其中的草绘按钮（如图4-50所示），在弹出的“草绘”对话框中选择TOP基准平面作为草绘平面，其他为默认状态（如图4-51所示）。单击“草绘”按钮，进入二维草绘环境。

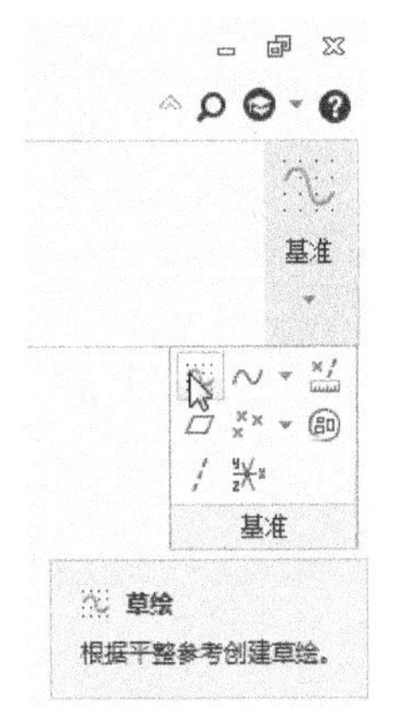

图4-50　伸出项：扫描对话框

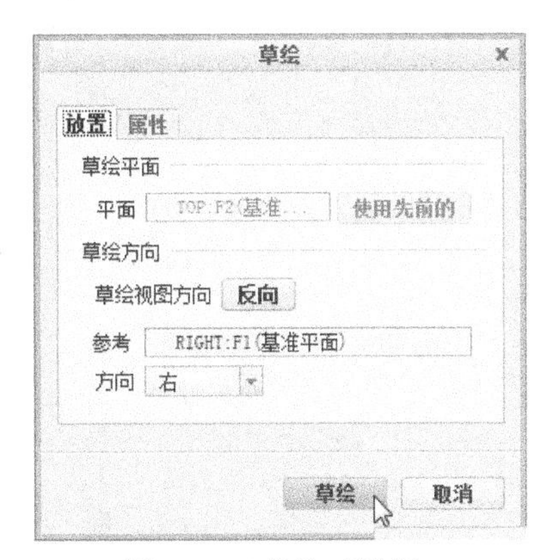

图4-51　草绘对话框

③草绘如图4-52所示二维轨迹。单击草绘完成按钮，退出轨迹草绘状态。

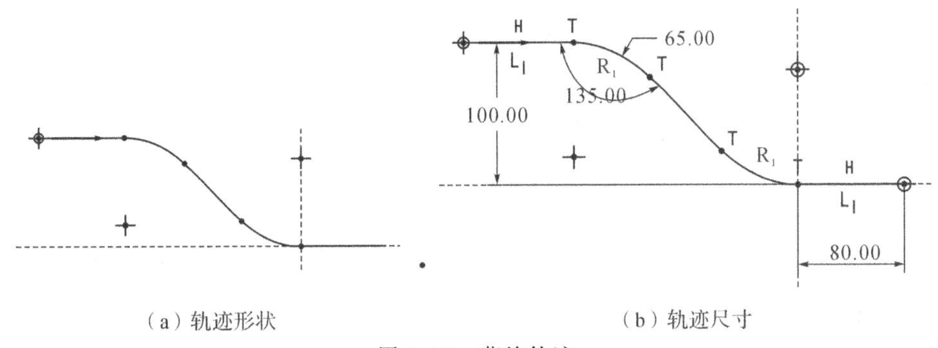

图4-52　草绘轨迹

④单击“退出暂停模式”按钮，激活“扫描”操作面板。单击“创建或编辑扫描截面”按钮，进入草绘环境，在靠近坐标系附近绘制如图4-53所示二维截面。在绘制工字钢截面时，需要先单击草绘工具栏中的“选项板”按钮 选项板（3.0版），选项板（4.0版）。然后弹出“草绘器调色板”对话框（如图4-54所示）。单击其中的“轮廓”属性页，在其中选择“I形轮廓”图示样例。按住鼠标左键，将I形轮廓拖至绘图区，此时在功能区弹出“导入截面”属性页（如图4-55所示），在“输入比例因子”编辑框中输入10，然后用鼠标左键单击工字

形截面的中心符号⊗,按住鼠标左键将其中心位置拖至坐标系PRT_CSYS_DEF上,如图4-56所示。最后单击草绘截面操作面板中的确定按钮✔,再单击“扫描”操作面板中的完成按钮✔,便可完成工字钢模型的创建,如图4-57所示。

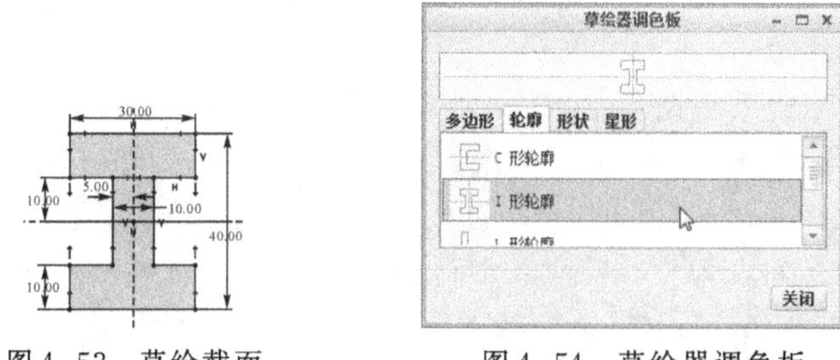

图4-53 草绘截面　　图4-54 草绘器调色板

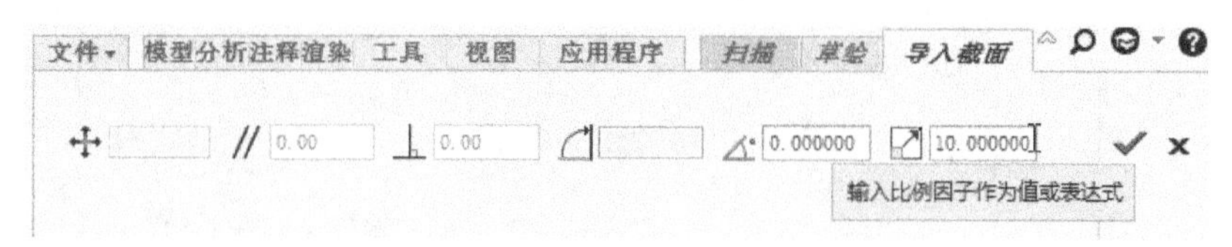

图4-55 “导入截面”属性页

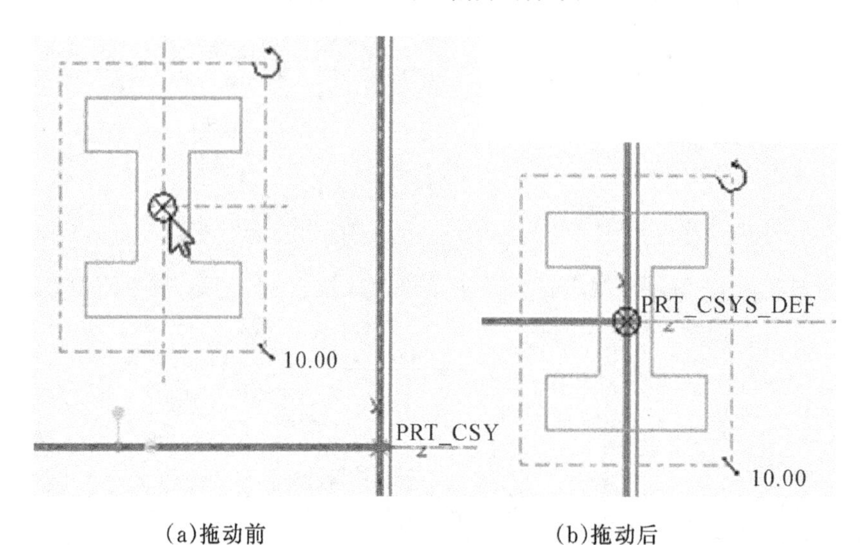

(a)拖动前　　(b)拖动后

图4-56 工字形截面的位置拖动

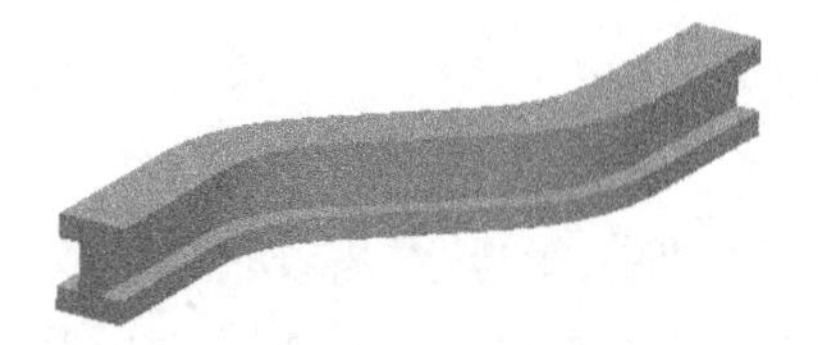

图4-57 工字钢模型

图4-58显示了草绘轨迹与截面之间的相对位置关系。

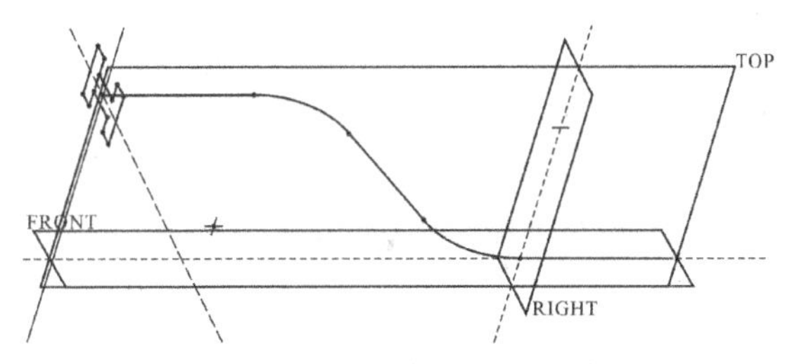

图4-58　轨迹与截面的相对位置

步骤4　文件保存

单击菜单“文件”→“保存”命令，保存当前模型文件。

【工程案例四】茶杯的三维建模

视频4-4

某瓷器厂生产如图4-59所示茶杯，要求建立其三维模型。

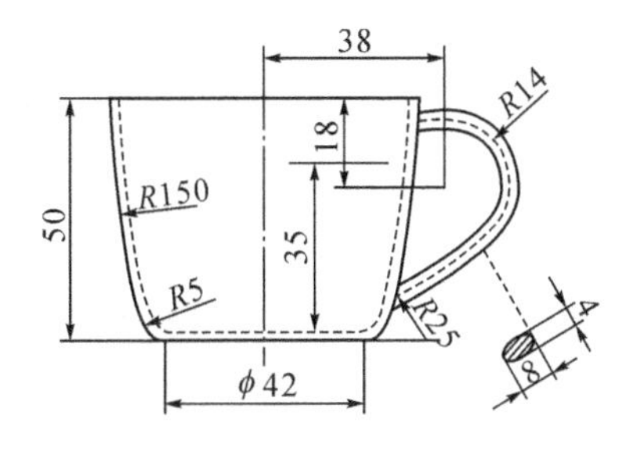

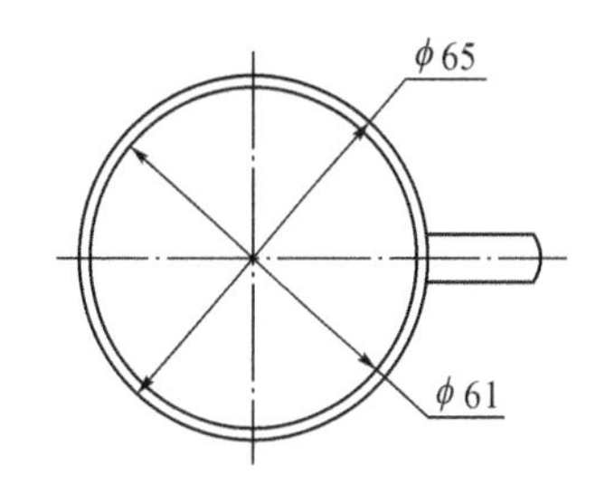

图4-59　茶杯模型

茶杯建模分析

茶杯由杯体和杯柄两部分组成。杯体属于回转体类零件，可以通过旋转方式创建而成。杯柄由于各截面形状、尺寸均一样，可以看作是椭圆截面沿轨迹扫描而成，因此可采用扫描方式来构造，如表4-7所示。

表4-7　茶杯的三维造型过程

关键步骤	1. 旋转创建杯体	2. 扫描创建杯柄
图示		

操作步骤

步骤1　设置工作目录

单击菜单“文件”→“管理会话”→“选择工作目录”命令，将文件放置在自己建立的文件夹下。

步骤2 新建文件

单击工具栏中的新建文件按钮，在弹出的“新建”对话框中选择“零件”类型，单击“使用默认模板”复选框取消选中标志，在“名称”栏输入新建文件名“Cup”。单击“确定”按钮，打开“新文件选项”对话框。选择“mmns_part_solid”模板，按下“确定”按钮，进入三维零件绘制环境。

步骤3 旋转创建杯体

杯体的创建有三种方法：直接旋转法、先旋转后抽壳法、薄壁旋转法。如表4-8所示。

表4-8 杯体的三种创建方法比较

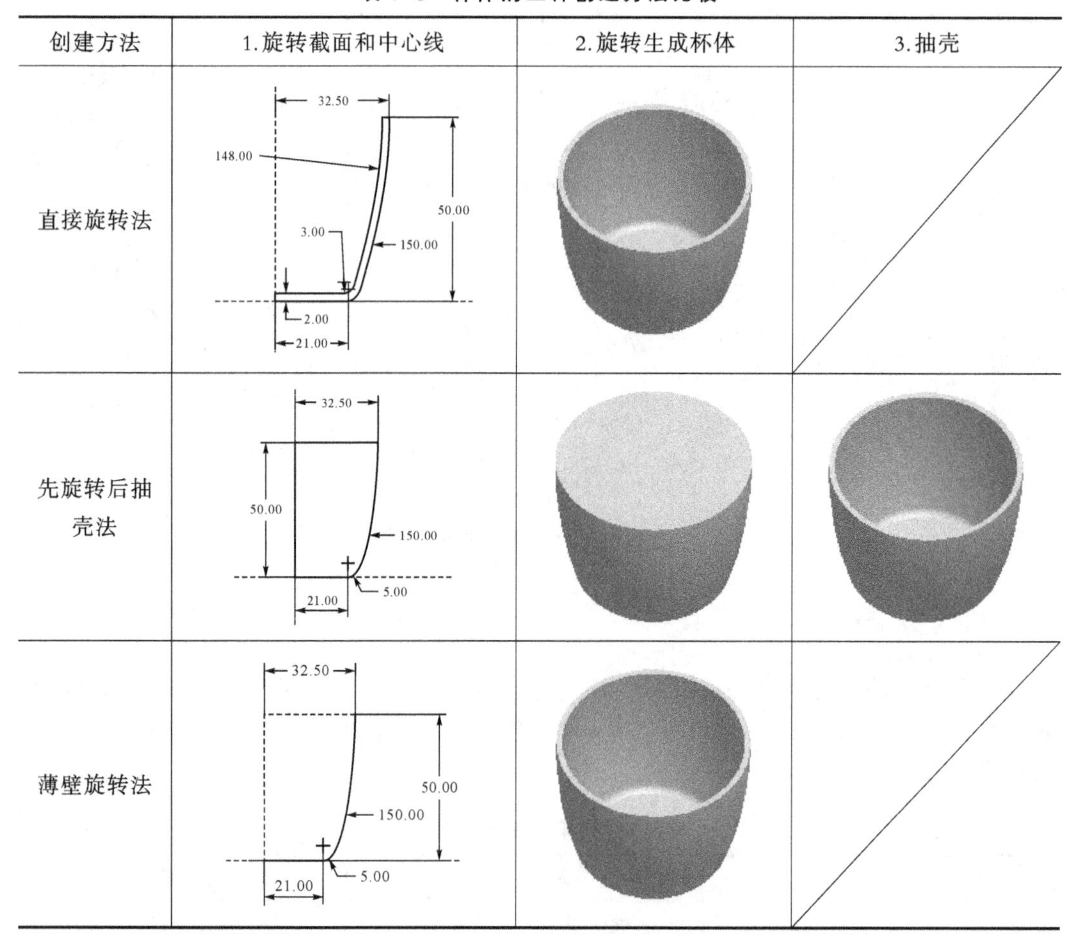

创建方法	1.旋转截面和中心线	2.旋转生成杯体	3.抽壳
直接旋转法	32.50 148.00 50.00 3.00 150.00 2.00 21.00		
先旋转后抽壳法	32.50 50.00 150.00 21.00 5.00		
薄壁旋转法	32.50 50.00 150.00 21.00 5.00		

由于薄壁旋转法最为简单实用，因此本节采用该方法创建杯体。操作步骤如下：

①单击旋转按钮 旋转，打开旋转特征操作面板。

②单击旋转特征操作面板中的加厚草绘按钮，在后面的编辑框输入厚度数值2.0。

③单击“放置”面板中的“定义”按钮，打开“草绘”对话框。

④选择FRONT基准面为草绘平面，参照面及方向为缺省值(此处为RIGHT基准面)。单击“草绘”按钮进入草绘状态。

⑤绘制如图4-60所示的二维截面，单击草绘完成按钮，返回旋转特征操作面板。

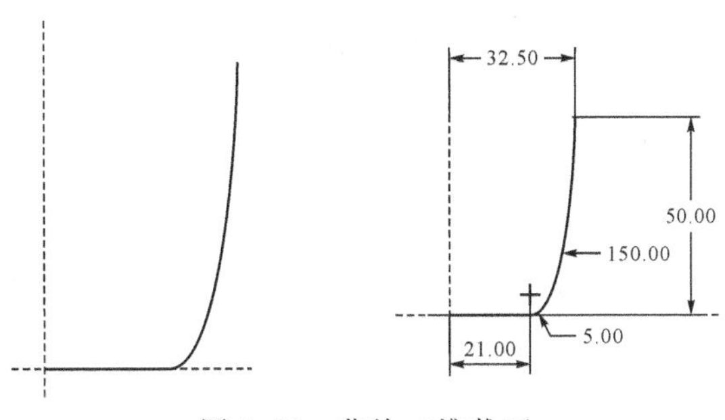

图 4-60　草绘二维截面

⑥单击厚度数值 2.00 后的箭头按钮 ，以改变杯体的大小到合适尺寸。(注：每单击按钮一下，杯体大小改变一次，共改变三次，分别为偏左、偏右、居中)

⑦单击操作面板上的按钮 ，完成杯体的创建。

步骤 4　扫描创建杯柄

①单击"模型"标签页"形状"面板中的"扫描"按钮 扫描，打开"扫描"操作面板。

②单击操作面板右侧的"基准"下方的下拉箭头，弹出基准工具栏，单击其中的草绘按钮 ，在弹出的"草绘"对话框中选择 FRONT 基准平面作为草绘平面，其他为默认状态。单击"草绘"按钮，进入二维草绘环境。

③草绘如图 4-61 所示二维轨迹。单击草绘完成按钮 ，退出轨迹草绘状态。注意：在草绘二维轨迹时，需要采用重合约束按钮 将轨迹的两个端点约束在杯体的边界线上。

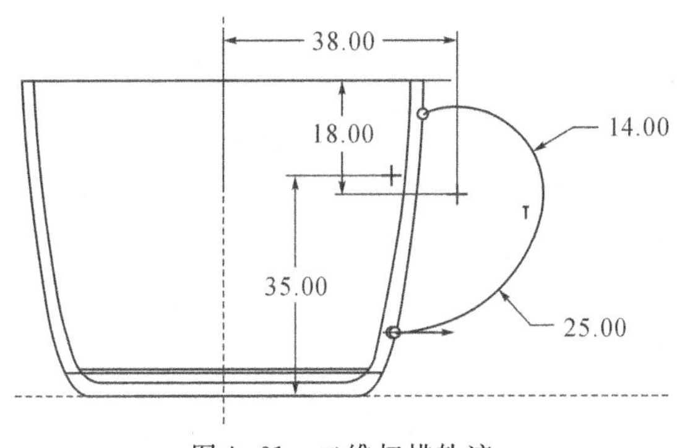

图 4-61　二维扫描轨迹

④单击"退出暂停模式"按钮 ，激活"扫描"操作面板。单击"扫描"操作面板下方的"选项"属性页，单击"合并端"选项，将其前的勾选上，如图 4-62 所示。单击"创建或编辑扫描截面"按钮 ，进入草绘环境，在靠近两条粉色中心线交叉点附近绘制如图 4-63 所示二维截面。最后单击草绘截面操作面板中的确定按钮 ，再单击"扫描"操作面板中的完成按钮 ，便可完成模型的创建，如图 4-64 所示。

图 4-62 “扫描”操作面板上“选项”属性页设置

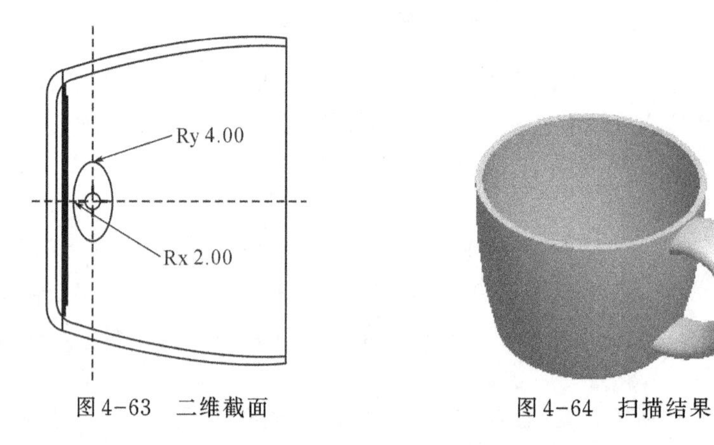

图 4-63 二维截面　　图 4-64 扫描结果

注:“选项”属性页中“合并端”前的勾选中与不选中的造型区别如图 4-65 所示。

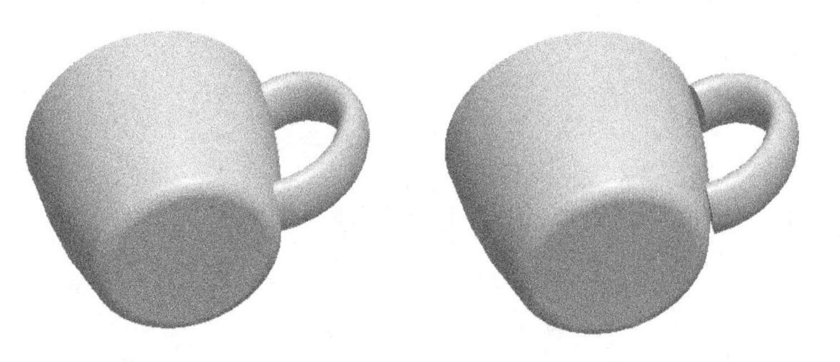

（a）“合并终点”的造型结果　　（b）“自由端点”的造型结果

图 4-65 “合并端”选中与否的造型区别

步骤 5　文件保存

单击菜单“文件”→“保存”命令,保存当前模型文件。

举一反三

某机械厂生产如图 4-66 所示拨叉零件,要求建立其三维模型。

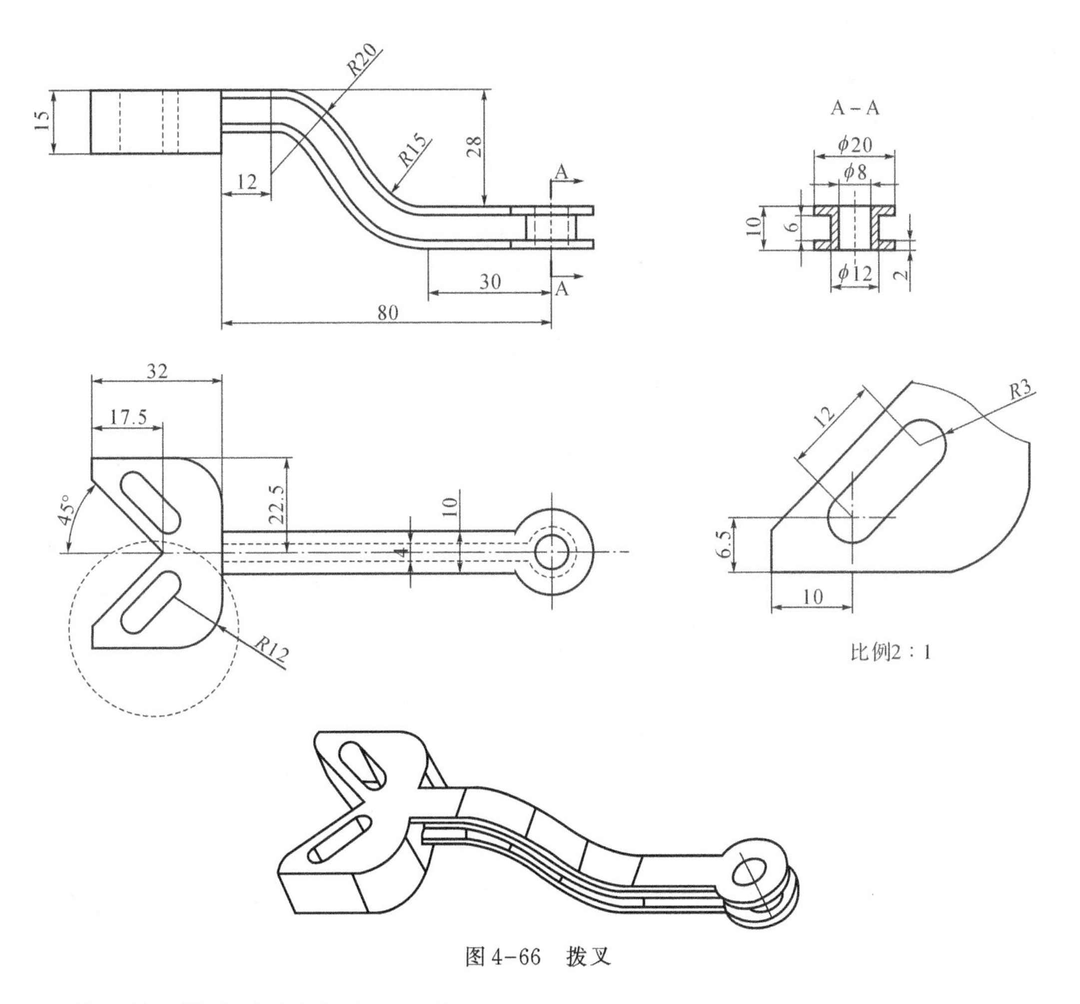

图4-66　拨叉

拨叉的三维造型过程如表4-9所示。

表4-9　拨叉的三维造型过程

关键步骤	1.拉伸创建叉嘴	2.扫描创建叉柄
图示		
关键步骤	3.旋转创建叉尾	4.拉伸打孔
图示		

趣味建模——爱心的三维建模

试建立图4-67所示爱心的三维模型。

图4-67　爱心模型

爱心的三维建模过程如表4-10所示。

表4-10　爱心的三维建模过程

关键步骤	1.草绘轨迹	2.草绘截面 （截面为一封闭半圆弧）	3.扫描造型结果
图示	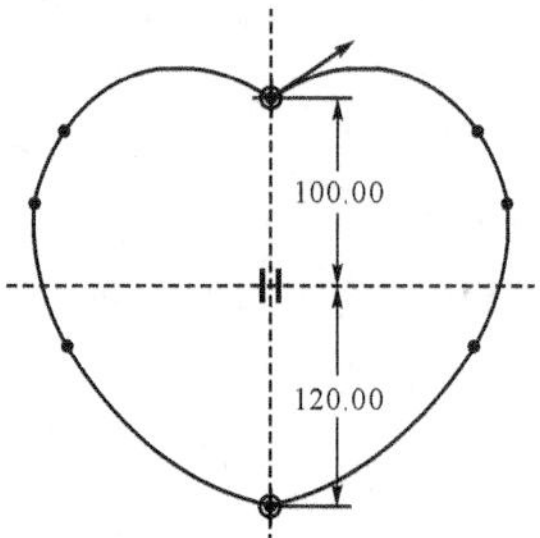	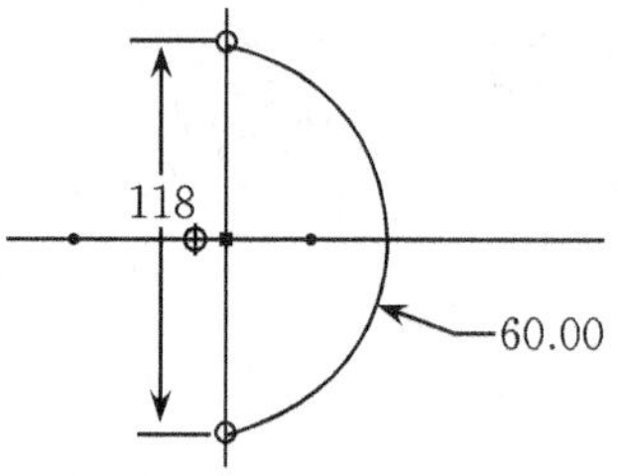	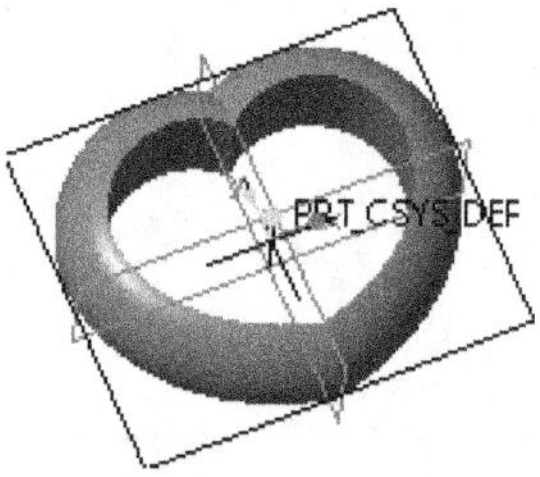
关键步骤	4.拉伸添加中心部分	5.模型渲染	6.拉伸切割刻字
图示			

小结

1. 扫描特征创建失败的原因及处理方法：(1)对于创建实体模型来说，截面不封闭或截面线条相互交叉；(2)创建扫描特征时，所绘制的截面偏离轨迹起始位置过多，有时也会创建不成功。

2. 在创建扫描特征前，如果已创建好轨迹，则需要单击扫描操作面板下面的参考属性页，然后单击轨迹中的“选择项”，在绘图窗口中选择一条扫描轨迹，如图4-68所示。

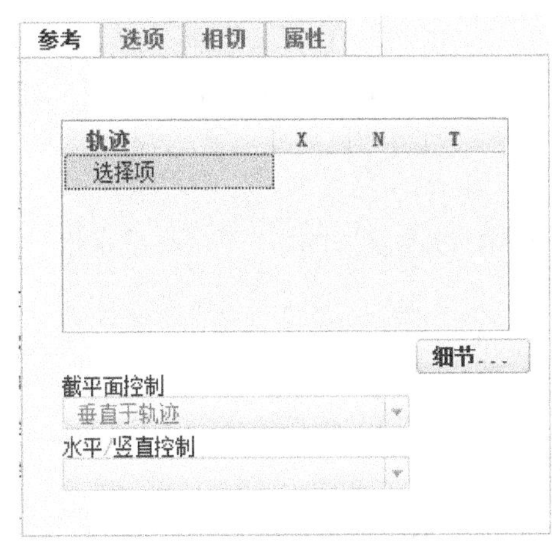

图 4-68　扫描轨迹选择

3. 如果在创建扫描特征时，要改变扫描轨迹的起始方向，只需要用鼠标左键单击扫描轨迹起始点上的箭头即可。

工程案例练习

1. 创建如图 4-69 所示链轮的三维模型。

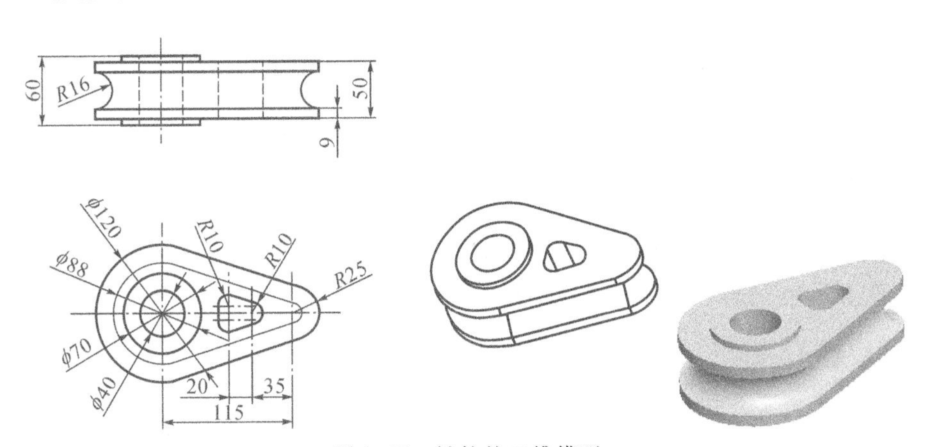

图 4-69　链轮的三维模型

2. 创建如图 4-70 所示杯子的三维模型，其尺寸自定。

图 4-70　杯子的三维模型

任务4 以截面混合方式创建三维零件

【工程案例五】组合体模型的三维建模

视频 4-5

某木工机械厂生产如图4-71所示组合体模型,要求建立其三维模型。

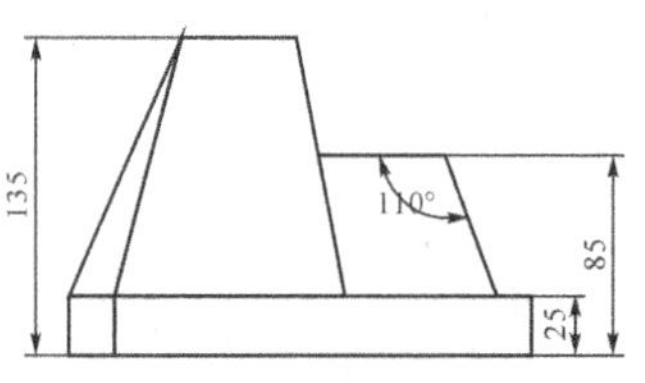

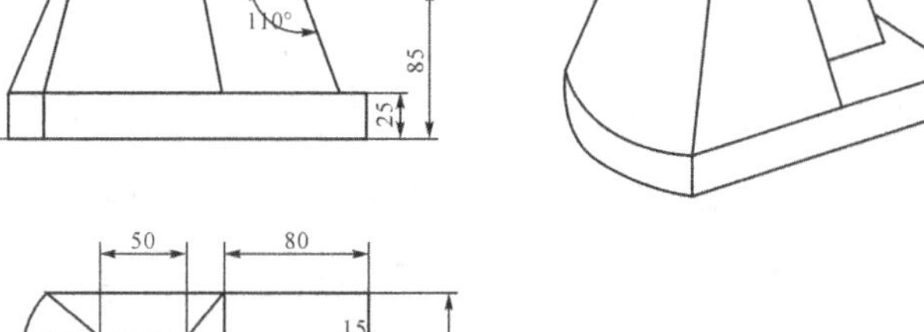

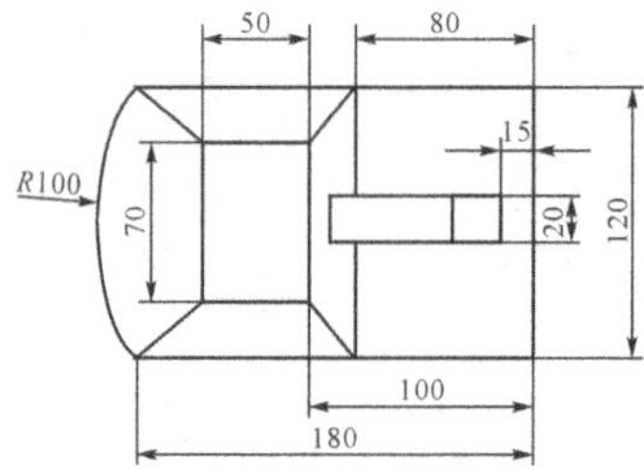

图4-71 组合体模型

学习目标

1. 能够应用混合特征创建零件的三维模型。
2. 能够正确创建零件的加强筋特征。

零件建模分析

该组合体由底板、凸台、加强筋三部分组成。底板可采用拉伸方式来创建。凸台部分由于上下截面形状和尺寸均不相同,无法采用前述的拉伸、旋转、扫描方式来创建,但可以采用即将要学习的混合特征来生成。加强筋部分可以采用拉伸的方式来创建,也可以直接采用加强筋构造特征来创建,本节采用构造加强筋特征的方法来实现。组合体的三维建模过程如表4-11所示。

表4-11 组合体的三维建模过程

关键步骤	1.拉伸创建底板	2.混合创建凸台	3.创建加强筋
图示			

相关知识点

1. 混合特征

混合特征是由两个或两个以上剖面在其边角处用过渡曲面连接而成的一个连续特征。混合特征可以实现在一个实体中出现多个不同的截面的要求。

混合特征有三类，即平行混合特征、旋转混合特征、一般混合特征。其区别如表4-12所示。

表4-12　混合特征的类型

混合特征类型	平行混合特征	旋转混合特征	一般混合特征
图示			
说明	各混合剖面都相互平行，剖面在一个草绘界面中绘制完成	混合剖面绕Y轴旋转，最大角度可达120°，每个剖面都单独草绘，并用剖面坐标系对齐	各剖面可以绕X轴、Y轴和Z轴旋转，也可以沿这三个轴平移。每个剖面都单独草绘，并用剖面坐标系对齐

2. 加强筋特征

加强筋特征是在两个或两个以上的相邻平面间添加加强筋，该特征是一种特殊的增料特征。根据相邻平面的类型不同，生成的筋分为直筋和旋转筋两种形式。相邻的两个面均为平面时，生成的筋称为直筋，即筋的表面是一个平面；相邻的两个面中有一个为弧面或圆柱面时，草绘筋的平面必须通过圆柱面或弧面的中心轴，生成的筋为旋转筋，其表面为圆锥曲面，如表4-13所示。

表4-13　加强筋的类型

筋类型	1.直筋	2.旋转筋
图示	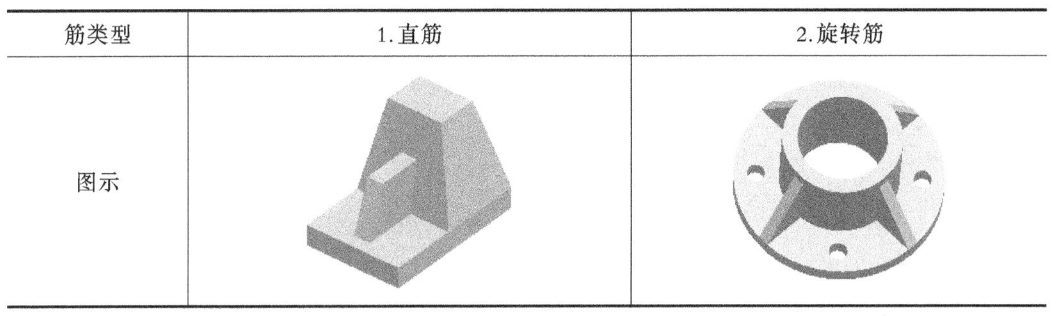	

3. 混合特征操作面板

混合特征的操作面板各项的含义如图4-72所示。

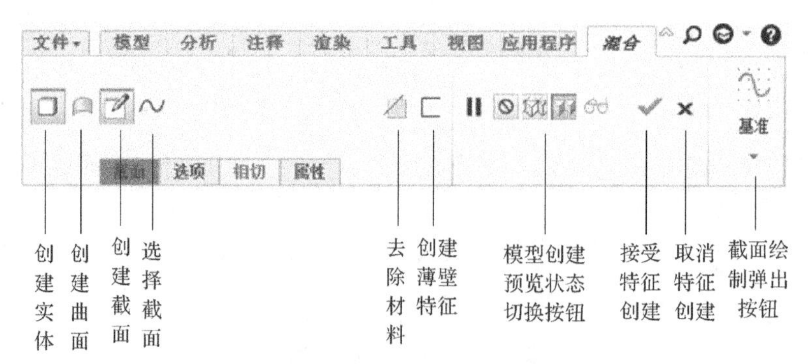

图4-72　混合特征操作面板

操作步骤

步骤1　设置工作目录

单击菜单“文件”→“管理会话”→“选择工作目录”命令，将文件放置在自己建立的文件夹下。

步骤2　新建文件

单击工具栏中的新建文件按钮，在弹出的“新建”对话框中选择“零件”类型，单击“使用缺省模板”复选框取消选中标志，在“名称”栏输入新建文件名“Zuheti”。单击“确定”按钮，打开“新文件选项”对话框。选择“mmns_part_solid”模板，按下“确定”按钮，进入三维零件绘制环境。

注：如果要在Creo中创建或保存中文名的文件，必须打开“C:\Program Files\Creo 4.0\Commmon Files\M010\text”目录下的config.pro文件(在Creo安装目录下)，然后输入“creo_less_restrictive_names yes”并保存。保存后重新打开Creo该项设置才生效。

步骤3　拉伸创建底板

①单击拉伸按钮，打开拉伸特征操作面板。

②单击“放置”面板中的“定义”按钮，打开“草绘”对话框。

③选择TOP基准面为草绘平面，参照面按缺省值设置。

④单击“草绘”按钮，系统进入草绘工作环境。

⑤绘制如图4-73所示二维截面。单击草绘完成按钮✔，返回拉伸特征操作面板。

⑥在拉伸深度数值编辑框中输入25，单击完成按钮✔，完成拉伸特征的创建，结果如图4-74所示。

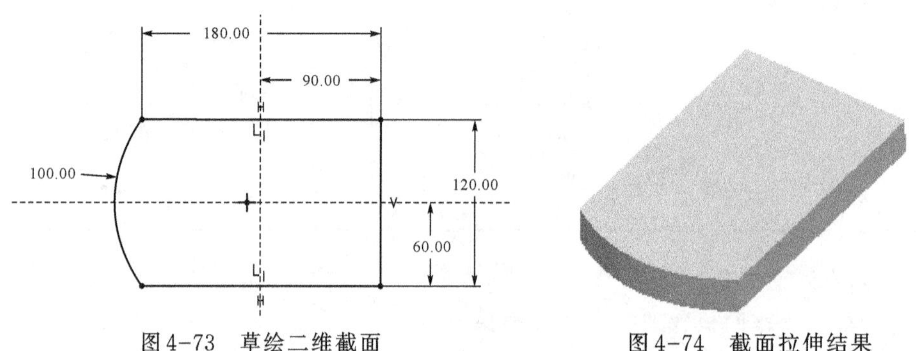

图4-73　草绘二维截面

图4-74　截面拉伸结果

步骤4　混合创建凸台

①单击功能区“形状”面板中的下拉按钮 形状▾，选择混合按钮 混合 ，打开混合特征操作面板。

②单击操作面板中的“截面”选项，打开“截面”对话框（如图4-75所示），单击对话框中的“定义...”按钮，打开“草绘”对话框。

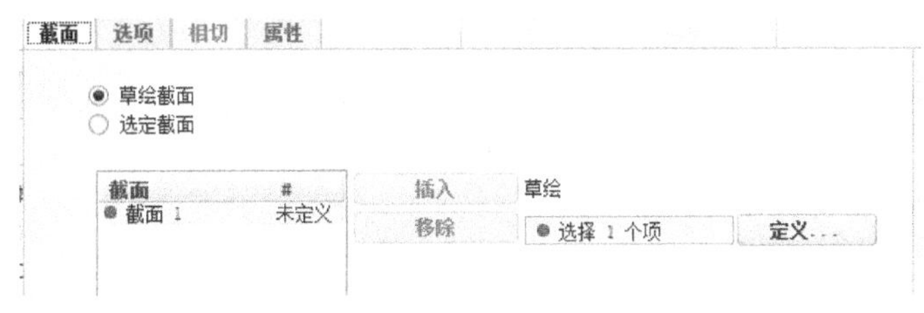

图4-75　“截面”对话框

③选择拉伸零件的上表面为草绘平面，参照面按默认值设置，如图4-76所示。

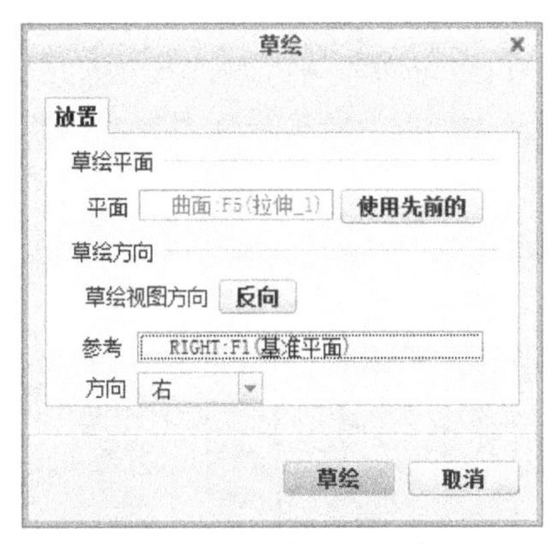

图4-76　“草绘”对话框

④单击“草绘”按钮，系统进入草绘工作环境。

⑤绘制如图4-77所示二维截面（在绘制草绘截面时，可以使用草绘面板中的投影按钮 投影，然后单击拉伸模型的边界，便可绘制出草绘截面的边界）。单击草绘确定按钮 ✔，退出草绘状态，返回混合特征操作面板。

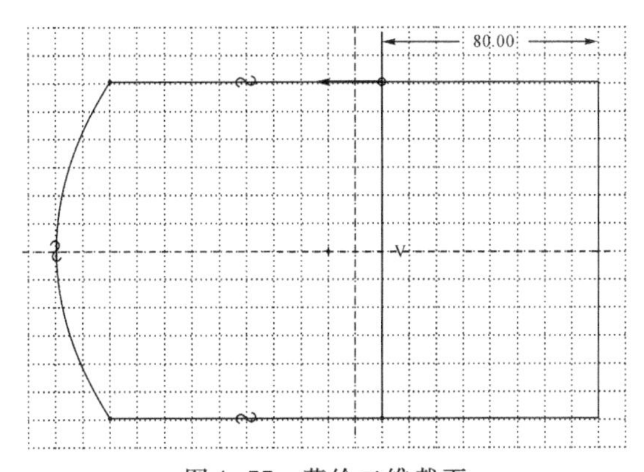

图4-77　草绘二维截面

⑥在混合特征操作面板“截面1”后面的数值编辑框中输入110,以设置两个截面间的距离 截面 1 110.00 。

⑦单击操作面板中的“截面”选项,打开“截面”对话框(如图4-78所示)。单击对话框中的“草绘...”按钮,进入草绘截面。

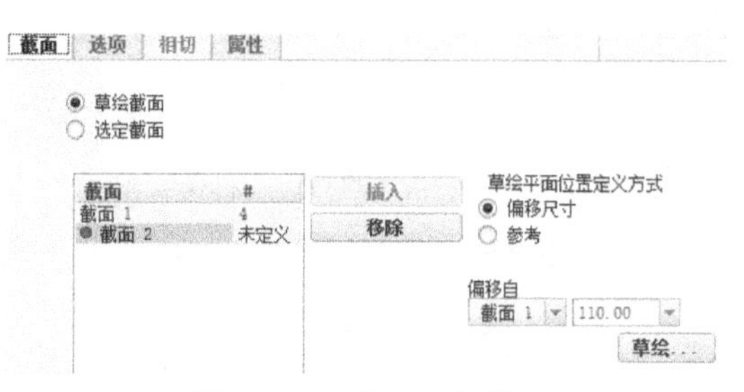

图4-78 “截面”对话框

⑧绘制如图4-79所示二维矩形截面,注意使两个截面的箭头起始方向一致。若不一致,可用鼠标单击要作为起始点的端点,然后按住鼠标右键,系统弹出快捷菜单(图4-80),单击其中的“起始点”选项即可;若截面起始点方向不一致,可重复操作一次即可。单击草绘确定按钮✔,退出草绘状态,返回混合特征操作面板。

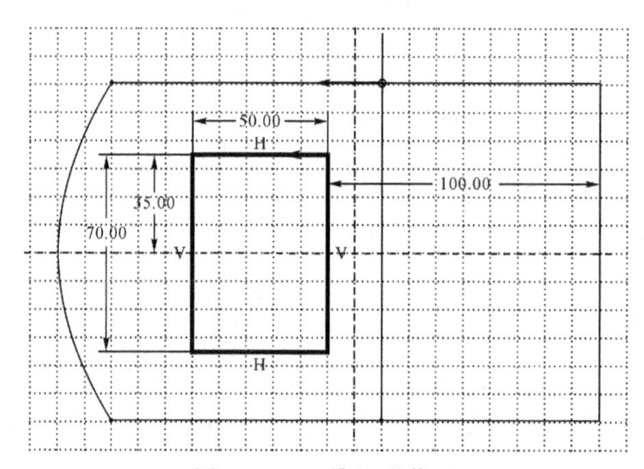

图4-79 二维矩形截面

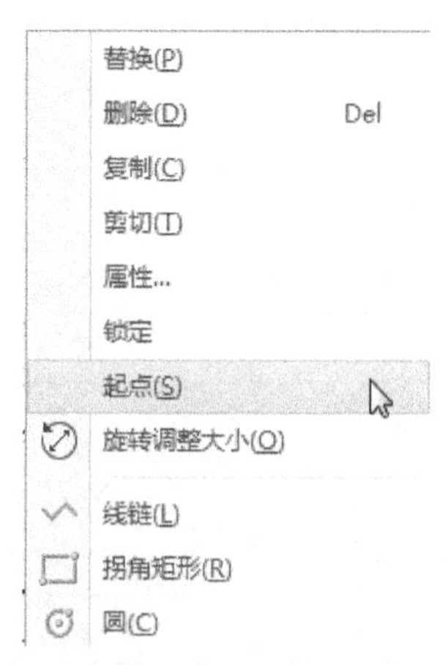

图4-80 起点与方向改变快捷菜单

⑨单击混合操作面板中的完成按钮✔,最后创建的模型如图4-81所示。

图4-81　混合特征创建结果

步骤5　加强筋创建

①单击“工程”面板上的筋下拉按钮 筋▾,在弹出的两个筋创建按钮中选择轮廓筋按钮 轮廓筋,打开轮廓筋特征操作面板(见图4-82)。

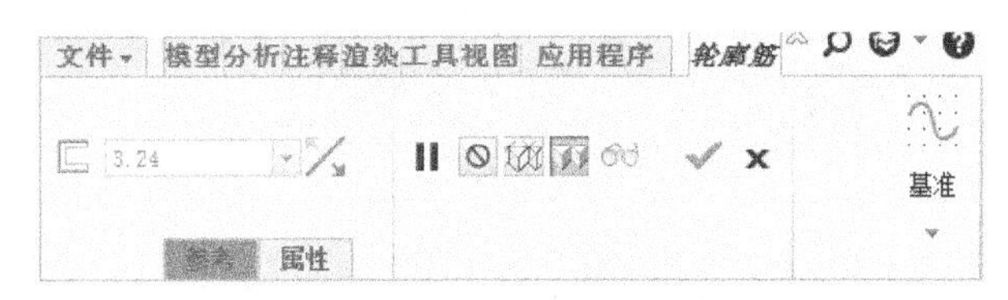

图4-82　轮廓筋操作面板

②单击操作面板中的“参考”选项,打开“参考”对话框,单击对话框中的“定义...”按钮,打开“草绘”对话框。

③选择FRONT基准面为草绘平面,参考面按默认值设置。单击“草绘”按钮,系统进入草绘工作环境。

④绘制如图4-83所示二维开放截面(注意使两条直线的端点分别附着在对应的端面上)。单击草绘完成按钮✔,返回轮廓筋特征操作面板。

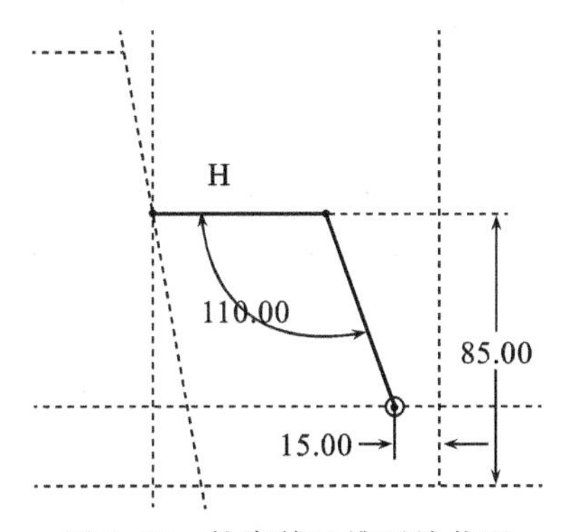

图4-83　轮廓筋二维开放截面

⑤在轮廓筋特征操作面板的宽度输入框中输入尺寸20 20.00,并按下完成按钮✔,结束加强筋的创建,结果如图4-84所示。

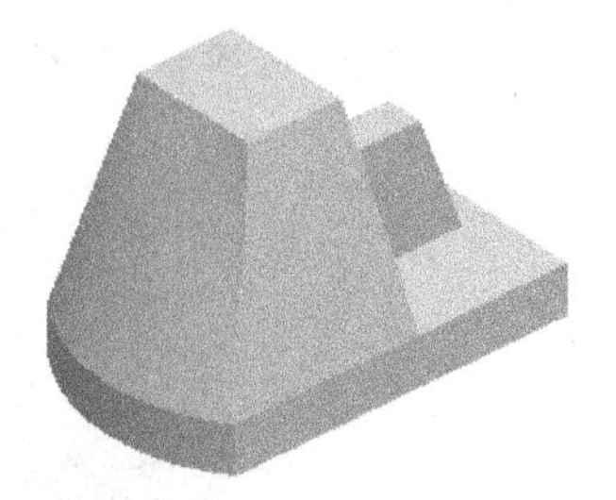

图4-84　加强筋创建结果

步骤6　文件保存

单击菜单“文件”→“保存”命令,保存当前模型文件。

混合特征构造示例

混合特征构造示例见表4-14。

表4-14　混合特征构造示例

	截面1	截面2	截面3
示例1			
示例2			

示例1构造步骤:

①单击功能区“形状”面板中的下拉按钮 形状▾ ,选择混合按钮 混合 ,打开混合特征操作面板。

②单击操作面板中的“截面”选项,打开“截面”对话框,单击对话框中的“定义...”按钮,打开“草绘”对话框。

③选择TOP基准面为草绘平面,参照面按默认值设置。

④单击“草绘”按钮,系统进入草绘工作环境。

⑤绘制如图4-85所示二维截面。单击草绘确定按钮✔,退出草绘状态,返回混合特征操作面板。

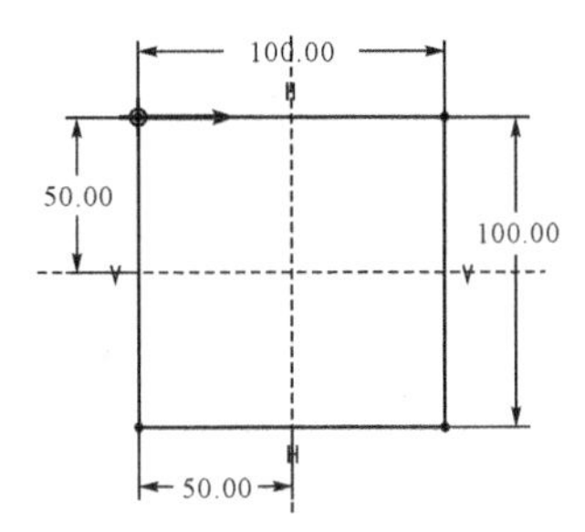

图 4-85 草绘二维截面(一边长为100的正方形)

⑥在混合特征操作面板“截面1”后面的数值编辑框中输入50,以设置两个截面间的距离。

⑦单击操作面板中的“截面”选项,打开“截面”对话框。单击对话框中的“草绘 ...”按钮,进入草绘截面。

⑧绘制如图4-86所示二维截面。单击草绘确定按钮✔,退出草绘状态,返回混合特征操作面板。

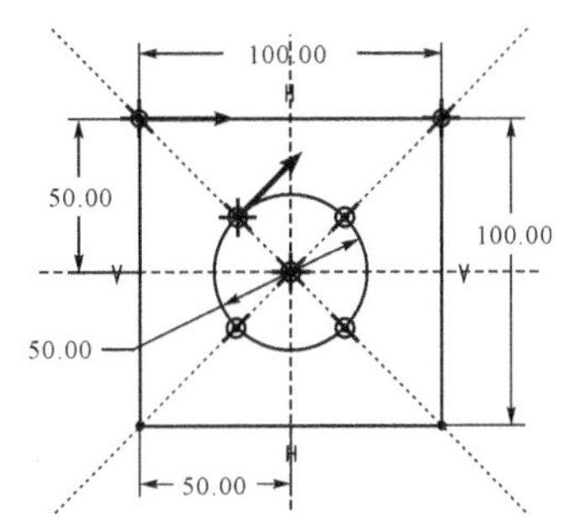

图 4-86 封闭截面2(先画一个圆,然后分割为四段圆弧,并修改起始点与方向)

⑨单击操作面板中的“截面”选项,打开“截面”对话框,如图4-87所示。单击对话框中的“插入”按钮,在截面栏中添加“截面3”,然后在“偏移自”下面的“截面2”后面的数值框中输入50。单击“草绘 ...”按钮,进入截面草绘环境。

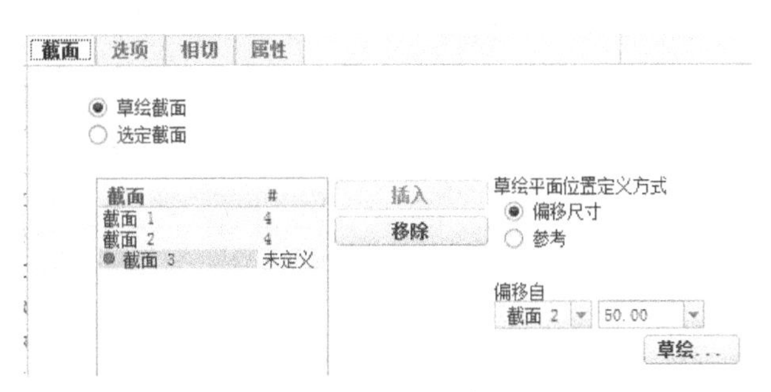

图 4-87 截面3绘制设置

⑩绘制如图4-88所示二维截面,注意此截面的箭头起始方向与其他截面一致。单击草绘确定按钮✔,退出草绘状态,返回混合特征操作面板。单击混合操作面板中的完成按钮✔,便可完成示例1模型的绘制。

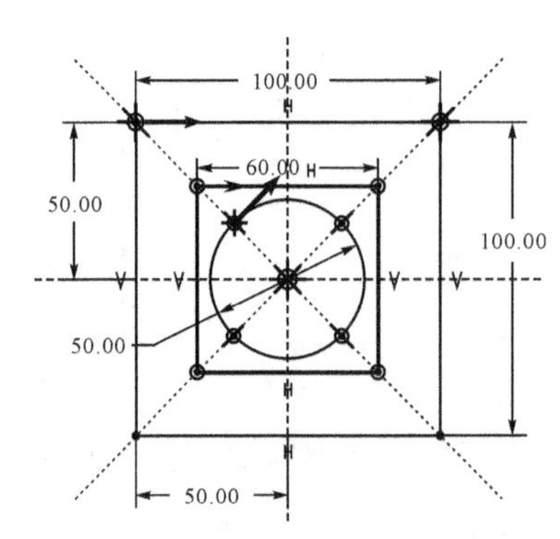

图4-88　封闭截面3(一边长为60的正方形)

示例2构造步骤:

①~⑨步骤同示例1。

⑩绘制如图4-89所示三角形二维截面。

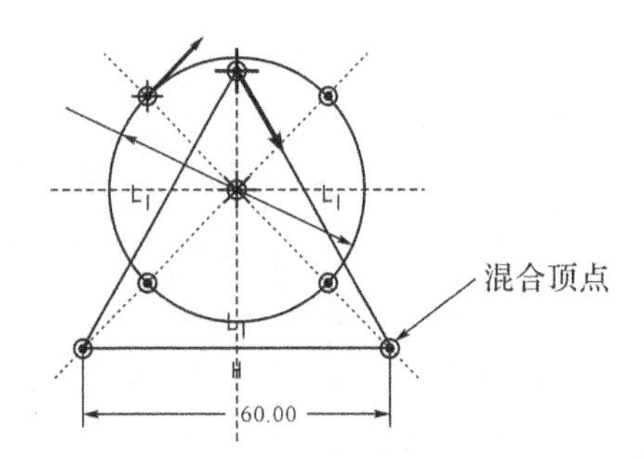

图4-89　封闭截面3(一边长为60的正三角形)

(**注:**由于三角形的图元数为3,而正方形的图元数为4,图元数不等,无法直接构造出混合特征,需要将三角形增加一个图元数。具体的方法是将某个顶点作两个点使用。操作步骤如下:单击要作为两个点使用的三角形顶点,并按住鼠标右键,弹出快捷菜单(见图4-90),在其中单击“混合顶点”选项即可。)

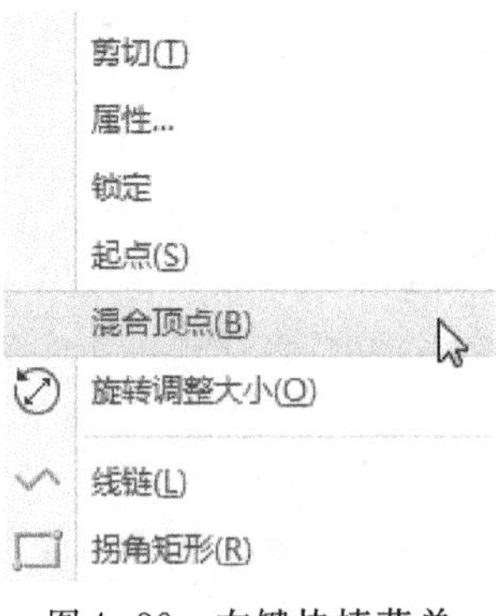

图4-90　右键快捷菜单

示例2模型属性修改:

对于绘制好的模型,可以修改其属性,其方法描述如下。

①用鼠标左键单击左边模型树下方的“混合1”特征，如图4-91所示。单击鼠标右键(需要按住1秒左右)，弹出快捷菜单(见图4-92)。在其中单击模型编辑按钮，返回混合特征操作面板。

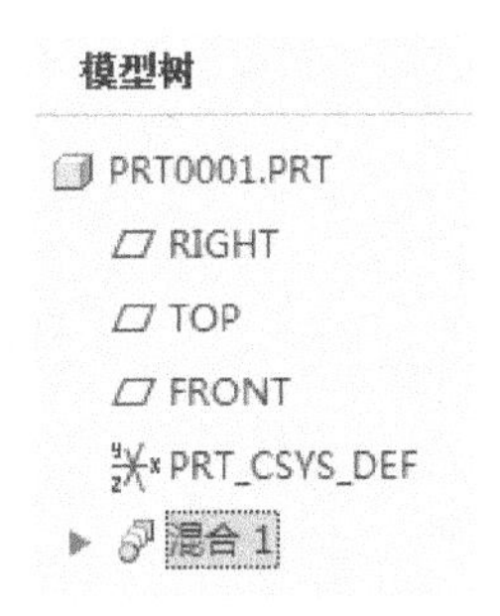

图4-91 混合特征模型树

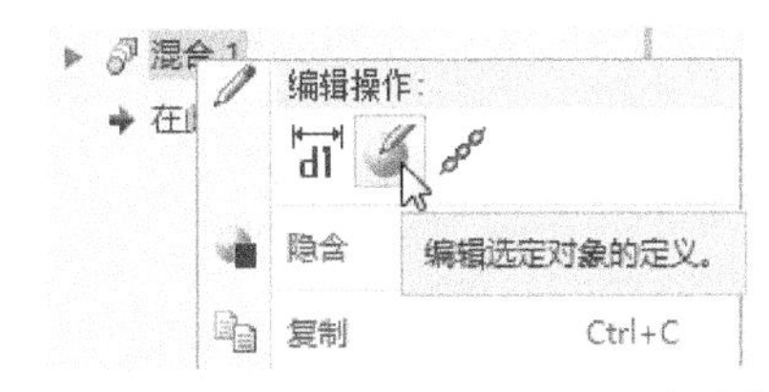

图4-92 混合特征编辑操作右键快捷菜单

②单击操作面板下方的“选项”属性页，弹出选项对话框(如图4-93所示)，将其中的“混合曲面”类型由“平滑”变为“直”，然后单击混合操作面板中的完成按钮✔，便可完成示例2模型属性的修改，结果如图4-94所示。

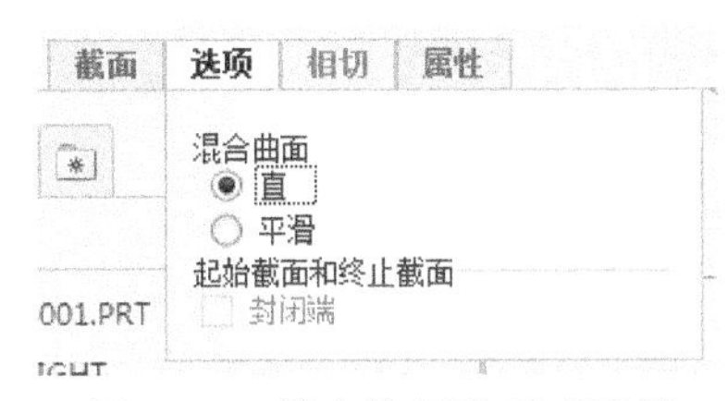

图4-93 混合特征选项对话框

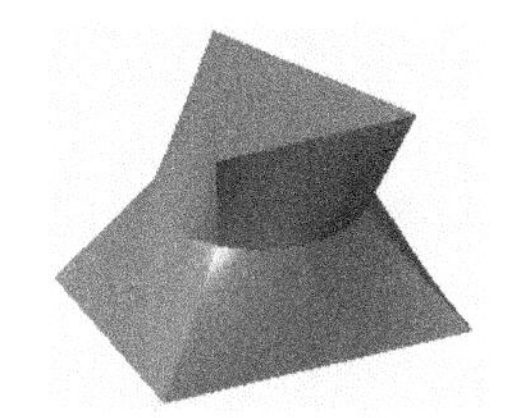
图4-94 模型属性改变结果

(**注:**“平滑”属性表示各截面间为抛物线平滑过渡；“直”属性表示各截面间为直线过渡。)

趣味建模1——五角星的三维建模

试建立图4-95所示五角星的三维模型。

图4-95 五角星模型

五角星的三维建模过程如表4-15所示。

表4-15 五角星的三维建模过程

关键步骤	1.草绘截面1	2.草绘截面2	3.造型结果
图示	100.00	× 注: (1)截面2浓缩为1草绘点。 (2)截面1、2间的距离为30。	

趣味建模2——茶壶的三维建模

试建立图4-96所示茶壶的三维模型。

图4-96 茶壶模型

茶壶的三维建模过程如表4-16所示。

表4-16 茶壶的三维建模过程

关键步骤	1. 旋转创建壶体	2. 混合创建壶嘴	3. 抽壳(壁厚为5,去除上表面)	4. 扫描创建壶柄
图示				

关键步骤(部分)讲解:

步骤1 旋转创建壶体

旋转截面及尺寸如图4-97所示。

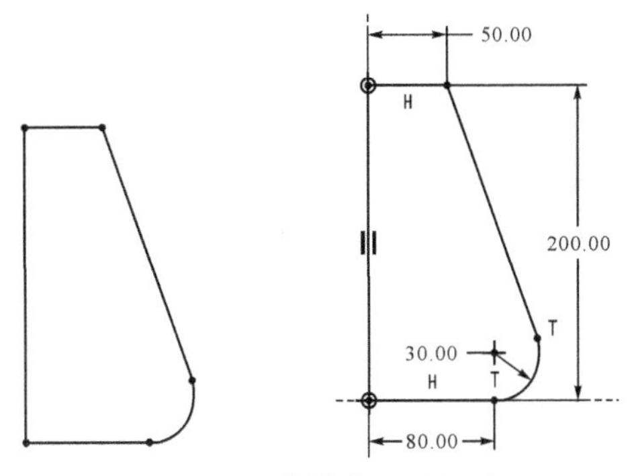

图 4-97　旋转截面及尺寸

步骤 2　混合创建壶嘴

草绘平面位于旋转体的上表面，草绘截面 1 如图 4-98 所示，注意将圆按图示方向分成四段。方法是先绘制一个圆，然后切换剖面绘制截面 2，截面 2 如图 4-99 所示，再切换剖面对第一个截面圆进行分段处理。截面间的距离为 40。

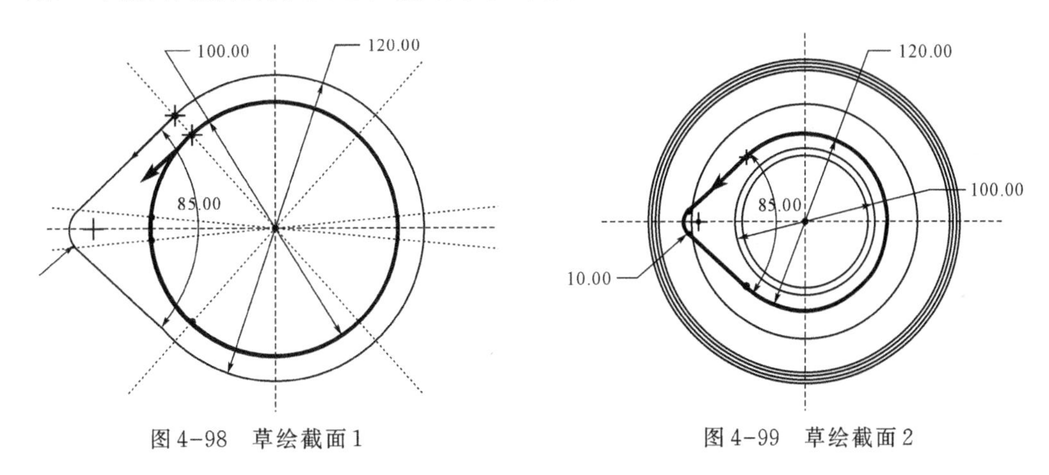

图 4-98　草绘截面 1　　　　图 4-99　草绘截面 2

步骤 4　扫描创建壶柄

扫描轨迹如图 4-100 所示，扫描截面如图 4-101 所示。"属性"对话框中选"合并终点"选项。

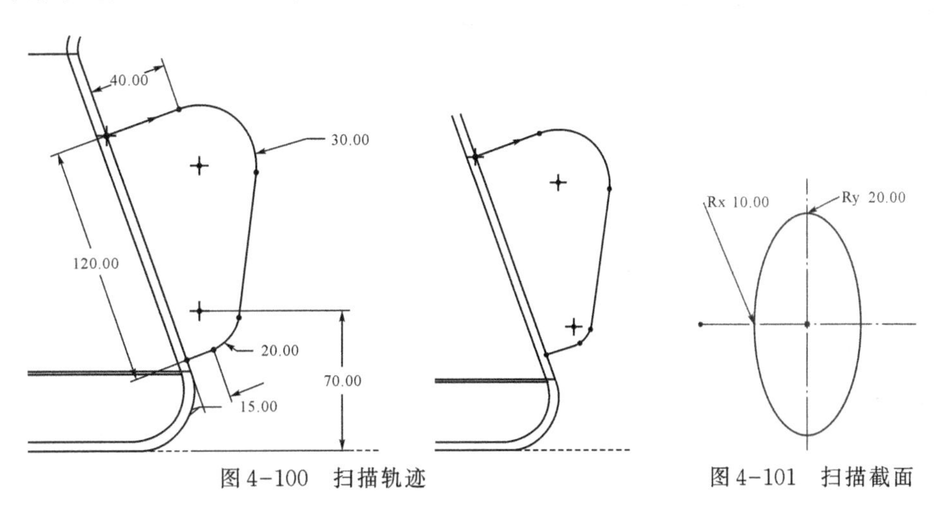

图 4-100　扫描轨迹　　　　图 4-101　扫描截面

小结

混合特征创建失败的原因及处理方法：

(1)各截面的图元数不相等。构造混合特征要求各截面的图元数要相等。

(2)截面不完整。

工程案例练习

创建如图4-102所示容器的三维模型。

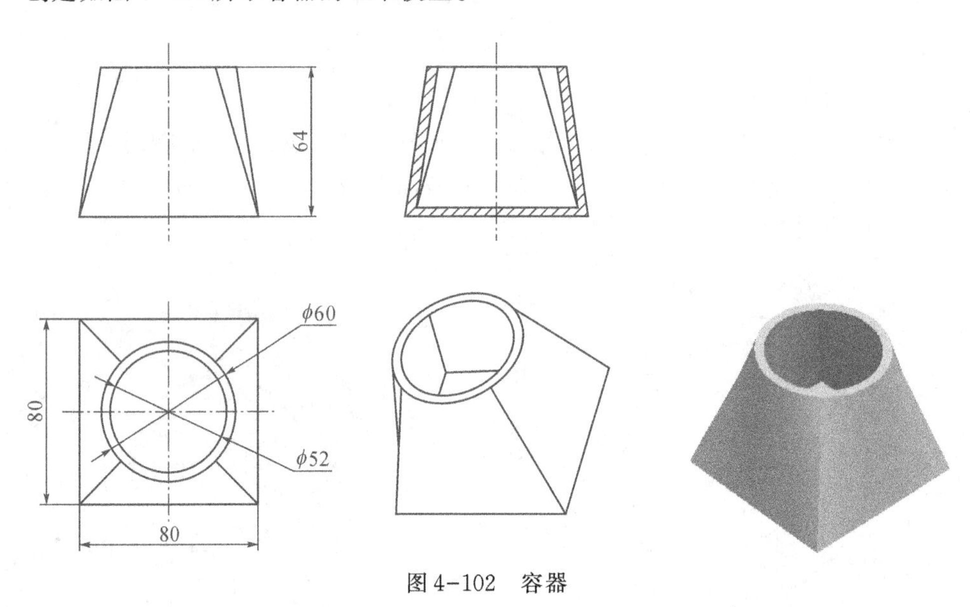

图4-102　容器

任务5　构造特征在三维建模中的综合应用

构造特征是系统提供的一类模板特征，这类特征的形状是固定的，用户通过输入不同的参数来确定特征的尺寸从而得到大小不同、形状相似的几何特征。其主要包括孔特征、倒角特征、圆角特征、抽壳特征、加强筋特征等。

【工程案例六】落料凹模的三维建模

某模具制造有限公司生产如图4-103所示落料凹模，试建立其三维模型。

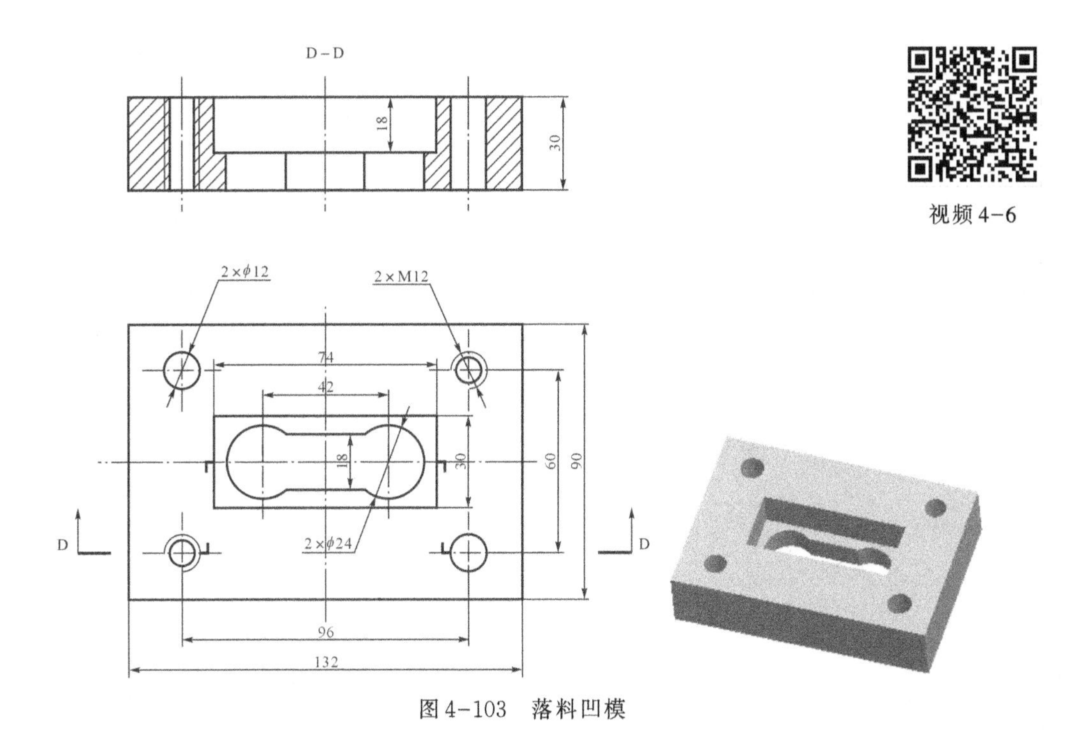

图 4-103　落料凹模

学习目标

能够正确创建零件的孔特征。

零件建模分析

该落料凹模的造型较为简单，除了两个螺纹孔外，其余部分均可采用拉伸方式来创建。本案例的目的在于训练学生熟悉孔特征的创建过程，包括一般孔与螺纹孔。落料凹模的三维建模过程如表 4-17 所示。

表 4-17　落料凹模的三维建模过程

关键步骤	1. 拉伸创建基础零件	2. 拉伸切割基础零件上部	3. 拉伸切割基础零件下部	4. 创建 ϕ12 的孔	5. 创建 M12 的螺纹孔
图示					

相关知识点

在建模过程中，经常要用到孔的形状，此时就要创建孔特征。

1. 孔特征的操作面板

孔特征的操作面板如图 4-104 所示。

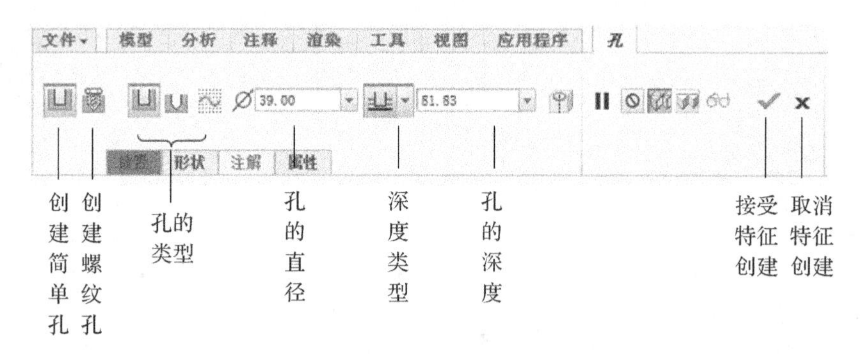

(a) 基础操作面板

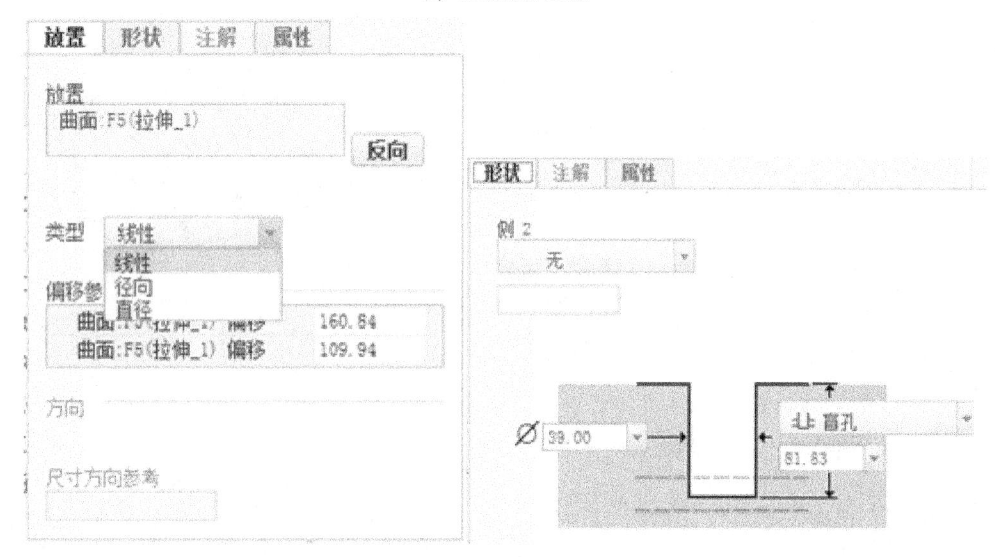

(b) 放置对话框　　　　(c) 形状对话框

图 4-104　孔特征操作面板

2. 孔特征的类型

简单孔:创建一般的直孔。

标准孔:创建具有基本形状的螺纹孔。它是基于相关的工业标准的,可带有不同的末端形状、标准沉头孔和埋头孔等。

草绘孔:由草绘截面定义的旋转特征,可用旋转去除材料来代替。

孔特征的主要类型如表 4-18 所示。

表 4-18　孔特征的主要类型

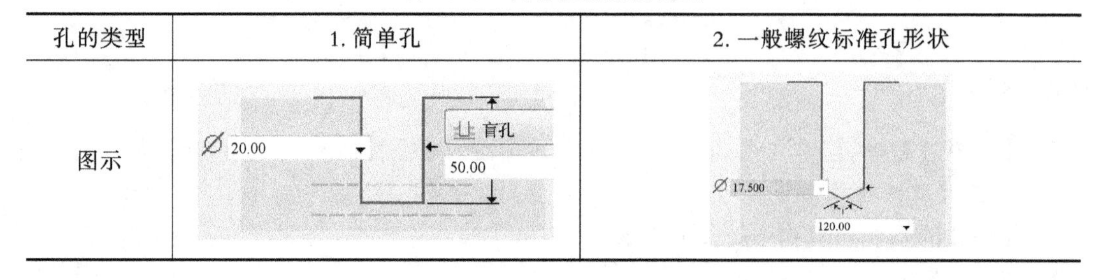

孔的类型	1. 简单孔	2. 一般螺纹标准孔形状
图示		

孔的类型	3.埋头孔形状	4.沉头孔形状
图示	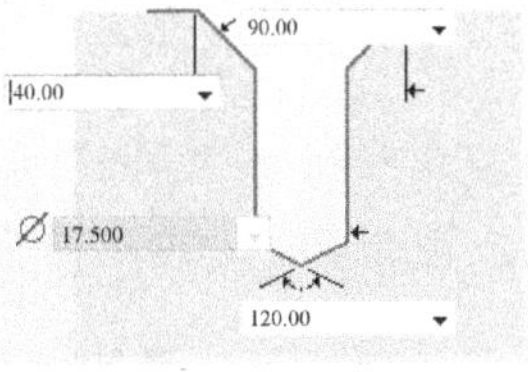	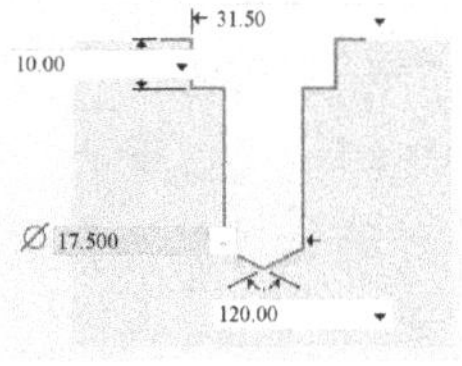

3. 孔特征的定位方式

线性孔：通过给定两个距离尺寸定位。

径向孔：通过给定极半径和角度的方式来定位。

直径孔：与径向孔类似，只是将半径改为直径。

其他（同轴孔）：与某圆柱面或某轴心同轴。

孔特征的定位方式如表4-19所示。

表4-19　孔特征的定位方式

孔定位方式	1.线性孔	2.径向孔（直径孔）	3.同轴孔
图示	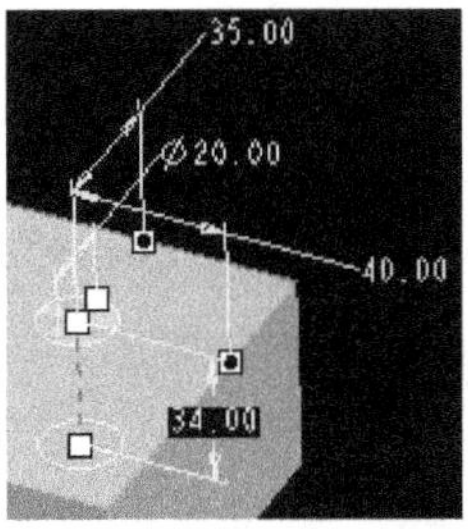	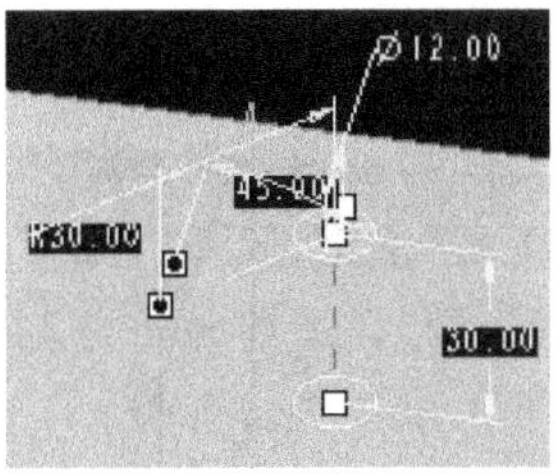	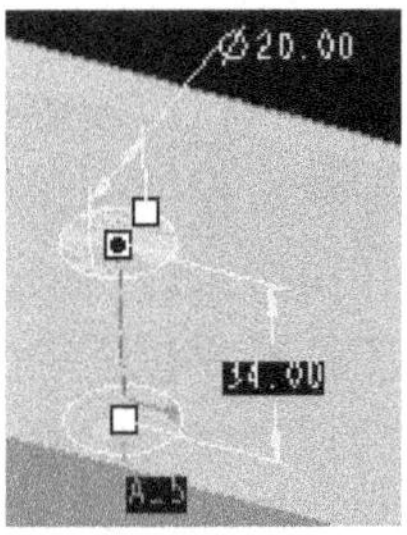
定位说明	主参照为一与孔垂直的平面，次参照为两条边或两个面	主参照为一与孔垂直的平面，次参照为一轴心和一平面	主参照为一与孔垂直的平面和一与孔同轴的轴心（同时选中用Ctrl键）

操作步骤

步骤1　设置工作目录

单击菜单“文件”→“管理会话”→“选择工作目录”命令，将文件放置在自己建立的文件夹下。

步骤2　新建文件

单击工具栏中的新建文件按钮，在弹出的“新建”对话框中选择“零件”类型，单击“使用默认模板”复选框取消选中标志，在“名称”栏输入新建文件名“Luoliaoaomu”。单击“确定”按钮，打开“新文件选项”对话框。选择“mmns_part_solid”模板，按下“确定”按钮，进入三维零件绘制环境。

步骤3　拉伸创建基础零件

①单击拉伸按钮，打开拉伸特征操作面板。

②单击“放置”面板中的“定义”按钮，打开“草绘”对话框。

③选择TOP基准面为草绘平面，草绘参考平面与方向按缺省值设置。

④单击“草绘”按钮，系统进入草绘工作环境。

⑤绘制如图4-105所示二维截面。单击草绘完成按钮，返回拉伸特征操作面板。

⑥在拉伸高度数值编辑框中输入30，单击完成按钮，完成拉伸特征的创建，结果如图4-106所示。

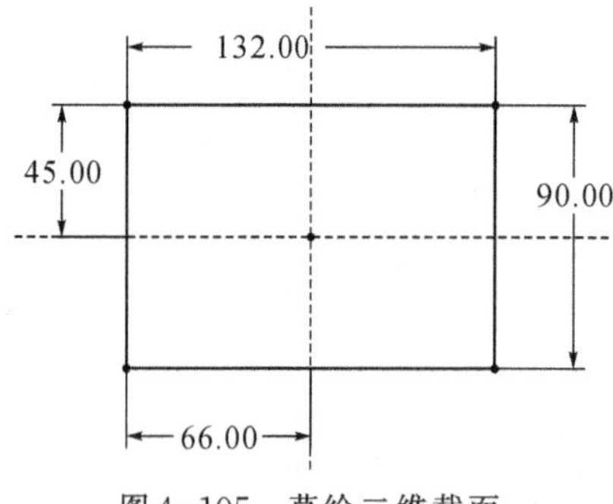

图4-105　草绘二维截面

图4-106　截面拉伸结果

步骤4　拉伸切割基础零件上部

①单击拉伸按钮，打开拉伸特征操作面板。

②单击拉伸操作面板上的“去除材料”按钮。

③单击“放置”面板中的“定义”按钮，打开“草绘”对话框。

④选择零件上表面为草绘平面，草绘参考平面与方向按缺省值设置。

⑤单击“草绘”按钮，系统进入草绘工作环境。

⑥绘制如图4-107所示二维截面。单击草绘完成按钮，返回拉伸特征操作面板。

⑦在拉伸高度数值输入框中输入18，单击完成按钮，完成拉伸特征的创建，结果如图4-108所示。

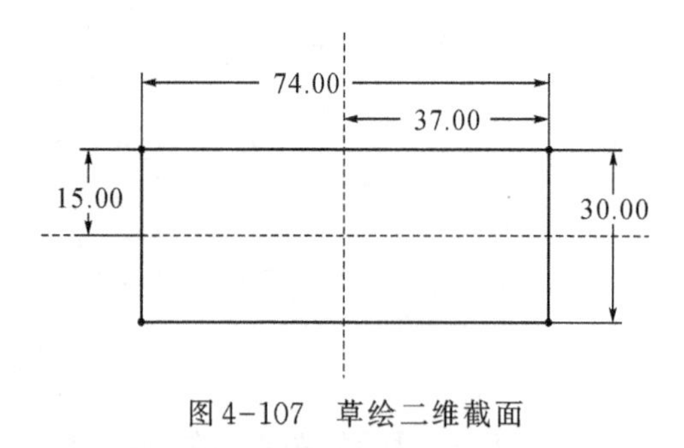

图4-107　草绘二维截面

图4-108　拉伸切割结果

步骤5　拉伸切割基础零件下部

①单击拉伸按钮，打开拉伸特征操作面板。

②单击拉伸操作面板上的“去除材料”按钮。

③单击“放置”面板中的“定义”按钮，打开“草绘”对话框。

④选择凹槽下表面为草绘平面，草绘参考平面与方向按缺省值设置。

⑤单击“草绘”按钮，系统进入草绘工作环境。

⑥绘制如图4-109所示二维截面。单击草绘完成按钮✔,返回拉伸特征操作面板。

⑦在拉伸高度数值输入框中输入18,单击按钮✔,完成拉伸特征的创建,结果如图4-110所示。

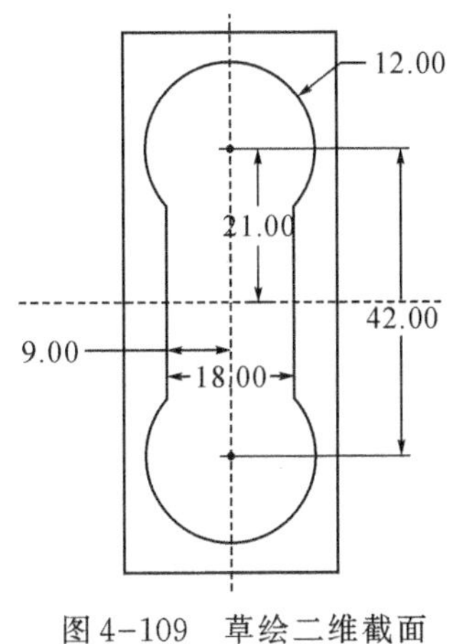

图4-109　草绘二维截面

图4-110　拉伸切割结果

步骤6　ϕ12孔的创建

①单击孔绘制按钮孔,打开孔特征操作面板。

②在直径输入框∅ 12.00 中输入直径12,单击孔深度类型按钮下拉菜单,选择"穿透"选项作为孔深度。

③单击零件上表面,作为孔的主参照面(创建的孔与主参照面垂直),出现孔的预览示例,如图4-111所示。此时孔的定位方式默认为"线性"定位方式,即采用两条边或两个平面作为定位参照。

④将两个定位拖动点拖动到相应的定位面上,并双击改变偏移数值,如图4-112所示。单击完成按钮✔,完成ϕ12直孔的创建,如图4-113所示。

⑤以同样的方式创建另一ϕ12的直孔,如图4-113所示。

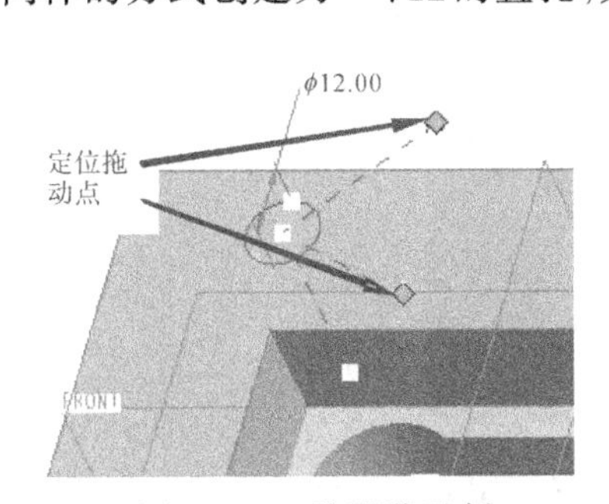

图4-111　孔预览示例

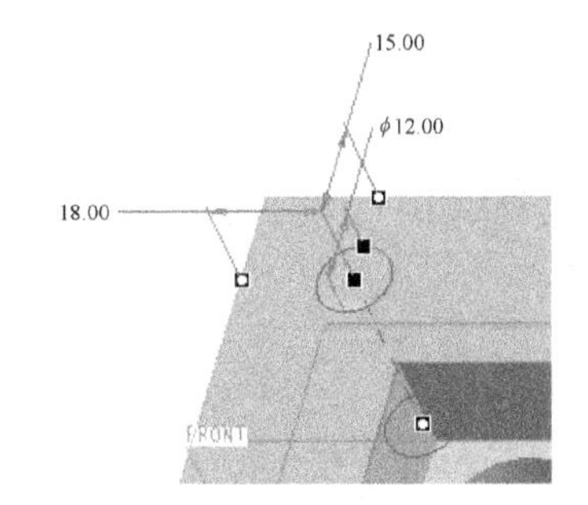

图4-112　孔定位方式与尺寸

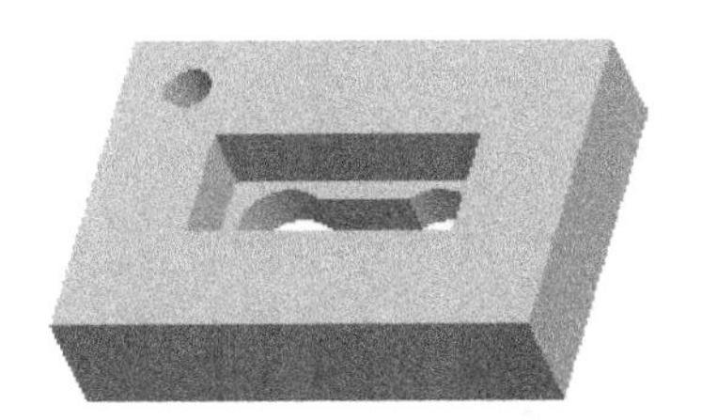

图4-113　ϕ12孔创建结果

步骤7 M12螺纹孔的创建

①单击孔绘制按钮孔,打开孔特征操作面板。

②单击操作面板上的创建螺纹孔(标准孔)按钮,此时操作面板改变如图4-114所示。螺纹尺寸设置为M12×1,即螺纹大径为12,螺距为1。

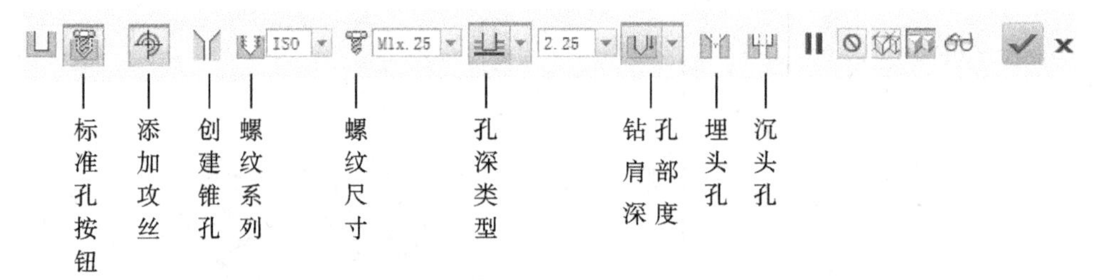

图4-114 螺纹孔创建操作面板

③单击零件上表面,将其作为孔的主参照面,出现螺纹孔的预览示例,如图4-115所示。

④将两个定位拖动点拖动到相应的定位面上,并双击默认数字改变偏移数值,如图4-115所示。单击完成按钮✔,完成M12螺纹孔的创建。以同样的方式创建另一螺纹孔,结果如图4-116所示。

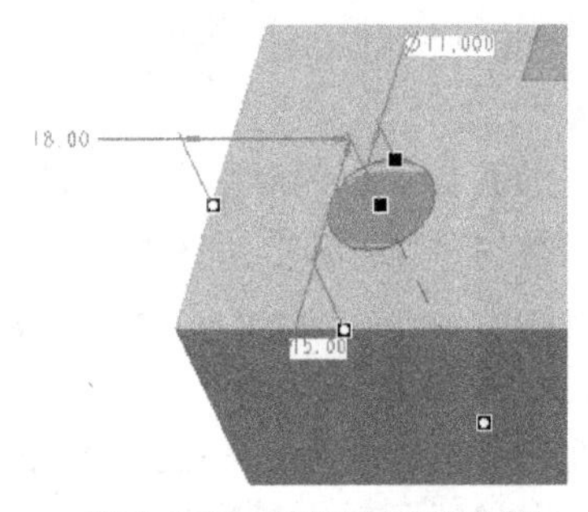

图4-115 螺纹孔预览示例

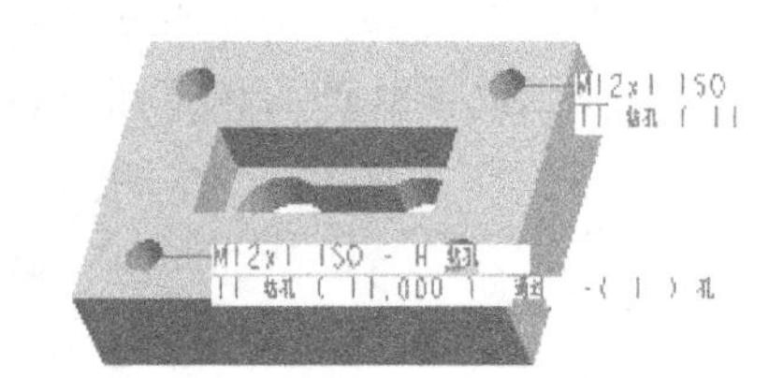

图4-116 螺纹孔创建结果

步骤8 螺纹孔注释的删除

单击前导工具栏上的注释显示按钮,使其为弹出状态,此时模型中的螺纹孔注释将不显示,结果如图4-117所示。

图4-117 去除注释后的零件

步骤9 文件保存

单击菜单"文件"→"保存"命令,保存当前模型文件。

【工程案例七】端盖的三维建模

视频 4-7

某机械制造有限公司生产如图 4-118 所示端盖零件，试建立其三维模型。

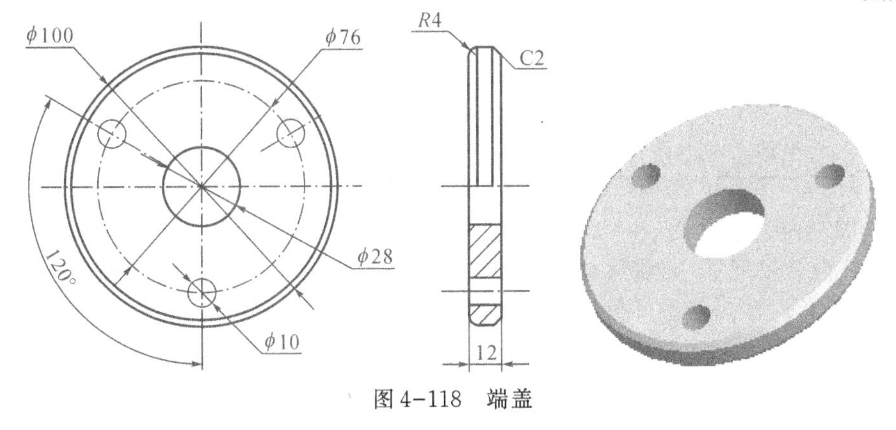

图 4-118　端盖

学习目标

1. 能够对特征进行阵列(轴阵列)。
2. 能够使用圆角、倒角特征对三维零件模型进行修改。

零件建模分析

端盖零件的结构较为简单，主体部分可以通过拉伸或旋转的方式来创建，三个孔可以通过创建一个孔特征，然后使用特征阵列的方式来创建，当然也可以通过拉伸去除材料的方式来创建。此外该零件还具有圆角和倒角特征，这些可分别通过创建圆角和倒角特征来实现。建模过程如表 4-20 所示。

表 4-20　端盖的三维建模过程

关键步骤	1. 拉伸创建基础零件	2. 创建孔特征	3. 孔特征阵列	4. 创建圆角	5. 创建倒角
图示					

相关知识点

1. 特征阵列

阵列是指在一次特征操作中生成多个按规律排列的副本，相当于一次产生多个复制特征，设计效率非常高。而且在特征阵列中修改原始模型，阵列特征都随之自动更新。特征阵列有多种类型，最常用的有尺寸阵列(相当于矩形阵列)、轴阵列(相当于环形阵列)、填充阵列等(见表 4-21)。

表4-21 特征阵列的类型

特征阵列类型	1. 尺寸阵列	2. 轴阵列	3. 填充阵列
图示			
说明	使用驱动尺寸来确定阵列增量的变化,从而控制阵列	通过围绕一选定轴旋转特征来创建阵列	用栅格定位的特征来填充某个区域

2. 圆角特征

在零件设计过程中,倒圆角有着极其重要的作用,它不仅可以增加造型变化与美化外形,也可以优化产品的性能。倒圆角是一种边处理特征,通过向一条或多条边、边链或在曲面之间添加半径形成。

3. 倒角特征

倒角是处理模型周围棱角的方式之一,与倒圆角功能类似。

操作步骤

步骤1 设置工作目录

单击菜单“文件”→“管理会话”→“选择工作目录”命令,将文件放置在自己建立的文件夹下。

步骤2 新建文件

单击工具栏中的新建文件按钮,在弹出的“新建”对话框中选择“零件”类型,单击“使用缺省模板”复选框取消选中标志,在“名称”栏输入新建文件名“Duangai”。单击“确定”按钮,打开“新文件选项”对话框。选择“mmns_part_solid”模板,按下“确定”按钮,进入三维零件绘制环境。

步骤3 拉伸创建基础零件

①单击拉伸按钮,打开拉伸特征操作面板。

②单击“放置”面板中的“定义”按钮,打开“草绘”对话框。

③选择TOP基准面为草绘平面,草绘参考平面与方向按缺省值设置。

④单击“草绘”按钮,系统进入草绘工作环境。

⑤绘制如图4-119所示二维截面。单击草绘完成按钮✔,返回拉伸特征操作面板。

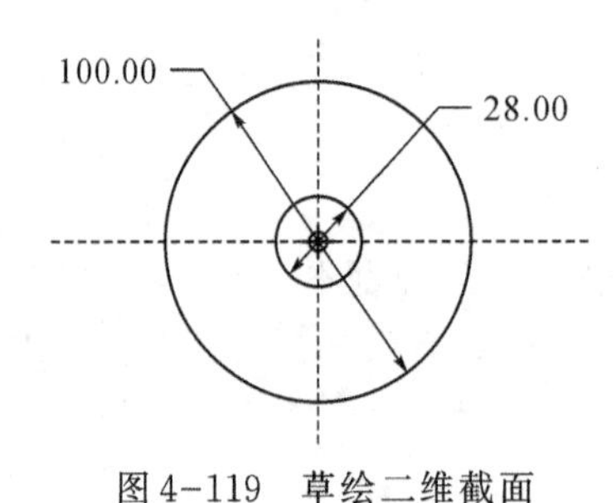

图4-119 草绘二维截面

图4-120 截面拉伸结果

⑥在拉伸高度数值输入框中输入12,单击按钮✔,完成拉伸特征的创建,结果如图4-120所示。

步骤4　创建孔特征

①单击孔绘制按钮 孔,打开孔特征操作面板。

②在直径输入框中输入直径10,选择“穿透”选项作为孔深度。

③单击零件上表面,将其作为孔的主参照面(创建的孔与主参照面垂直),出现孔的预览示例。

④单击孔特征操作面板上的“放置”菜单,弹出“放置”对话框(图4-121)。将放置类型从“线性”改为“径向”。单击“偏移参考”中的“选择2个项”,按住CTRL键,选择拉伸特征的轴心和RIGHT基准平面,孔的预览示例改变如图4-122所示,双击角度值将其改为30°,双击半径值将其改为38。单击完成按钮✔,完成ϕ10直孔的创建,如图4-123所示。

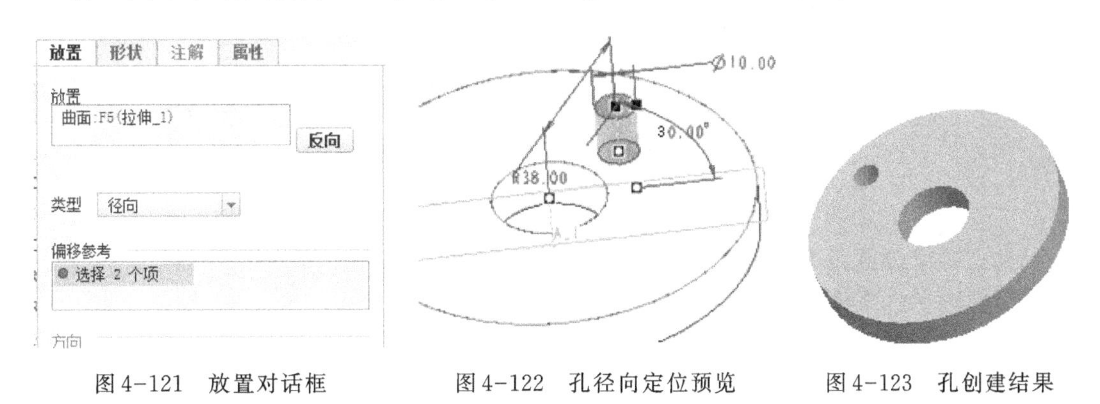

图4-121　放置对话框　　图4-122　孔径向定位预览　　图4-123　孔创建结果

步骤5　孔特征阵列

①点选上步创建的孔特征,单击特征阵列按钮,弹出特征阵列操作面板(见图4-124)。

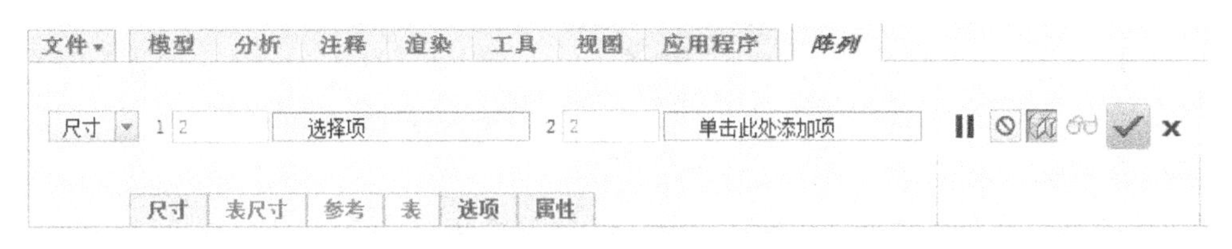

图4-124　特征阵列操作面板

②单击操作面板上“尺寸”后面的下拉按钮 尺寸 ,将阵列类型改为“轴”,然后选择拉伸特征的轴心为旋转轴。在输入第一方向的阵列成员数框中输入3,角度值输入框中输入120,其他框中数值按默认值设置,如图4-125所示。单击完成按钮✔,完成孔特征的阵列,结果如图4-126所示。

图4-125　特征阵列操作面板

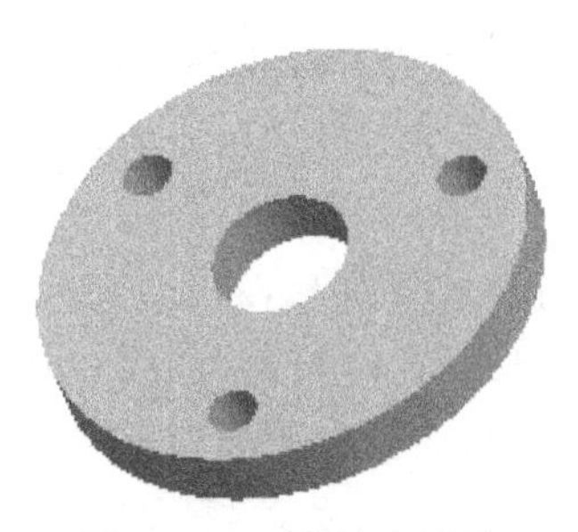

图 4-126　孔创建结果

步骤 6　创建圆角特征

①单击圆角特征创建按钮 倒圆角，打开圆角特征操作面板(图 4-127)。

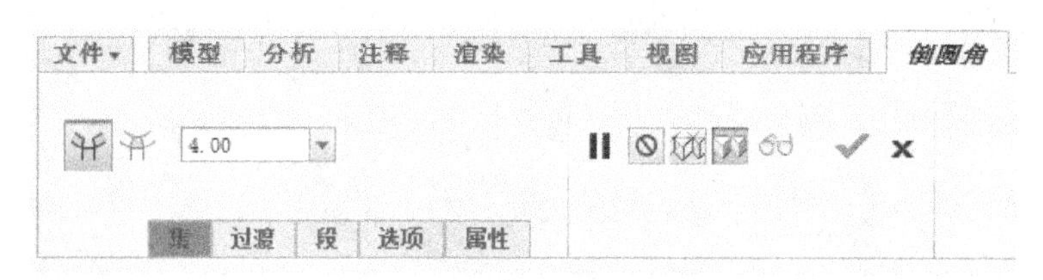

图 4-127　圆角特征操作面板

②点选要倒圆角的边，并在圆角半径输入框中输入 4，单击“确定”按钮✔，完成圆角特征的创建。结果如图 4-128 所示。

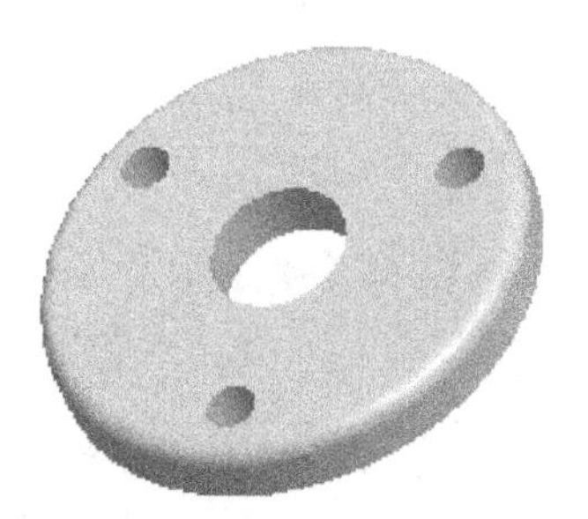

图 4-128　倒圆角结果

步骤 7　创建倒角特征

①单击倒角特征创建按钮 倒角，打开倒角特征操作面板(图 4-129)。

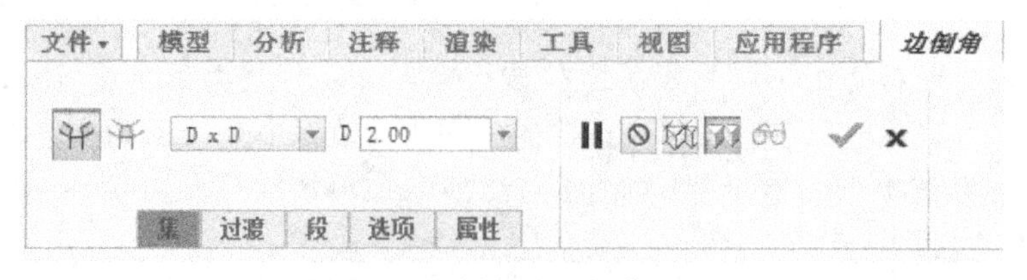

图 4-129　倒角特征操作面板

②点选要倒角的边，并在倒角边长值输入框中输入 2，单击“确定”按钮✔，完成倒角特征的创建。结果如图 4-130 所示。

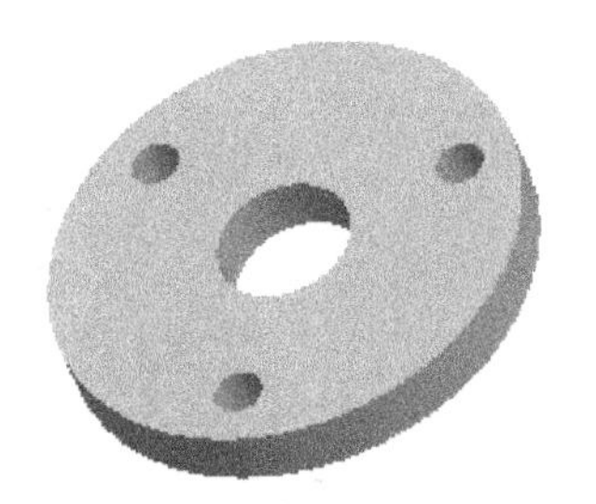

图 4-130　倒角结果

步骤8　文件保存

单击菜单“文件”→“保存”命令，保存当前模型文件。

举一反三

某机械制造厂生产如图 4-131 所示法兰盘，试建立其三维模型。

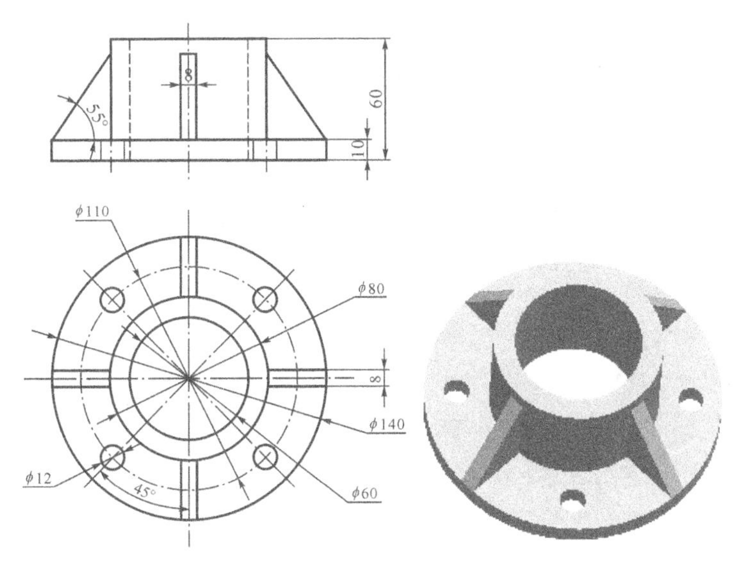

图 4-131　法兰盘

法兰盘的三维建模关键步骤如表 4-22 所示。

表 4-22　法兰盘的三维建模关键步骤

关键步骤	1. 创建旋转特征		2. 创建孔特征
图示	30.00 60.00 10.00 10.00 40.00		FRONT TOP A_2 A_3 RIGHT

续 表

关键步骤	3.孔特征阵列	4.创建加强筋	5.加强筋阵列
图示			

【工程案例八】支座的三维建模

视频 4-8

某机械厂生产如图 4-132 所示支座零件，试建立其三维模型。

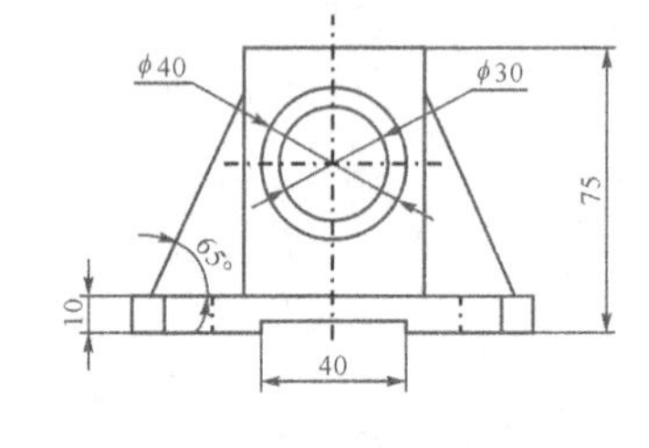

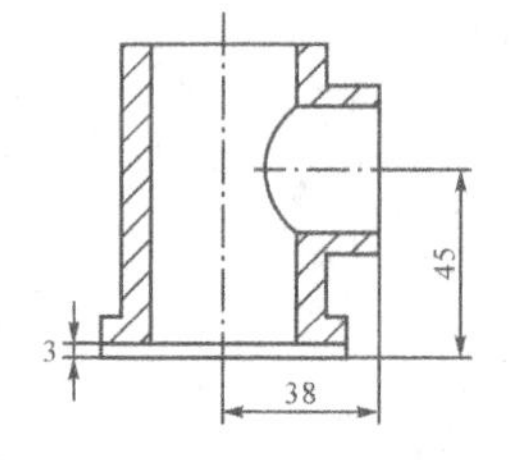

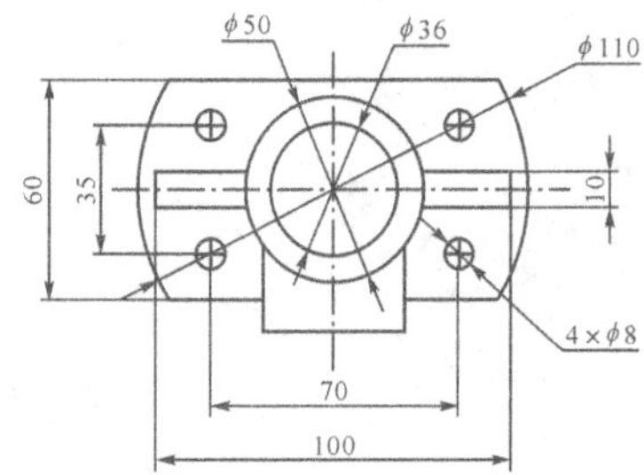

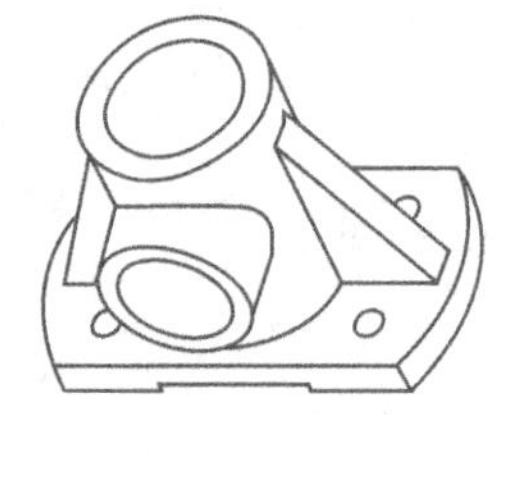

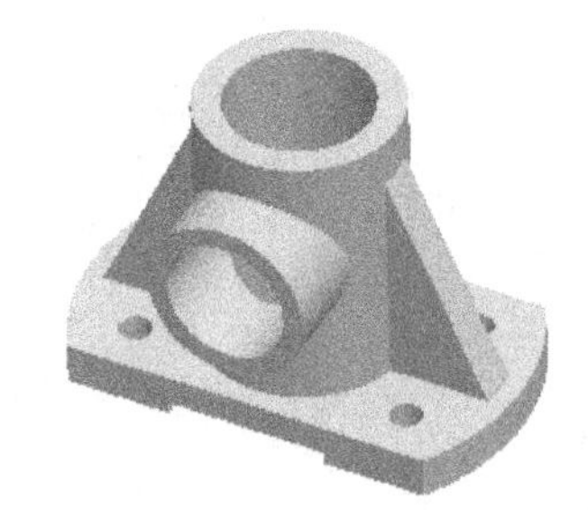

图 4-132 支座

学习目标

1. 能够使用特征尺寸阵列方式对三维模型进行修改。
2. 能够使用特征镜像方式对三维模型进行修改。
3. 能够使用基准平面、基准轴特征辅助零件的三维建模。

支座建模分析

整个支座零件由底板、立柱、前凸、筋板四部分组成。底板有个槽，可以通过拉伸去除材料的方式来创建。底板上的孔可以通过拉伸方式来创建，也可以通过打孔方式来创建。支座的三维建模过程如表 4-23 所示。

表4-23　支座的三维建模过程

关键步骤	1. 拉伸创建底板	2. 拉伸切割底板	3. 创建底板孔特征	4. 底板孔特征阵列	5. 创建立柱
图示					
关键步骤	6. 立柱打孔	7. 创建加强筋	8. 加强筋镜像	9. 创建前凸	10. 前凸打孔
图示					

相关知识点

1. 特征镜像

使用镜像方式复制特征可以对模型的一个或多个特征进行镜像复制。该命令常用来建立相互对称的特征模型,使用这种方式可以很方便地创建特征,并且创建的对称特征约束关系准确。

2. 基准平面

在新建一个零件文件时,如果选择系统默认的模板,则出现三个相互正交的基准平面,即TOP、RIGHT、FRONT平面,通常建模时要以它们作为参照。有时还需要除默认基准平面以外的其他基准平面作为参照,此时就需要新建基准平面,即作辅助平面。新建基准平面的名称由系统自动定义为DTM1、DTM2等。基准平面是一个无限大的面,它以一个四边形的形式显示在画面上,用户可以调整基准平面的显示轮廓的高度和宽度。基准平面有正向和反向之分,通过两侧不同的颜色来区分,正向侧的颜色为褐色,反向侧的颜色为灰色。基准平面有多种作用,可以作为草绘平面进行草绘,可以作为放置特征的平面,可以作为尺寸标注的参照,可以作为视角方向的参考等。基准平面的创建类型如表4-24所示。

表4-24　基准平面的创建类型

基准平面类型	1. 某平面偏移	2. 某平面绕轴旋转	3. 通过两条直线	4. 通过三点
图示	50.00	45.00		
说明	与某平面平行,并偏移一定距离	按住Ctrl键选择一平面和一轴,并输入角度值	按住Ctrl键选择两条直线	按住Ctrl键选择三点

3. 基准轴

基准轴常用作尺寸标注的参照、基准平面的穿过参照、孔特征的中心参照、同轴特征的参照、特征阵列的参照等。基准轴是一个无限长的直线,它以一段虚线的形式显示在画面上,基准轴以棕色中心线标识,由系统自动给出轴的名称,如A_1、A_2等。在生成由拉伸产生的圆柱特征、旋转特征和孔特征时，系统会自动产生基准轴。基准轴的创建类型如表4-25所示。

表4-25　基准轴的创建类型

基准轴类型	1. 通过两点	2. 通过某条直线	3. 圆柱面的轴心	4. 两平面相交
图示		A_1	A_3	RIGHT
说明	按住Ctrl键选择两点	选择某条边	选择某个圆柱面或弧面	按住Ctrl键选择两个平面

操作步骤

步骤1　设置工作目录

单击菜单“文件”→“管理会话”→“选择工作目录”命令，将文件放置在自己建立的文件夹下。

步骤2　新建文件

单击工具栏中的新建文件按钮，在弹出的“新建”对话框中选择“零件”类型，单击“使用默认模板”复选框取消选中标志，在“名称”栏输入新建文件名“zhizuo”。单击“确定”按钮，打开“新文件选项”对话框。选择“mmns_part_solid”模板，按下“确定”按钮，进入三维零件绘制环境。

步骤3　拉伸创建底板

①单击拉伸按钮，打开拉伸特征操作面板。

②单击“放置”面板中的“定义”按钮，打开“草绘”对话框。

③选择TOP基准面为草绘平面，草绘参考平面与方向按缺省值设置。

④单击“草绘”按钮，系统进入草绘工作环境。

⑤绘制如图4-133所示二维截面。单击草绘完成按钮✔，返回拉伸特征操作面板。

⑥在拉伸深度数值编辑框中输入10，单击完成按钮✔，完成拉伸特征的创建，结果如图4-134所示。

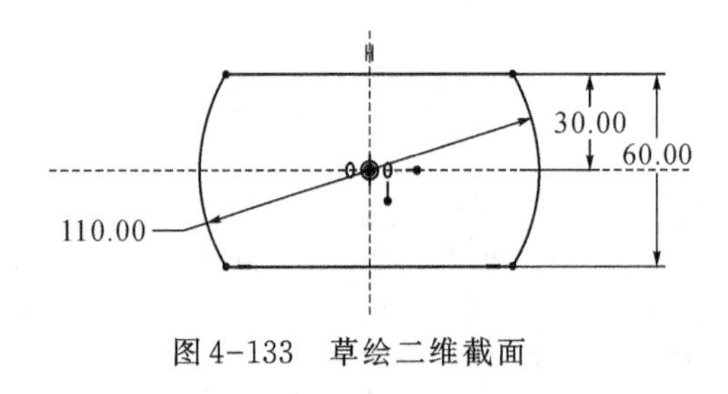

图4-133　草绘二维截面

图4-134　截面拉伸结果

步骤4　拉伸切割底板

①单击拉伸按钮，打开拉伸特征操作面板。

②单击拉伸操作面板上的“去除材料”按钮。

③单击“放置”面板中的“定义”按钮，打开“草绘”对话框。

④选择零件前表面为草绘平面，草绘参考平面与方向按缺省值设置。

⑤单击“草绘”按钮，系统进入草绘工作环境。

⑥绘制如图 4-135 所示二维截面。单击草绘完成按钮✔，返回拉伸特征操作面板。

⑦在拉伸高度数值输入框中输入 60，单击完成按钮✔，完成拉伸特征的创建，结果如图 4-136 所示。

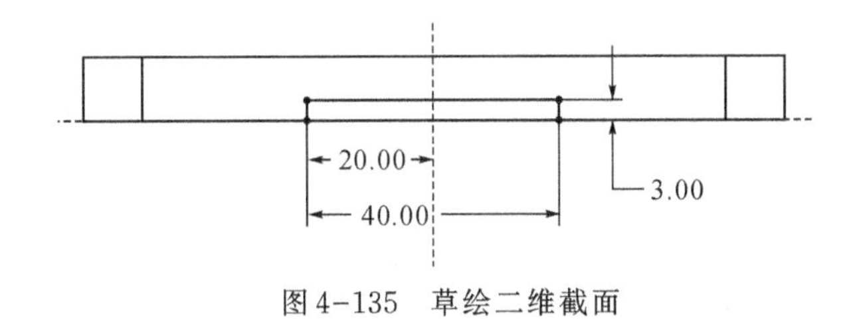

图 4-135　草绘二维截面

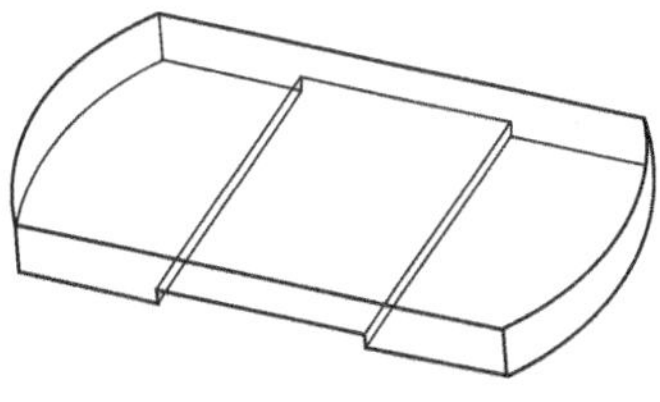

图 4-136　拉伸切割结果

步骤 5　创建底板孔特征

①单击孔绘制按钮，打开孔特征操作面板。

②在直径输入框中输入直径 8，单击孔深度类型按钮下拉菜单，选择“穿透”选项作为孔深度。

③单击零件上表面，将其作为孔的主参照面（创建的孔与主参照面垂直），出现孔的预览示例。此时孔的定位方式默认为“线性”定位方式，即采用两条边或两个平面作为定位参照。

④将两个定位拖动点拖动到相应的定位面上（分别为 FRONT 基准面和 RIGHT 基准面），并双击改变偏移数值（分别为 17.5 与 35），如图 4-137 所示。单击完成按钮✔，完成 ϕ8 直孔的创建，如图 4-138 所示。

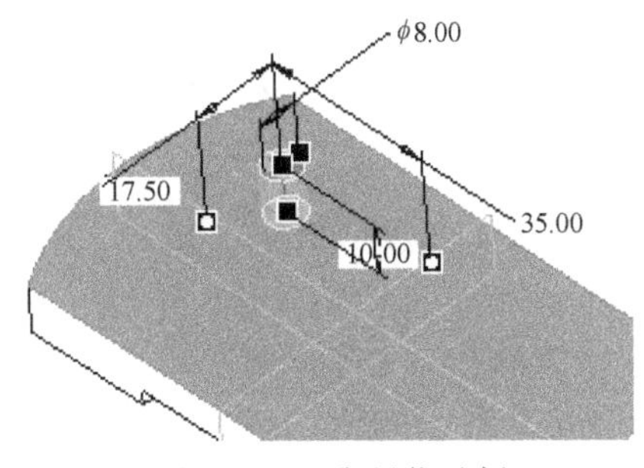

图 4-137　孔预览示例

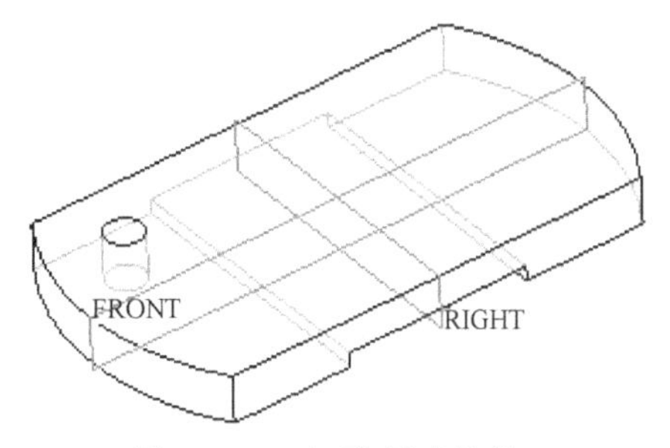

图 4-138　ϕ8 孔创建结果

步骤 6　底板孔特征阵列

①点选上步创建的孔特征，单击特征阵列按钮，弹出特征阵列操作面板。

②选取要在第一方向上改变的尺寸，此处为“35”的尺寸，弹出尺寸编辑框，在其中输入数值“-70”（注意：数值的负号表示阵列方向）。在操作面板中第一个方向的阵列数中输入 2（此处为默认值）。选取要在第二方向上改变的尺寸，此处为“17.5”的尺寸，弹出尺寸编辑框，在其中输入数值“-35”。在操作面板中第二个方向的阵列数中输入 2（此处也为默认值）。单击完成按钮✔，完成孔特征的阵列，结果如图 4-139 所示。

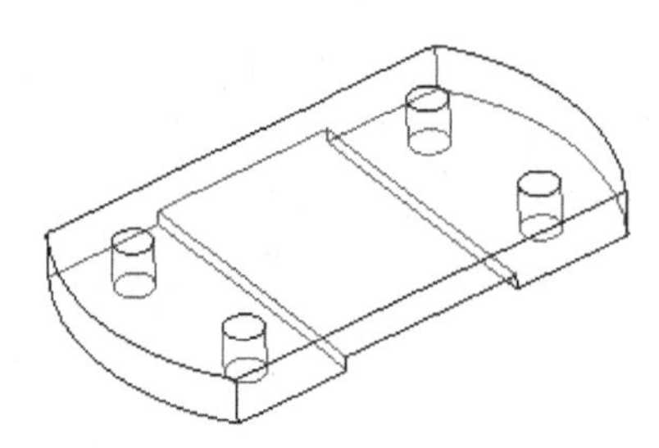

图 4-139　ϕ8孔特征阵列结果

步骤7　拉伸创建立柱

①单击拉伸按钮，打开拉伸特征操作面板。

②单击“放置”面板中的“定义”按钮，打开“草绘”对话框。

③选择底板上表面为草绘平面，草绘参考平面与方向按缺省值设置。

④单击“草绘”按钮，系统进入草绘工作环境。

⑤绘制如图4-140所示二维截面。单击草绘完成按钮，返回拉伸特征操作面板。

⑥在拉伸深度数值输入框中输入65，单击完成按钮，完成拉伸特征的创建，结果如图4-141所示。

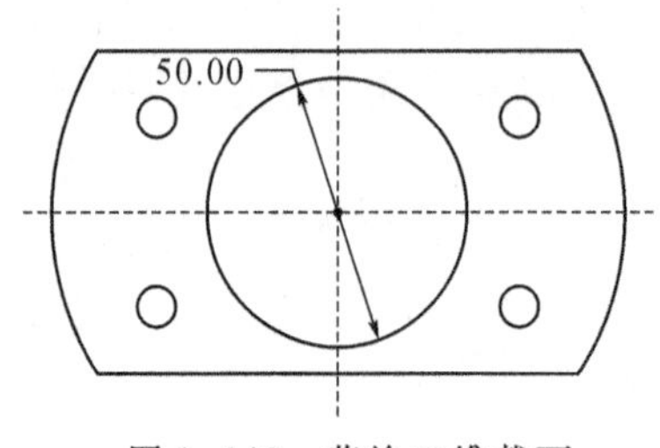

图 4-140　草绘二维截面

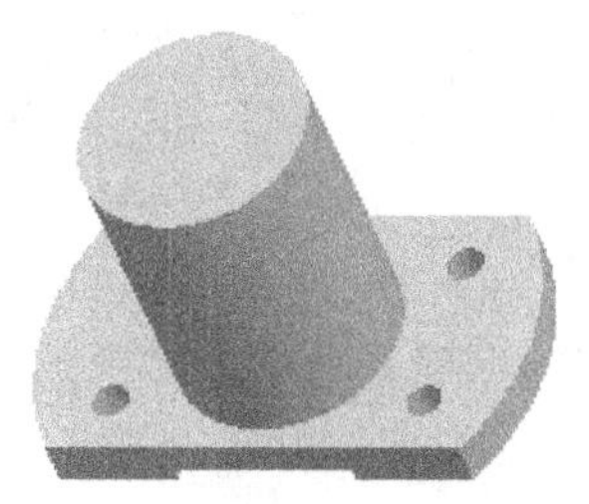

图 4-141　截面拉伸结果

步骤8　立柱打孔

①单击孔绘制按钮孔，打开孔特征操作面板。

②在直径输入框中输入直径36，单击孔深度类型按钮下拉菜单，选择“穿透”选项作为孔深度。

③单击圆柱上表面，将其作为孔的主参照面(创建的孔与主参照面垂直)，出现孔的预览示例。按住Ctrl键点选圆柱的轴心A_5。此时孔的定位方式为“同轴”定位方式。单击操作面板上的“确定”按钮，完成孔特征的创建，如图4-142所示。

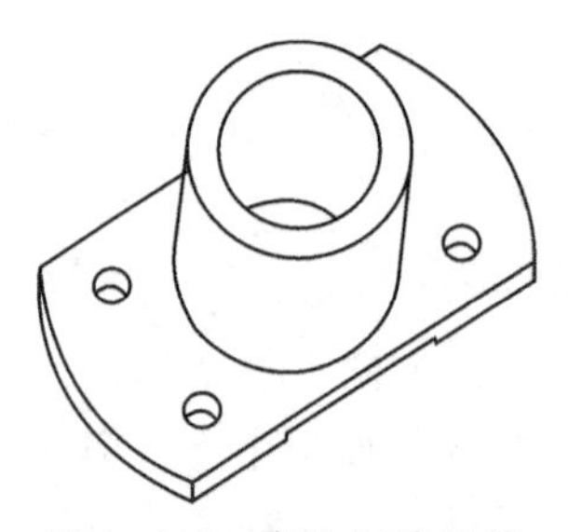

图 4-142　直孔创建结果

步骤9　创建加强筋

①单击“工程”面板上的筋下拉按钮 筋▾,在弹出的两个筋创建按钮中选择轮廓筋按钮 轮廓筋,打开轮廓筋特征操作面板。

②单击操作面板中的“参考”选项,打开“参考”对话框,单击对话框中的“定义...”按钮,打开“草绘”对话框。

③选择FRONT基准面为草绘平面,参考面按默认值设置。单击“草绘”按钮,系统进入草绘工作环境。

④绘制如图4-143所示二维开放截面(为一条倾斜角度为65°的直线,注意添加重合约束使倾斜直线的两个端点分别附着在对应的端面上)。单击草绘完成按钮✔,返回轮廓筋特征操作面板。

⑤在轮廓筋特征操作面板的宽度输入框中输入尺寸10,并按下完成按钮✔,结束加强筋的创建,结果如图4-144所示。

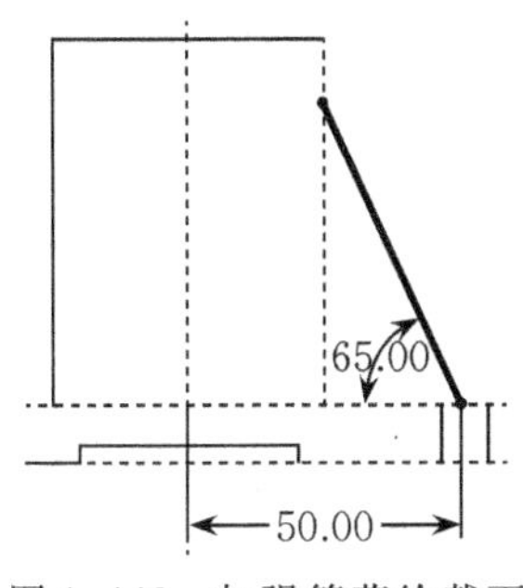

图4-143　加强筋草绘截面

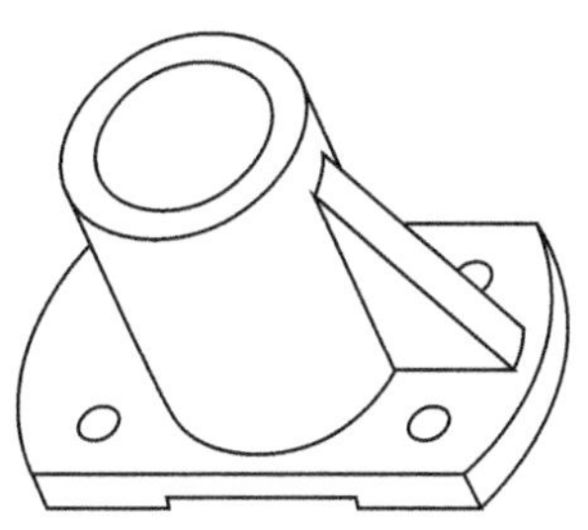

图4-144　加强筋创建结果

步骤10　加强筋镜像

单击刚刚创建的加强筋,然后单击工具栏上的镜像按钮 镜像,再选择RIGHT基准平面为镜像平面,并按下完成按钮✔,加强筋镜像结果如图4-145所示。

图4-145　加强筋镜像结果

步骤11　创建前凸

①单击拉伸按钮,打开拉伸特征操作面板。

②单击拉伸操作面板右侧的基准图标下拉菜单,选择其中的创建基准平面按钮▱,弹出“基准平面”对话框,如图4-146所示。

③点选FRONT基准平面作为参考。在对话框偏移下方的“平移”数值框中输入偏移距离38。单击“基准平面”对话框中的“确定”按钮,创建如图4-147所示基准平面DTM1。

图4-146　基准平面对话框

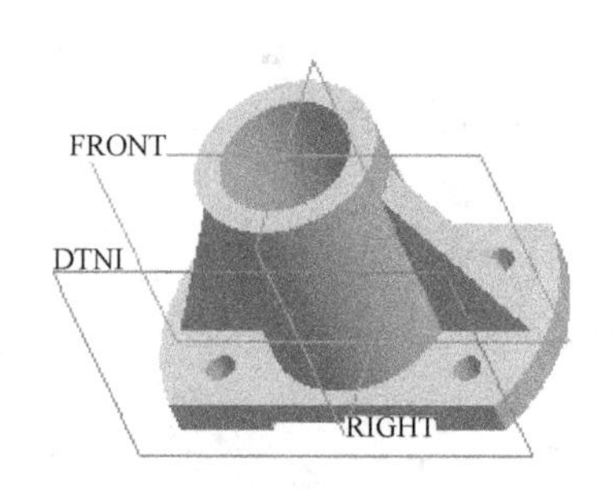

图4-147　辅助平面DTM1创建

④单击操作面板上的“退出暂停模式”按钮▶,恢复到特征拉伸状态。

⑤单击“放置”面板中的“定义”按钮,打开“草绘”对话框。

⑥选择刚刚创建的DTM1辅助平面为草绘平面,参考面按默认值设置。单击“草绘”按钮,系统进入草绘工作环境。

⑦绘制如图4-148所示二维截面。单击草绘完成按钮✔,返回拉伸特征操作面板。

⑧将拉伸方式改为“拉伸至下一曲面”,单击完成按钮✔,结果如图4-149所示。

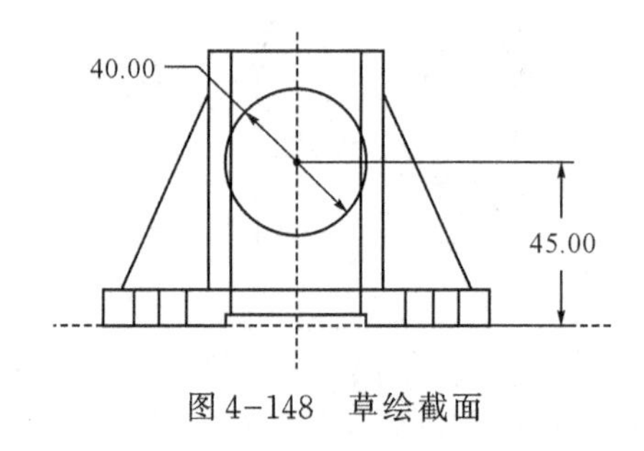

图4-148　草绘截面

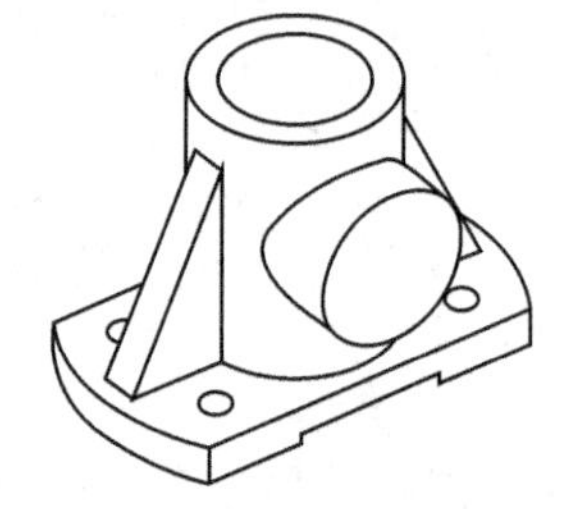

图4-149　截面拉伸结果

步骤12　前凸打孔

①单击孔绘制按钮,打开孔特征操作面板。

②在直径输入框中输入直径30,单击孔深度类型按钮下拉菜单,选择拉伸至下一曲面作为孔的深度。

③单击前凸圆柱的前表面,将其作为孔的主参照面,出现孔的预览示例。按住Ctrl键点选前凸圆柱的轴心A_7。此时孔的定位方式为“同轴”定位方式。单击操作面板上的“确定”按钮✔,完成孔特征的创建,如图4-150所示。

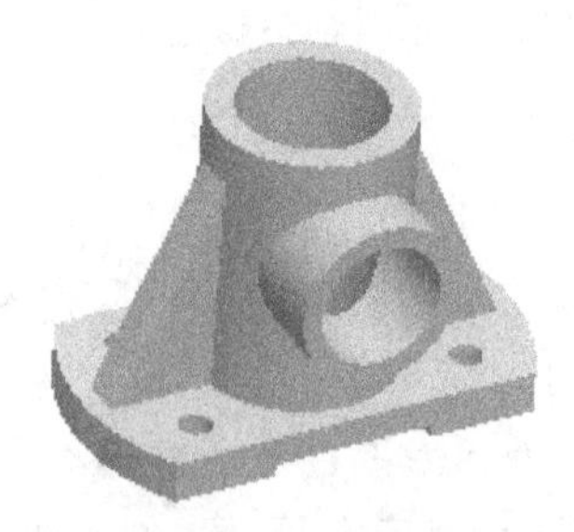

图4-150　孔创建结果

步骤13　文件保存

单击菜单“文件”→“保存”命令，保存当前模型文件。

举一反三

某机械制造有限公司生产如图4-151所示壳体，试建立其三维模型。

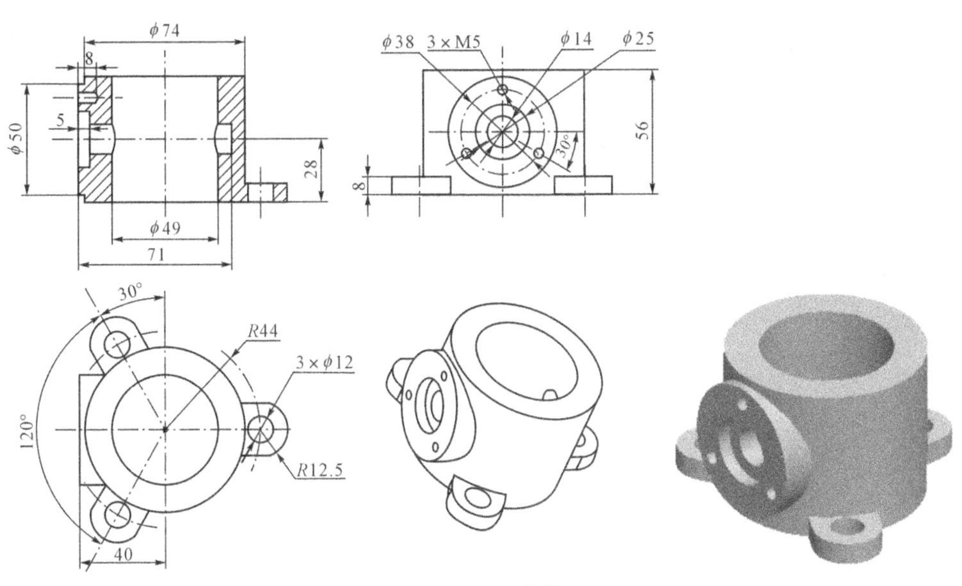

图4-151　壳体

壳体的三维建模过程如表4-26所示。

表4-26　壳体的三维建模过程

关键步骤	1. 拉伸创建基础零件	2. 拉伸创建固定支架	3. 阵列
图示			
关键步骤	4. 创建基准平面	5. 拉伸创建侧圆柱	6. 侧圆柱钻φ25孔
图示			
关键步骤	7. 侧圆柱钻φ14的孔	8. 侧圆柱钻φ5的孔	9. φ5的孔阵列
图示			

【工程案例九】戒指的三维建模

某模具制造有限公司生产如图4-152所示戒指零件，试建立其三维模型。

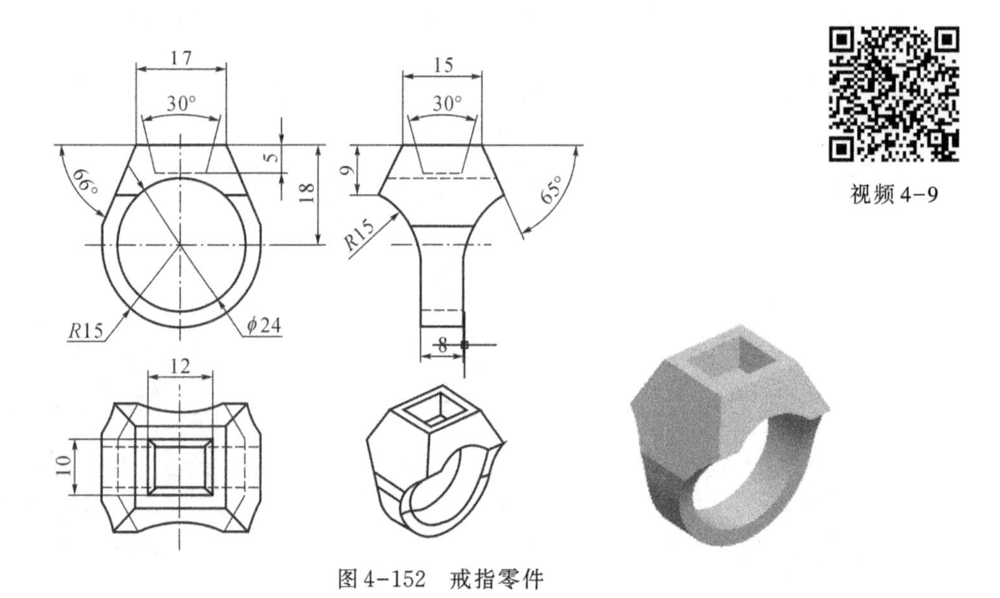

图 4-152　戒指零件

学习目标

能够使用拔模特征方法对零件三维模型进行修改。

戒指建模分析

戒指零件的造型难点在于其多个表面都是倾斜的，尽管可以通过拉伸去除材料的方式来创建倾斜表面，但这种方法较为烦琐，需要多次用到拉伸命令。最好的方式是创建拔模曲面来实现倾斜表面的创建，其建模思路如表4-27所示。

表 4-27　戒指的三维建模思路

关键步骤	1. 拉伸创建基础零件	2. 拔模	3. 拉伸去除材料
图示			
关键步骤	4. 特征镜像	5. 拉伸去除材料	6. 拔模
图示			

相关知识点

拔模特征

注塑件和铸件往往需要一个拔模斜面，才能从模具型腔中顺利取出，因此在设计零件时需要在零件侧面上添加一定角度的脱模斜度，而这可以用拔模特征来实现造型。

在Creo(Pro/Engineer)软件中建立拔模特征需要确定拔模曲面、拔模枢轴、拔模方向、拔模角度等几个参数。其中，拔模曲面是要生成拔模斜度的曲面；拔模枢轴即中间部分尺寸不变的平面或曲线；拔模方向确定拔模曲面的收缩方向；拔模角度用于指定拔模面的斜度值，范围为-30°～30°。

拔模特征的操作面板如图4-153所示。

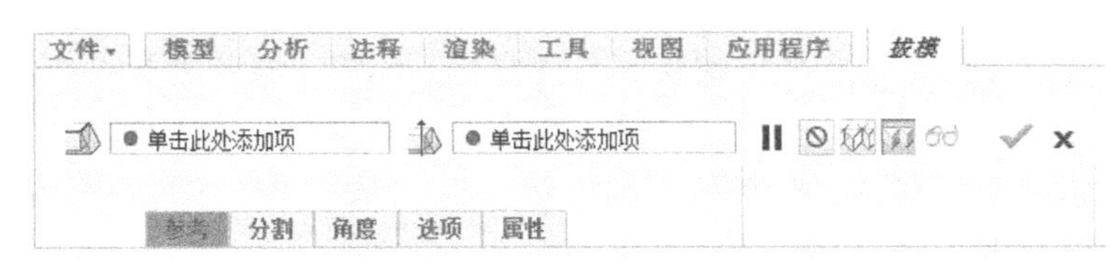

图4-153　拔模特征的操作面板

操作步骤

步骤1　设置工作目录

单击菜单“文件”→“管理会话”→“选择工作目录”命令，将文件放置在自己建立的文件夹下。

步骤2　新建文件

单击工具栏中的新建文件按钮，在弹出的“新建”对话框中选择“零件”类型，单击“使用缺省模板”复选框取消选中标志，在“名称”栏输入新建文件名“Jiezhi”。单击“确定”按钮，打开“新文件选项”对话框。选择“mmns_part_solid”模板，按下“确定”按钮，进入三维零件绘制环境。

步骤3　拉伸创建基础零件

①单击拉伸按钮，打开拉伸特征操作面板。

②单击“放置”面板中的“定义”按钮，打开“草绘”对话框。

③选择FRONT基准面为草绘平面，草绘参考平面与方向按缺省值设置。

④单击“草绘”按钮，系统进入草绘工作环境。

⑤绘制如图4-154所示二维截面。单击草绘完成按钮✔，返回拉伸特征操作面板。

⑥单击拉伸类型按钮，将拉伸类型改为对称拉伸，在拉伸高度数值输入框中输入15，单击按钮✔，完成拉伸特征的创建，结果如图4-155所示。

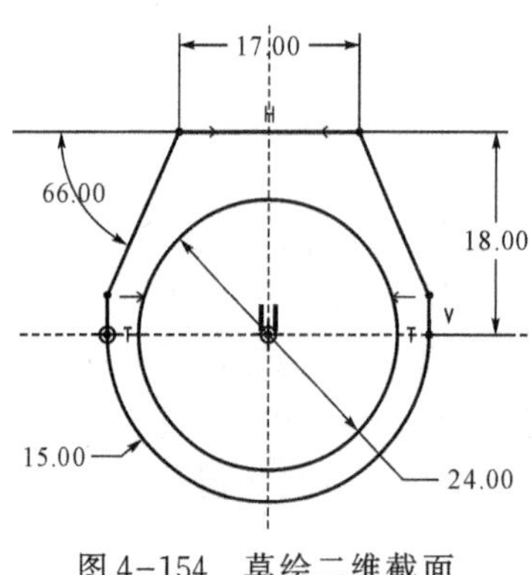

图 4-154　草绘二维截面

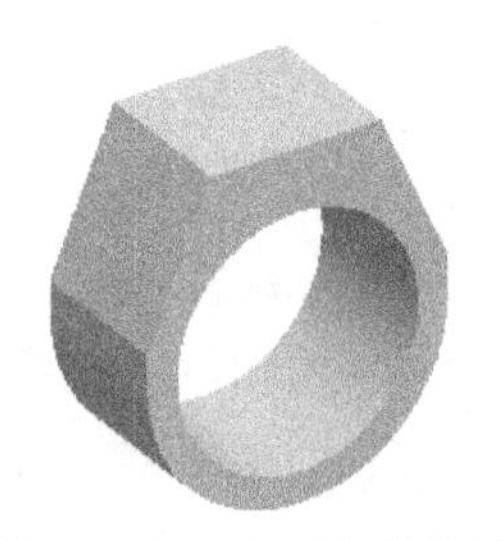
图 4-155　截面拉伸结果

步骤4　拔模

①单击功能区“工程”面板中的拔模特征按钮 拔模,打开拔模特征操作面板。

②单击操作面板下方的“参考”属性页,弹出参考对话框(见图 4-156),单击“拔模曲面”下方的“选择项”,在绘图区选取欲拔模的零件表面(按住 Ctrl 键可选择多个面)。此处为拉伸特征的前后两个面。

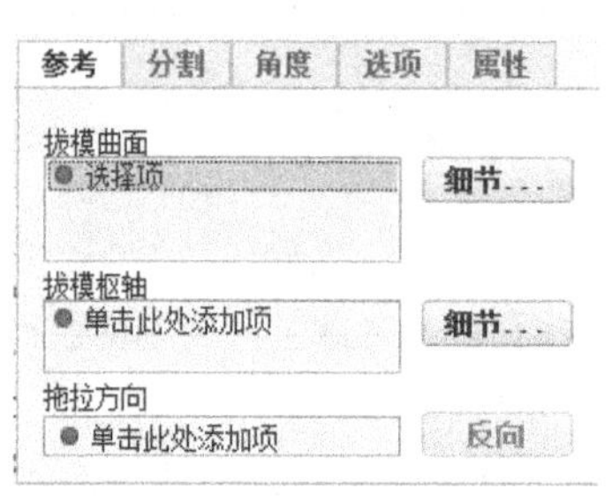

图 4-156　拔模参考对话框

③单击参考对话框中的“拔模枢轴”下方的“单击此处添加项”,然后选取拉伸特征的上表面为拔模枢轴。

④在操作面板中的拔模角度输入框中输入 25。如果拔模方向不对,可单击角度后面的箭头按钮 25.0 改变拔模方向。单击按钮 ,完成拔模特征的创建,结果如图 4-157 所示。

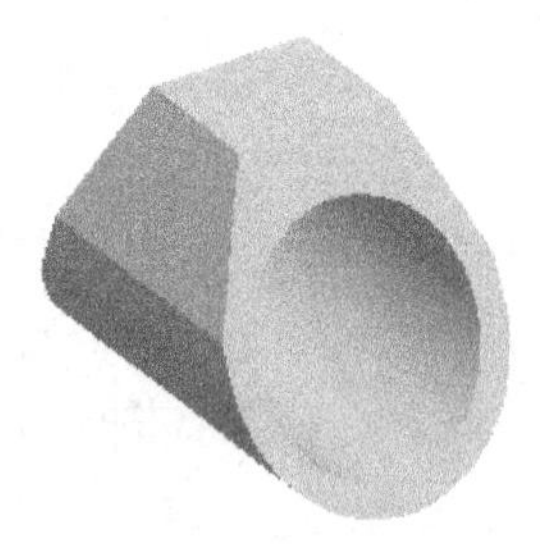
图 4-157　拔模结果

步骤5　拉伸切割零件

①单击拉伸按钮 ,打开拉伸特征操作面板。

②单击拉伸操作面板上的“去除材料”按钮。

③单击“放置”面板中的“定义”按钮，打开“草绘”对话框。

④选择RIGHT基准面为草绘平面，参考面选择拉伸特征的上表面，方向设置为“上”，如图4-158所示。

图4-158　草绘对话框

⑤单击“草绘”按钮，系统进入草绘工作环境。

⑥绘制如图4-159所示二维截面。单击草绘完成按钮，返回拉伸特征操作面板。

⑦单击拉伸类型按钮，将拉伸类型改为对称拉伸，在拉伸高度数值输入框中输入30，单击按钮，完成拉伸特征的创建，结果如图4-160所示。

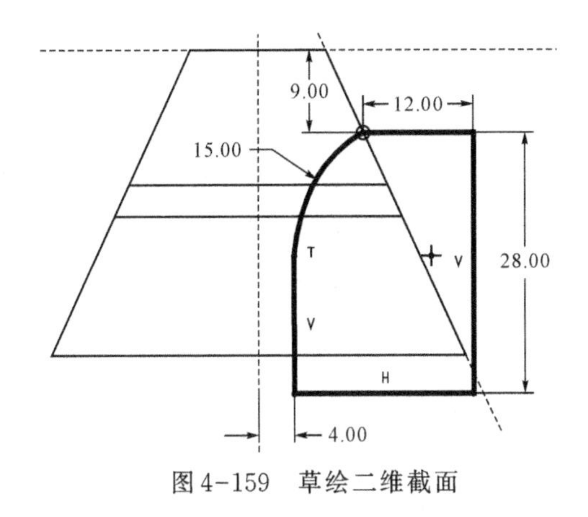

图4-159　草绘二维截面

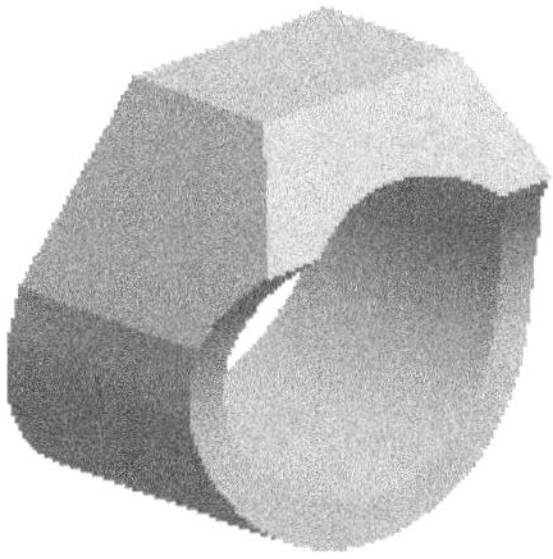

图4-160　截面拉伸结果

步骤6　拉伸切割特征镜像

①在特征模型树中单击刚创建的拉伸切割特征，然后单击特征镜像按钮镜像，弹出特征镜像操作面板。

②单击操作面板上的“镜像平面”图标中的“选取1个项”，选取FRONT基准面为对称面。单击按钮，完成特征镜像的操作，结果如图4-161所示。

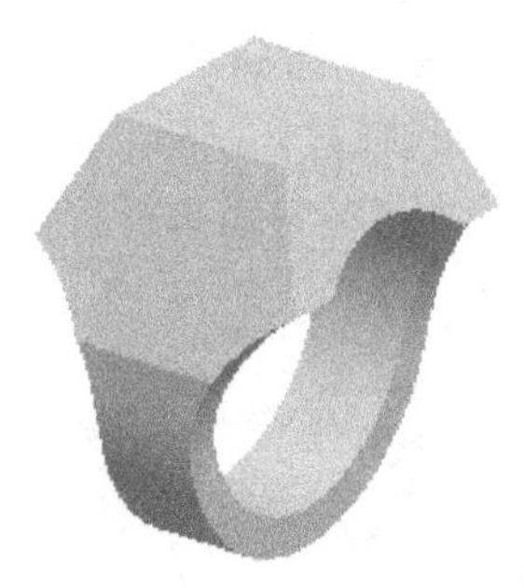

图 4-161 镜像结果

步骤 7 拉伸切割零件

①单击拉伸按钮，打开拉伸特征操作面板。

②单击拉伸操作面板上的“去除材料”按钮。

③单击“放置”面板中的“定义”按钮，打开“草绘”对话框。

④选择零件上表面为草绘平面，草绘参考平面与方向按缺省值设置。

⑤单击“草绘”按钮，系统进入草绘工作环境。

⑥绘制如图 4-162 所示二维截面。单击草绘完成按钮，返回拉伸特征操作面板。

⑦在拉伸高度数值输入框中输入 5，单击按钮，完成拉伸特征的创建，结果如图 4-163 所示。

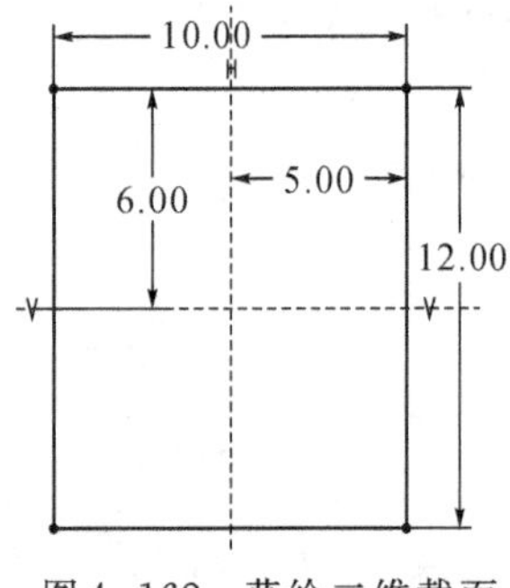

图 4-162 草绘二维截面

图 4-163 截面拉伸结果

步骤 8 拔模

①单击功能区“工程”面板中的拔模特征按钮 拔模，打开拔模特征操作面板。

②单击操作面板下方的“参考”属性页，弹出参考对话框，单击“拔模曲面”下方的“选择项”，在绘图区选取欲拔模的零件表面(按住 Ctrl 键可选择多个面)。此处为凹槽特征的四周四个面，如图 4-164 所示。

③单击参考对话框中的“拔模枢轴”下方的“单击此处添加项”，然后选取拉伸特征的上表面为拔模枢轴。

④在操作面板中的拔模角度输入框中输入 15。如果拔模方向不对，可单击角度后面的箭头按钮改变拔模方向。单击按钮，完成拔模特征的创建，结果如图 4-165 所示。

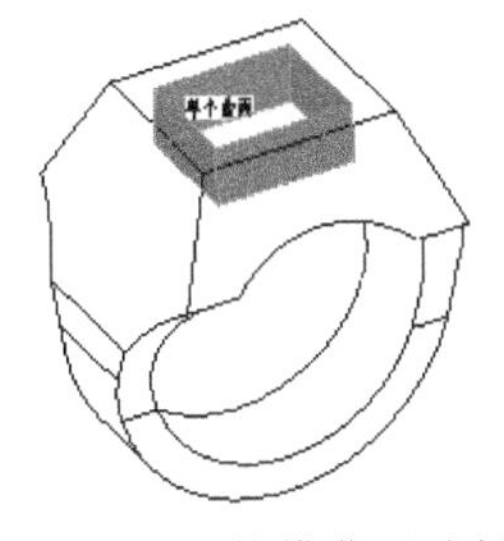
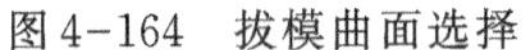
图4-164　拔模曲面选择

图4-165　拔模结果

步骤9　文件保存

单击菜单“文件”→“保存”命令，保存当前模型文件。

任务6　基准特征在三维建模中的综合应用

基准特征创建基础示例

试建立图4-166所示(a)、(b)两个零件的三维模型。

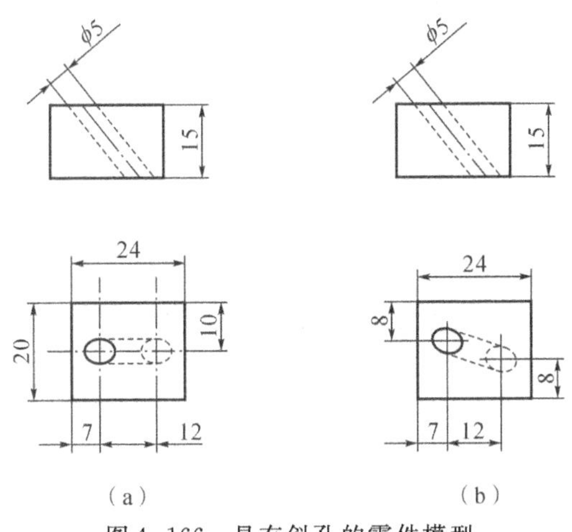

图4-166　具有斜孔的零件模型

学习目标

能够综合应用基准点、基准轴、基准平面特征创建方法创建斜孔。

建模分析

该零件的主要造型难点在于两个斜孔的创建。孔创建步骤中一般要先选择一个与孔垂直的平面，而这里创建的是斜孔，现有长方体中没有哪个面与斜孔垂直，因此需要创建一个与孔垂直的辅助平面。创建此辅助平面的思路是先创建基准点，然后创建基准轴，最后创建与基准轴垂直的基准平面。

相关知识点

基准点

基准点的用途非常广泛,既可用于辅助建立其他基准特征,如基准轴等,也可辅助定义特征的位置,用作模型计算和分析的参考点。Creo(Pro/Engineer)提供了三种类型的基准点,如图4-167所示。

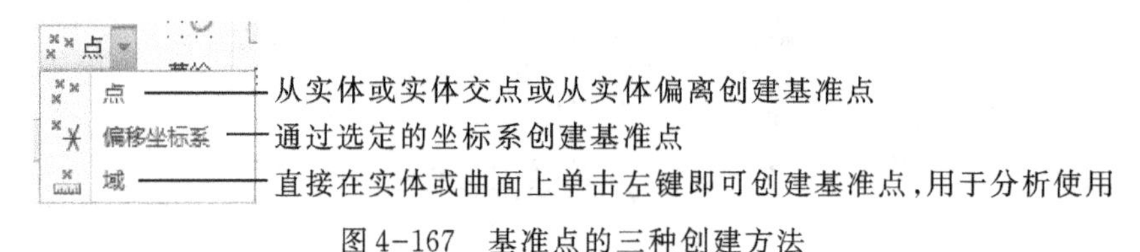

图4-167 基准点的三种创建方法

操作步骤

步骤1 新建文件

单击工具栏中的新建文件按钮,在弹出的“新建”对话框中选择“零件”类型,单击“使用默认模板”复选框取消选中标志,在“名称”栏输入新建文件名“Xiekong1”。单击“确定”按钮,打开“新文件选项”对话框。选择“mmns_part_solid”模板,按下“确定”按钮,进入三维零件绘制环境。

步骤2 拉伸添加毛坯

①单击拉伸按钮,打开拉伸特征操作面板。

②单击“放置”面板中的“定义”按钮,打开“草绘”对话框。

③选择TOP基准面为草绘平面,草绘参考平面与方向按缺省值设置。

④单击“草绘”按钮,系统进入草绘工作环境。

⑤绘制如图4-168所示二维截面。单击草绘完成按钮✔,返回拉伸特征操作面板。

⑥在拉伸深度数值编辑框中输入15,单击完成按钮✔,完成拉伸特征的创建,结果如图4-169所示。

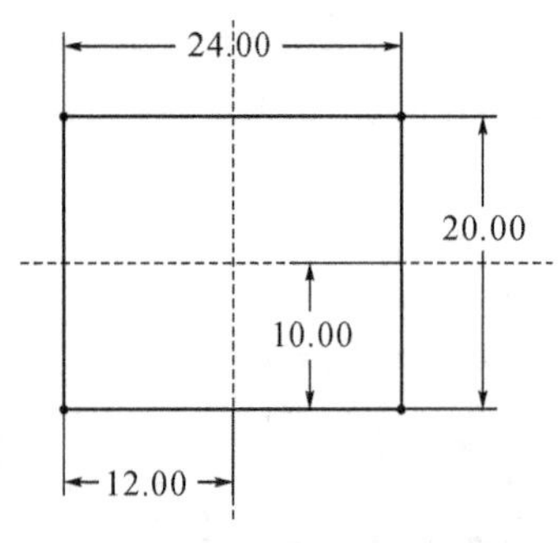

图4-168 草绘二维截面

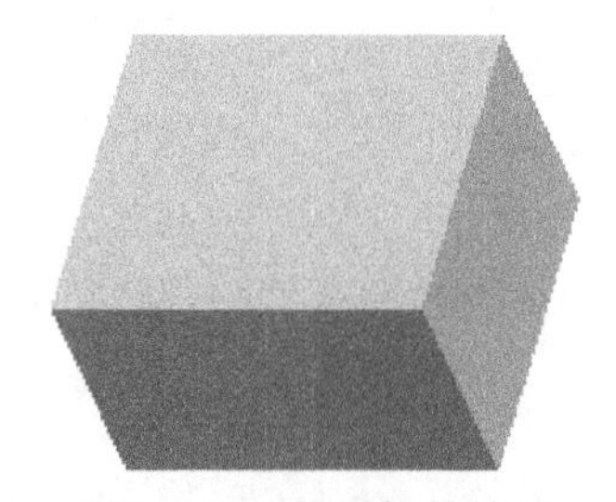

图4-169 截面拉伸结果

步骤3 创建ϕ5的孔

(1)分别在零件上下两个表面创建两个基准点

①单击功能区基准工具栏中的基准点创建按钮点,弹出“基准点”对话框(见图

4-170)。

②单击零件上表面,出现基准点创建预览示图,按住鼠标左键将两个定位点分别拖动到相应的参照面,此处为左、后两个平面,双击尺寸数值,修改为7和10,如图4-171所示。

③单击“基准点”对话框中的“确定”按钮,创建的基准点PNT0如图4-172所示。

④采用同样的方法在底面上创建另一点PNT1,如图4-173所示。

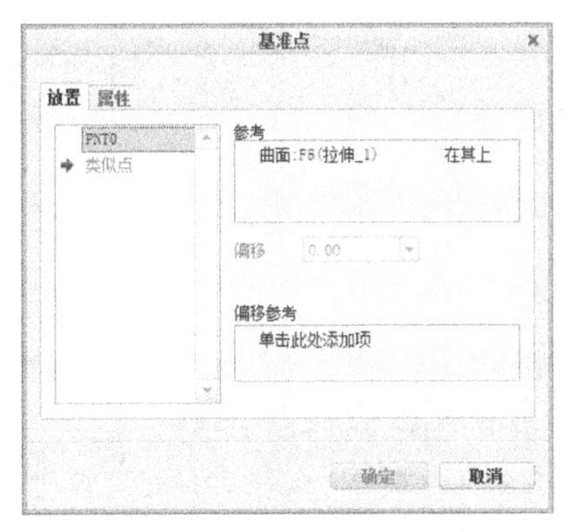

图4-170　“基准点”对话框

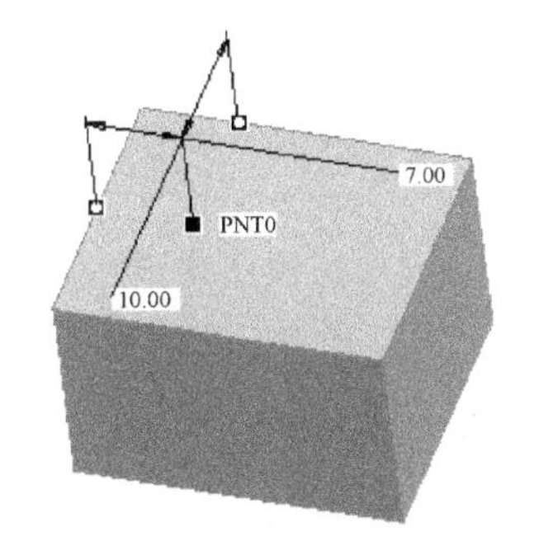

图4-171　PNT0定位

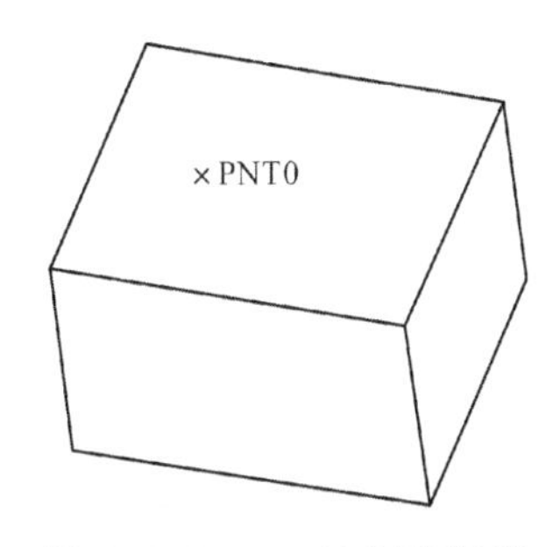

图4-172　PNT0创建结果

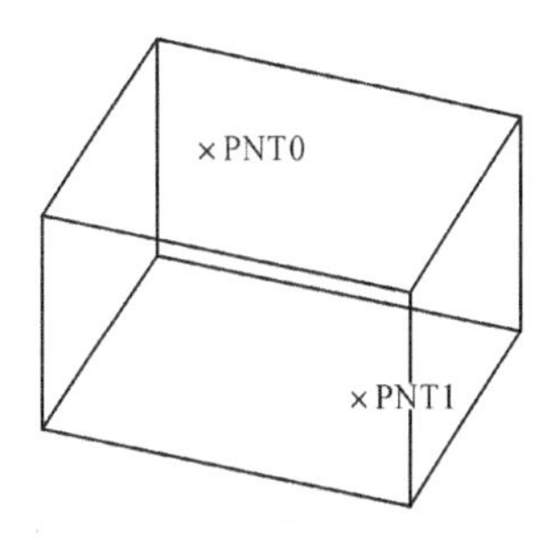

图4-173　PNT1创建结果

(2)通过两点创建基准轴

①单击功能区基准工具栏中的基准轴创建按钮 轴,弹出“基准轴”对话框,如图4-174所示。

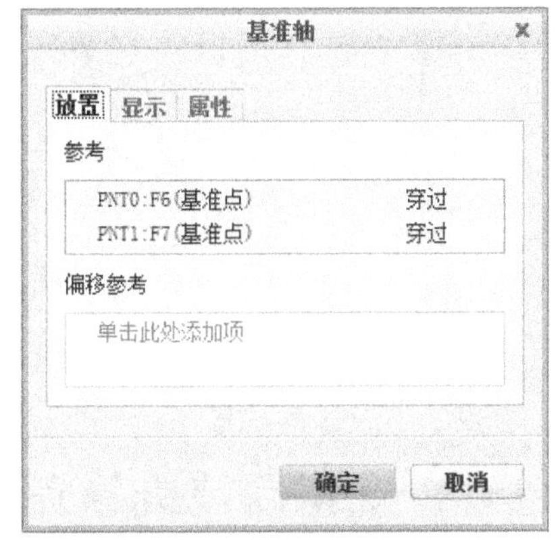

图4-174　“基准轴”对话框

②按住Ctrl键选择两个基准点PNT0和PNT1，单击“基准轴”对话框中的“确定”按钮，完成基准轴A_1的创建，如图4-175所示。

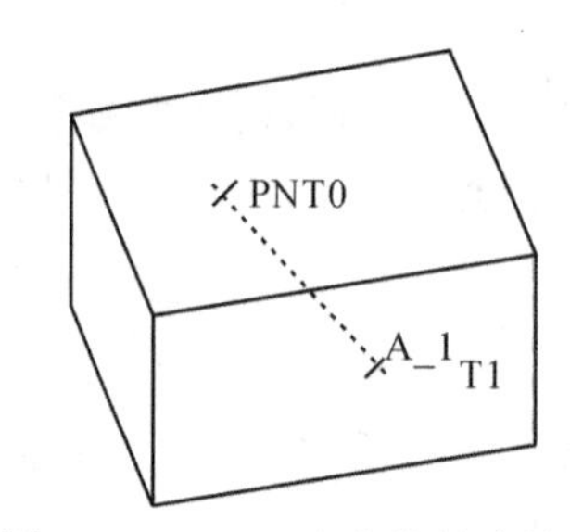

图4-175　A_1基准轴创建结果

(3)创建基准平面

①单击创建基准平面按钮，弹出“基准平面”对话框，如图4-176所示。

②点选A_1基准轴，在“基准平面”对话框中单击“参考”下面的“穿过”选项，按下下拉按钮将其改为“垂直”，如图4-177所示，按住Ctrl键选择上表面上一顶点作为参照。单击“基准平面”对话框中的“确定”按钮，创建如图4-178所示的基准平面DTM1。

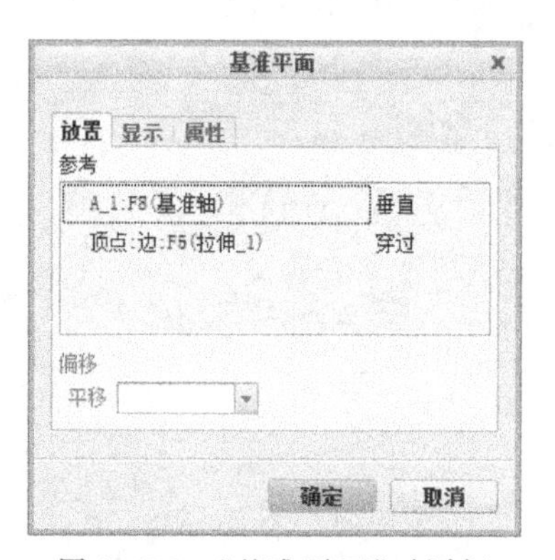

图4-176　“基准平面”对话框

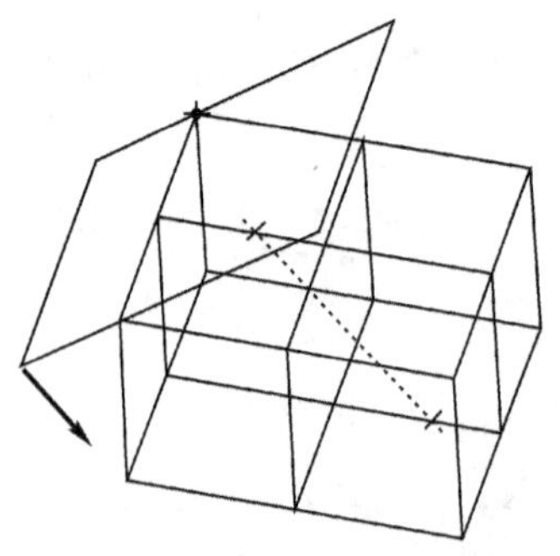

图4-177　参照选择预览

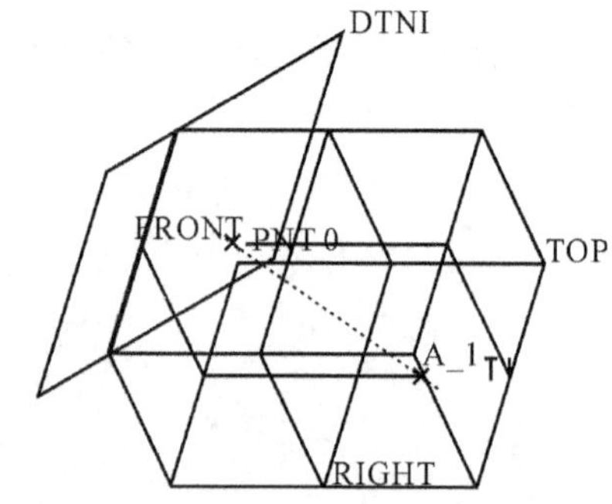

图4-178　基准平面创建结果

(4)打孔

①单击孔绘制按钮，打开孔特征操作面板。

②在直径输入框中输入直径5，单击孔深度类型按钮下拉菜单，选择“穿透”选项作为孔深度。

③单击刚刚创建的DTM1辅助平面，将其作为孔的主参照面，出现孔的预览示例，此时孔的定位方式默认为“线性”定位方式。按住Ctrl键的同时用鼠标左键点选圆柱的轴心A_1。此时孔的定位方式为“同轴”定位方式。将鼠标箭头放在标注尺寸的上端点处，此时该端点变为一黑点（见图4-179），按住鼠标左键将其往下拖动，使其端点落在长方体外面，如图4-180所示。单击操作面板上的“确定”按钮，完成孔特征的创建，如图4-181所示。

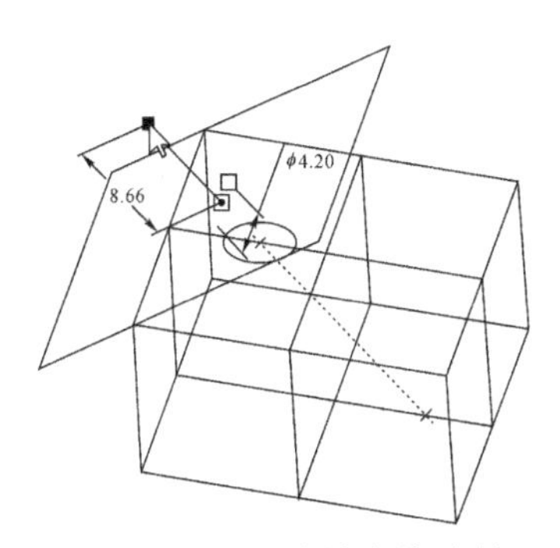

图4-179　尺寸端点拖动前

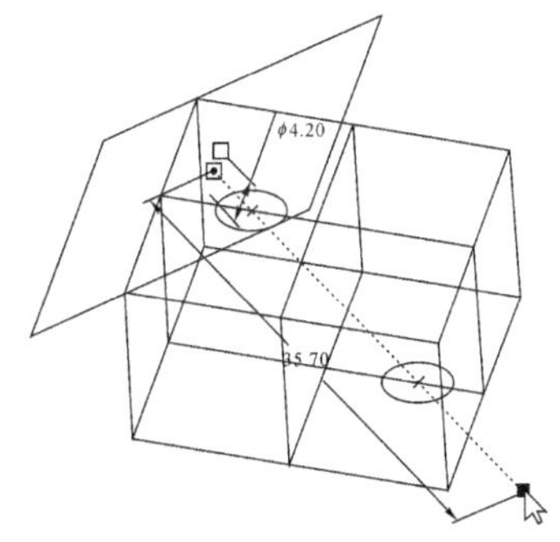

图4-180　尺寸端点拖动后

图4-181　孔特征创建结果

步骤4　文件保存

单击菜单“文件”→“保存”命令，保存当前模型文件。

步骤5　文件保存副本

单击菜单“文件”→“另存为”→“保存副本”命令，弹出“保存副本”对话框，在“文件名”栏中输入“Xiekong2”，按“确定”按钮保存当前模型文件。

步骤6　删除ϕ5的孔

在特征操作树中选择孔特征及DTM1基准平面特征，按“DEL”键将其删除。

步骤7　根据图4-166(b)的要求创建另一ϕ5的孔

(1)改变基准轴A_1的位置

在特征操作树中选择基准点特征PNT0，单击右键弹出快捷菜单（见图4-182），选择其中的“编辑”按钮，工作区模型变化如图4-183所示。双击数值10，将其改为8。单击功能区操作工具栏上的模型重新生成按钮，PNT0的位置发生了改变。依同样的方法改变PNT1的位置，结果如图4-184所示，基准轴A_1的位置会自动随基准点PNT0和PNT1的改变而改变。

图4-182　快捷菜单

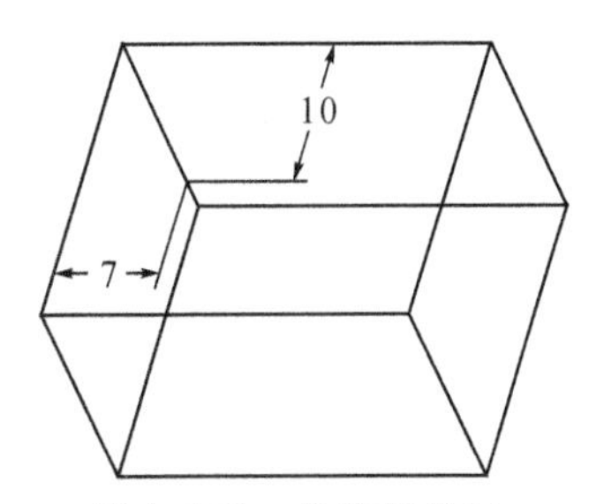

图4-183　点编辑显示

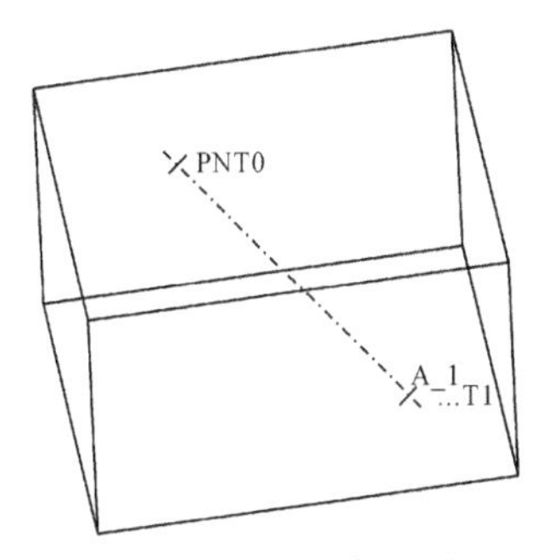

图4-184　基准点修改结果

(2)创建基准平面

①单击创建基准平面按钮,弹出“基准平面”对话框。

②点选A_1基准轴,在“基准平面”对话框中单击“参考”下面的“穿过”选项,按下下拉按钮将其改为“垂直”,按住Ctrl键选择上表面的一个顶点作为参照(见图4-185)。单击“基准平面”对话框中的“确定”按钮,创建如图4-186所示基准平面DTM1。

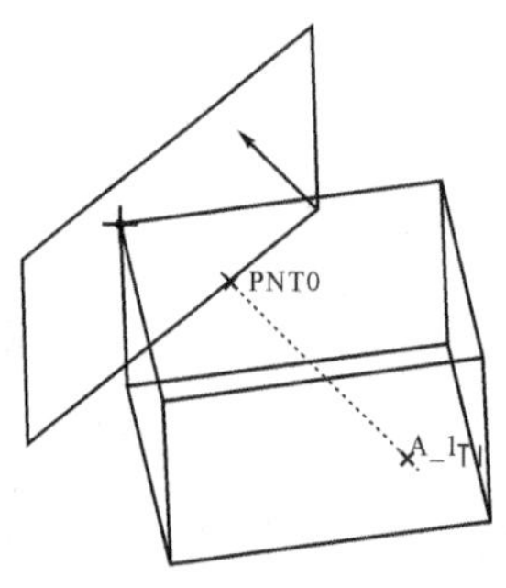

图4-185 参照选择预览

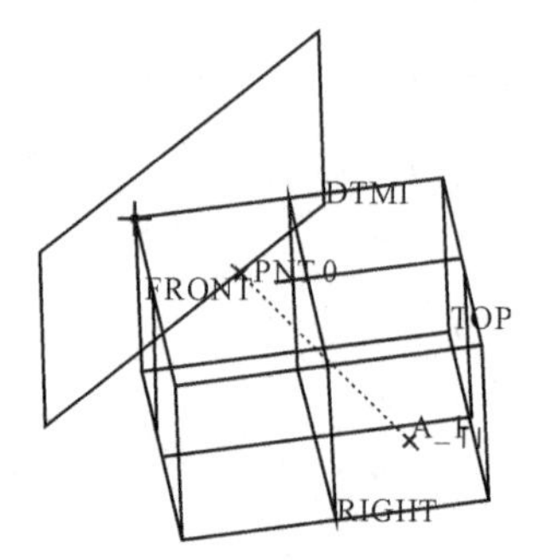

图4-186 基准平面创建结果

(3)打孔

①单击孔绘制按钮孔,打开孔特征操作面板。

②在直径输入框中输入直径5,单击孔深度类型按钮下拉菜单,选择“穿透”选项作为孔深度。

③单击DTM1辅助平面,将其作为孔的主参照面,出现孔的预览示例,此时孔的定位方式默认为“线性”定位方式。按住Ctrl键的同时用鼠标左键点选圆柱的轴心A_1。此时孔的定位方式为“同轴”定位方式。将鼠标箭头放在标注尺寸的上端点处,此时该端点变为一黑点,按住鼠标左键将其往下拖动,使其端点落在长方体外面。单击操作面板上的“确定”按钮,完成孔特征的创建,如图4-187所示。

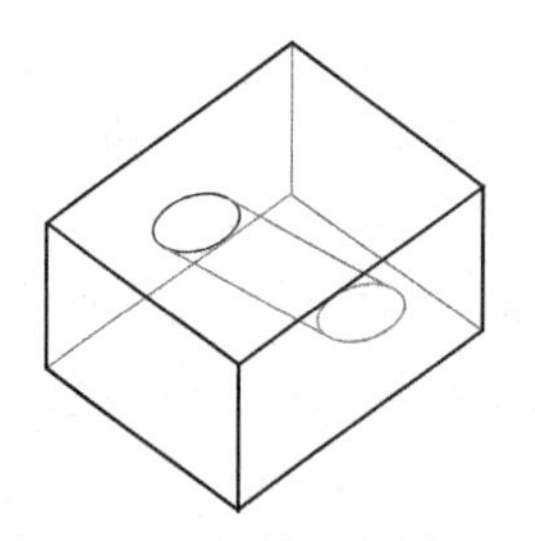
图4-187 孔特征创建结果

步骤8 文件保存

单击菜单“文件”→“保存”命令,保存当前模型文件。

【工程案例十】固定座的三维建模

某机械厂生产如图4-188所示固定座,试建立其三维模型。

视频4-10

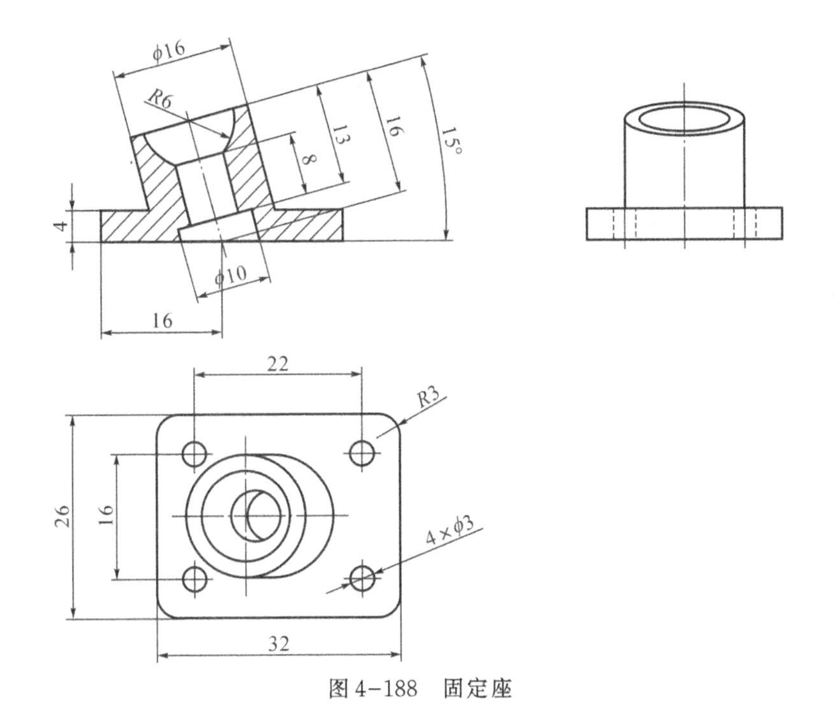

图 4-188　固定座

学习目标

1. 能够应用草绘孔特征创建不规则形状的孔。

2. 能够综合应用基准轴、基准平面创建复杂的零件模型。

3. 能够应用特征删除、隐含与恢复、隐藏与取消隐藏等特征操作方法对零件模型进行修改。

固定座建模分析

该零件的主要造型难点在于倾斜圆柱与孔的创建，根据该零件尺寸定位的方式，需要确定拉伸或旋转截面的空间位置，而这需要作一些辅助基准轴和基准平面来实现。为了讲解基准特征在零件造型中的作用，本案例采用创建拉伸特征的方式来创建斜圆柱。除了此方法外，该零件造型有更简单的方法，学员可自行思考。建模过程如表 4-24 所示。

表 4-24　固定座的三维建模过程

关键步骤	1. 拉伸创建底座	2. 底座打孔	3. 孔阵列	4. 孔特征隐含
图示				
关键步骤	5. 拉伸创建斜圆柱	6. 通过草绘孔特征创建斜圆柱内的孔	7. 孔特征恢复	8. 创建圆角特征
图示				

相关知识点

1. 特征删除、隐含与恢复

特征删除是将已经建立的特征从模型树和绘图区中删除,特征删除后无法再恢复。特征隐含是将暂时用不到的特征隐藏起来,以简化零件模型,加快零件的显示过程。特征隐含后可以通过特征恢复命令重新显示出来。

2. 特征隐藏与取消隐藏

特征的隐藏和取消隐藏主要是针对基准特征的,例如基准平面和基准轴,而对其他特征无效。

3. 草绘孔的创建

草绘孔特征是通过草绘的孔截面进行旋转而成的旋转特征。草绘孔的形式多样,包括沉头孔和阶梯孔等。

注意:草绘孔特征创建时必须有一个竖直放置的中心线作为旋转轴,并至少有一个垂直于这个旋转轴的图元。

操作步骤

步骤1 新建文件

单击工具栏中的新建文件按钮,在弹出的“新建”对话框中选择“零件”类型,单击“使用默认模板”复选框取消选中标志,在“名称”栏输入新建文件名“Gudingzuo”。单击“确定”按钮,打开“新文件选项”对话框。选择“mmns_part_solid”模板,按下“确定”按钮,进入三维零件绘制环境。

步骤2 拉伸创建底座

①单击拉伸按钮,打开拉伸特征操作面板。

②单击“放置”面板中的“定义”按钮,打开“草绘”对话框。

③选择TOP基准面为草绘平面,草绘参考平面与方向按缺省值设置。

④单击“草绘”按钮,系统进入草绘工作环境。

⑤绘制如图4-189所示二维截面。单击草绘完成按钮,返回拉伸特征操作面板。

⑥在拉伸深度数值编辑框中输入4,单击完成按钮,完成拉伸特征的创建,结果如图4-190所示。

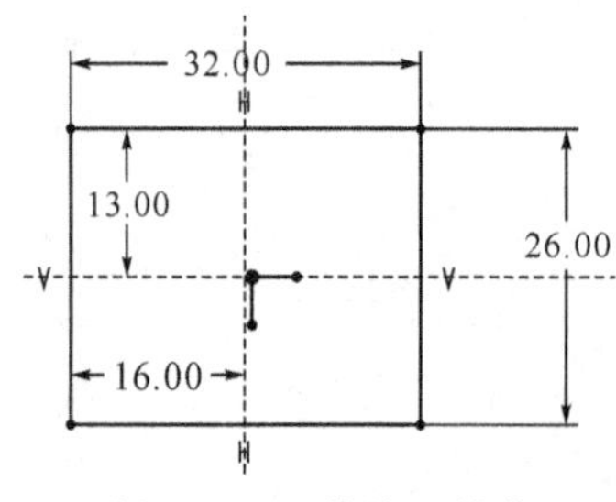

图4-189 草绘二维截面

图4-190 截面拉伸结果

步骤3 底座打孔

①单击孔绘制按钮孔,打开孔特征操作面板。

②在直径输入框中输入直径3，单击孔深度类型按钮下拉菜单，选择“穿透”选项作为孔深度。

③单击零件上表面，将其作为孔的主参照面（创建的孔与主参照面垂直），出现孔的预览示例。此时孔的定位方式默认为“线性”定位方式，即采用两条边或两个平面作为定位参照。

④将两个定位拖动点拖动到相应的定位面上，并双击改变偏移数值，如图4-191所示。单击完成按钮✔，完成ϕ3直孔的创建，如图4-192所示。

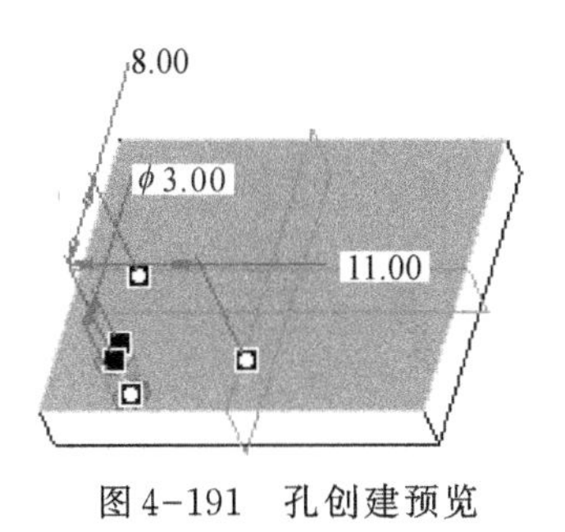

图4-191　孔创建预览

图4-192　孔创建结果

步骤4　孔特征阵列（或镜像）

①点选上步创建的孔特征，单击特征阵列按钮，弹出特征阵列操作面板。

②选取要在第一方向上改变的尺寸，此处为“11”的尺寸，弹出尺寸编辑框，在其中输入数值“-22”（注意：数值的负号表示阵列方向）。在操作面板中第一个方向的阵列数中输入2（此处为默认值）。选取要在第二方向上改变的尺寸，此处为“8”的尺寸，弹出尺寸编辑框，在其中输入数值“-16”。在操作面板中第二个方向的阵列数中输入2（此处也为默认值）。单击完成按钮✔，完成孔特征的阵列，结果如图4-193所示。

图4-193　孔特征阵列

步骤5　底座孔特征的隐含

在模型树中单击孔阵列特征，按鼠标右键弹出快捷菜单（见图4-194），在其中选择“隐含”命令，弹出“隐含”对话框（见图4-195），按“确定”按钮即可。

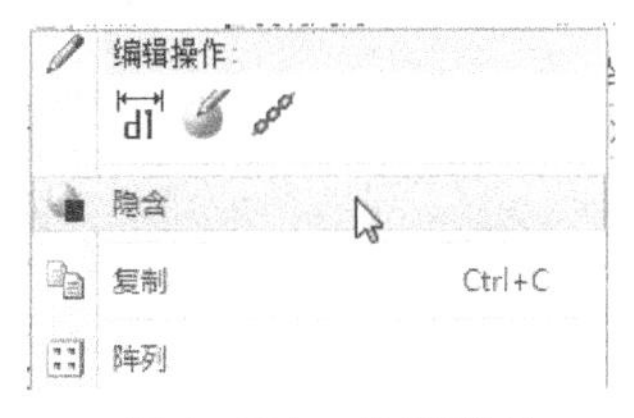

图4-194　快捷菜单

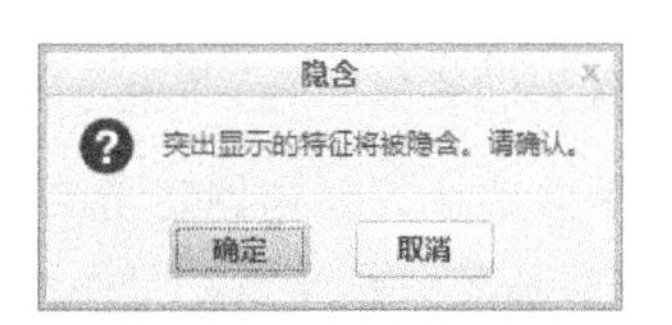

图4-195　“隐含”对话框

步骤6 拉伸创建斜圆柱

(1)通过两平面相交的方式创建基准轴

①单击创建基准轴按钮/ 轴,弹出“基准轴”对话框。

②按住Ctrl键点选RIGHT和TOP两个基准平面作为参照。单击“基准轴”对话框中的“确定”按钮,创建如图4-196所示基准轴A_5。

(2)通过某平面绕某轴旋转的方式创建基准平面

①单击创建基准平面按钮▱,弹出“基准平面”对话框。

②按住Ctrl键点选A_5基准轴和RIGHT基准平面作为参照。旋转角度输入15。单击“基准平面”对话框中的“确定”按钮,创建如图4-197所示基准平面DTM1。

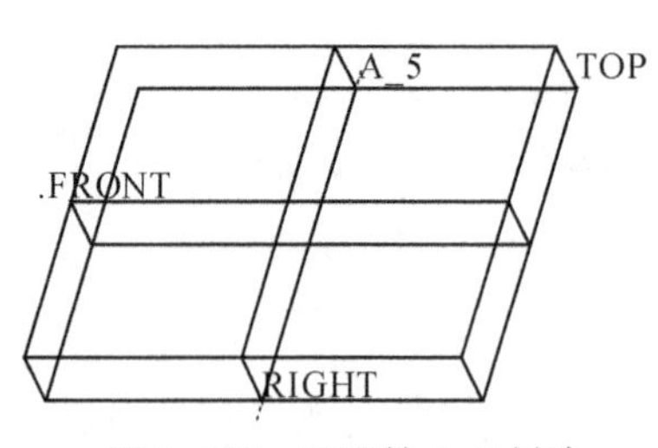

图4-196 基准轴A_5创建

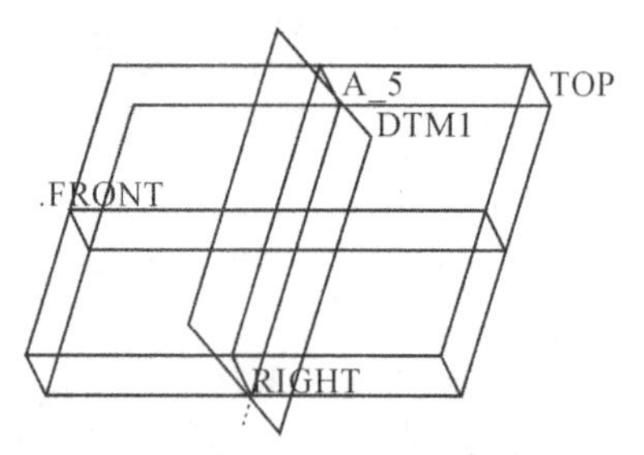

图4-197 基准平面DTM1创建

(3)通过两平面相交的方式创建基准轴

①单击创建基准轴按钮/ 轴,弹出“基准轴”对话框。

②按住Ctrl键点选DTM1和FRONT两个基准平面作为参照。单击“基准轴”对话框中的“确定”按钮,创建如图4-198所示基准轴A_6。

(4)通过某平面绕某轴旋转的方式创建基准平面

①单击创建基准平面按钮▱,弹出“基准平面”对话框。

②按住Ctrl键点选A_5基准轴和TOP基准平面作为参照。旋转角度输入15。单击“基准平面”对话框中的“确定”按钮,创建如图4-199所示基准平面DTM2。

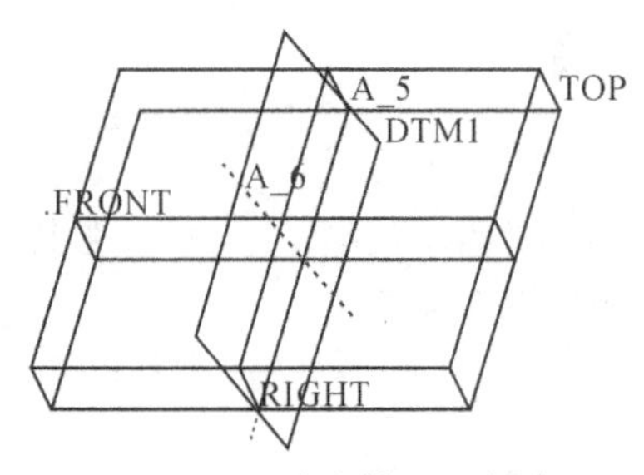

图4-198 基准轴A_6创建

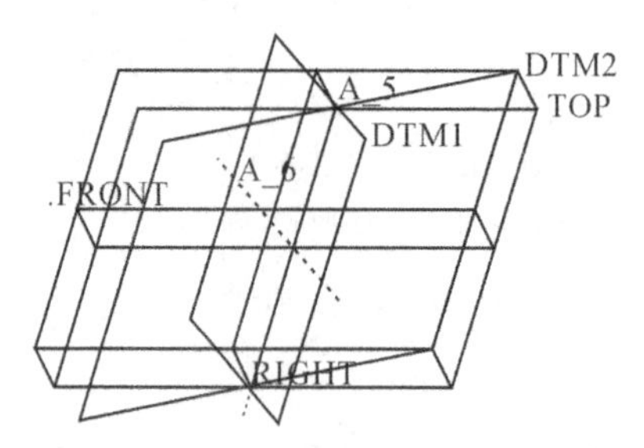

图4-199 基准平面DTM2创建

(5)通过平面偏移的方式创建基准平面

①单击创建基准平面按钮▱,弹出“基准平面”对话框。

②点选DTM2基准平面作为参照。输入偏移距离16。单击“基准平面”对话框中的“确定”按钮,创建如图4-200所示基准平面DTM3。

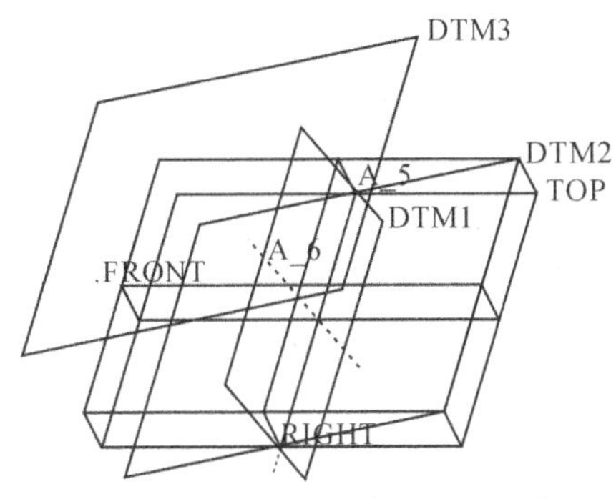

图4-200　基准平面DTM3创建

(6)特征拉伸

①单击拉伸按钮，打开拉伸特征操作面板。

②单击“放置”面板中的“定义”按钮，打开“草绘”对话框。

③选择DTM3基准面为草绘平面，草绘参考平面与方向按缺省值设置。

④单击草绘按钮，系统弹出“参照”对话框（见图4-201）。在参照中已有一个参照F3(FRONT)，它作为草绘截面的X轴参照。点选绘图区中的基准轴A_5作为Y轴参照。单击“关闭”按钮，进入草绘工作环境。

图4-201　“参照”对话框

⑤在两个参照的交点处绘制如图4-202所示二维截面。单击草绘完成按钮，返回拉伸特征操作面板。

⑥将深度类型改为“拉伸至下一曲面”，单击按钮，完成拉伸特征的创建，结果如图4-203所示。

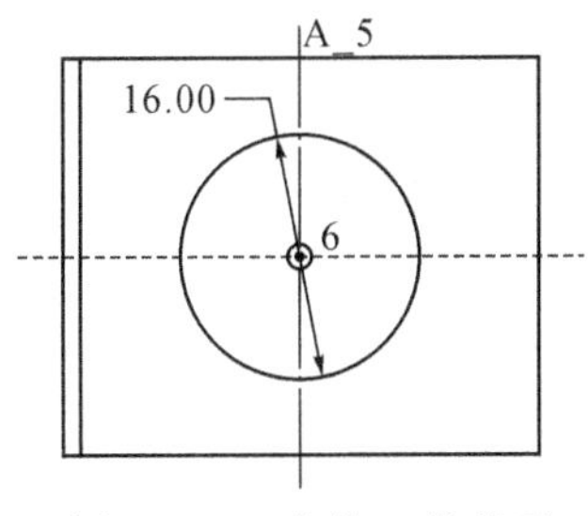

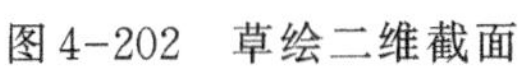
图4-202　草绘二维截面

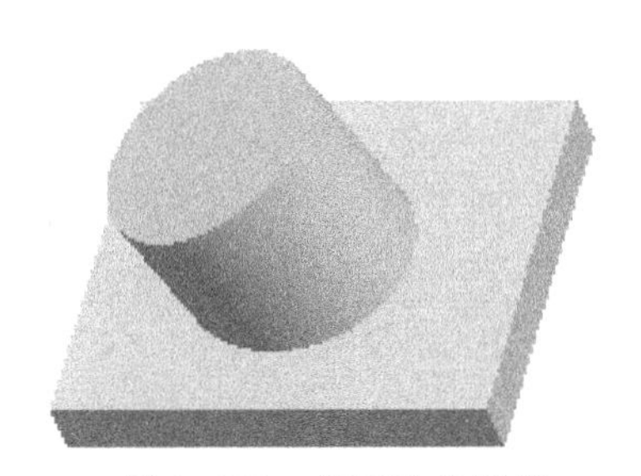

图4-203　截面拉伸结果

步骤7 通过草绘孔特征创建斜圆柱内的孔

①单击拉伸按钮,打开拉伸特征操作面板。

②单击操作面板上的"草绘孔"按钮,此时操作面板会发生改变。单击其中的"草绘"按钮,系统进入二维草绘状态。

③绘制如图4-204所示二维封闭截面和中心轴后按草绘确定按钮,系统返回孔特征定位方式。

④单击圆柱上表面,作为孔的主参照面(创建的孔与主参照面垂直),出现孔的预览示例。按住Ctrl键点选基准轴A_5。此时孔的定位方式为"同轴"定位方式。单击操作面板上的"确定"按钮,完成草绘孔特征的创建,如图4-205所示。

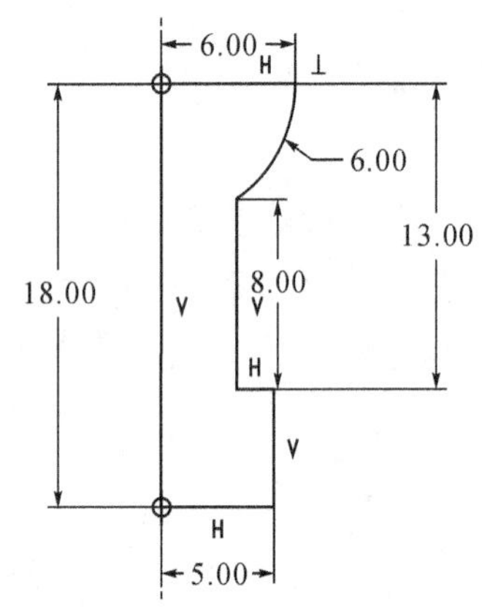

图4-204 草绘二维截面

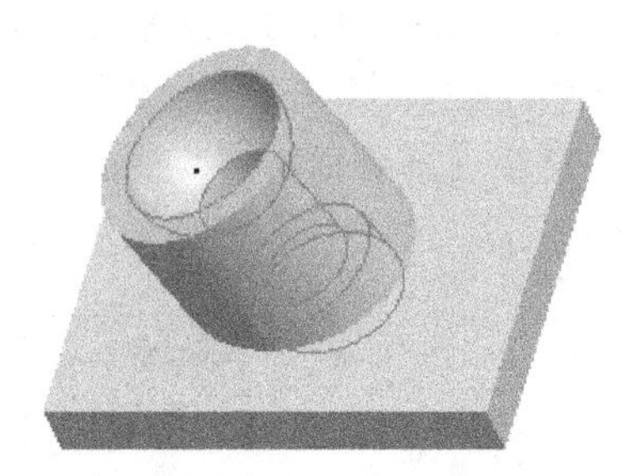

图4-205 草绘孔创建结果

步骤8 创建底座圆角特征

①单击圆角特征创建按钮,打开圆角特征操作面板。

②按住Ctrl键后点选底座的四条要倒圆角的边,并在圆角半径输入框中输入3,单击"确定"按钮,完成圆角特征的创建,如图4-206所示。

图4-206 圆角特征创建

步骤9 创建底座孔特征的恢复

单击功能区操作工具栏下的下拉箭头,弹出下拉菜单(见图4-207),在其中选择"恢复"→"恢复全部"命令,结果如图4-208所示。

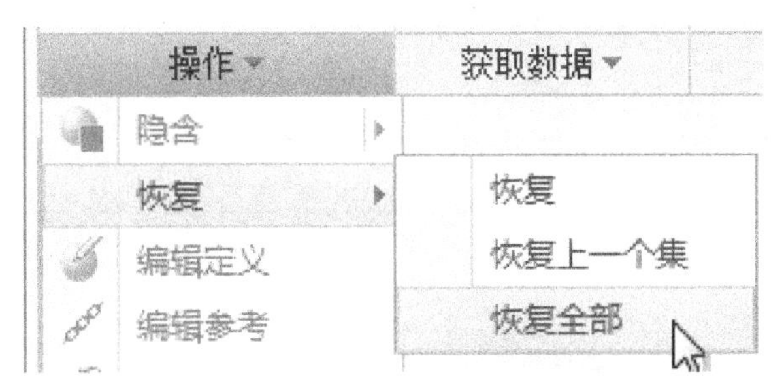

图 4-207　“恢复”命令

图 4-208　孔特征恢复

步骤 10　文件保存

单击菜单“文件”→“保存”命令，保存当前模型文件。

举一反三

试构造如图 4-209 所示支架零件的三维模型。

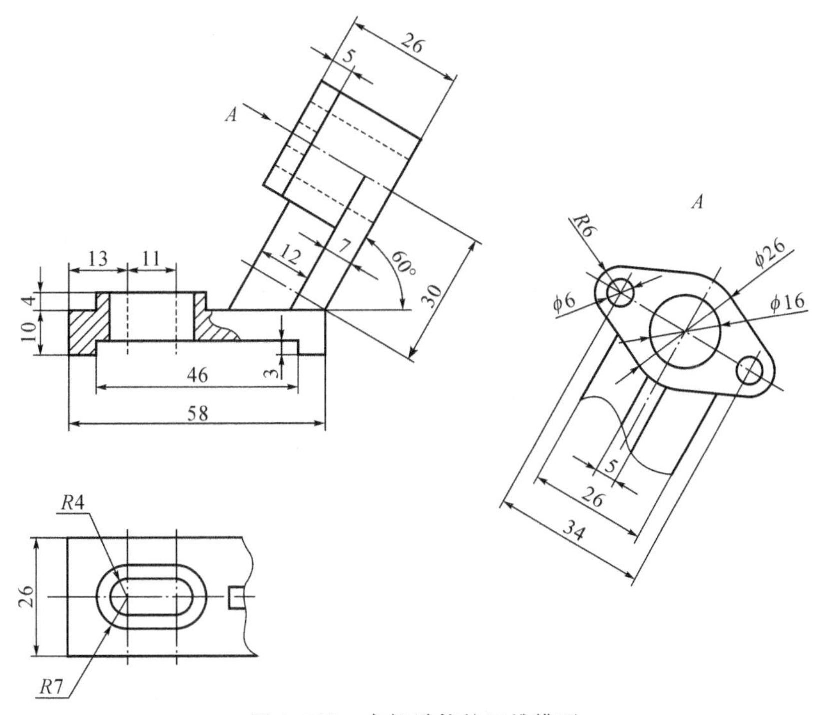

图 4-209　支架零件的三维模型

支架的三维建模思路如表 4-25 所示。

续 表

表 4-25 支架的三维建模思路

关键步骤	1. 底座拉伸	2. 拉伸切割底座	3. 拉伸添加凸台
图示			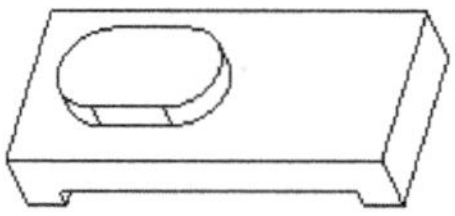
关键步骤	4. 拉伸切割凸台	5. 拉伸创建侧板	6. 侧板上添加圆柱
图示			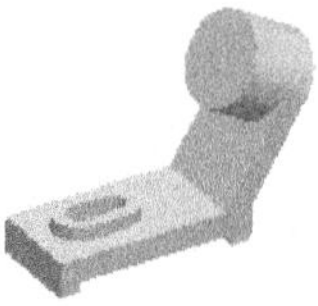
关键步骤	7. 创建加强筋	8. 侧圆柱上添加材料	9. 创建 ϕ6 的孔
图示	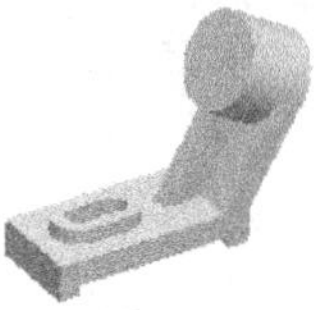	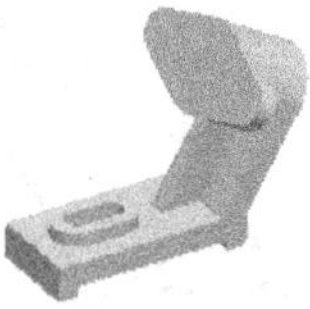	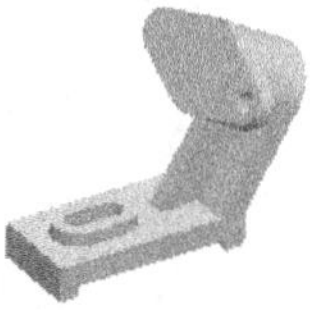
关键步骤	10. 孔镜像	11. 创建 ϕ16 的通孔	
图示	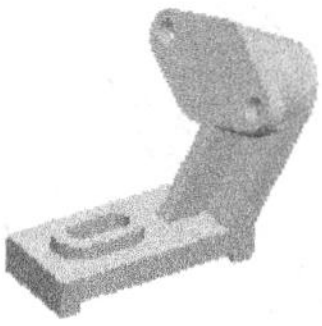		

任务7 特征的编辑与修改

特征创建完成后，如果发现有问题或需要对其进行尺寸与形状修改，此时就需要对特征进行编辑修改。

【演示案例】特征编辑

创建如图 4-210 所示的三维零件。

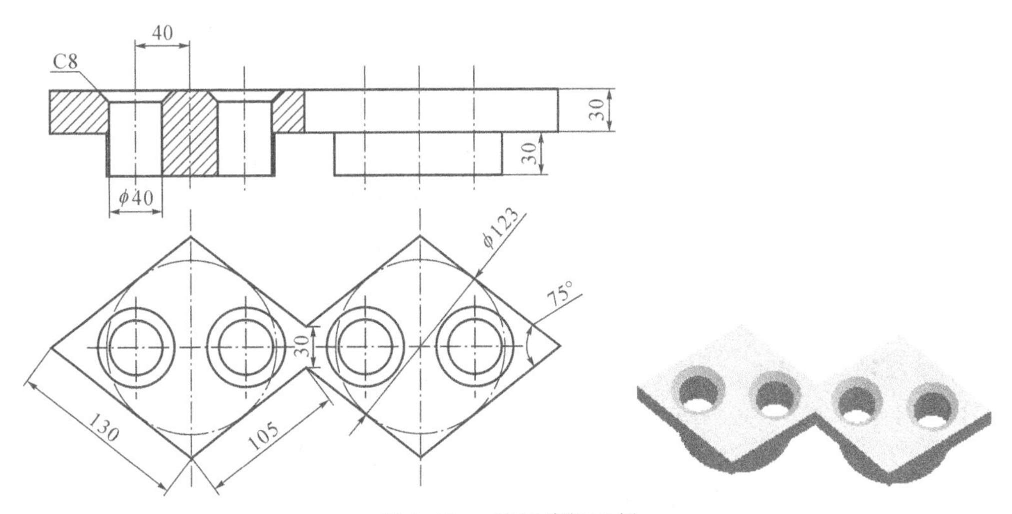

图 4-210　特征编辑示例

建模思路

该示例的建模思路如表 4-26 所示。

表 4-26　特征编辑演示案例的建模思路

关键步骤	1. 拉伸创建基础零件	2. 创建孔特征	3. 孔倒角
图示			
关键步骤	4. 建立组特征	5. 组特征镜像	6. 拉伸添加特征
图示	FEATURE-MODIFY.PRT RIGHT TOP FRONT PRT_CSYS_DEF 拉伸 1 组LOCAL_GROUP 孔 1 倒角 1 在此插入		
关键步骤	7. 特征顺序重排		8. 零件镜像
图示	FEATURE-MODIFY.PRT RIGHT TOP FRONT PRT_CSYS_DEF 拉伸 1 组LOCAL_GROUP 镜像 1 拉伸 2 在此插入	FEATURE-MODIFY.PRT RIGHT TOP FRONT PRT_CSYS_DEF 拉伸 1 拉伸 2 组LOCAL_GROUP 镜像 1 在此插入	

相关知识点

常用的特征编辑修改方式有特征编辑、特征重定义、特征镜像、特征复制、特征阵列、特征删除、隐含与恢复、特征隐藏与取消隐藏、创建组与分解组、特征排序以及零件镜像等。上述编辑修改方式中有的已在前面的案例教学中进行描述,这里不再赘述。

1. 特征排序

一般来说特征是按顺序进行创建的,但用户也可改变特征的排列顺序,将特征模型树中的某个特征拖动到合适位置。

2. 特征组与分解组

因为有很多命令只是针对单个特征的,通过创建特征组,可以将若干相邻的特征合成一个组,以方便用户对特征组进行整体操作,如特征阵列等。当然也可以将成组的特征分解成单个的特征,以便对每个特征进行操作。

3. 零件镜像

对整个零件进行镜像操作,而不仅仅是对某个特征进行镜像操作。

学习目标

1. 能够使用特征顺序调整方法改变零件三维建模特征创建顺序。
2. 掌握组特征的创建与分解方法。
3. 能够应用零件镜像特征对三维模型进行修改。

操作步骤

步骤1 新建文件

单击工具栏中的新建文件按钮,在弹出的“新建”对话框中选择“零件”类型,单击“使用默认模板”复选框取消选中标志,在“名称”栏输入新建文件名“feature-modify”。单击“确定”按钮,打开“新文件选项”对话框。选择“mmns_part_solid”模板,按下“确定”按钮,进入三维零件绘制环境。

步骤2 拉伸创建基础零件

①单击拉伸按钮,打开拉伸特征操作面板。

②单击“放置”面板中的“定义”按钮,打开“草绘”对话框。

③选择TOP基准面为草绘平面,参照面按缺省值设置。

④单击草绘按钮,系统进入草绘工作环境。

⑤绘制如图4-211所示二维截面。单击草绘完成按钮,返回拉伸特征操作面板。

⑥在拉伸深度数值编辑框中输入30,单击按钮,完成拉伸特征的创建,结果如图4-212所示。

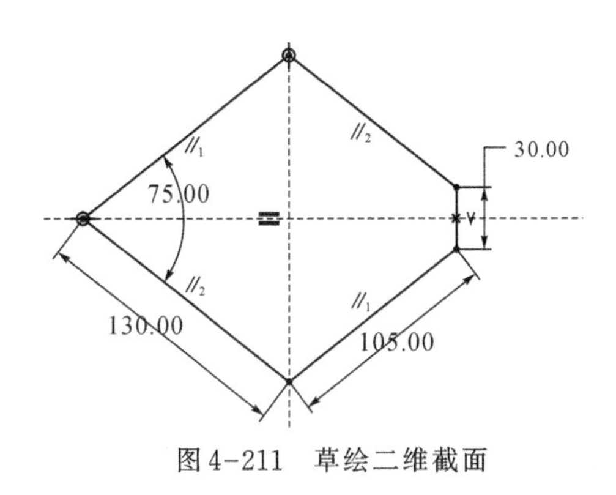

图4-211　草绘二维截面

图4-212　截面拉伸结果

步骤3　创建孔特征

①单击孔绘制按钮孔，打开孔特征操作面板。

②在直径输入框中输入直径12，单击孔深度类型按钮下拉菜单，选择“穿透”选项作为孔深度。

③单击零件上表面，将其作为孔的主参照面（创建的孔与主参照面垂直），出现孔的预览示例，如图4-213所示。此时孔的定位方式默认为“线性”定位方式，即采用两条边或两个平面作为定位参照。

④将两个定位拖动点拖动到相应的定位面上（基准平面FRONT和RIGHT），并双击改变偏移数值为40和0。单击完成按钮，完成ϕ40直孔的创建，如图4-214所示。

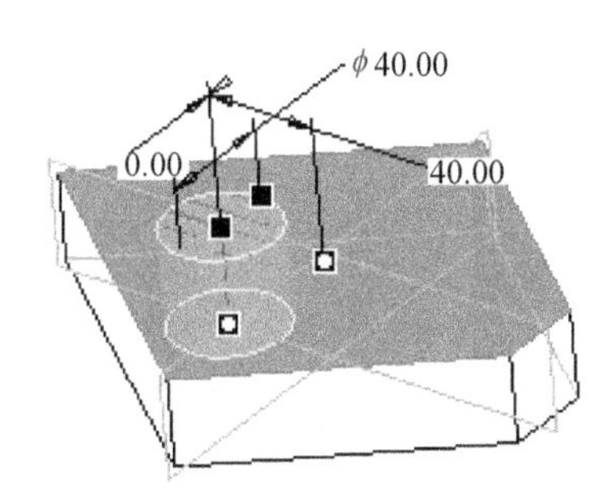

图4-213　孔创建预览

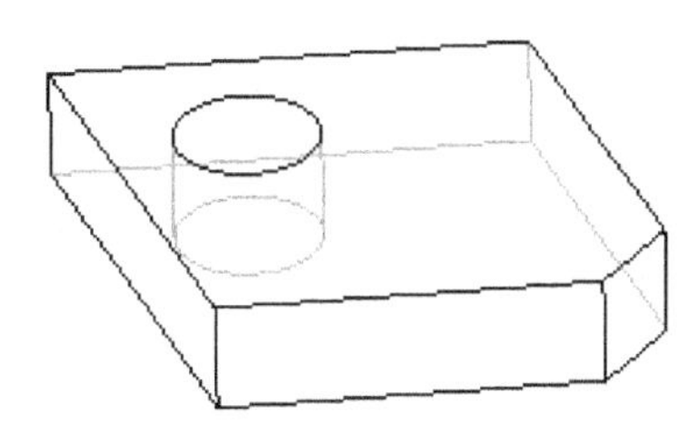

图4-214　孔创建结果

步骤4　创建倒角特征

①单击工具栏中的倒角按钮，打开倒角特征操作面板。

②点选孔的边，出现倒角特征预览，双击倒角距离数值，在弹出的编辑框中输入8后按回车键。单击完成按钮，完成倒角特征的创建，如图4-215所示。

图4-215　倒角特征创建结果

步骤5 创建组特征

按住Ctrl键,在模型特征树中选择刚刚创建的孔特征和倒角特征,单击右键弹出快捷菜单,如图4-216所示。点选其中的“Group”-“组”选项,系统将孔特征和倒角特征列为一组,结果如图4-217所示。

图4-216 快捷菜单

图4-217 创建组特征

步骤6 组特征镜像

选择刚刚创建的组特征,然后单击工具栏上的镜像按钮 镜像,再选择RIGHT基准平面为镜像平面,并按下完成按钮✔,组特征镜像结果如图4-218所示。

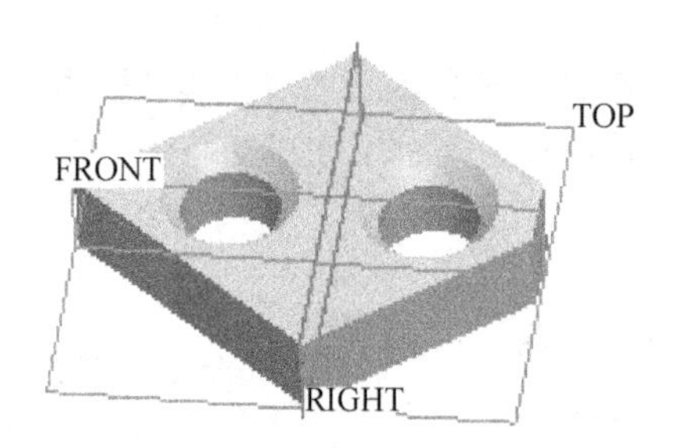

图4-218 组特征镜像结果

步骤7 拉伸添加圆柱

①单击拉伸按钮,打开拉伸特征操作面板。

②单击“放置”面板中的“定义”按钮,打开“草绘”对话框。

③选择TOP基准面为草绘平面,参照面按缺省值设置。

④单击草绘按钮,系统进入草绘工作环境。

⑤绘制如图4-219所示二维截面。单击草绘完成按钮✔,返回拉伸特征操作面板。

⑥在数值编辑框中输入30,单击按钮✔,完成拉伸特征的创建,结果如图4-220所示。

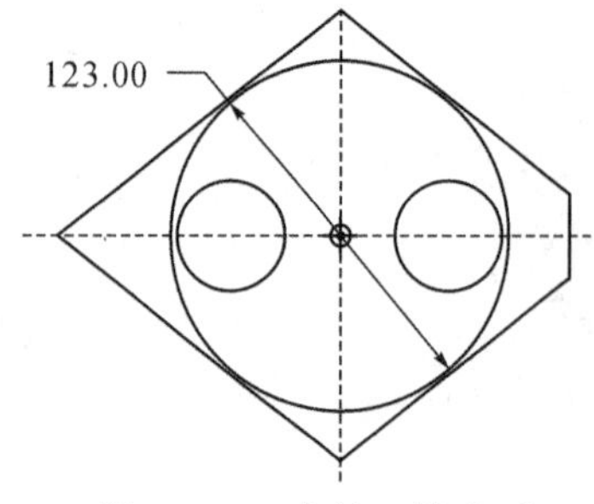

图4-219 草绘二维截面

图4-220 截面拉伸结果

步骤8 特征重排

在特征模型树中单击最后创建的拉伸特征“拉伸 2”(见图 4-221),按住鼠标左键拖动,将“拉伸 2”特征拖到拉伸 1 的下面(见图 4-222),工作区中模型变化如图 4-223 所示,孔已经打通。

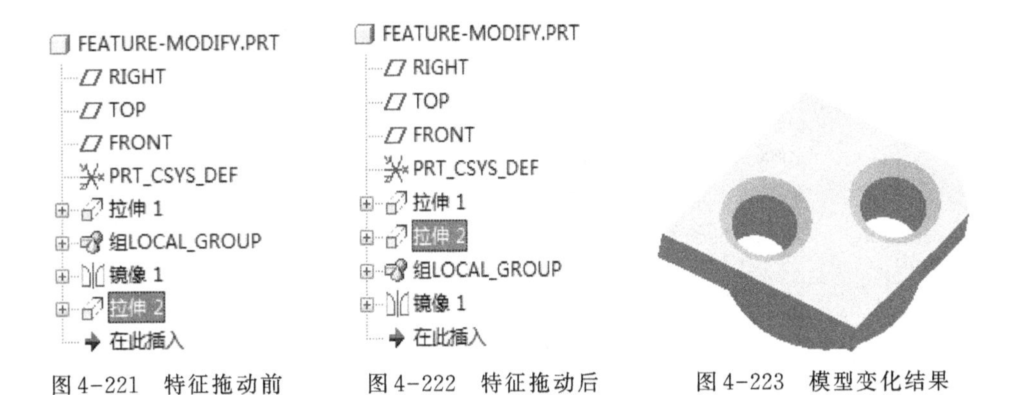

图 4-221　特征拖动前　　图 4-222　特征拖动后　　图 4-223　模型变化结果

步骤9 零件镜像

在特征模型树中单击第一个零件符号“FEATURE-MODIFY.PRT”,然后单击工具栏上的镜像按钮 镜像,再选择零件右侧平面为镜像平面,并按下完成按钮✔,零件镜像结果如图 4-224 所示。

图 4-224　零件镜像结果

步骤10 文件保存

单击菜单“文件”→“保存”命令,保存当前模型文件。

综合工程案例实战演练

综合案例练习

试建立图 4-225 所示各零件的三维模型。

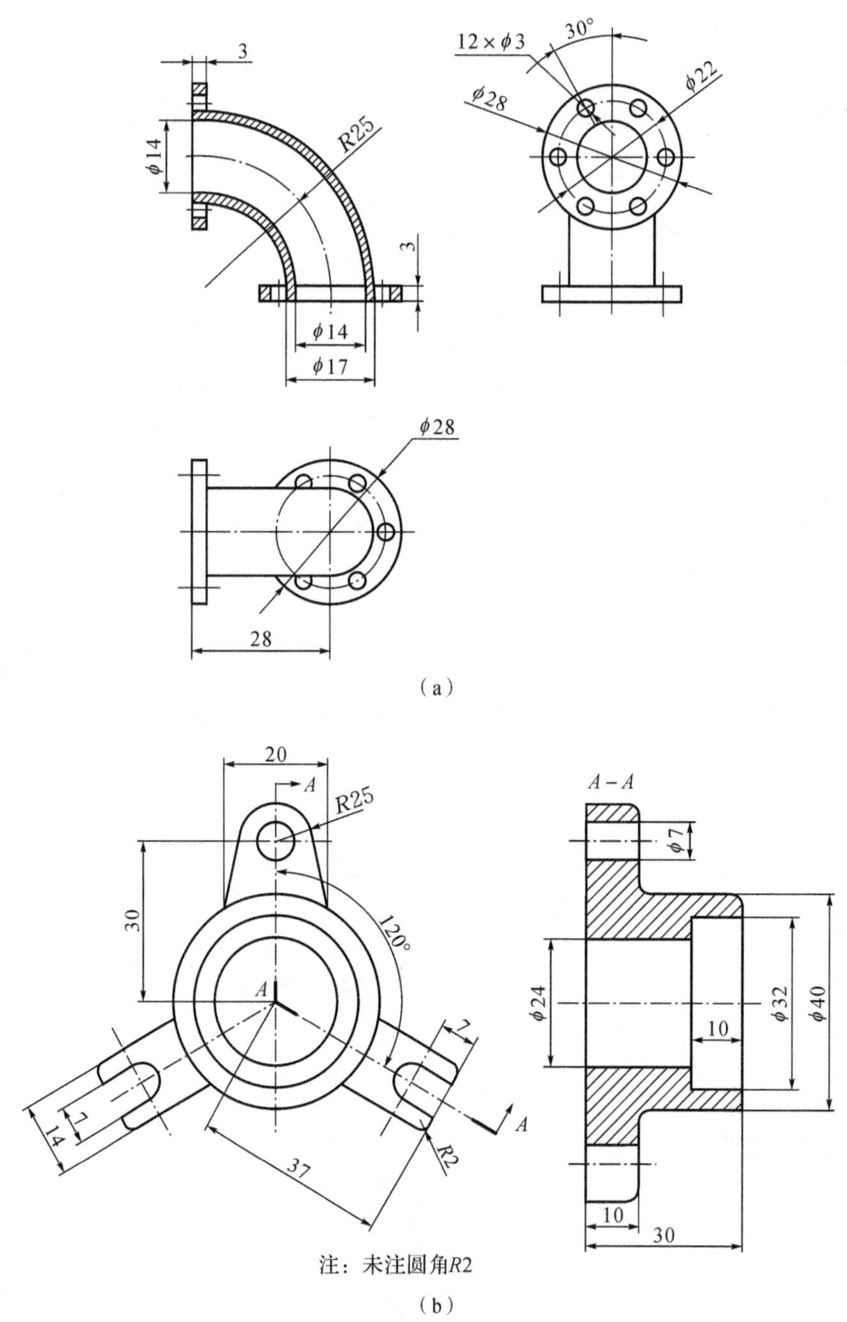

图4-225　综合练习题(一)

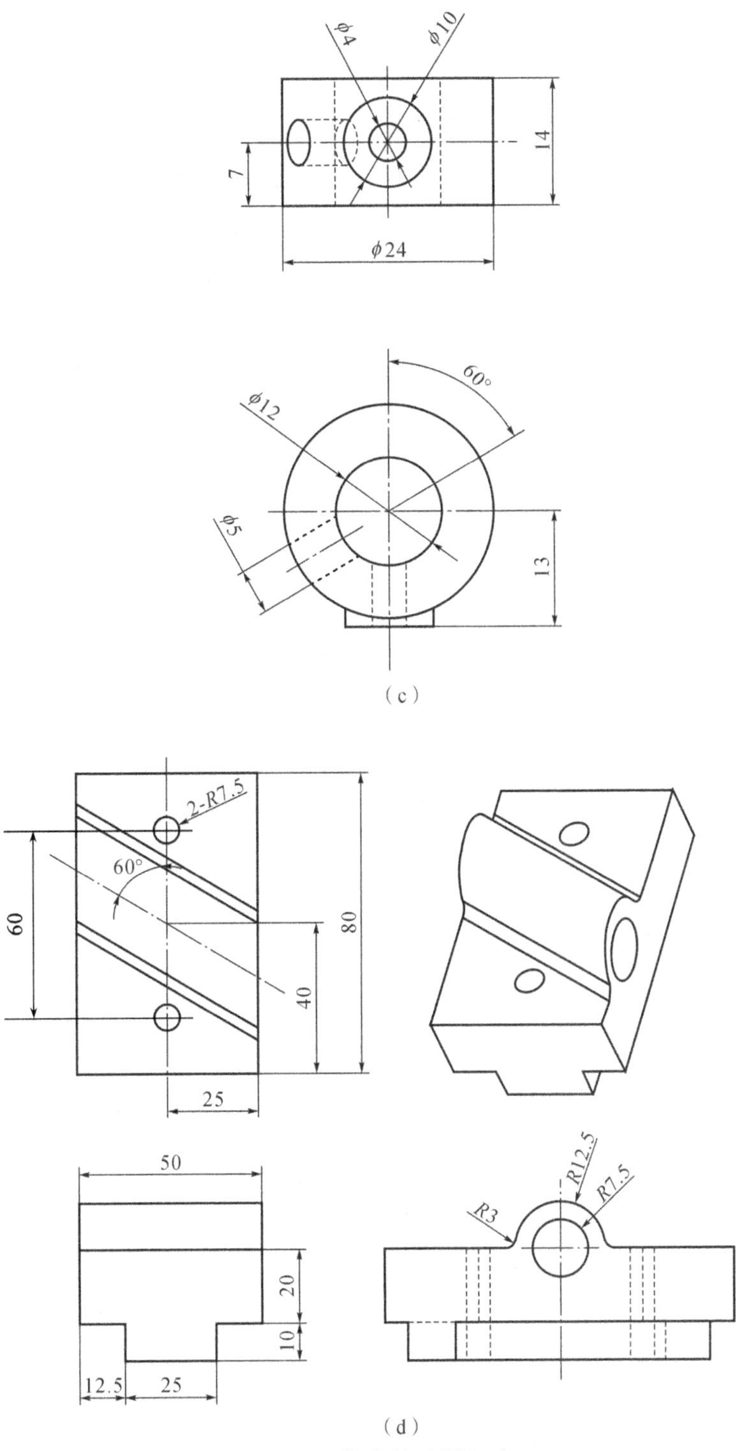

图 4-225　综合练习题(二)

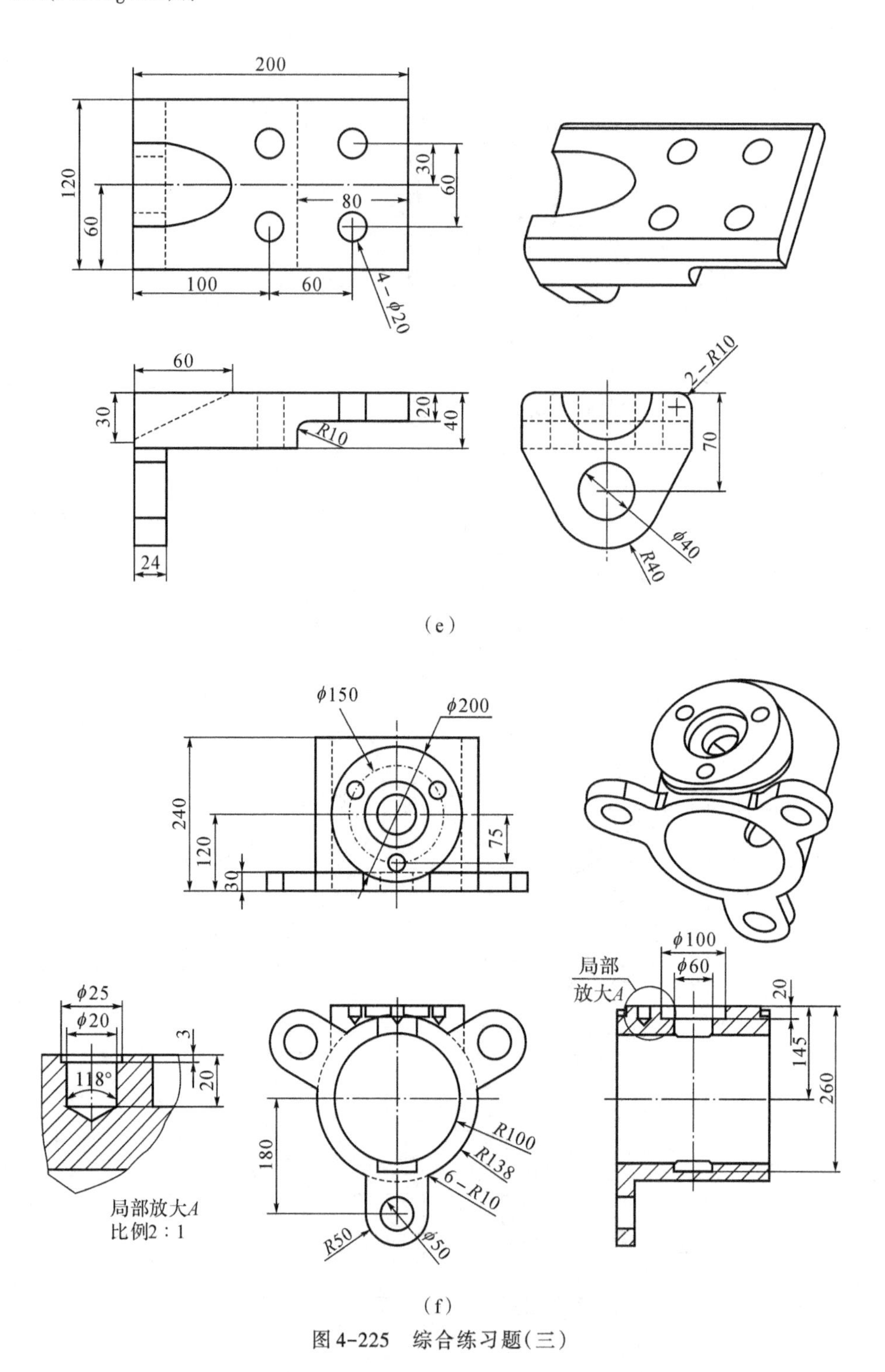

(e)

(f)

图4-225　综合练习题(三)

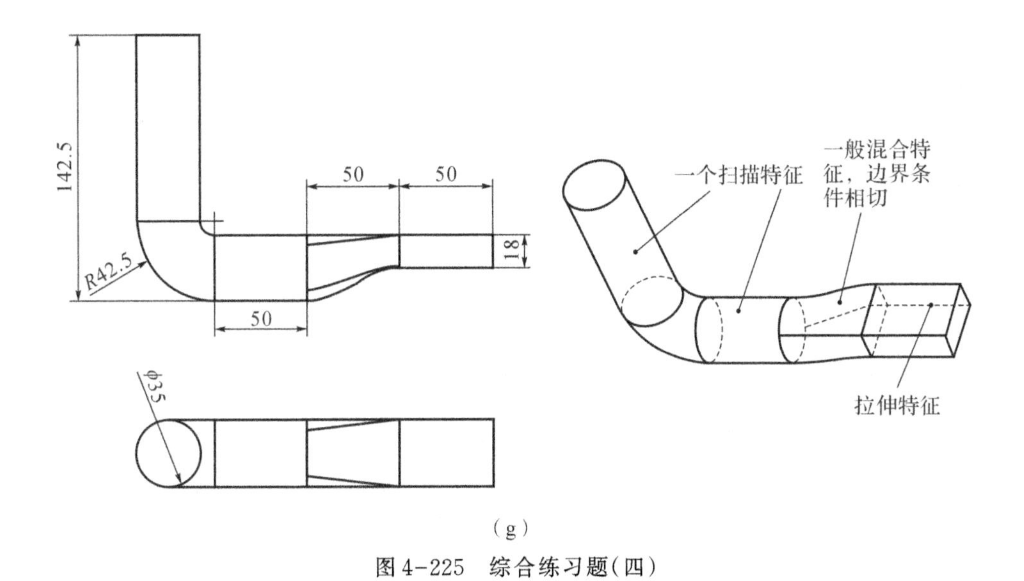

(g)

图 4-225　综合练习题(四)

项目五　复杂零件三维设计

任务1　以螺旋扫描方式创建三维零件

【工程案例一】弹簧的三维建模

某机械厂生产如图5-1所示弹簧,要求建立其三维模型。

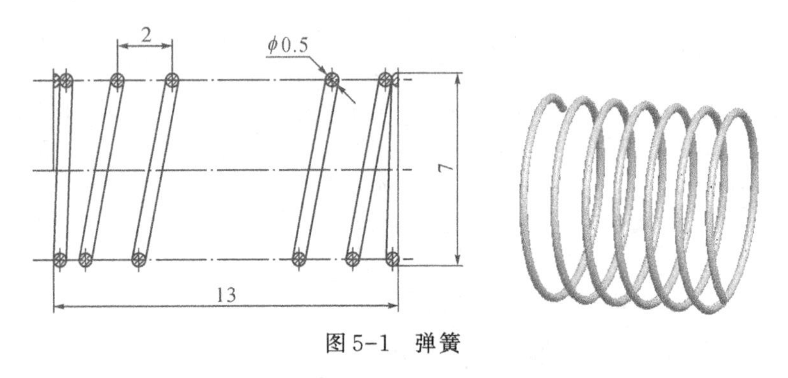

图5-1　弹簧

学习目标

1. 能够使用螺旋扫描特征创建零件的三维模型。
2. 能够正确绘制弹簧的三维模型。

弹簧建模分析

在日常生活中,弹簧已经广泛应用于各个领域,特别是在各种机械设备中,弹簧的应用更加广泛。按照形状的不同,弹簧可分为螺旋弹簧、环形弹簧、碟状弹簧、板状弹簧等。本案例主要讲述如何通过构造螺旋扫描特征来创建圆柱螺旋弹簧。

相关知识点

1. 螺旋扫描特征

螺旋扫描是一个剖面沿着一条螺旋线轨迹扫描,产生螺旋状的扫描特征。创建一个螺旋扫描特征需要具备四要素,即旋转轴、轮廓线、节距、剖面。

2. 螺旋扫描特征操作面板

螺旋扫描特征操作面板如图5-2所示。

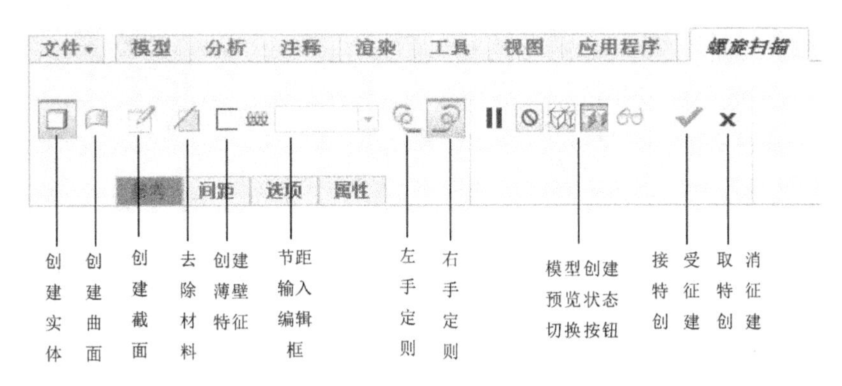

图5-2　螺旋扫描特征操作面板

操作步骤

步骤1　设置工作目录

单击菜单"文件"→"管理会话"→"选择工作目录"命令，将文件放置在自己建立的文件夹下。

步骤2　新建文件

单击工具栏中的新建文件按钮，在弹出的"新建"对话框中选择"零件"类型，单击"使用默认模板"复选框取消选中标志，在"名称"栏输入新建文件名"Spring"。单击"确定"按钮，打开"新文件选项"对话框。选择"mmns_part_solid"模板，按下"确定"按钮，进入三维零件绘制环境。

步骤3　螺旋扫描创建弹簧

①单击功能区"形状"工具栏中的"扫描"下拉按钮，在弹出的菜单中选择"螺旋扫描"按钮 螺旋扫描，弹出螺旋扫描特征操作面板。

②单击操作面板"参考"选项中的"定义"按钮，打开"草绘"对话框。

③选择FRONT基准面为草绘平面，草绘参考平面与方向按缺省值设置。

④单击"草绘"按钮，系统进入草绘工作环境。

⑤绘制如图5-3所示的中心轴和截面。单击草绘完成按钮，返回特征操作面板，在螺旋间距值编辑框中输入节距值2.0 2.00 。

⑥在特征操作面板中单击扫描截面创建按钮，系统进入扫描截面草绘环境。

在偏离中心轴的两条相交中心线的交点处绘制如图5-4所示圆形二维截面。按下草绘完成按钮，系统返回操作面板，并显示创建的弹簧模型，单击其中的"确定"按钮，完成弹簧的造型，结果如5-5所示。

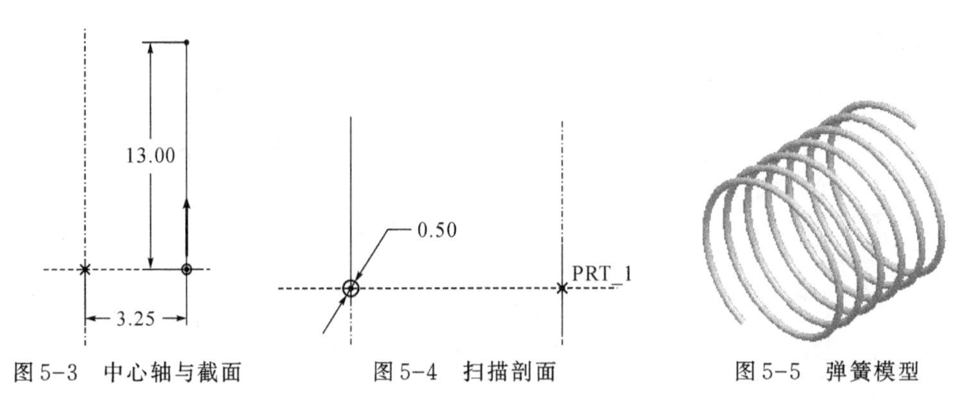

图 5-3　中心轴与截面　　　图 5-4　扫描剖面　　　图 5-5　弹簧模型

步骤 4　文件保存

单击菜单“文件”→“保存”命令,保存当前模型文件。

【工程案例二】螺母的三维建模

某机械厂生产如图 5-6 所示螺母,要求建立其三维模型。

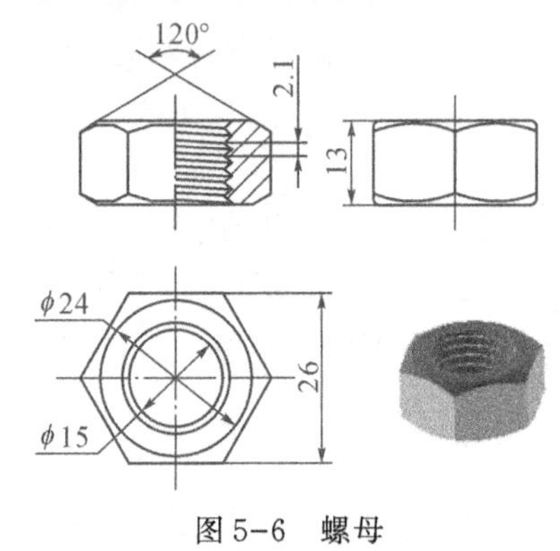

图 5-6　螺母

学习目标

1. 能够正确绘制零件的真实螺纹。
2. 能够正确绘制螺母、螺栓的三维模型。

螺母建模分析

螺母也是日常生活中常见的一种机械零件。螺母造型的难点在于真实螺纹的创建。螺纹可以通过螺旋扫描特征来创建,其余部分则可以通过简单的拉伸、旋转、镜像来实现。螺母的三维建模思路如表 5-1 所示。

表 5-1　螺母的三维建模思路

关键步骤	1. 拉伸创建毛坯	2. 旋转切割	3. 特征镜像	4. 内螺纹创建
图示				

操作步骤

步骤 1　设置工作目录

单击菜单“文件”→“管理会话”→“选择工作目录”命令，将文件放置在自己建立的文件夹下。

步骤 2　新建文件

单击工具栏中的新建文件按钮，在弹出的“新建”对话框中选择“零件”类型，单击“使用默认模板”复选框取消选中标志，在“名称”栏输入新建文件名“Nut”。单击“确定”按钮，打开“新文件选项”对话框。选择“mmns_part_solid”模板，按下“确定”按钮，进入三维零件绘制环境。

步骤 3　拉伸创建毛坯

①单击拉伸按钮，打开拉伸特征操作面板。

②单击“放置”面板中的“定义”按钮，打开“草绘”对话框。

③选择 TOP 基准面为草绘平面，草绘参考平面与方向按缺省值设置。

④单击“草绘”按钮，系统进入草绘工作环境。

⑤绘制如图 5-7 所示二维截面。单击草绘完成按钮，返回拉伸特征操作面板。

⑥单击“拉伸类型”下拉按钮，在弹出的菜单中选择对称拉伸按钮，并在数值编辑框中输入 13，单击完成按钮，完成拉伸特征的创建，结果如图 5-8 所示。

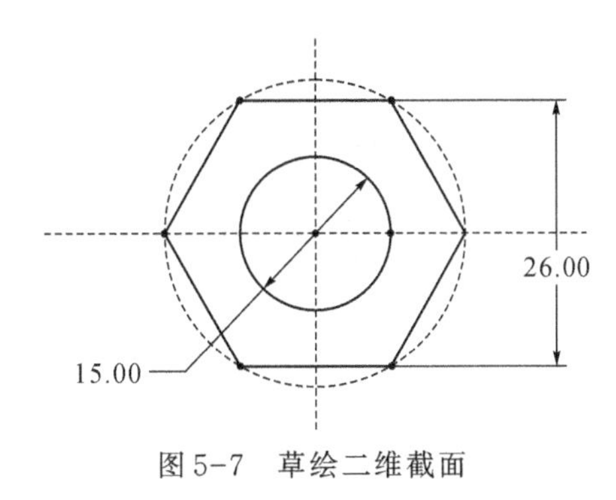

图 5-7　草绘二维截面

图 5-8　截面拉伸结果

步骤 4　旋转切割

①单击旋转特征按钮 旋转，打开旋转特征操作面板。按下“去除材料”按钮。

②单击“放置”面板中的“定义”按钮，打开“草绘”对话框。

③选择 FRONT 基准面为草绘平面，参考面及方向为缺省值。单击“草绘”按钮进入草绘状态。

④绘制如图5-9所示的二维截面(截面为一个三角形,其中三角形的上边与拉伸特征上表面重合)和中心轴。

⑤单击草绘截面完成按钮✔,返回旋转特征操作面板。

⑥单击操作面板上的特征完成按钮✔,完成旋转切割特征创建,如图5-10所示。

步骤5 切割部分镜像

①选择步骤4创建的旋转切割特征。(注:可以通过特征模型树来选择)

②单击工具栏上的特征镜像按钮 镜像,弹出镜像特征操作面板。选择TOP面为镜像平面,按下镜像操作面板上的确定按钮✔,即可完成特征镜像,如图5-11所示。

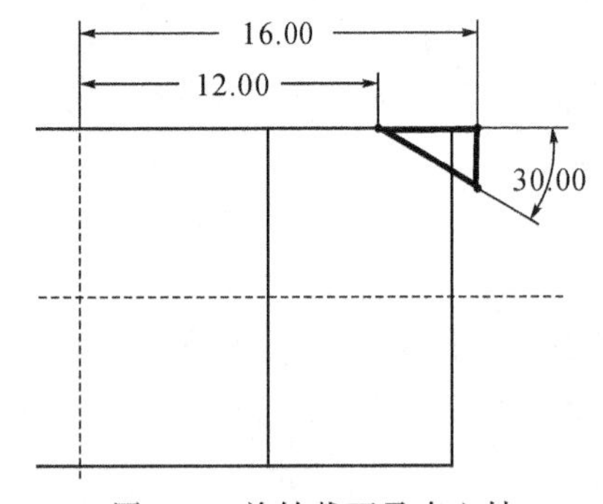

图5-9 旋转截面及中心轴

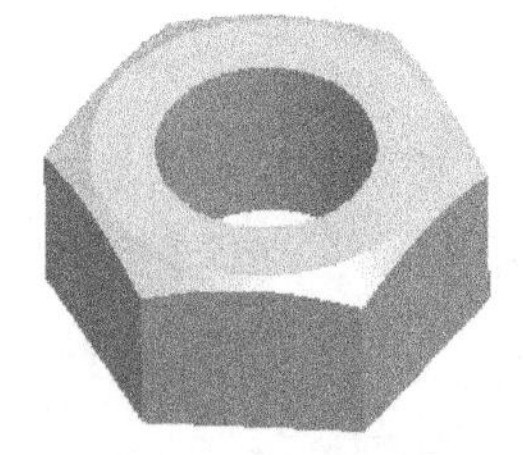

图5-10 旋转切割结果

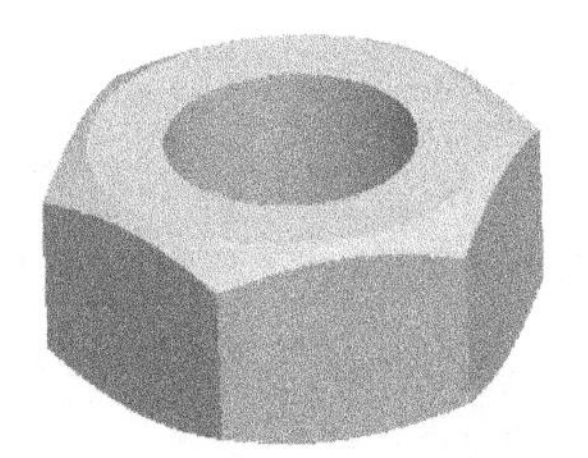

图5-11 特征镜像结果

步骤6 螺旋扫描切割创建内螺纹

①单击功能区“形状”工具栏中的“扫描”下拉按钮,在弹出的菜单中选择“螺旋扫描”按钮 螺旋扫描,弹出螺旋扫描特征操作面板。按下面板中的“去除材料”按钮。

②单击操作面板“参考”选项中的“定义”按钮,打开“草绘”对话框。

③选择FRONT基准面为草绘平面,草绘参考平面与方向按缺省值设置。

④单击“草绘”按钮,系统进入草绘工作环境。

⑤绘制如图5-12所示的中心轴和截面。单击草绘完成按钮✔,返回特征操作面板,在螺旋间距值编辑框中输入节距值2.1。

⑥在特征操作面板中单击扫描截面创建按钮,系统进入扫描截面草绘环境。

在偏离中心轴的两条相交中心线的交点处绘制如图5-13所示三角形二维截面(截面为一边长为2的正三角形)。按下草绘完成按钮✔,系统返回操作面板,并显示创建的螺纹模型,单击其中的“确定”按钮✔,完成螺纹的造型,结果如5-14所示。

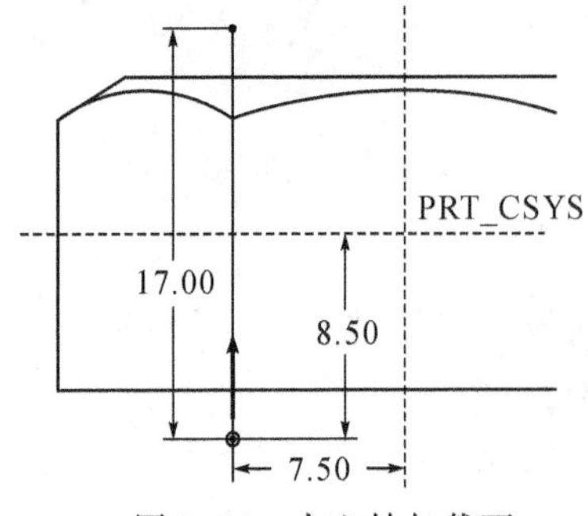

图5-12 中心轴与截面

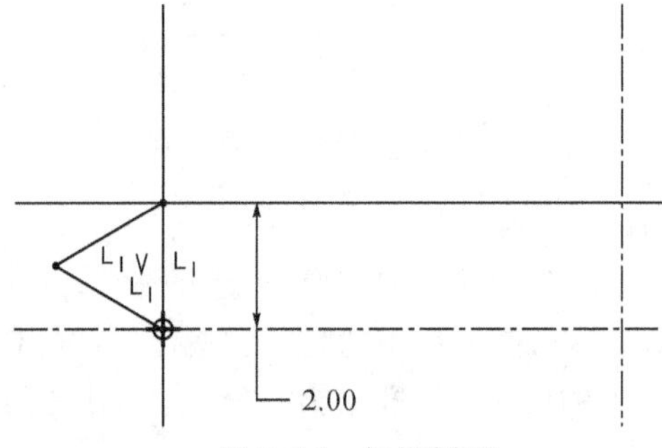

图5-13 扫描剖面

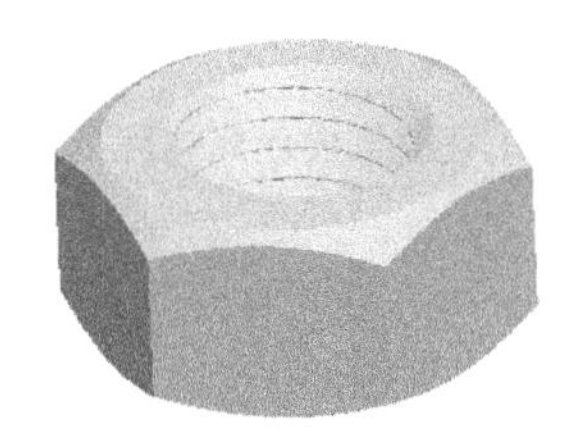
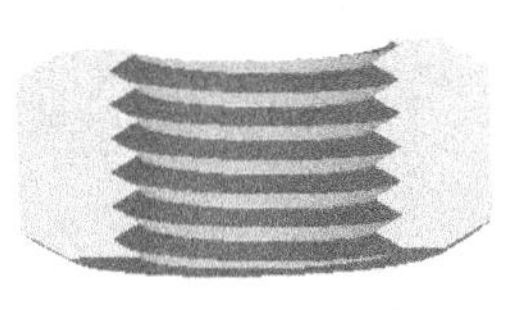

图 5-14　弹簧模型及剖切结果

步骤7　文件保存

单击菜单“文件”→“保存”命令，保存当前模型文件。

举一反三

某机电有限公司生产如图 5-15所示螺栓，要求建立其三维模型。

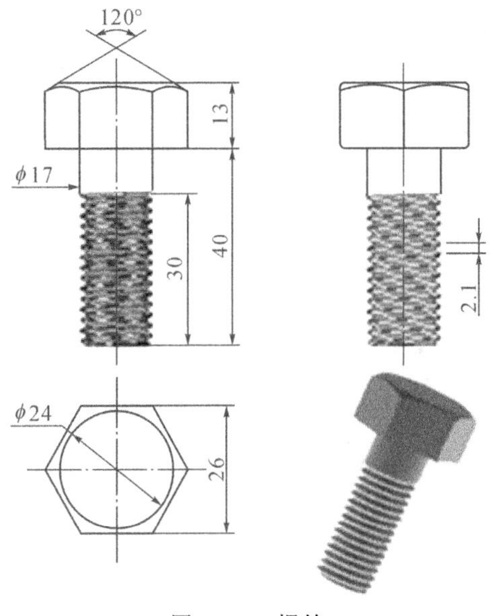

图 5-15　螺栓

视频 5-1

螺栓的三维建模思路如表 5-2所示。

表 5-2　螺栓的三维建模思路

关键步骤	1. 拉伸创建螺栓头	2. 旋转切割螺栓头	3. 拉伸创建螺纹体	4. 倒角
图示	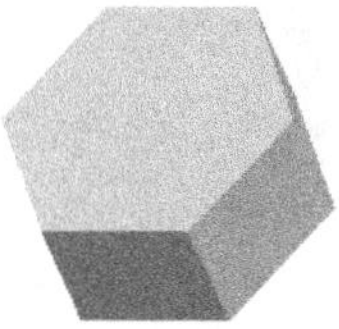	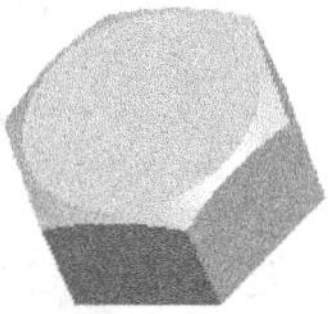	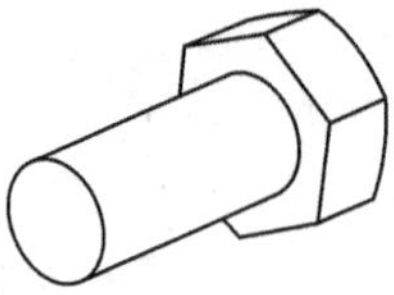	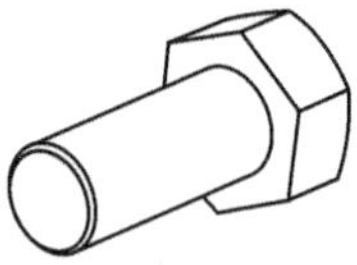
关键步骤	5. 外螺纹创建			
图示	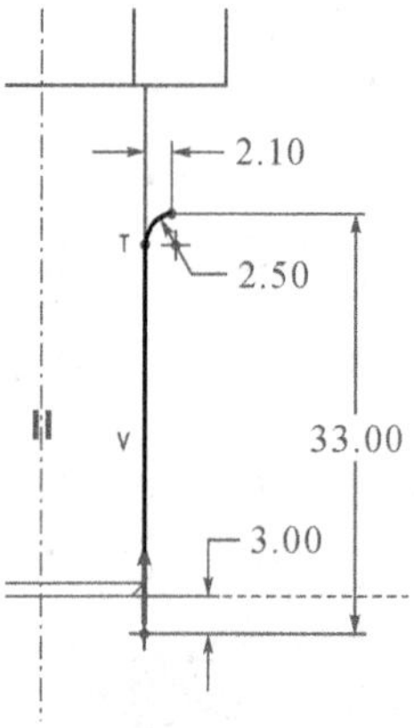 轨迹为一直线与一圆弧（圆弧用于螺纹收尾，注意圆弧必须与直线相切） 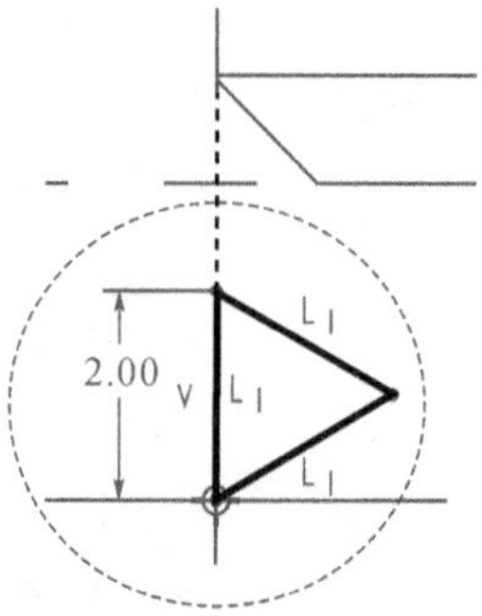	截面为一边长为2的三角形（虚圆内部分） 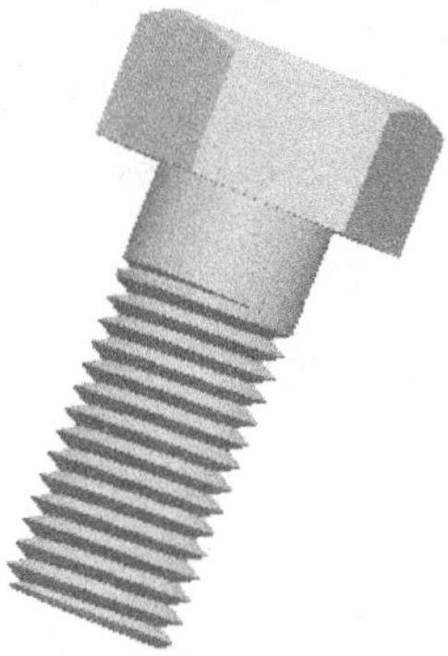	最后创建的螺栓实体	

工程案例练习

创建如图5-16所示各零件的三维模型。

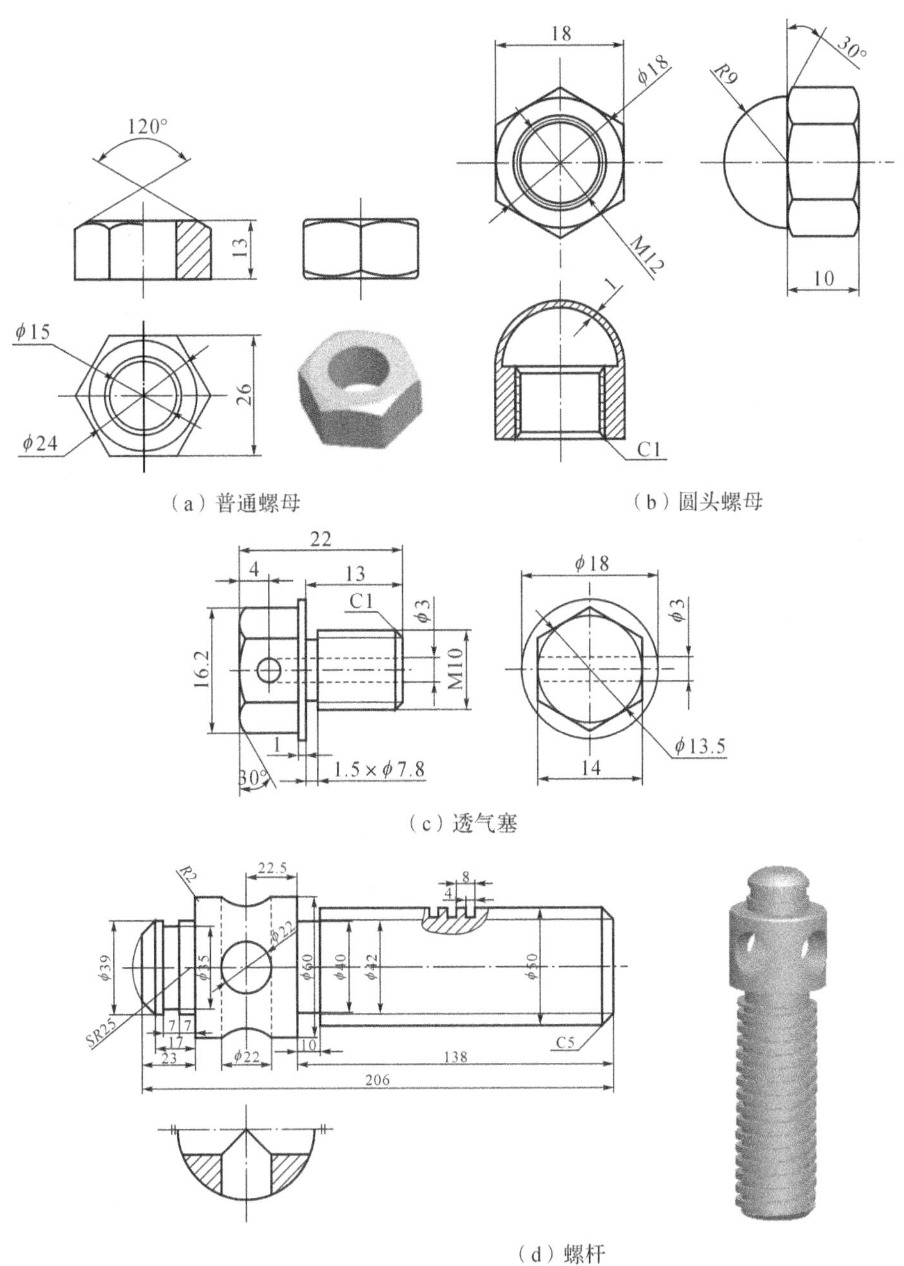

图5-16　三维零件造型习题

【工程案例三】变螺距弹簧的三维建模

某机械厂生产如图5-17所示变螺距弹簧,要求建立其三维模型。其中弹簧丝的直径为4,AB和EF为压平段,其节距为4;中间的CD段为标准段,其节距为10;BC和DE段为过渡段,其节距为4到10间过渡。

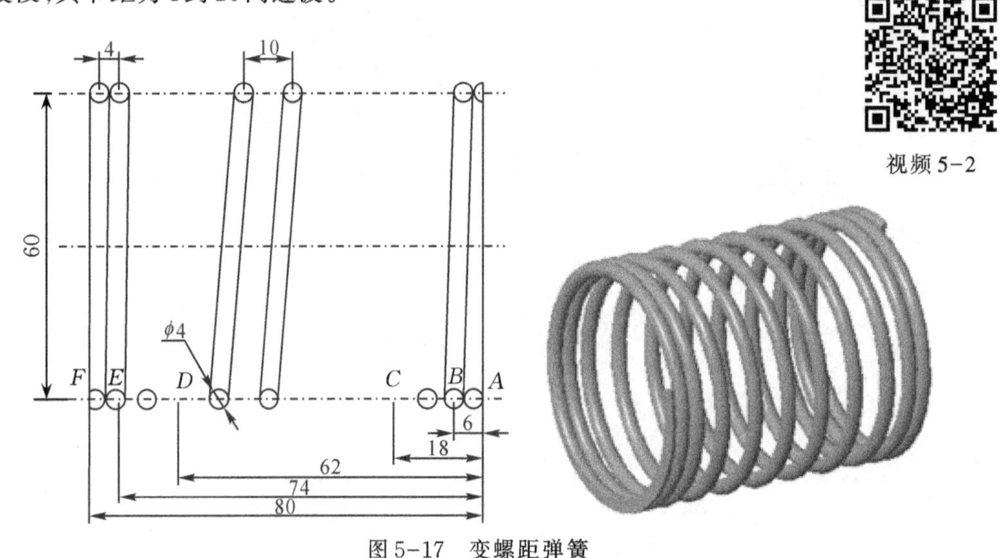

图5-17 变螺距弹簧

学习目标

1. 熟知变螺距螺旋扫描特征的创建方法。
2. 学会应用变螺距螺旋扫描特征方法创建零件的三维模型。

操作步骤

步骤1 设置工作目录

单击菜单“文件”→“管理会话”→“选择工作目录”命令,将文件放置在自己建立的文件夹下。

步骤2 新建文件

单击工具栏中的新建文件按钮,在弹出的“新建”对话框中选择“零件”类型,单击“使用默认模板”复选框取消选中标志,在“名称”栏输入新建文件名“Spring2”。单击“确定”按钮,打开“新文件选项”对话框。选择“mmns_part_solid”模板,按下“确定”按钮,进入三维零件绘制环境。

步骤3 螺旋扫描创建弹簧

①单击功能区“形状”工具栏中的“扫描”下拉按钮,在弹出的菜单中选择“螺旋扫描”按钮 螺旋扫描,弹出螺旋扫描特征操作面板。

②单击操作面板“参考”选项中的“定义”按钮,打开“草绘”对话框。

③选择FRONT基准面为草绘平面,草绘参考平面与方向按缺省值设置。

④单击“草绘”按钮，系统进入草绘工作环境。

⑤绘制如图 5-3 所示的中心轴和截面。单击草绘完成按钮✔，返回特征操作面板。单击操作面板下面的“间距”选项，弹出间距设置面板，将位置 1（起点）处的间距（螺距）值设置为 4，如图 5-18 所示。

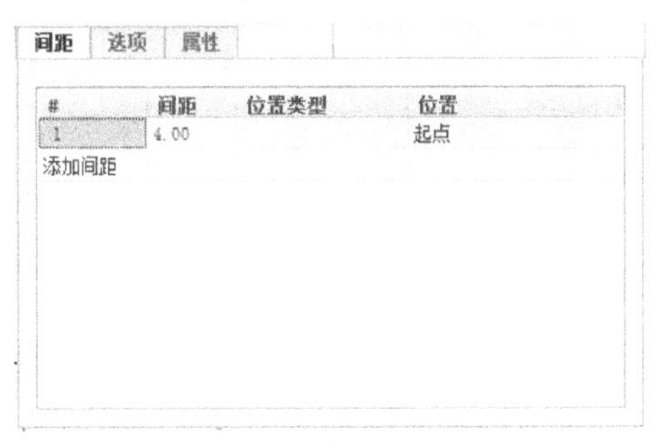

图 5-18　间距设置面板

⑥单击“添加间距”选项，添加一个间距位置点（终点），并设置该点处的间距（螺距）为 4。

⑦继续单击“添加间距”选项添加其他关键点，并设置相应的位置类型、位置参数和间距值，如图 5-19 所示。此时，添加了相关间距点后的图形如图 5-20 所示。

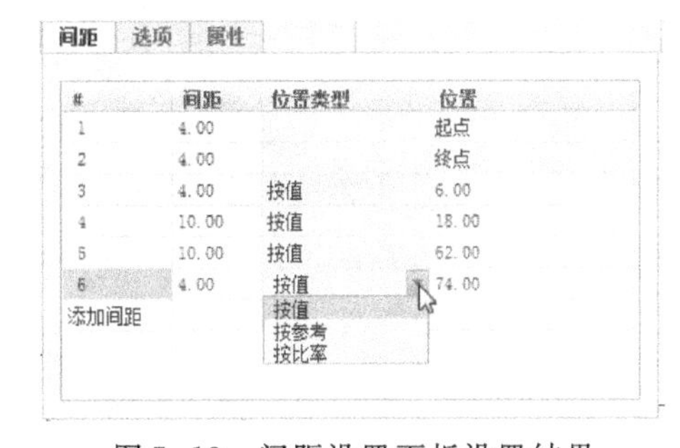

图 5-19　间距设置面板设置结果

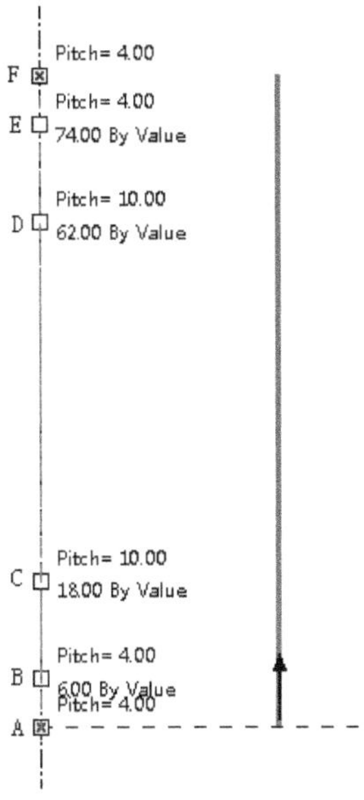

（注：添加间距中的位置类型分为按值、按参考、按比率三种。）

⑧在特征操作面板中单击扫描截面创建按钮，系统进入扫描截面草绘环境。

在偏离中心轴的两条相交中心线的交点处绘制如图 5-21 所示圆形二维截面（直径为 4）。按下草绘完成按钮✔，系统返回操作面板，并显示创建的弹簧模型，单击其中的“确定”按钮✔，完

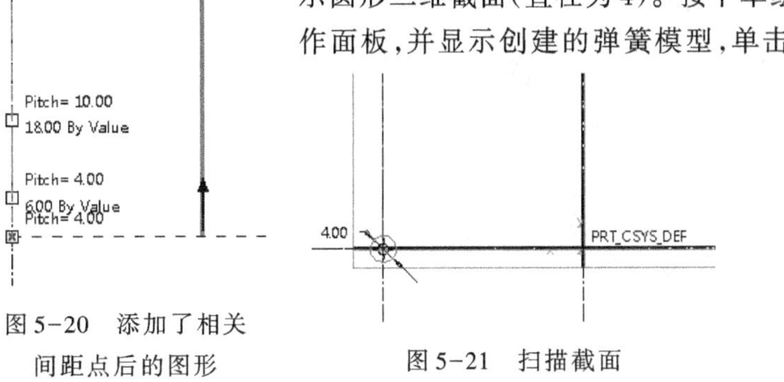

图 5-20　添加了相关间距点后的图形

图 5-21　扫描截面

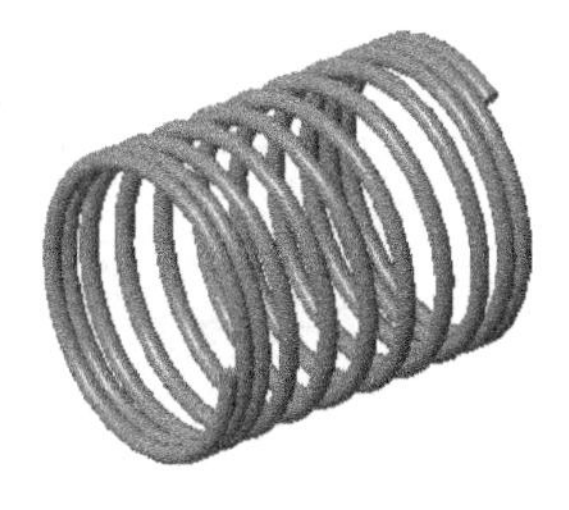

图 5-22　变螺距弹簧模型

成弹簧的造型,结果如图5-22所示。

步骤4 通过拉伸切割方式磨平弹簧的两端

①单击拉伸按钮,打开拉伸特征操作面板。

②单击拉伸操作面板上的“去除材料”按钮。

③单击“放置”面板中的“定义”按钮,打开“草绘”对话框。

④选择FRONT基准面为草绘平面,草绘参考平面与方向按缺省值设置。

⑤单击“草绘”按钮,系统进入草绘工作环境。

⑥绘制如图5-23所示二维截面(上下各一个矩形)。单击草绘完成按钮,返回拉伸特征操作面板。

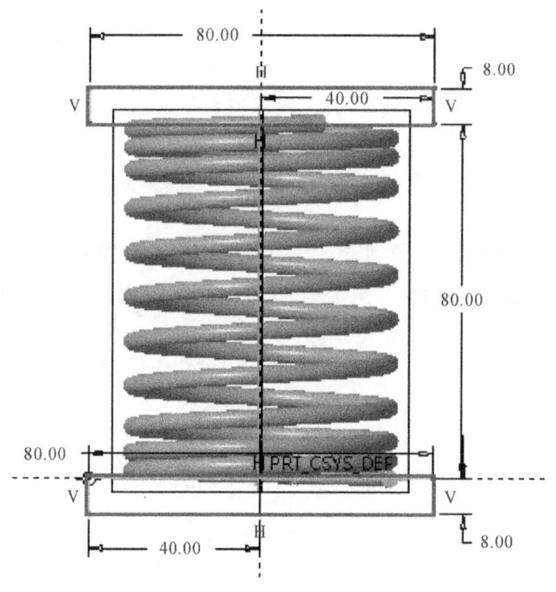

图5-23 草绘二维截面

⑦单击“拉伸类型”下拉按钮,在弹出的菜单中选择对称拉伸按钮,并在数值编辑框中输入80,单击完成按钮,完成拉伸特征的创建,结果如图5-24所示。

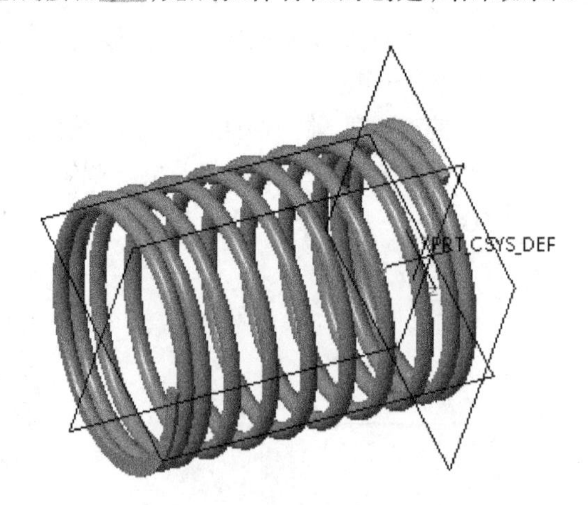

图5-24 弹簧首尾切割结果

步骤5 文件保存

单击菜单“文件”→“保存”命令，保存当前模型文件。

任务2　以混合特征方式创建三维零件

【工程案例四】绞刀头的三维建模

视频5-3

某刀具厂生产如图5-25所示绞刀头，要求建立其三维模型。

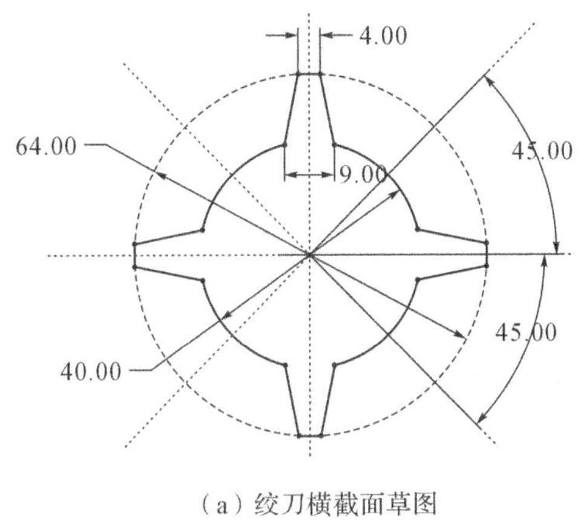

（a）绞刀横截面草图

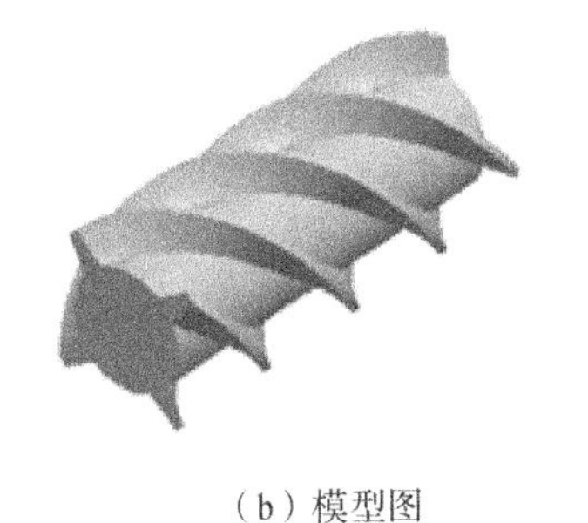

（b）模型图

图5-25　绞刀头

构图说明：8个相同截面，每个截面均绕Z轴旋转45°，截面间距为25。

学习目标

1. 进一步熟悉混合特征的创建方法。
2. 学会应用混合特征进行复杂零件的建模。

绞刀建模分析

绞刀头造型的难点在于刀刃部分。绞刀刀刃部分由8个截面按二次曲线的方式平滑过渡而成，可以采用一般混合特征的方式来创建。由于每个横截面的形状与尺寸均相同，可以采用先绘制截面文件，然后进行调用的方法，以减少截面绘制的次数。

相关知识点

1. 常规混合特征

常规混合特征（一般混合特征）作为混合特征的一种，它也是由两个或多个剖面在其边界处用过渡曲面连接而成的一个连续特征。与平行混合、旋转混合特征不同的是：常规混合特征的截面可以绕X轴、Y轴和Z轴旋转和平移，每个截面都单独草绘，并用截面坐标系对齐。

在Creo 1.0及之前的Pro/E版本,软件中均有常规混合特征的创建方法,但在Creo 2.0及以后的软件版本中,在其界面上均找不到常规混合特征的创建命令,只有混合和旋转混合两种形式。对于铰刀头来说,可以直接用混合特征来创建。

操作步骤

步骤1 设置工作目录

单击菜单“文件”→“管理会话”→“选择工作目录”命令,将文件放置在自己建立的文件夹下。

步骤2 草绘截面文件制作

①单击工具栏中的新建文件按钮,在弹出的“新建”对话框中选择“草绘”类型,在“名称”栏输入新建文件名“jiaodao-section”。单击“确定”按钮,进入二维草绘环境。

②绘制如图5-26所示二维截面和坐标系(在截面的中心位置上)。

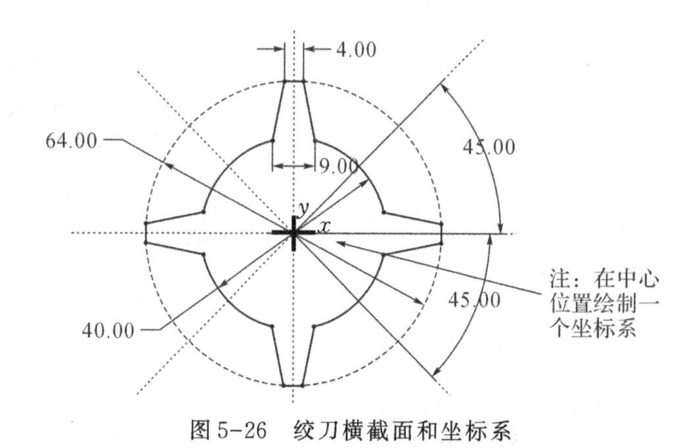

图5-26 绞刀横截面和坐标系

③单击菜单“文件”→“保存”命令,保存当前草绘截面文件。

步骤3 新建文件

单击工具栏中的新建文件按钮,在弹出的“新建”对话框中选择“零件”类型,单击“使用默认模板”复选框取消选中标志,在“名称”栏输入新建文件名“jiaodao”。单击“确定”按钮,打开“新文件选项”对话框。选择“mmns_part_solid”模板,按下“确定”按钮,进入三维零件绘制环境。

步骤4 混合方式创建绞刀刀刃

①单击功能区“形状”面板中的下拉按钮形状,选择混合按钮混合,打开混合特征操作面板。

②单击操作面板中的“截面”选项,打开“截面”对话框,单击对话框中的“定义…”按钮,打开“草绘”对话框。

③选择TOP基准面为草绘平面,参照面按默认值设置。

④单击“草绘”按钮,系统进入草绘工作环境。

⑤单击功能区“获取数据”工具栏中的“文件系统”按钮。选择步骤2创建的截面文件“jiaodao-section”,在绘图区单击鼠标左键,出现截面形状预览图(见图5-27),并弹出

“导入截面”操作面板(如图5-28所示)。按住鼠标左键将截面拖动到系统默认坐标系位置,并在操作面板比例因子中输入1,按下按钮✔即可。

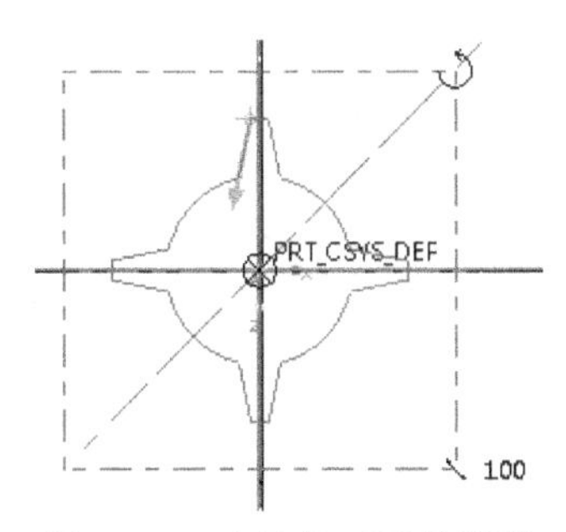

PRT_CSYS_DEF
100

图5-27　草绘截面形状预览

混合
草绘
导入截面
0.000000
1.000000

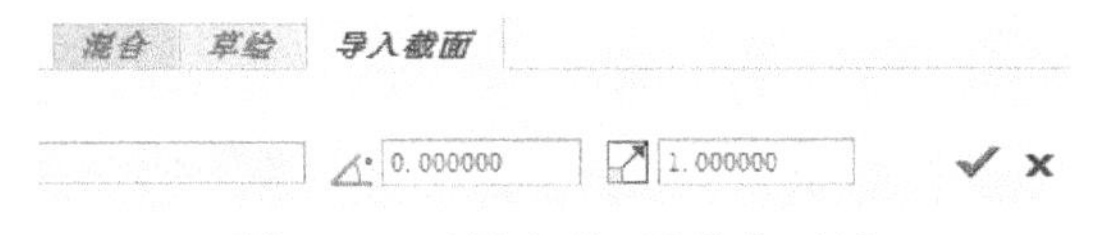

图5-28　“导入截面”操作面板

⑥单击草绘完成按钮✔,返回混合特征操作面板。

⑦在混合特征操作面板“截面1”后面的数值编辑框中输入20,以设置两个截面间的距离。

⑧单击操作面板中的“截面”选项,打开“截面”对话框。单击对话框中的“草绘…”按钮,进入草绘截面。

⑨单击功能区“获取数据”工具栏中的“文件系统”按钮。选择步骤2创建的截面文件“jiaodao-section”,在绘图区单击鼠标左键,出现截面形状预览图,并弹出“导入截面”操作面板。按住鼠标左键将截面拖动到系统默认坐标系位置,并在“导入截面”操作面板中旋转角度编辑框中输入45,比例因子编辑框中输入1,按下按钮✔即可,结果如图5-29所示。单击草绘完成按钮✔,返回混合特征操作面板,此时创建的零件预览模型如图5-30所示。

应用程序
混合
草绘
导入截面
中心点: 弧:组1
45.000000
1.000000

图5-29　“导入截面”操作面板角度与比例因子输入

PRT_CSYS_DEF
20.00
#2 截面2
#1 截面1

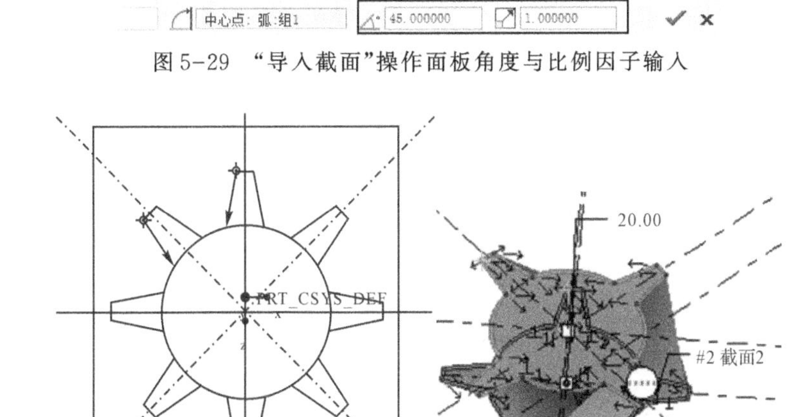

图5-30　截面2建模效果预览

⑩单击混合特征操作面板中的“截面”选项，在弹出的对话框(见图5-31)中单击“插入”按钮，在“截面”下面的栏目中增加了“截面3”。在右侧的“偏移自”下面的“截面2”后面的数值输入框中输入20，表示第三个截面与第二个截面间的距离为20。单击对话框中的“草绘...”按钮，进入草绘截面绘制环境。重复⑤～⑨的步骤，完成其余6个截面的绘制，如图5-32、图5-33所示。(记住：每次的截面旋转角度递增45°，即第一个截面的角度为0°，第二个截面的角度为45°，第三个为90°，第四个为135°，第五个为180°，第六个为235°，第七个为270°，第八个为315°。)第八个截面创建完后，单击混合操作面板中的完成按钮✔，最后创建的模型如图5-34所示。

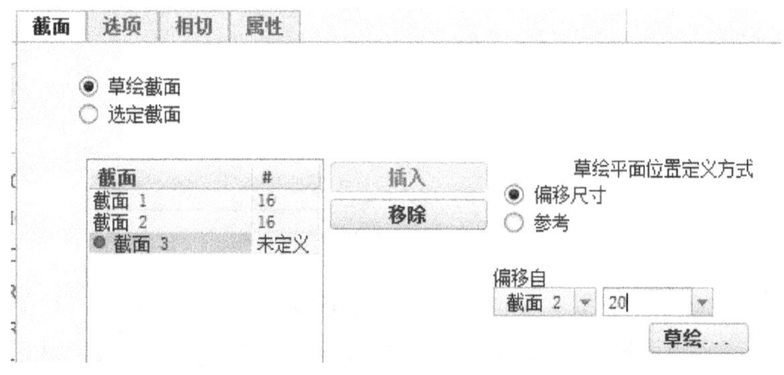

图5-31 “截面3”选项对话框

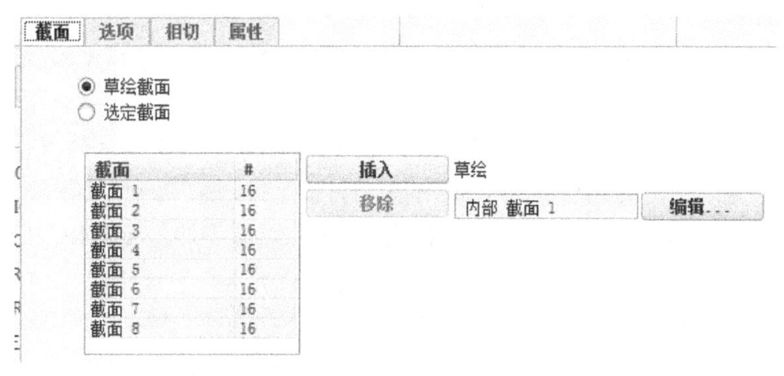

图5-32 “截面8”选项对话框

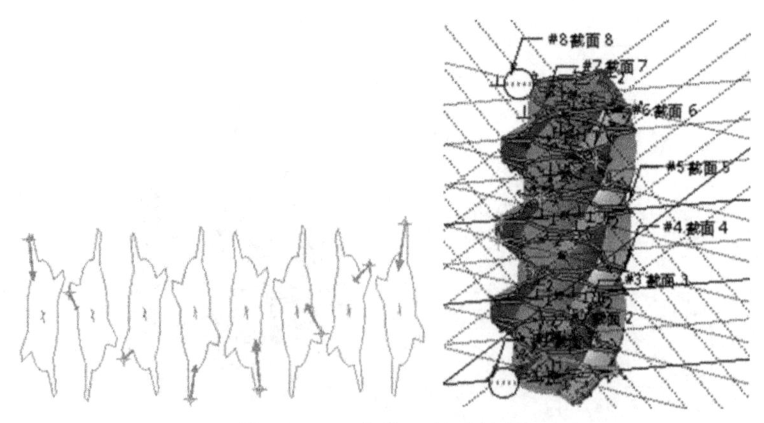

图5-33 8个截面创建效果

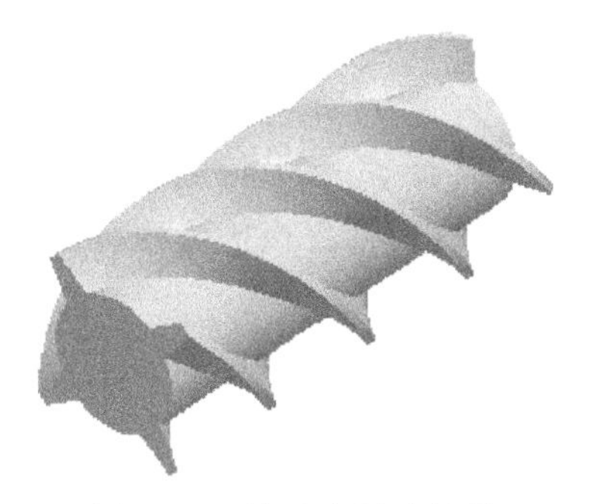

图 5-34　铰刀头创建结果

步骤 5　文件保存

单击菜单“文件”→“保存”命令，保存当前模型文件。

任务 3　以扫描混合方式创建三维零件

【工程案例五】吊钩的三维建模

某机械厂生产如图 5-35 所示吊钩零件，要求建立其三维模型。

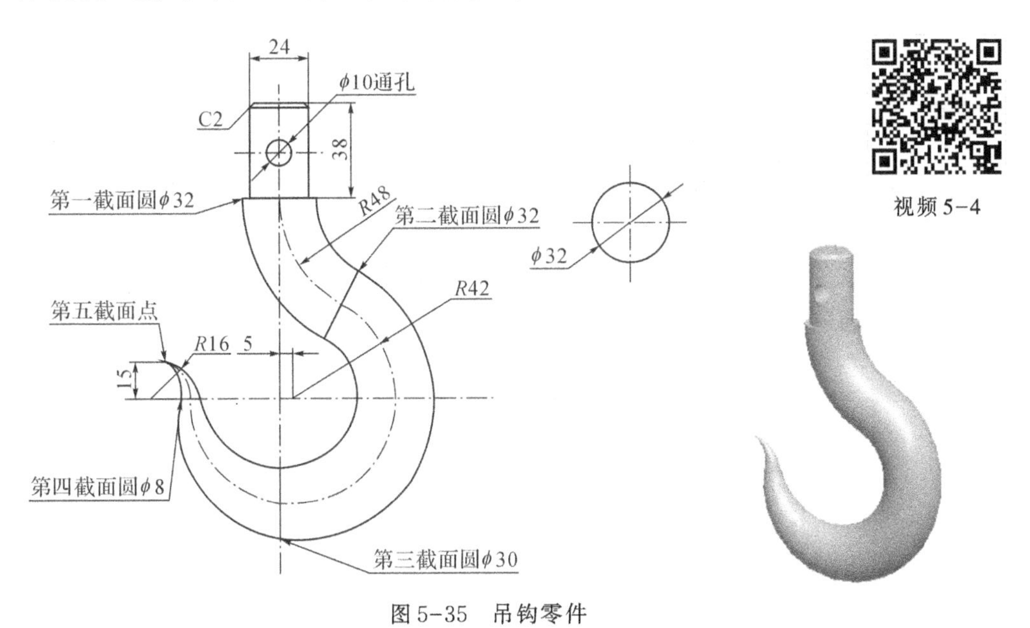

图 5-35　吊钩零件

学习目标

1. 能够应用扫描混合特征创建零件的三维模型。
2. 能够正确绘制吊钩零件的三维模型。

吊钩零件建模分析

吊钩在机械设计中应用比较广泛,一般用于起重机、拖车等设备的承力、连接部件。对于该零件实体模型的创建,主要使用创建扫描混合特征的方法。其他部分均可采用旋转、拉伸、倒角方式来创建。

相关知识点

扫描混合特征

扫描混合特征是使用一条轨迹线与多个截面图形来创建一个实体或曲面特征。这种特征同时具有扫描和混合的特性。在建立扫描混合特征时,需要有一条轨迹线和至少两个特征剖面。而轨迹线可通过草绘曲线方式来创建。

操作步骤

步骤1 设置工作目录

单击菜单“文件”→“管理会话”→“选择工作目录”命令,将文件放置在自己建立的文件夹下。

步骤2 新建文件

单击工具栏中的新建文件按钮,在弹出的“新建”对话框中选择“零件”类型,单击“使用默认模板”复选框取消选中标志,在“名称”栏输入新建文件名“diaogou”。单击“确定”按钮,打开“新文件选项”对话框。选择“mmns_part_solid”模板,按下“确定”按钮,进入三维零件绘制环境。

步骤3 草绘创建钩体轨迹曲线

①在功能区“基准”工具栏中单击“草绘”按钮,弹出“草绘”对话框,在绘图区选取FRONT基准平面作为草绘平面,单击对话框中的“草绘”按钮,系统进入草绘设计环境。

②绘制如图5-36所示曲线。单击草绘完成按钮✔。

③在功能区“基准”工具栏中单击“基准点工具”按钮 点,弹出“基准点”对话框,在草绘曲线中间的两个相切节点位置创建三个基准点PNT0、PNT1、PNT2,如图5-37所示。其中PNT1为草绘曲线与RIGHT辅助平面的交点。

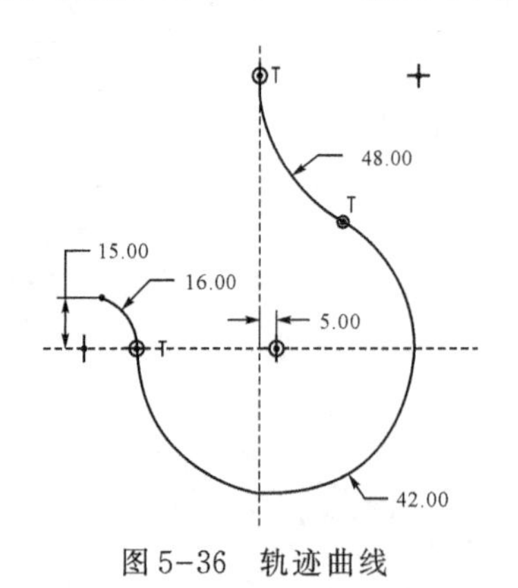

图5-36 轨迹曲线

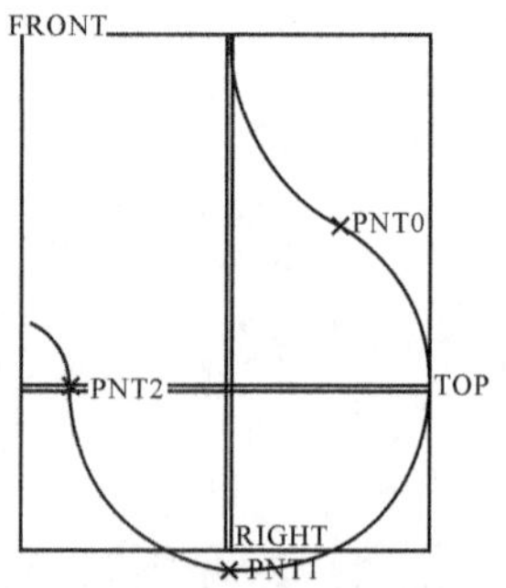

图5-37 轨迹曲线上点的分布

步骤4　扫描混合创建钩体

①单击功能区“形状”工具栏中的“扫描混合”命令按钮 扫描混合，弹出扫描混合操作面板(见图5-38)。

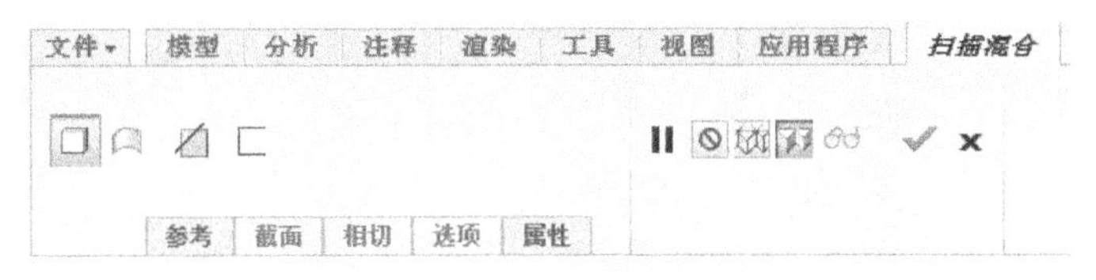

图5-38　扫描混合特征操作面板

②单击操作面板上的“参考”菜单项，弹出“参考”选项对话框(见图5-39)，单击“轨迹”下方的“选择项”，然后在绘图区中选取步骤3创建的草绘曲线(见图5-40)，此时的“参考”选项对话框内容改变如图5-41所示。用鼠标左键单击曲线上的箭头，可改变曲线起始点的位置，如图5-42所示。

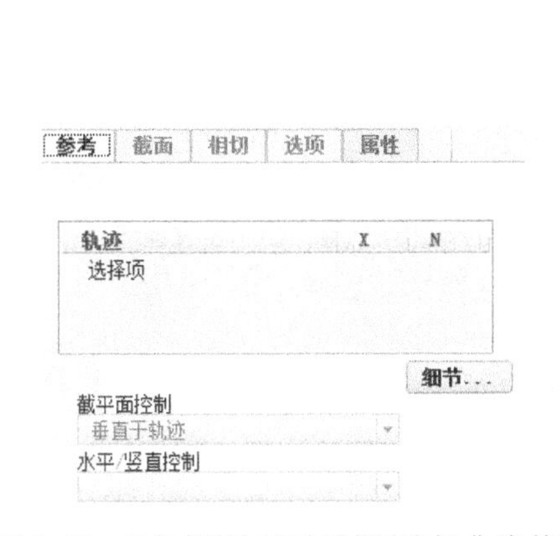

图5-39　“参考”选项对话框(选择曲线前)

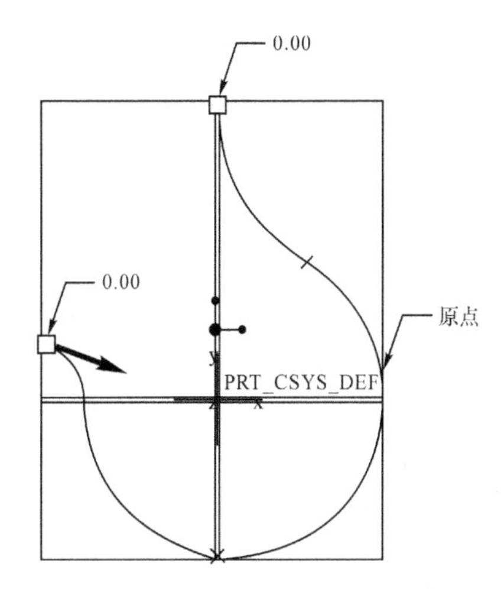

图5-40　改变曲线箭头方向前

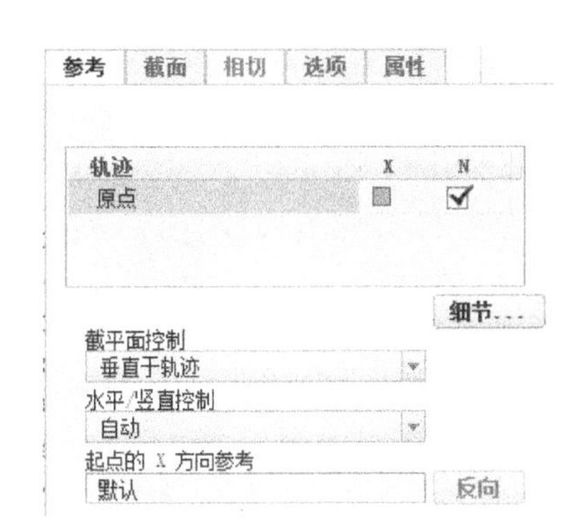

图5-41　“参考”选项对话框(选择曲线后)

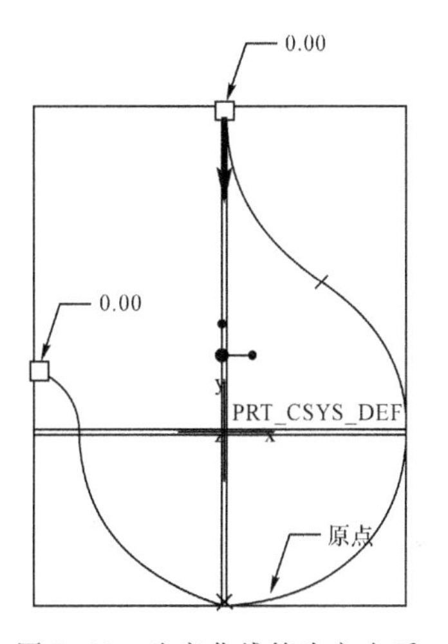

图5-42　改变曲线箭头方向后

③单击操作面板上的"截面"菜单项,弹出"截面"选项对话框(见图5-43),此时剖面列表中已经有一个需要定义的剖面,截面位置收集器已经激活。在绘图区中单击第一个剖面的放置点。在剖面选项卡中单击"草绘"按钮,系统进入草绘模式,在坐标系处绘制一个圆,如图5-44所示。单击草绘完成按钮 。剖面1绘制完成后,可观察到剖面垂直于曲线,如图5-45所示。

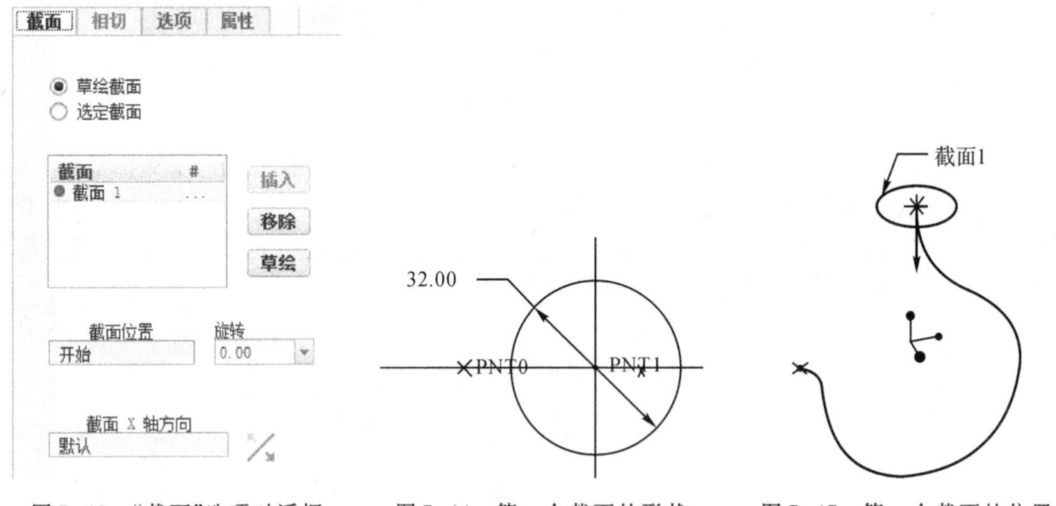

图5-43 "截面"选项对话框　　图5-44 第一个截面的形状　　图5-45 第一个截面的位置

④在"截面"选项卡中单击"插入"按钮,然后选取PNT0作为位置点,在"截面"选项卡中单击"草绘"按钮,系统将进入草绘模式,在其中绘制一个ϕ32的圆(见图5-46)。单击草绘完成按钮 ,系统返回混合特征操作面板。

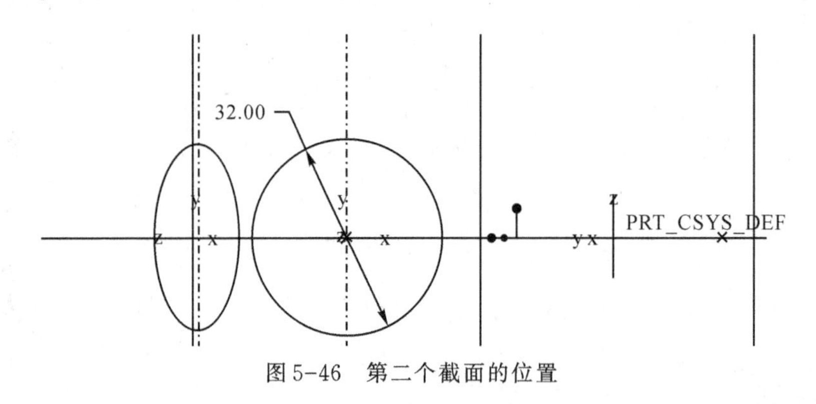

图5-46 第二个截面的位置

⑤使用同样的方法再在PNT1、PNT2处分别插入ϕ30、ϕ8的圆(见图5-47、图5-48),并在轨迹线的末端插入一点。

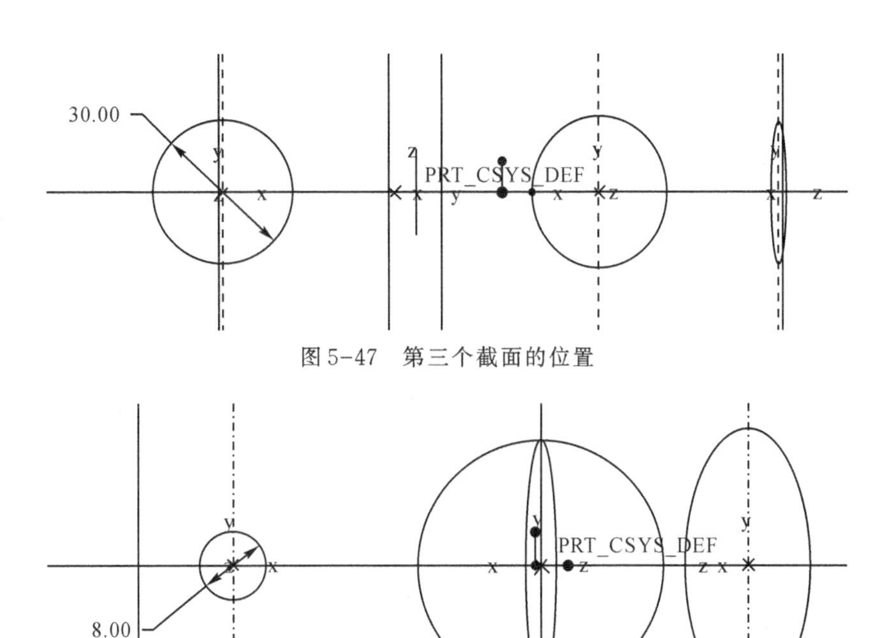

图 5-47　第三个截面的位置

图 5-48　第四个截面的位置

⑥当所有的剖面绘制完成后，系统返回特征操作面板，可在绘图区中观察到模型的预览结果(见图 5-49)。单击操作面板上的确定按钮，即可完成扫描混合特征的创建，如图 5-50 所示。

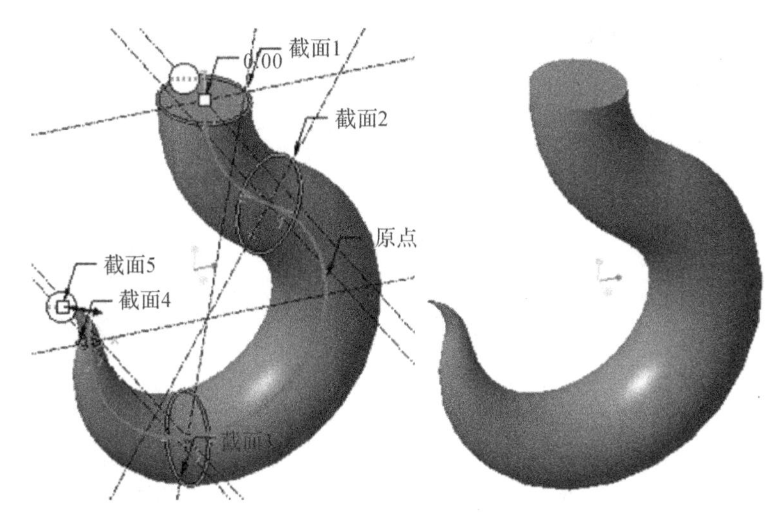

图 5-49　扫描混合特征创建预览结果　　图 5-50　钩体创建结果

步骤 5　拉伸创建钩柄

①单击拉伸按钮，打开拉伸特征操作面板。

②单击“放置”面板中的“定义”按钮，打开“草绘”对话框。

③选择钩体上表面为草绘平面，草绘参考平面与方向按缺省值设置。

④单击“草绘”按钮,系统进入草绘工作环境。

⑤绘制如图5-51所示二维截面。单击草绘完成按钮✔,返回拉伸特征操作面板。

⑥在拉伸深度数值编辑框中输入38,单击完成按钮✔,完成拉伸特征的创建,结果如图5-52所示。

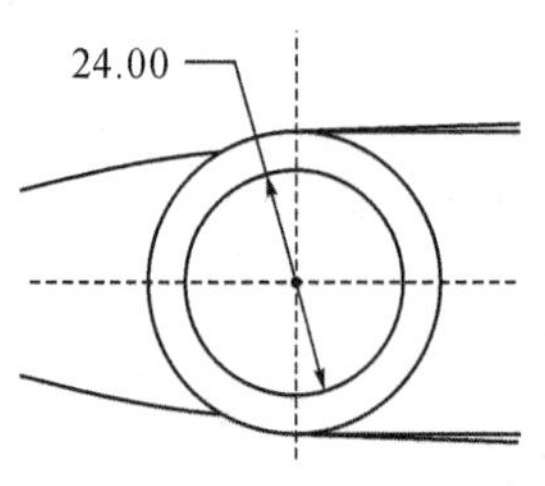

图5-51 草绘二维截面

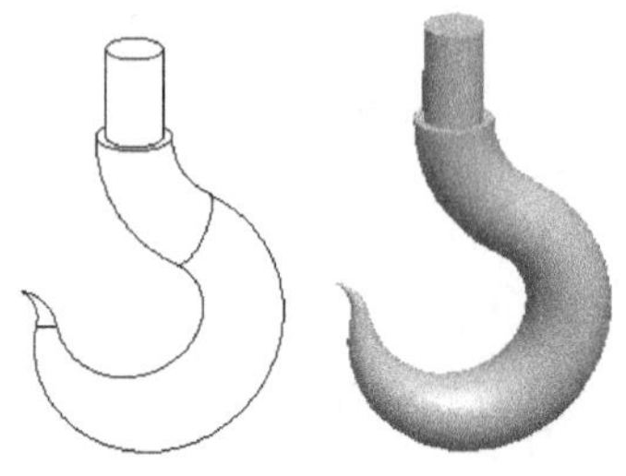

图5-52 截面拉伸结果

步骤6 拉伸切割上部圆孔

①单击拉伸按钮,打开拉伸特征操作面板。

②单击拉伸操作面板上的“去除材料”按钮。

③单击“放置”面板中的“定义”按钮,打开“草绘”对话框。

④选择FRONT基准面为草绘平面,草绘参考平面与方向按缺省值设置。

⑤单击“草绘”按钮,系统进入草绘工作环境。

⑥绘制如图5-53所示二维截面(截面为一个直径为10的圆)。单击草绘完成按钮✔,返回拉伸特征操作面板。

⑦单击“拉伸类型”下拉按钮,在弹出的菜单中选择对称拉伸按钮,并在数值编辑框中输入40,单击完成按钮✔,完成拉伸特征的创建,结果如图5-54所示。

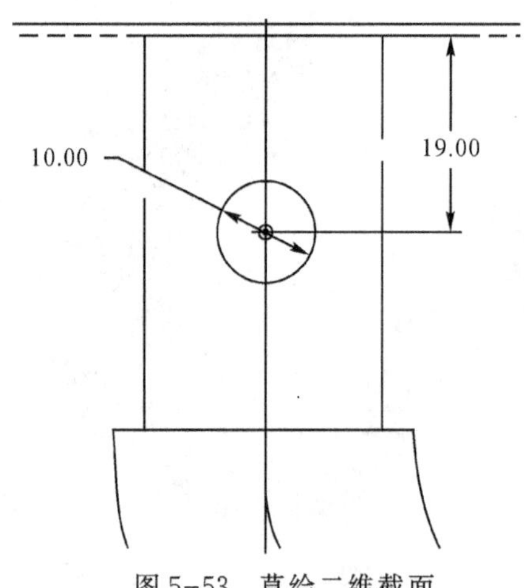

图5-53 草绘二维截面

图5-54 圆孔创建结果

步骤7 钩柄倒角

①单击倒角特征创建按钮 倒角,打开倒角特征操作面板。

②点选要倒角的边,并在倒角边长值输入框中输入2,单击“确定”按钮✔,完成倒角特征的创建,结果如图5-55所示。

图 5-55　吊钩创建结果

步骤 8　文件保存

单击菜单“文件”→“保存”命令，保存当前模型文件。

【工程案例六】方向盘的三维建模

某机械厂生产如图 5-56 所示方向盘，要求建立其三维模型。

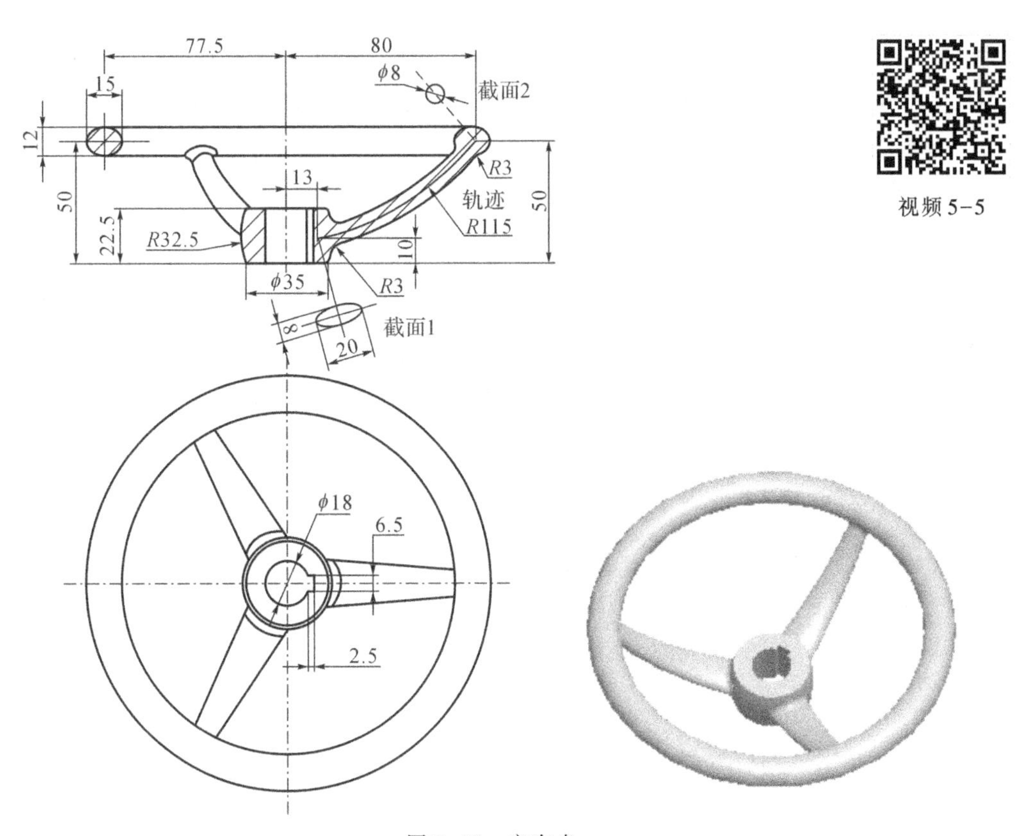

图 5-56　方向盘

学习目标

1. 熟练掌握扫描混合特征的创建方法。
2. 学会应用扫描混合特征创建方向盘的三维模型。

方向盘建模分析

本案例主要是学习如何通过扫描混合方式创建方向盘的轮辐结构，其他部分均可采用旋转或拉伸的方式来创建。方向盘的三维建模思路如表5-3所示。

表5-3　方向盘的三维建模思路

关键步骤	1. 旋转创建手柄	2. 扫描混合创建轮辐	3. 轮辐阵列	4. 拉伸切割安装孔	5. 倒圆角
图示					

操作步骤

步骤1　新建文件

单击工具栏中的新建文件按钮，在弹出的“新建”对话框中选择“零件”类型，单击“使用默认模板”复选框取消选中标志，在“名称”栏输入新建文件名“fangxiangpan”。单击“确定”按钮，打开“新文件选项”对话框。选择“mmns_part_solid”模板，按下“确定”按钮，进入三维零件绘制环境。

步骤2　旋转创建手柄

①单击旋转特征创建按钮 旋转，打开旋转特征操作面板。

②单击“放置”面板中的“定义”按钮，打开“草绘”对话框。

③选择FRONT基准面为草绘平面，参考面及方向为缺省值。单击“草绘”按钮进入草绘状态。

④绘制如图5-57所示二维截面。单击草绘完成按钮，返回旋转特征操作面板。

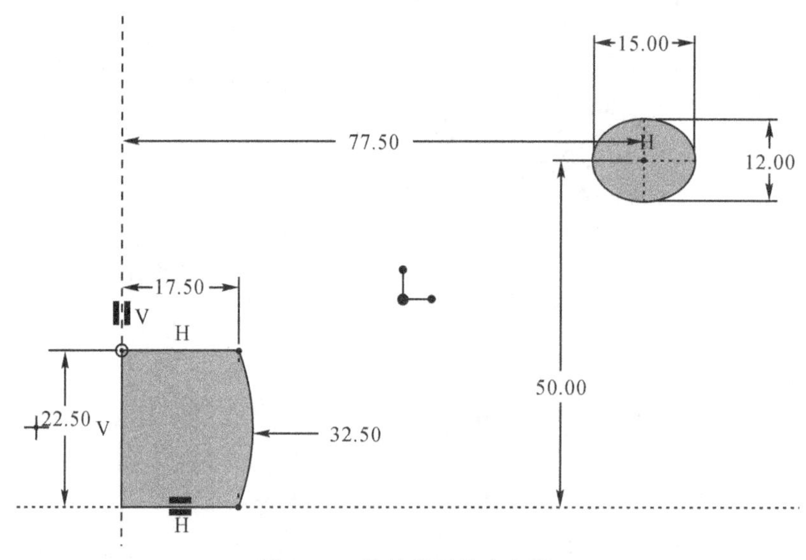

图5-57　旋转截面及中心轴

⑤单击操作面板上的按钮✔，完成旋转特征创建，如图5-58所示。

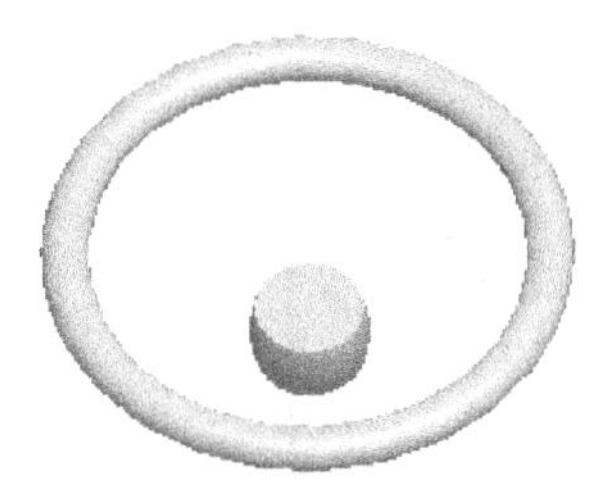

图5-58　截面旋转结果

步骤3　扫描混合创建轮辐

(1)创建扫描轨迹

①在功能区“基准”工具栏中单击“草绘”按钮，弹出“草绘”对话框，选择FRONT基准面为草绘平面，参考面及方向为缺省值。单击“草绘”按钮，系统进入草绘状态。

②绘制如图5-59所示二维草绘曲线(一半径为115的圆弧)，单击草绘完成按钮✔，退出草绘状态，结果如图5-60所示。

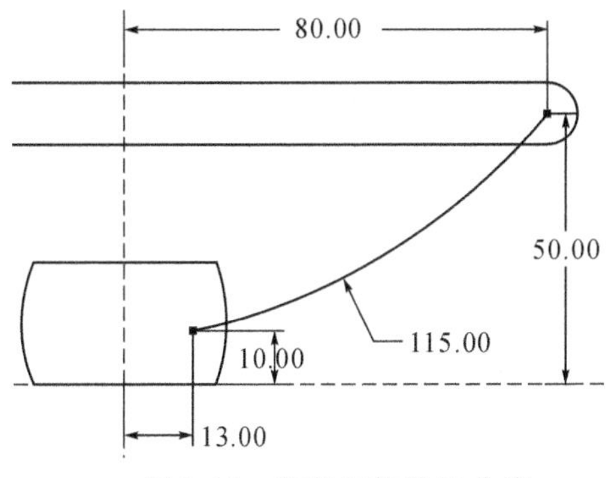

图5-59　草绘扫描轨迹曲线

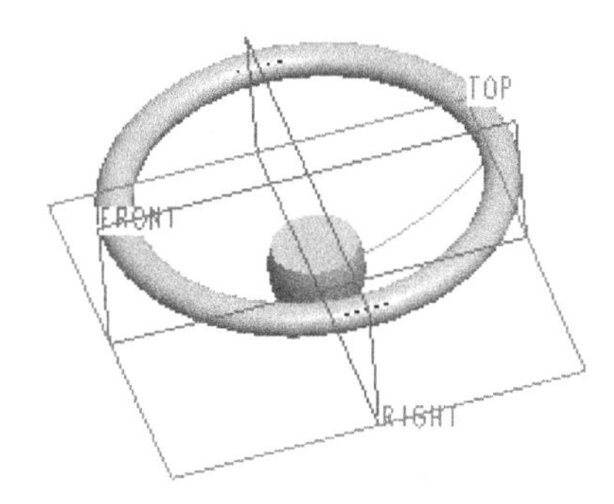

图5-60　轨迹曲线创建结果

(2)创建轮辐

①单击功能区“形状”工具栏中的“扫描混合”命令按钮扫描混合，弹出扫描混合操作面板。

②单击操作面板上的“参考”菜单项，弹出“参考”选项对话框，单击“轨迹”下方的“选择项”，然后在绘图区中选取前面创建的草绘曲线。

③单击操作面板上的“截面”菜单项，弹出“截面”选项对话框，此时截面列表中已经有一个需要定义的截面，截面位置收集器已经激活。在绘图区中单击第一个截面的放置点。在截面选项卡中单击“草绘”按钮，系统进入草绘模式，在坐标系处绘制一个椭圆，如图5-61所示。单击草绘完成按钮✔，结束第一个截面的绘制。

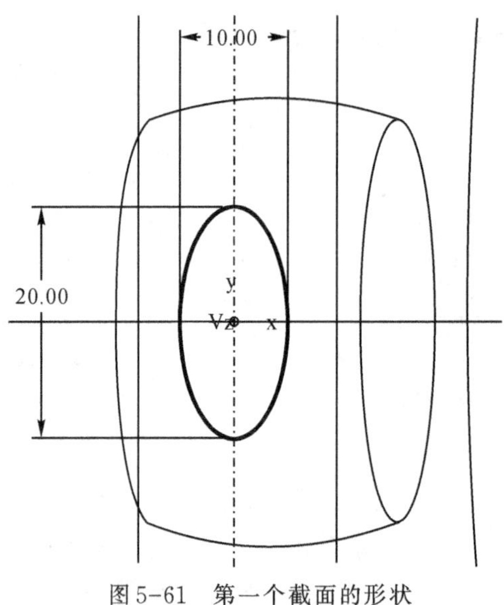

图 5-61　第一个截面的形状

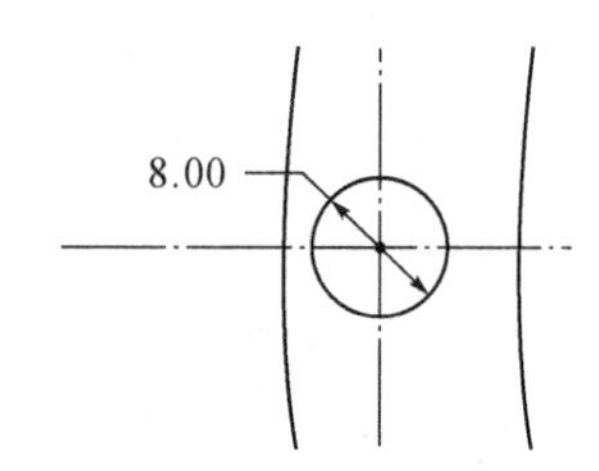

图 5-62　第二个截面的形状

④在“截面”选项卡中单击“插入”按钮，然后选取草绘曲线另一端点作为位置点，在“截面”选项卡中单击“草绘”按钮，系统进入草绘模式，在其中绘制一个ϕ8的圆(见图 5-62)。单击草绘完成按钮✔，系统返回混合特征操作面板，可在绘图区中观察到模型的预览结果。单击操作面板上的确定按钮✔，即可完成扫描混合特征的创建，如图 5-63 所示。

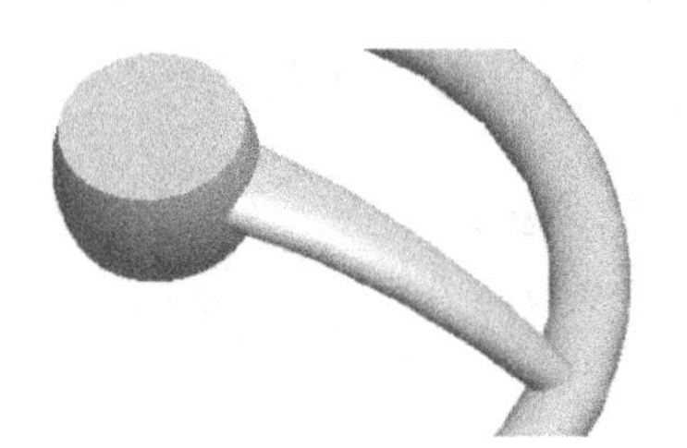

图 5-63　轮辐创建结果

步骤 4　轮辐阵列

①在特征模型树区点选上步创建的扫描混合特征，单击功能区“编辑”工具栏上的特征阵列按钮，弹出特征阵列操作面板。

②在特征阵列操作面板中将阵列类型改为“轴”，选择拉伸特征的轴心为旋转轴。在输入第一方向的阵列成员数框中输入 3，角度值输入框中输入 120，其他框中数值缺省(见图 5-64)，其预览结果如图 5-65 所示。单击特征完成按钮✔，完成扫描混合特征的阵列，结果如图 5-66 所示。

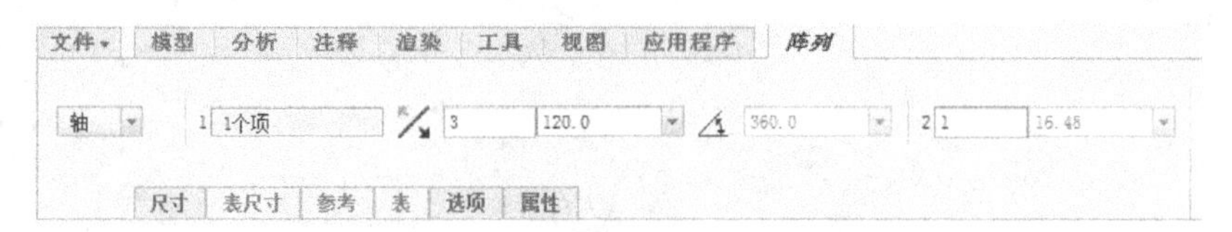

图 5-64　轴阵列特征操作面板

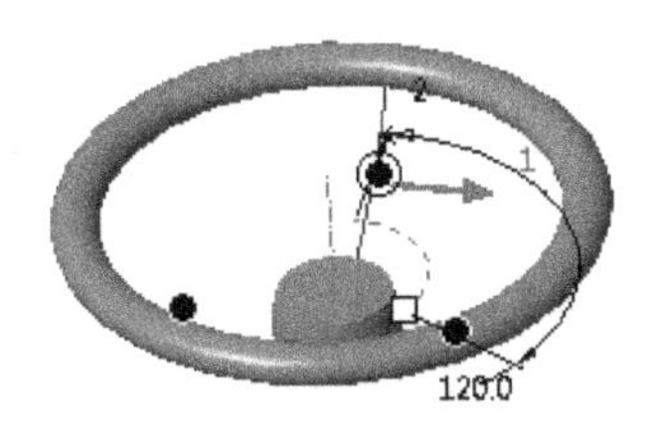

图 5-65　轮辐阵列预览结果

图 5-66　轮辐阵列创建结果

步骤5　拉伸切割安装孔

①单击拉伸按钮，打开拉伸特征操作面板。

②单击拉伸操作面板上的“去除材料”按钮。

③单击“放置”面板中的“定义”按钮，打开“草绘”对话框。

④选择中间凸台上表面为草绘平面，参考面和方向按默认值设置。单击“草绘”按钮，系统进入草绘工作环境。

⑤绘制如图 5-67 所示二维截面。单击草绘完成按钮✔，返回拉伸特征操作面板。

⑥在拉伸深度数值输入框中输入 23，单击完成按钮✔，完成拉伸特征的创建，结果如图 5-68 所示。

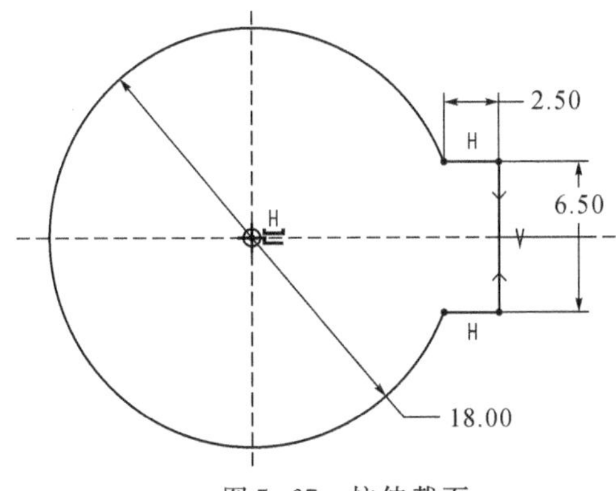

图 5-67　拉伸截面

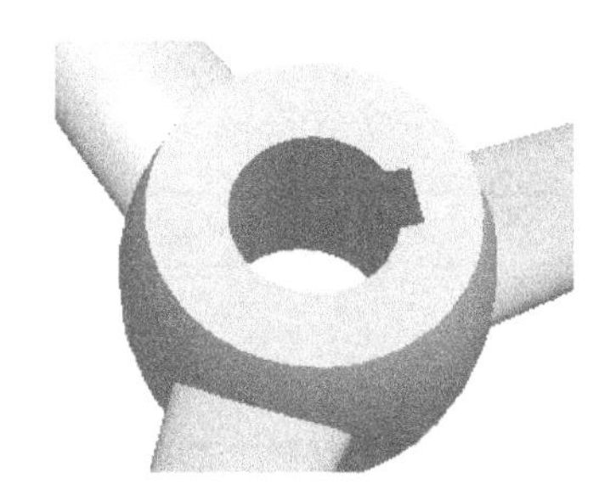

图 5-68　拉伸切割结果

步骤6　倒圆角

①单击圆角特征创建按钮 倒圆角，打开圆角特征操作面板。

②点选要倒圆角的边，并在圆角半径输入框中输入 3，单击“确定”按钮✔，完成圆角特征的创建，结果如图 5-69 所示。

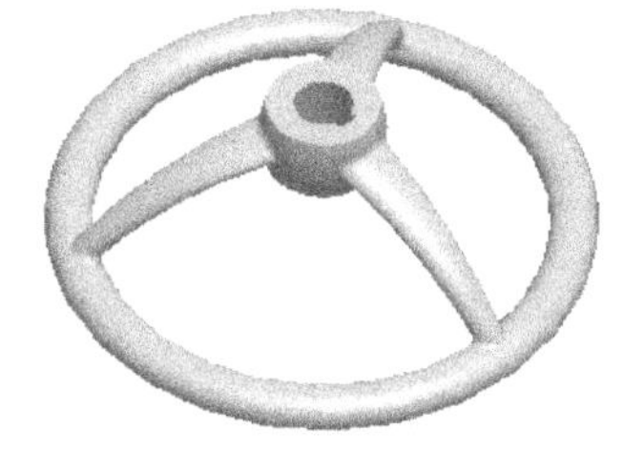

图 5-69　方向盘最终创建结果

步骤7 文件保存

单击菜单“文件”→“保存”命令，保存当前模型文件。

举一反三

某机电有限公司生产如图5-70所示门把手，要求建立其三维模型。

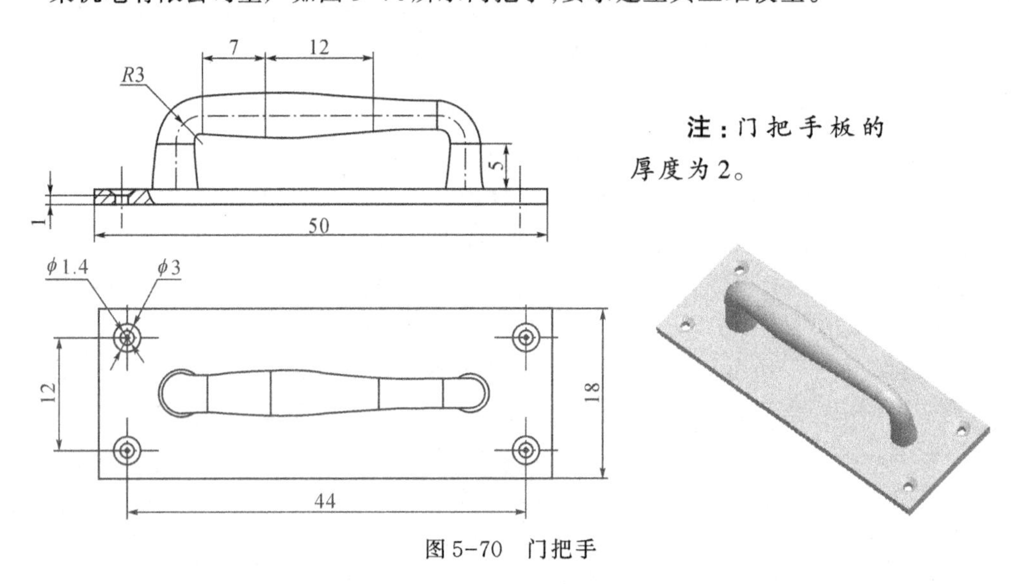

图5-70 门把手

建模思路如表5-4所示。

表5-4 门把手的三维建模思路

关键步骤	1. 拉伸创建毛坯	2. 旋转切割出孔	3. 孔特征阵列	4. 创建手把
图示				

扫描轨迹与位置说明如图5-71、图5-72所示。

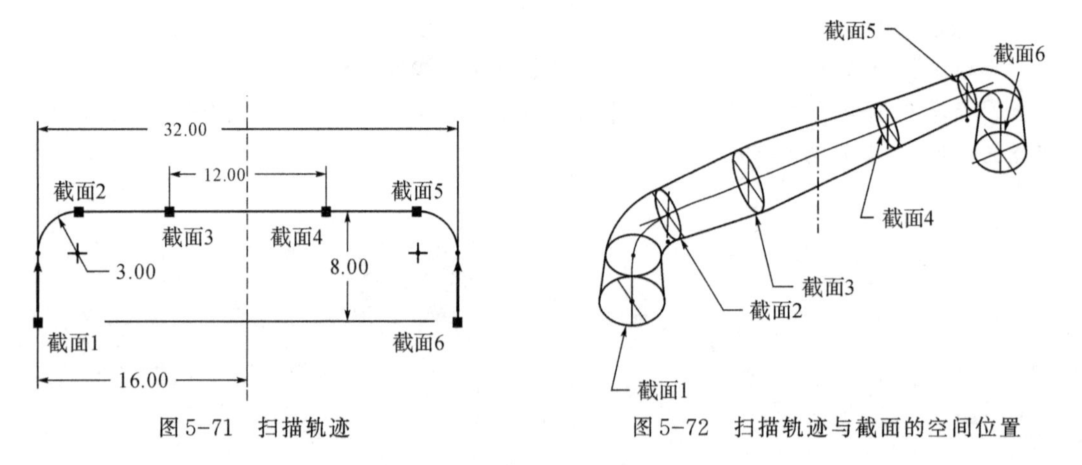

图5-71 扫描轨迹　　图5-72 扫描轨迹与截面的空间位置

其中截面1、3为ϕ5的圆，截面2、6为ϕ4的圆，截面4为ϕ3.5的圆，截面5为ϕ3的圆。

任务4　以可变剖面扫描方式创建三维零件

【工程案例七】塑料瓶的三维建模

某日用品厂生产如图5-73所示塑料瓶，要求建立其三维模型。

视频5-6

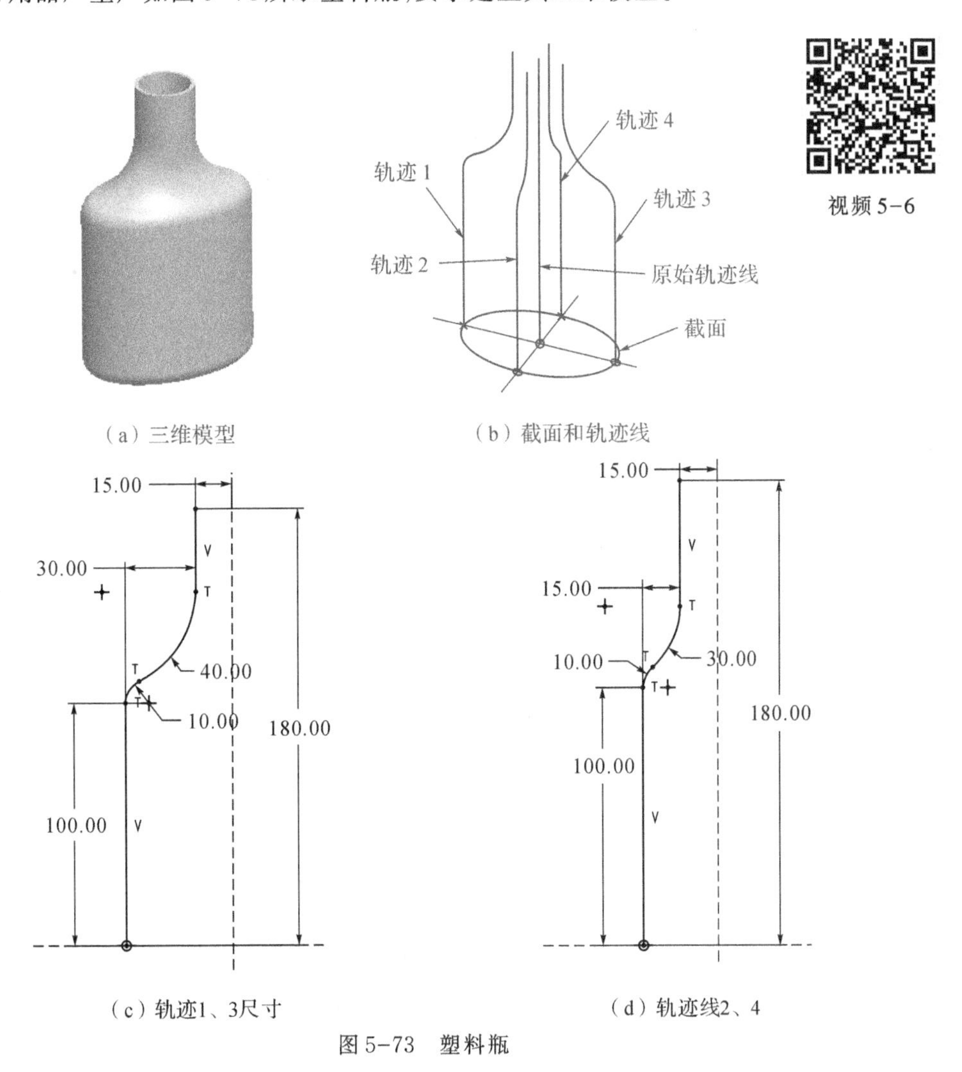

图5-73　塑料瓶

学习目标

1. 掌握可变剖面扫描特征的创建方法。
2. 学会应用可变剖面扫描特征创建零件的三维模型。

塑料瓶建模分析

塑料瓶的造型主要用于学习可变剖面扫描特征的创建,其建模思路如表5-5所示。

表5-5 塑料瓶的三维建模思路

关键步骤	1. 创建草绘曲线	2. 创建瓶体	3. 倒圆角	4. 抽壳
图示				

相关知识点

可变剖面扫描特征

可变剖面扫描特征是一个截面沿多条轨迹线扫描而成的一类特征。它是剖面方向和形状都可以变化的扫描特征。可变剖面扫描特征的创建一般要定义一条原始扫描轨迹线和若干条轨迹链,其中扫描轨迹线是截面扫掠的路径,轨迹链用于控制截面的形状。

可变剖面扫描特征中的多条轨迹线有不同的含义。在创建过程中选取的第一条轨迹称为原始轨迹线,是确定扫描特征方向的轨迹线;第二条轨迹线称为X轨迹线,用来确定特征截面的方向;其他轨迹称为辅助轨迹,辅助轨迹可以有多条,它们用来约束特征截面的形状,实现可控的截面。

操作步骤

步骤1 设置工作目录

单击菜单"文件"→"管理会话"→"选择工作目录"命令,将文件放置在自己建立的文件夹下。

步骤2 新建文件

单击工具栏中的新建文件按钮,在弹出的"新建"对话框中选择"零件"类型,单击"使用默认模板"复选框取消选中标志,在"名称"栏输入新建文件名"suliaoping"。单击"确定"按钮,打开"新文件选项"对话框。选择"mmns_part_solid"模板,按下"确定"按钮,进入三维零件绘制环境。

步骤3 创建扫描轨迹

(1)创建原始轨迹线

①在功能区"基准"工具栏中单击"草绘"按钮,弹出"草绘"对话框,在绘图区选取FRONT基准平面作为草绘平面,参照面及方向为缺省值。单击对话框中的"草绘"按钮,系统进入草绘设计环境。

②绘制如图5-74所示原始轨迹线(长度为180的直线),单击草绘完成按钮✔,退出草绘环境。

(2)创建轨迹线1与3

①单击“基准”工具栏中的“草绘”曲线按钮,弹出“草绘”对话框,选择FRONT基准面为草绘平面,参考面及方向为缺省值。单击“草绘”按钮,系统进入草绘状态。

②绘制如图5-75所示二维草绘曲线,单击草绘完成按钮✔,退出草绘环境。

③在特征模型树中单击刚刚创建的轨迹线1,然后单击工具栏上的镜像按钮 镜像,选择RIGHT基准平面为镜像平面后,单击镜像操作面板上的确定按钮✔,完成轨迹线镜像,结果如图5-76所示。

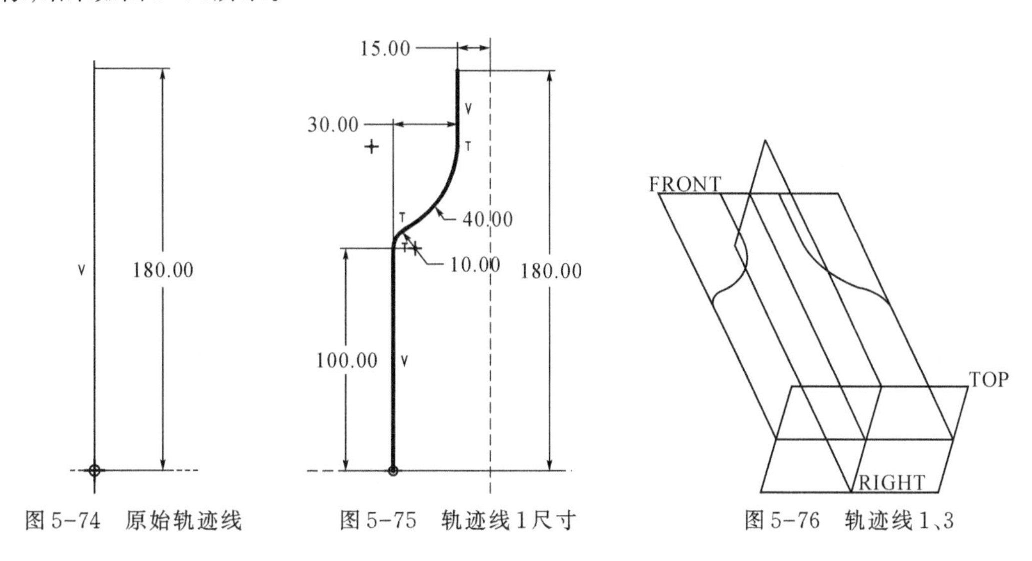

图5-74　原始轨迹线　　图5-75　轨迹线1尺寸　　图5-76　轨迹线1、3

(3)创建轨迹线2与4

①单击工具栏中的“草绘”曲线按钮,弹出“草绘”对话框,选择RIGHT基准面为草绘平面,参考面及方向为缺省值。单击“草绘”按钮,系统进入草绘状态。

②绘制如图5-77所示二维草绘曲线,单击草绘完成按钮✔,退出草绘环境。

③在模型树中单击刚刚创建的轨迹线2,然后单击工具栏上的镜像按钮 镜像,选择FRONT基准平面为镜像平面后,单击镜像操作面板上的确定按钮✔,完成轨迹线镜像,结果如图5-78所示。

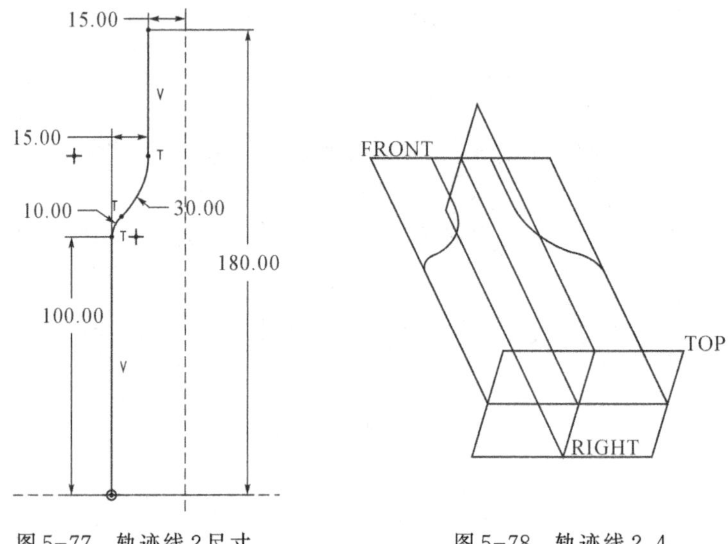

图 5-77　轨迹线 2 尺寸　　　图 5-78　轨迹线 2、4

步骤 4　变截面扫描创建瓶体

①单击“模型”标签页“形状”面板中的“扫描”按钮 扫描，打开“扫描”操作面板。

②单击操作面板上的“参考”菜单项，弹出“参考”选项卡(见图 5-79)，然后在绘图区中依次选取原始轨迹线，轨迹线 1、2、3、4 等五条草绘曲线(需要按住 Ctrl 键进行选择)，选择结果如图 5-80 所示。

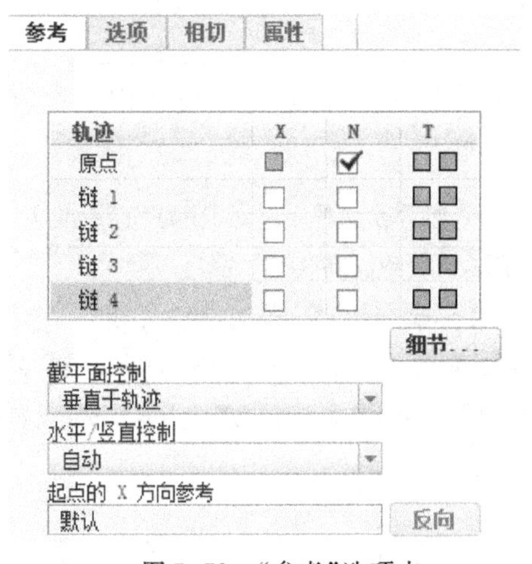

图 5-79　“参考”选项卡

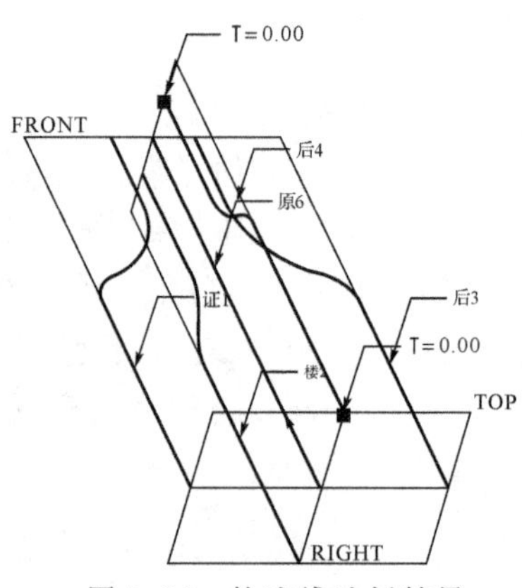

图 5-80　轨迹线选择结果

③关闭“参考”选项卡，点选操作面板上的草绘截面按钮 ，进入二维截面草绘环境，在其中绘制如图 5-81 所示椭圆。注意这里需要添加“重合”约束按钮 ，保证椭圆的长短轴位于轨迹线的投影点上，否则无法生成预定的形状。当出现如图 5-82 所示预览形状时，单击操作面板上的确定按钮 ，完成变截面扫描特征的创建，结果如图 5-83 所示。

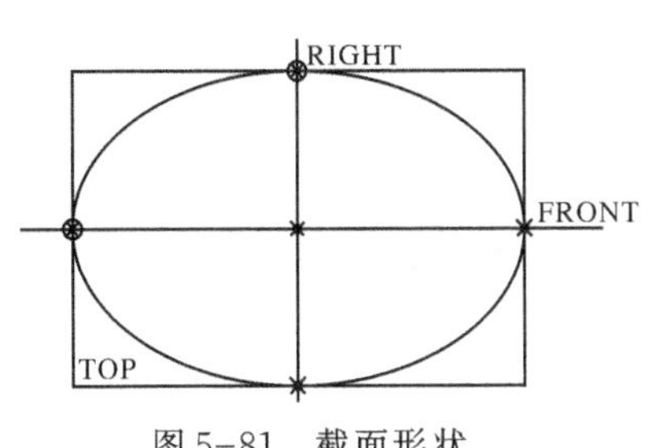

图 5-81　截面形状

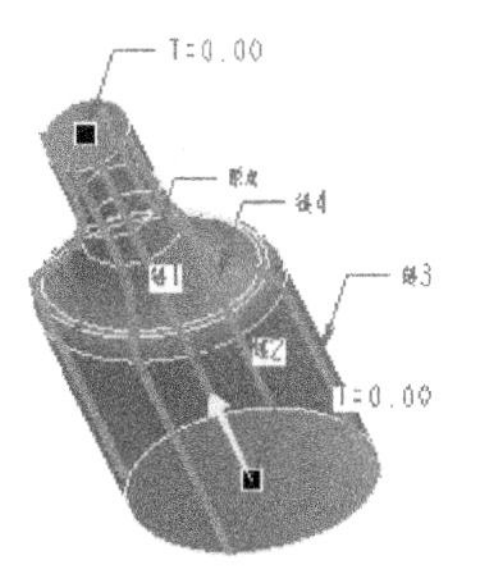

图 5-82　特征创建预览

图 5-83　特征创建结果

步骤 5　瓶底倒圆角

①单击圆角特征创建按钮 倒圆角，打开圆角特征操作面板。

②点选要倒圆角的边，并在圆角半径输入框中输入 10，单击"确定"按钮✔，完成圆角特征的创建。结果如图 5-84 所示。

步骤 6　抽壳

单击"工程"工具栏上的"壳"工具图标 壳，弹出壳操作面板。将厚度值改为 2。然后单击瓶口上表面，单击操作面板上的确定按钮✔，抽壳即完成，结果如图 5-85 所示。

图 5-84　瓶底倒圆角结果

图 5-85　抽壳结果

步骤 7　隐藏草绘曲线

在特征模型树中按住 Ctrl 键点选各草绘轨迹线，然后单击鼠标右键，在弹出的快捷菜单中选择"隐藏"项即可，结果如图 5-86 所示。

步骤 8　瓶口倒圆角

①单击圆角特征创建按钮 倒圆角，打开圆角特征操作面板。

②点选要倒圆角的边(瓶口的两条边)，并在圆角半径输入框中输入 1，单击"确定"按钮✔，完成圆角特征的创建。结果如图 5-87 所示。

图 5-86　隐藏草绘轨迹线

图 5-87　瓶口倒圆角结果

步骤9 文件保存

单击菜单“文件”→“保存”命令,保存当前模型文件。

任务5 以环形折弯方式创建三维零件

【工程案例八】汽车轮胎的三维建模

视频5-7

某橡胶厂生产如图5-88所示轮胎,要求建立其三维模型。

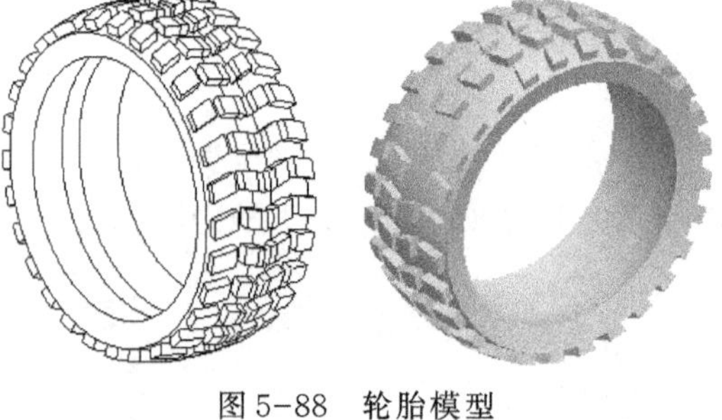

图5-88 轮胎模型

学习目标

1. 掌握环形折弯特征的创建方法。
2. 学会应用环形折弯特征创建零件的三维模型。

轮胎建模分析

轮胎造型主要用于学习环形折弯特征的创建,其建模思路如表5-6所示。

表5-6 轮胎的三维建模思路

关键步骤	1. 拉伸创建基础零件	2. 拉伸切割基础零件
图示		
关键步骤	3. 阵列切割特征	4. 拉伸切割
图示		
关键步骤	5. 环形折弯	6. 零件镜像
图示		

相关知识点

环形折弯特征

环形折弯特征的用途是系统根据用户所指定的折弯径向剖面，自动将实体、曲面或曲线折弯成环形物。

操作过程

步骤1　设置工作目录

单击菜单“文件”→“管理会话”→“选择工作目录”命令，将文件放置在自己建立的文件夹下。

步骤2　新建文件

单击工具栏中的新建文件按钮，在弹出的“新建”对话框中选择“零件”类型，单击“使用默认模板”复选框取消选中标志，在“名称”栏输入新建文件名“Luntai”。单击“确定”按钮，打开“新文件选项”对话框。选择“mmns_part_solid”模板，按下“确定”按钮，进入三维零件绘制环境。

步骤3　拉伸创建基础零件

①单击拉伸按钮，打开拉伸特征操作面板。

②单击“放置”面板中的“定义”按钮，打开“草绘”对话框。

③选择TOP基准面为草绘平面，草绘参考平面与方向按缺省值设置。

④单击“草绘”按钮，系统进入草绘工作环境。

⑤绘制如图5-89所示二维截面。单击草绘完成按钮✓，返回拉伸特征操作面板。

⑥在拉伸深度数值编辑框中输入10，单击完成按钮✓，完成拉伸特征的创建，结果如图5-90所示。

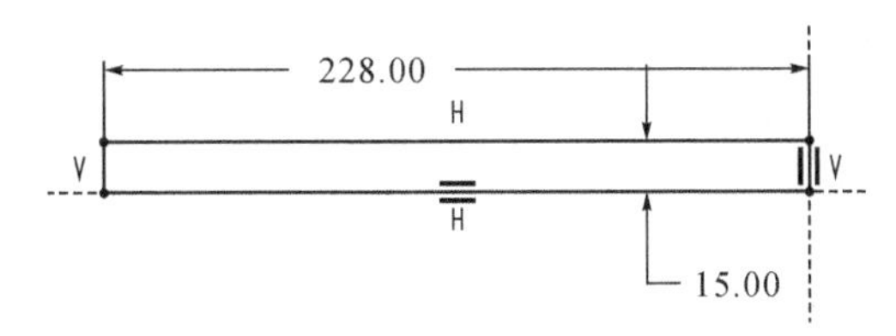

图5-89　草绘二维截面

图5-90　截面拉伸结果

步骤4　拉伸切割基础零件

①单击拉伸按钮，打开拉伸特征操作面板。

②单击拉伸操作面板上的“去除材料”按钮。

③单击“放置”面板中的“定义”按钮，打开“草绘”对话框。

④选择零件上表面为草绘平面，草绘参考平面与方向按缺省值设置。

⑤单击“草绘”按钮，系统进入草绘工作环境。

⑥绘制如图5-91所示二维截面。单击草绘完成按钮✓，返回拉伸特征操作面板。

⑦在拉伸高度数值输入框中输入3，单击完成按钮✓，完成拉伸切割特征的创建，结果如图5-92所示。

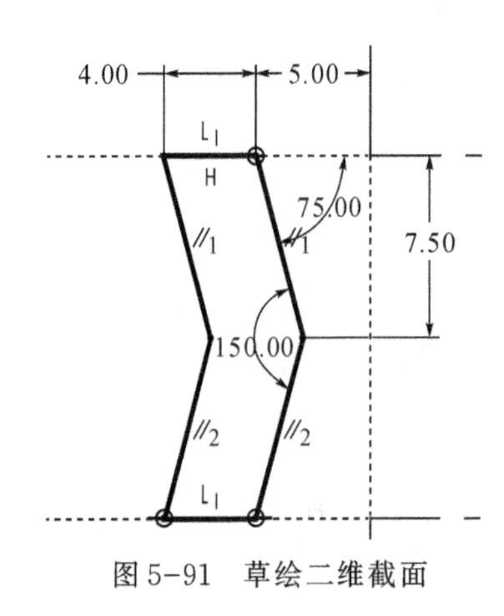

图 5-91　草绘二维截面

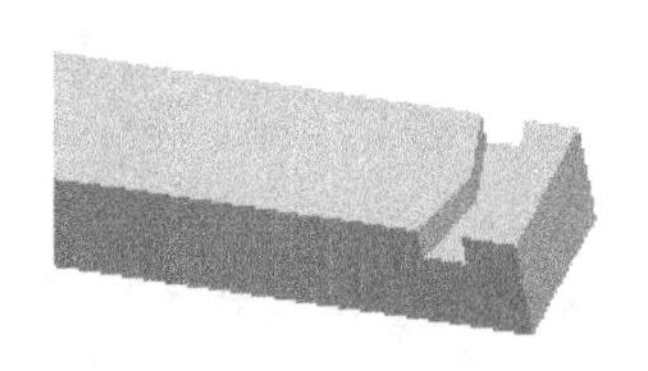
图 5-92　拉伸切割结果

步骤 5　特征阵列

①在特征模型树中点选上步创建的拉伸切割特征,单击特征阵列按钮,弹出阵列操作面板。

②接受默认的特征阵列类型“尺寸”,单击选择长度方向上的尺寸值“5.00”,弹出数值输入框,在其中输入“8”。在输入第一方向的阵列成员数框中输入 28。单击完成按钮,完成拉伸切割特征的阵列,结果如图 5-93 所示。

图 5-93　拉伸切割特征阵列结果

步骤 6　拉伸切割

①单击拉伸按钮,打开拉伸特征操作面板。

②单击拉伸操作面板上的“去除材料”按钮。

③单击“放置”面板中的“定义”按钮,打开“草绘”对话框。

④选择 RIGHT 基准面为草绘平面,草绘参考平面与方向按缺省值设置。

⑤单击“草绘”按钮,系统进入草绘工作环境。

⑥绘制如图 5-94 所示二维截面(绘制三个矩形)。单击草绘完成按钮,返回拉伸特征操作面板。

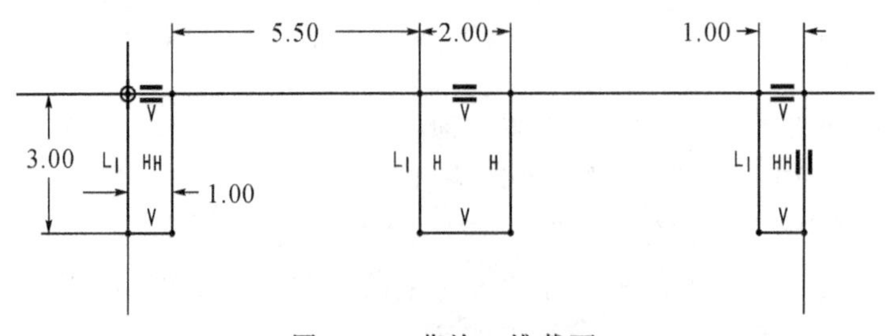

图 5-94　草绘二维截面

⑦将拉伸高度类型改为“穿透”,单击按钮,完成拉伸特征的创建,结果如图 5-95 所示。

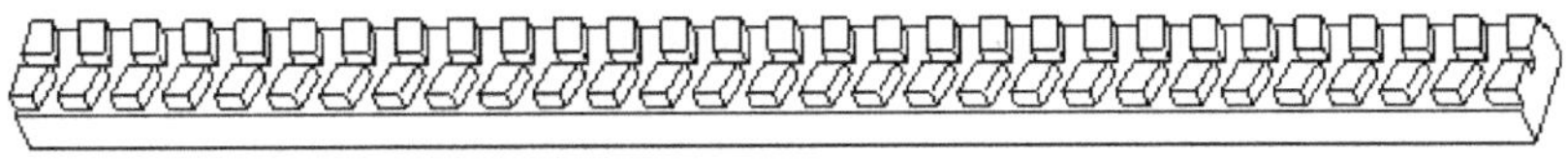

图 5-95　拉伸切割结果

步骤 7　环形折弯

①单击功能区“工程”下拉按钮中的环形折弯按钮 环形折弯，弹出环形折弯特征操作面板，如图 5-96 所示。

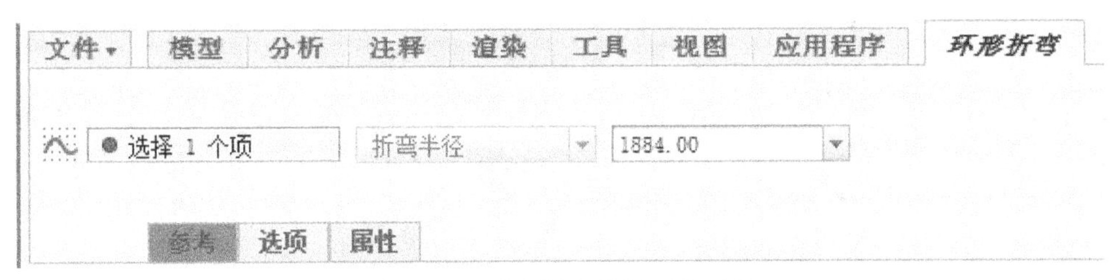

图 5-96　环形折弯特征操作面板

②单击下方的“参考”标签页，打开“参考”对话框，选中其中的“实体几何”复选框。然后单击“定义内部草绘”按钮 定...，弹出“草绘”对话框，选择主体拉伸特征的左端面作为草绘平面，参考面和方向按默认值设置。单击“草绘”按钮，系统进入草绘工作环境。

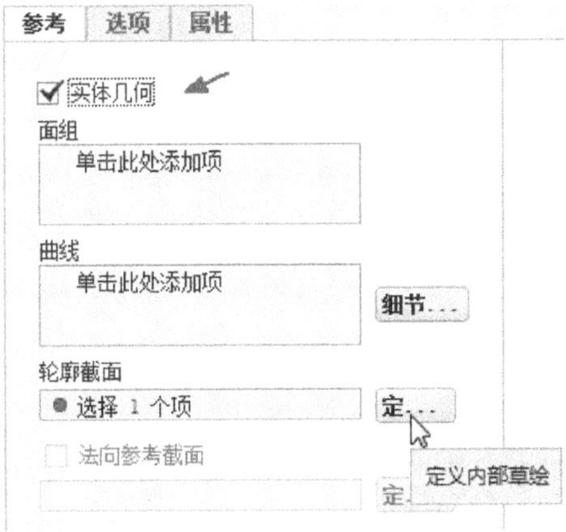

图 5-97　“参考”对话框

③绘制如图 5-98 所示的截面（截面由一条圆弧和一段与圆弧相切的直线组成）和坐标系（注意需要单击的是在基准工具栏上坐标系按钮，而不是在草绘工具栏上的坐标系）。绘制完成后单击草绘工具栏中的草绘完成按钮 ✔，退出草绘模式。系统返回环形折弯特征操作面板。在操作面板中单击“折弯半径”后面的下拉按钮 折弯半径，将折弯类型改为“360 度折弯”选项 360 度折弯，然后在绘图区选择实体的两个端面，并单击特征完成按钮 ✔，生成如图 5-99 所示特征。

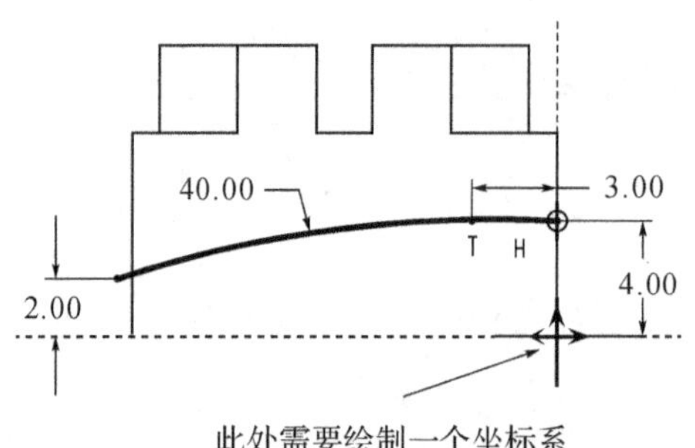

图 5-98　草绘截面和坐标系

(注:截面必须是相切连续的曲线;截面曲线的起点必须超出要折弯的实体或曲面,否则不能折弯。)

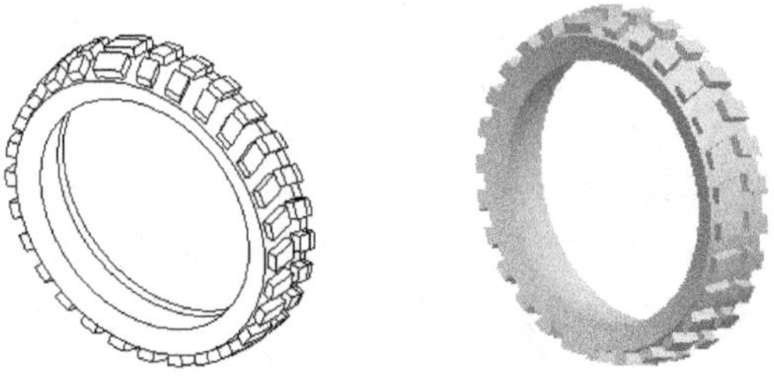

图 5-99　折弯特征创建结果

步骤 8　零件镜像

在特征模型树窗口中单击“LUNTAI.PAT”(图 5-100),单击工具栏中的镜像按钮 镜像,系统弹出镜像操作面板,并提示选择镜像平面。选择 FRONT 基准面为镜像平面后,单击操作面板上的完成按钮✔,完成零件镜像,结果如图 5-101 所示。

图 5-100　特征模型树　　　　图 5-101　零件镜像结果

步骤 9　文件保存

单击菜单“文件”→“保存”命令,保存当前模型文件。

任务6　以骨架折弯方式创建三维零件

【工程案例九】风车的三维建模

某玩具厂生产如图5-102所示风车,要求建立其三维模型。

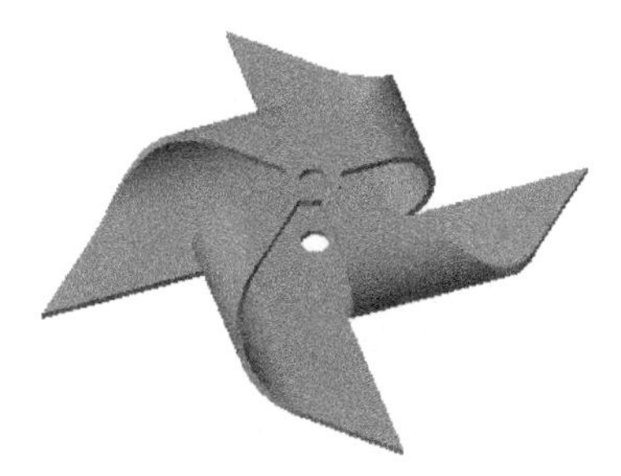

图5-102　风车模型

学习目标

1. 掌握骨架折弯特征的创建方法。
2. 学会应用骨架折弯特征创建零件的三维模型。

轮胎建模分析

风车造型主要用于学习骨架折弯特征的创建,其建模思路如表5-7所示。

表5-7　风车的三维建模思路

关键步骤	1. 拉伸创建基础零件	2. 草绘骨架曲线
图示		
关键步骤	3. 骨架折弯	4. 特征阵列
图示		

相关知识点

骨架折弯特征

骨架折弯特征以具有一定形状的曲线作为参照,将创建的实体或曲面沿曲线弯曲而得到需要的三维模型。骨架折弯特征主要用于各种钣金件设计。

操作过程

步骤1 设置工作目录

单击菜单“文件”→“管理会话”→“选择工作目录”命令,将文件放置在自己建立的文件夹下。

步骤2 新建文件

单击工具栏中的新建文件按钮,在弹出的“新建”对话框中选择“零件”类型,单击“使用默认模板”复选框取消选中标志,在“名称”栏输入新建文件名“Fengche”。单击“确定”按钮,打开“新文件选项”对话框。选择“mmns_part_solid”模板,按下“确定”按钮,进入三维零件绘制环境。

步骤3 拉伸创建基础零件

①单击拉伸按钮,打开拉伸特征操作面板。

②单击“放置”面板中的“定义”按钮,打开“草绘”对话框。

③选择TOP基准面为草绘平面,草绘参考平面与方向按缺省值设置。

④单击“草绘”按钮,系统进入草绘工作环境。

⑤绘制如图5-103所示二维截面。单击草绘完成按钮,返回拉伸特征操作面板。

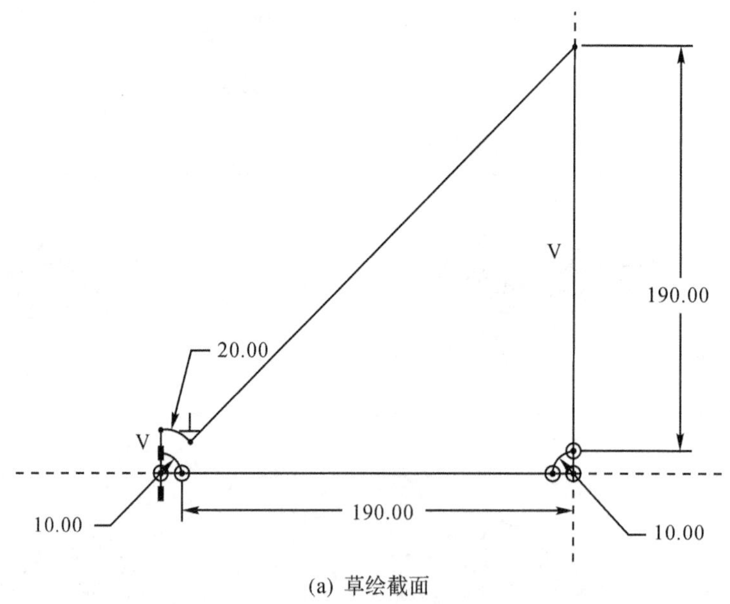

(a) 草绘截面

图5-103 草绘二维截面(一)

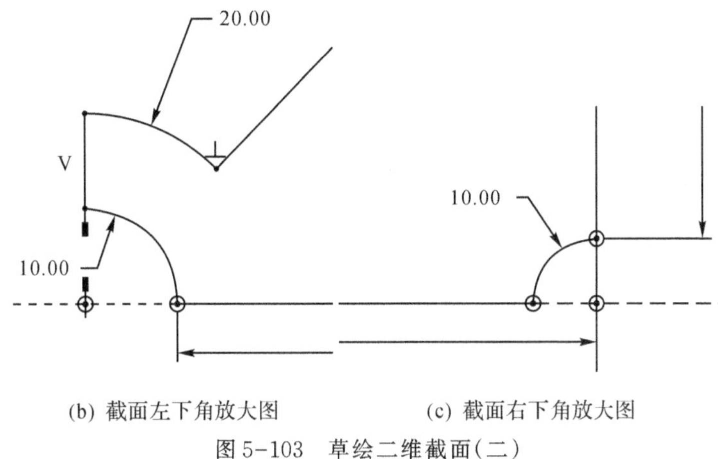

(b) 截面左下角放大图　　　　(c) 截面右下角放大图

图 5-103　草绘二维截面(二)

⑥在拉伸深度数值编辑框中输入 5,单击完成按钮✔,完成拉伸特征的创建,结果如图 5-104 所示。

图 5-104　截面拉伸结果

步骤 4　草绘创建骨架折弯曲线

①在功能区"基准"工具栏中单击"草绘"按钮,弹出"草绘"对话框,在绘图区选取 FRONT 基准平面作为草绘平面,单击对话框中的"草绘"按钮,系统进入草绘设计环境。

②绘制如图 5-105 所示曲线(为一 U 形曲线)。单击草绘完成按钮✔,退出草绘环境。

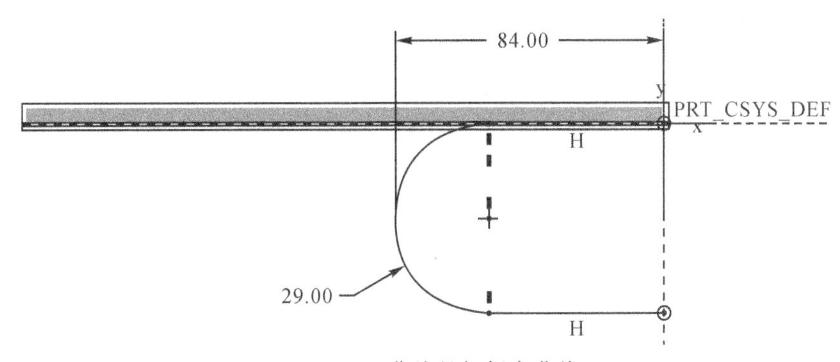

图 5-105　草绘骨架折弯曲线

步骤 5　骨架折弯

①单击功能区"工程"下拉按钮中的骨架折弯按钮 骨架折弯,弹出骨架折弯特征操作面板,如图 5-106 所示。

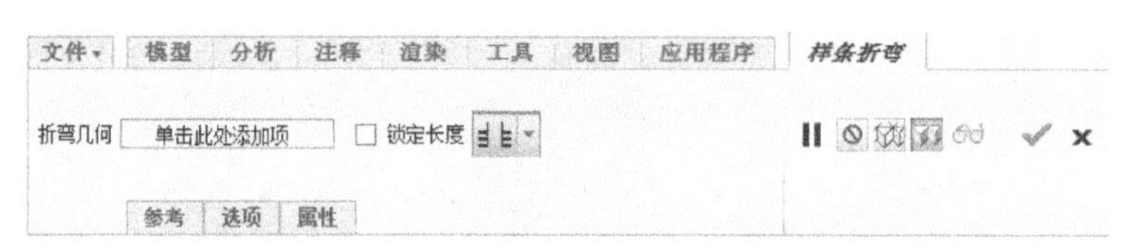

图 5-106　骨架折弯特征操作面板

②单击下方的“参考”标签页，打开“参考”对话框(见图 5-107)，单击其中的“骨架”下方的“选择项”。然后在绘图区选择折弯曲线，如图 5-108 所示。

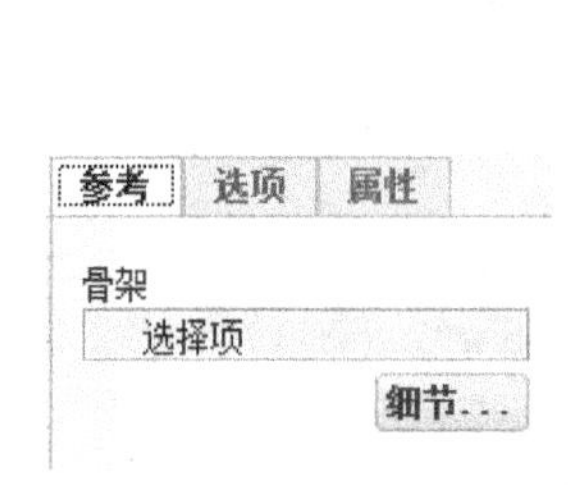

图 5-107　“参考”对话框

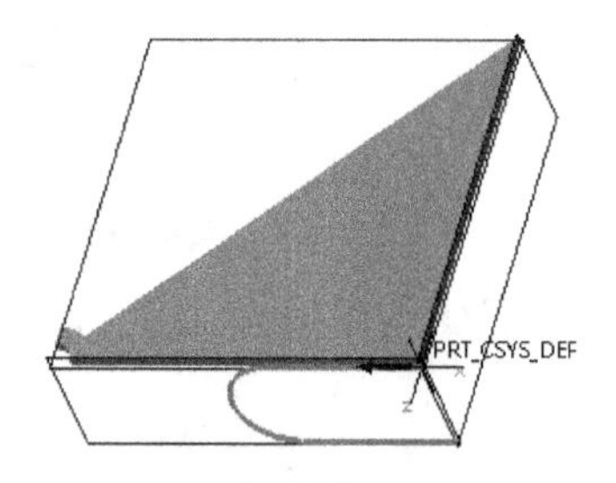

图 5-108　折弯曲线选择结果

③单击骨架折弯特征操作面板“折弯几何”后面的“单击此处添加项”，然后在绘图区单击整个拉伸零件，系统进入零件折弯预览模式。单击特征操作完成按钮✓，结束骨架折弯特征创建，结果如图 5-109 所示。

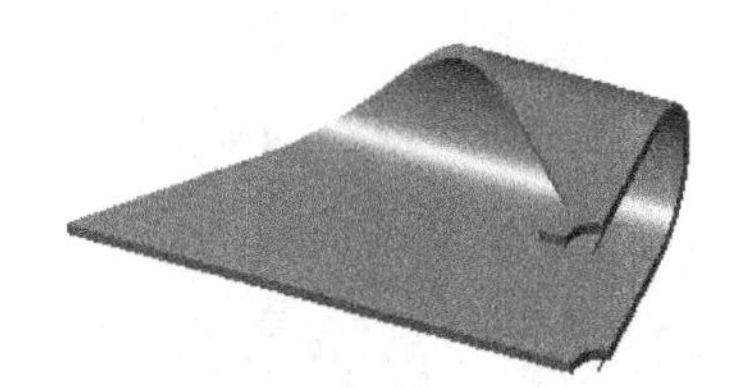

图 5-109　骨架折弯特征创建结果

步骤 6　骨架折弯特征几何阵列

①在特征模型树中点选上步创建的骨架折弯特征，单击特征阵列按钮下方的下拉按钮，选择几何阵列按钮 几何阵列，弹出几何特征阵列操作面板。

②单击操作面板上“尺寸”后面的下拉按钮 尺寸，将阵列类型改为“轴”，然后选择基准坐标系的 Y 轴为旋转轴(或者自己创建一个旋转基准轴)。在输入第一方向的阵列成员数框中输入 4，角度值输入框中输入 90，其他框中数值按默认值设置，如图 5-110 所示。单击完成按钮✓，完成骨架折弯特征的阵列，结果如图 5-111 所示。

(**注**：由于风车是四个折弯实体组合而成的，因此需要选择“几何阵列”选项进行特征阵列。)

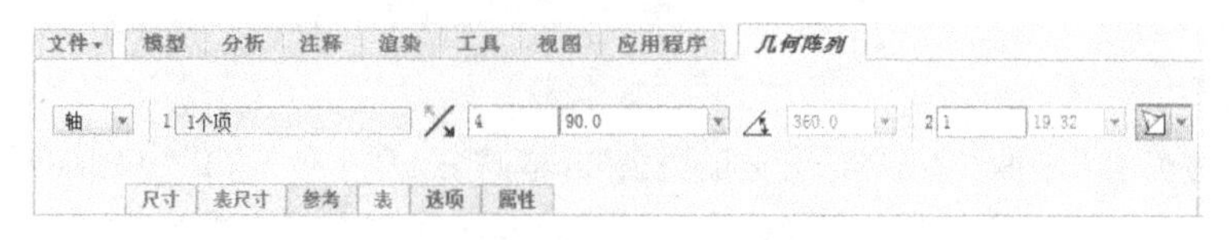

图 5-110　几何阵列特征操作面板

图5-111　风车创建结果

任务7　以曲面建模方式创建三维零件

【工程案例十】水槽的三维建模

某厨房用具厂生产如图5-112所示水槽，要求建立其三维模型。

视频5-8

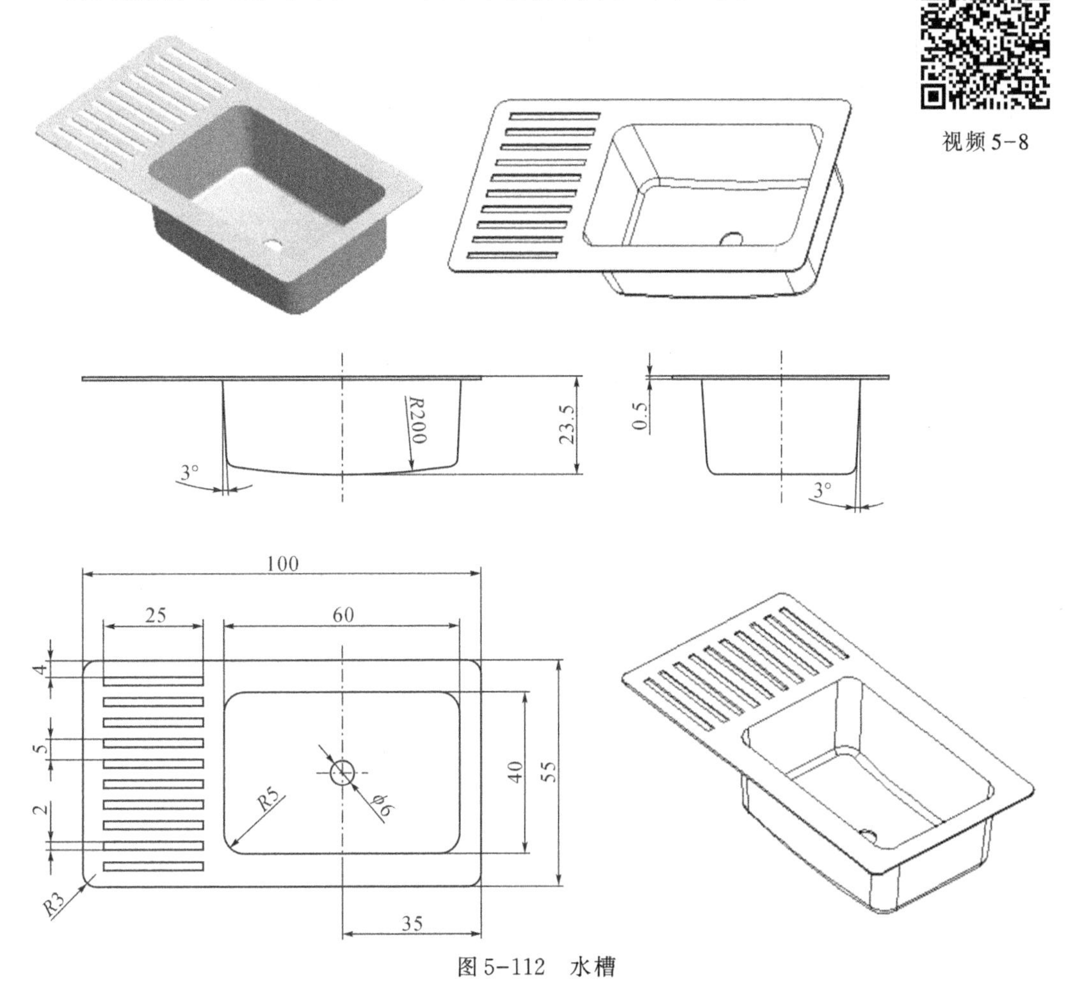

图5-112　水槽

学习目标

1. 学会运用拉伸曲面、填充曲面、曲面拔模、曲面倒圆角、曲面加厚等基本曲面创建与编辑方法创建三维零件模型。

2. 能够运用曲面建模技术建造较复杂的三维零件模型。

建模分析

水槽的造型主要包括水槽面板和水池两部分。水槽面板上要创建10个落水槽,可以采用阵列的方式来完成。水池部分开口上大下小,需要进行拔模,而且需要倒圆角,盆底需要创建出水孔等。由于水槽厚度较薄,宜采用创建曲面的方法来造型。具体建模思路如表5-8所示。

表5-8 水槽的三维建模思路

关键步骤	1.创建拉伸曲面	2.拉伸创建底面	3.侧壁拔模	4.曲面合并
图示				
关键步骤	5.创建上表面	6.曲面合并	7.切槽	8.槽阵列
图示				
关键步骤	9.切孔	10.倒圆角		
图示				

相关知识点

在三维造型设计过程中,曲面设计非常重要,主要用于一些具有复杂形状物体的建模,如手机外壳、鼠标外壳以及汽车、飞机、轮船、航天器等的外观设计。在Creo软件中,创建曲面特征的方法与创建实体特征的方法大致相同,但曲面造型比实体造型更加灵活,可操作性更强。

1. 基础曲面特征

Creo软件中提供了一些基础曲面的创建,如拉伸曲面、旋转曲面、扫描曲面、混合曲面、螺旋扫描曲面、扫描混合曲面、可变剖面扫描曲面等,这些曲面的创建与其相关的实体造型方法一样。

2. 特殊曲面特征

除了提供基础曲面特征外,Creo软件中还提供了一些其他曲面创建方法,如曲面填充、边界混合等。

3. 基本的曲面编辑方法

当用户创建了一些基本曲面后，所得到的曲面可能不一定满足用户要求，这时就需要对曲面进行编辑修改。Creo软件提供了多种曲面编辑方法，如曲面偏移、拔模、镜像、复制、修剪、合并、延伸、倒角、倒圆角、加厚、实体化等。

操作过程

步骤1　设置工作目录

单击菜单“文件”→“管理会话”→“选择工作目录”命令，将文件放置在自己建立的文件夹下。

步骤2　新建文件

单击工具栏中的新建文件按钮，在弹出的“新建”对话框中选择“零件”类型，单击“使用默认模板”复选框取消选中标志，在“名称”栏输入新建文件名“Xicaipen”。单击“确定”按钮，打开“新文件选项”对话框。选择“mmns_part_solid”模板，按下“确定”按钮，进入三维零件绘制环境。

步骤3　拉伸曲面创建水池壁

①单击拉伸按钮，打开拉伸特征操作面板。系统默认的创建方式是创建实体，单击操作面板上的创建曲面按钮。

②单击“放置”面板中的“定义”按钮，打开“草绘”对话框。

③选择TOP基准面为草绘平面，参考面和方向按缺省值设置。单击“草绘”按钮，系统进入草绘工作环境。

④绘制如图5-113所示二维截面。单击草绘完成按钮，返回拉伸特征操作面板。

⑤在拉伸深度数值输入框中输入30，单击拉伸方向切换按钮，改变曲面拉伸的方向，使其朝下(这样做的目的是方便后续拔模步骤不用创建辅助平面)，然后单击特征完成按钮，完成拉伸特征的创建，结果如图5-114所示。

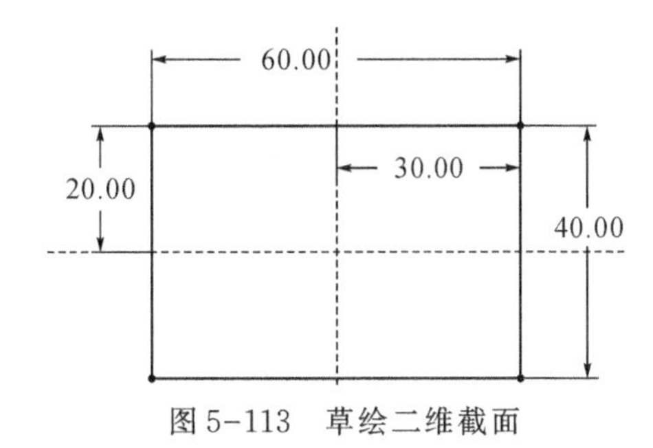

图5-113　草绘二维截面

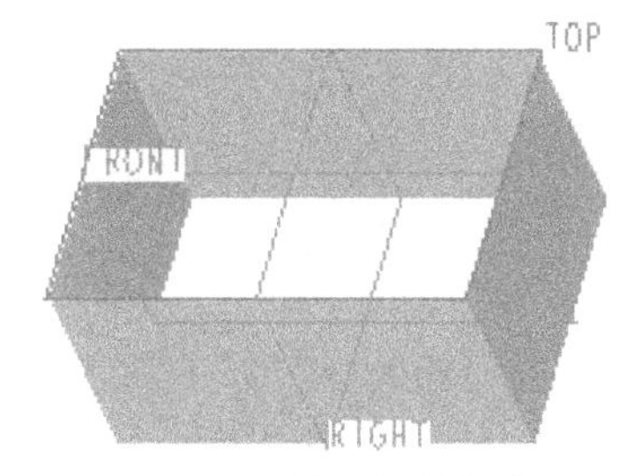

图5-114　截面拉伸结果

步骤4　拉伸曲面创建水池底

①单击拉伸按钮，打开拉伸特征操作面板。系统默认的创建方式是创建实体，单击操作面板上的创建曲面按钮。

②单击“放置”面板中的“定义”按钮，打开“草绘”对话框。

③选择FRONT基准面为草绘平面，参考面和方向按缺省值设置。单击“草绘”按钮，系统进入草绘工作环境。

④绘制如图5-115所示二维截面(一半径为200的圆弧)。单击草绘完成按钮✔,返回拉伸特征操作面板。

⑤在拉伸深度数值输入框中输入50,将拉伸方式改为对称拉伸⊟,然后单击按钮✔,完成拉伸特征的创建,结果如图5-116所示。

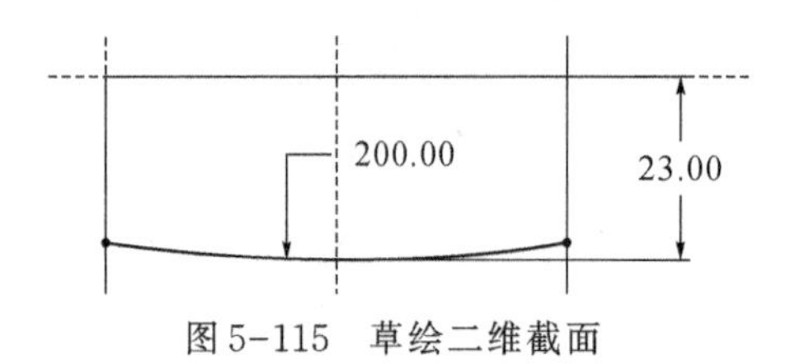

图5-115 草绘二维截面

图5-116 截面拉伸结果

步骤5 水池壁拔模

①单击功能区"工程"面板中的拔模特征按钮 拔模,打开拔模特征操作面板。

②单击操作面板下方的"参考"属性页,弹出参考对话框,单击"拔模曲面"下方的"选择项",在绘图区选取欲拔模的零件表面(按住Ctrl键可选择多个面,曲面选中状态默认颜色为绿色)。此处为拉伸特征的四周四个面。

③单击参考对话框中的"拔模枢轴"下方的"单击此处添加项",然后选取TOP基准平面为拔模枢轴。

④在操作面板中的拔模角度输入框中输入3。如果拔模方向不对,可单击角度后面的箭头按钮改变拔模方向。单击按钮✔,完成拔模特征的创建,结果如图5-117所示。

步骤6 曲面合并创建水池

①按住Ctrl键,选取欲合并的水池壁面和底面。(**注**:选中状态为图5—118所示,两个面均改变为绿色。)

图5-117 水池壁拔模结果

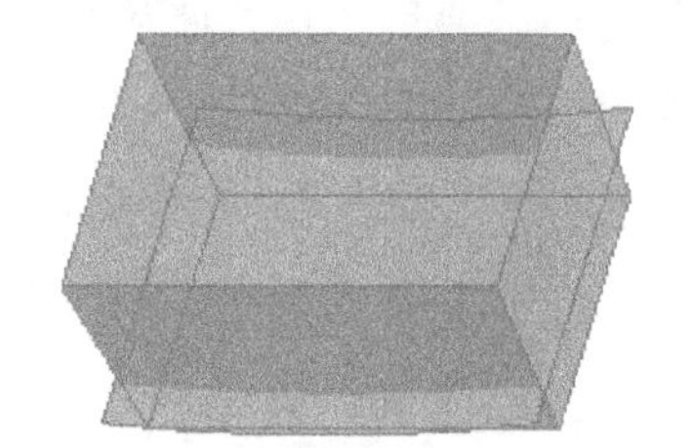
图5-118 曲面选择

②单击功能区"编辑"工具栏中的"合并"按钮合并(**注**:只有当上述步骤中的两个面均选中的状态下,合并按钮才起作用),弹出"合并"操作面板,接受如图5-119所示的曲面合并方向,单击按钮✔,完成曲面的合并,结果如图5-120所示。

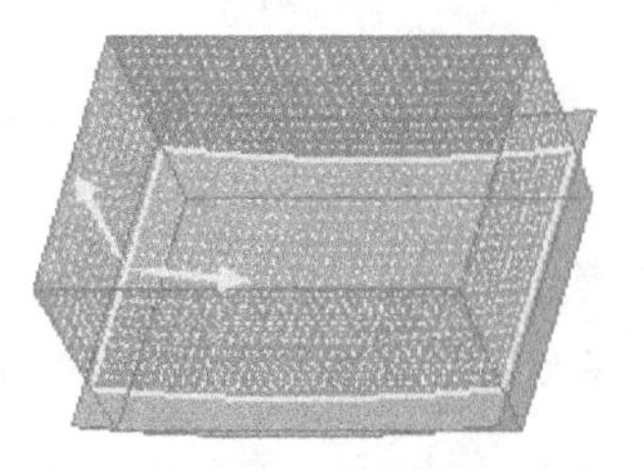
图5-119 曲面合并方向选择

图5-120 曲面合并结果

步骤7　曲面填充创建水槽面板

①单击功能区“曲面”工具栏中的“填充”按钮填充，弹出“填充”操作面板(见图5-121)。

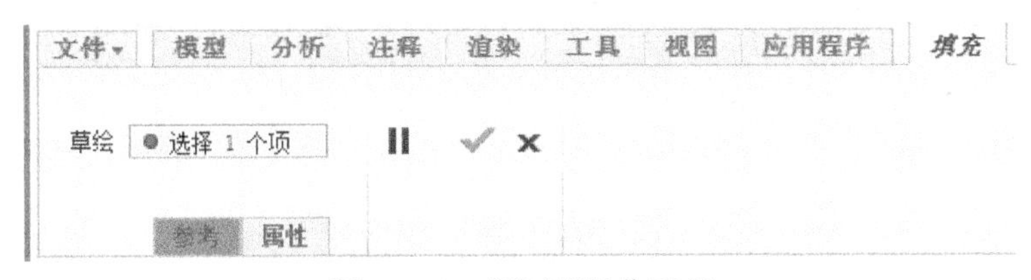

图5-121　“填充”操作面板

②单击操作面板下方的“参考”选项，弹出“参考”对话框，在其中单击“定义…”按钮，打开“草绘”对话框。

③选择TOP基准面为草绘平面，参考面和方向按默认值设置。单击“草绘”按钮，系统进入草绘工作环境。

④绘制如图5-122所示二维截面。单击草绘完成按钮，返回填充特征操作面板。

⑤单击特征完成按钮，完成曲面填充特征的创建，结果如图5-123所示。

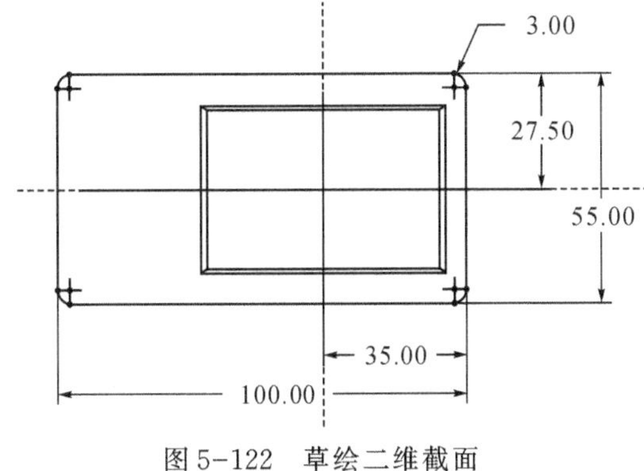

图5-122　草绘二维截面

图5-123　填充曲面创建结果

步骤8　水槽面板与水池部分曲面合并

①按住Ctrl键，选取欲合并的填充曲面和水池合并面。

②单击功能区“编辑”工具栏中的“合并”按钮合并(注：只有当上述步骤中的两个面均选中的状态下，合并按钮才起作用)，弹出“合并”操作面板。单击操作面板上的曲面合并方向按钮，使曲面合并方向如图5-124所示，然后单击按钮，完成曲面的合并，结果如图5-125所示。

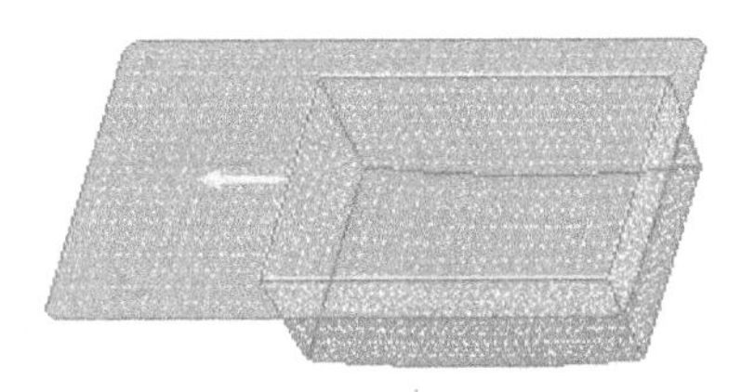

图5-124　曲面合并方向选择

图5-125　曲面合并结果

步骤9 拉伸切割水槽面板

①单击拉伸按钮，打开拉伸特征操作面板。系统默认的创建方式是创建实体，单击操作面板上的创建曲面按钮。

②单击拉伸操作面板上的“去除材料”按钮。此时特征操作面板发生了改变，增加了“面组”选项，如图5-127所示。单击面组后面的“选择1个…”，然后在绘图区选择上面通过填充方式创建的曲面。

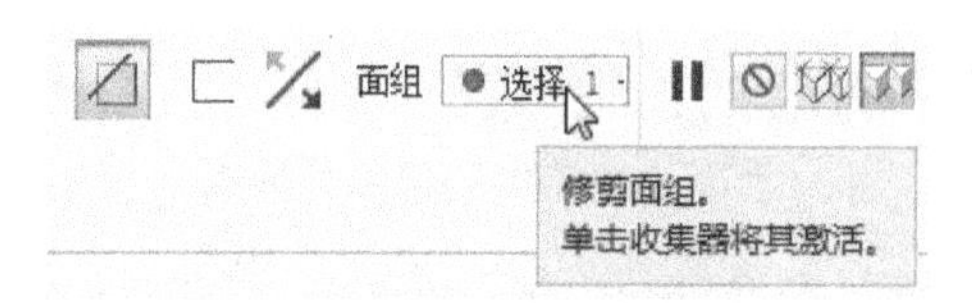

图5-126 曲面拉伸特征操作面板改变情况

③单击“放置”面板中的“定义”按钮，打开“草绘”对话框。

④选择TOP基准面为草绘平面，草绘参考平面与方向按默认值设置。单击“草绘”按钮，系统进入草绘工作环境。

⑤绘制如图5-127所示二维截面。单击草绘完成按钮，返回拉伸特征操作面板。

⑥单击“拉伸类型”下拉按钮，在弹出的选项中选择挖空按钮，单击完成按钮，完成拉伸特征的创建，结果如图5-128所示。

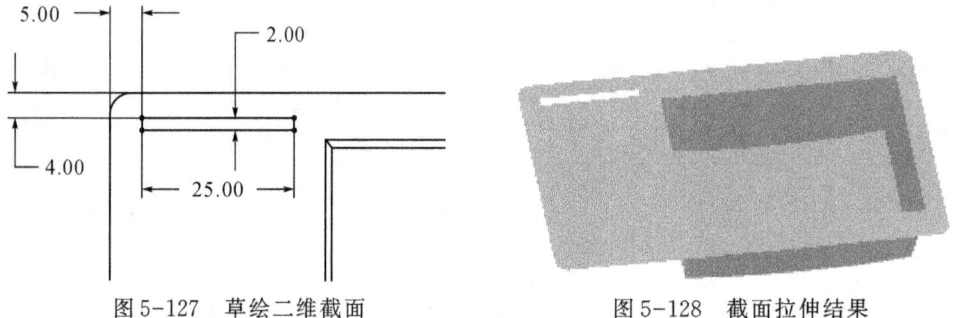

图5-127 草绘二维截面　　图5-128 截面拉伸结果

步骤10 拉伸切割特征阵列

①在特征模型树中点选上步创建的拉伸切割特征，单击特征阵列按钮，弹出特征阵列操作面板。

②单击操作面板上“尺寸”后面的下拉按钮，将阵列类型改为“方向”，此时特征阵列操作面板发生了改变，如图5-129所示。

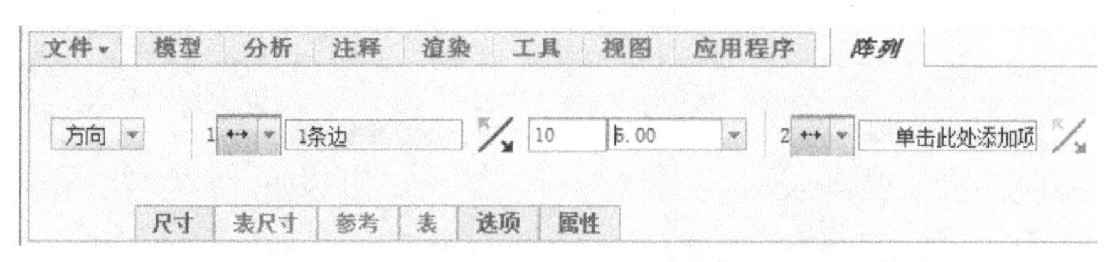

图5-129 方向阵列特征操作面板

③单击零件上表面最左边一条边作为第一个方向的参照(见图5-130)，然后在特征

操作面板中阵列数值输入框中输入10,间距数值输入框中输入5,再单击操作面板上的确定按钮✔,结束拉伸切割特征的阵列,结果如图5-131所示。

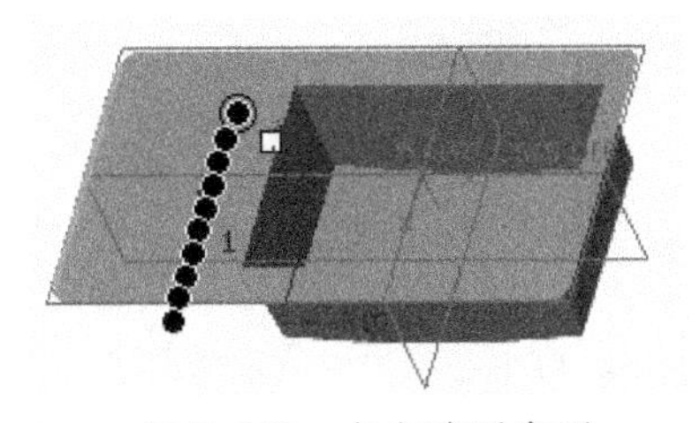

图5-130　方向阵列参照

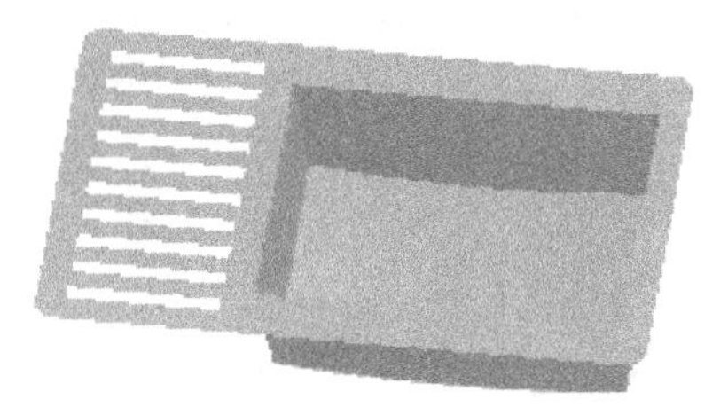

图5-131　拉伸切割特征阵列结果

步骤11　拉伸切割创建水池孔

①单击拉伸按钮,打开拉伸特征操作面板。系统默认的创建方式是创建实体,单击操作面板上的创建曲面按钮。

②单击拉伸操作面板上的“去除材料”按钮。此时特征操作面板发生了改变,增加了“面组”选项。单击面组后面的“选择1个…”,然后在绘图区选择整个曲面。

③单击“放置”面板中的“定义”按钮,打开“草绘”对话框。

④选择TOP基准面为草绘平面,草绘参考平面与方向按默认值设置。单击“草绘”按钮,系统进入草绘工作环境。

⑤绘制如图5-132所示二维截面(截面为一直径为6的圆)。单击草绘完成按钮✔,返回拉伸特征操作面板。

⑥单击“拉伸类型”下拉按钮,在弹出的选项中选择挖空按钮,单击完成按钮✔,完成拉伸特征的创建,结果如图5-133所示。

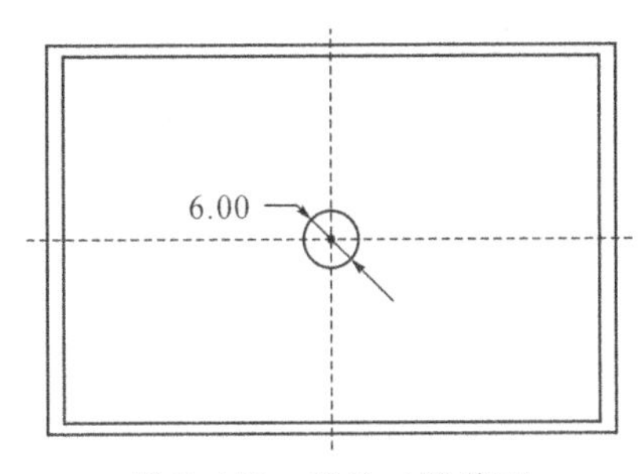

图5-132　草绘二维截面

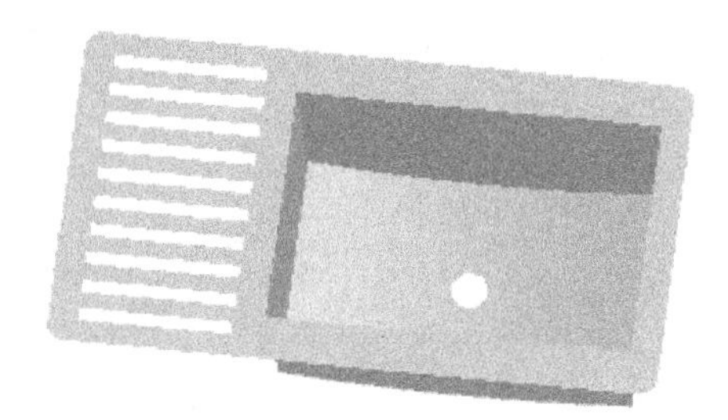

图5-133　水池底拉伸切割结果

步骤12　水池部分倒圆角

①单击圆角特征创建按钮 倒圆角 ,打开圆角特征操作面板。

②点选要倒圆角的水池壁四个角处的边线,并在圆角半径输入框中输入5,单击“确定”按钮✔,完成侧壁圆角特征的创建。结果如图5-134所示。

③单击圆角特征创建按钮 倒圆角 ,打开圆角特征操作面板。

④点选要倒圆角的水池底部四条边,并在圆角半径输入框中输入2,单击“确定”按钮✔,完成底部圆角特征的创建。结果如图5-135所示。

图 5-134　侧壁圆角特征创建

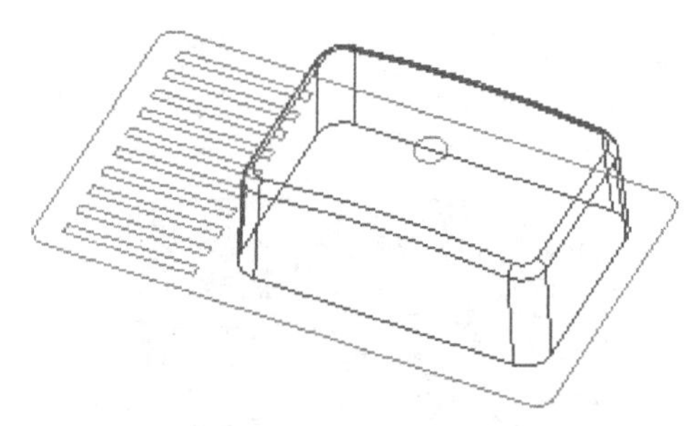

图 5-135　底部圆角特征创建

步骤 13　曲面加厚

①单击选取整个水池曲面。

②单击功能区“编辑”工具栏中的“加厚”按钮 加厚，弹出“加厚”操作面板(见图 5-136)。在厚度输入框中输入0.5，单击加厚方向按钮可改变厚度方向，然后单击按钮，完成曲面的加厚，使曲面变为实体，结果如图 5-137所示。

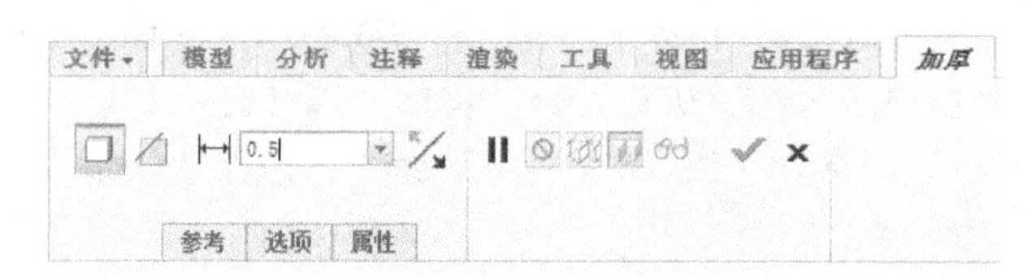

图 5-136　“加厚”操作面板

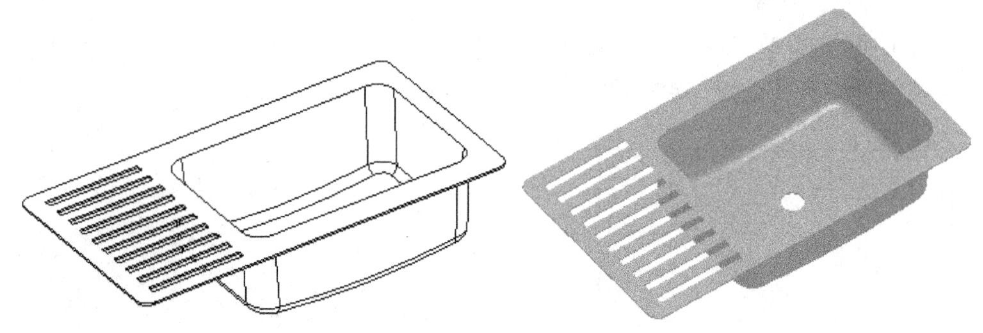

图 5-137　曲面加厚结果

步骤 14　文件保存

单击菜单“文件”→“保存”命令，保存当前模型文件。

【基础案例】具有拔模特征的边界混合曲面创建

试创建如图 5-138 所示三维模型。

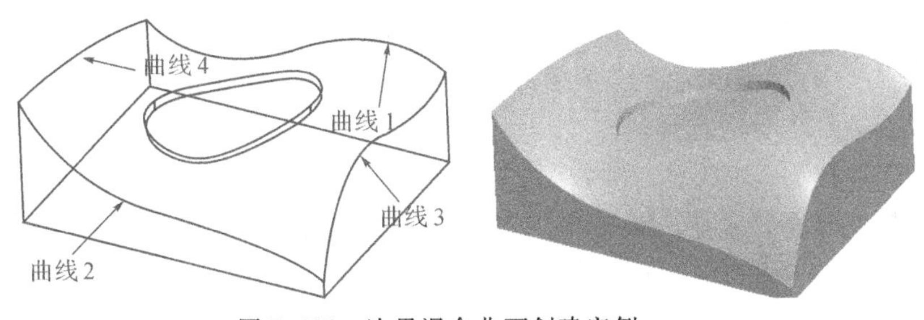

图5-138　边界混合曲面创建实例

学习目标

1. 熟知边界混合曲面特征的创建方法。
2. 能够应用曲面偏移拔模方法对曲面进行编辑。

建模分析

该零件造型较为复杂，由于上表面为不规则曲面，而且中间有倾斜的凹槽，难以用前述的各种方法来创建，因此需要引入新的零件造型方法：边界混合曲面、曲面拔模偏移、曲面实体化等。

相关知识点

1. 边界混合曲面

边界混合曲面是由边界曲线混合而成的曲面特征，用户可在一个方向或两个方向上指定边界曲线，还可指定控制曲线来调节曲面的形状。

2. 曲面偏移

曲面的偏移是指对用户选定的曲面按曲面的法线方向进行偏置。

3. 曲面实体化

曲面实体化是指将曲面特征转化为实体特征的一种造型方式。

操作过程

步骤1　设置工作目录

单击菜单“文件”→“管理会话”→“选择工作目录”命令，将文件放置在自己建立的文件夹下。

步骤2　新建文件

单击工具栏中的新建文件按钮，在弹出的“新建”对话框中选择“零件”类型，单击“使用默认模板”复选框取消选中标志，在“名称”栏输入新建文件名“surface-UV”。单击“确定”按钮，打开“新文件选项”对话框。选择“mmns_part_solid”模板，按下“确定”按钮，进入三维零件绘制环境。

步骤3　拉伸创建基础曲面

①单击拉伸按钮，打开拉伸特征操作面板。系统默认的创建方式是创建实体，单击操作面板上的创建曲面按钮。

②单击“放置”面板中的“定义”按钮，打开“草绘”对话框。

③选择TOP基准面为草绘平面，参考面和方向按缺省值设置。单击“草绘”按钮，系统进入草绘工作环境。

④绘制如图5-139所示二维截面。单击草绘完成按钮✔，返回拉伸特征操作面板。

⑤在拉伸深度数值输入框中输入“100”，然后单击特征完成按钮✔，完成拉伸特征的创建，结果如图5-140所示。

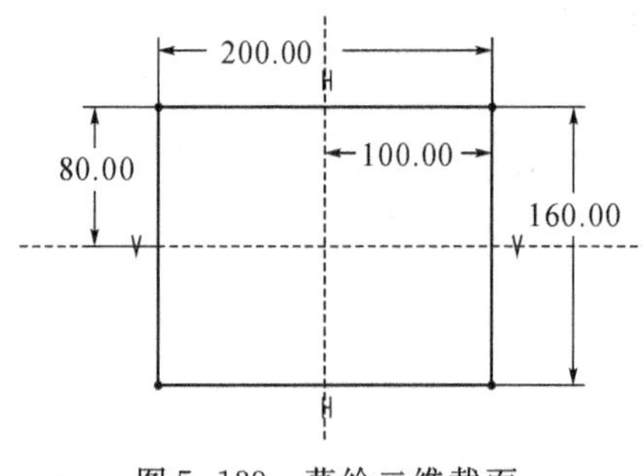

图5-139　草绘二维截面

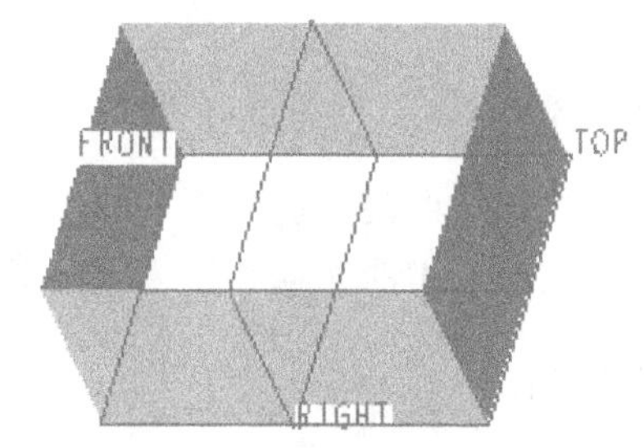

图5-140　截面拉伸结果

步骤4　创建基准曲线

(1)创建曲线1

①在功能区“基准”工具栏中单击“草绘”按钮，弹出“草绘”对话框，选择拉伸曲面的前表面为草绘平面，参考面及方向为默认值。单击“草绘”按钮进入草绘状态。

②绘制如图5-141所示二维草绘曲线(曲线为一样条曲线，曲线的首末两个端点需要用“重合”约束限制在左右两个面的投影线上)，单击草绘完成按钮✔，退出草绘状态。

(2)创建曲线2

①在功能区“基准”工具栏中单击“草绘”按钮，弹出“草绘”对话框，选择拉伸曲面的后表面为草绘平面，参考面及方向为默认值。单击“草绘”按钮进入草绘状态。

②绘制如图5-142所示二维草绘曲线(曲线为一样条曲线，曲线的首末两个端点需要用“重合”约束限制在左右两个面的投影线上)，单击草绘完成按钮✔，退出草绘状态。

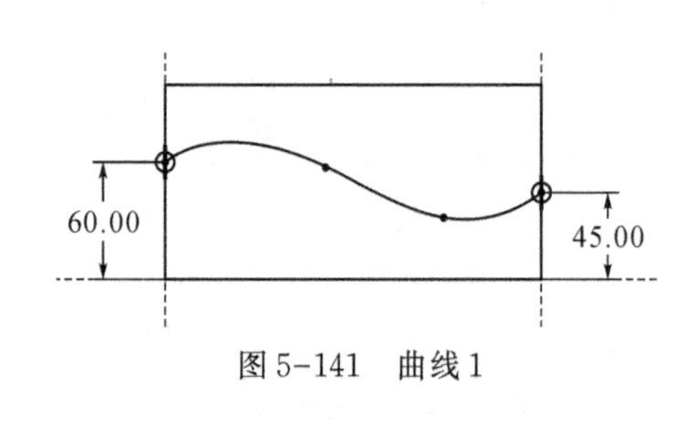

图5-141　曲线1

10.00
80.00

图5-142　曲线2

(3)创建曲线3

①在功能区“基准”工具栏中单击“草绘”按钮，弹出“草绘”对话框，选择拉伸曲面的右表面为草绘平面，参考面及方向为默认值。单击“草绘”按钮进入草绘状态。

②绘制如图5-143所示二维草绘曲线(曲线为一圆弧，注意添加“重合”约束，使圆弧两端点与曲线1、2共点)。单击草绘完成按钮✔，退出草绘状态。

(4)创建曲线4

①在功能区“基准”工具栏中单击“草绘”按钮，弹出“草绘”对话框，选择拉伸曲面的左表面为草绘平面，参照面及方向为缺省值。单击“草绘”按钮进入草绘状态。

②绘制如图5-144所示二维草绘曲线(曲线为一样条曲线，注意添加重合约束，使圆弧两端点与曲线1、2共点)。单击草绘完成按钮，退出草绘状态。

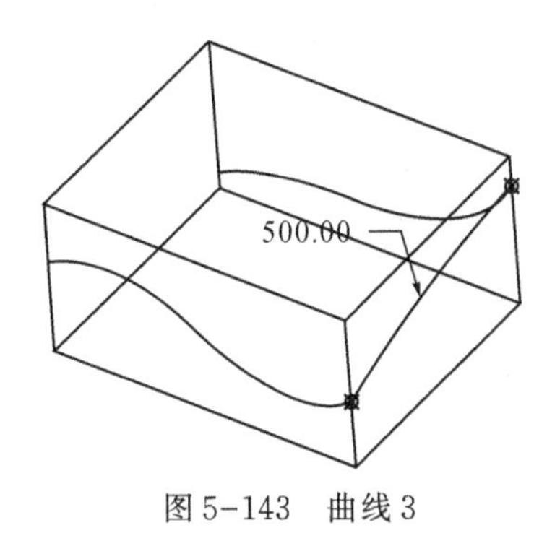

图5-143　曲线3　　　　图5-144　曲线4

步骤5　利用四条基准曲线创建边界混合曲面

①单击功能区“曲面”工具栏中的创建边界混合曲面按钮，弹出“边界混合”操作面板，如图5-145所示。

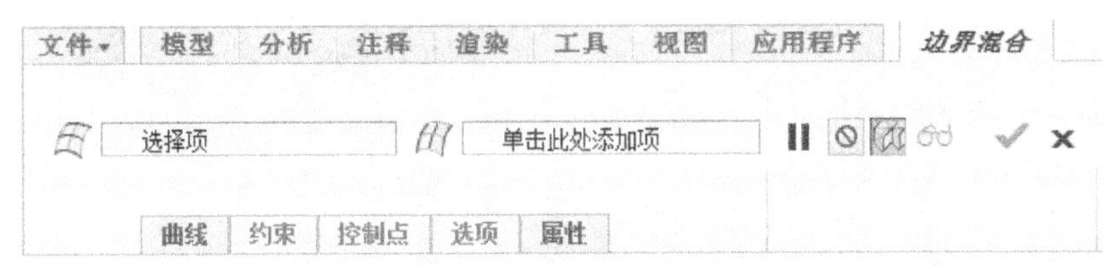

图5-145　“边界混合”操作面板

②单击操作面板上后的“选取项”，然后按住Ctrl键，在绘图区依次选择第一方向(即U向)的两条曲线1、2，结果如图5-146所示。再单击操作面板上后的“选取项目”，然后按住Ctrl键，依次选择第二方向(即V向)的两条曲线3、4，如图5-147所示。单击特征完成按钮，结束曲面创建，结果如图5-148所示。

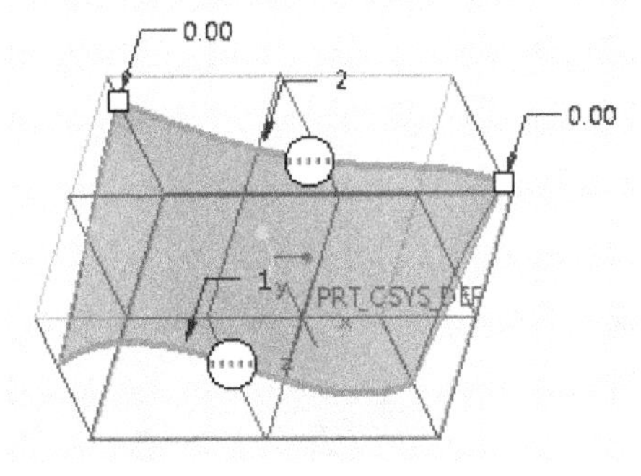

图5-146　U向曲线选择

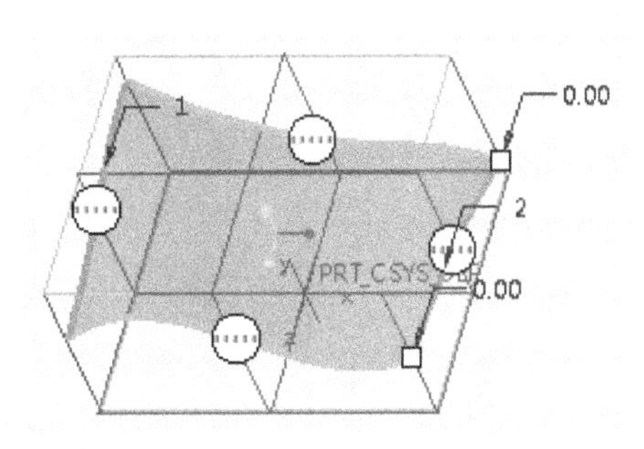

图5-147　V向曲线选择

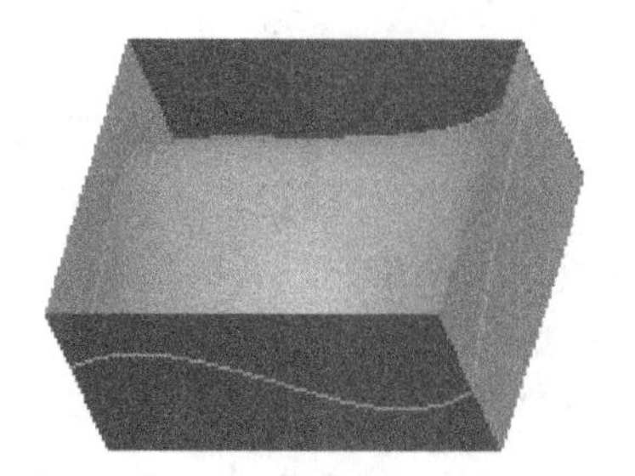
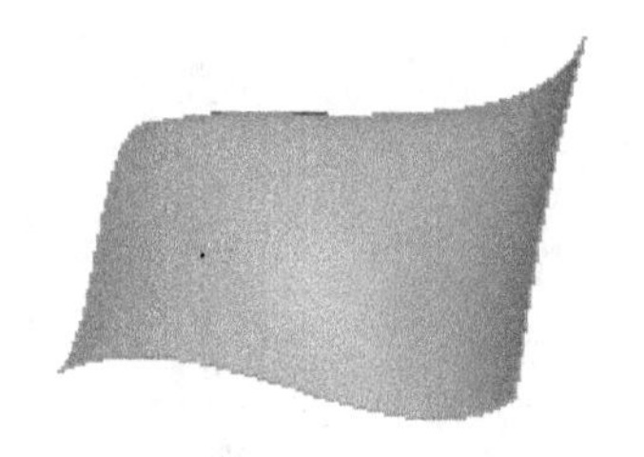

图5-148　边界混合曲面创建结果

步骤6　曲面合并

①按住Ctrl键,选取欲合并的拉伸曲面和边界混合曲面。

②单击功能区“编辑”工具栏中的“合并”按钮合并(注:只有当上述步骤中的两个面均选中的状态下,合并按钮才起作用),弹出“合并”操作面板,

单击操作面板上的曲面合并方向按钮,使曲面合并方向如图5-149所示,然后单击按钮,完成曲面的合并,结果如图5-150所示。

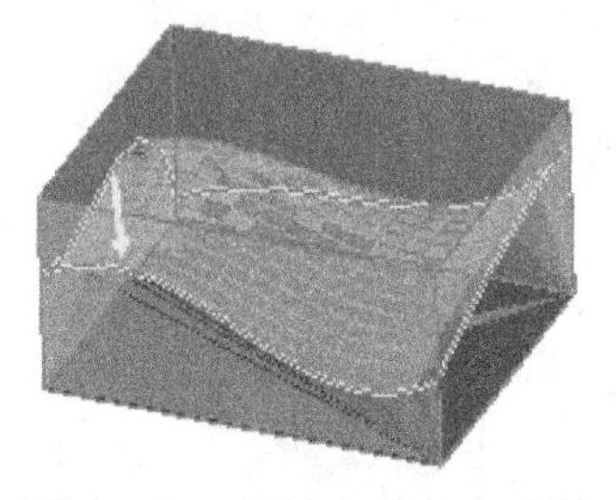

图5-149　曲面合并方向选择

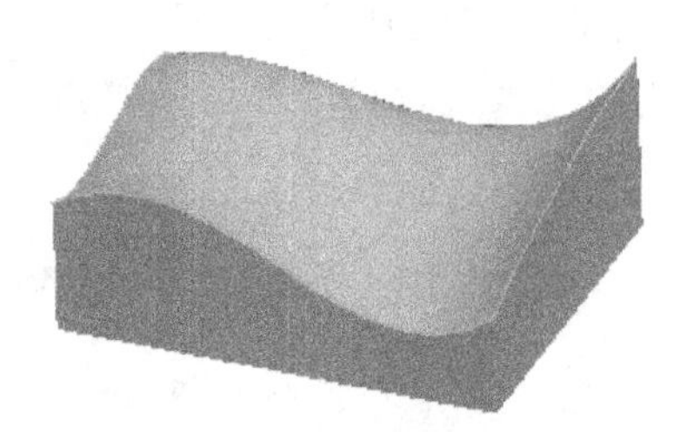

图5-150　曲面合并结果

步骤7　曲面填充创建底面

①单击功能区“曲面”工具栏中的“填充”按钮填充,弹出“填充”操作面板。

②单击操作面板下方的“参考”选项,弹出“参考”对话框,在其中单击“定义…”按钮,打开“草绘”对话框。

③选择TOP基准面为草绘平面,参考面和方向按默认值设置。单击“草绘”按钮,系统进入草绘工作环境。

④绘制如图5-151所示二维截面。注意采用“使用边”方式来创建边界线(方法:单击功能区“草绘”工具栏上的投影按钮投影命令,弹出“类型”对话框,如图5-152所示。接受默认的“单一”选择使用边方式,然后单击拉伸曲面的四个边界即可)。单击草绘完成按钮,返回填充特征操作面板。

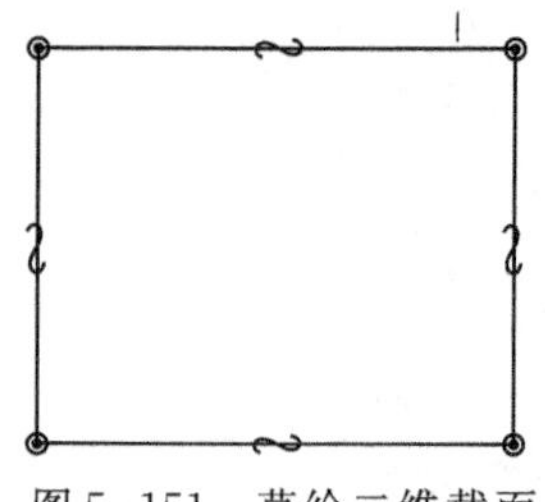

图5-151　草绘二维截面

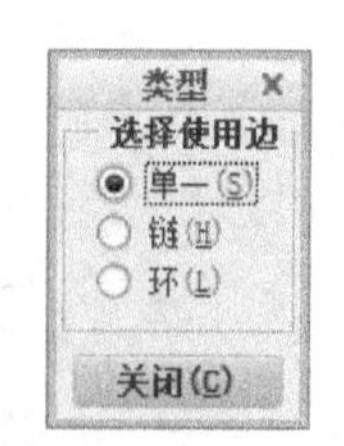

图5-152　“类型”对话框

图5-153　填充曲面创建结果

⑤单击特征完成按钮 ，完成曲面填充特征的创建，结果如图5-153所示。

步骤8　曲面偏移拔模

①选取欲偏移的边界混合曲面(零件上表面，即凹凸不平的曲面)。

②单击功能区“编辑”工具栏上的“偏移”命令按钮 偏移，弹出“偏移”操作面板(见图5-154)。单击偏移类型按钮后面的下拉按钮 ，选择第二个图标 ，将偏移类型改为“具有拔模特征”。此时“偏移”操作面板发生了改变，如图5-155所示。

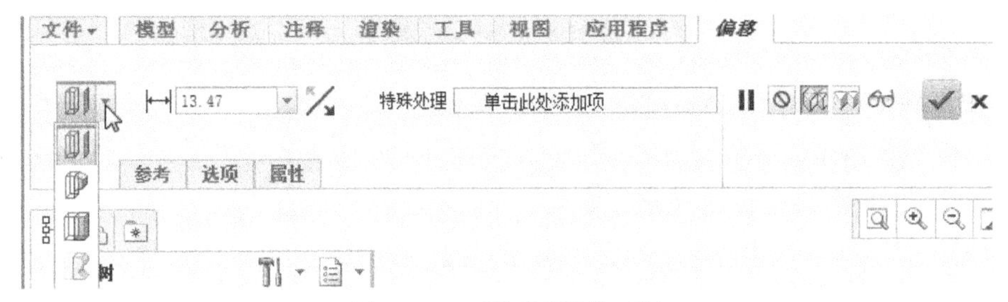

图5-154　“偏移”操作面板

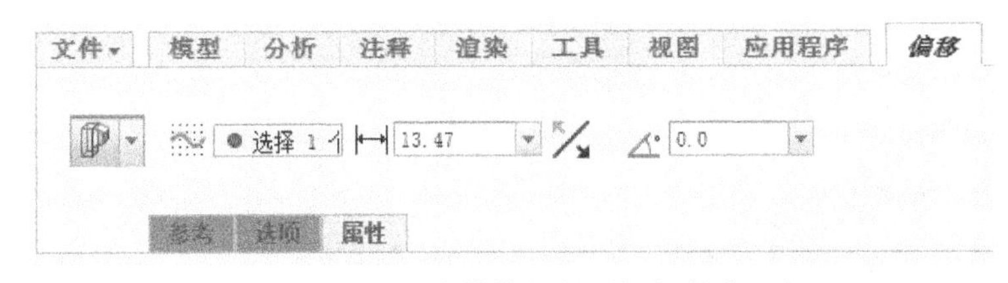

图5-155　具有拔模特征的“偏移”操作面板

③单击操作面板上的“参考”项，弹出“参考”对话框(见图5-156)，单击“草绘”右边的定义按钮 定义...，弹出“草绘”对话框。

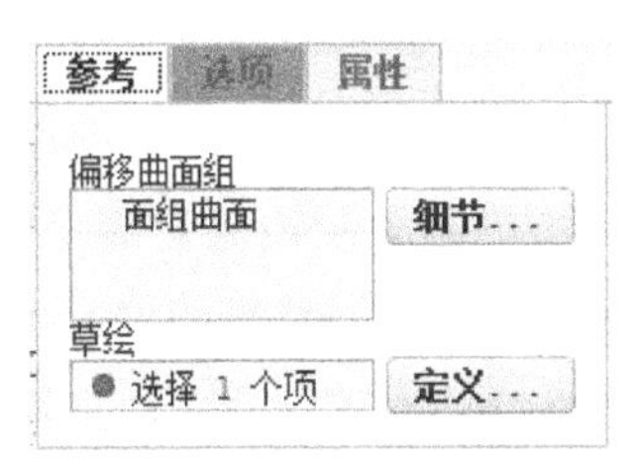

图5-156　“参照”对话框

④选择TOP基准面为草绘平面，参考面和方向按默认值设置。单击“草绘”按钮，系统进入草绘工作环境。

⑤绘制如图5-157所示二维截面(截面为一直径为100的圆)。单击草绘完成按钮 ，返回曲面偏移特征操作面板。

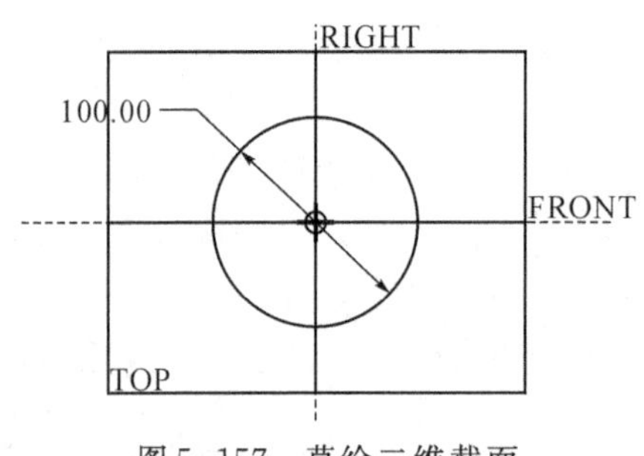

图 5-157　草绘二维截面

⑥在偏移距离输入框中输入“5”,拔模角度输入框中输入“10”,如图 5-158 所示。单击偏移方向按钮可改变偏移方向,预览结果如图 5-159 所示。单击特征完成按钮,完成曲面偏移,结果如图 5-160 所示。

图 5-158　具有拔模特征的“偏移”操作面板中的参数设置

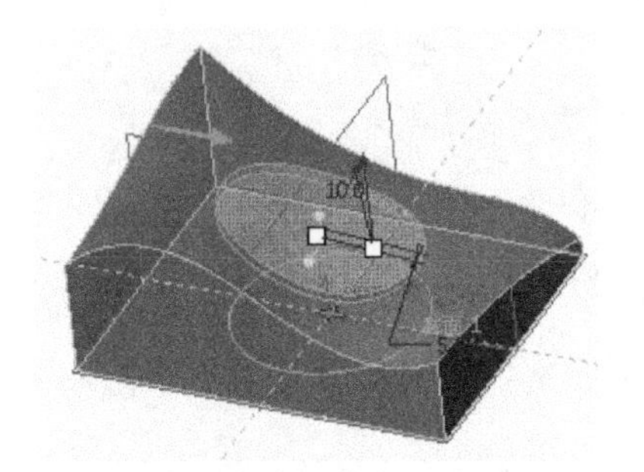

图 5-159　偏移结果预览

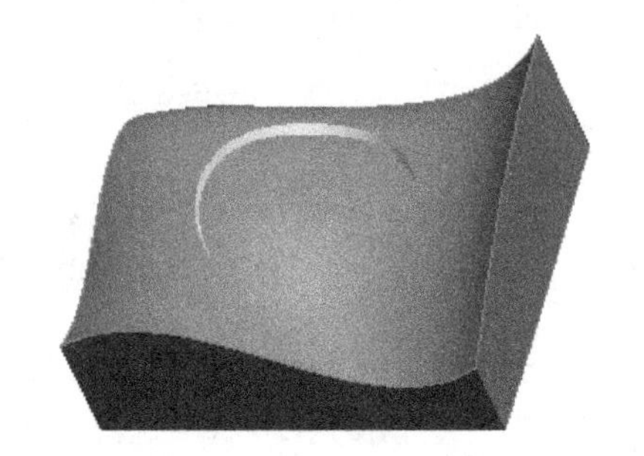

图 5-160　偏移结果

步骤 9　曲面合并

①按住 Ctrl 键,选取欲合并的边界混合曲面和填充曲面。

②单击功能区“编辑”工具栏中的“合并”按钮合并(注:只有当上述步骤中的两个面均选中的状态下,合并按钮才起作用),弹出“合并”操作面板,单击特征完成按钮,完成曲面的合并。

步骤 10　曲面实体化

①选取合并后的曲面。

②单击功能区“编辑”工具栏中的“实体化”命令按钮实体化,弹出“实体化”操作面板,单击特征完成按钮,完成曲面实体化。此时的零件由封闭曲面变成了填充的实体。

步骤 11　零件切割

①在零件上选取 FRONT 基准平面为切割平面。

②单击功能区“编辑”工具栏中的“实体化”命令按钮实体化,弹出“实体化”操作面板,接受默认切割方向(见图 5-161),单击特征完成按钮,完成零件的切割,结果如图 5-162 所示,从中可以看出曲面已经变为实体。

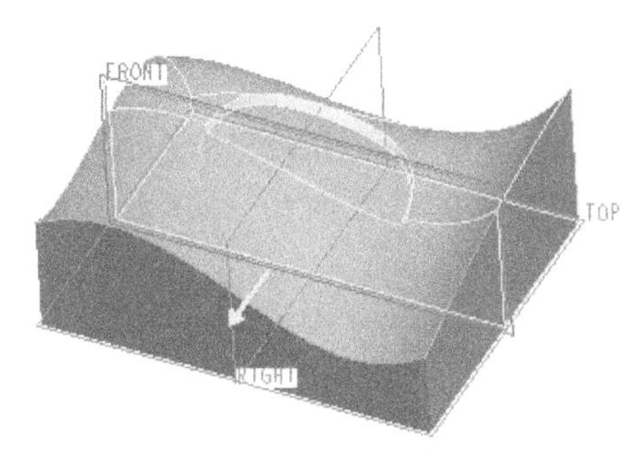

图 5-161　零件切割预览

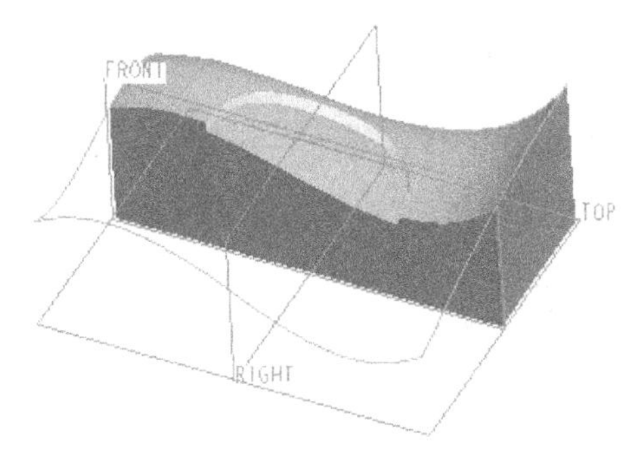

图 5-162　零件切割结果

步骤 12　文件保存

单击菜单“文件”→“保存”命令，保存当前模型文件。

【工程案例十一】吹风机的三维设计

视频 5-9

某电器厂生产如图 5-163 所示吹风机，要求建立其外壳的三维模型。

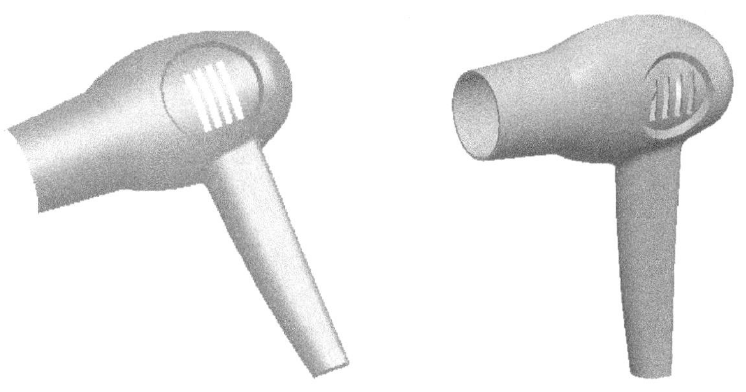

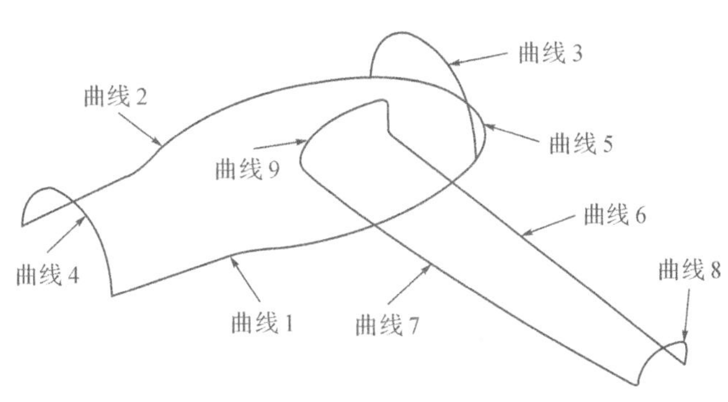

图 5-163　吹风机模型

学习目标

能够综合应用各种曲面建模方法进行复杂三维零件造型。

建模分析

吹风机的造型综合利用了多项曲面造型技术和实体建模技术,如边界混合、曲面偏移、曲面合并、曲面填充、曲面倒圆角、拉伸、阵列、镜像等,其建模思路如表5-8所示。

表5-8 吹风机的三维建模思路

关键步骤	1.创建基准曲线	2.创建机身曲面	3.创建尾部曲面	4.创建手柄曲面
图示				
关键步骤	5.曲面合并	6.曲面填充	7.倒圆角	8.曲面偏移拔模
图示				
关键步骤	9.切通风口	10.通风口阵列	11.曲面加厚	12.零件镜像
图示				

操作过程

步骤1 设置工作目录

单击菜单"文件"→"管理会话"→"选择工作目录"命令,将文件放置在自己建立的文件夹下。

步骤2 新建文件

单击工具栏中的新建文件按钮,在弹出的"新建"对话框中选择"零件"类型,单击"使用默认模板"复选框取消选中标志,在"名称"栏输入新建文件名"chuifengji"。单击"确定"按钮,打开"新文件选项"对话框。选择"mmns_part_solid"模板,按下"确定"按钮,进入三维零件绘制环境。

步骤3 创建基准曲线

(1)创建曲线1

①在功能区"基准"工具栏中单击"草绘"按钮,弹出"草绘"对话框,在绘图区选取TOP基准平面作为草绘平面,参考面及方向为默认值。单击对话框中的"草绘"按钮,系统进入草绘设计环境。

②绘制如图5-164所示曲线。单击草绘完成按钮,退出草绘状态。

(2)创建曲线2

在特征模型树中单击刚刚创建曲线1,然后单击工具栏上的镜像按钮 镜像,选择FRONT基准平面为镜像平面,单击镜像操作面板上的确定按钮,完成曲线1镜像,结果如图5-165所示。

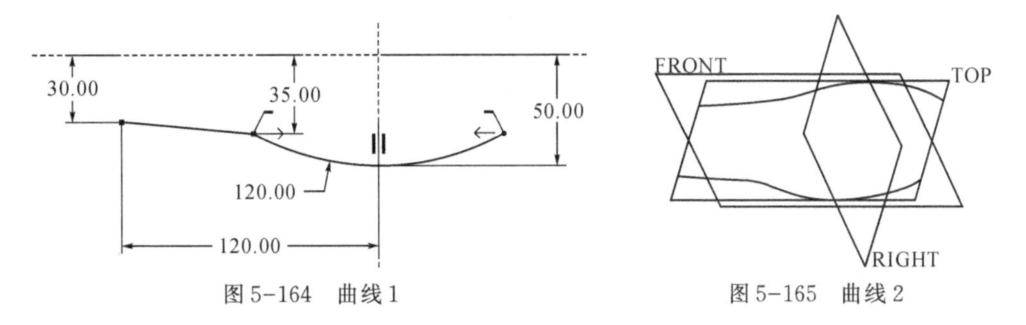

图5-164　曲线1　　　　图5-165　曲线2

(3)创建曲线3

①单击创建功能区“基准”工具栏上的基准平面创建按钮，弹出“基准平面”对话框(见图5-166)。点选RIGHT基准平面作为参照。按住Ctrl键点选曲线2的右端点，单击“基准平面”对话框中的“确定”按钮，创建如图5-166所示基准平面DTM1。

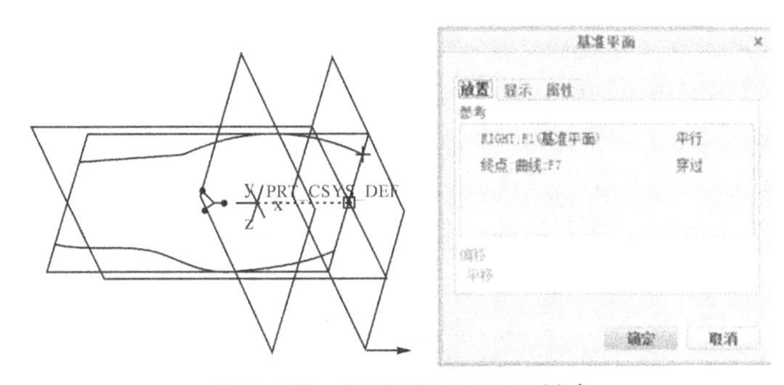

图5-166　辅助平面DTM1创建

②在功能区“基准”工具栏中单击“草绘”按钮，弹出“草绘”对话框，选择刚刚创建的DTM1辅助平面为草绘平面，参考面及方向为缺省值。单击“草绘”按钮，进入草绘状态。

③绘制如图5-167所示二维草绘曲线，注意先需要通过鼠标中键改变视图方向，然后添加重合约束使半圆的两个端点与曲线1、2右端点共点。单击草绘完成按钮✔，结束草绘状态。

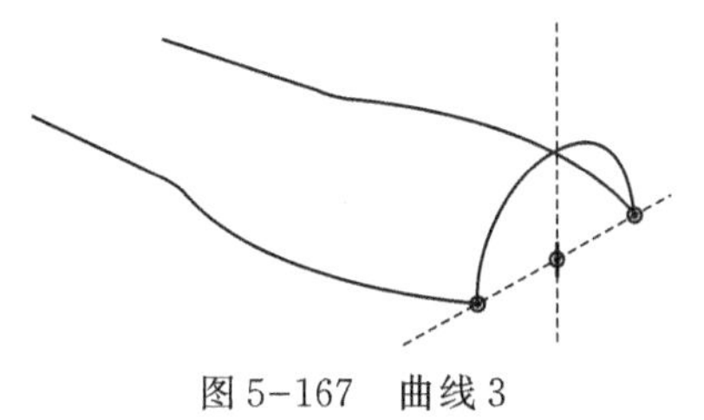

图5-167　曲线3

(4)创建曲线3

①单击“基准”工具栏中的创建基准平面按钮，弹出“基准平面”对话框。点选RIGHT基准平面作为参照。按住Ctrl键点选曲线2的左端点，单击“基准平面”对话框中的“确定”按钮，创建如图5-168所示基准平面DTM2。

②单击“基准”工具栏中的草绘曲线绘制按钮，弹出“草绘”对话框，选择刚刚创建的DTM2基准平面为草绘平面，参考面及方向为缺省值。单击“草绘”按钮，进入草绘状态。

③绘制如图5-169所示二维草绘曲线，注意添加重合约束使半圆的两个端点与曲线1、2左端点共点。单击草绘完成按钮，结束草绘状态。

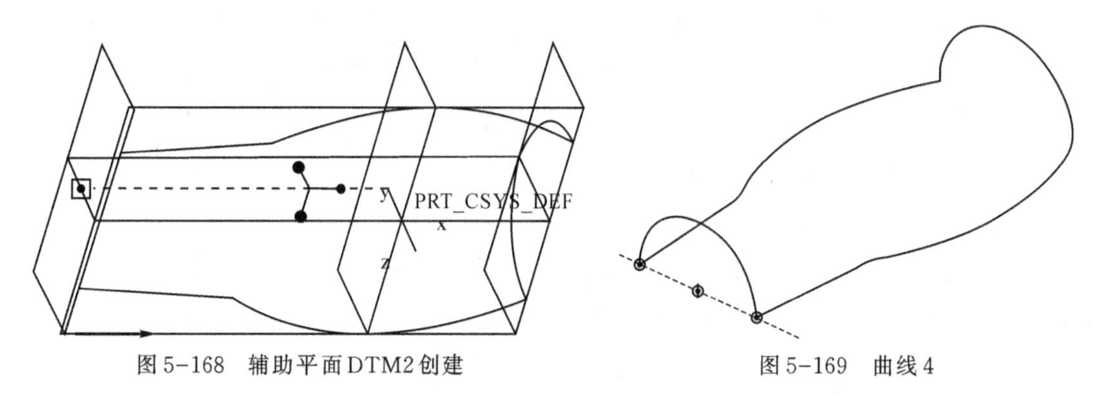

图5-168 辅助平面DTM2创建　　图5-169 曲线4

(5)创建曲线5

①在特征模型树中单击“草绘2”特征(即曲线3)，然后单击鼠标右键，弹出快捷菜单，单击其中的“隐藏”按钮 隐藏，将曲线3隐藏。隐藏曲线3的目的是为了曲线5创建时方便曲线1、2端点的选择，不至于在使用重合约束时选择曲线3的两个端点。

②单击“基准”工具栏中的草绘曲线绘制按钮，弹出“草绘”对话框，选择TOP基准平面为草绘平面，参考面及方向为缺省值。单击“草绘”按钮，进入草绘状态。

③绘制如图5-170所示二维草绘曲线。注意添加重合约束和相切约束。单击草绘完成按钮，退出草绘状态。

④在特征模型树中单击“草绘2”特征(即曲线3)，然后单击鼠标右键，弹出快捷菜单，单击其中的“取消隐藏”按钮 取消隐藏，恢复曲线3的显示。

(6)创建曲线6

①单击“基准”工具栏中的草绘曲线按钮，弹出“草绘”对话框，选择TOP基准平面为草绘平面，参考面及方向为缺省值。单击“草绘”按钮，进入草绘状态。

②绘制如图5-171所示二维草绘曲线。单击草绘完成按钮，退出草绘状态。

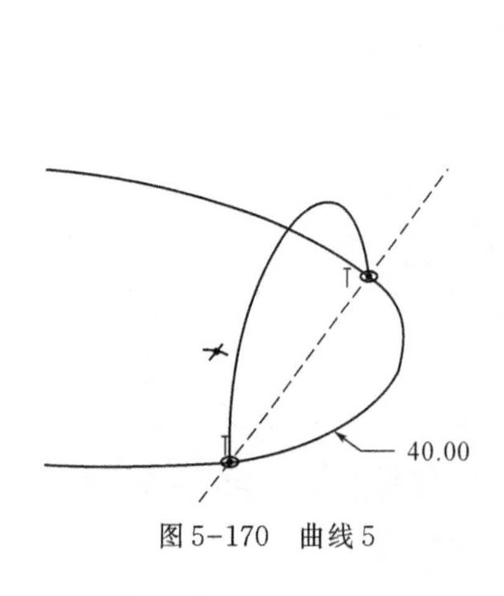

图5-170 曲线5

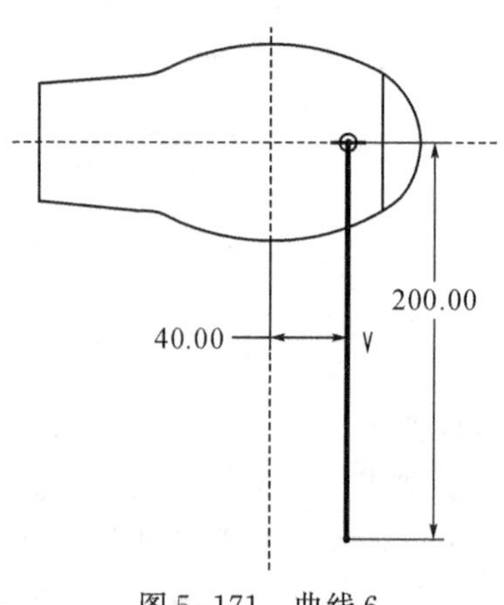

图5-171 曲线6

(7)创建曲线7

①单击“基准”工具栏中的草绘曲线按钮，弹出“草绘”对话框，选择TOP基准平面为草绘平面，参考面及方向为缺省值。单击“草绘”按钮，进入草绘状态。

②绘制如图5-172所示二维草绘曲线。单击草绘完成按钮✔，退出草绘状态。

(8)创建曲线8

①单击“基准”工具栏上的基准平面创建按钮，弹出“基准平面”对话框。点选FRONT基准平面作为参考。按住Ctrl键点选曲线6的前端点，单击“基准平面”对话框中的“确定”按钮，创建如图5-173所示基准平面DTM3。

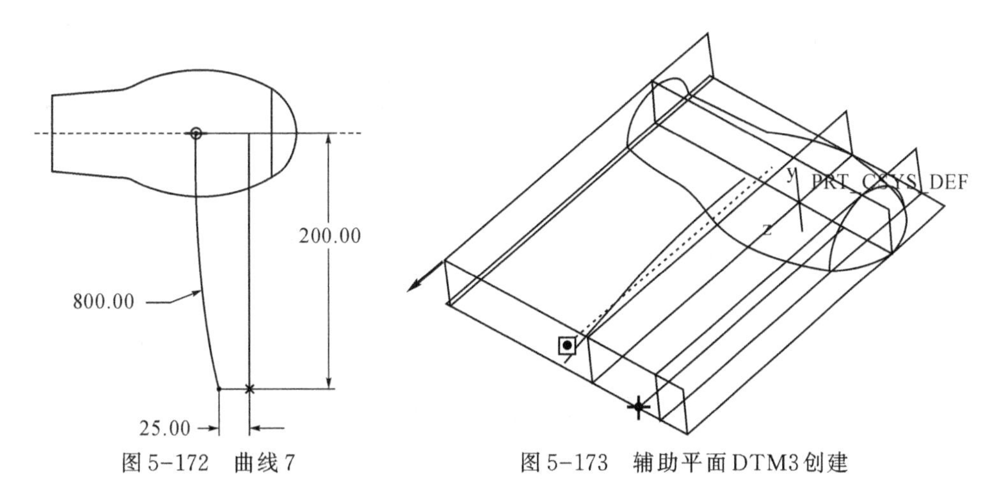

图5-172　曲线7　　　　图5-173　辅助平面DTM3创建

②单击“基准”工具栏中的草绘曲线按钮，弹出“草绘”对话框，选择刚刚创建的DTM3辅助平面为草绘平面，参考面及方向为缺省值。单击“草绘”按钮，进入草绘状态。

③绘制如图5-174所示二维草绘曲线，注意添加重合约束使曲线的两个端点与曲线6、7前端点共点。单击草绘完成按钮✔，结束草绘状态。

(9)创建曲线9

①单击“基准”工具栏中的草绘曲线按钮，弹出“草绘”对话框，选择FRONT基准平面为草绘平面，参考面及方向为缺省值。单击“草绘”按钮，进入草绘状态。

②绘制如图5-175所示二维草绘曲线。注意添加重合约束使曲线的两个端点与曲线6、7后端点共点。单击草绘完成按钮✔，退出草绘状态。

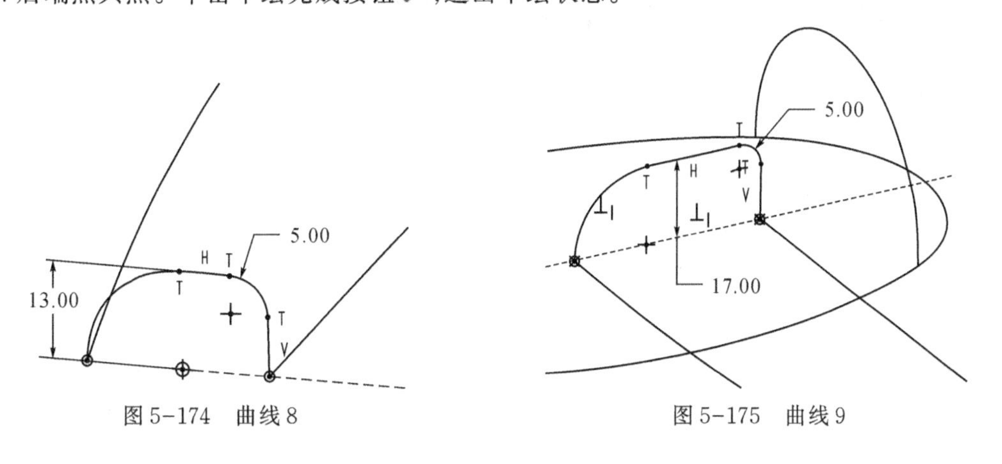

图5-174　曲线8　　　　图5-175　曲线9

步骤4 创建机身部分的边界混合曲面

①单击“曲面”工具栏中的创建边界混合曲面按钮，弹出“边界混合”操作面板。

②单击操作面板上后的“选取项目”，然后按住Ctrl键，依次选择第一方向(即U向)的两条曲线1、2，结果如图5-176所示。再单击操作面板上后的“选取项目”，然后按住Ctrl键，依次选择第二方向(即V向)的两条曲线3、4，如图5-177所示。单击特征完成按钮，结束曲面创建，结果如图5-178所示。

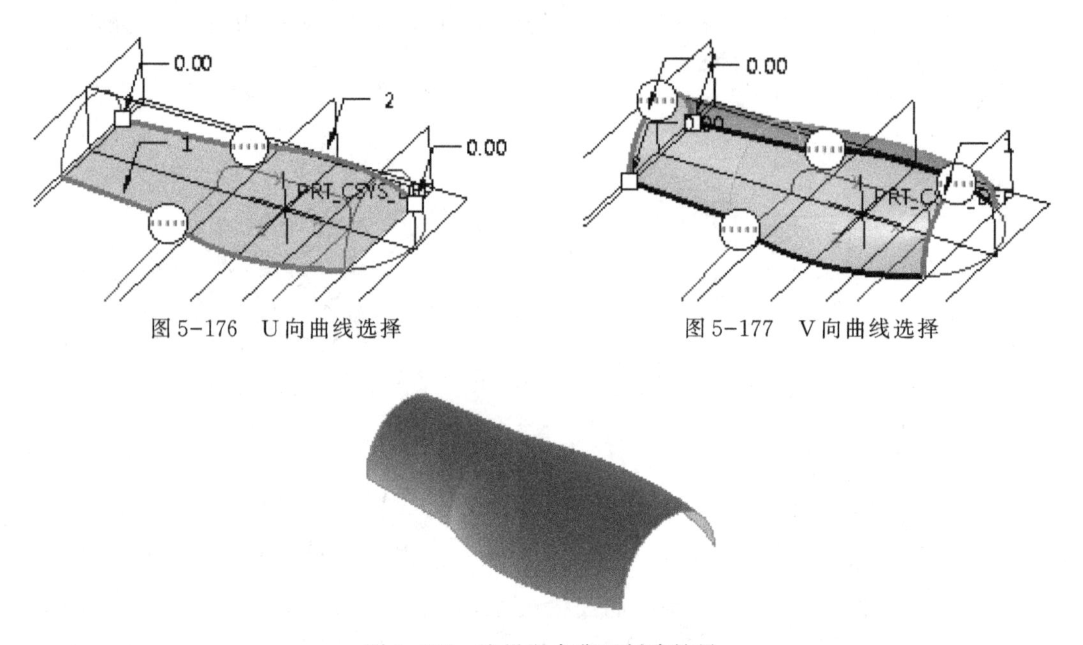

图5-176 U向曲线选择

图5-177 V向曲线选择

图5-178 边界混合曲面创建结果

步骤5 创建机尾部分的边界混合曲面

①单击“曲面”工具栏中的创建边界混合曲面按钮，弹出“边界混合”操作面板。

②单击操作面板上后的“选取项目”，然后按住Ctrl键，依次选择第一方向(即U向)的两条曲线3、5(见图5-179，注意选择顺序，先选1指示的链，再选2指示的链)，然后单击操作面板上的“约束”项，弹出“约束”对话框(见图5-180)，单击“条件”下的第一条链的“自由”项，将其改为“垂直”，使创建的曲面在边界处与TOP基准平面垂直；再单击“条件”下的第二条链的“自由”项，将其改为“相切”，然后单击前面创建的曲面，使创建的曲面与前面创建的曲面在边界处相切(见图5-181)。单击完成按钮，结束曲面创建，结果如图5-182所示。

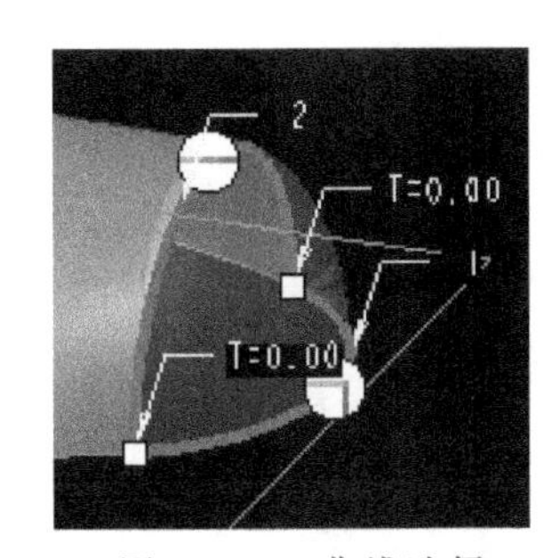

图 5-179　曲线选择

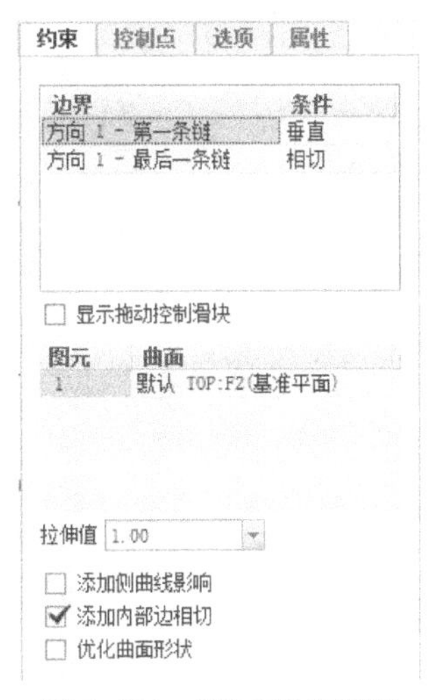

图 5-180　“约束”对话框

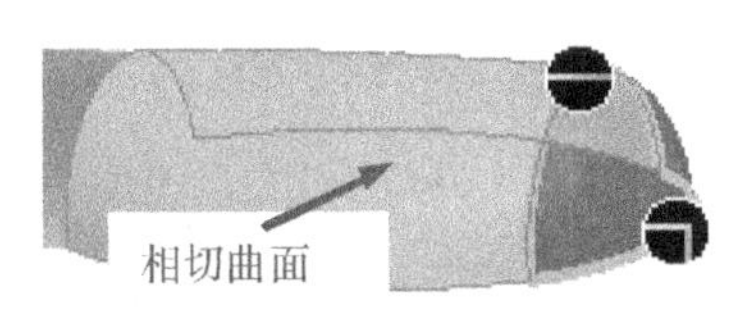

图 5-181　相切曲面选择

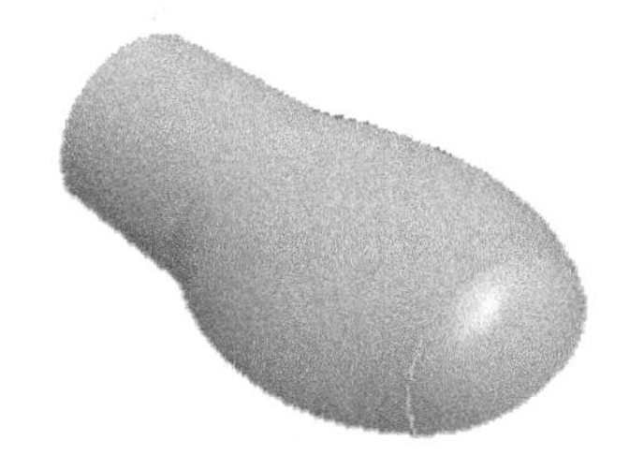

图 5-182　尾部曲面创建结果

步骤 6　创建机柄部分的边界混合曲面

①单击“曲面”工具栏中的创建边界混合曲面按钮，弹出“边界混合”操作面板。

②单击操作面板上后的“选取项目”，然后按住 Ctrl 键，依次选择第一方向(即 U 向)的两条曲线 6、7，结果如图 5-183 所示。再单击操作面板上后的“选取项目”，然后按住 Ctrl 键，依次选择第二方向(即 V 向)的两条曲线 8、9，如图 5-184 所示。单击完成按钮，结束曲面创建，结果如图 5-185 所示。

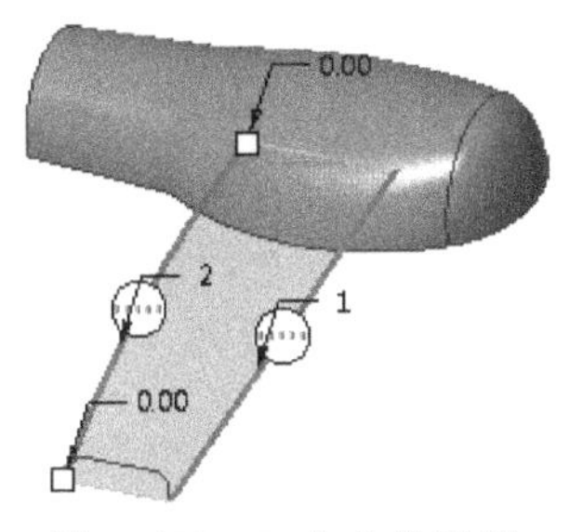

图 5-183　U 向曲线选择

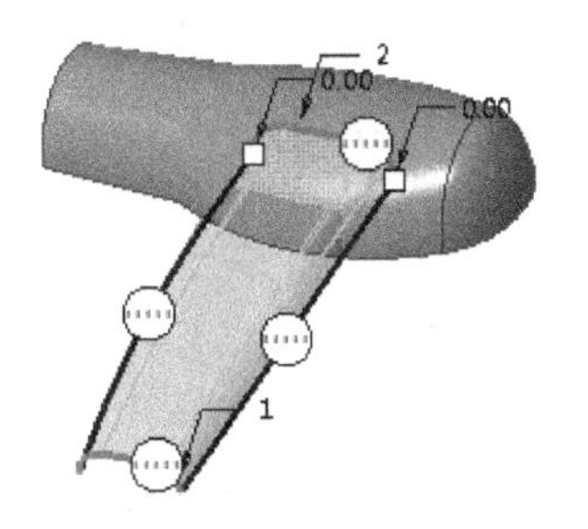

图 5-184　V 向曲线选择

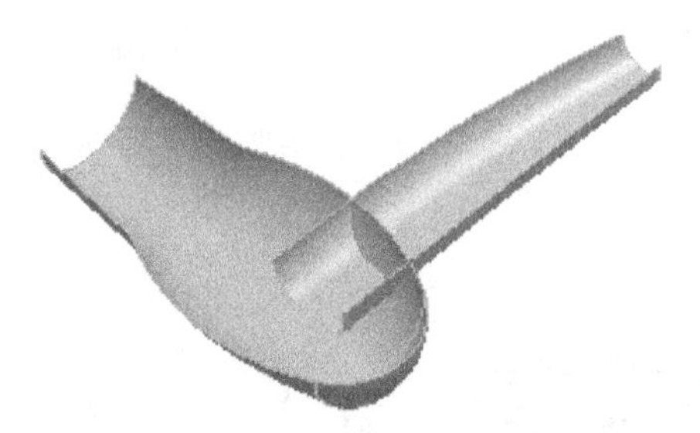

图 5-185　边界混合曲面创建结果

步骤7　曲面合并1

①按住Ctrl键,选取欲合并的机身曲面和机尾曲面。

②单击功能区“编辑”工具栏中的合并按钮合并,弹出“合并”操作面板,单击特征完成按钮✔,完成曲面的合并。

步骤8　曲面合并2

①按住Ctrl键,选取欲合并的机身曲面和机柄曲面。

②单击功能区“编辑”工具栏中的合并按钮合并,弹出“合并”操作面板,单击操作面板上的曲面合并方向按钮,使曲面合并方向如图5-186所示,然后单击特征完成按钮✔,完成曲面的合并,结果如图5-187所示。

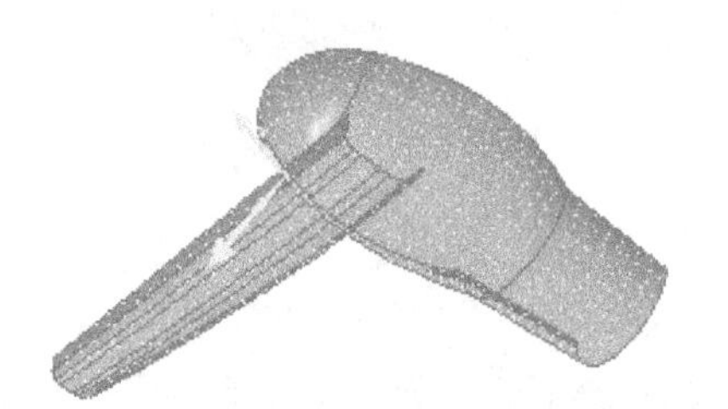

图 5-186　曲面合并方向选择

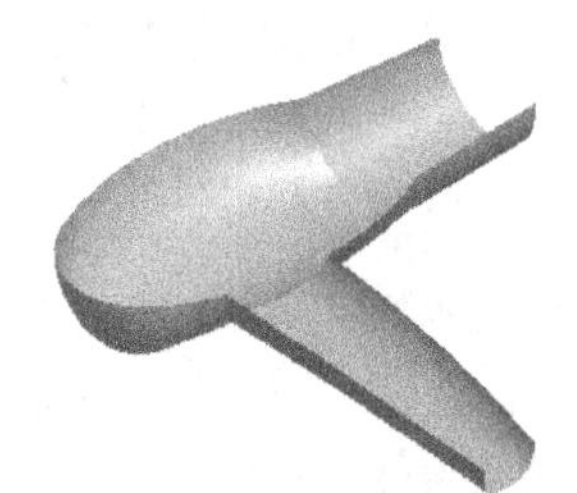

图 5-187　曲面合并结果

步骤9　曲面填充创建底面

①单击功能区“曲面”工具栏中的填充按钮填充,弹出“填充”操作面板。

②单击“参考”面板中的“定义”按钮,打开“草绘”对话框。

③选择DTM3辅助平面为草绘平面,参考面和方向按默认值设置。单击“草绘”按钮,系统进入草绘工作环境。

④绘制如图5-188所示二维截面,注意采用“使用边”方式来创建直线(方法:单击工具栏中的投影线绘制按钮投影,然后单击拉伸曲面的边界即可)。单击草绘完成按钮✔,返回拉伸特征操作面板。

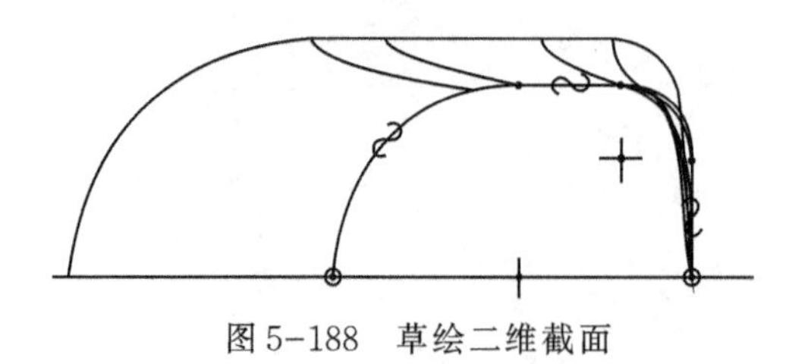

图 5-188　草绘二维截面

图 5-189　填充曲面创建结果

⑤单击特征完成按钮✔,完成曲面填充特征的创建,结果如图5-189所示。

步骤10　曲面合并1

①按住Ctrl键,选取欲合并的机尾曲面和填充曲面。

②单击功能区“编辑”工具栏中的合并按钮合并,弹出“合并”操作面板,单击特征完成按钮✔,完成曲面的合并。

步骤11　机身与机柄过渡部分倒圆角

①单击圆角特征创建按钮倒圆角,打开圆角特征操作面板。

②点选要倒圆角的机身与机柄部分的相交线,并在圆角半径输入框中输入“5”,单击“确定”按钮✔,完成侧壁圆角特征的创建,结果如图5-190所示。

图5-190　过渡部分倒圆角

步骤12　曲面偏移拔模

①选取欲偏移的机身混合曲面。

②单击功能区“编辑”工具栏上的“偏移”命令按钮偏移,弹出“偏移”操作面板。单击偏移类型按钮后面的下拉按钮,选择第二个图标,将偏移类型改为“具有拔模特征”。

③单击操作面板上的“参考”项,弹出“参考”对话框,单击“草绘”右边的定义按钮定义...,弹出“草绘”对话框。

④选择TOP基准面为草绘平面,参考面和方向按默认值设置。单击“草绘”按钮,系统进入草绘工作环境。

⑤绘制如图5-191所示二维截面(截面为一直径为60的圆)。单击草绘完成按钮✔,返回曲面偏移特征操作面板。

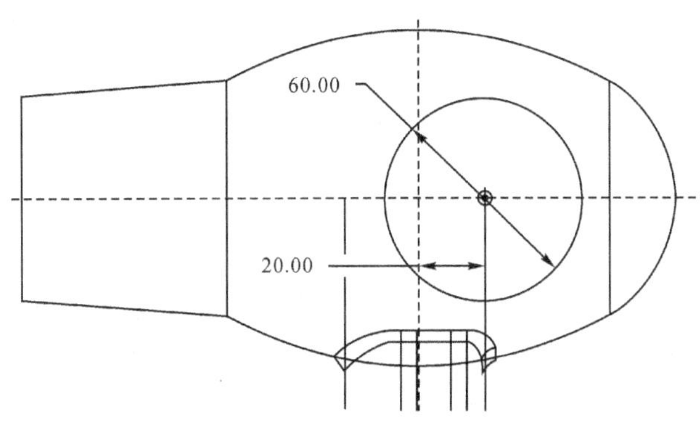

图5-191　草绘二维截面

⑥在偏移距离输入框中输入“5”,拔模角度输入框中输入“30”,如图5-192所示。单击偏移方向按钮可改变偏移方向,预览结果如图5-193所示。单击特征完成按钮✔,

完成曲面偏移,结果如图5-194所示。

图5-192 “偏移拔模”操作面板

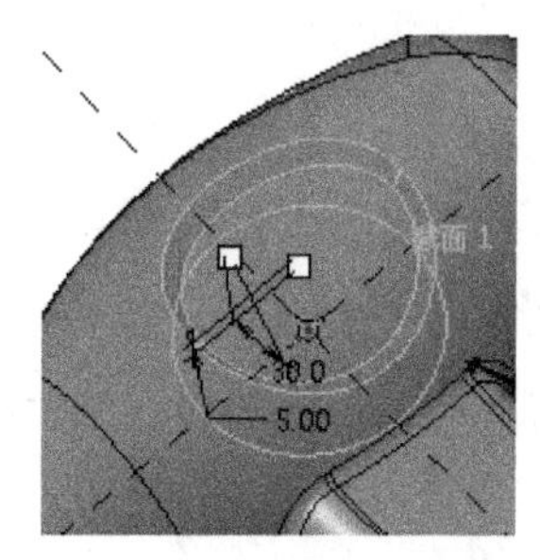

图5-193 偏移结果预览

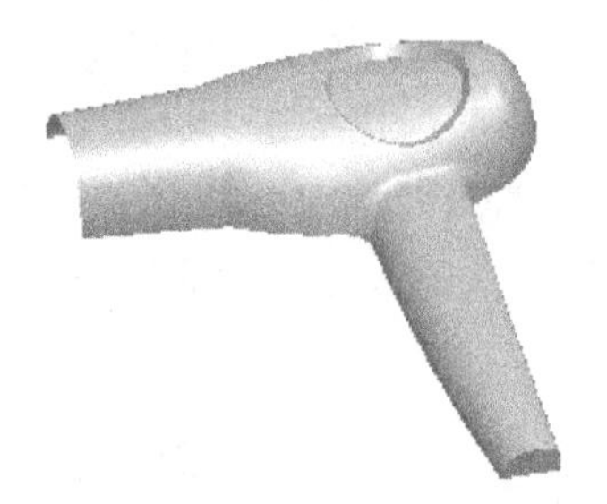

图5-194 偏移结果

步骤13 拉伸切割通风口

①单击拉伸按钮,打开拉伸特征操作面板。系统默认的创建方式是创建实体,单击操作面板上的创建曲面按钮 。

②单击拉伸操作面板上的“去除材料”按钮。此时特征操作面板发生了改变,增加了“面组”选项。单击“面组”后面的“选择1个…”,然后在绘图区选择整个曲面。

③单击“放置”面板中的“定义”按钮,打开“草绘”对话框。

④选择TOP基准面为草绘平面,草绘参考平面与方向按默认值设置。单击“草绘”按钮,系统进入草绘工作环境。

⑤绘制如图5-195所示二维截面(截面为一圆角为1的矩形)。单击草绘完成按钮✓,返回拉伸特征操作面板。

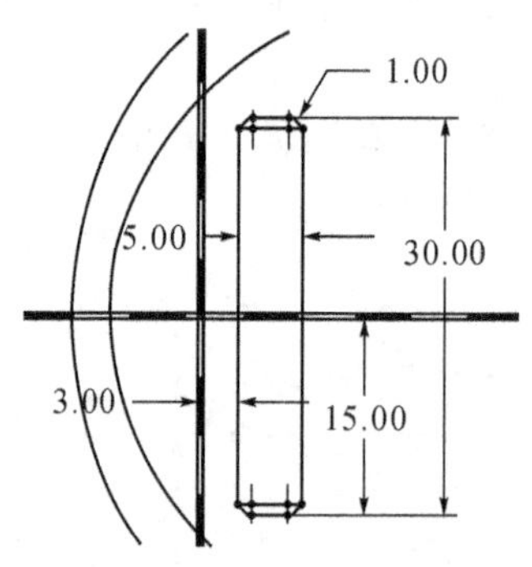

图5-195 草绘二维截面

⑥单击“拉伸类型”下拉按钮,在弹出的选项中选择挖空按钮,单击完成按钮✓,此时会出现特征创建失败对话框(见图5-196),可单击对话框中的“取消”按钮。此时弹出“故障排除器”对话框(见图5-197)。出现这个问题的原因是拉伸方向的问题。此时需要单击“故障排除器”对话框上的“确定”按钮,然后单击操作面板的“退出暂停模式”按钮▶。再单击拉伸方向切换按钮,使截面的拉伸方向向上,如图5-198所示。单击特征完成按钮✓,完成拉伸特征的创建,结果如图5-199所示。

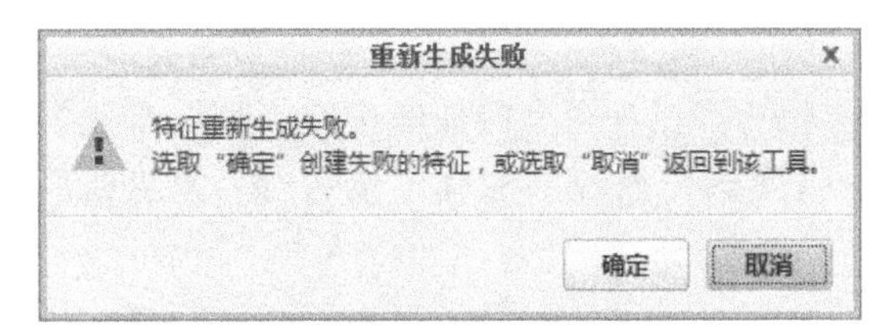

图 5-196　特征创建失败对话框

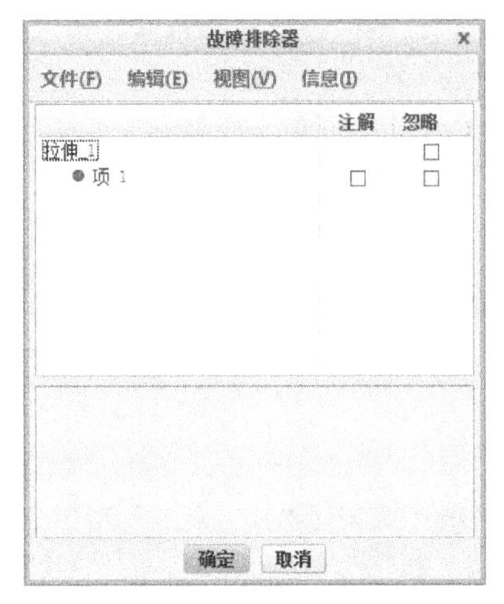

图 5-197　“故障排除器”对话框

图 5-198　拉伸方向切换示例

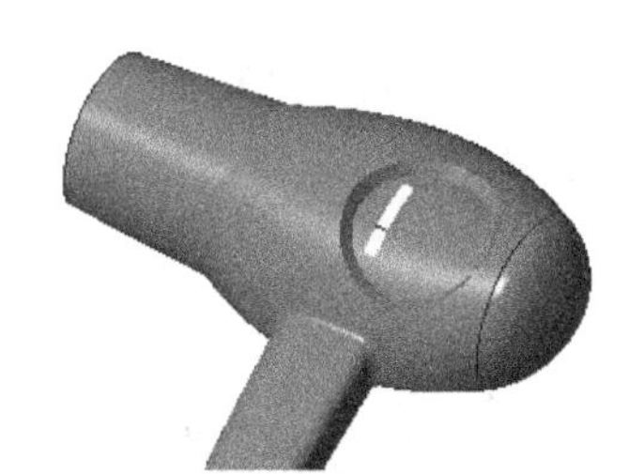

图 5-199　截面拉伸切割结果

步骤 14　拉伸切割特征阵列

单击选中刚刚创建的拉伸切割特征，然后单击工具栏中的阵列按钮，弹出阵列操作面板。将阵列类型改为“方向”，单击坐标系上的 X 轴作为第一个方向的参照(见图 5-200)，然后在操作面板上的阵列次数输入框中输入“4”，在阵列间距输入框中输入“10”，再单击操作面板上的确定按钮，结束槽特征的阵列，结果如图 5-201 所示。

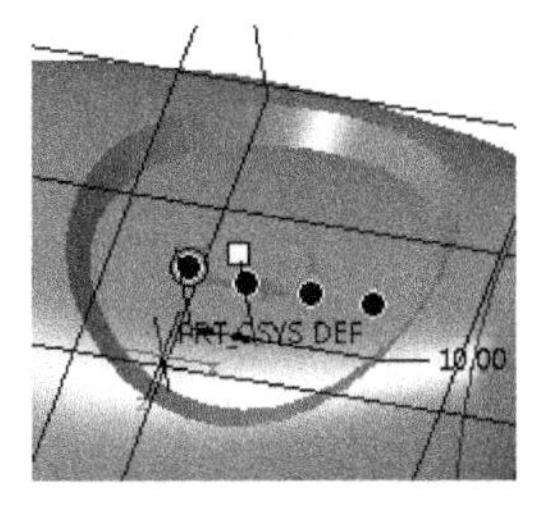

图 5-200　方向阵列参照

图 5-201　槽阵列结果

步骤 15　曲面加厚

单击机身曲面,单击"编辑"工具栏上的加厚按钮 加厚,弹出"加厚"操作面板,在厚度输入框中输入"2",单击镜像操作面板上的确定按钮,完成曲面加厚,结果如图 5-202 所示。

步骤 16　零件镜像

在模型树中单击零件文件名 CHUIFENGJI.PRT,然后单击工具栏上的镜像按钮 镜像,选择 TOP 基准平面为镜像平面后,单击镜像操作面板上的确定按钮,完成零件镜像,结果如图 5-203 所示。

图 5-202　曲面加厚变为实体零件

图 5-203　零件镜像结果

步骤 17　文件保存

单击菜单"文件"→"保存"命令,保存当前模型文件。

趣味建模——雨伞的三维建模

试建立如图 5-204 所示雨伞的三维模型。

图 5-204　雨伞的三维模型

雨伞的三维建模过程如表 5-9 所示。

表5-9　雨伞的三维建模过程

关键步骤	1.创建扫描轨迹线制作伞面骨架
图示	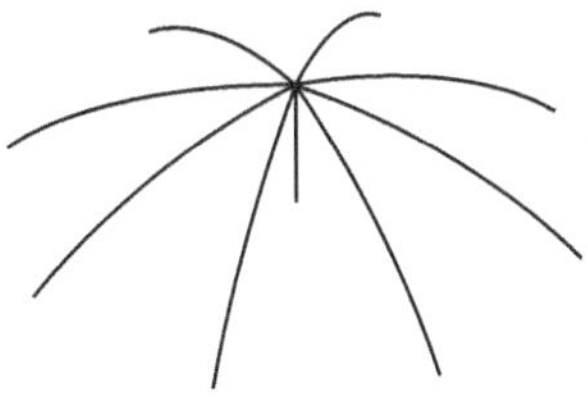 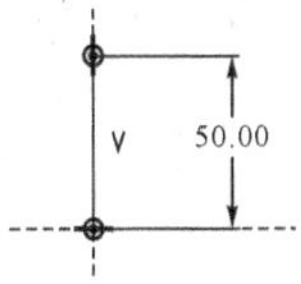 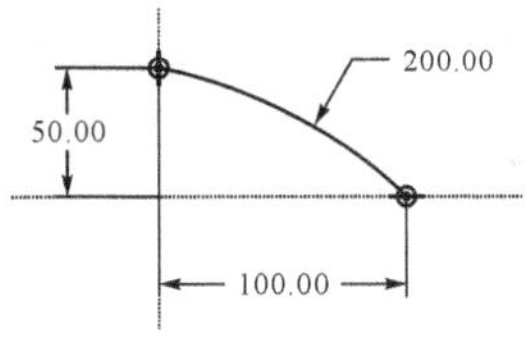 50.00　200.00　50.00　100.00
关键步骤	2.通过可变截面扫描方式创建伞面
图示	 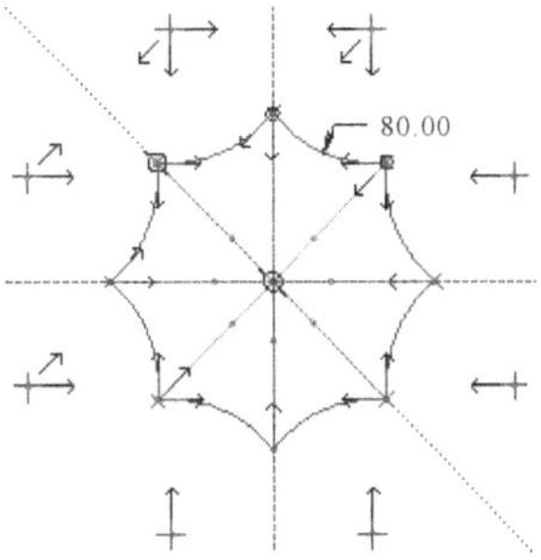 80.00
关键步骤	3.通过扫描方式创建伞柄(截面为ϕ2的圆)
图示	 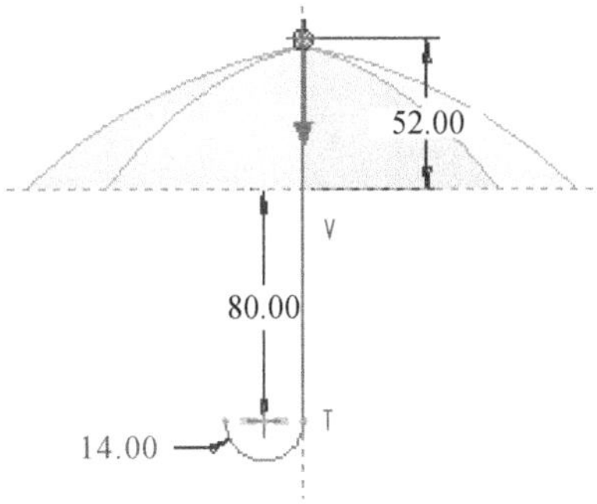 52.00　80.00　14.00
关键步骤	4.通过拉伸方式创建伞支持环
图示	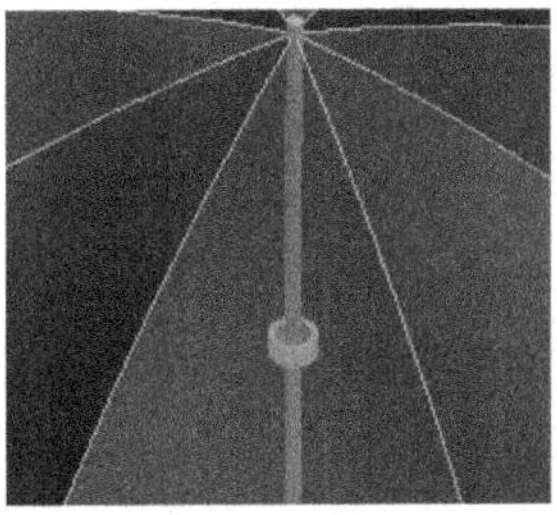 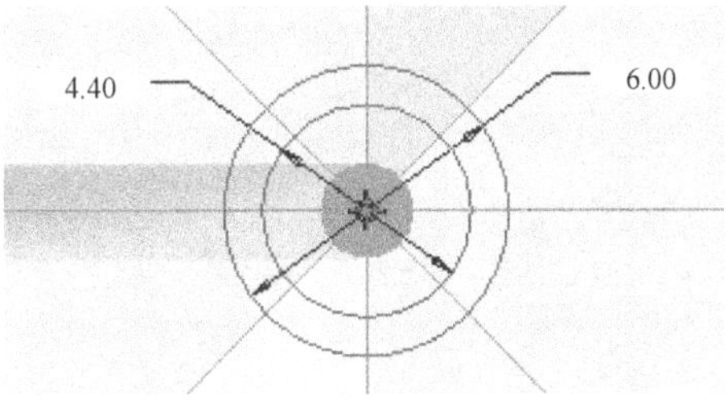 4.40　6.00

续 表

关键步骤	5.创建草绘曲线制作支持架
图示	
关键步骤	6.局部倒圆角(伞头和伞柄)
图示	

任务8 齿轮零件三维参数化建模设计

【工程案例十二】齿轮的三维建模设计

某齿轮厂生产如图5-205所示齿轮,齿轮模数$m=3$,齿数$z=13$,齿顶高系数$h_a=1.0$,顶隙系数$c=0.25$,分度圆压力角$\alpha=20°$,齿宽$b=20$。要求建立其三维模型。

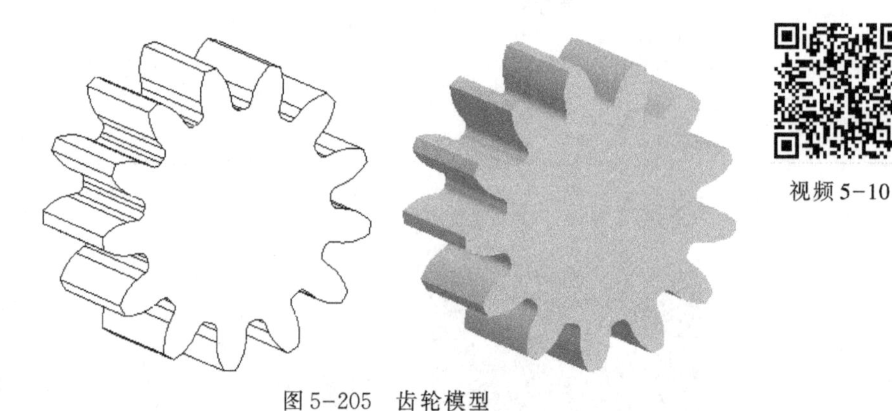

图5-205 齿轮模型

学习目标

1. 掌握参数与关系式的设置方法。

2. 能够应用参数化设计方法创建齿轮的三维模型。

齿轮建模分析

齿轮作为一种常用件，在机械设计中得到广泛应用，主要用来传递动力和运动，改变转速和运动方向等。齿轮有多种类型，如直齿轮、斜齿轮、人字形齿轮、弧形齿轮等。齿轮已实现半标准化，如模数和齿形角等。齿轮造型的难点在于轮齿部分，需要构造渐开线曲线。不过在近似造型过程中，可以用圆弧来代替渐开线，以简化建模过程。本案例分别对齿轮模型的近似造型与参数化标准造型两种方式进行了讲述。

相关知识点

1. 齿轮的结构与设计

(1)齿轮的结构

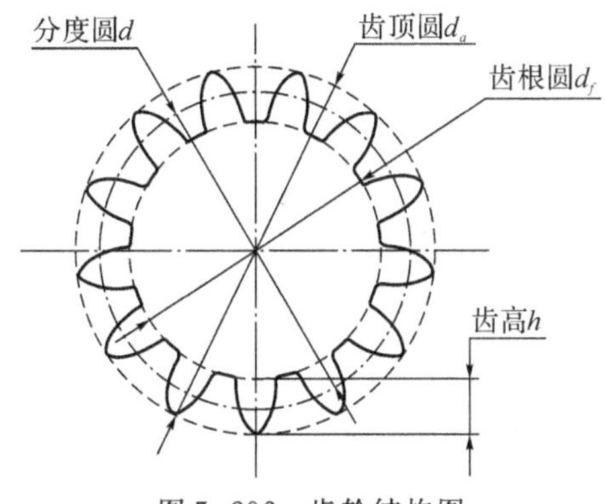

图 5-206　齿轮结构图

在设计标准齿轮时，只需确定齿轮的模数m和齿数z两个参数，而分度圆上的压力角$\alpha=20°$，齿顶高系数h_a和顶隙系数c分别为1和0.25，齿顶圆、分度圆、齿根圆直径等参数可以通过以下关系式自动计算：

分度圆直径$d = m*z$

齿顶圆直径$d_a = m*z + 2*m*h_a$

齿根圆直径$d_f = m*z - 2*(h_a + c)*m$

节圆直径$d_b = m*z*\cos\alpha$

(2)渐开线成形原理

渐开线是当一直线BK沿一圆周作纯滚动时，直线上任一点K的轨迹AK，如图5-207所示。A是渐开线在基圆上的起点，K是渐开线上任意一点，OK是渐开线上任意一点K与基圆圆心的距离，用向径r_k表示，AK与OK的夹角用展角θ_k表示。

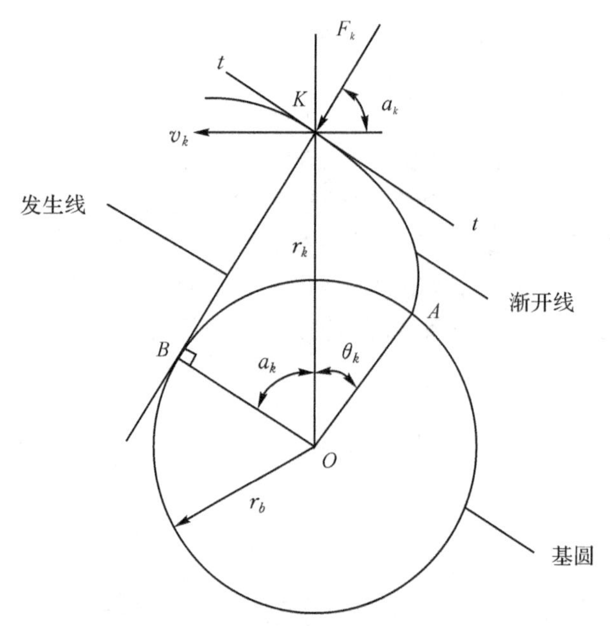

图 5-207　渐开线成形原理图

渐开线的极坐标参数方程式可表示为

$$\begin{cases} r_k = \dfrac{r_b}{\cos \alpha_k} \\ \theta_k = \text{inv}\alpha_k = \tan \alpha_k - \theta_k \end{cases}$$

式中：α_k为压力角；θ_k为展角；r_k为向径；r_b为基圆半径。

其笛卡尔坐标方程为

$$\begin{cases} x = r_b(\sin \alpha - \alpha \cdot \cos \alpha) \\ y = r_b(\cos \alpha + \alpha \cdot \sin \alpha) \end{cases}$$

式中：$\alpha = \theta_k + \alpha_k$。

当θ为0～90°时，在XY平面上(此时$Z=0$)渐开线绘制的参数方程式为

```
θ=t*90                    /*t为变量,取值范围为0～1*/
r=d_b/2
s=(PI*r*t)/2              /*PI为常数*/
x=r* cos θ + s* sin θ
y=r* sin θ - s* cos θ
z=0
```

2. 参数与关系

Creo(Pro/Engineer)软件用参数来定义零件或装配体的尺寸值，当参数值发生改变时，可以获得不同大小的一类零件。关系主要用于参数之间的联系，如表达式 d2=d1+d0*sin(a)中，d0、d1、d2、a均为参数，整个表达式为一关系，其中d2的值由d0、d1、a的值确定。

3. 齿轮的参数化造型过程

步骤1　新建文件

单击工具栏中的新建文件按钮，在弹出的“新建”对话框中选择“零件”类型，单击

“使用默认模板”复选框取消选中标志，在“名称”栏输入新建文件名“Gear”。单击“确定”按钮，打开“新文件选项”对话框。选择“mmns_part_solid”模板，按下“确定”按钮，进入三维零件绘制环境。

步骤2　创建齿轮设计参数

①单击“工具”标签页（见图5-208）“模型意图”工具栏中的“参数”按钮〔〕参数，弹出“参数”对话框，如图5-209所示。

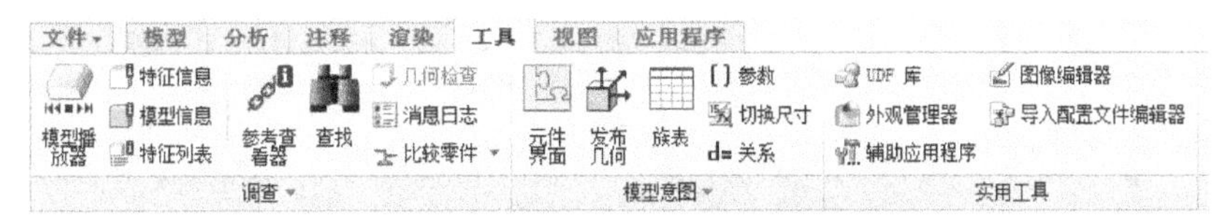

图5-208　“工具”标签页界面

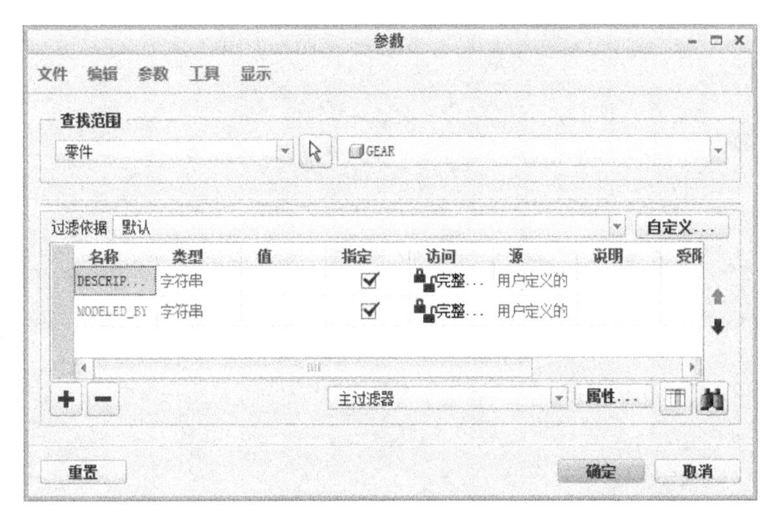

图5-209　“参数”对话框

②单击对话框下方的“添加”按钮✚，依次添加齿轮设计参数M、Z、A、D、DA、DF、DB、B，并设置M、Z、A、B四个参数的初始值，其中模数M值为3，齿数Z值为13，压力角A为20，齿宽B为20，而分度圆尺寸D、齿顶圆尺寸DA、齿根圆尺寸DF初始值则不用设置，按默认值就可（随后它们的值会自动根据M、Z、A的值进行修改），如图5-210所示。添加完毕后，单击“确定”按钮。

名称	类型	值	指定	访问	源	说明	受限制的
M	实数	3.000000	☐	完全	用户定义的	模数	
Z	实数	13.000000	☐	完全	用户定义的	齿数	
A	实数	20.000000	☐	完全	用户定义的	压力角	
D	实数	0.000000	☐	完全	用户定义的	分度圆直径	
DA	实数	0.000000	☐	完全	用户定义的	齿顶圆直径	
DF	实数	0.000000	☐	完全	用户定义的	齿根圆直径	
DB	实数	0.000000	☐	完全	用户定义的	基圆直径	
B	实数	20.000000	☐	完全	用户定义的	齿宽	

图5-210　设置参数值

步骤3 添加齿轮参照圆关系式

①单击“模型”标签页“基准”工具栏中的草绘按钮，弹出“草绘”对话框。选取FRONT基准平面作为草绘平面，接受系统默认的参考平面和方向。单击“草绘“按钮，系统进入二维草绘环境。

②草绘如图5-211所示4个任意的同心圆。草绘完成后，单击草绘完成按钮✓，退出草绘环境。

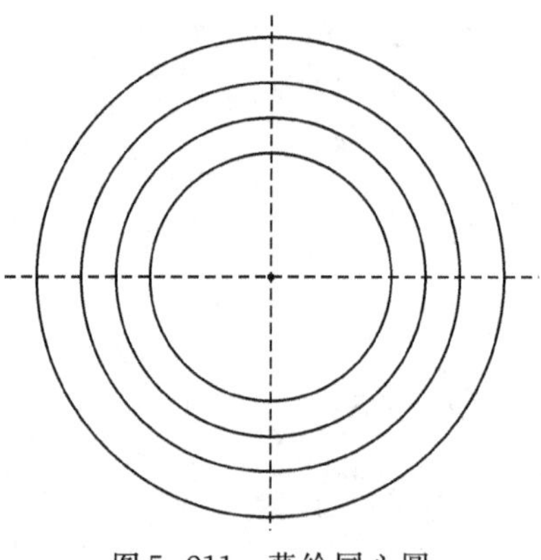

图5-211 草绘同心圆

③单击“工具”标签页“模型意图”工具栏中的“关系”按钮 d= 关系，弹出如图5-212所示的“关系”对话框，在其中输入齿轮参照圆关系式(框中所示四条关系)。

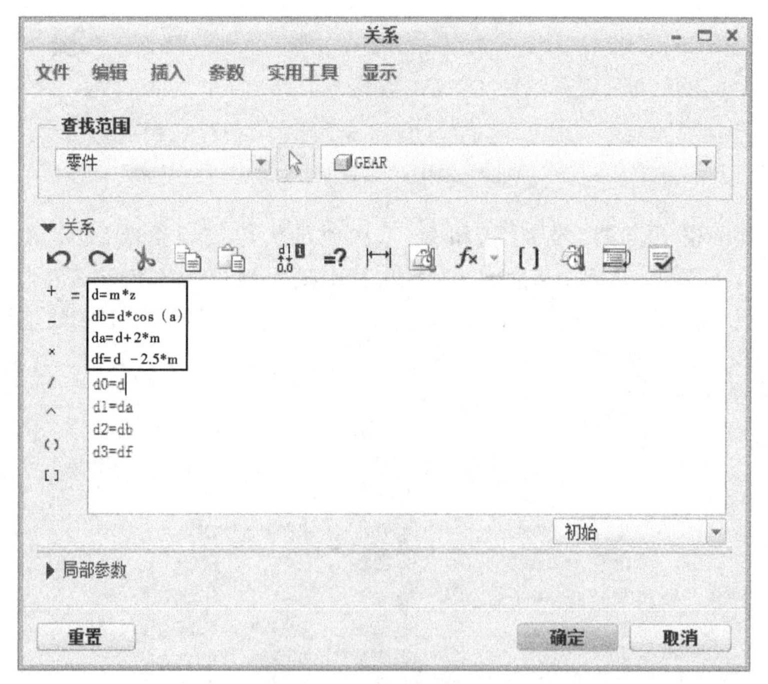

图5-212 “关系”对话框

④关系输入完成后，用鼠标在绘图区单击其中的一个圆，此时圆的尺寸均以参数符号ϕd1、ϕd2表示，如图5-213所示。在工作区单击ϕd0尺寸。参数符号尺寸d0被自动添加到

“关系”对话框输入界面中，然后在d0后面通过手工方式输入“=d”。按照同样的方法按照顺序依次添加其他尺寸d1、d2、d3，并建立等式关系(注意d0、d1等几个符号可以手动输入，也可以通过单击绘图区中相应的符号自动获得)。添加完毕后，单击对话框中的“确定”按钮，此时绘图区的四个圆尺寸显示如图5-214所示。单击“模型”标签页“操作”工具栏中的特征重新生成按钮。系统将根据关系式生成如图5-215所示的参照圆。

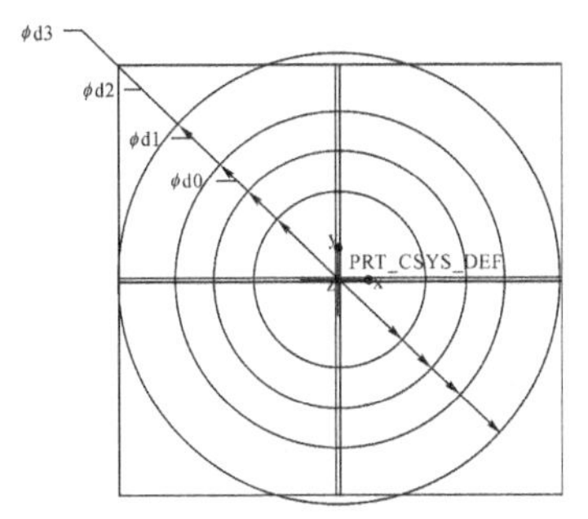

图5-213　用参数符号表示尺寸的圆

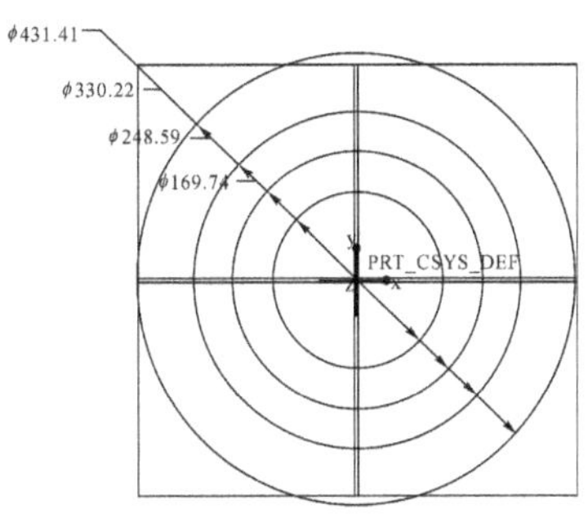

图5-214　用数值表示尺寸的圆

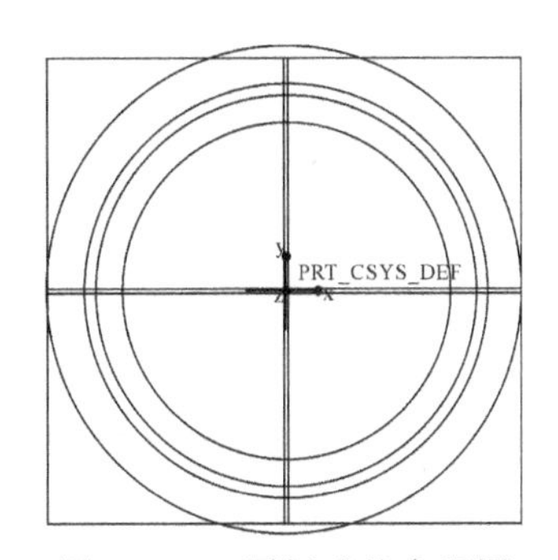

图5-215　更新后的参照圆

步骤4　创建齿轮齿廓渐开线特征

单击“模型”标签页“基准”工具栏中的“基准”下拉按钮 基准▾，弹出如图5-216所示的下拉选项，单击“曲线”后面的“来自方程的曲线”按钮 来自方程的曲线，弹出如图5-217所示曲线绘制操作面板。接受默认的“笛卡尔”坐标系选项，然后单击操作面板中的“方程...”按钮 方程...，弹出如图5-218所示的“方程”对话框，在其中输入前面所述的渐开线绘制方程。方程输入完成后，单击对话框中的“确定”按钮，返回操作面板。单击操作面板下方的“参考”选项，弹出“坐标系”选择对话框，在绘图区选择系统默认的坐标系PRT_CSYS_DEF，此时会出现渐开线的预留效果。单击操作面板上的完成按钮✔，结束渐开线的创建，结果如图5-219所示。

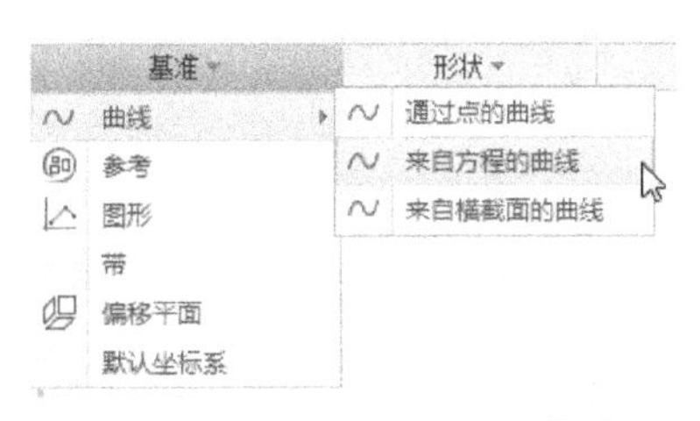

图5-216　方程曲线绘制菜单

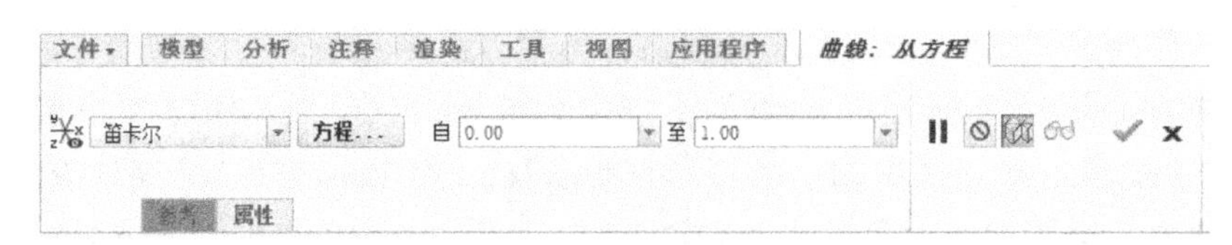

图 5-217 “从方程”绘制曲线操作面板

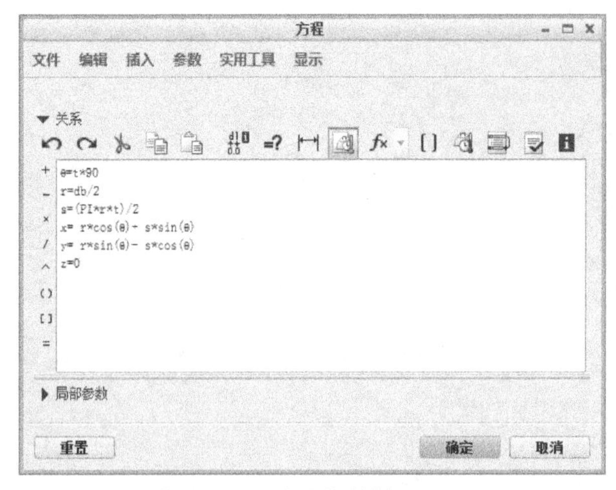

图 5-218 “方程”对话框

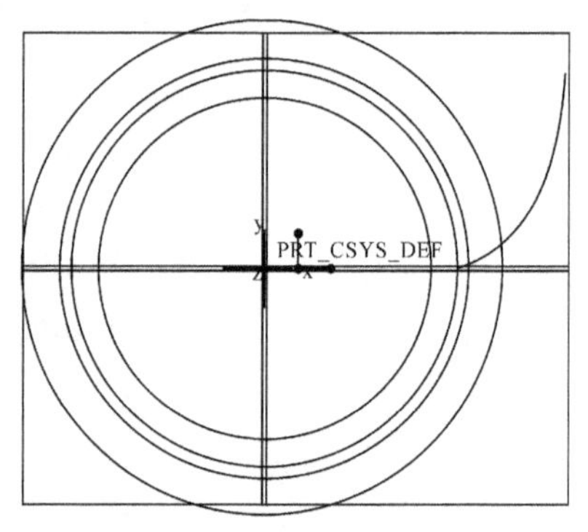

图 5-219 渐开线创建结果

步骤5 创建镜像基准平面特征

①单击“基准”工具栏中的“基准轴”创建按钮/ 轴，弹出“基准轴”对话框，在绘图区按住键盘Ctrl键，选取RIGHT和TOP两个基准平面作为参照，单击“确定”按钮，生成如图5-220所示基准轴A_1。

②单击“基准”工具栏中的“基准点”创建按钮 点，弹出“基准点”对话框，在绘图区按住键盘Ctrl键，选取分度圆(从外往里数第二个圆)和创建的渐开线作为参照，单击“确定”按钮，生成如图5-221所示基准点PNT0。

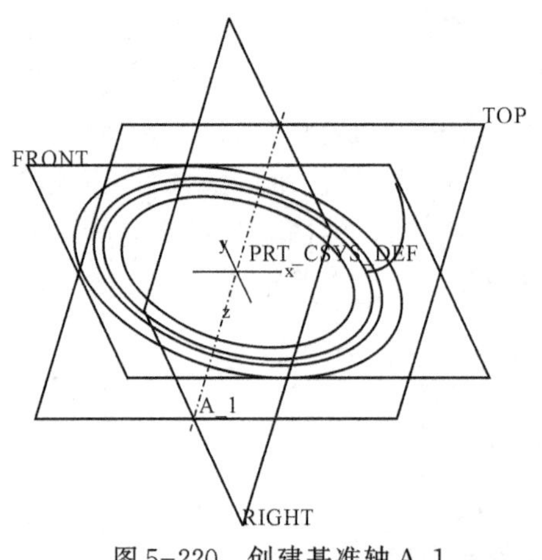

图 5-220 创建基准轴 A_1

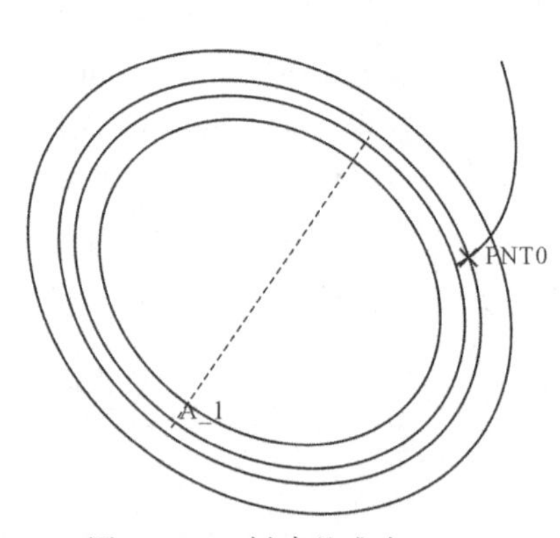

图 5-221 创建基准点 PNT0

③单击“基准”工具栏中的“基准平面”创建按钮，弹出“基准平面”对话框，在绘图区按住键盘Ctrl键，选取刚创建的基准轴A_1和基准点PNT0作为参照，单击“确定”按钮，

生成如图5-222所示基准平面DTM1。

④单击“基准”工具栏中的“基准平面”创建按钮，弹出“基准平面”对话框，在绘图区按住键盘Ctrl键，选取刚创建的基准轴A_1和基准平面DTM1作为参照，并输入旋转角度-360/(4*z)(注:此处角度值为1/4齿的角度)，单击“确定”按钮，生成如图5-223所示的镜像基准平面DTM2，该基准平面为齿槽的中间面。

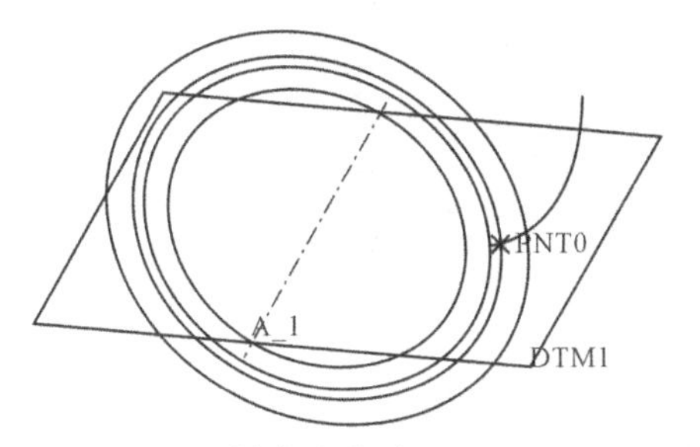

图5-222　创建基准平面DTM1

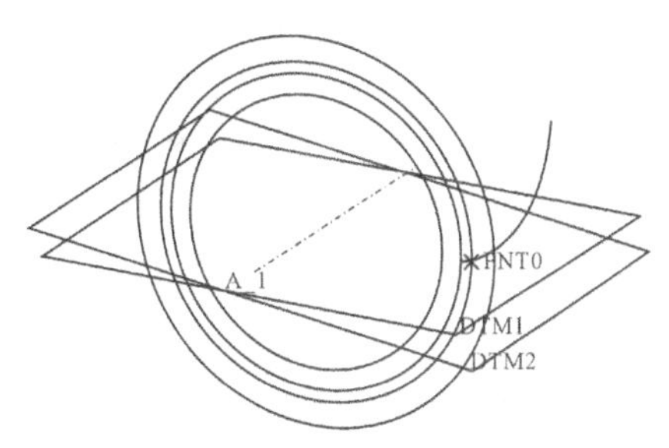

图5-223　创建基准平面DTM2

⑤单击“工具”标签页“模型意图”工具栏中的“关系”按钮 d= 关系，弹出如图5-224所示的“关系”对话框，在绘图工作区单击DTM2辅助平面，此时在模型上出现d6参数符号。在“关系”对话框中输入镜像平面旋转角度关系式“d6=360/(4*z)”。注意式中的d6是通过在绘图工作区中单击DTM2的旋转角度参数获得，其余部分手工输入。操作完成后，单击“确定”按钮。

步骤6　创建镜像渐开线特征

选取已创建的渐开线特征，单击工具栏中的镜像按钮 镜像，选择DTM2基准平面作为镜像平面，单击确定按钮，生成如图5-225所示的渐开线镜像。

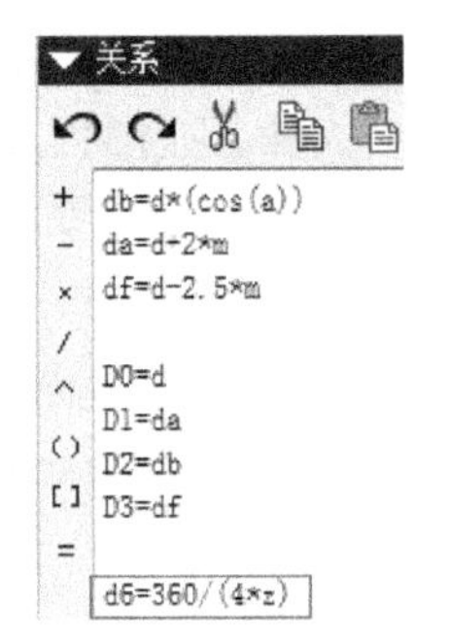

图5-224　“关系”对话框

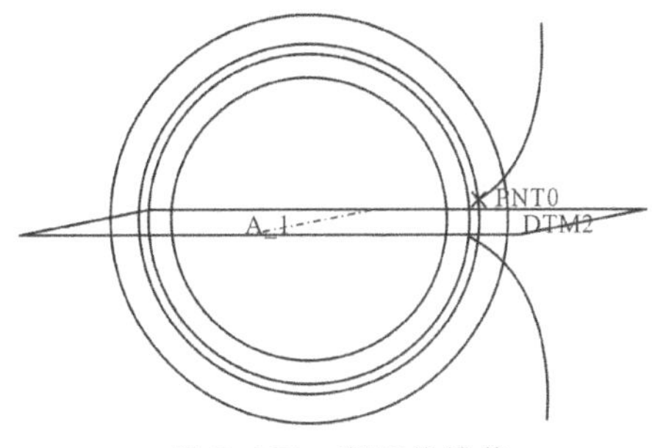

图5-225　渐开线镜像

步骤7　拉伸创建齿轮毛坯

①单击拉伸按钮，打开拉伸特征操作面板。

②单击“放置”面板中的“定义”按钮，打开“草绘”对话框。

③选择FRONT基准面为草绘平面，参考面和方向按默认值设置。单击“草绘”按钮，系统进入草绘工作环境。

④通过单击“草绘”工具栏中的投影按钮 投影，在弹出的“类型”对话框中选择“环”单选按钮 环(L)，然后在绘图区单击齿顶圆(即尺寸最大的一个圆)边界就可以绘制如图5-226所示二维截面。单击草绘完成按钮，返回拉伸特征操作面板。

⑤在拉伸深度数值编辑框中输入b后按回车键,此时系统会弹出提示框“是否要添加B作为特征关系?”,单击“是”按钮。单击特征完成按钮✔,完成拉伸特征的创建,结果如图5-227所示。

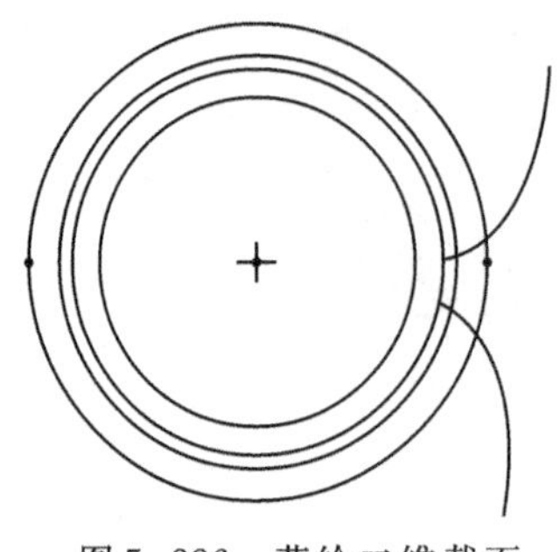

图5-226　草绘二维截面

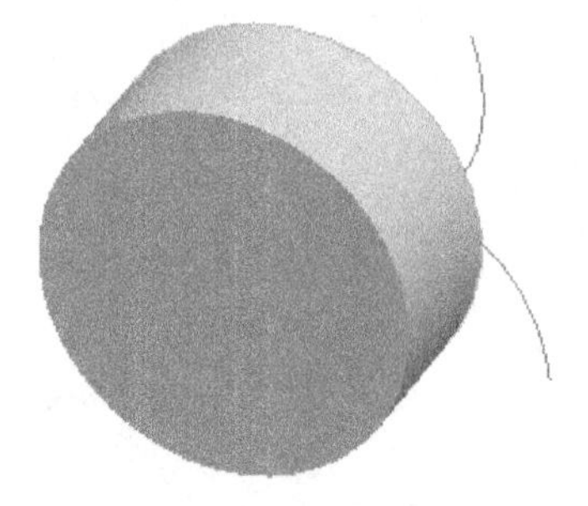

图5-227　截面拉伸结果

⑥单击“工具”标签页“模型意图”工具栏中的“关系”按钮d= 关系,弹出“关系”对话框,在绘图工作区单击拉伸特征,然后单击模型上出现的高度参数d7(注意此处的d7因建模顺序而定,可能是其他参数,如d8、d9等),在“关系”对话框中输入关系式“d7=b”。操作完成后,单击“确定”按钮。

步骤8　创建第一个齿槽特征

①单击拉伸按钮,打开拉伸特征操作面板。

②单击拉伸操作面板上的“去除材料”按钮。

③单击“放置”面板中的“定义”按钮,打开“草绘”对话框。

④选择FRONT基准平面为草绘平面,参考面和方向按默认值设置。单击“草绘”按钮,系统进入草绘工作环境。

⑤绘制如图5-228所示二维截面(注意在绘制截面时需要将零件显示方式改为“线框”显示方式,然后利用“草绘”工具栏中的“投影”按钮 投影来选择参照圆以及渐开线,并用 线、 删除段 和 圆角 工具,以及等半径约束工具==进行截面处理)。单击草绘完成按钮✔,返回拉伸特征操作面板。

(**注**:此例中m=3,z=13,此时db>df,齿底圆比基圆小,需要在两圆间补充两条过渡线。如果m=3,z=50,则db<df,齿底圆比基圆大,则不需要在两圆间补充线。)

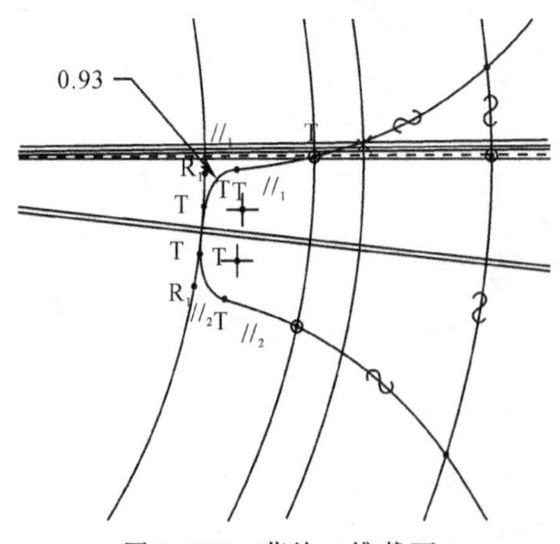

图5-228　草绘二维截面

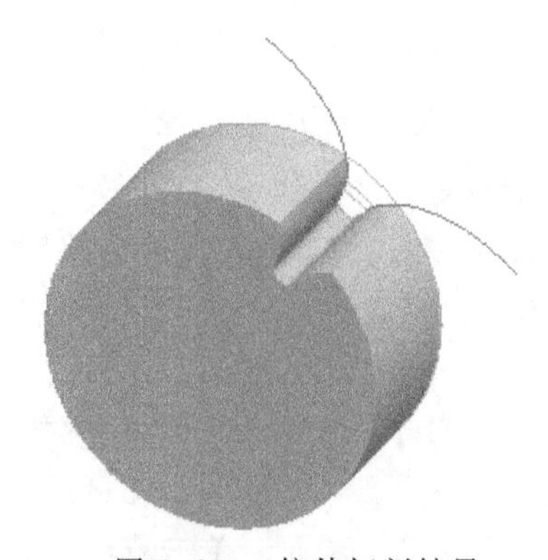

图5-229　拉伸切割结果

⑥在拉伸高度数值输入框中输入b后按回车键，此时系统会弹出提示框“是否要添加B作为特征关系？”，单击“是”按钮。由于系统默认特征拉伸方向与实际需要方向相反，此时需要单击拉伸深度数值输入框后面的拉伸方向切换按钮，然后再单击特征完成按钮，完成拉伸特征的创建，结果如图5-229所示。

⑦单击“工具”标签页“模型意图”工具栏中的“关系”按钮 d= 关系，弹出“关系”对话框，在绘图工作区内单击刚创建的齿槽特征，然后在出现的模型尺寸参数符号中单击拉伸高度参数d9以及圆角半径Rd10，在“关系”对话框中输入关系式“d9=b，d10=0.38*m”。操作完成后，单击“确定”按钮。

⑧单击“模型”标签页“操作”工具栏中的特征重新生成按钮，系统将根据关系式对过渡圆弧进行更新。

步骤9　轮齿特征复制

①在特征模型树中选择最后创建的齿槽切割特征，然后单击“操作”工具栏上的特征复制按钮 复制，再单击“操作”工具栏上的特征粘贴下拉按钮 粘贴，在弹出的选项按钮中选择“选择性粘贴”，弹出“选择性粘贴”对话框。单击勾选“对副本应用移动/旋转变换(A)”，如图5-230所示。单击对话框中的“确定”按钮，弹出“移动(复制)”操作面板，如图5-231所示。

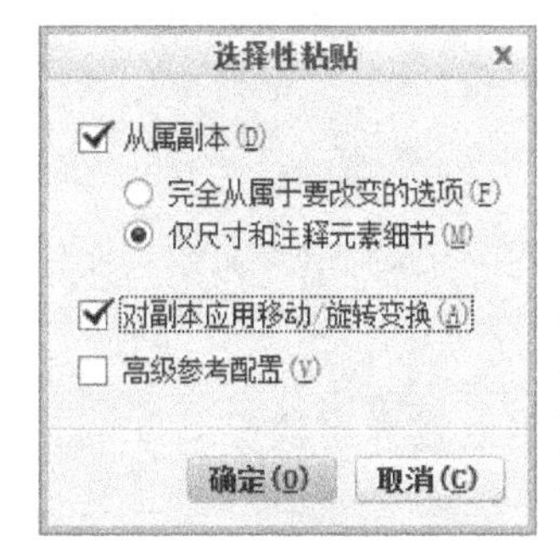

图5-230　“选择性粘贴”对话框

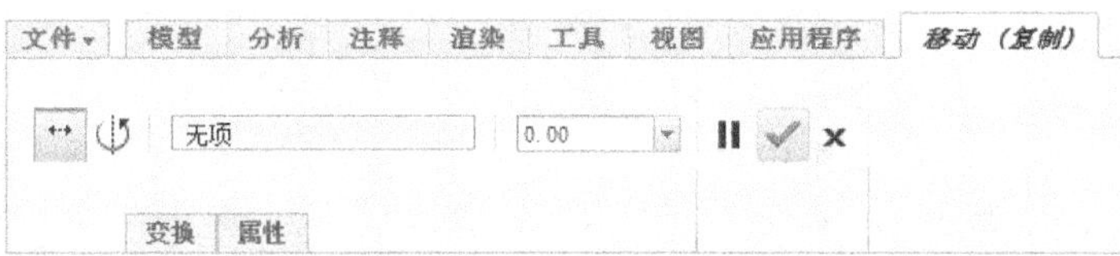

图5-231　“移动(复制)”操作面板

②单击特征操作面板中的旋转按钮，然后在特征模型树中选取轴A_1，而后在操作面板中输入旋转角度360/z，并在弹出的提示对话框中单击“是”按钮。单击特征完成按钮，完成特征的旋转复制，结果如图5-232所示。

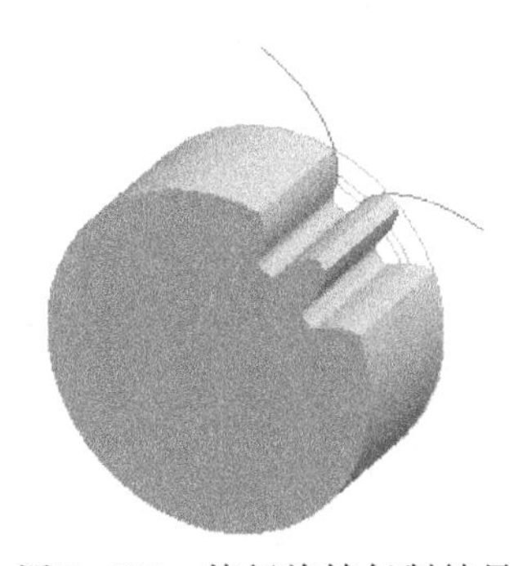

图5-232　特征旋转复制结果

③单击“工具”标签页“模型意图”工具栏中的“关系”按钮 d= 关系，弹出“关系”对话框，

在绘图工作区单击旋转复制特征,然后单击模型中显示的角度尺寸参数d12(注意:有可能是其他符号),在“关系”对话框中输入关系式“d12=360/z”。操作完成后,单击“确定”按钮。

步骤10 轮齿特征阵列

①在特征模型树中点选上步创建的旋转复制特征“已移动副本1”,单击特征阵列按钮,弹出特征阵列操作面板。

②在操作面板中选择阵列方式为“尺寸”阵列,输入阵列个数为12。在绘图工作区选取旋转复制角度“27.69”作为尺寸参照(见图5-233),在弹出的编辑框中输入“360/z”, 此时系统会弹出提示框“是否要添加360/z作为特征关系?”,单击“是”按钮。单击特征完成按钮,完成轮齿特征的阵列,结果如图5-234所示。

③单击“工具”标签页“模型意图”工具栏中的“关系”按钮 d= 关系,弹出“关系”对话框,在工作区单击阵列尺寸参数“P17移动”(注:有可能是其他符号),在“关系”对话框中输入关系式“p17=z-1”。操作完成后,单击“确定”按钮。

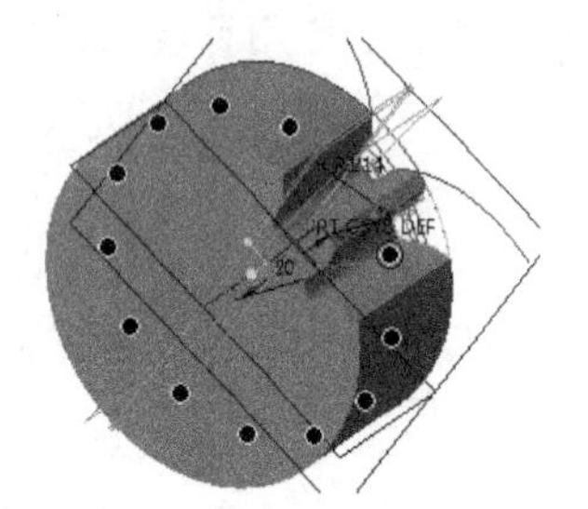
图5-233 特征阵列尺寸参照选择

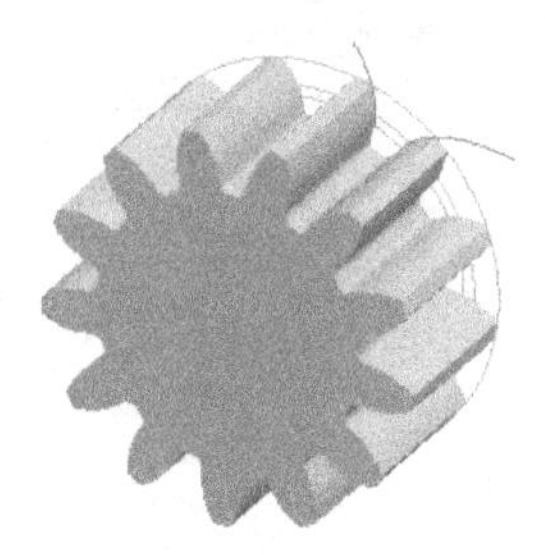
图5-234 特征阵列

图5-235 隐藏草绘曲线

步骤11 隐藏步骤草绘参照圆曲线

选择特征操作树中的草绘曲线、渐开线曲线及镜像线,单击右键弹出快捷菜单,选择其中的“隐藏”即可,结果如图5-235所示。

步骤12 文件保存

单击菜单“文件”→“保存”命令,保存当前模型文件。

步骤13 模型的参数化修改

单击“工具”标签页“模型意图”工具栏中的“参数”按钮[] 参数,弹出“参数”对话框,修改设计参数,如模数m、齿数z、齿宽b等(如$m=3,z=8,b=20$),单击“确定”按钮,完成模型参数修改。最后单击“模型”标签页“操作”工具栏中的模型重新生成按钮,生成新的齿轮三维实体模型,如图5-236所示。

(a)$m=3,z=8,b=20$ (b)$m=2.5,z=17,b=10$ (c)$m=3,z=25,b=20$

图5-236 齿轮的参数化模型

举一反三

某齿轮厂生产如图5-237所示齿轮，要求建立其三维模型。

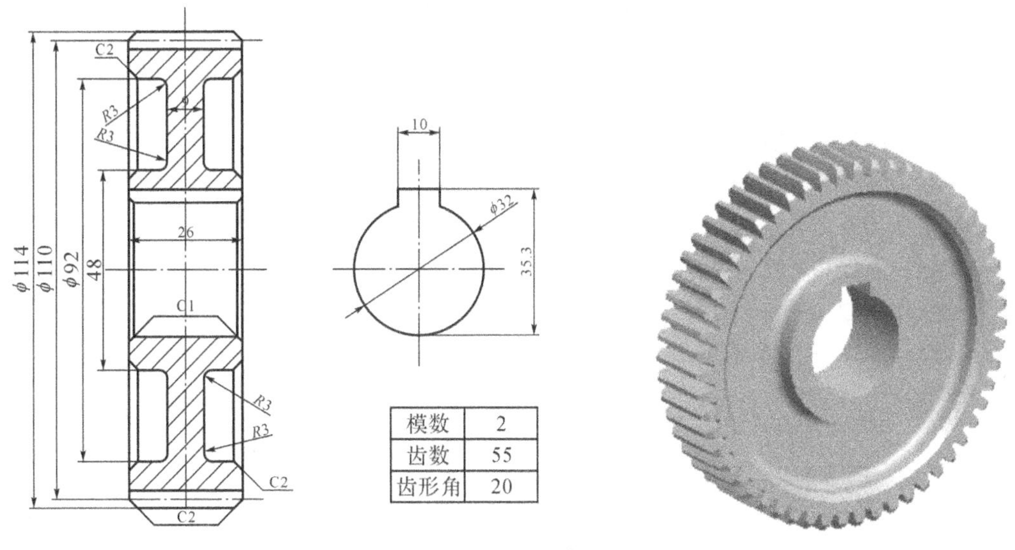

图5-237　齿轮模型图

齿轮的三维建模过程如表5-11所示。

表5-11　齿轮的三维建模过程

关键步骤	1. 拉伸创建毛坯	2. 毛坯倒角	3. 创建轮齿
图示			
关键步骤	4. 轮齿阵列	5. 拉伸去除材料	6. 特征镜像
图示			
关键步骤	7. 倒角	8. 倒圆角	9. 最终结果
图示			

关键步骤提示:第一个齿槽特征的创建

①单击拉伸按钮,打开拉伸特征操作面板。

②单击拉伸操作面板上的“去除材料”按钮。

③单击“放置”面板中的“定义”按钮,打开“草绘”对话框。

④选择FRONT基准平面为草绘平面,参考面和方向按默认值设置。单击“草绘”按钮,系统进入草绘工作环境。

⑤绘制如图5-238所示二维截面(**注:**在绘制截面时需要将零件显示方式改为“线框”显示方式,然后利用“草绘”工具栏中的“投影”按钮 投影 来选择参照圆以及渐开线,并用 删除段 和 圆角 工具,以及等半径约束工具 进行截面处理)。单击草绘完成按钮,返回拉伸特征操作面板。

(**注:**此例中由于$m=2$,$z=55$,则$d_b=103.366<d_f=105.000$,齿底圆比基圆大,如图5-239所示,此时不需要在基圆和齿底圆间补充直线段。)

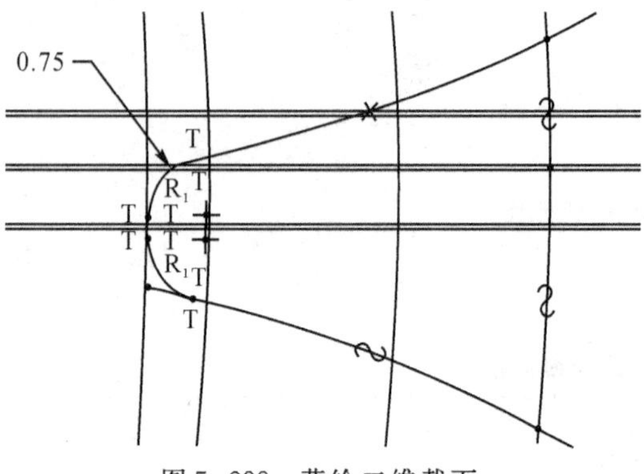

图5-238 草绘二维截面

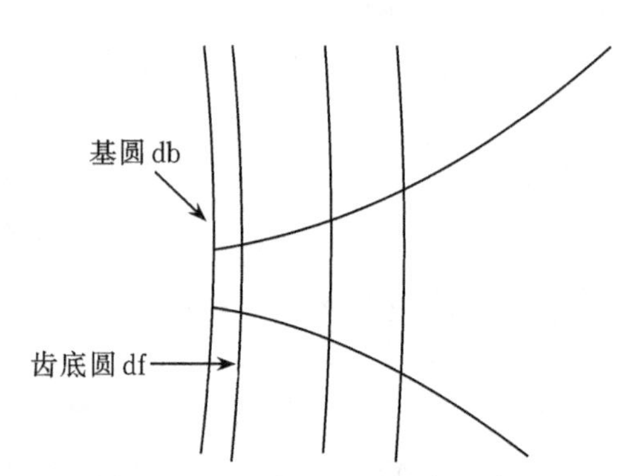

图5-239 四个基准圆的位置关系

⑥在拉伸高度数值输入框中输入b后按回车键,此时系统会弹出提示框“是否要添加B作为特征关系?”,单击“是”按钮。由于系统默认特征拉伸方向与实际需要方向相反,此时需要单击拉伸深度数值输入框后面的拉伸方向切换按钮,然后再单击特征完成按钮,完成拉伸特征的创建,结果如图5-240所示。

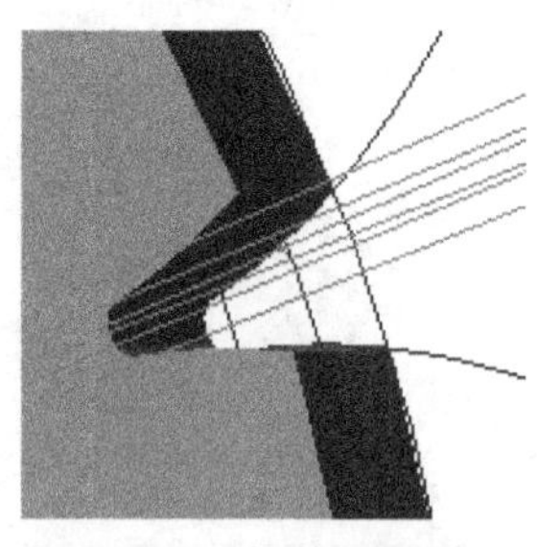

图5-240 拉伸切割结果

⑦单击“工具”标签页“模型意图”工具栏中的“关系”按钮 d= 关系,弹出“关系”对话框,在绘图工作区内单击刚创建的齿槽特征,然后在出现的模型尺寸参数符号中单击拉伸高度参数d9以及圆角半径Rd10,在“关系”对话框中输入关系式“d9=b,d10=0.38*m”。操作完成后,单击“确定”按钮。

⑧单击“模型”标签页“操作”工具栏中的特征重新生成按钮，系统将根据关系式对过渡圆弧进行更新。

综合工程案例实战演练

【综合案例练习一】

设计如图5-241所示的圆柱螺旋扭转弹簧。弹簧直径为20mm，螺距为3.3mm，长度为30mm，弹簧丝直径为3mm。直线段长度自设。

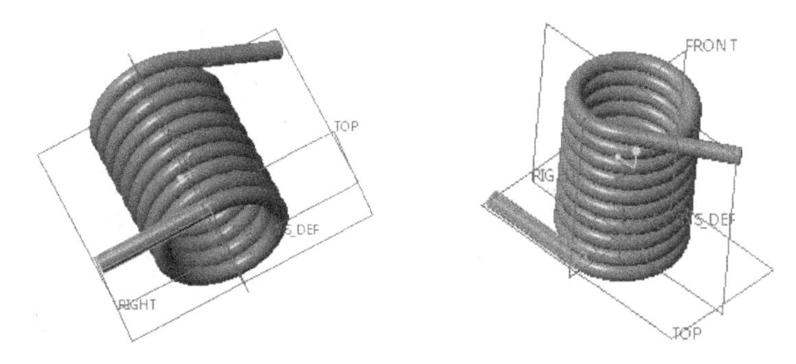

图5-241　圆柱螺旋扭转弹簧

【综合案例练习二】

效果如图5-242所示。其阿基米德螺线方程为

$$\text{theta}=360*3*t$$
$$r=25+0.03*\text{theta}$$
$$z=0$$

蜗簧钢丝的横截面为一长为6、宽为2的矩形。

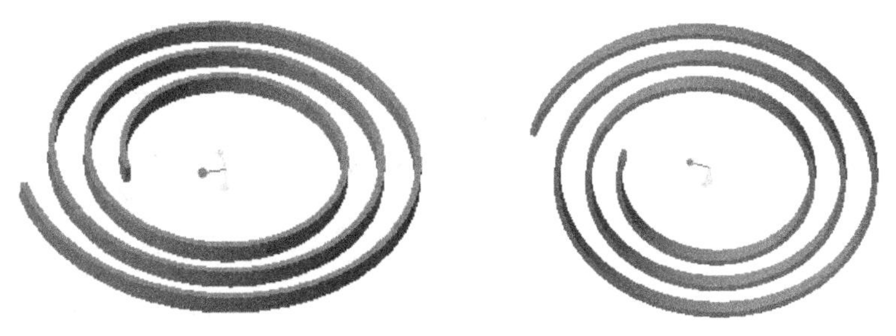

图5-242　蜗簧造型

（**提示**：先由方程创建阿基米德蜗螺线，在“坐标系类型”中选择“柱坐标”，然后在“方程”窗口中输入上面的阿基米德螺线方程。最后通过扫描特征创建蜗簧模型。）

【综合案例练习三】

创建如图5-243所示零件模型。

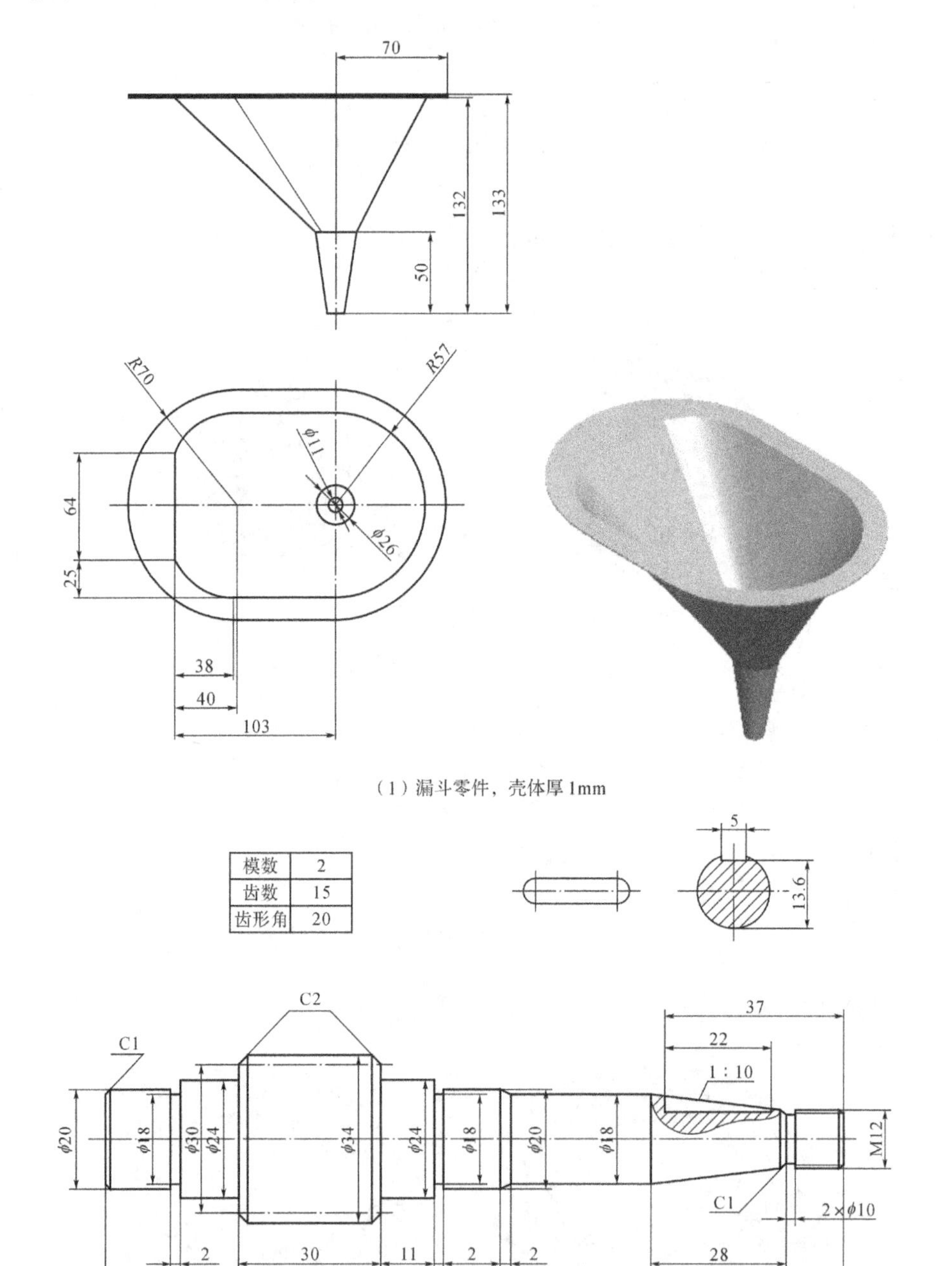

（1）漏斗零件，壳体厚1mm

模数	2
齿数	15
齿形角	20

（2）齿轮轴零件

图5-243　工程案例零件(一)

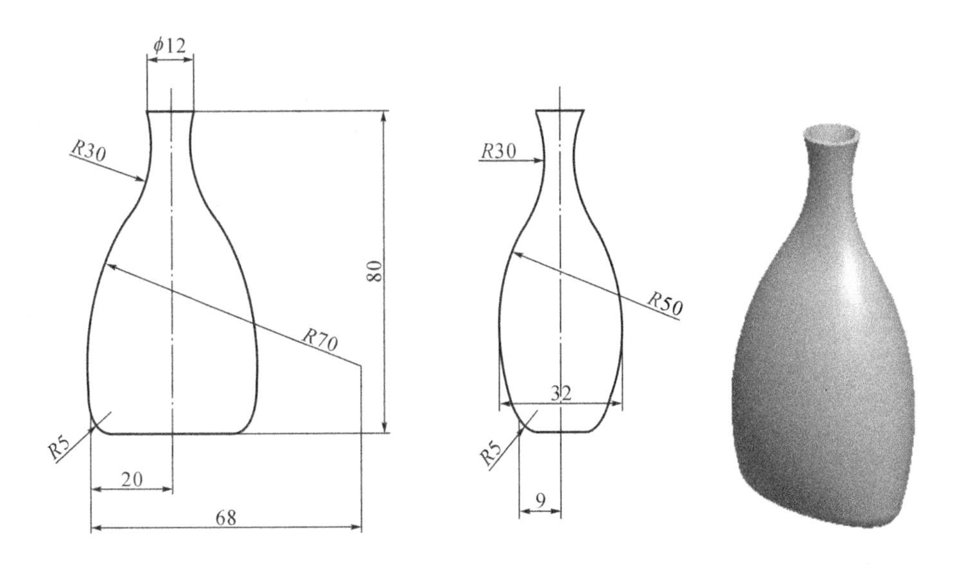

（3）香水瓶，壳体厚度1mm

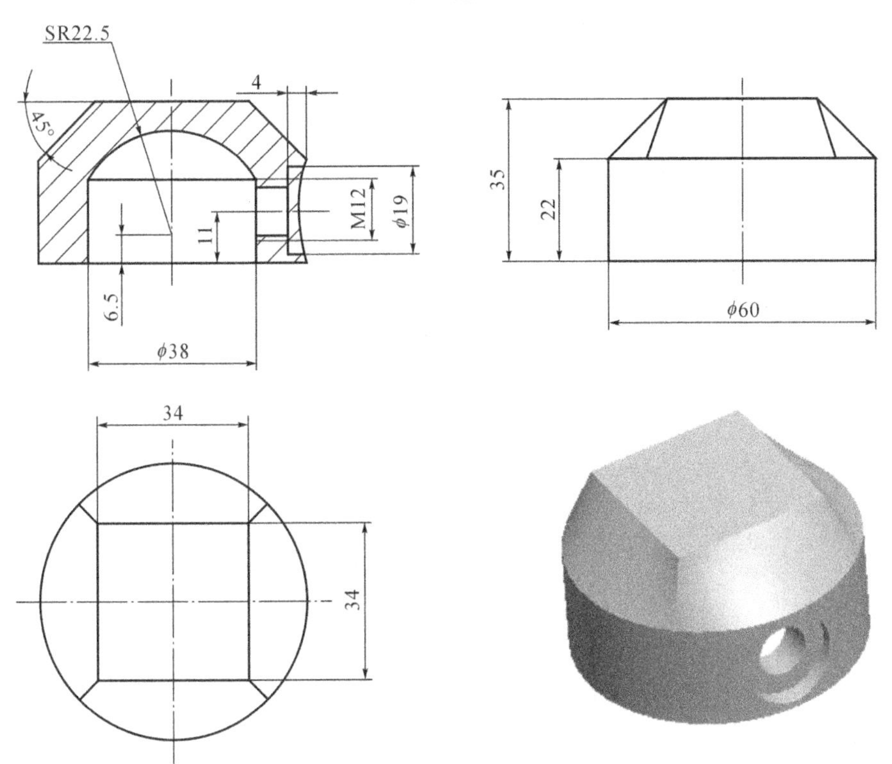

（4）千斤顶顶垫

图5-243　工程案例零件(二)

项目六　零件装配与运动仿真

一个产品往往是由多个零件组合而成的，在Creo(Pro/Engineer)软件中，零件的组合是通过装配环境来完成的。

认知1　装配环境认知

单击工具栏中的新建文件按钮□，在弹出的“新建”对话框中选择“组件”类型，按下“确定”按钮，可快速进入零件装配环境，如图6-1所示。

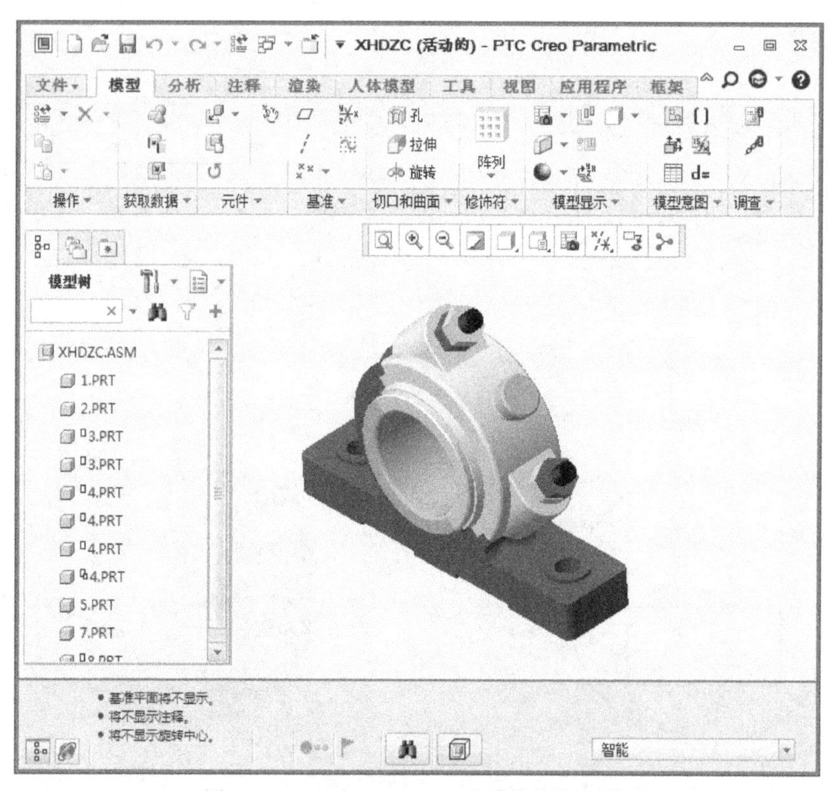

图6-1　Creo(Pro/Engineer)零件装配环境

Creo(Pro/Engineer)软件的装配环境与三维零件设计环境基本相似，包括了快速访问工具栏、功能区、特征模型树、绘图区等部分。

认知2　零件装配模式

Creo(Pro/Engineer)主要有两种装配模式：自底向上装配模式与自顶向下装配模式。自底向上装配模式，需要先创建组成装配体的各个元件，然后在装配模式下将已有的零件或子装配体按相互的配合关系直接放置在一起组成一个新的装配体。这种装配模式常用于产品装配关系比较明确或零件造型较为规范的场合。自顶向下装配模式，需要先从整体上勾画出产品的整体结构关系或创建装配体的二维零件布局关系图，然后根据这些关系或布局逐一设计出产品的零件模型。这种装配模式多用于实际的产品设计，即确定产品的外形轮廓，然后逐步对产品进行设计上的细化，直至细化到单个零件。

任务1　零件装配与分解

【工程案例一】轴承座零件装配

根据图6-2所示轴承座各零件的尺寸绘制出三维模型，并完成零件的装配。

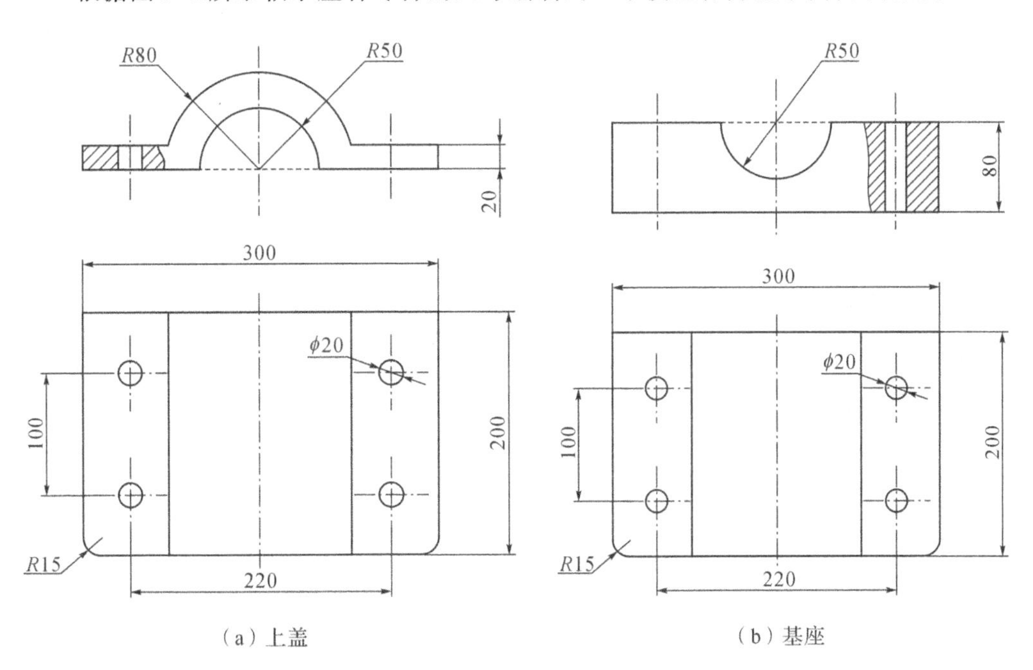

图6-2　轴承座零件图纸(一)

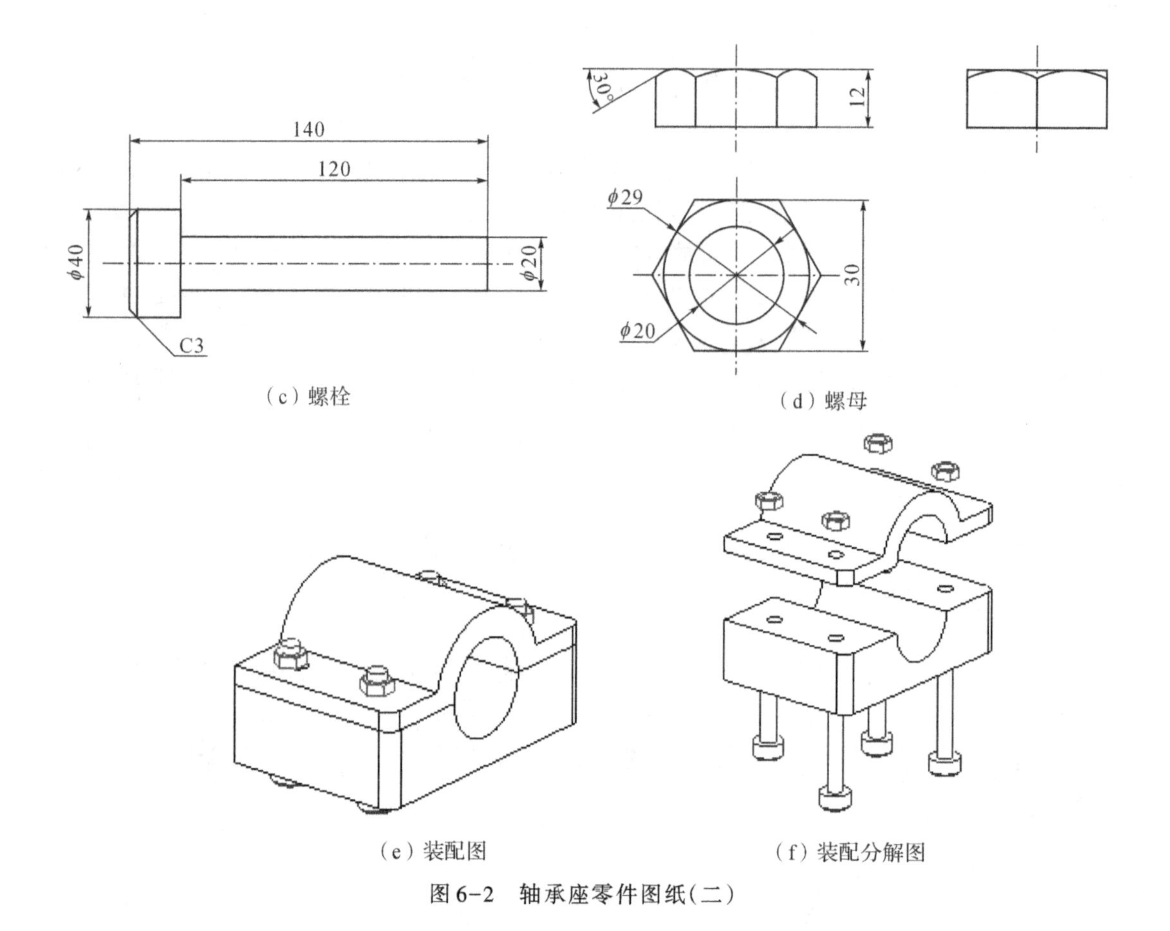

（c）螺栓　　（d）螺母

（e）装配图　　（f）装配分解图

图6-2　轴承座零件图纸(二)

学习目标

1. 认识零件装配的基本过程。
2. 能够使用重合、居中、默认等装配约束方法进行零件的装配。
3. 能够使用元件重复或零件阵列方法实现多零件的装配。

零件装配分析

轴承座组件包括了四个零件,即上盖、基座、螺栓、螺母。按工作过程来看,首先需要将上盖和基座相互贴合在一起,并保证前后左右面对齐,然后将螺栓插入到螺栓孔中,并拧上螺母。当然,上盖和基座的表面如何相互贴合在一起,前后左右面如何对齐,如何将螺栓插入到螺栓孔中,这些问题都需要添加装配约束才能解决。另外,该轴承座要完成四个螺栓和螺母的装配,在现实环境中当然需要一个个来安装,但在虚拟装配环境下,有没有一种快速的方法将其装上？这就需要用户掌握零件阵列与重复零件快速装配等技巧。

相关知识点

1. 零件装配约束

约束是施加在各个零件间的一种空间位置的限制关系。利用装配约束,可以指定一个零件相对于装配体中其他零件的放置方式和位置,从而保证参与装配的各个零件之间具有确定的位置关系。一般有两种装配约束形式:无连接接口的装配约束和有连接接口的装配约束。使用无连接接口的装配约束的装配体的各个零件不具有自由度,零件之间不能做任何相对运动。使用有连接接口的装配约束,各个零件间用机构进行连接,零件间有一定的活动自由度,常用于机构运动仿真。在Creo(Pro/Engineer)软件中,无连接接口的装配约束包括了距离、角度偏移、平行、重合、法向、共面、居中、相切、固定、默认等约束类型;有连接接口的装配约束则包括了刚性、销、滑块、圆柱、平面、球、焊缝、轴承、万向、槽等约束类型,如图6-3所示。

(a)无连接接口的装配约束　　(b)有连接接口的装配约束

图6-3　约束类型

本次设计任务重点讲述无连接接口的装配约束。有连接接口的装配约束则在后续设计任务中进行讲解。

(1)"重合"与"距离"约束

"重合"约束可使装配体中的两个平面(或表面或基准面)、两个轴、两条边、两个点等重合,如图6-4(b)所示。当两个平面重合后,可以将约束类型改为"距离"约束,此时可输入两个平面的偏距值,使两个平面离开一定的距离,如图6-4(c)所示。

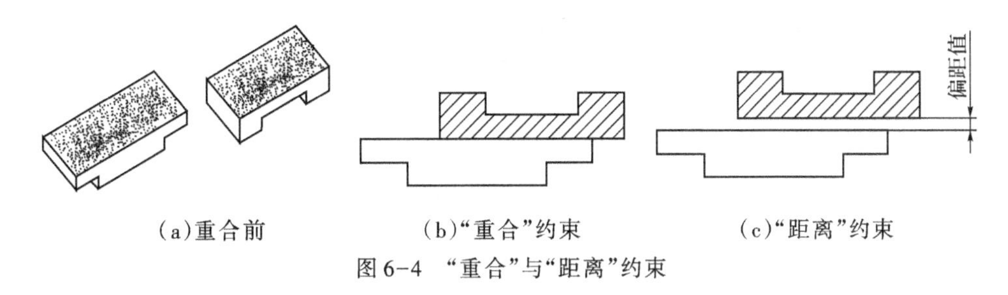

(a)重合前　　(b)"重合"约束　　(c)"距离"约束

图6-4　"重合"与"距离"约束

(2)"平行"约束

可使装配体中的两个平面(或表面或基准面)平行,如图6-5(b)所示。当两个平面平行后,可以将约束类型改为"距离"约束,此时可输入两个平面的偏距值,使两个平面离开一定的距离,如图6-5(c)所示。

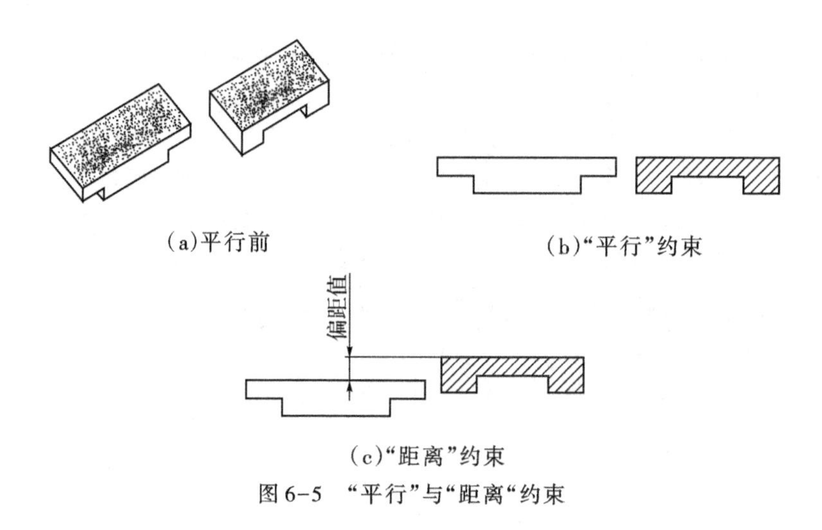

(a)平行前　(b)"平行"约束

(c)"距离"约束

图6-5　"平行"与"距离"约束

(3)"居中"约束

将一个旋转曲面(比如圆柱面)插入到另一个旋转面中,且使它们各自的轴线同轴。一般来说,"居中"约束可以用"重合"约束来代替,不过在当旋转曲面的轴线选取无效或不方便时可以使用这个约束。"居中"约束主要用于孔与轴之间的装配,如图6-6所示。

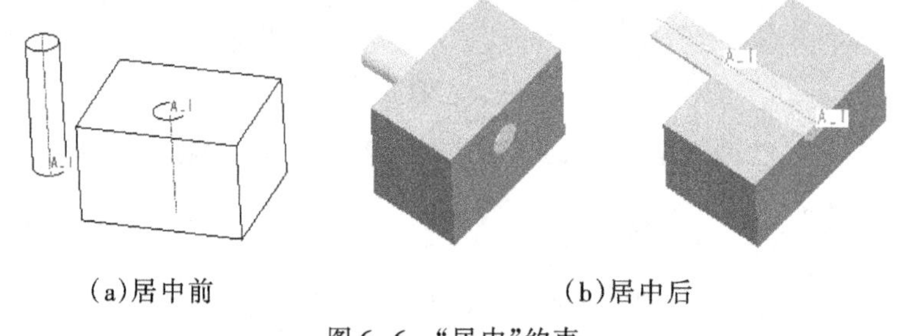
(a)居中前　(b)居中后

图6-6　"居中"约束

(4)"固定"约束

使用"固定"约束可以将零件固定在图形区的当前位置,当向装配环境中加入第一个零件时,可以用这种约束方式对零件进行固定,以简化零件的装配过程。

(5)"默认"约束

"默认"约束可以用来将元件上的默认坐标系与装配环境的默认坐标系对齐。当向装配环境中加入第一个零件时,可以用这种约束方式对零件进行固定,以简化零件的装配过程。

2. 重复零件装配

在装配过程中有些零件可能会用到多次,而且装配约束大多相同,如螺栓、螺母的装配等,如果一个个装配,显然会增加零件的装配时间,Creo(Pro/Engineer)软件中提供了一种针对重复零件的装配方法,来加快零件的装配速度。

3. 零件阵列

如果重复的零件之间有一定的规律可循,如沿环形排列、矩阵状排列等,则可以采用零件阵列方式来加快零件的装配过程。

4. 装配体分解

为了表达装配体中各零件的相对位置关系和装配过程，常需要将各个零件从装配体中分解出来。装配体的分解状态也叫爆炸状态，它是将装配体中的各零部件沿着直线或者坐标轴移动或者旋转而成的。

操作步骤

步骤1　设置工作目录

单击菜单“文件”→“管理会话”→“选择工作目录”命令，将文件放置在自己建立的文件夹下。

步骤2　新建装配文件

单击工具栏中的新建文件按钮，在弹出的“新建”对话框（见图6-7）中选择“装配”类型，单击“使用默认模板”复选框取消选中标志，在“名称”栏输入新建文件名“zhouchengzuo”。单击“确定”按钮，打开“新文件选项”对话框。选择“mmns_asm_design”模板，按下“确定”按钮，进入零件装配环境。

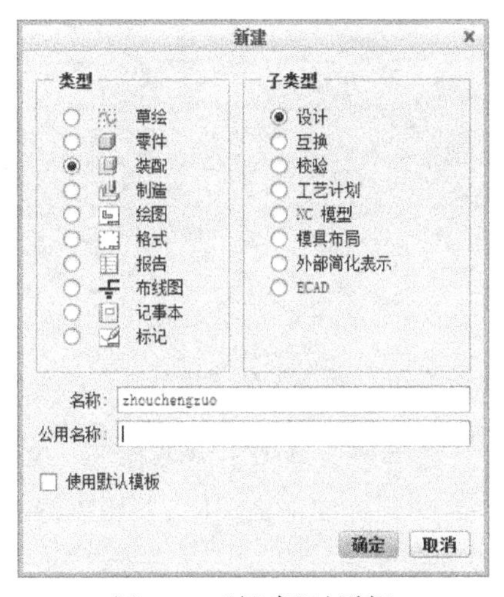

图6-7　“新建”对话框

步骤3　装配第一个零件——基座

①单击功能区“元件”工具栏中的组装命令按钮，此时系统弹出文件“打开”对话框，选择基座零件模型文件base.prt，然后单击“打开”按钮，此时基座零件出现在绘图窗口中，同时弹出“元件放置”操作面板（见图6-8）。

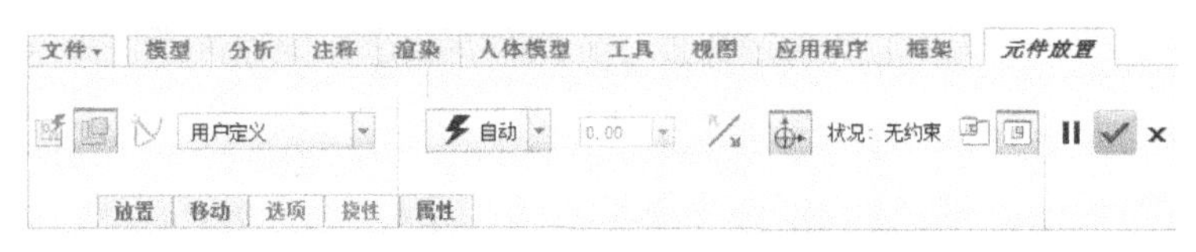

图6-8　“元件放置”操作面板

②单击约束类型选择框后面的“自动”下拉按钮，选择其中的“默认”约束类型，将元件按默认约束放置（即零件的坐标系PRT_CSYS_DEF和装配坐标系

ASM_CSYS_DEF对齐),此时“状态”区域显示“完全约束”。单击操作面板上的确定按钮 ,结束第一个零件的装配,如图6-9所示。

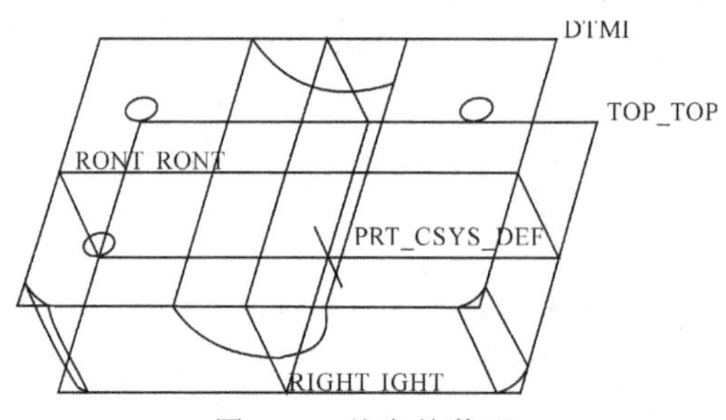

图6-9 基座的装配

步骤4 装配第二个零件——上盖

①单击“元件”工具栏中的组装按钮 ,此时系统弹出文件“打开”对话框,选择上盖零件模型文件shanggai.prt,然后单击“打开”按钮,此时上盖零件出现在绘图窗口中(见图6-10),同时弹出元件放置操作面板。

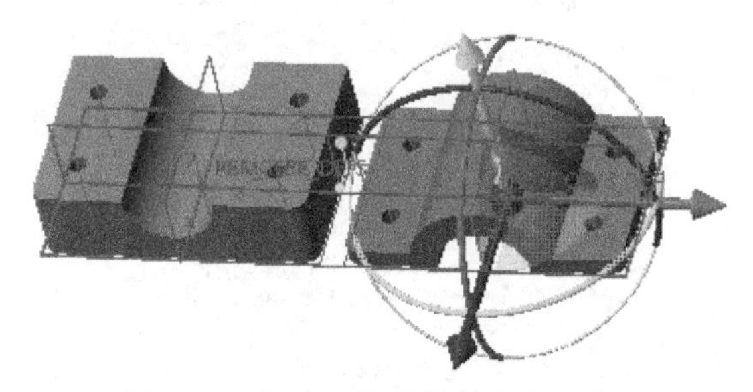

图6-10 加入上盖零件的装配环境

②单击前导工具栏中的基准显示过滤器下拉按钮 ,单击关闭其中的基准平面显示选项 平面显示,将绘图工作区的各基准平面关闭,以免模型显示混乱。

③添加第一个装配约束“重合”。

单击“元件放置”操作面板下方的“放置”选项,弹出“放置”对话框,在“约束类型”下拉列表框中选择“重合”约束项,然后分别选取如图6-11所示两个元件上要重合的面(底座的上表面和上盖的下表面),此时两个零件会自动调整到两个面相互重合的位置。如果两个面没有重合,可以单击对话框右下方的“反向”按钮 反向 (见图6-12),以改变平面重合的方向。

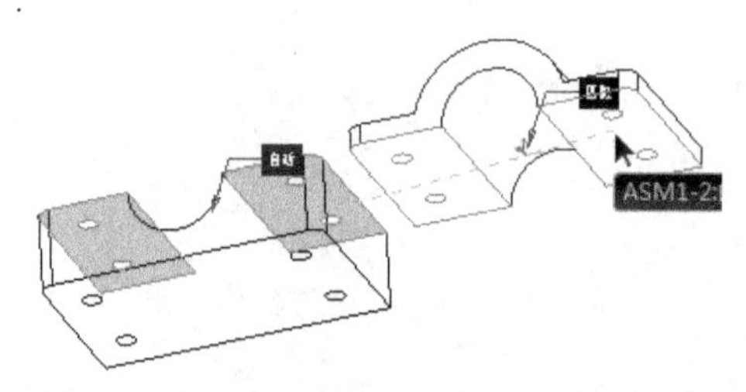

图6-11 添加“重合”约束

图 6-12　“放置”选项对话框

④添加第二个装配约束“重合”。

在“放置”选项对话框中，单击“新建约束”字符，在“约束类型”下拉列表框中选择“重合”约束项，然后分别选取如图 6-13 所示两个元件上要重合的面，此时两个零件会自动调整到两个面相互重合的位置。

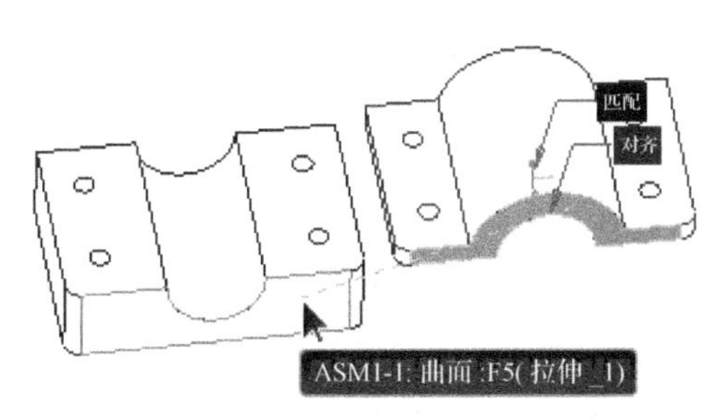

图 6-13　添加“重合”约束

⑤添加第三个装配约束“重合”。

在“放置”选项对话框中，单击“新建约束”字符，在“约束类型”下拉列表框中选择“重合”约束项，然后分别选取如图 6-14 所示两个元件上要重合的面(两个零件的左侧面)，此时两个零件会自动调整到两个面相互重合的位置。

⑥“状态”区域显示“完全约束”。单击操作面板上的确定按钮，结束第二个零件的装配，如图 6-15 所示。

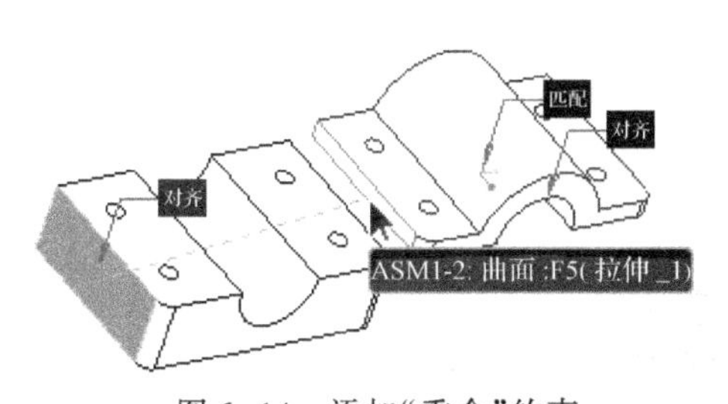

图 6-14　添加“重合”约束

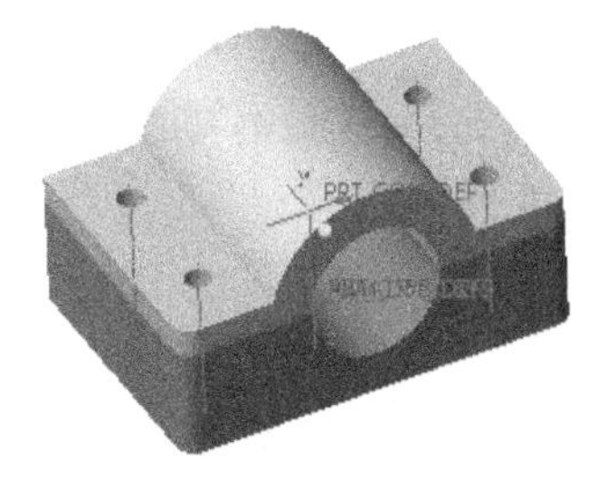

图 6-15　上盖装配结果

步骤 5　装配第三个零件——螺栓

①单击“元件”工具栏中的组装按钮，此时系统弹出文件“打开”对话框，选择螺栓零件模型文件 luoshuan.prt，然后单击“打开”按钮，此时螺栓零件出现在绘图窗口中，同时弹出“元件放置”操作面板。

②添加第一个装配约束“重合”。

在“放置”选项对话框中,单击“新建约束”字符,在“约束类型”下拉列表框中选择“重合”约束项,然后分别选取如图6-16所示两个元件上要匹配的面(螺栓头的下表面和基座的下表面),此时两个零件会自动调整到两个面相互重合的位置,但是重合方向不是我们所需要的。此时需要单击对话框右下方的“反向”按钮 反向 ,以改变平面重合的方向,结果如图6-17所示。

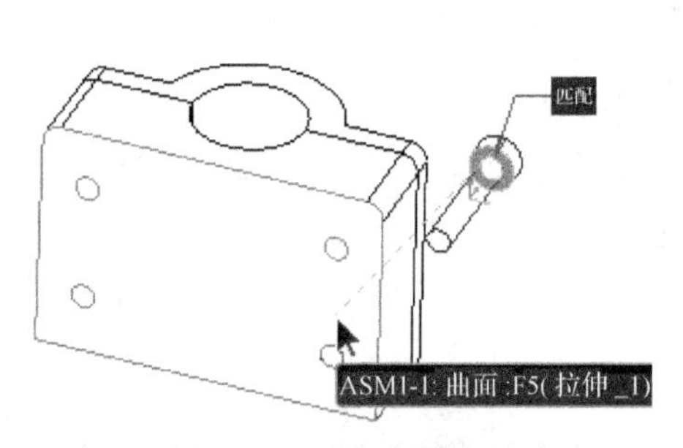

图6-16　添加“重合”约束

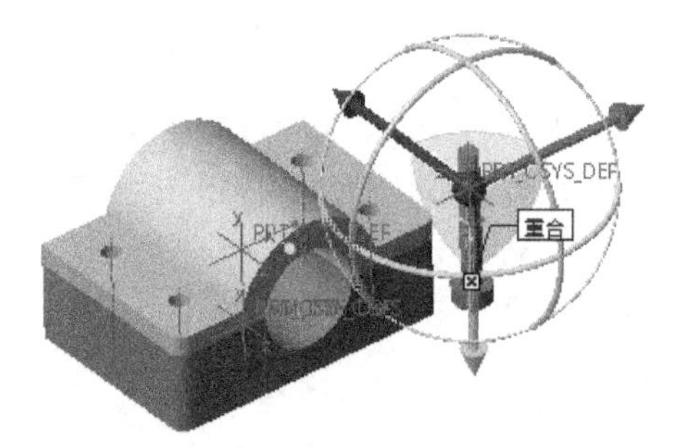

图6-17　“重合”约束结果

③添加第二个装配约束“居中”。

在“放置”选项对话框中,单击“新建约束”字符,在“约束类型”下拉列表框中选择“居中”约束项,然后分别选取如图6-18所示两个元件上要居中的孔和轴的圆柱面,此时螺栓会插入到孔中,如图6-19所示。

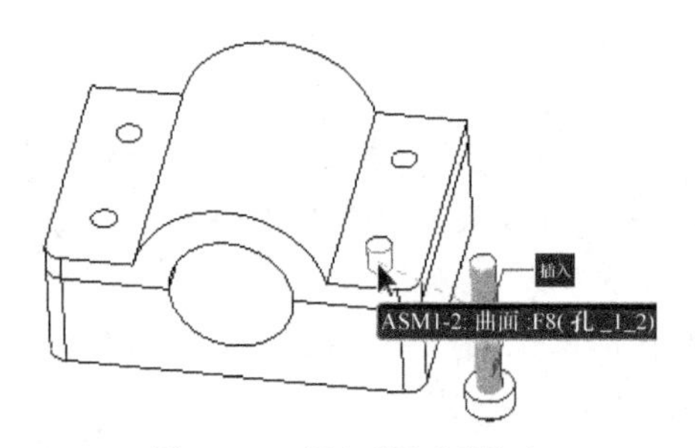

图6-18　添加“居中”约束

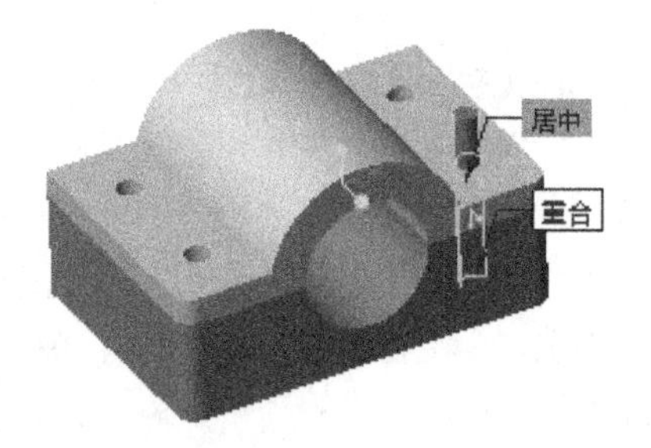

图6-19　“居中”约束结果

④“状态”区域显示“完全约束”。单击操作面板上的确定按钮 ✔ ,结束螺栓的装配,如图6-20所示。

图6-20　螺栓装配结果

步骤6　装配第四个零件——螺母

①单击“元件”工具栏中的组装按钮，此时系统弹出文件“打开”对话框，选择螺母零件模型文件luomu.prt，然后单击“打开”按钮，此时螺母零件出现在绘图窗口中，同时弹出“元件放置”操作面板。

②添加第一个装配约束“重合”。

单击操作面板上的“放置”选项，弹出对话框，在“约束类型”下拉列表框中选择“重合”约束项，然后分别选取如图6-21所示两个元件上要匹配的面（螺母的下表面和上盖的上表面），此时两个零件会自动调整到两个面相互重合的位置。

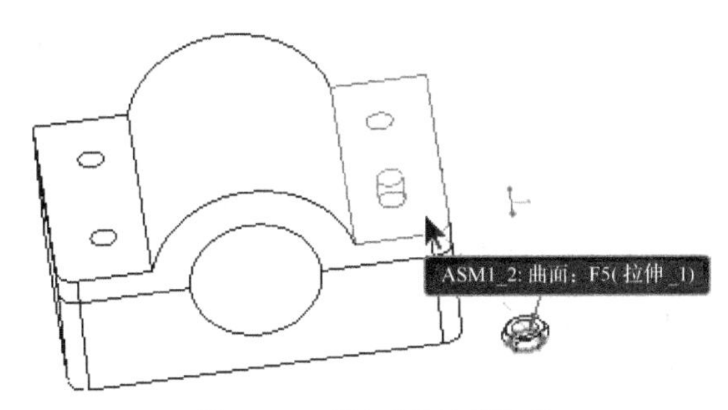

图6-21　添加“重合”约束

（**注**：如果零件太小或与要装配的零件相距较远或跑到零件的内部，此时不容易对零件进行选择。解决的方式是单击操作面板右边的“指定约束时在单独的窗口中显示元件”按钮，此时打开一个包含要装配元件的辅助窗口，如图6-22所示。用户可以在其中对零件进行旋转、缩放、平移等操作，以方便零件装配位置的选择。如果需要关闭辅助窗口，可以再单击一次即可。）

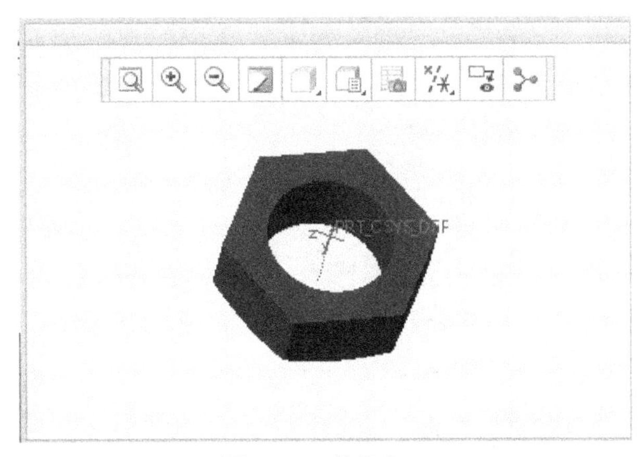

图6-22　辅助窗口

③添加第二个装配约束“居中”。

在“放置”选项对话框中，单击“新建约束”字符，在“约束类型”下拉列表框中选择“居中”约束项，然后分别选取如图6-23所示两个元件上要插入的孔和轴的圆柱面，此时螺母会插入到螺栓中。

④“状态”区域显示“完全约束”。单击操作面板上的确定按钮，结束螺母的装配，

如图6-24所示。

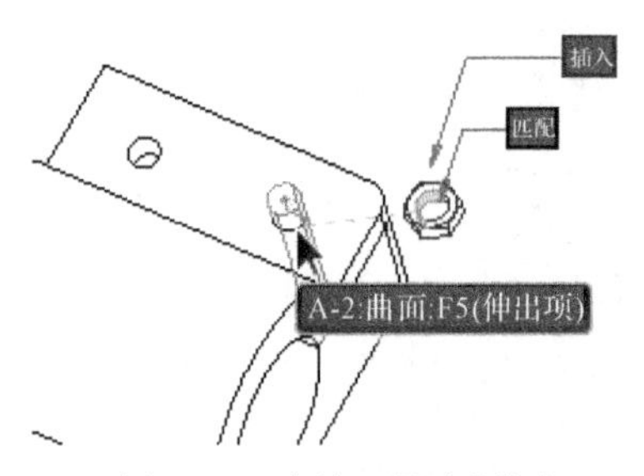

图6-23　添加“居中”约束

图6-24　螺母装配结果

步骤7　其余三个螺栓与螺母的装配

方法一:采用重复元件装配方法

①在装配模型树中点选螺栓零件,然后单击“元件”工具栏中的“重复”按钮 重复 ,弹出“重复元件”对话框(见图6-25),在“类型”中已有两个约束“重合”和“居中”,由于螺栓装配过程中“重合”约束均相同,无须用户进行修改,而“居中”约束对应不同的螺栓孔,因此需要改变。单击“居中”约束选项,然后单击对话框下方的“添加”按钮 添加(A) ,并在绘图区选择各个孔的内表面,再单击对话框上的“确定”按钮,结果如图6-26所示。

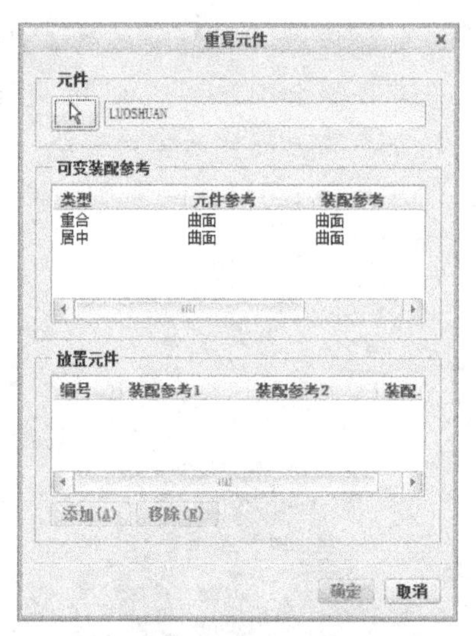

图6-25　“重复元件”对话框

图6-26　螺栓重复装配结果

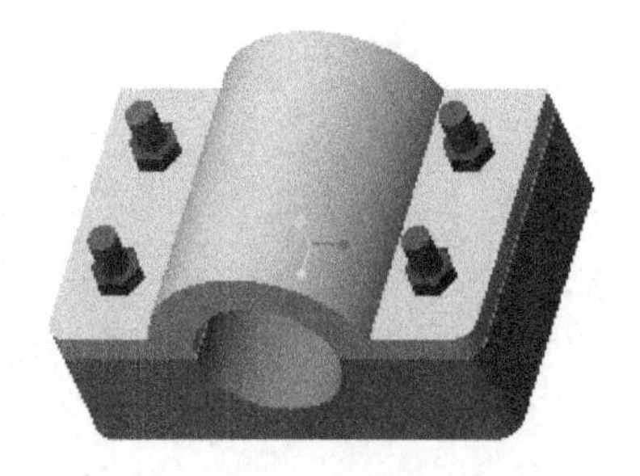

图6-27　螺母重复装配结果

②按照同样的方法完成螺母的重复装配，结果如图6-27所示。

方法二：采用零件阵列方法

①重复元件删除。

在模型树中按住Ctrl键选择螺栓、螺母的重复元件（见图6-28），然后单击鼠标右键，弹出快捷菜单，单击其中的“删除”按钮✕ 删除，删除重复放置的螺栓、螺母元件，返回重复元件装配前的状态。

②创建组。

按住Ctrl键，在零件模型树中选择螺栓零件和螺母零件，单击鼠标右键弹出快捷菜单，选择其中的“Group”→“组”选项（见图6-29），建立零件组，以方便两个零件同时阵列。此时模型树中螺栓、螺母零件合并为一组 ▶ 组LOCAL_GROUP 。（对于Creo4.0版本，按住Ctrl键，在零件模型树中选择螺栓零件和螺母零件后，会弹出快捷工具栏，单击其中的“分组”操作图标，建立零件组。）

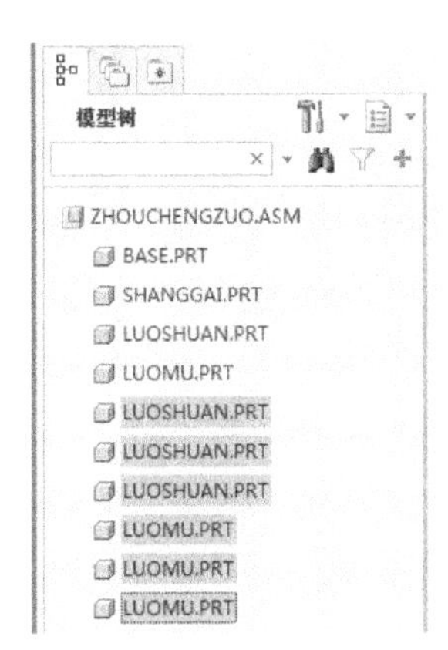

图6-28　装配模型树

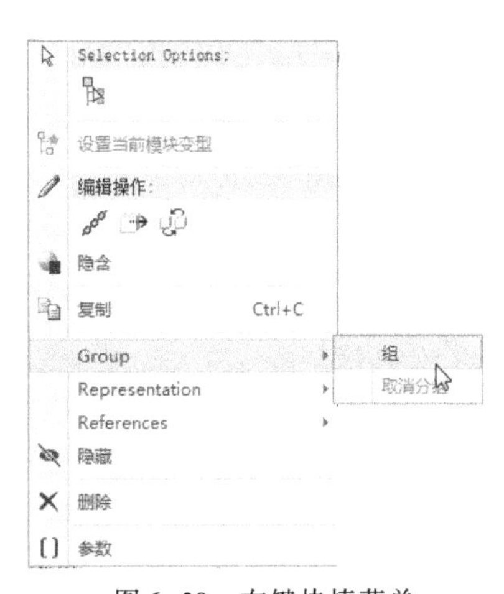

图6-29　右键快捷菜单

③零件阵列。

单击选中刚刚创建的零件组，然后单击工具栏中的阵列按钮，弹出阵列操作面板。将阵列类型改为“方向”（见图6-30），单击零件上的一条横向边作为第一个方向的参照，然后在第一个方向的间距输入编辑框中输入220（或直接双击尺寸数值，将其改为-220，其中负号表示阵列方向），如图6-31所示。单击操作面板上的2处的“单击此处添加项”框，然后选择零件的另一条纵向边作为第二个方向的参照，然后在第二个方向的间距输入编辑框中输入100（或双击尺寸数值，将其改为-100，如图6-32所示。单击操作面板上的确定按钮，结束螺栓、螺母的阵列装配，结果如图6-27所示。

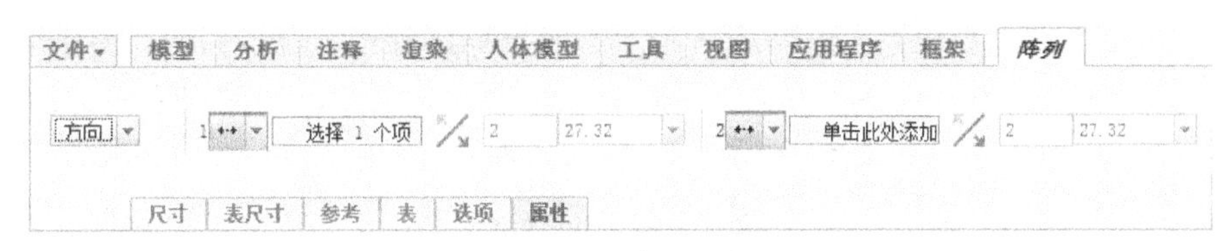

图6-30　零件阵列操作面板

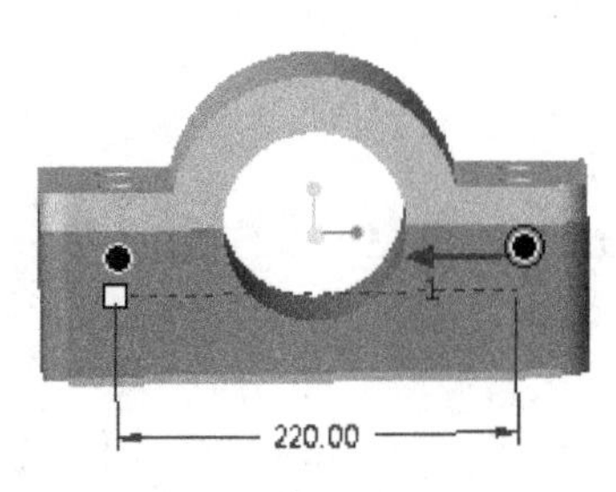

图6-31　第一个方向选择

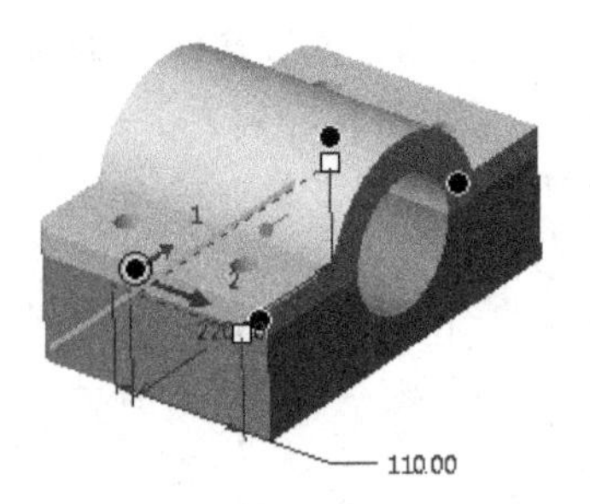

图6-32　第二个方向选择

步骤8　装配体分解

①单击“模型显示”工具栏上的“管理视图”按钮，弹出“视图管理器”对话框(见图6-33),切换到“分解”选项卡。单击其中的“新建”按钮 新建 ,输入分解的名称Exp0001(也可以自定义分解视图名称),并按回车键确定。

②单击“视图管理器”对话框中的“属性”按钮 属性>> ,此时对话框发生了改变(见图6-34)。单击其中的“编辑位置”按钮，系统弹出“分解工具”操作面板(见图6-35)。

图6-33　“视图管理器”对话框1

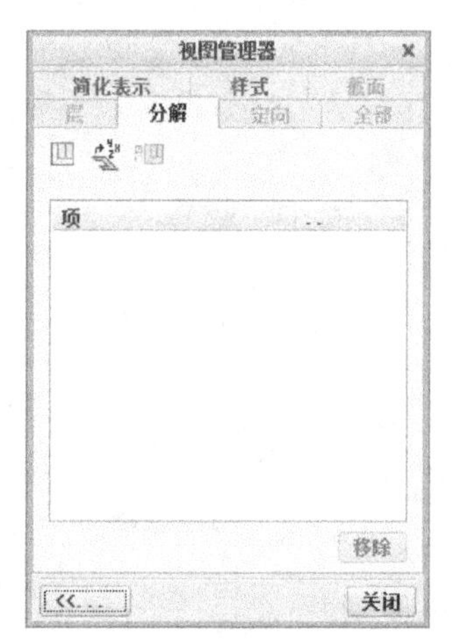

图6-34　“视图管理器”对话框2

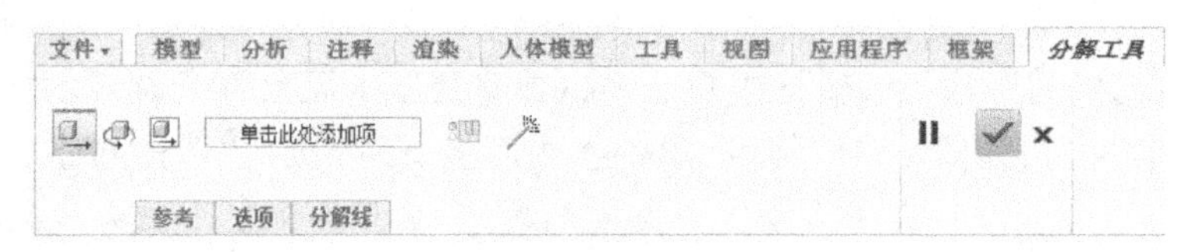

图6-35　“分解工具”操作面板

③系统默认为零件“平移”,单击要移动的零件(此处为螺母),此时螺母零件上会出现三个箭头指示的移动坐标系,如图6-36所示。当鼠标放置在相应方向的箭头上,按住鼠标左键拖动,就可实现零件在该方向上的移动,如图6-37所示。如果需要进行比较精确的移动,可以单击操作面板下方的“选项”属性页,弹出“选项”对话框,在其中的“运动增量”中可以输入或选择每次移动的距离增量(见图6-38)。另外在零件移动过程中,操作面板上 -100.000000 处会记录零件移动的距离。

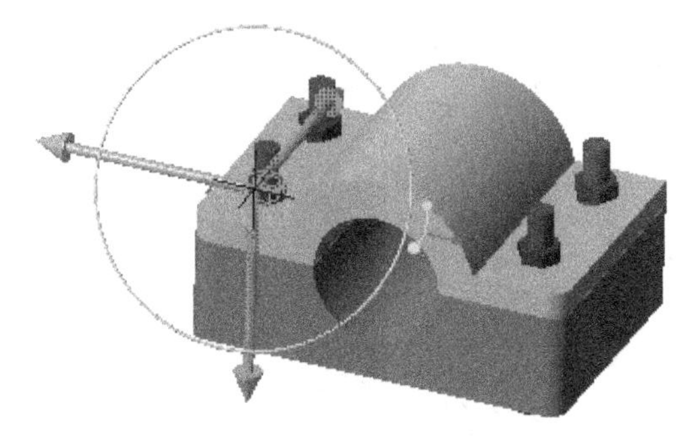

图 6-36　螺母的移动坐标系

图 6-37　螺母的水平方向移动

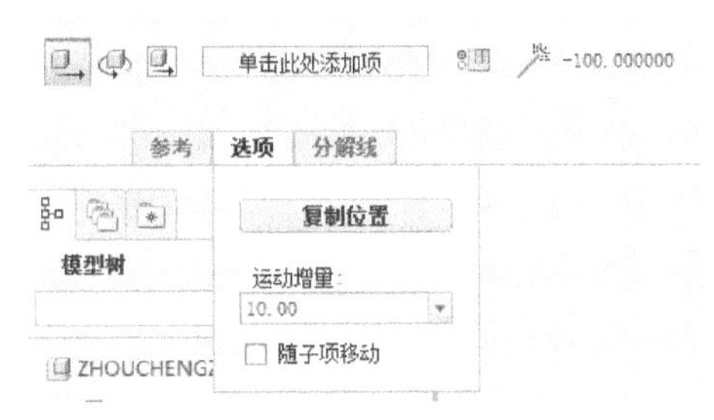

图 6-38　运动增量设置窗口

④用同样方法移动其余的元件。完成零件移动后，单击“分解位置”对话框中的确定按钮，返回“视图管理器”对话框，再单击对话框中的“切换至垂直视图”按钮，返回到图 6-33 所示的对话框界面，单击对话框界面中的“编辑”下拉按钮，在弹出的下拉选项中单击“保存”，此时弹出“保存显示元素”对话框(见图 6-39)，按下下方的“确定”按钮，系统保存用户自己设置的分解视图，并返回到图 6-33 所示的对话框界面。单击界面下方的“关闭”按钮，结束零件分解，结果如图 6-40 所示。

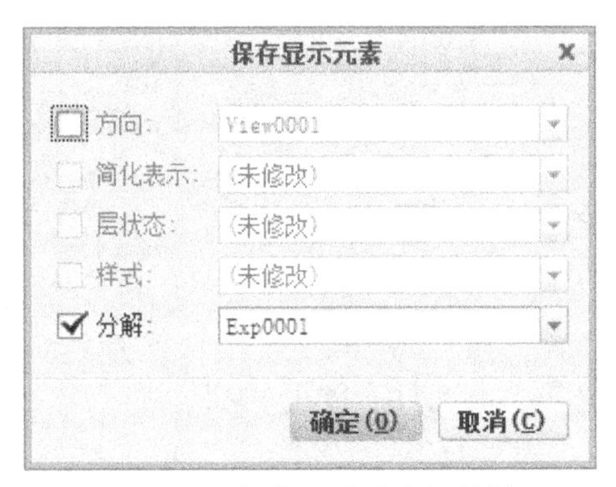

图 6-39　“保存显示元素”对话框

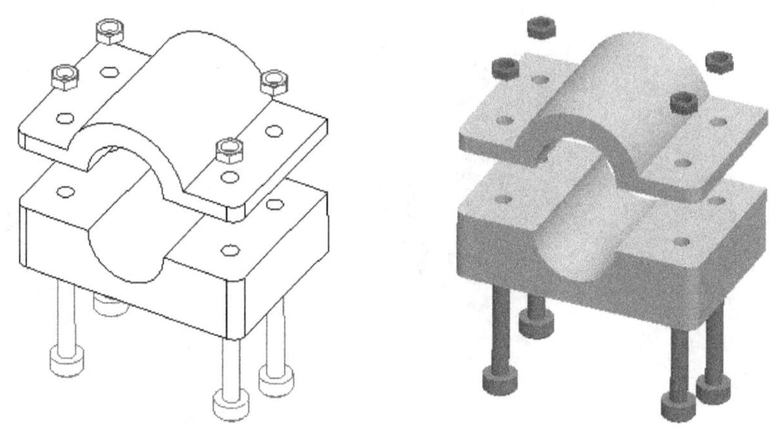

图 6-40　轴承座装配体分解结果

步骤 9　取消分解状态

单击"模型显示"工具栏上的"分解图"按钮 分解图,可以取消视图的分解状态,从而回到装配状态。如果再次需要显示分解状态,可以再次按下"分解图"按钮 分解图。

步骤 10　文件保存

单击菜单"文件"→"保存"命令,保存当前模型文件。保存后文件名为 zhouchengzuo.asm,其中 asm 为装配组件的后缀名。

【工程案例二】深沟球轴承零件装配

根据图 6-41 所示深沟球轴承各零件的尺寸绘制出三维模型,并完成零件的装配。

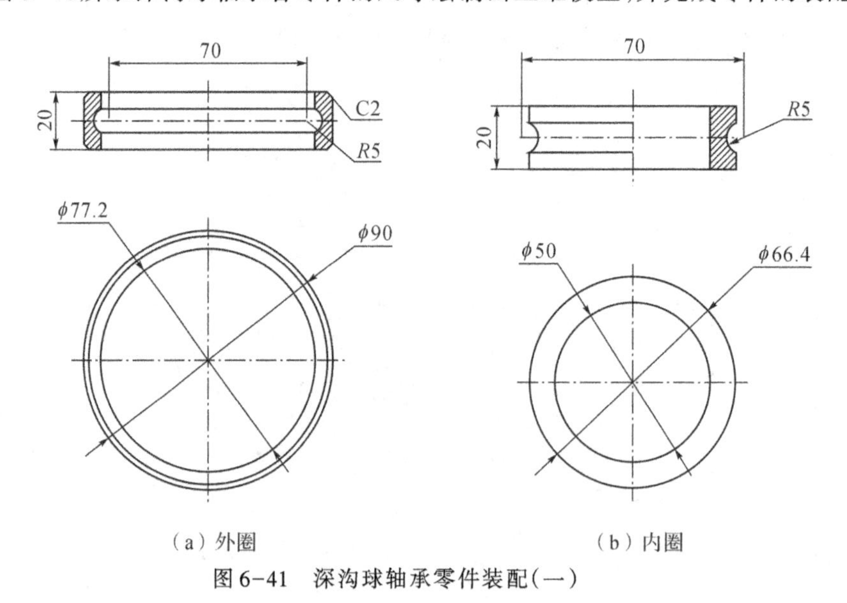

图 6-41　深沟球轴承零件装配(一)

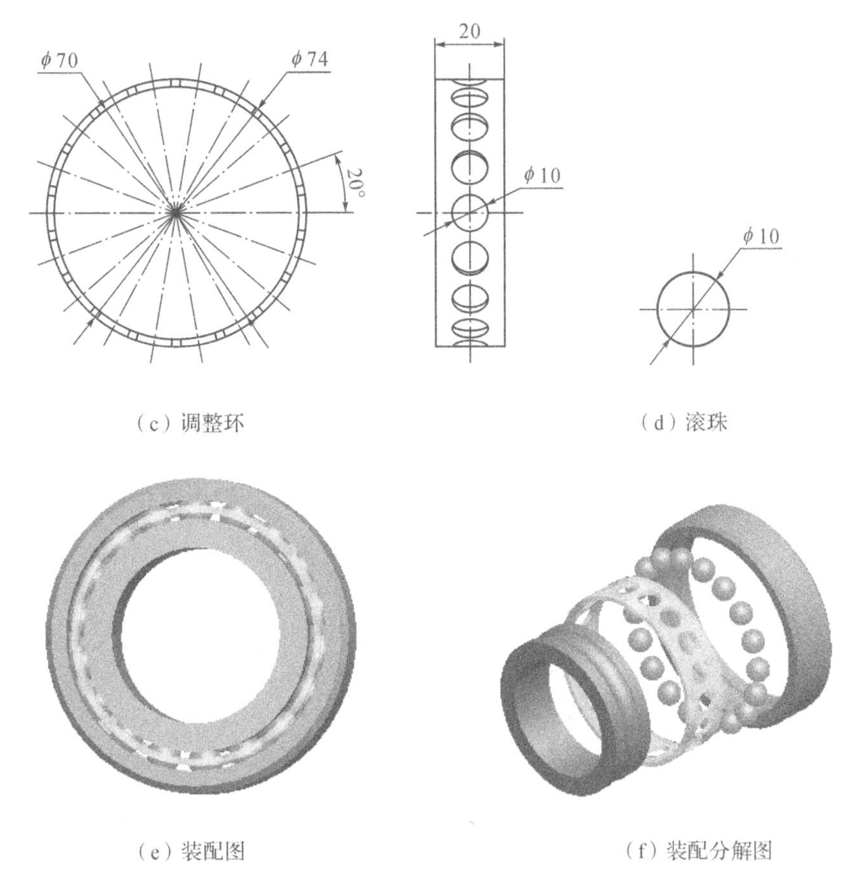

（c）调整环 （d）滚珠

（e）装配图 （f）装配分解图

图6-41 深沟球轴承零件装配(二)

学习目标

1. 巩固学习零件装配的基本过程。
2. 能够使用重合、居中、相切、默认等装配约束进行零部件的装配。

零件装配分析

轴承座组件包括了四个零件:内圈、外圈、滚珠和调整环。需要添加的装配约束为默认、重合、相切、居中等。

相关知识点

相切装配约束

相切装配约束使两个圆柱面或球面,或一个平面和另一个圆柱柱面或球面相切。

操作步骤

步骤1 设置工作目录

单击菜单“文件”→“管理会话”→“选择工作目录”命令,将文件放置在自己建立的文件夹下。

步骤2 新建装配文件

单击工具栏中的新建文件按钮，在弹出的“新建”对话框中选择“装配”类型，单击“使用默认模板”复选框取消选中标志，在“名称”栏输入新建文件名“zhoucheng”。单击“确定”按钮，打开“新文件选项”对话框。选择“mmns_asm_design”模板，按下“确定”按钮，进入零件装配环境。

步骤3 装配第一个零件——外圈

①单击功能区“元件”工具栏中的组装命令按钮，此时系统弹出文件“打开”对话框，选择外圈零件模型文件 waiquan.prt，然后单击“打开”按钮，此时外圈零件出现在绘图窗口中，同时弹出“元件放置”操作面板。

②单击约束类型选择框后面的“自动”下拉按钮 自动，选择其中的“默认”约束类型 默认，将元件按默认约束放置(即零件的坐标系 PRT_CSYS_DEF 和装配坐标系 ASM_CSYS_DEF 对齐)，此时“状态”区域显示“完全约束”。单击操作面板上的确定按钮，结束第一个零件的装配，如图6-42所示。

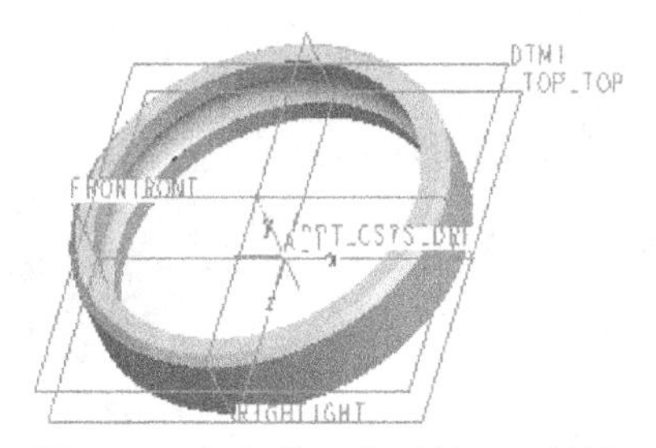

图6-42 加入第一个零件——外圈

步骤4 装配第二个零件——调整环

①单击“元件”工具栏中的组装按钮，此时系统弹出文件“打开”对话框，选择调整环零件模型文件 tiaozhenghuan.prt，然后单击“打开”按钮，此时调整环零件出现在绘图窗口中，同时弹出“元件放置”操作面板。

②单击前导工具栏中的基准显示过滤器下拉按钮，单击关闭其中的基准平面显示选项 平面显示，将绘图工作区的各基准平面关闭，以免模型显示混乱。

③添加第一个装配约束“居中”。

单击“元件放置”操作面板下方的“放置”选项，弹出“放置”对话框，在“约束类型”下拉列表框中选择“居中”约束项，然后分别选取如图6-43所示两个元件上要居中的圆柱面(调整环的外表面与外圈的内表面)，此时两个零件会自动调整居中的位置，结果如图6-44所示。

图6-43 添加“居中”约束

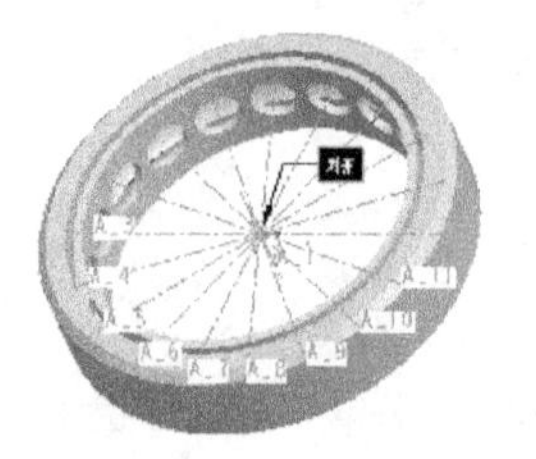
图6-44 “居中”约束结果

④添加第二个装配约束“重合”。

在“放置”选项对话框中，单击“新建约束”字符，在“约束类型”下拉列表框中选择“重合”约束项，然后分别选取如图6-45所示两个元件上要重合的面（两个零件的上表面），此时两个零件会自动调整到两个面相互重合的位置。

⑤“状态”区域显示“完全约束”。单击操作面板上的确定按钮✔，结束第二个零件的装配，如图6-46所示。

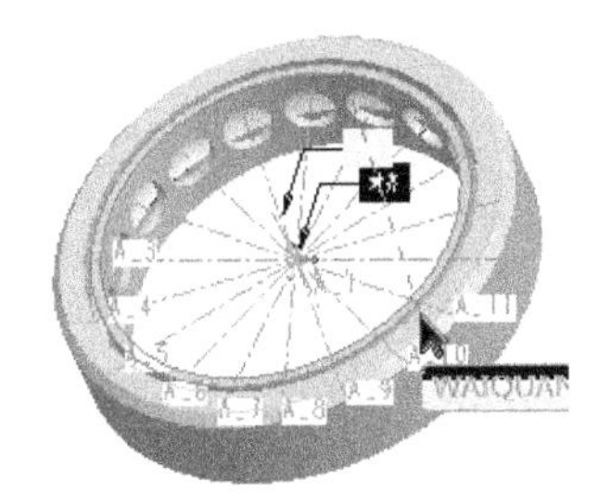

图6-45　添加“重合”约束

图6-46　调整环装配结果

步骤5　装配第三个零件——滚珠

①单击“元件”工具栏中的组装按钮，此时系统弹出文件“打开”对话框，选择滚珠零件模型文件gunzhu.prt，然后单击“打开”按钮，此时滚珠零件出现在绘图窗口中，同时弹出“元件放置”操作面板。

②添加第一个装配约束“重合”。

单击操作面板上的“放置”选项，弹出对话框。由于滚珠零件较小，此时不容易对零件进行选择。解决的方式是单击操作面板右边的“指定约束时在单独的窗口中显示元件”按钮，此时打开一个包含要装配元件的辅助窗口，如图6-47所示。用户可以在其中对零件进行旋转、缩放、平移等操作，以方便零件装配位置的选择。然后在“约束类型”下拉列表框中选择“重合”约束项，然后分别选取如图6-48所示两个元件上要重合的面（滚珠上的FRONT基准平面和装配体的ASM_FRONT平面），此时滚珠会自动调整到两个面相互重合的位置。（注：此时需要通过前导工具栏中的基准显示过滤器下拉按钮，重新打开其中的基准平面显示选项，才可显示各基准平面。）

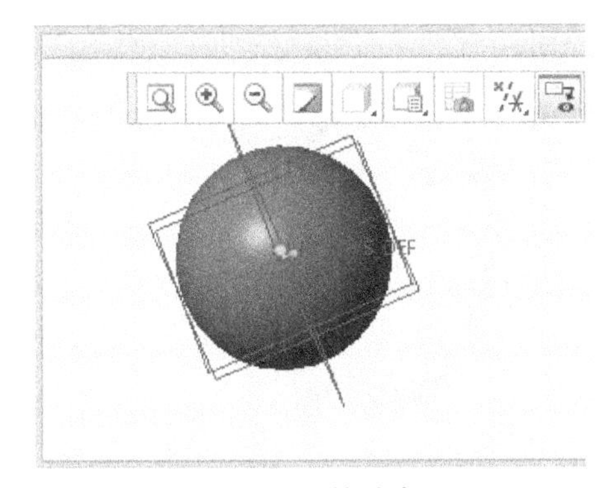

图6-47　辅助窗口

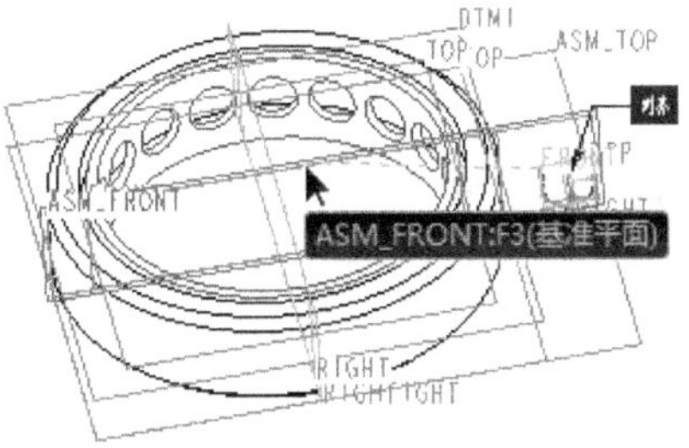

图6-48　添加“重合”约束

③添加第二个装配约束“重合”。

在“放置”选项对话框中,单击“新建约束”字符,在“约束类型”下拉列表框中选择“重合”约束项,然后分别选取滚珠的TOP基准平面和外圈的中间对称平面(如果没有对中平面,可以打开外圈零件,通过偏移方式做一个辅助对中平面DTM1),此时两个零件会自动调整到两个面相互重合的位置。

④添加第三个装配约束“相切”。

在“放置”选项对话框中,单击“新建约束”字符,在“约束类型”下拉列表框中选择“相切”约束项,然后分别选取滚珠的球面和外圈的内圆弧面,此时两个零件会自动调整到两个面相切的位置,如图6-49所示。

⑤“状态”区域显示“完全约束”。单击操作面板上的确定按钮,结束第三个零件的装配,如图6-50所示。

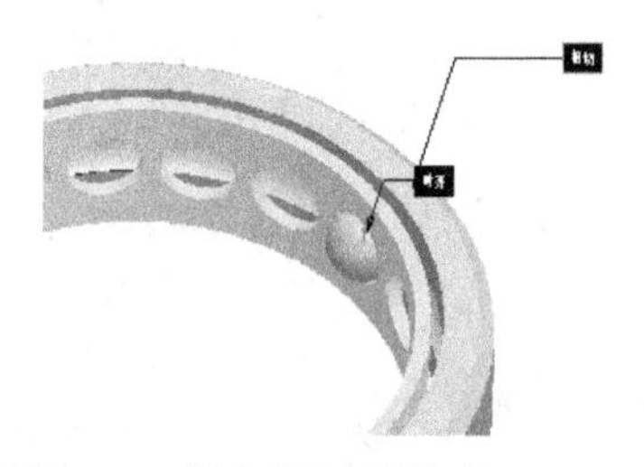

图6-49 添加“相切”约束

图6-50 “相切”约束结果

步骤6 滚珠阵列

①点选滚珠零件,单击特征阵列按钮,弹出特征阵列操作面板。

②将阵列类型改为“轴”,选择内圈的轴心为旋转轴。在第一方向的阵列成员数输入框中输入18,角度值输入框中输入20°,其他框中数值缺省,如图6-51所示。单击完成按钮,完成滚珠的阵列,结果如图6-52所示。

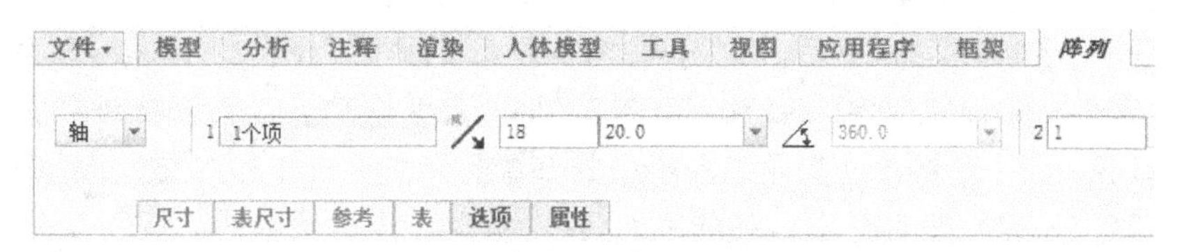

图6-51 阵列操作面板

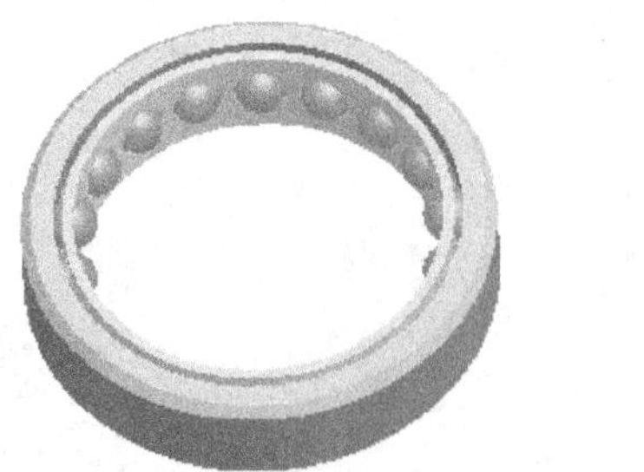

图6-52 滚珠阵列结果

步骤7 装配第四个零件——内圈

①单击“元件”工具栏中的组装按钮,此时系统弹出文件“打开”对话框,选择内圈零

件模型文件 neiquan.prt,然后单击“打开”按钮,此时内圈零件出现在绘图窗口中,同时弹出“元件放置”操作面板。

②添加第一个装配约束“重合”。

单击操作面板上的“放置”选项,弹出对话框,在“约束类型”下拉列表框中选择“重合”约束项,然后分别选取内圈和外圈上要重合的圆柱面(内圆的内圆柱面与外圈的外圆柱面),此时两个零件会自动调整到两个零件轴对齐的位置,结果如图 6-53 所示。

③添加第二个装配约束“重合”。

在“放置”选项对话框中,单击“新建约束”字符,在“约束类型”下拉列表框中选择“重合”约束项,然后分别选取内圈和外圈的上表面,此时两个零件会自动调整到两个面相互对齐的位置。

④“状态”区域显示“完全约束”。单击操作面板上的确定按钮✔,结束第二个零件的装配,如图 6-54 所示。

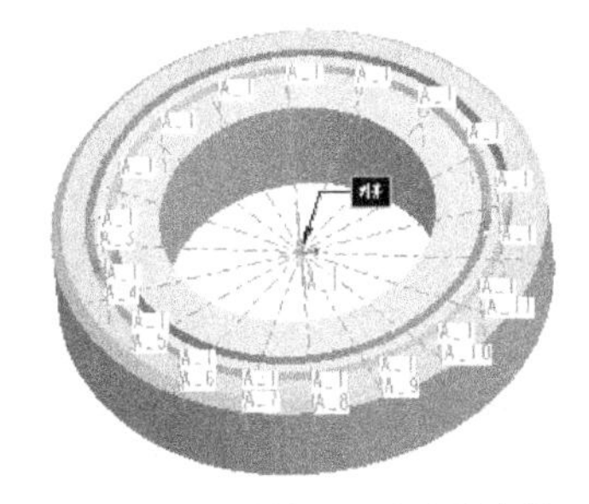

图 6-53　圆柱面“重合”结果

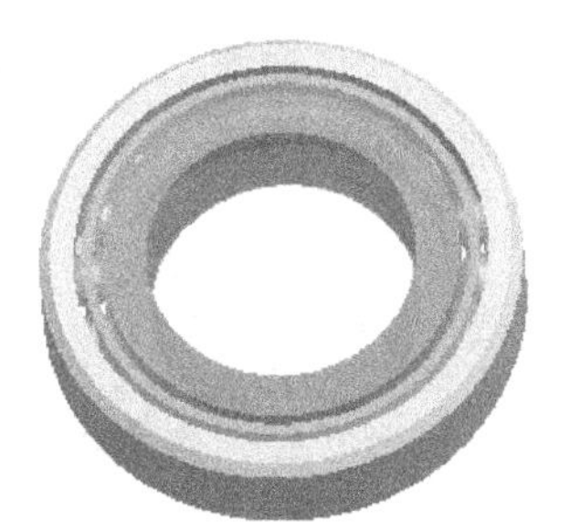

图 6-54　内圈装配结果

步骤 8　装配体分解

①单击“模型显示”工具栏上的“管理视图”按钮,弹出“视图管理器”对话框,切换到“分解”选项卡。单击其中的“新建”按钮 新建 ,输入分解的名称 Exp0001(也可以自定义分解视图名称),并按回车键确定。

②单击“视图管理器”对话框中的“属性”按钮 属性>> ,此时对话框发生了改变。单击其中的“编辑位置”按钮,系统弹出“分解工具”操作面板。

③系统默认为零件“平移”,单击要移动的内圈零件,此时内圈零件上会出现三个箭头指示的移动坐标系。当鼠标放置在相应方向的箭头上时,按住鼠标左键拖动,就可实现零件在该方向上的移动。如果需要进行比较精确的移动,可以单击操作面板下方的“选项”属性页,弹出“选项”对话框,在其中的“运动增量”中可以输入或选择每次移动的距离增量。另外,在零件移动过程中,操作面板上 -100.000000 处会记录零件移动的距离。

④用同样方法移动其余的元件。完成零件移动后,单击“分解位置”对话框中的确定按钮✔,返回“视图管理器”对话框,再单击对话框中的“切换至垂直视图”按钮 <<... ,返回到对话框界面,单击对话框界面中的“编辑”下拉按钮 编辑 ▾,在弹出的下拉选项中单击“保存”,此时弹出“保存显示元素”对话框,按下下方的“确定”按钮,系统保存用户自己设置的分解视图,并返回到对话框界面。单击界面下方的“关闭”按钮 关闭 ,结束零件分解,结果如图 6-55 所示。

图 6-55　轴承座装配体分解结果

步骤 9　取消分解状态

单击“模型显示”工具栏上的“分解图”按钮 分解图，可以取消视图的分解状态，从而回到装配状态。如果再次需要显示分解状态，可以再次按下“分解图”按钮 分解图。

步骤 10　文件保存

单击菜单“文件”→“保存”命令，保存当前模型文件。保存后文件名为 zhoucheng.asm，其中 asm 为装配组件的后缀名。

【工程案例三】千斤顶零件装配

根据图 6-56 所示千斤顶各零件的尺寸绘制出三维模型，并完成零件的装配。

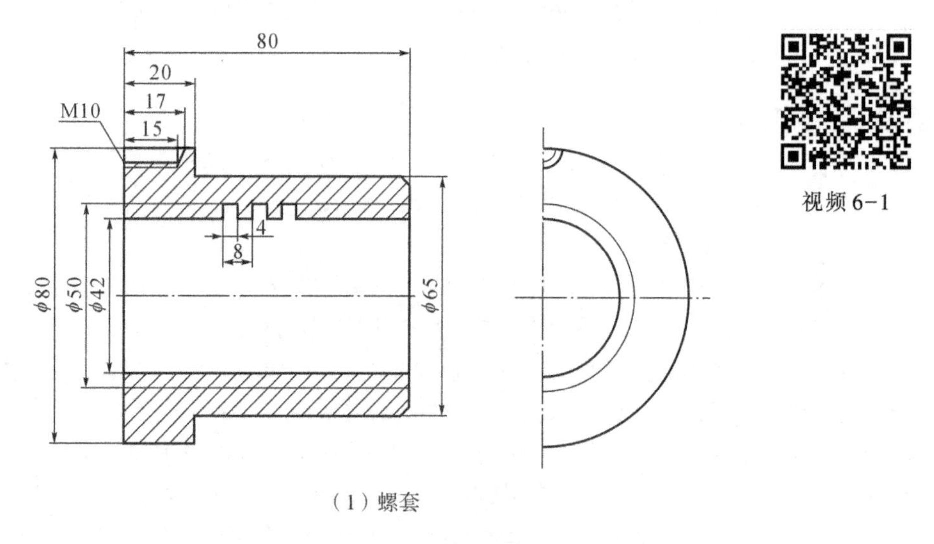

（1）螺套

图 6-56　千斤顶零件图及装配图(一)

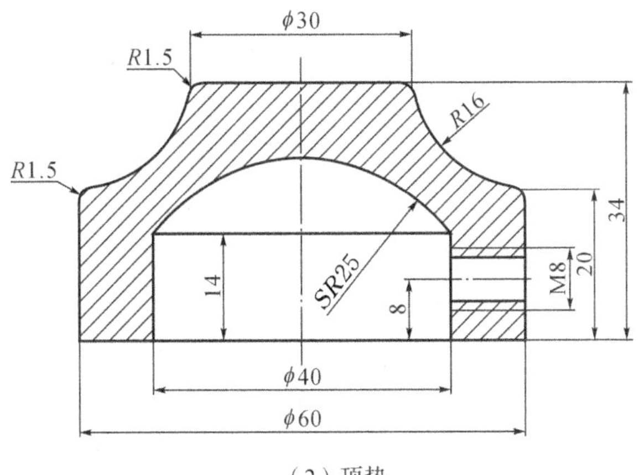

（2）顶垫

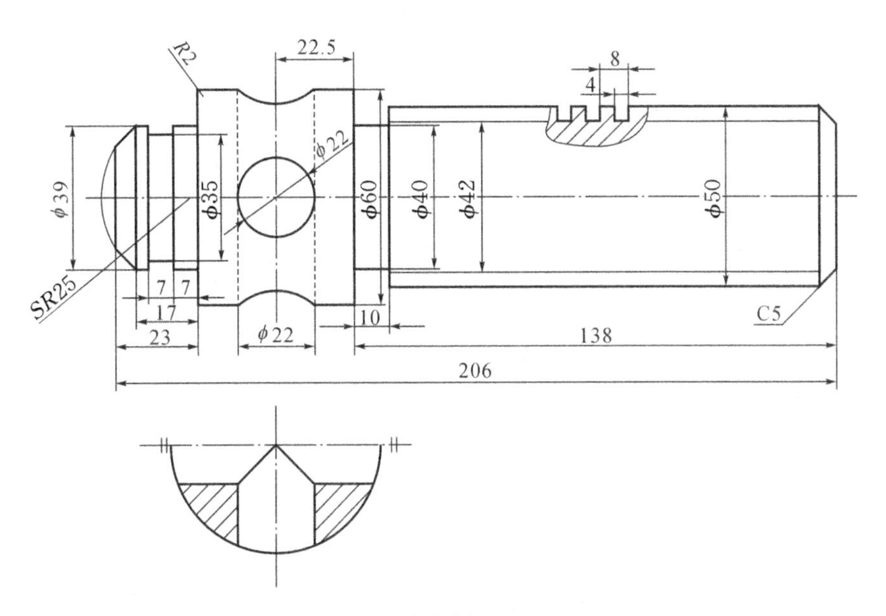

（3）螺杆

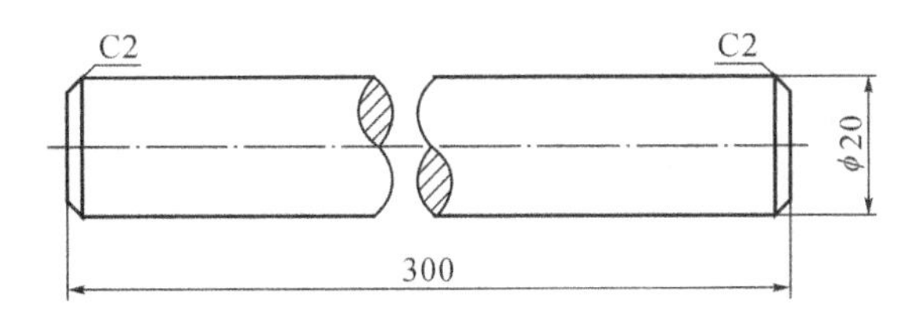

（4）铰杠

图6-56　千斤顶零件图及装配图(二)

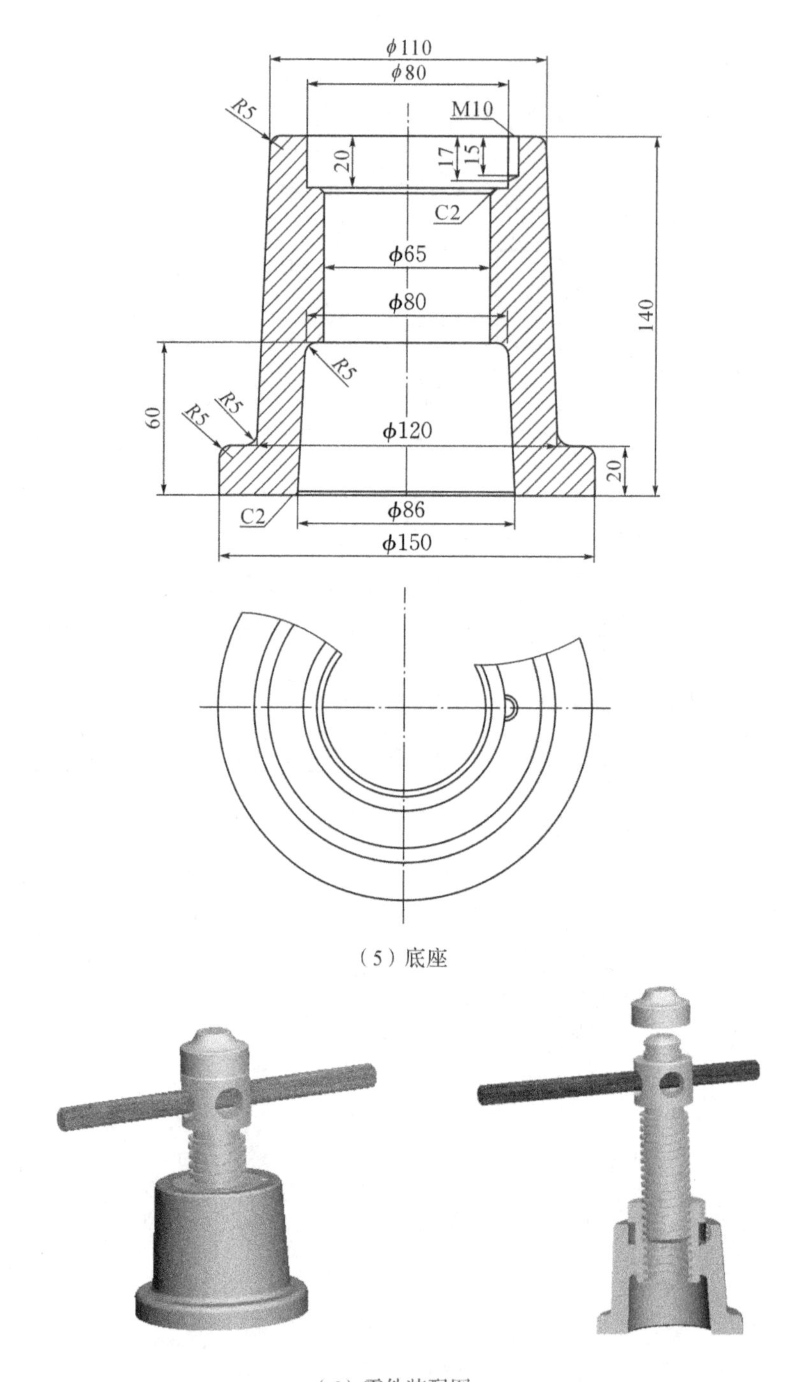

(5)底座

(6)零件装配图

图6-56　千斤顶零件图及装配图(三)

学习目标

1. 巩固学习零件装配的基本过程。
2. 能够使用默认、重合、相切、距离等装配约束进行零部件装配。

零件装配分析

千斤顶组件包括了螺套、顶垫、螺杆、铰杠、底座等五个零件。需要添加的装配约束为默认、重合、距离、相切等。

操作步骤

步骤1　设置工作目录

单击菜单“文件”→“管理会话”→“选择工作目录”命令，将文件放置在自己建立的文件夹下。

步骤2　新建装配文件

单击工具栏中的新建文件按钮，在弹出的“新建”对话框中选择“装配”类型，单击“使用默认模板”复选框取消选中标志，在“名称”栏输入新建文件名“qianjinding”。单击“确定”按钮，打开“新文件选项”对话框。选择“mmns_asm_design”模板，按下“确定”按钮，进入零件装配环境。

步骤3　装配第一个零件——底座

①单击“元件”工具栏中的组装按钮，此时系统弹出文件“打开”对话框，选择底座零件模型文件 dizuo.prt，然后单击“打开”按钮，此时底座零件出现在绘图窗口中，同时弹出“元件放置”操作面板。

②单击约束类型选择框后面的“自动”下拉按钮 自动，选择其中的“默认”约束类型 默认，将元件按默认约束放置（即零件的坐标系 PRT_CSYS_DEF 和装配坐标系 ASM_CSYS_DEF 对齐），此时“状态”区域显示“完全约束”。单击操作面板上的确定按钮 ，结束第一个零件的装配，如图6-57所示。

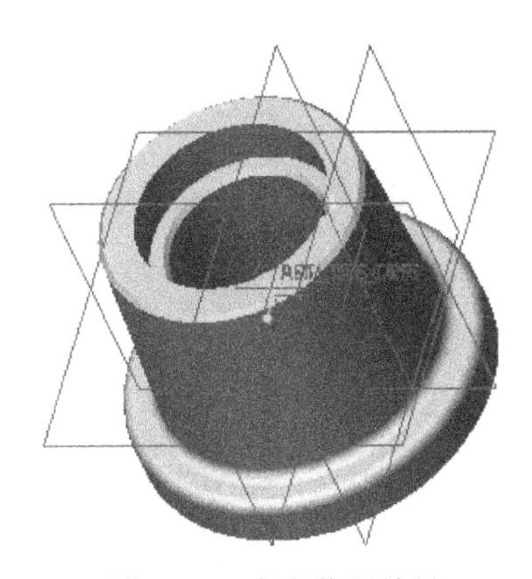

图6-57　底座装配结果

步骤4　装配第二个零件——螺套

①单击“元件”工具栏中的组装按钮，此时系统弹出文件“打开”对话框，选择螺套零件模型文件 luotao.prt，然后单击“打开”按钮，此时螺套零件出现在绘图窗口中，同时弹出“元件放置”操作面板。

②添加第一个装配约束“重合”。

单击“元件放置”操作面板下方的“放置”选项，弹出“放置”对话框，在“约束类型”下拉列表框中选择“重合”约束项，然后分别选取如图6-58所示两个元件上要重合的面(螺套的下台阶面与底座的内部上台阶面)，此时两个零件会自动调整到两个面重合的位置。

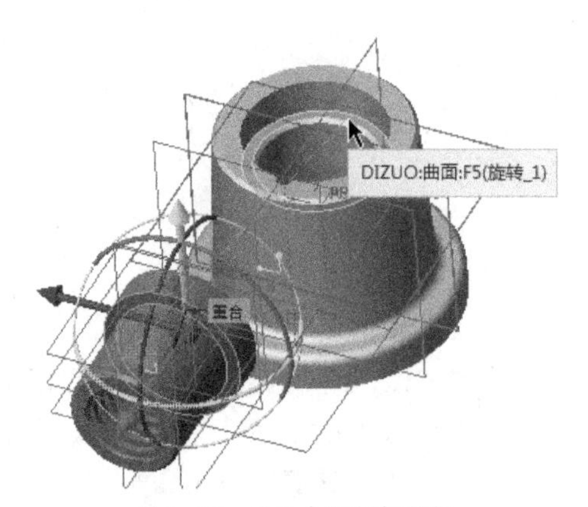

图6-58 “重合”约束添加

③添加第二个装配约束“居中”。

在“放置”选项对话框中，单击“新建约束”字符，在“约束类型”下拉列表框中选择“居中”约束项，然后分别选取如图6-59所示两个元件上要居中的面(螺套的外圆柱面与底座的内圆柱面)，此时两个零件会自动调整到两个轴对齐的位置。

④“状态”区域显示“完全约束”。单击操作面板上的确定按钮✔，结束第二个零件的装配，如图6-60所示。

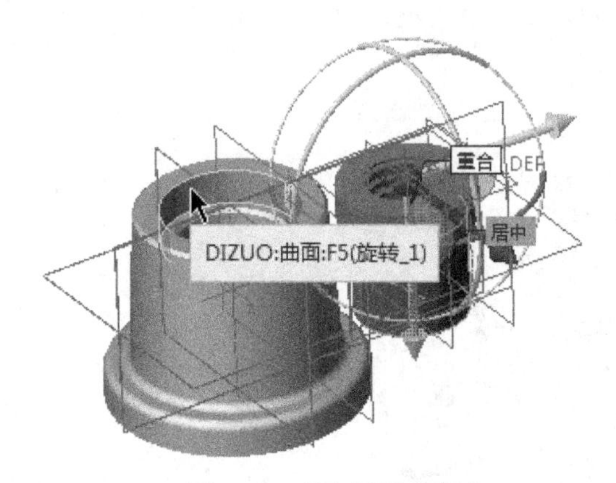

图6-59 “居中”约束添加

图6-60 螺套装配结果

(**注：**如果在装配过程中，出现螺套与底座的两个半螺纹孔没对齐这种现象，此时需要将“放置”选项面板右下角“允许假设”前面的勾选去除，变为部分约束，然后再添加一个“居中”约束项，然后分别选取螺套的半螺纹孔圆柱面与底座的半螺纹孔圆柱面，此时两个零件会自动调整到孔对齐的位置。)

步骤5 装配第三个零件——螺杆

①单击快速访问工具栏上的文件打开按钮，在弹出的“文件打开”对话框中选择luotao.prt文件。此时Creo的活动窗口切换到luotao.prt零件建模环境。单击“基准”工具栏

中的基准点创建按钮 点，弹出“基准点”对话框。在绘图工作区单击螺套零件的内螺旋线(注意是螺纹小径上的螺旋线)，此时基准点显示如图6-61所示。单击对话框中的“确定”按钮，在螺套零件上鼠标单击位置创建了一个基准点PNT0。

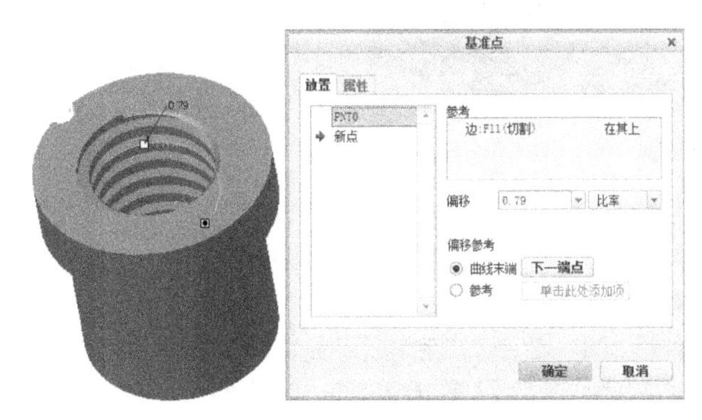

图6-61　螺套上的基准点创建

②单击快速访问工具栏上的文件打开按钮，在弹出的“文件打开”对话框中选择luogan.prt文件。此时Creo的活动窗口切换到luogan.prt零件建模环境。单击“基准”工具栏中的基准点创建按钮 点，弹出“基准点”对话框。在绘图工作区单击螺杆零件的内螺旋线(注意是螺纹小径上的螺旋线)，此时基准点显示如图6-62所示。单击对话框中的“确定”按钮，在螺杆零件上鼠标单击位置创建了一个基准点PNT0。

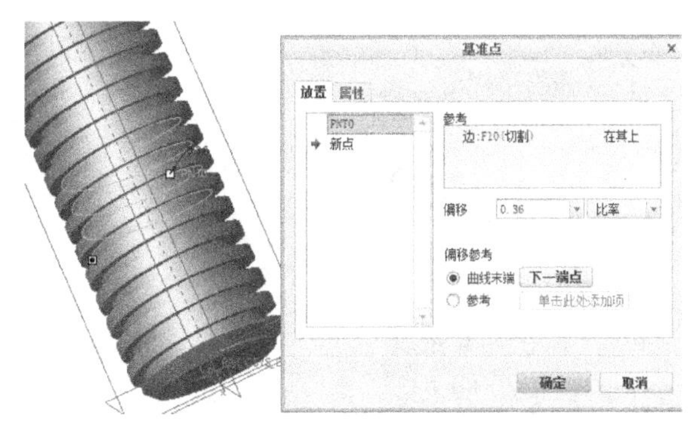

图6-62　螺杆上的基准点创建

③重新打开零件装配窗口，单击“元件”工具栏中的组装按钮，此时系统弹出文件“打开”对话框，选择螺杆零件模型文件luogan.prt，然后单击“打开”按钮，此时螺杆零件出现在绘图窗口中，同时弹出“元件放置”操作面板。

④添加第一个装配约束“重合”。

单击“元件放置”操作面板下方的“放置”选项，弹出“放置”对话框，在“约束类型”下拉列表框中选择“重合”约束项，然后分别选取如图6-58所示两个元件上要重合的点(螺套和螺杆上的PNT0辅助基准点)，此时两个零件会自动调整到两个点重合的位置，如图6-63所示。(注意在选择点的过程中，需要使用窗口右下角的“全部”元素选择工具，如图6-64所示。系统默认值是选择“全部”选项，此时需要单击“全部”下拉按钮，在弹出的选项中选择“基准点”，然后在工作区便可只选择零件上的基准点。)

图 6-63 基准点重合约束

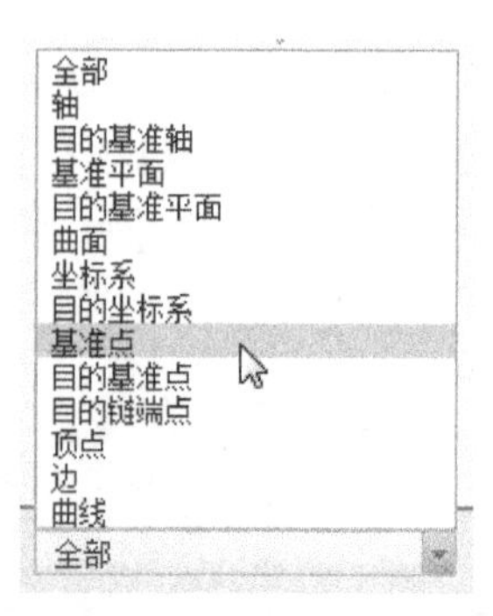

图 6-64 元素选择下拉按钮

⑤添加第二个装配约束“居中”。

在“放置”选项对话框中，单击“新建约束”字符，在“约束类型”下拉列表框中选择“居中”约束项，然后分别选取如图 6-65 所示两个元件上要居中的圆柱面（螺杆的外圆柱面与底座的外圆锥面），此时两个零件会自动调整到两个圆柱面居中的位置。如果两个圆柱面居中过程中螺杆零件倒置，此时可以单击对话框右下方的“反向”按钮反向，便可改变螺杆的位置。

⑥“状态”区域显示“完全约束”。单击操作面板上的确定按钮，结束螺杆的装配，如图 6-66 所示。

图 6-65 “居中”约束添加

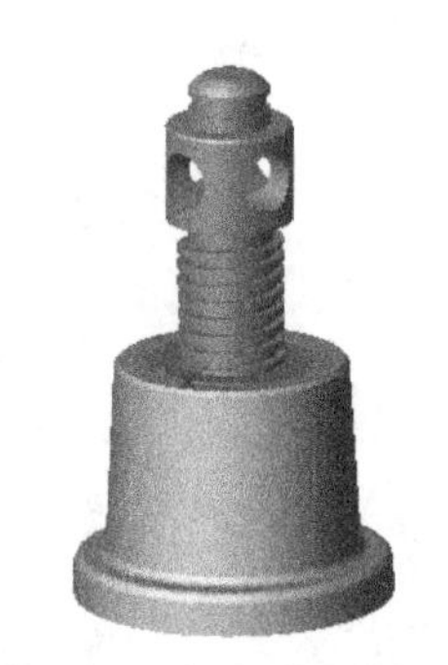
图 6-66 螺杆装配结果

步骤6 装配第四个零件——顶垫

①单击“元件”工具栏中的组装按钮，此时系统弹出文件“打开”对话框，选择顶垫零件模型文件 dingdian.prt，然后单击“打开”按钮，此时顶垫零件出现在绘图窗口中，同时弹出“元件放置”操作面板。

②添加第一个装配约束“居中”。

单击“元件放置”操作面板下方的“放置”选项，弹出“放置”对话框，在“约束类型”下拉列表框中选择“居中”约束项，然后分别选取如图 6-67 所示两个元件上要居中的圆柱面（螺杆的外圆柱面与顶垫的外圆柱面），此时两个零件会自动调整到两个零件居中的位置。

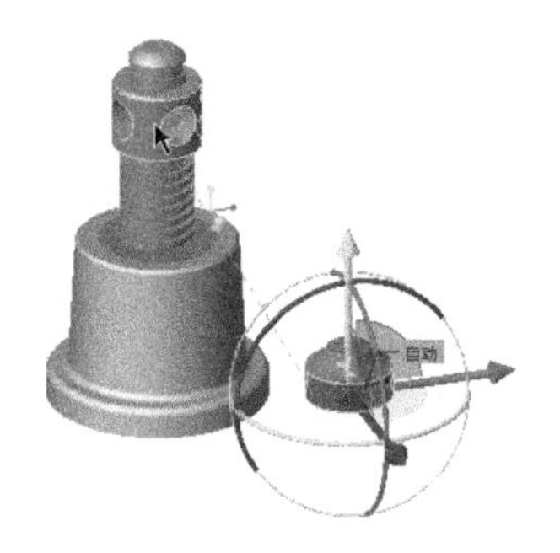

图 6-67　“居中”约束添加

③添加第二个装配约束“相切”。

由于顶垫零件较小，在添加第一个约束后，顶垫跑到了底座的内部，此时需要单击操作面板右边的“指定约束时在单独的窗口中显示元件”按钮，此时打开一个包含要装配元件的辅助窗口。用户可以在其中对零件进行旋转、缩放、平移等操作，以方便零件装配位置的选择，如图 6-68 所示。

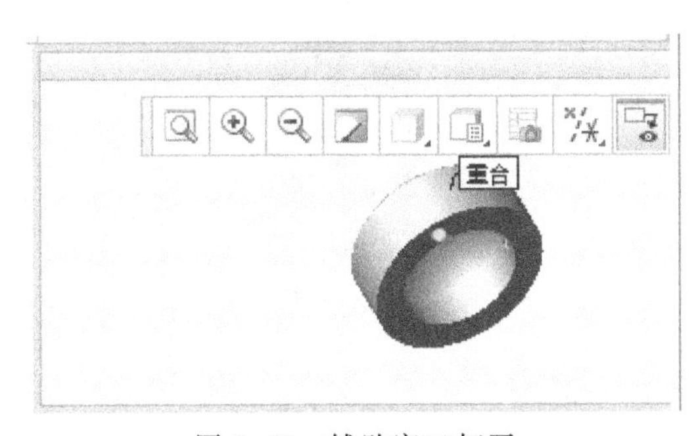

图 6-68　辅助窗口打开

在“放置”选项对话框中，单击“新建约束”字符，在“约束类型”下拉列表框中选择“相切”约束项，然后分别选取如图 6-69 所示两个元件上要相切的面（螺杆头部的球形面与顶垫内部的球形面），此时两个零件会自动调整到两个面相切的位置。

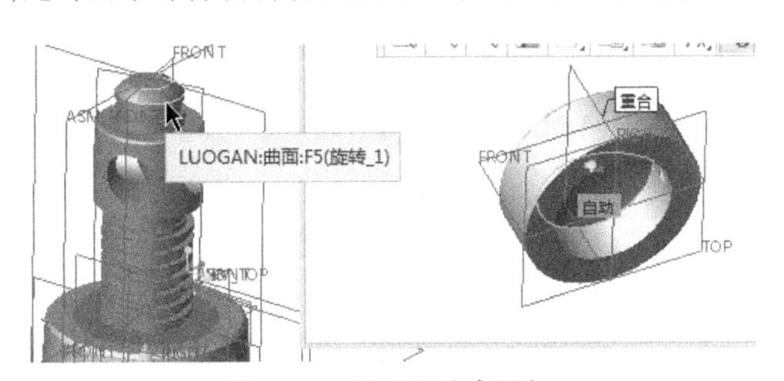

图 6-69　“相切”约束添加

④添加第三个装配约束“重合”。

在“放置”选项对话框中，单击“新建约束”字符，在“约束类型”下拉列表框中选择“重合”约束项，然后分别选取如图 6-70 所示两个元件上要重合的面（顶垫的 FRONT 基准面与装配体的 ASM_FRONT 基准面），此时两个零件会自动调整到两个面重合的位置。

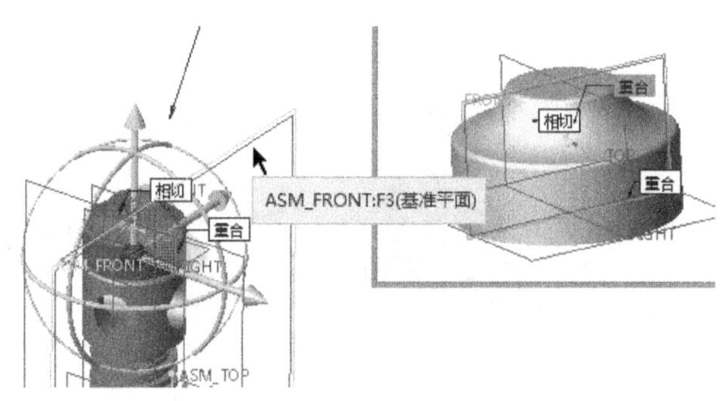

图 6-70 “重合”约束添加

⑤“状态”区域显示“完全约束”。单击操作面板上的确定按钮✔,结束顶垫零件的装配,如图6-71所示。

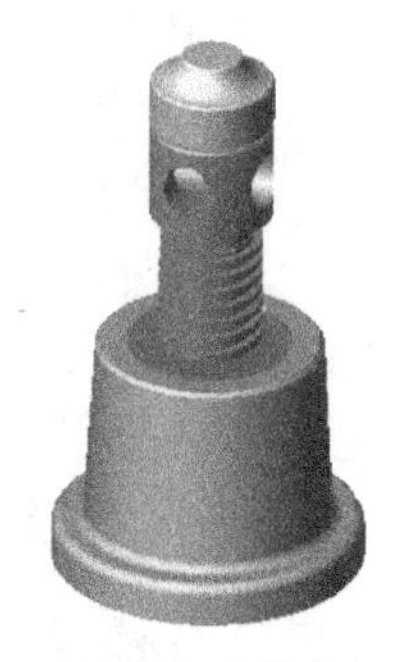
图 6-71 顶垫零件装配结果

步骤7 装配第五个零件——铰杆

①在模型树窗口中单击DIZUO.PRT,然后单击鼠标右键,弹出快捷菜单(见图6-72),在其中单击“隐藏”按钮 隐藏,此时在工作区,底座零件被隐藏。隐藏零件的作用是简化工作区零件的显示,使得特征选择更加方便。用同样方法隐藏螺套零件和顶垫零件,使得工作区只显示螺杆零件。(对于Creo4.0版本,在单击DIZUO.PRT后,会弹出快捷工具栏,在其中单击“隐藏”操作图标,底座零件就会被隐藏)。

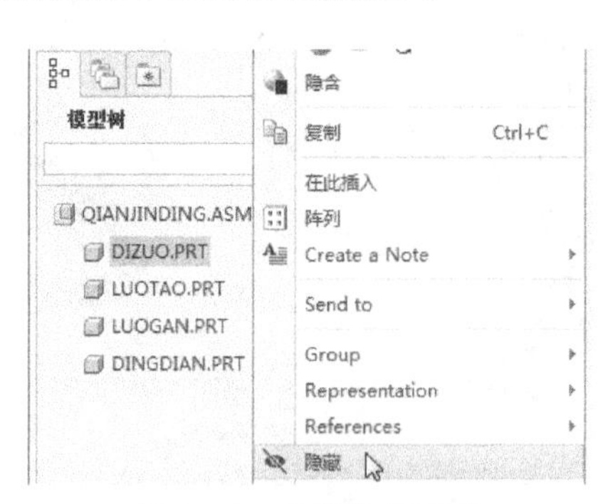

图 6-72 右键快捷菜单

②单击“元件”工具栏中的组装按钮,此时系统弹出文件“打开”对话框,选择铰杆零件模型文件jiaogan.prt,然后单击“打开”按钮,此时铰杆零件出现在绘图窗口中,同时弹出“元件放置”操作面板。

③添加第一个装配约束“重合”。

单击“元件放置”操作面板下方的“放置”选项，弹出“放置”对话框，在“约束类型”下拉列表框中选择“重合”约束项，然后分别选取如图6-73所示两个元件上要重合的轴(螺杆头部中心孔的轴线A_4与铰杆的中心轴A_2)，此时两个零件会自动调整到两个轴重合的位置。

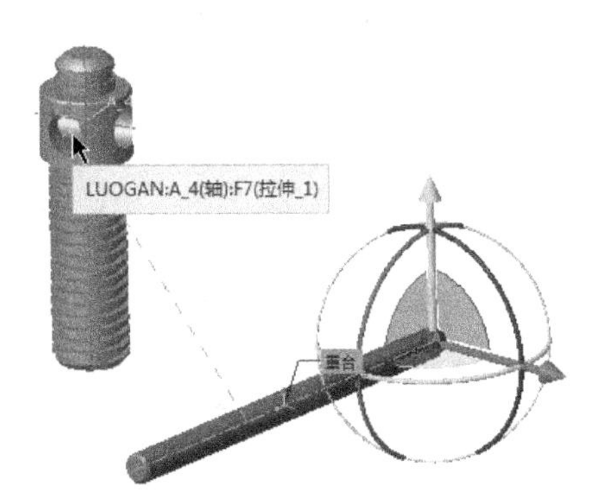

图6-73　轴“重合”约束添加

④添加第二个装配约束“距离”。

在“放置”选项对话框中，单击“新建约束”字符，在“约束类型”下拉列表框中选择“距离”约束项，然后分别选取如图6-74所示两个元件上要添加距离的面(铰杆的左端面与螺杆的FRONT基准面)，然后在“放置”对话框(见图6-75)中的距离偏移值输入编辑框中输入距离100，此时两个零件会自动调整到两个面相距100的位置。

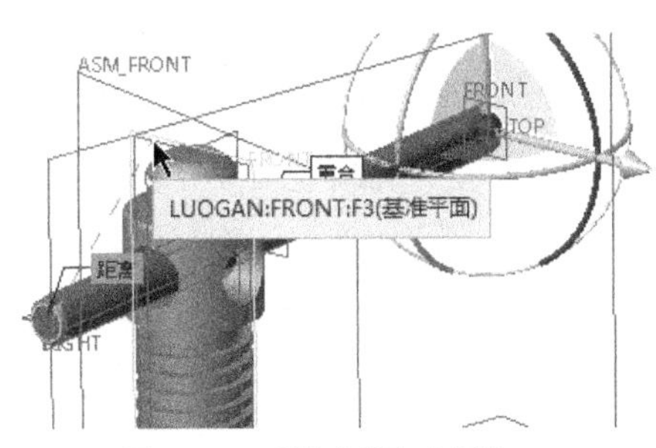

图6-74　“距离”约束添加

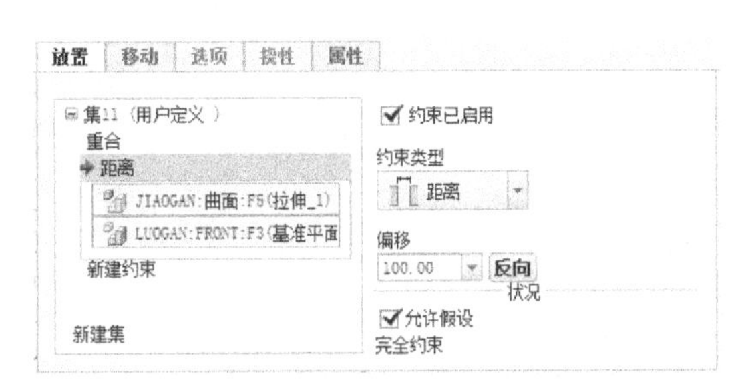

图6-75　“放置”对话框

⑤“状态”区域显示“完全约束”。单击操作面板上的确定按钮✔，结束铰杆零件的装配，如图6-76所示。

图6-76　铰杆装配结果

⑥在模型树窗口中单击底座、螺套、顶垫等零件然后单击鼠标右键,弹出快捷菜单(见图6-77),在其中单击“取消隐藏”按钮 取消隐藏 ,此时在工作区,底座等零件重新显示出来,如图6-78所示。

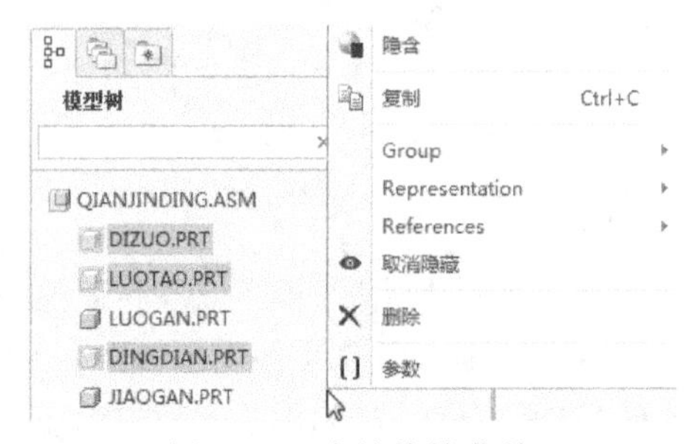

图6-77　右键快捷菜单

图6-78　千斤顶装配结果

步骤8　装配体分解

①单击“模型显示”工具栏上的“管理视图”按钮,弹出“视图管理器”对话框,切换到“分解”选项卡。单击其中的“新建”按钮 新建 ,输入分解的名称Exp0001(也可以自定义分解视图名称),并按回车键确定。

②单击“视图管理器”对话框中的“属性”按钮 属性>> ,此时对话框发生了改变。单击其中的“编辑位置”按钮,系统弹出“分解工具”操作面板。

③系统默认为零件“平移”,单击要移动的铰杆零件,此时铰杆零件上会出现三个箭头指示的移动坐标系。当鼠标放置在相应方向的箭头上时,按住鼠标左键拖动,就可实现零件在该方向上的移动。如果需要进行比较精确的移动,可以单击操作面板下方的“选项”

属性页，弹出“选项”对话框，在其中的“运动增量”中可以输入或选择每次移动的距离增量。另外在零件移动过程中，操作面板上 -100.000000 处会记录零件移动的距离。

④用同样方法移动其余的元件。完成零件移动后，单击“分解位置”对话框中的“确定”按钮，返回“视图管理器”对话框，再单击对话框中的“切换至垂直视图”按钮 <<...，返回到对话框界面，单击对话框界面中的“编辑”下拉按钮 编辑，在弹出的下拉选项中单击“保存”，此时弹出“保存显示元素”对话框，按下下方的“确定”按钮，系统保存用户自己设置的分解视图，并返回到对话框界面。单击界面下方的“关闭”按钮 关闭，结束零件分解，结果如图6-79所示。

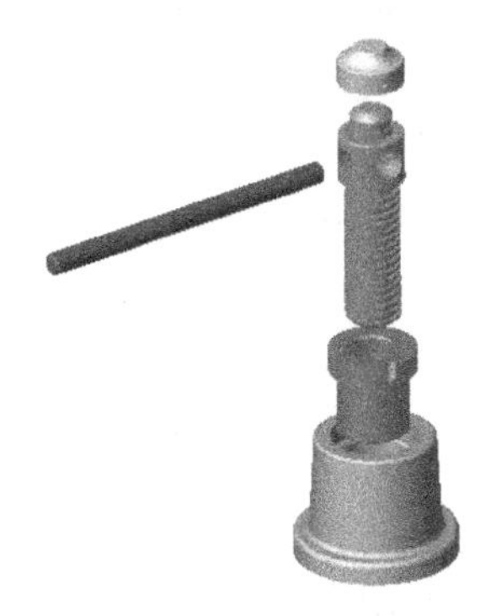

图6-79　千斤顶装配体分解结果

步骤9　取消分解状态

单击“模型显示”工具栏上的“分解图”按钮 分解图，可以取消视图的分解状态，从而回到装配状态。如果再次需要显示分解状态，可以再次按下“分解图”按钮 分解图。

步骤10　文件保存

单击菜单“文件”→“保存”命令，保存当前模型文件。保存后文件名为 qianjinding.asm，其中 asm 为装配组件的后缀名。

任务2　机构运动仿真

视频6-2

【工程案例四】千斤顶机构运动仿真

根据图6-56所示千斤顶各零件的尺寸绘制出三维模型，并完成千斤顶机构运动仿真。

学习目标

1. 了解机构运动仿真的一般过程。
2. 能够运用“圆柱”约束与连接类型进行机构运动仿真。
3. 能够正确设定伺服电动机的参数。

机构运动仿真分析

千斤顶的运动特征是既有旋转运动又有上下的直线运动，所以约束与连接的类型应该选择“圆柱”，施加两个伺服电动机，一个旋转伺服电动机和一个直线伺服电动机。

相关知识点

1. 机构运动仿真的一般过程

①创建机构模型：对各零件进行约束与连接，装配为机构模型。

②定义机构：定义伺服电动机、执行电动机、连接类型、弹簧、阻尼器等。

③分析准备：定义初始位置及条件，创建测量。

④分析模型：对机构模型进行位置、运动学分析。

⑤结果检视：回放结果、查看测量、创建轨迹曲线。

2. 零件或组件的主要约束与连接类型及其自由度

零件或组件的主要约束与连接类型及其自由度如图6-80和表6-1所示。

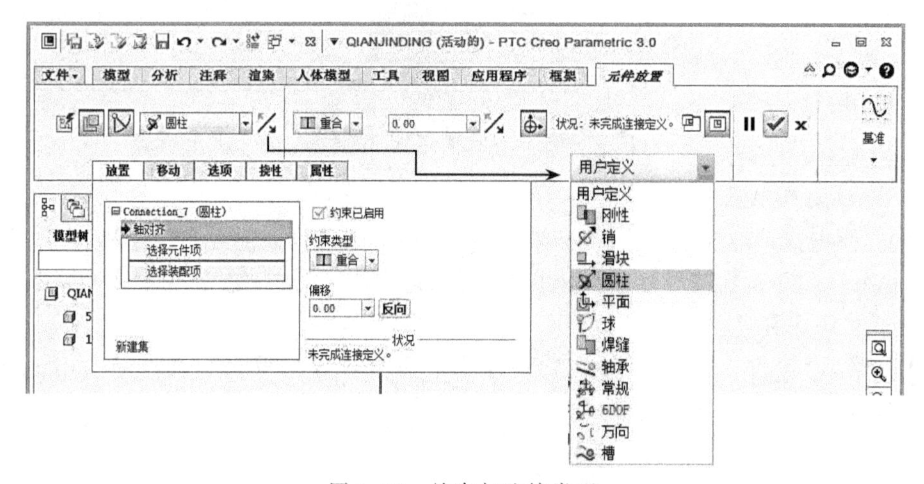

图6-80 约束与连接类型

表6-1 元件的主要约束类型及其自由度

约束类型	自由度		性 能
	旋转	平移	
刚性	0	0	两个元件固定在一起
销	1	0	元件可以绕配合轴线进行旋转
滑块	0	1	元件可以沿配合方向进行平移
圆柱	1	1	元件可以相对于配合轴线同时进行平移和旋转
平面	1	2	元件可以在配合平面内进行平移和绕平面法向的轴线旋转
球	3	0	元件可以绕配合点进行空间旋转
焊缝	0	0	两个元件按指定坐标系固定在一起
轴承	3	1	元件可以绕配合点进行空间旋转，也可以沿指定方向平移

操作步骤

步骤1　设置工作目录

同【工程案例三】千斤顶零件装配的“操作步骤”之步骤1。

步骤2　新建装配文件

同【工程案例三】千斤顶零件装配的“操作步骤”之步骤2。

步骤3　装配第一个零件——底座

同【工程案例三】千斤顶零件装配的“操作步骤”之步骤3。

步骤4　装配第二个零件——螺套

同【工程案例三】千斤顶零件装配的“操作步骤”之步骤4。

步骤5　装配第三个零件——螺杆

①单击“元件”工具栏中的组装按钮，此时系统弹出文件“打开”对话框，选择螺杆零件模型文件luogan.prt，然后单击“打开”按钮，此时螺杆零件出现在绘图窗口中，同时弹出“元件放置”操作面板。

②单击设置约束类型的 用户定义 的下拉按钮，选择 圆柱，单击放置按钮 放置，在“轴对齐”中选取luogan.prt零件的回转表面及dizhuo.prt零件的回转表面，如图6-81所示，如果方向不对，单击“反向”按钮。

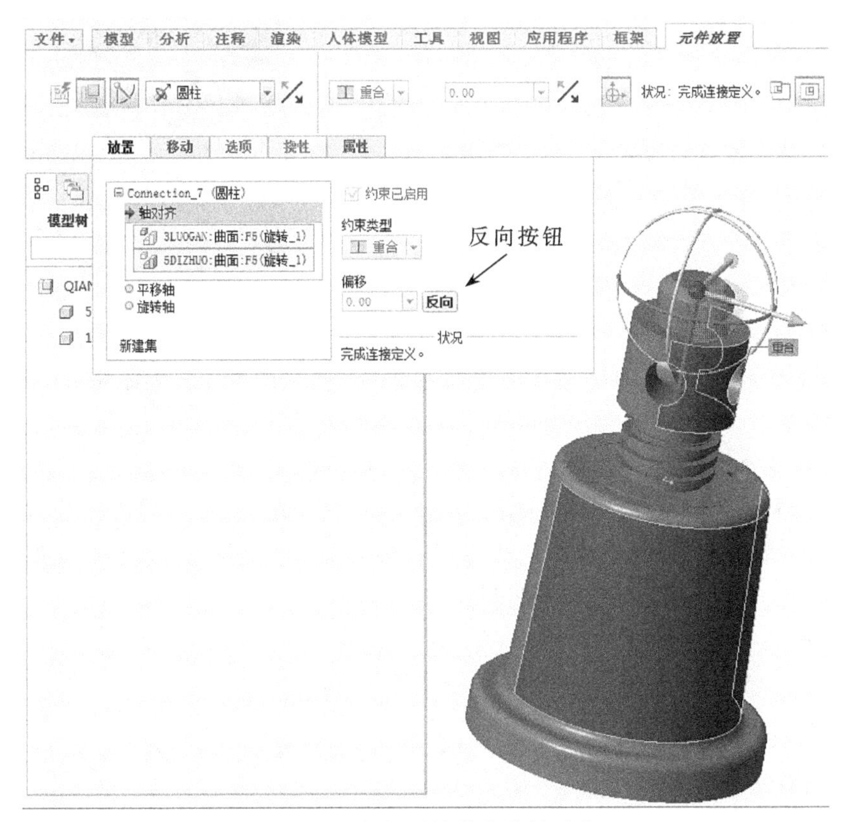

图6-81　螺杆圆柱约束的轴对齐

③单击 平移轴 按钮，设置螺杆上下平移的极限值，选取螺杆零件的最大直径圆柱的下表面和螺套零件的最大直径圆柱的上表面，勾选☑最小限制，并输入值0，表示两表面最小距离为0，勾选☑最大限制，并输入值100，表示两表面最大距离为100，如果当前位置的显示数值为负，单击按钮，如图6-82所示。

④单击操作面板上的确定按钮✔，结束螺杆的装配。

图6-82 螺杆圆柱约束的平移轴

注：如果装配时，发现当前位置处数值为负值，则将最小限制值设置为-100，最大限制值设置为0。

步骤6 装配第四个零件——顶垫

同【工程案例三】千斤顶零件装配的“操作步骤”之步骤6。此时需要注意的是：添加的第三个“重合”装配约束，应该选择顶垫的FRONT基准面与螺杆的FRONT基准面，而非装配体的ASM_FRONT基准面，否则不会显示“完全约束”。

步骤7 装配第五个零件——铰杆

同【工程案例三】千斤顶零件装配的“操作步骤”之步骤7。

步骤8 进入机构设计平台

单击“功能”区中的“应用程序”-“机构”命令，进入机构设计平台，如图6-83所示。

图 6-83　进入机构设计平台

步骤9　定义机构

(1)Creo3.0版本操作

①转动伺服电动机的设置:单击“伺服电动机”命令,弹出“伺服电动机定义”对话框,选取“圆柱”约束的连接轴作为运动轴,如图6-84所示。

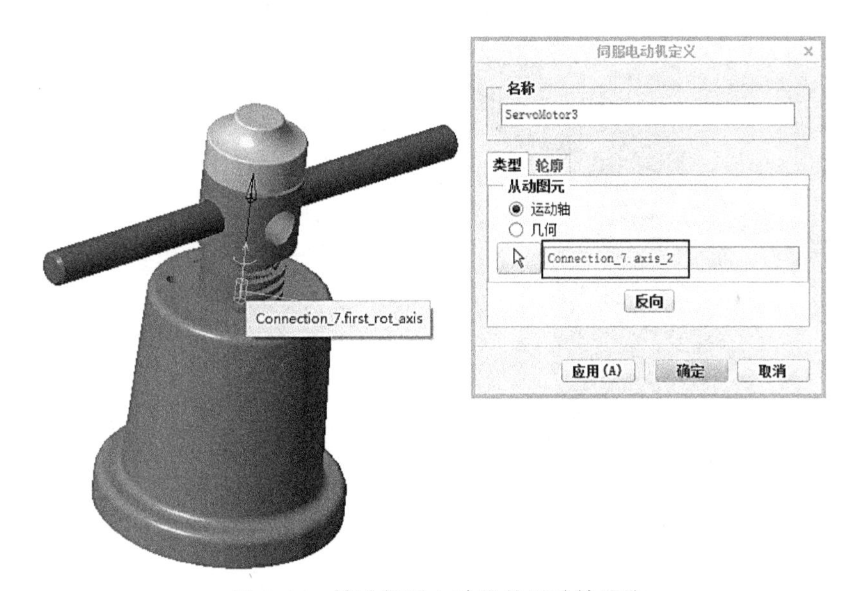

图 6-84　转动伺服电动机的运动轴选取

单击“伺服电动机定义”对话框中的“轮廓”命令,定义“规范”为“速度”,定义“A”值为“180”, 即螺杆的转动速度为每秒钟半周,如图6-85所示,单击“确定”按钮,完成转动伺服电动机的设置。

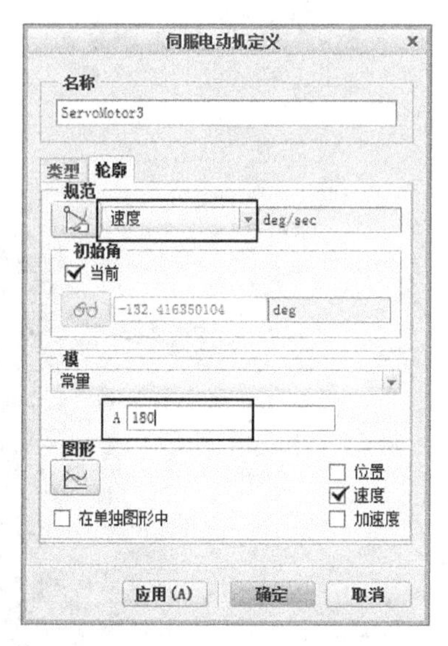

图6-85 转动伺服电动机的轮廓定义

②平移伺服电动机的设置：单击“伺服电动机”命令，弹出“伺服电动机定义”对话框，点选“类型”中的“几何”，选取螺杆零件的最大直径圆柱的下表面和螺套零件的最大直径圆柱的上表面，如图6-86所示。

图6-86 平移伺服电动机的几何选取

单击“伺服电动机定义”对话框中的“轮廓”命令，定义“规范”为“速度”，定义“A”值为“4”，即螺杆的平移速度为4mm/s，如图6-87所示，单击“确定”按钮，完成平移伺服电动机的设置。

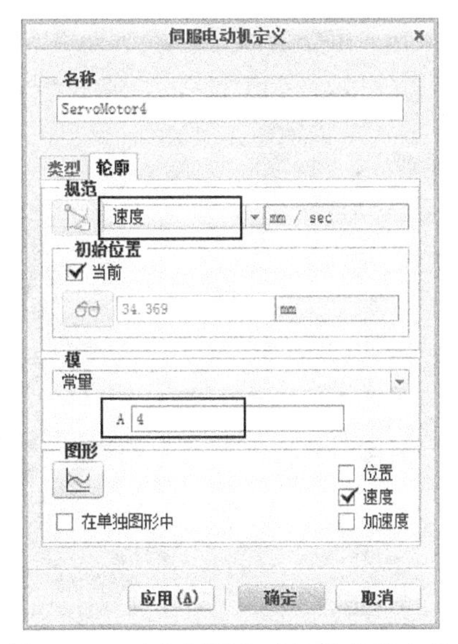

图 6-87　平移伺服电动机的轮廓定义

(2)Creo 4.0版本操作

①转动伺服电动机的设置:单击工具菜单上的“伺服电动机”命令,弹出“电动机”菜单,将鼠标移至模型中心的伺服电机图标处,选取“Connection_3.first_rot_axis”连接轴(为旋转箭头符号)作为运动轴,如图 6-88 所示。

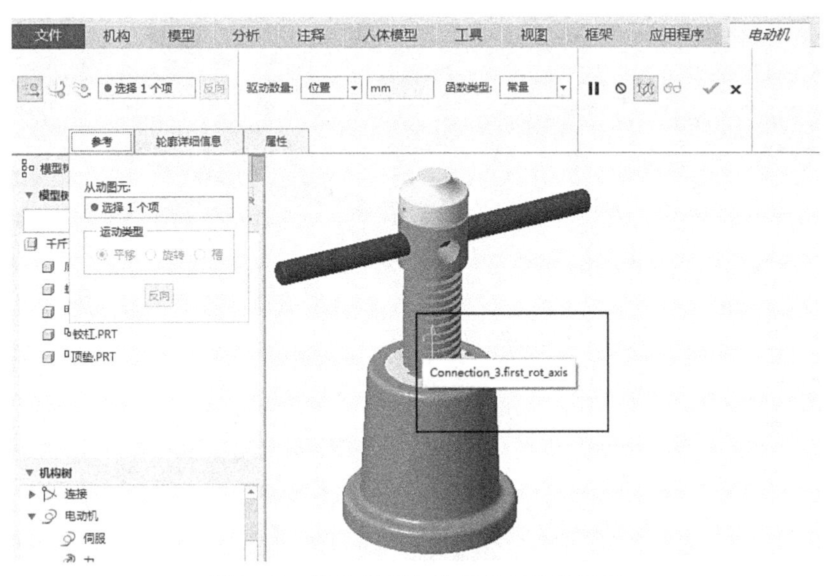

图 6-88　转动伺服电动机的运动轴选取

单击“电动机”菜单中的“轮廓详细信息”菜单,定义“驱动数量”为“角速度”,定义系数“A”值为“180”,即螺杆的转动速度为每秒钟半周,“图形”栏目下勾选“速度”选选项,如图 6-89 所示,单击确定按钮,完成转动伺服电动机的设置。

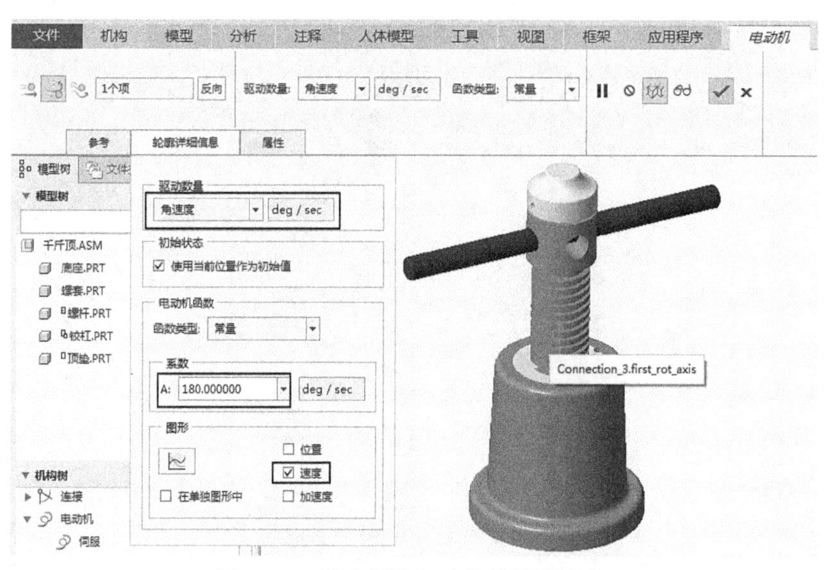

图 6-89　转动伺服电动机的轮廓定义

②平移伺服电动机的设置：单击工具菜单上的“伺服电动机”命令，弹出“电动机”菜单，将鼠标移至模型中心的伺服电机图标处，选取移动箭头符号所指的“Connection_3.first_trans_axis”连接轴作为运动轴，如图 6-90 所示。

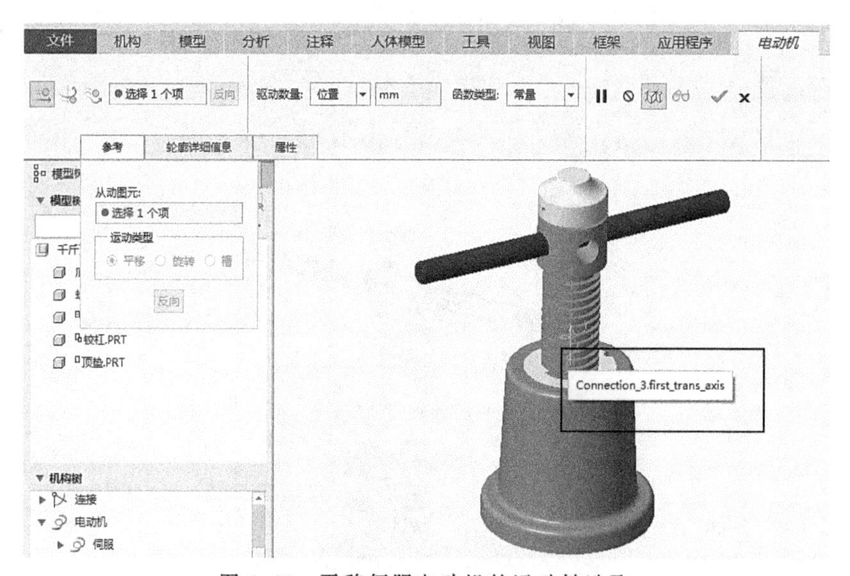

图 6-90　平移伺服电动机的运动轴选取

单击“电动机”菜单中“轮廓详细信息”菜单，定义“驱动数量”为“速度”，定义“A”值为“4”，即螺杆的移动速度为每秒钟 4mm，“图形”栏目下勾选“速度”选项，如图 6-89 所示，单击确定按钮，完成平移伺服电动机的设置。

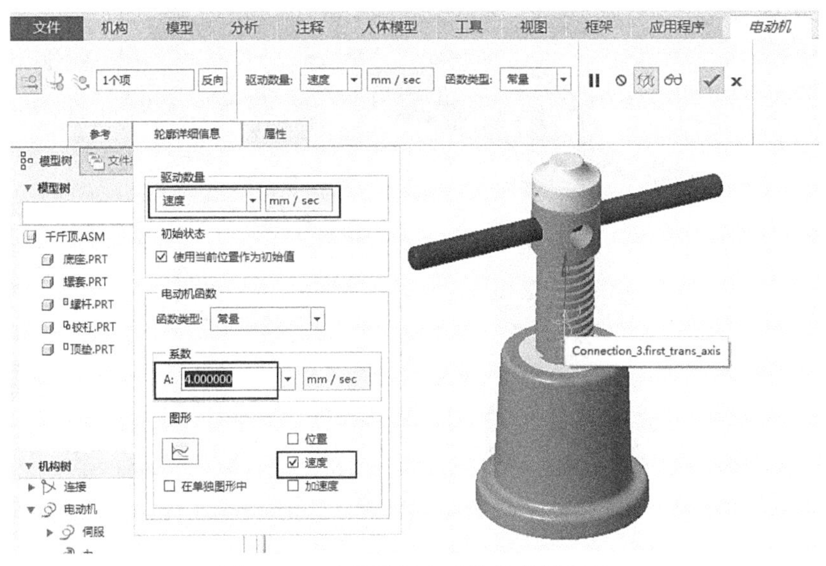

图 6-91　平移伺服电动机的轮廓定义

步骤 10　分析准备

单击拖动元件按钮，选择螺杆元件，拖动至螺杆零件的最大直径圆柱的下表面与螺套零件的最大直径圆柱的上表面重合，如图 6-92(a)所示，(如果前面参数为负值，则需要将两个表面的距离拖至最大距离处，如图 6-92(b)所示)，单击“确定”按钮和“关闭”按钮完成分析准备。

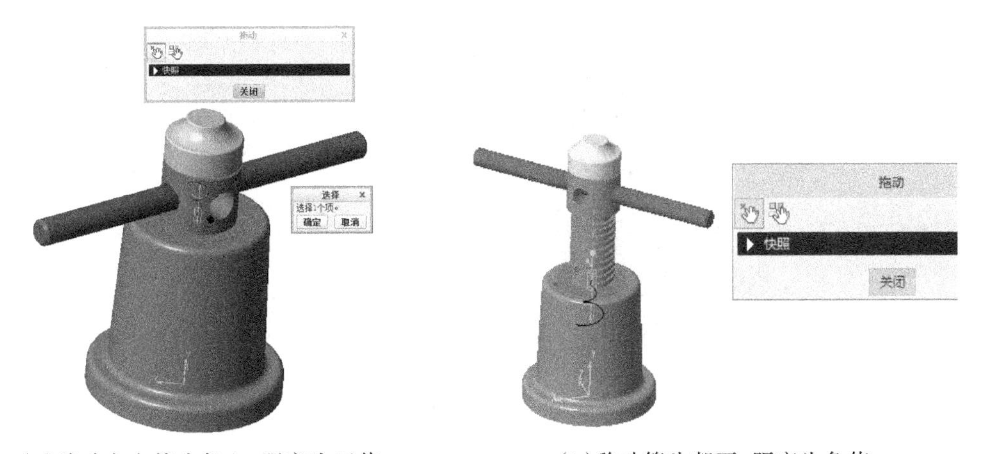

(a)移动方向箭头朝上，距离为正值　　　(b)移动箭头朝下，距离为负值

图 6-92　拖动元件

步骤 11　分析模型

单击工具菜单上的“机构分析”按钮，弹出“分析定义”对话框，修改“终止时间”(Creo 4.0 为结束时间)为 25，保证平移距离可以达到极限距离 100mm，单击“运行”按钮，就可以看到机构的仿真运动，如图 6-93 所示，仿真运动结束后单击“确定”按钮，完成分析模型。

图 6-93　机构分析

(**注**:如果单击“运行”按钮,模型不动,则可能的原因为某个参数设置不正确,比如选择了“AnaysisDefinition1”,而不是“AnaysisDefinition2”等,或者步骤5中平移的范围设置不正确,可尝试将移动范围调整为-100~0。)

步骤 12　结果检视

单击回放按钮,弹出“回放”对话框,如图 6-94 所示。

图 6-94　运动仿真回放

在“回放”对话框中单击按钮进行播放,弹出“动画”对话框,单击按钮,播放运动仿真动画,如图 6-95 所示,也可以单击 捕获... 按钮来保存运动仿真动画成为视频格式。

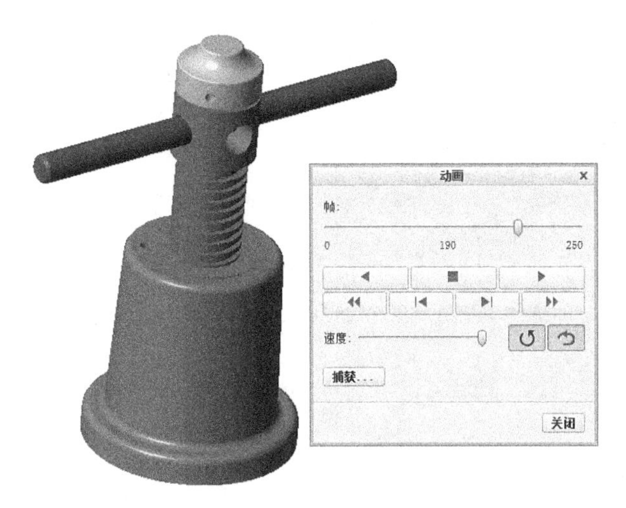

图 6-95　运动仿真动画

【工程案例五】齿轮泵机构运动仿真

根据图 6-96 所示齿轮泵各零件的尺寸绘制出三维模型，并完成齿轮泵机构运动仿真。

视频 6-3

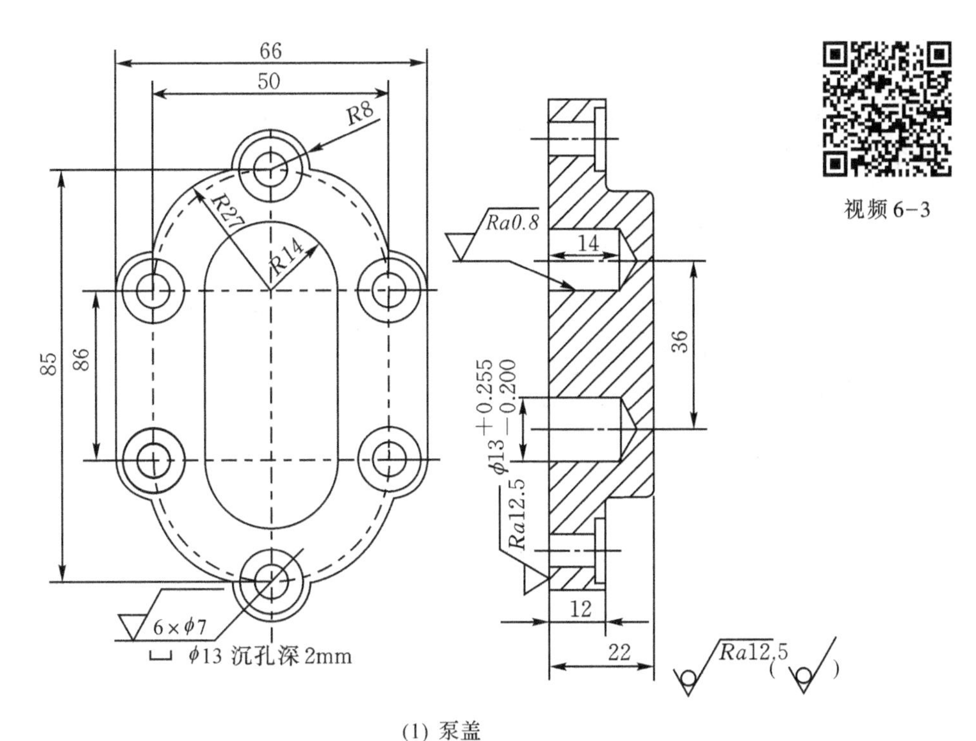

(1) 泵盖

图 6-96　齿轮泵零件图及装配图(一)

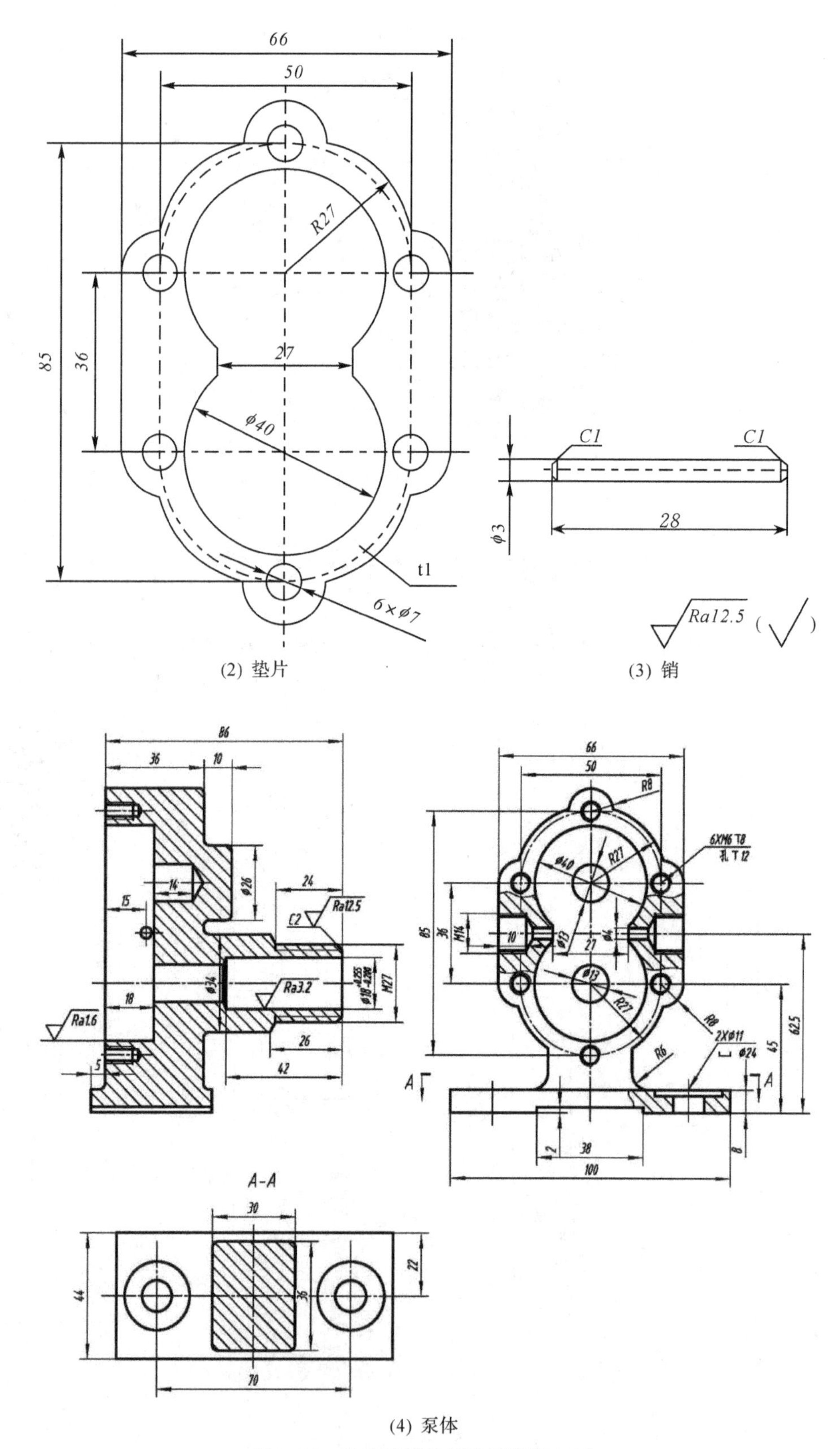

(2) 垫片

(3) 销

(4) 泵体

图 6-96　齿轮泵零件图及装配图(二)

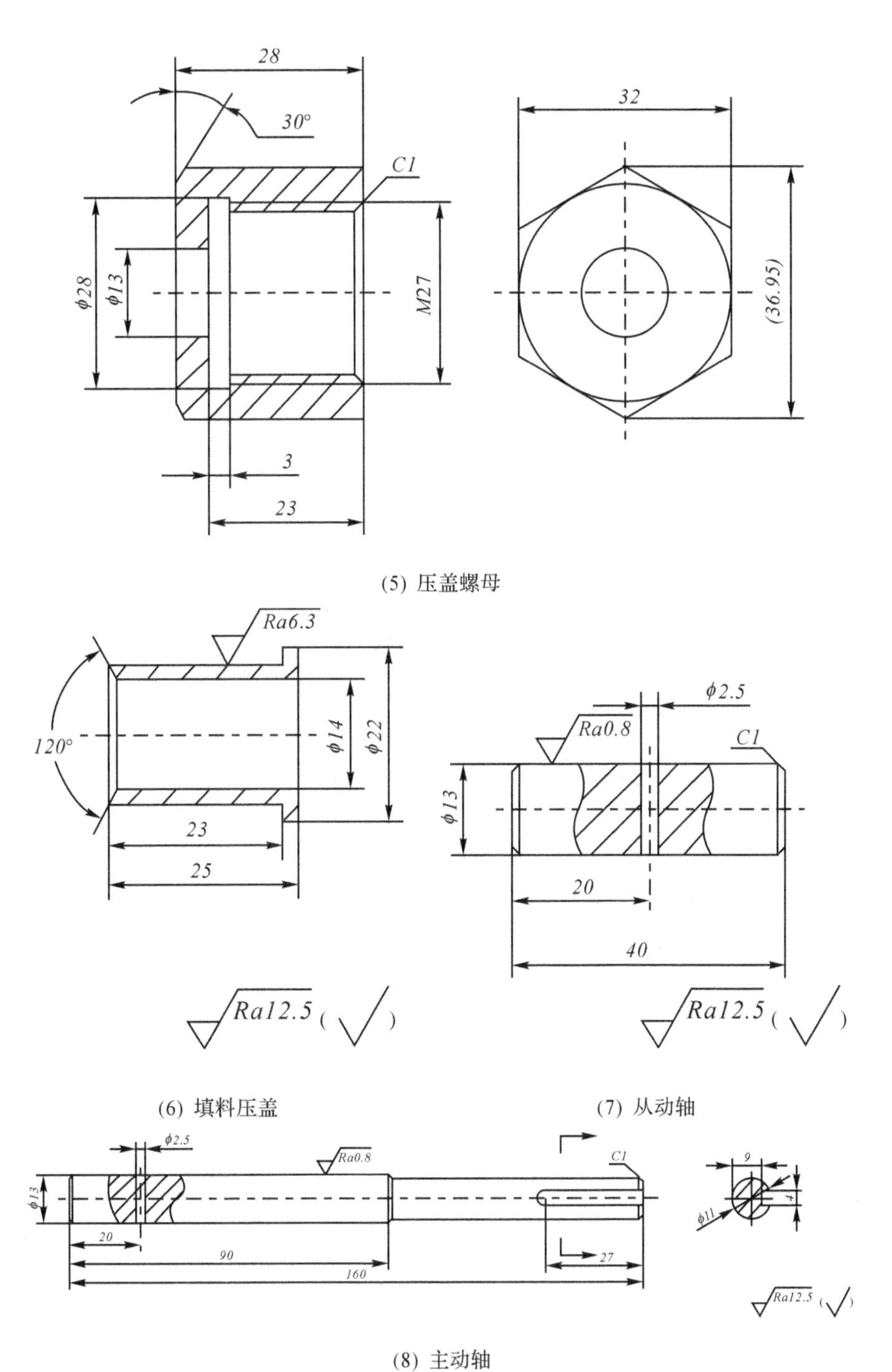

(5) 压盖螺母

(6) 填料压盖

(7) 从动轴

(8) 主动轴

图 6-96 齿轮泵零件图及装配图(三)

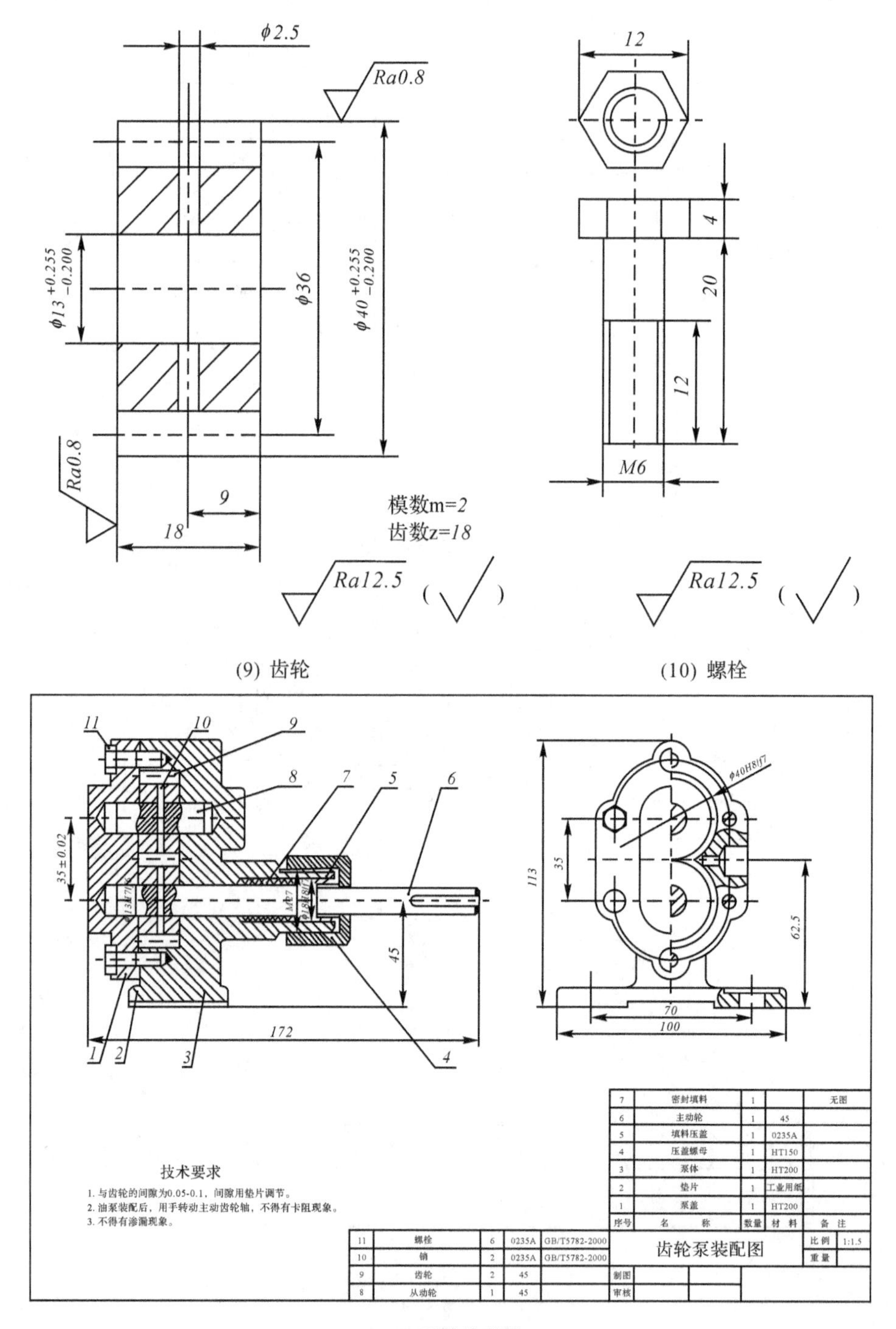

序号	名称	数量	材料	备注
7	密封填料	1		无图
6	主动轮	1	45	
5	填料压盖	1	0235A	
4	压盖螺母	1	HT150	
3	泵体	1	HT200	
2	垫片	1	工业用纸	
1	泵盖	1	HT200	

11	螺栓	6	0235A	GB/T5782-2000
10	销	2	0235A	GB/T5782-2000
9	齿轮	2	45	
8	从动轮	1	45	

齿轮泵装配图	比例	1:1.5
	重量	
制图		
审核		

(9) 齿轮　　(10) 螺栓

(11) 零件装配图

图 6-96　齿轮泵零件图及装配图(四)

学习目标

1. 巩固对机构运动仿真的一般过程的学习。
2. 能够运用“销”约束与连接类型进行机构运动仿真。

3. 巩固对伺服电动机的参数设定的学习，并能加以应用。

4. 掌握和理解齿轮副特殊连接的定义。

机构运动仿真分析

本工程案例齿轮泵由10个零件组成：泵盖、垫片、销、泵体、压盖螺母、填料压盖、从动轴、主动轴、齿轮、螺栓等。在进行机构运动仿真时，主动齿轮、从动齿轮、主动轴、从动轴、销等零件是运动的，但只有转动，没有平移运动，而剩余零件是固定不动的，并且主动齿轮、主动轴、主动齿轮轴销是同步运动的，从动齿轮、从动轴、从动齿轮轴销是同步运动的，主动与从动各3个零件的运动方向是相反的。所以，在运动仿真装配时，约束与连接类型选择“销”，在装配3个主动零件的过程中，后2个零件不能与主动的3个零件以外的其他零件或装配体形成约束或连接；在装配3个从动零件的过程中，后2个零件也不能与从动的3个零件以外的其他零件或装配体形成约束或连接。

操作步骤

步骤1　设置工作目录

单击菜单“文件”→“管理会话”→“选择工作目录”命令，将文件放置在齿轮泵各零件模型所存放的一个文件夹下。

步骤2　新建装配文件

单击工具栏中的新建文件按钮，在弹出的“新建”对话框中选择“装配”类型，单击“使用默认模板”复选框取消选中标志，在“名称”栏输入新建文件名“chilunbeng”。单击“确定”按钮，打开“新文件选项”对话框。选择“mmns_asm_design”模板，按下“确定”按钮，进入零件装配环境。

步骤3　装配第一个零件——泵体

①单击“元件”工具栏中的组装按钮，此时系统弹出文件“打开”对话框，选择汞体零件模型文件bengti.prt，然后单击“打开”按钮，此时泵体零件出现在绘图窗口中，同时弹出“元件放置”操作面板。

②单击约束类型选择框后面的“自动”下拉按钮 自动，选择其中的“默认”约束类型 默认，将元件按默认约束放置，此时“状况”区域显示“完全连接定义”。单击操作面板上的确定按钮，结束第一个零件的装配，如图6-97所示。

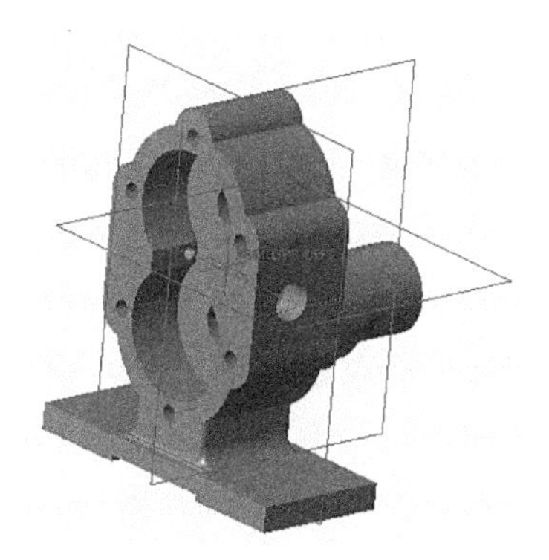

图6-97　汞体装配结果

步骤4 装配第二个零件——主动齿轮

①单击“元件”工具栏中的组装按钮，此时系统弹出文件“打开”对话框，选择齿轮零件模型文件chilun.prt，然后单击“打开”按钮，此时主动齿轮零件出现在绘图窗口中，同时弹出“元件放置”操作面板。

②设置约束类型“销”。

单击约束类型 用户定义 右侧的下拉按钮，选择约束类型为“销” 销，单击操作面板下方的“放置”选项，弹出“放置”对话框，定义“销”的第一个约束“轴对齐”，分别选取如图6-98所示两个元件上要重合的面(泵体安装主动齿轮处的任一旋转曲面与齿轮的内孔旋转曲面)，此时两个零件会自动调整到两个旋转曲面的轴线重合的位置。

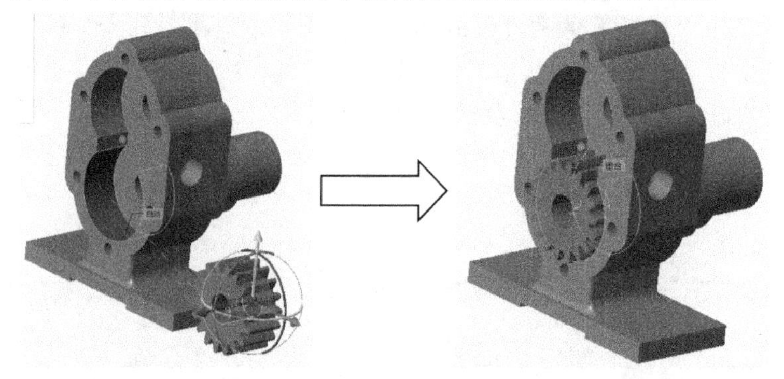

图6-98 “销”约束类型中的“轴对齐”添加及装配结果

定义“销”的第二个约束“平移”，分别选取如图6-99所示两个元件上要重合的面(齿轮的左端面与泵体的左端面)，此时两个零件会自动调整到两个面重合的位置。

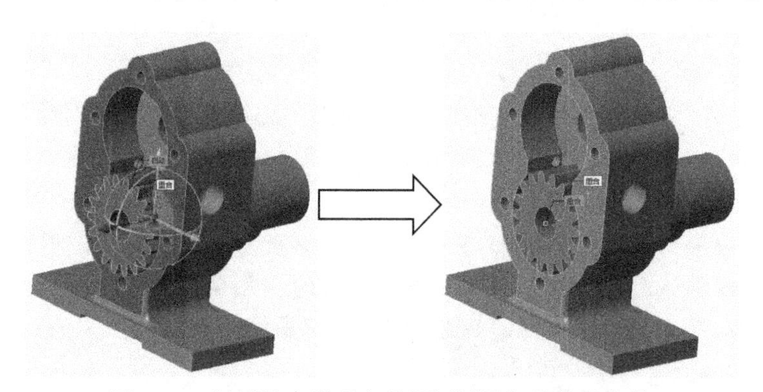

图6-99 “销”约束类型中的“平移”添加及装配结果

③“状况”区域显示“完全连接定义”。单击操作面板上的确定按钮，结束第二个零件的装配。

步骤5 装配第三个零件——从动齿轮

类似于步骤4，设置约束类型“销”，如图6-100、图6-101所示。

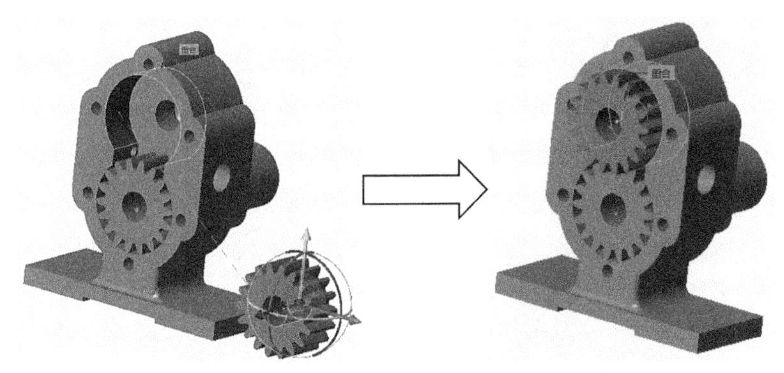

图 6-100　“销”约束类型中的“轴对齐”添加及装配结果

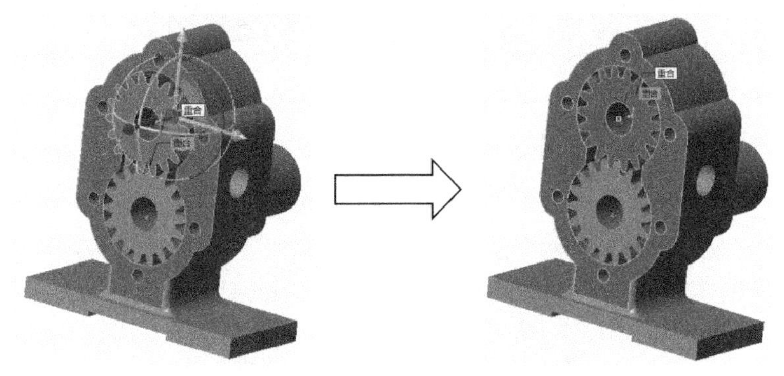

图 6-101　“销”约束类型中的“平移”添加及装配结果

步骤 6　隐藏泵体和从动齿轮

在装配主动轴、主动齿轮轴销时，这两个零件只能与主动齿轮有约束定位关系，不能与其他的任何零件或装配体有约束定位关系。此时需要隐藏泵体和从动齿轮，只显示主动齿轮。

右击“模型树”中的“BENGTI.PRT”“CHILUN.PRT”，在“选择选项”下拉菜单中选择“隐藏” 隐藏，结果如图 6-102 所示。

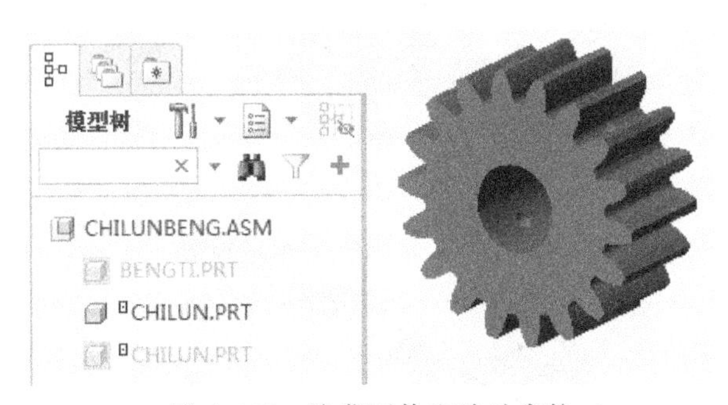

图 6-102　隐藏泵体和从动齿轮

步骤 7　装配第四个零件——主动轴

①单击“元件”工具栏中的组装按钮，此时系统弹出文件“打开”对话框，选择主动轴零件模型文件 zhudongzhou.prt，然后单击“打开”按钮，此时主动轴零件出现在绘图窗口中，同时弹出“元件放置”操作面板。

②添加第一个“重合”装配约束。

单击“元件放置”操作面板下方的“放置”选项，弹出“放置”对话框，在“约束类型”下拉列表框中选择“重合”约束项，然后分别选取如图6-103所示两个元件上要重合的面（主动轴的任一直径的圆柱面与主动齿轮的轴孔面），此时两个零件会自动调整到两个轴重合的位置。如果发现两零件相对位置反了，可以单击“反向”选项。

图6-103　第一个“重合”装配约束

③添加第二个“重合”装配约束。

在“放置”选项对话框中，单击“新建约束”字符，在“约束类型”下拉列表框中选择“重合”约束项，然后分别选取如图6-104所示两个元件上要重合的面（主动齿轮销孔的内圆柱面与主动轴销孔的内圆柱面），此时两个零件会自动调整到两个轴对齐的位置。

图6-104　第二个“重合”装配约束

④“状况”区域显示“完全连接定义”。单击操作面板上的“确定”按钮，结束第四个零件的装配。

步骤8　装配第五个零件——主动齿轮轴销

①打开主动齿轮零件，在主动齿轮零件中定义一基准平面，使其通过齿轮轴的轴孔轴线，垂直于销孔轴线，如图6-105所示。

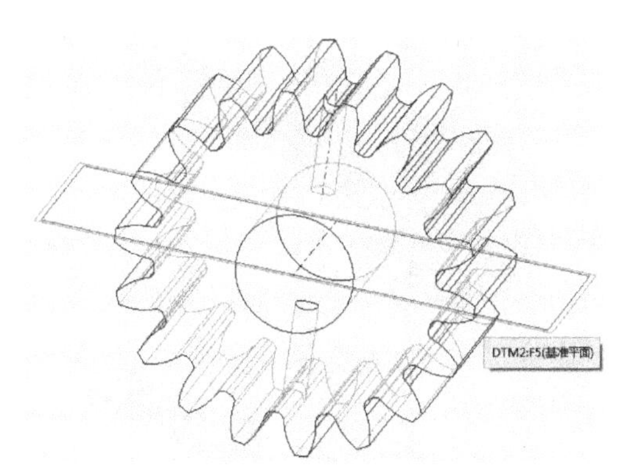

图6-105　主动齿轮零件中定义一基准平面

②单击“元件”工具栏中的组装按钮，此时系统弹出文件“打开”对话框，选择销零件模型文件xiao.prt，然后单击“打开”按钮，此时销零件出现在绘图窗口中，同时弹出“元件放置”操作面板。

③添加第一个“重合”装配约束。

单击“元件放置”操作面板下方的“放置”选项，弹出“放置”对话框，在“约束类型”下拉列表框中选择“重合”约束项，然后分别选取如图6-106所示两个元件上要重合的面（销的圆柱面与主动齿轮的销孔面），此时两个零件会自动调整到两个轴对齐的位置。

图6-106　第一个“重合”装配约束

④添加第二个“重合”装配约束。

在“放置”选项对话框中，单击“新建约束”字符，在“约束类型”下拉列表框中选择“重合”约束项，然后分别选取如图6-107所示两个元件上要重合的面(主动齿轮刚才新建的基准平面与销的中间对称基准面)，此时两个零件会自动调整到两个面重合的位置。

图6-107　第二个“重合”装配约束

⑤“状况”区域显示“完全连接定义”。单击操作面板上的“确定”按钮，结束第五个零件的装配。

步骤9　取消隐藏从动齿轮和隐藏其他零件

在装配从动轴、从动齿轮轴销时，这两个零件只能与从动齿轮有约束定位关系，不能与其他的任何零件或装配体有约束定位关系。此时需要隐藏泵体和主动齿轮，只显从从动齿轮。

右击“模型树”中的从动齿轮“CHILUN.PRT”，在“选择选项”下拉菜单中选择“取消隐藏”取消隐藏。右击“模型树”中的主动齿轮“CHILUN.PRT”和其他未隐藏零件，在“选择选项”下拉菜单中选择“隐藏”隐藏，结果如图6-108所示。

图6-108　隐藏泵体和主动齿轮

步骤10　装配第六个零件——从动轴

与步骤7类似，添加两个“重合”装配约束，如图6-109、图6-110所示。

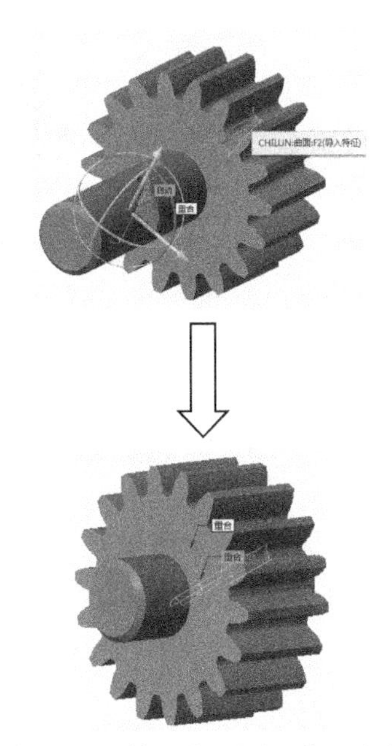

图6-109　第一个“重合”装配约束　　　图6-110　第二个“重合”装配约束

步骤11　装配第七个零件——从动齿轮轴销

①在从动齿轮零件中定义一基准平面，使其通过齿轮轴的轴孔轴线，垂直于销孔轴线，如图6-111所示。

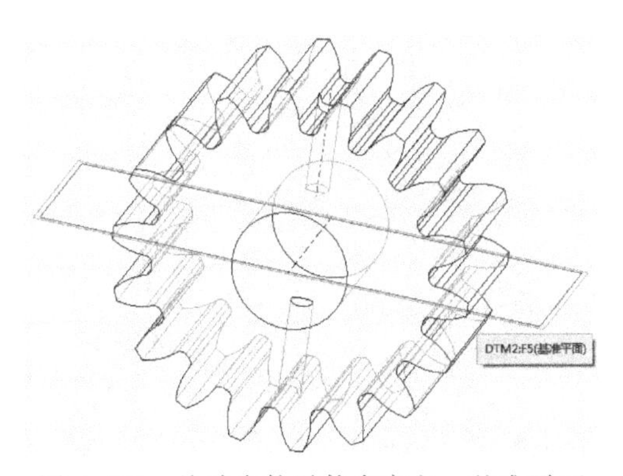

图6-111　从动齿轮零件中定义一基准平面

②单击“元件”工具栏中的组装按钮，此时系统弹出文件“打开”对话框，选择销零件模型文件xiao.prt，然后单击“打开”按钮，此时销零件出现在绘图窗口中，同时弹出“元件放置”操作面板。

③添加第一个“重合”装配约束。

单击“元件放置”操作面板下方的“放置”选项，弹出“放置”对话框，在“约束类型”下拉列表框中选择“重合”约束项，然后分别选取如图6-112所示两个元件上要重合的面（销的圆柱面与从动齿轮的销孔面），此时两个零件会自动调整到两个轴对齐的位置。

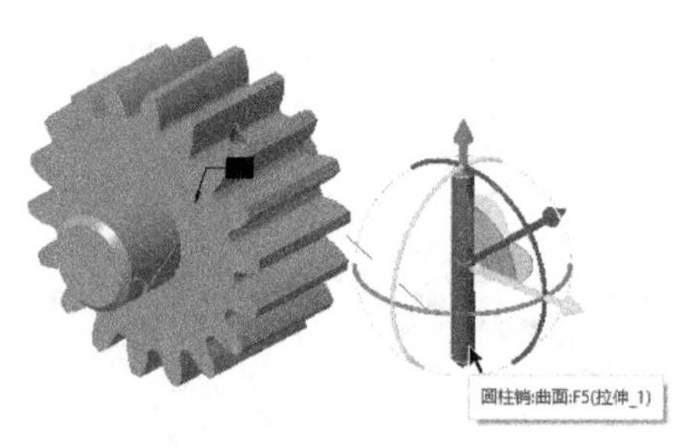

图 6-112　第一个"重合"装配约束

④添加第二个"重合"装配约束。

在"放置"选项对话框中，单击"新建约束"字符，在"约束类型"下拉列表框中选择"重合"约束项，然后分别选取如图 6-113 所示两个元件上要重合的面（从动齿轮刚才新建的基准平面与销的中间对称基准面），此时两个零件会自动调整到两个面重合的位置。

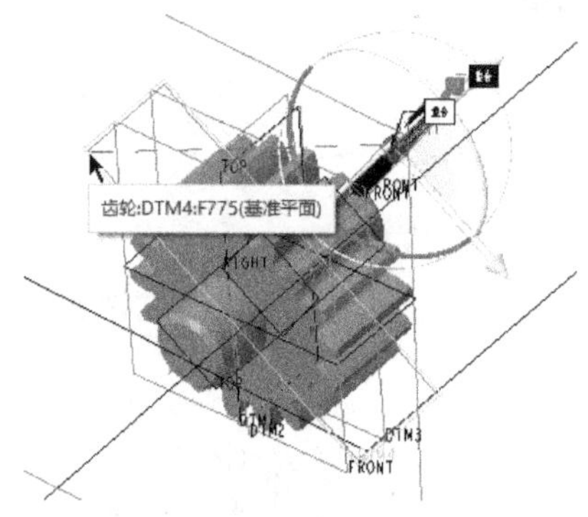

图 6-113　第二个"重合"装配约束

⑤"状况"区域显示"完全连接定义"。单击操作面板上的确定按钮，结束第四个零件的装配。

⑥取消隐藏所有零件。右击"模型树"中的从动齿轮"CHILUN.PRT"，在"选择选项"下拉菜单中选择"取消隐藏" 取消隐藏，同样操作，取消隐藏其他所有零件。为了图形显示更加清楚，便于后续装配，隐藏基准轴、基准面等其他基准，单击"基准显示过滤器"，去掉下拉菜单中所有的对钩，如图 6-114 所示。

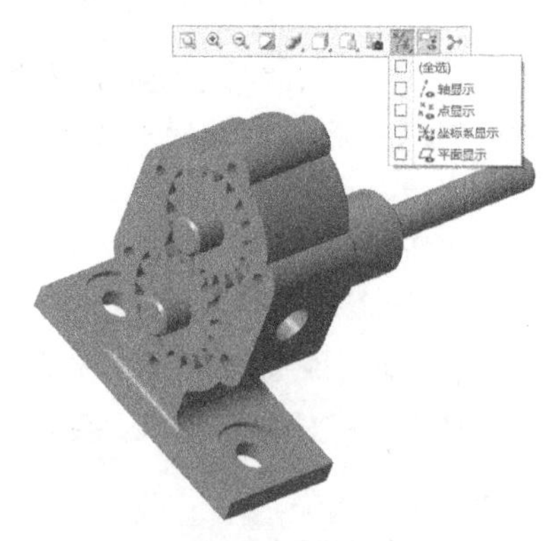

图 6-114　取消隐藏和隐藏基准后的效果

⑦改变两齿轮的颜色。为了使后续齿轮运动仿真时，两齿轮对比效果更明显，单击“模型树”中的从动齿轮“chilun.prt”，在“视图”下拉菜单中单击“外观库”的下拉按钮，在下拉列表中，单击一个颜色，如红色；同样的操作步骤，改变主动齿轮的颜色，如改变为绿色。如图6-115所示。(注：对于Creo4.0,其颜色修改方法请参考书中第61页所述花瓶颜色修改方法。)

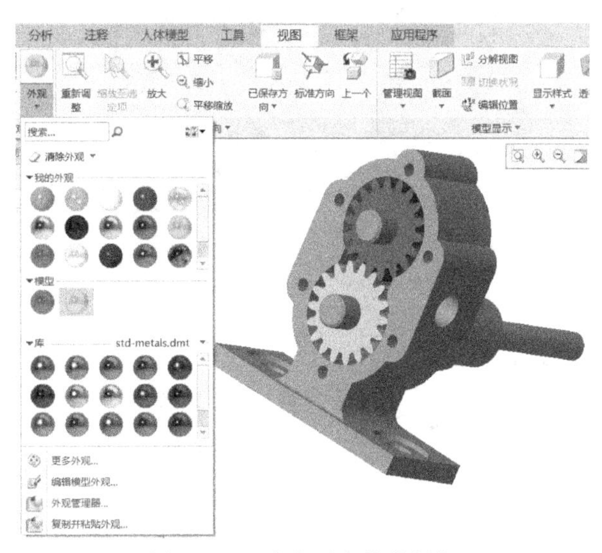

图6-115　改变两齿轮的颜色

步骤12　装配第八个零件——垫片

①单击“元件”工具栏中的组装按钮，此时系统弹出文件“打开”对话框，选择垫片零件模型文件“dianpian.prt”，然后单击“打开”按钮，此时垫片零件出现在绘图窗口中，同时弹出“元件放置”操作面板。

②添加第一个“重合”装配约束。

单击 “新建约束” 新建约束 ，分别选取如图6-116所示两个元件要重合的面(垫片的右端面与泵体的左端面)，在“约束类型”下拉列表框中选择“重合”约束项，此时两个零件会自动调整到两个面重合的位置，如有重叠，单击下方的“反向”反向。

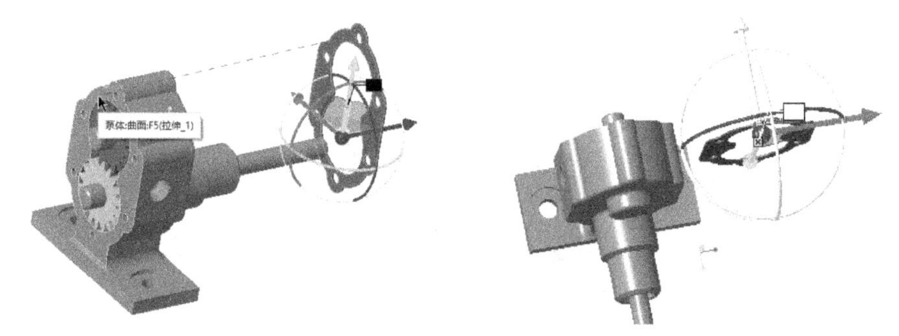

图6-116　两端面重合

③添加第二个“重合”装配约束。

单击“元件放置”操作面板下方的“放置”选项，弹出“放置”对话框，在“约束类型”下拉列表框中选择“重合”约束项,然后分别选取如图6-117所示两个元件偏上位置要重合的面(垫片偏上位置的螺栓孔面与泵体偏上位置的螺栓孔面),此时两个零件会自动调整到两个面重合(即两个孔的轴线重合)的位置。

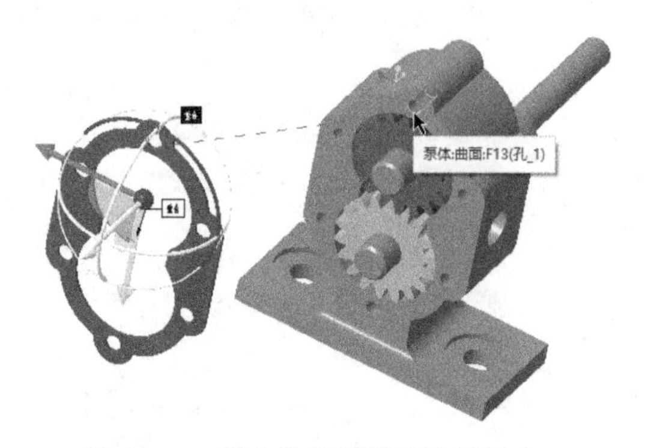

图6-117　偏上位置两螺栓孔面重合

④添加第三个“重合”装配约束。

单击“新建约束”按钮 新建约束,在“约束类型”下拉列表框中选择“重合”约束项,然后分别选取如图6-118所示两个元件偏下位置要重合的面(垫片偏下位置的螺栓孔面与泵体偏下位置的螺栓孔面),此时两个零件会自动调整到两个面(即两个孔的轴线)重合的位置。此时垫片的装配约束已经设定完成,单击✓,完成垫片的装配,如图6-119所示。

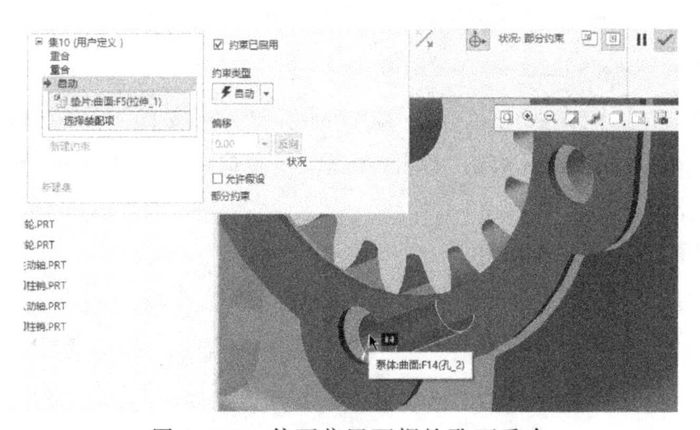

图6-118　偏下位置两螺栓孔面重合

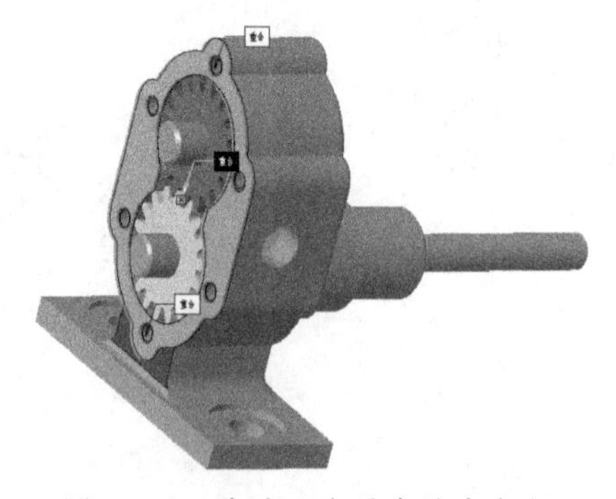

图6-119　完成三个重合约束定义

步骤13　装配第九个零件——泵盖

①单击“元件”工具栏中的组装按钮，此时系统弹出文件“打开”对话框，选择泵盖零件模型文件“benggai.prt”，然后单击“打开”按钮，此时泵盖零件出现在绘图窗口中，同时弹出“元件放置”操作面板。

②添加第一个“重合”装配约束。

单击“元件放置”操作面板下方的“放置”选项，弹出“放置”对话框，在“约束类型”下拉列表框中选择“重合”约束项，然后分别选取如图6-120所示两个元件偏上位置要重合的面（垫片偏上位置的螺栓孔面与泵盖偏上位置的螺栓孔面），此时两个零件会自动调整到两个面重合（即两个孔的轴线重合）的位置。

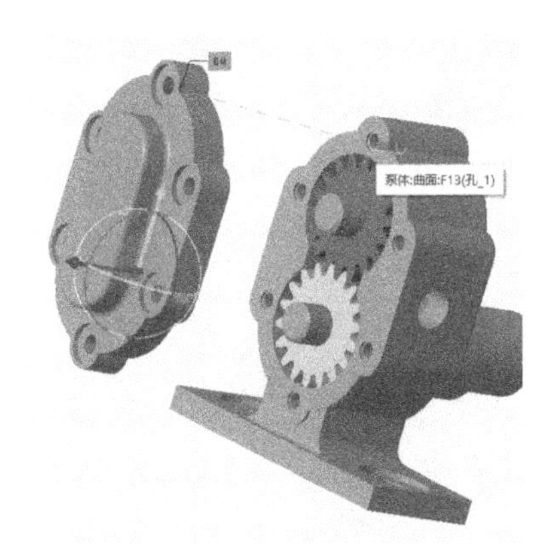

图6-120　偏上位置两螺栓孔面重合

③添加第二个“重合”装配约束。

单击“新建约束”按钮 新建约束，在“约束类型”下拉列表框中选择“重合”约束项，然后分别选取如图6-121所示两个元件偏下位置要重合的面（垫片偏下位置的螺栓孔面与泵盖偏下位置的螺栓孔面），此时两个零件会自动调整到两个面（即两个孔的轴线）重合的位置。

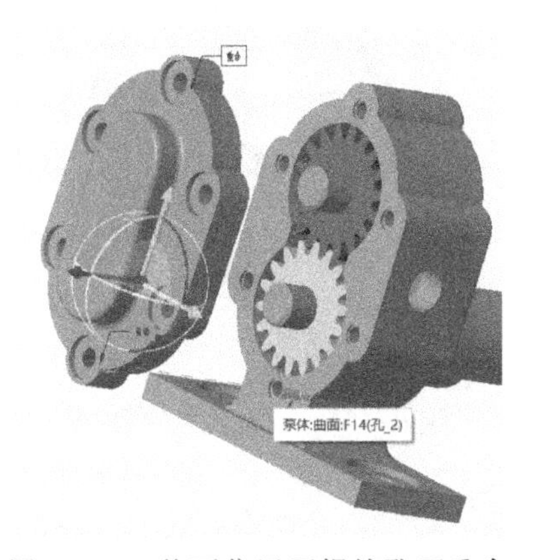

图6-121　偏下位置两螺栓孔面重合

④添加第三个“重合”装配约束。

单击“新建约束”按钮 新建约束，分别选取如图6-122所示两个元件要重合的面（垫片的右端面与泵盖的左端面)，在“约束类型”下拉列表框中选择“重合”约束项，此时两个零件会自动调整到两个面重合的位置，如有重叠，单击下方的“反向”按钮反向，此时泵盖的装配约束已经设定完成，单击✓，完成泵盖的装配，如图6-123所示。

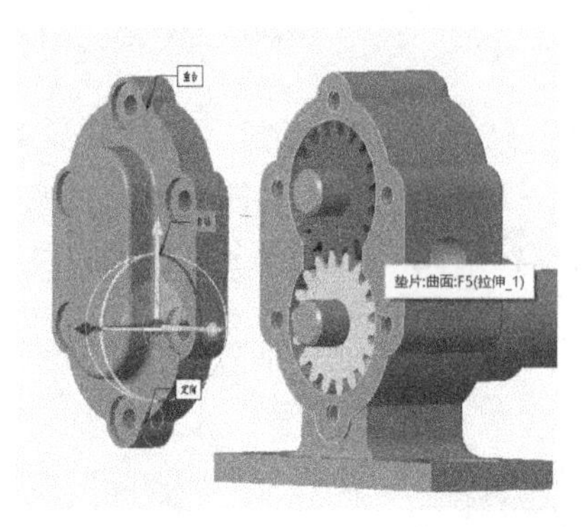

图6-122　两端面重合

图6-123　完成三个重合约束定义

步骤14　装配第十个零件——螺栓

①单击“元件”工具栏中的组装按钮，此时系统弹出文件“打开”对话框，选择螺栓零件模型文件“luoshuan.prt”，然后单击“打开”按钮，此时螺栓零件出现在绘图窗口中，同时弹出“元件放置”操作面板。

②添加第一个“重合”装配约束。

单击“元件放置”操作面板下方的“放置”选项，弹出“放置”对话框，在“约束类型”下拉列表框中选择“重合”约束项，然后分别选取如图6-124所示两个元件偏上位置要重合的面(螺栓的螺杆面与泵盖偏上位置的螺栓孔面)，此时两个零件会自动调整到两个面(即轴线)重合的位置，如果方向不对，单击下方的“反向”按钮反向。

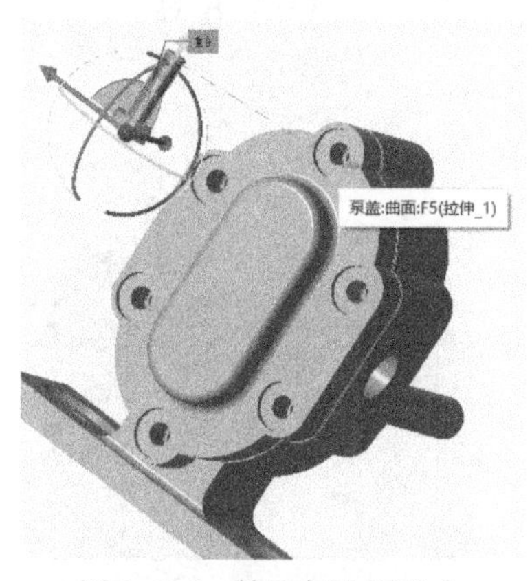

图6-124　轴面与孔面重合

③添加第二个“重合”装配约束。

单击“新建约束”按钮➔新建约束，在“约束类型”下拉列表框中选择“重合”约束项，然后分别选取如图6-125所示两个元件要重合的平面，此时两个零件会自动调整到两个平面重合的位置，此时螺栓的装配约束已经设定完成，单击✓，完成螺栓的装配，如图6-126所示。

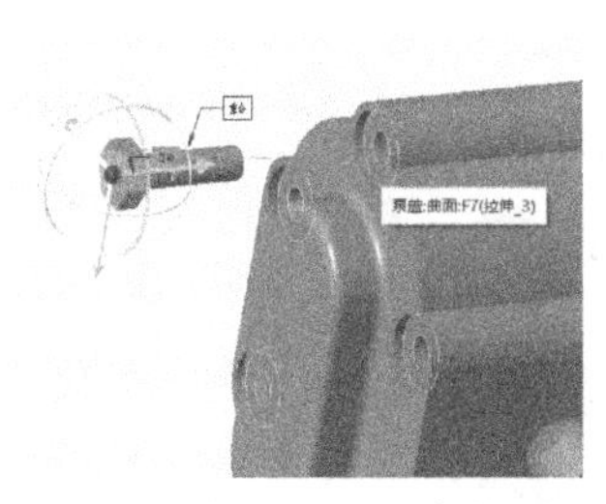

图6-125　螺栓与泵盖两平面重合指示

图6-126　螺栓与泵盖两平面重合结果

步骤15　装配第十一至十五个零件——螺栓

①用复制、粘贴的方法装配第二个螺栓

如上步骤14重复操作可装配其他的5个螺栓，不过还有另外的方式，即复制、粘贴。单击选中“模型树”中刚才装配的螺栓“LUOSHUAN.PRT”，再单击“模型”工具栏中的“复制”按钮 复制，单击“粘贴”的下拉按钮 粘贴，选择粘贴类型为“选择性粘贴” 选择性粘贴。在“选择性粘贴”面板中选择“高级参考配置”，如图6-127所示，单击“确定”按钮 确定(O)。在“高级参考配置”面板中第一项“原始特征的参考”选择要装配的螺栓孔曲面，如图6-128所示，第二项“原始特征的参考”选择“使用原始参考”，如图6-129所示，单击对话框中的✓确认，然后选择要装配孔的圆柱面，再单击工具栏中的✓确认，装配好后如图6-130所示。

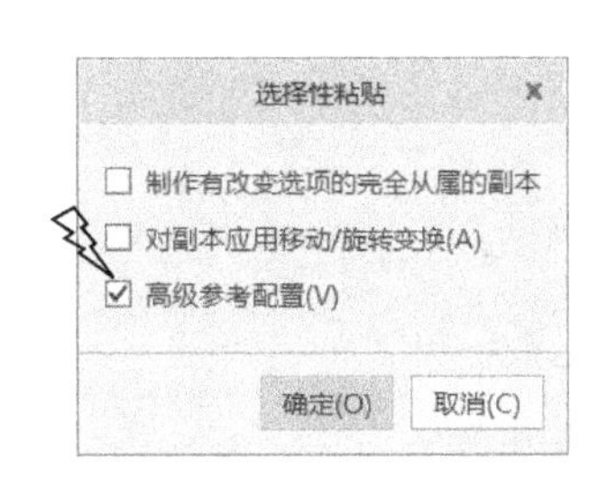

图6-127　“选择性粘贴”面板

图6-128　第一项“原始特征的参考”选择

图6-129　第二项“原始特征的参考”选择

图6-130　第二个螺栓装配结果

②装配其他螺栓。

按上述方法直接粘贴其他的螺栓，粘贴完成后如图6-131所示。

图6-131　全部螺栓装配后结果

步骤16　装配第十六个零件——填料压盖

①单击“元件”工具栏中的组装按钮，此时系统弹出文件“打开”对话框，选择填料压盖零件模型文件“tianliaoyagai.prt”，然后单击“打开”按钮，此时填料压盖零件出现在绘图窗口中，同时弹出“元件放置”操作面板。

②添加第一个“重合”装配约束。

单击“元件放置”操作面板下方的“放置”选项，弹出“放置”对话框，在“约束类型”下拉列表框中选择“重合”约束项，然后分别选取如图6-132所示两个元件要重合的面（填料压盖的小圆柱曲面与泵体右侧的圆柱曲面），此时两个零件会自动调整到两个面（即轴线）重合的位置，如果方向不对，单击下方的“反向”按钮反向。

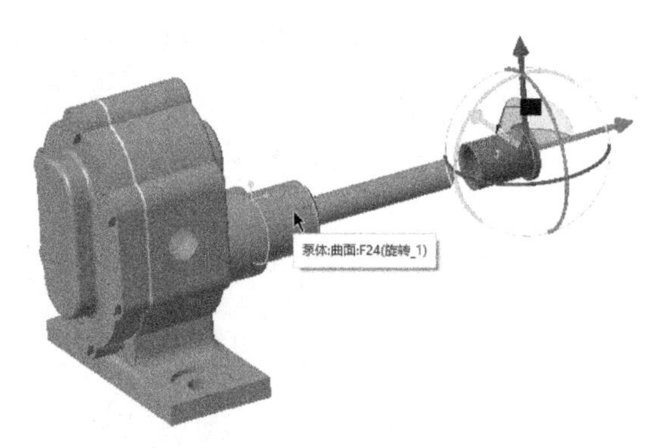

图6-132　两轴线重合

③添加第二个“重合”装配约束。

单击“新建约束”按钮新建约束，在“约束类型”下拉列表框中选择“重合”约束项，然后分别选取如图6-133所示两个元件要重合的平面（填料压盖的大圆柱左端面与泵体的最右侧端面），此时两个零件会自动调整到两个平面重合的位置，此时填料压盖的装配约束已经设定完成，如图6-134所示，单击✓，完成填料压盖的装配。

图6-133　两平面重合

图6-134　两平面重合结果

步骤17　装配最后一个零件——压盖螺母

①单击“元件”工具栏中的组装按钮，此时系统弹出文件“打开”对话框，选择压盖螺母零件模型文件“yagailuomu.prt”，然后单击“打开”按钮，此时压盖螺母零件出现在绘图窗口中，同时弹出“元件放置”操作面板。

②添加第一个“重合”装配约束。

单击“元件放置”操作面板下方的“放置”选项，弹出“放置”对话框，在“约束类型”下拉列表框中选择“重合”约束项，然后分别选取如图6-135所示两个元件要重合的面(压盖螺母的圆孔面与泵体右侧的圆柱曲面)，此时两个零件会自动调整到两个面(即轴线)重合的位置，如果方向不对，单击下方的“反向”按钮反向。

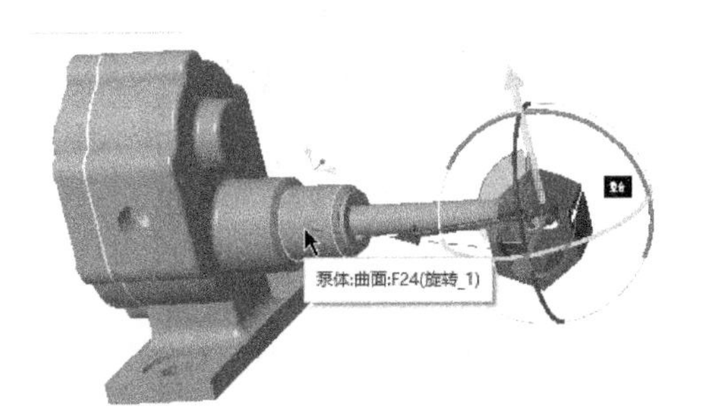

图6-135　圆孔面与圆柱曲面重合

③添加第二个“重合”装配约束。

单击“新建约束”按钮新建约束，在“约束类型”下拉列表框中选择“重合”约束项，然后分别选取如图6-136所示两个元件要重合的平面(填料压盖的右端面与压盖螺母的内侧端面)，此时两个零件会自动调整到两个平面重合的位置，此时压盖螺母的装配约束已经设定完成，如图6-137图所示，单击，完成压盖螺母的装配。

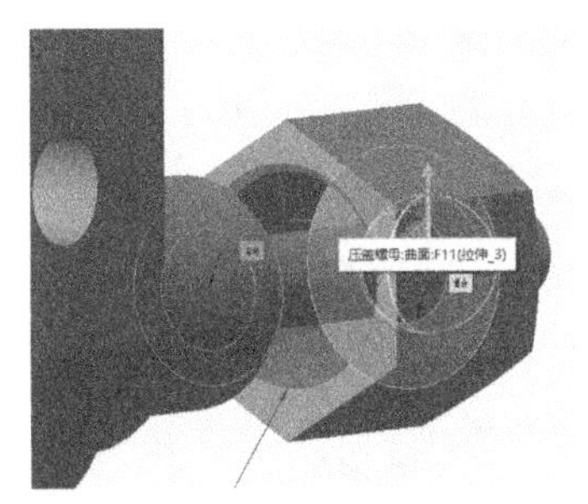

图6-136　两平面重合

图6-137　两平面重合结果

步骤 18　设置泵盖和螺栓透明度

①为了在运动仿真中能够清晰地观察到齿轮的运动,要设置泵盖和螺栓透明度。单击选中“模型树”中刚才装配的泵盖“BENGGAI.PRT”,在“视图”下拉菜单中单击“外观库”的下拉按钮,在下拉列表中,单击“更多外观” 更多外观... ,在弹出的“外观编辑器”面板中设置“透明度”透明度 60.00 为60,单击 关闭 ,完成泵盖的透明度设置,如图6-138所示。

图6-138　泵盖的透明度设置

②按照上述方法设置各螺栓的透明度,如图6-139所示。

图6-139　设置各螺栓的透明度

步骤 19　机械运动仿真的齿轮副定义

①在“应用程序”下拉菜单中单击“机构”按钮,然后在弹出的下拉菜单中单击“齿轮”按钮,定义齿轮副连接,在“齿轮副定义”面板中对“运动轴”进行选择,选主动齿轮的运动轴,“节圆”—“直径”设定为“36”,如图6-140所示。

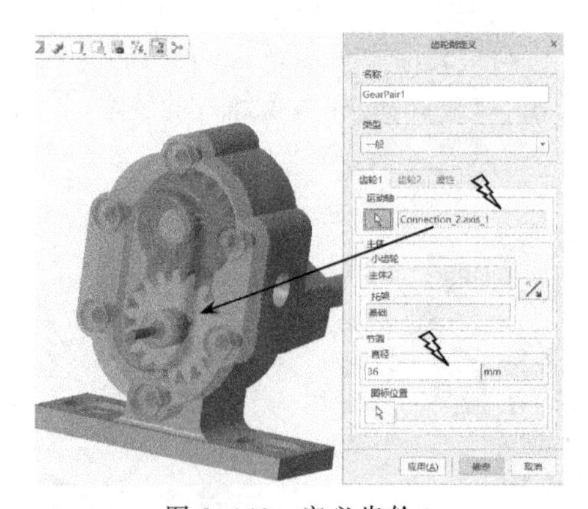

图6-140　定义齿轮1

②单击 齿轮2 ，在“齿轮副定义”面板中对“运动轴”进行选择，选从动齿轮的运动轴，“节圆”—“直径”设定为“36”，如图6-141所示，单击 确定 。

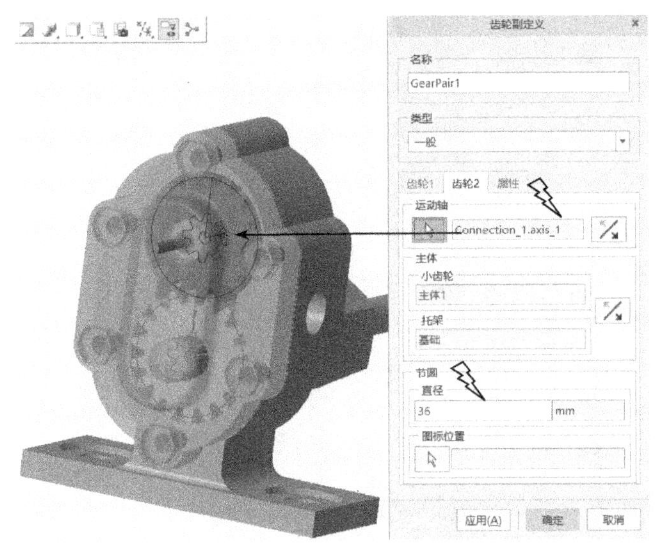

图6-141　定义齿轮2

步骤20　机械运动仿真的伺服电动机定义

①在“机构”的下拉菜单中单击“伺服电动机”，定义伺服电动机，在“电动机”面板中，单击“参考” 参考 ，对“从动图元”运动轴进行选择，选主动齿轮的运动轴，如图6-142所示。

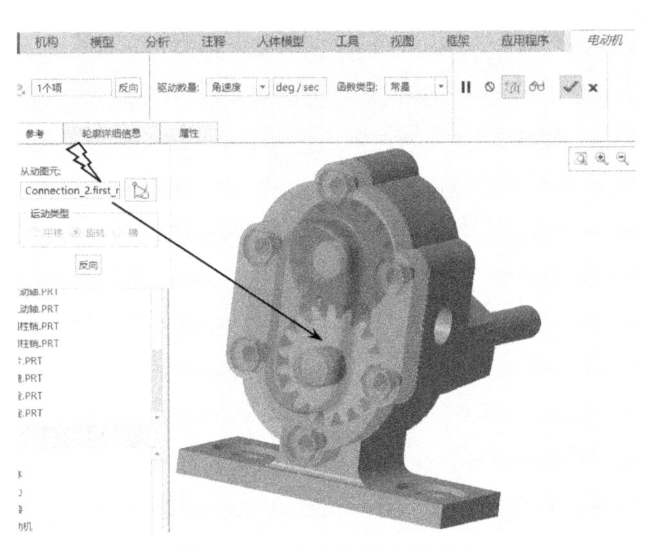

图6-142　定义伺服电机参考

②单击“轮廓详细信息”按钮 轮廓详细信息 ，设置“驱动数量”为“角速度” 角速度 deg / sec ，设置“系数”为“10”，如图6-143所示，单击工具栏上的 ✓ 按钮。

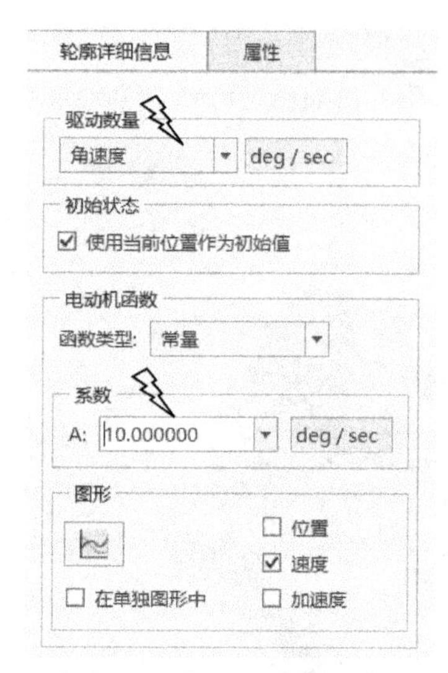

图 6-143　定义轮廓详细信息

步骤 21　机械运动仿真的机构分析设置

在"机构"的下拉菜单中单击"机构分析"，在机构"分析定义"面板中，选择"类型"为"运动学"，"结束时间"输入"36"，这样在 0~36 秒时间内，齿轮副正好运转 360°即一圈，面板设置如图 6-144 所示。单击"运行"按钮，齿轮副就开始运动仿真，运动一圈结束后单击 确定 按钮。

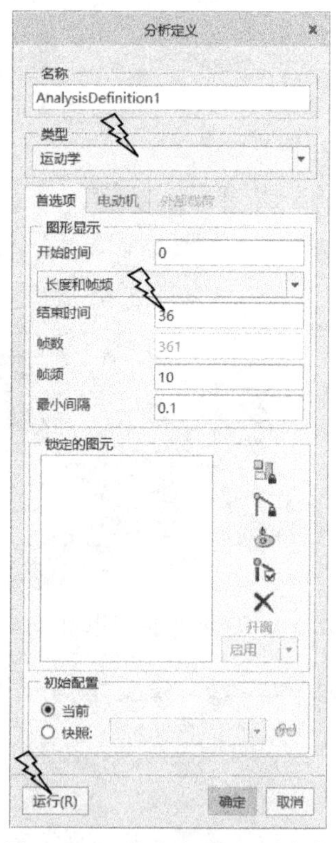

图 6-144　定义伺服电机参考

步骤22　机械运动仿真的回放

完成以上全部机械运动仿真的设置后，可以在“机构”的下拉菜单中单击“回放”按钮，在“回放”面板中，单击播放当前结果集，在弹出的“动画”面板中，单击可以播放运动仿真动画。如果想改变运动仿真速度，可以拖动速度调节器速度：。单击“捕获”按钮捕获...，可以保存运动仿真动画视频，如图6-145所示。

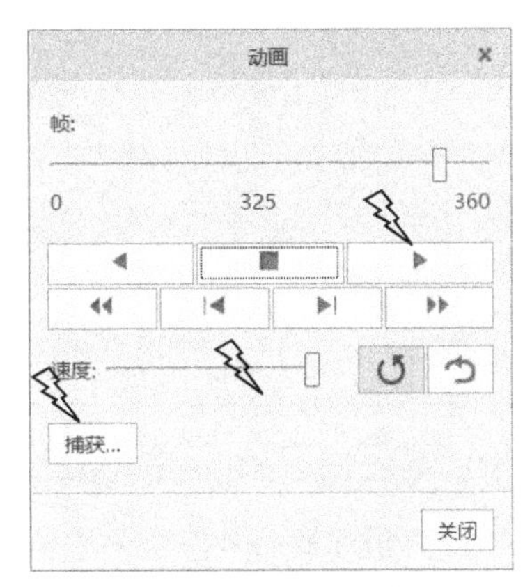

图6-145　动画面板

【工程案例六】铰链四杆机构运动仿真

根据图6-146所示铰链四杆机构各零件的尺寸绘制出三维模型，并完成齿轮泵机构运动仿真。

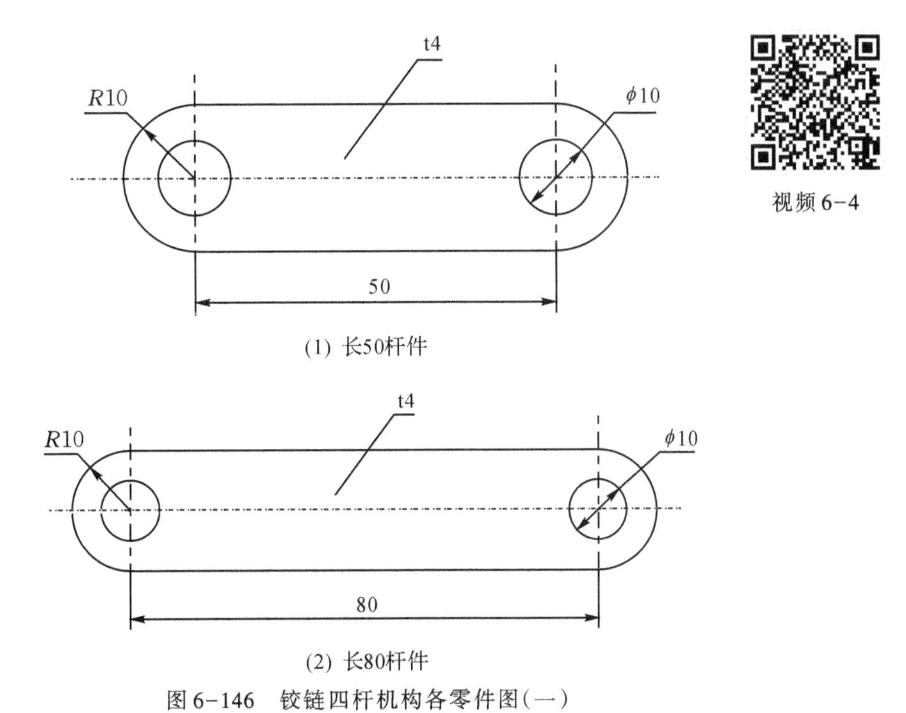

图6-146　铰链四杆机构各零件图(一)

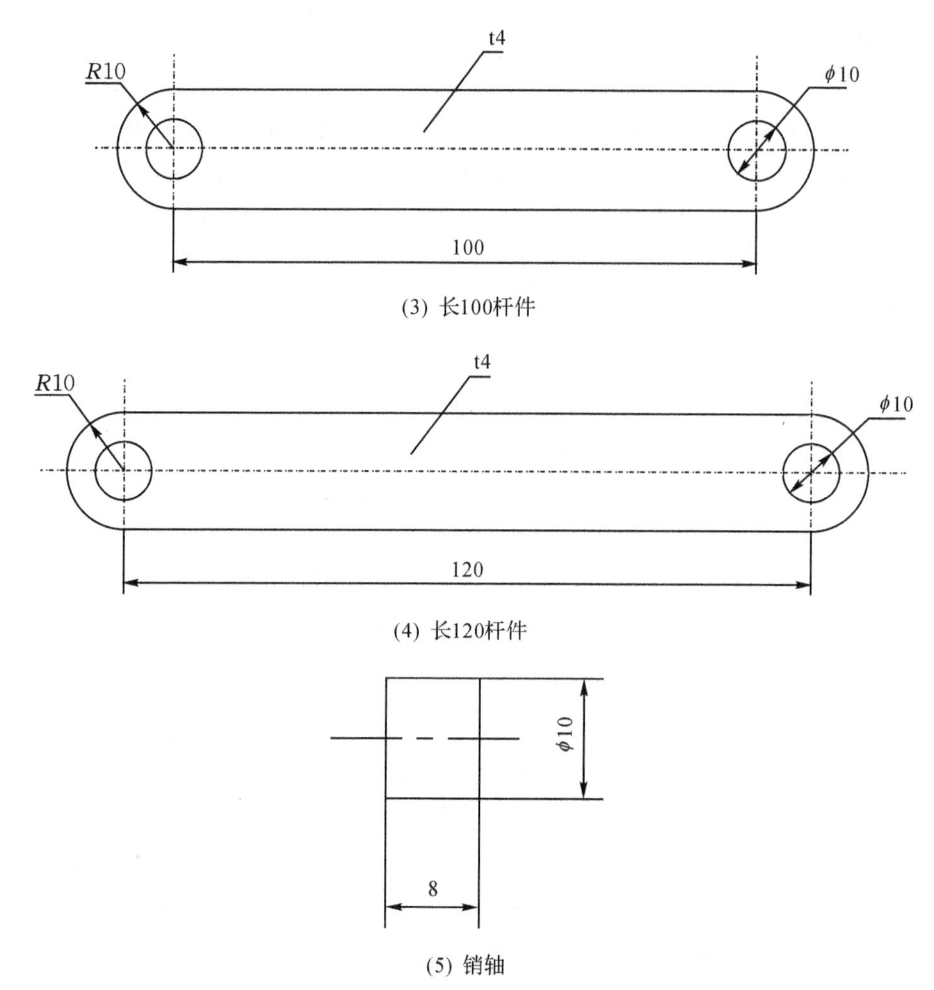

图6-146　铰链四杆机构各零件图(二)

学习目标

1. 熟知铰链四杆机构运动仿真的一般过程。
2. 能够熟练运用“销”约束与连接方法进行铰链四杆机构运动仿真。
3. 能够熟练设置伺服电动机的参数。
4. 理解和掌握测量的定义。

机构运动仿真分析

本工程案例铰链四杆机构由5个零件组成:长度分别为50、80、100、120的四个杆件和一个销轴零件。在对铰链四杆机构进行运动仿真之前,先要把四个杆件按照运动仿真的要求,使用“销”约束进行连接和装配,对一个连架杆进行伺服电动机的参数设定,然后再进行运动仿真,并对其运动参数进行测量。

相关知识点

1. 铰链四杆机构的基本类型

铰链四杆机构的结构如图6-147所示。

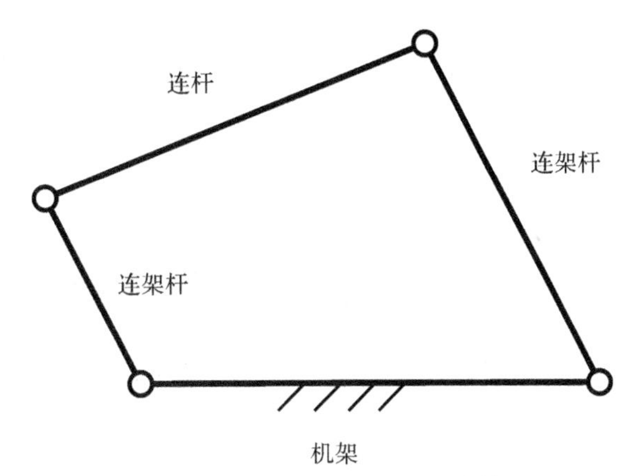

图6-147　铰链四杆机构的结构

在铰链四杆机构中，能做整周转动的连架杆称为曲轴，只能在一定的角度范围内摆动的连架杆称为摇杆。

按照两连架杆的运动形式的不同，可将铰链四杆机构分为3种基本类型：(1)曲柄摇杆机构；(2)双曲柄机构；(3)双摇杆机构。

2. 铰链四杆机构形成各基本类型的条件

(1)若铰链四杆机构中的最短杆和最长杆的长度之和大于其余两杆长度之和，则无论取任何杆作为机架，都无曲柄存在，机构为双摇杆机构。

(2)若铰链四杆机构的最长杆和最短杆的长度之和小于或等于其余两杆长度之和，则有以下三种类型：

①若连杆是最短杆，则机构为双摇杆机构。

②若两连架杆之一是最短杆，则该连架杆为曲柄，另一连架杆为摇杆，机构为曲柄摇杆机构。

③若机架为最短杆，则与机架相邻的两连架杆均为曲柄，机构为双曲柄机构。

操作步骤

步骤1　设置工作目录

单击菜单“文件”→“管理会话”→“选择工作目录”命令，将文件放置在铰链四杆机构各零件模型所存放的一个文件夹下。

步骤2　新建装配文件

单击工具栏中的新建文件按钮，在弹出的“新建”对话框中选择“装配”类型，单击“使用默认模板”复选框取消选中标志，在“名称”栏输入新建文件名“jiaoliansigan”。单击“确定”按钮，打开“新文件选项”对话框。选择“mmns_asm_design”模板，按下“确定”按钮，进入零件装配环境。

步骤3 装配第一个零件——长50杆件

①单击“元件”工具栏中的组装按钮，此时系统弹出文件“打开”对话框，选择长50杆件零件模型文件“50.prt”，然后单击“打开”按钮，此时长50杆件零件出现在绘图窗口中，同时弹出“元件放置”操作面板。

②单击约束类型选择框后面的“自动”下拉按钮，选择其中的“默认”约束类型，将元件按默认约束放置，此时“状况”区域显示“完全约束”。单击操作面板上的确定按钮，结束第一个零件的装配，如图6-148所示。

图6-148 长50杆件零件装配结果

步骤4 装配第二个零件——长120杆件

①单击“元件”工具栏中的组装按钮，此时系统弹出文件“打开”对话框，选择长120杆件零件模型文件“120.prt”，然后单击“打开”按钮，此时长120杆件零件出现在绘图窗口中，同时弹出“元件放置”操作面板。

②设置约束类型“销”。

单击约束类型 右侧的下拉按钮，选择约束类型为“销”。单击操作面板下方的“放置”选项，弹出“放置”对话框。定义“销”的第一个约束“轴对齐”，分别选取如图6-149所示两个元件上要重合的面（长120杆件的内孔旋转曲面与长50杆件的内孔旋转曲面），此时两个零件会自动调整到两个旋转曲面的轴线重合的位置。

图6-149 “销”约束类型中的“轴对齐”添加及装配结果

定义“销”的第二个约束“平移”，分别选取如图6-150所示两个元件上要重合的面（长50杆件的前侧面与长120杆件的后侧面），此时两个零件会自动调整到两个面重合的位置。可以通过点选相应的旋转箭头，并按住鼠标左键拖动杆件，以调整杆件的旋转角。

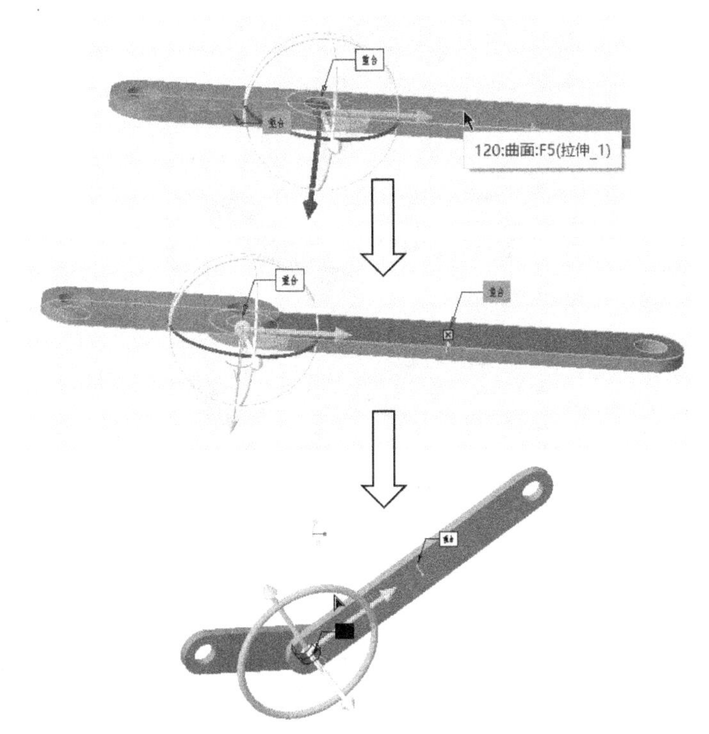

图 6-150　“销”约束类型中的“平移”添加及装配结果

③“状况”区域显示“完全连接定义”。单击操作面板上的确定按钮✔,结束第二个零件的装配。

步骤 5　装配第三和第四个零件——长 80 和长 100 杆件

四个杆件之间全部应用“销”约束类型进行连接和装配,具体操作与“步骤 4”相同,装配结果如图 6-151 所示。注意,最后一个装配的杆件需要添加两个“销”约束。

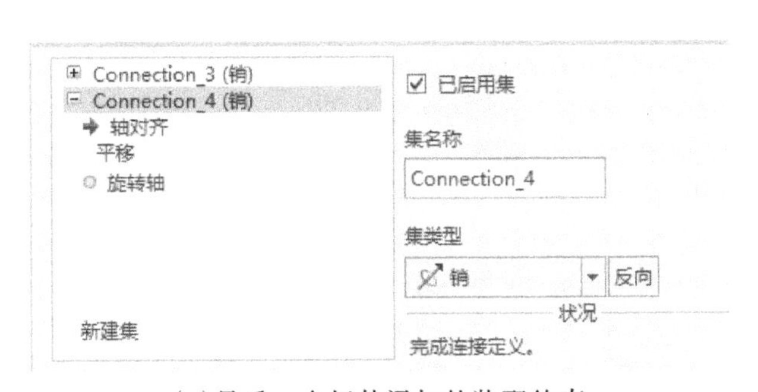

(a)最后一个杆件添加的装配约束

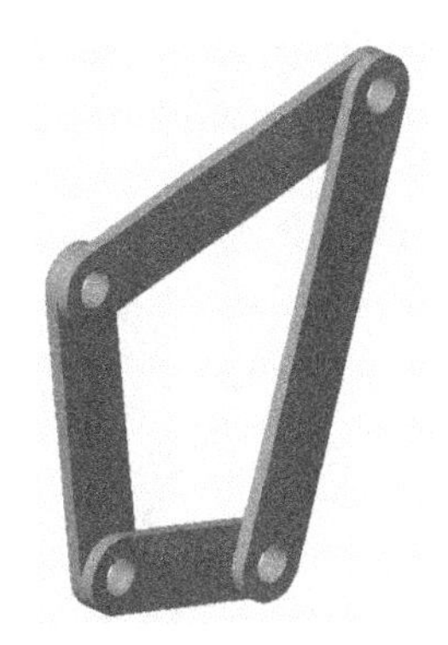

(b)四个杆件装配结果

图 6-151　装配约束及杆件装配结果

步骤 6　改变四个杆件的颜色

为了使后续铰链四杆机构运动仿真时,四杆件对比效果更明显,单击“模型树”中的长 50 杆件“50.prt”,在“视图”下拉菜单中单击“外观库”的下拉按钮,在下拉列表中,单击一个颜色,如红色●。同样的操作步骤,改变其他各杆件的颜色,如绿色、黄色等,如图 6-152 所示。

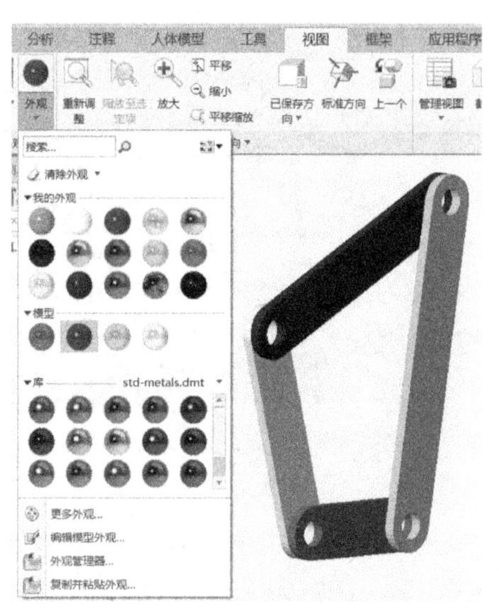

图 6-152　改变四个杆件的颜色

步骤7　装配第五个零件——销轴

①单击“元件”工具栏中的组装按钮，此时系统弹出文件“打开”对话框，选择销轴零件模型文件“xiaozhou.prt”，然后单击“打开”按钮，此时销轴零件出现在绘图窗口中，同时弹出“元件放置”操作面板。

②添加第一个“重合”装配约束。

单击“元件放置”操作面板下方的“放置”选项，弹出“放置”对话框，在“约束类型”下拉列表框中选择“重合”约束项，然后分别选取如图 6-153 所示两个元件要重合的面（50 杆件的圆孔面与销轴的圆柱面），此时两个零件会自动调整到两个曲面（即轴线）重合的位置。

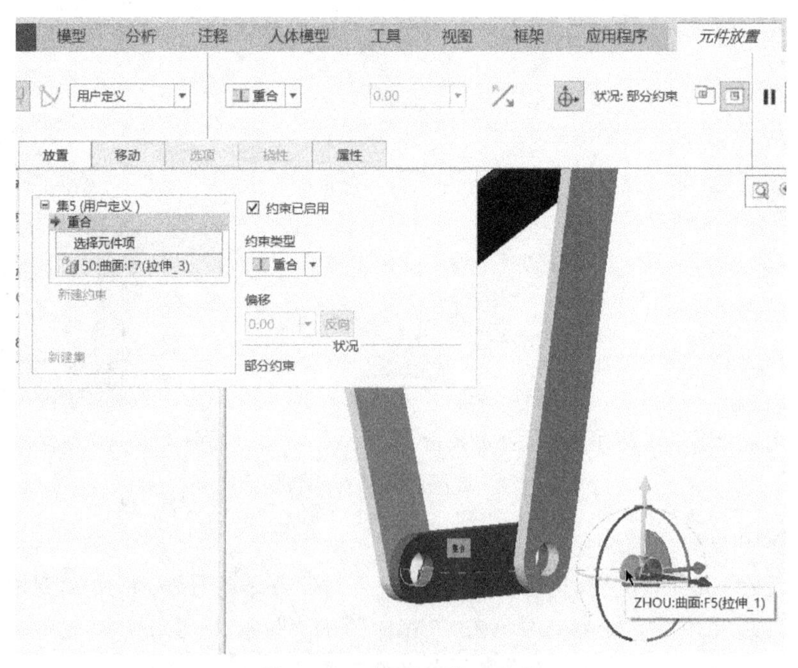

图 6-153　轴面与孔面重合

③添加第二个“重合”装配约束。

单击“新建约束”按钮 新建约束，在“约束类型”下拉列表框中选择“重合”约束项，然后分别选取如图6-154所示两个元件要重合的平面，此时两个零件会自动调整到两个平面重合的位置。此时销轴的装配约束已经设定完成，单击✓，完成销轴的装配，如图6-155所示。

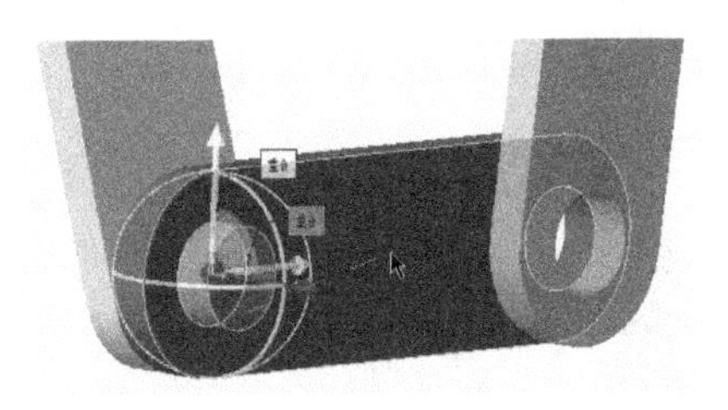

图6-154　两平面重合

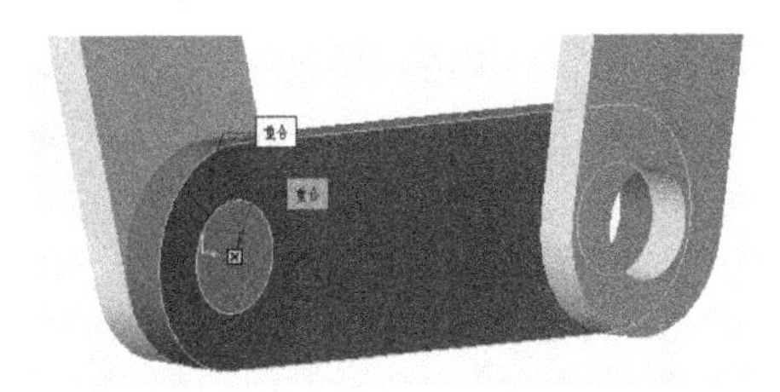

图6-155　两平面重合

步骤8　装配第六至第八个零件——销轴

如上“步骤7”重复操作可装配其他的3个销轴，或者如“【工程案例五】齿轮泵机构运动仿真”中的“步骤12”进行操作，进行复制、粘贴来装配其他的3个销轴。全部装配好后如图6-156所示。

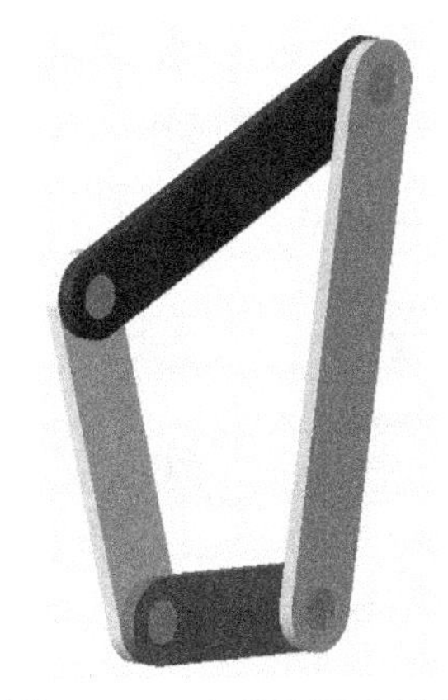

图6-156　全部装配后结果

步骤9　机械运动仿真的伺服电动机定义

①在“应用程序”下拉菜单中单击“机构”按钮，然后在弹出的下拉菜单中单击“伺服电动机”，定义伺服电动机。在“电动机”面板中，单击“参考” 参考 ，对“从动图元”运动轴进行选择，选50杆件与80杆件之间的运动轴，如图6-157所示。

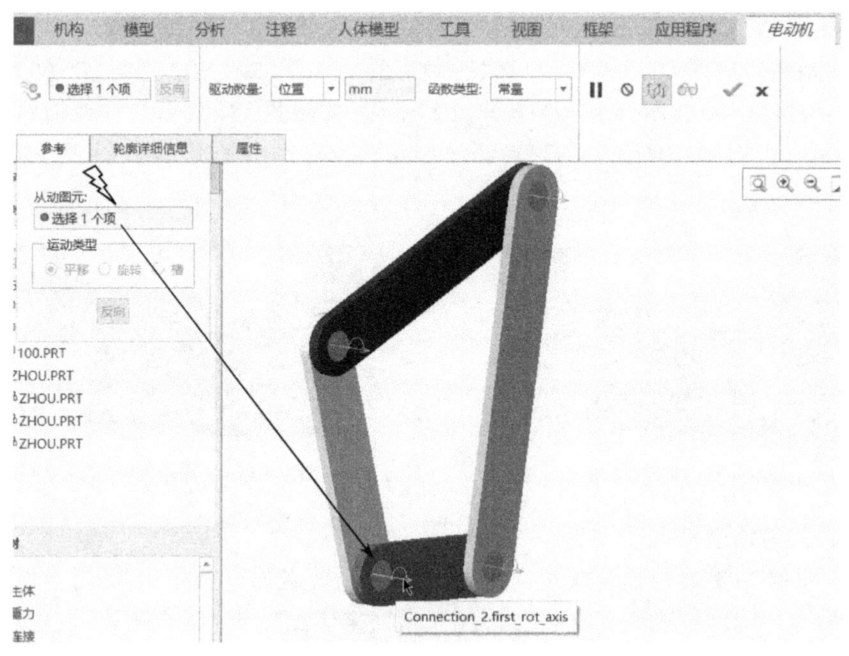

图 6-157 定义伺服电机参考

②单击“轮廓详细信息”轮廓详细信息 按钮，设置“驱动数量”为“角速度”角速度 deg / sec，设置“系数”为“10”，如图 6-158 所示，单击✔确认。

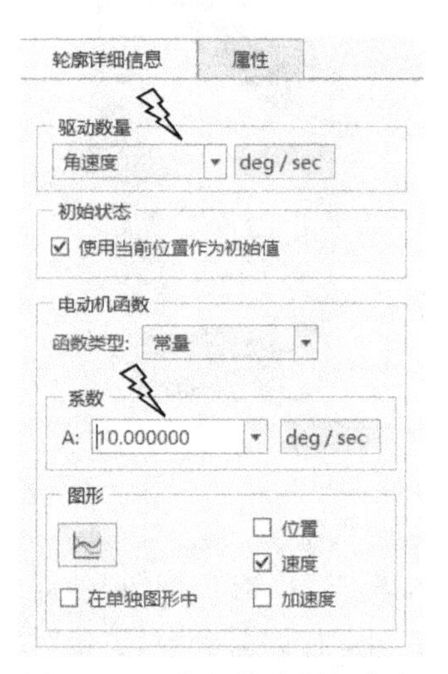

图 6-158 定义轮廓详细信息

步骤 10 机械运动仿真的机构分析设置

在“机构”的下拉菜单中单击“机构分析”，在“机构分析”面板中，选择“类型”为“运动学”运动学，“结束时间”输入“36”，这样在 0~36 秒时间内，长 80 杆件正好运转 360°即一圈，面板设置如图 6-159 所示。单击“运行”按钮运行(R)，铰链四杆机构就开始运动仿真，运动一圈结束后单击确定。

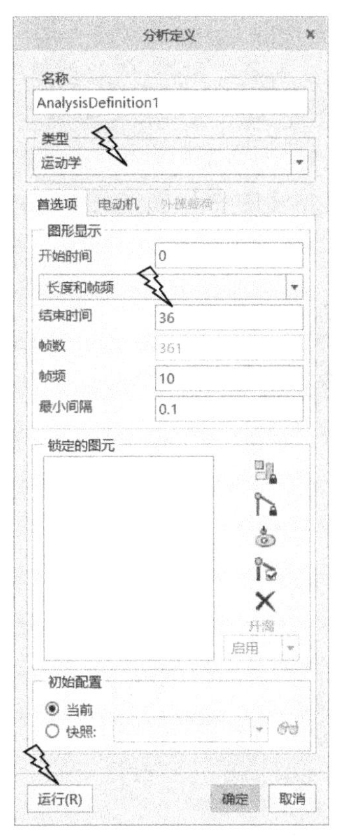

图 6-159　定义伺服电机参考

（**注：**如果单击“运行”按钮时，铰链四杆机构不能进行运动仿真，则可能的原因是“轮廓详细信息”对话框中，将“驱动数量”设置成了“角位置”，而非“角速度”。）

步骤 11　机械运动仿真的回放

完成以上全部机械运动仿真的设置后，可以在“机构”的下拉菜单中单击“回放”按钮，在“回放”面板中，单击播放当前结果集，在弹出的“动画”面板中，单击可以播放运动仿真动画。如果想改变运动仿真速度，可以拖动速度调节器，单击“捕获”按钮，可以保存运动仿真动画视频，如图 6-160 所示。

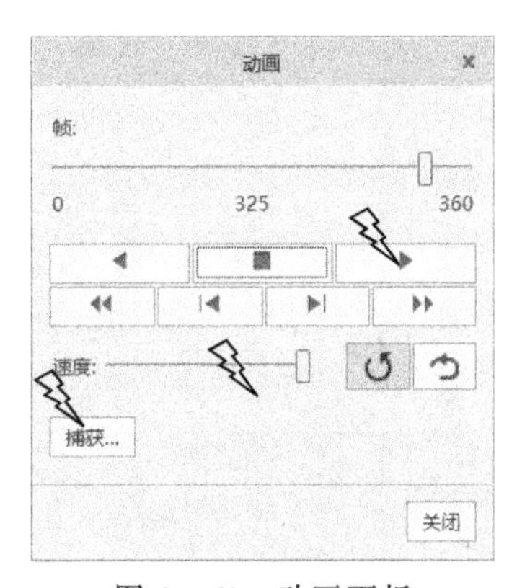

图 6-160　动画面板

步骤12 机械运动仿真的测量

①在“机构”下拉菜单中单击“测量”按钮，然后在弹出的“测量结果”面板中，单击“结果集”中的 AnalysisDefinition1，单击“测量”中的，弹出“测量定义”面板。在“测量定义”面板中的“类型”中选“速度” 速度，在“点或运动轴”中选择长80杆件相对于长50杆件的运动轴，如图6-161所示，单击 确定，完成长80杆件相对于长50杆件的测量定义。

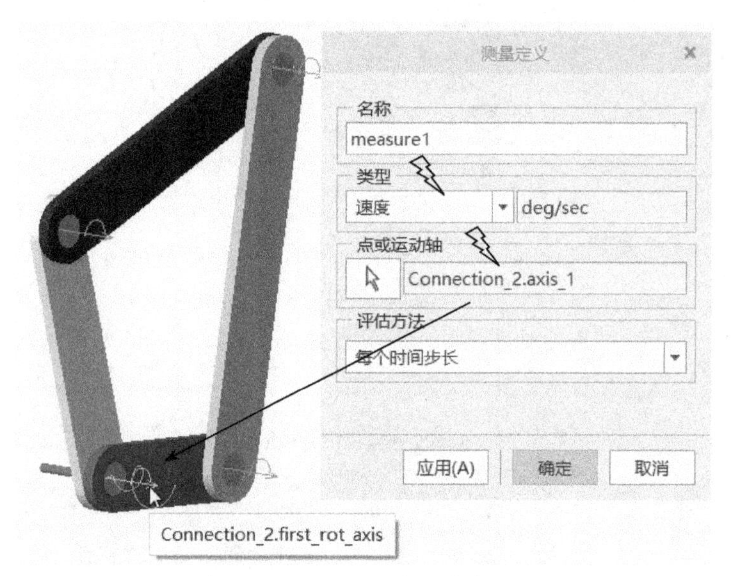

图6-161 测量定义参考

②单击“结果集”中的，根据选定的结果集绘制选定测量的图形，显示出长80杆件相对于长50杆件的运动速度测量图形，如图6-162所示。

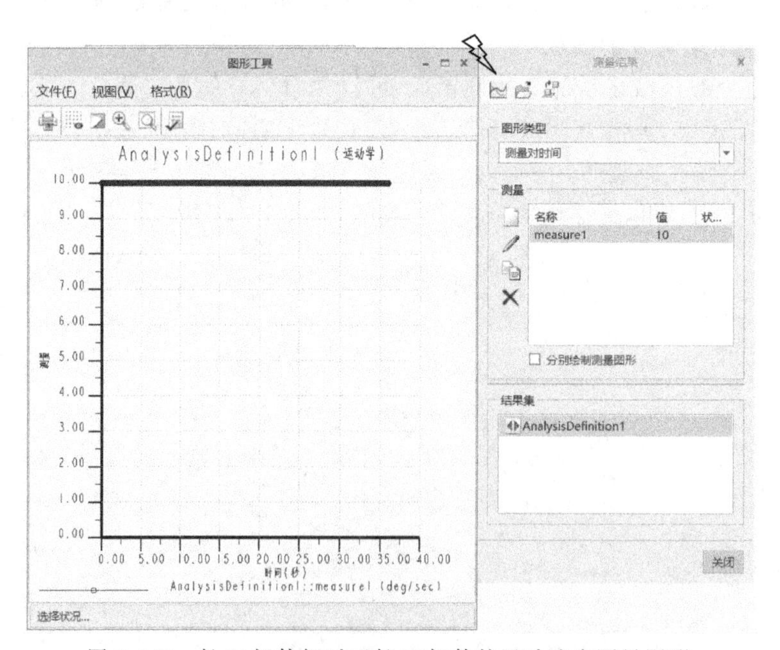

图6-162 长80杆件相对于长50杆件的运动速度测量图形

③单击“测量”中的□，弹出“测量定义”面板，在“测量定义”面板中的“类型”中选“速度”[速度]，在“点或运动轴”中选择长120杆件相对于长50杆件的运动轴，如图6-163所示，单击[确定]，完成长120杆件相对于长50杆件的测量定义。

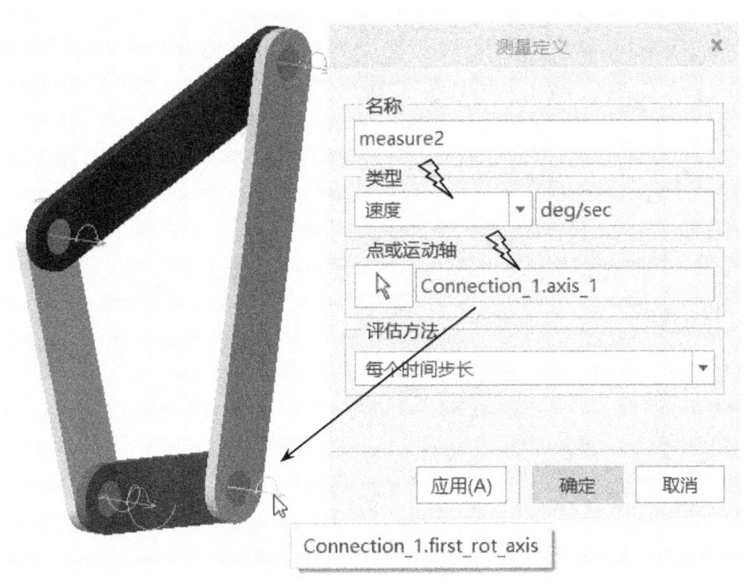

图6-163　测量定义参考

④单击“结果集”中的[图标]，根据选定的结果集绘制选定测量的图形，显示出长120杆件相对于长50杆件的运动速度测量图形，如图6-164所示。

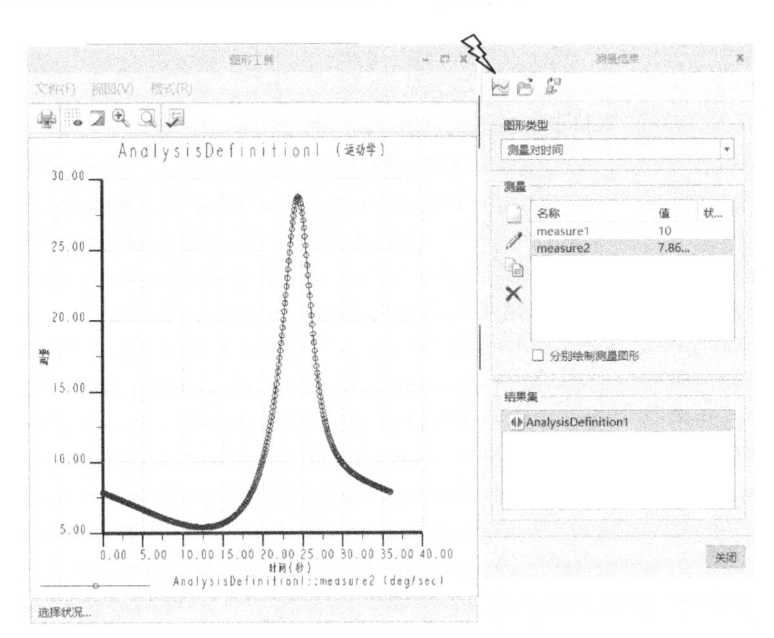

图6-164　长120杆件相对于长50杆件的运动速度测量图形

⑤同时选中“measure1”和“measure2”两个测量，单击“结果集”中的[图标]，根据选定的结

果集绘制选定测量的图形,长120杆件相对于长50杆件的运动速度和长80杆件相对于长50杆件的运动速度会显示在同一个测量图形中,如图6-165所示。

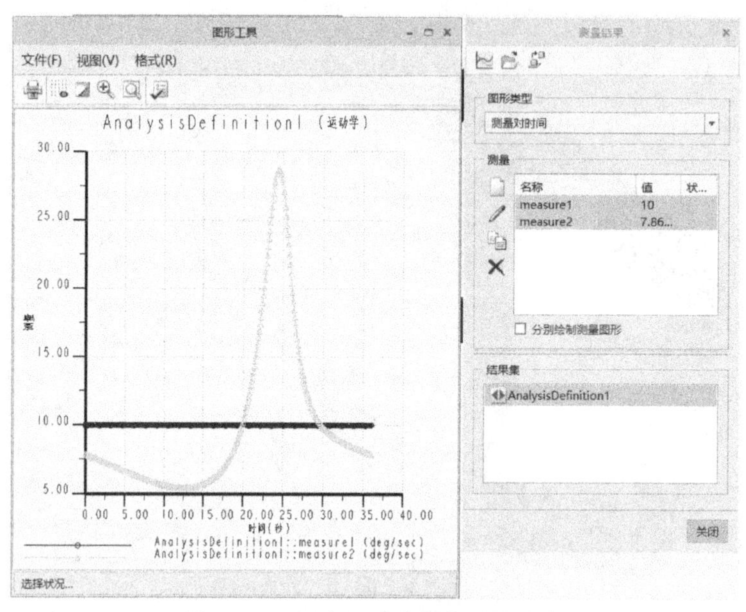

图6-165 两个运动速度的测量图形

综合工程案例实战演练

【综合案例练习一】阀零件装配

根据阀各零件的尺寸(见图6-166)绘制出三维模型,并完成零件的装配。

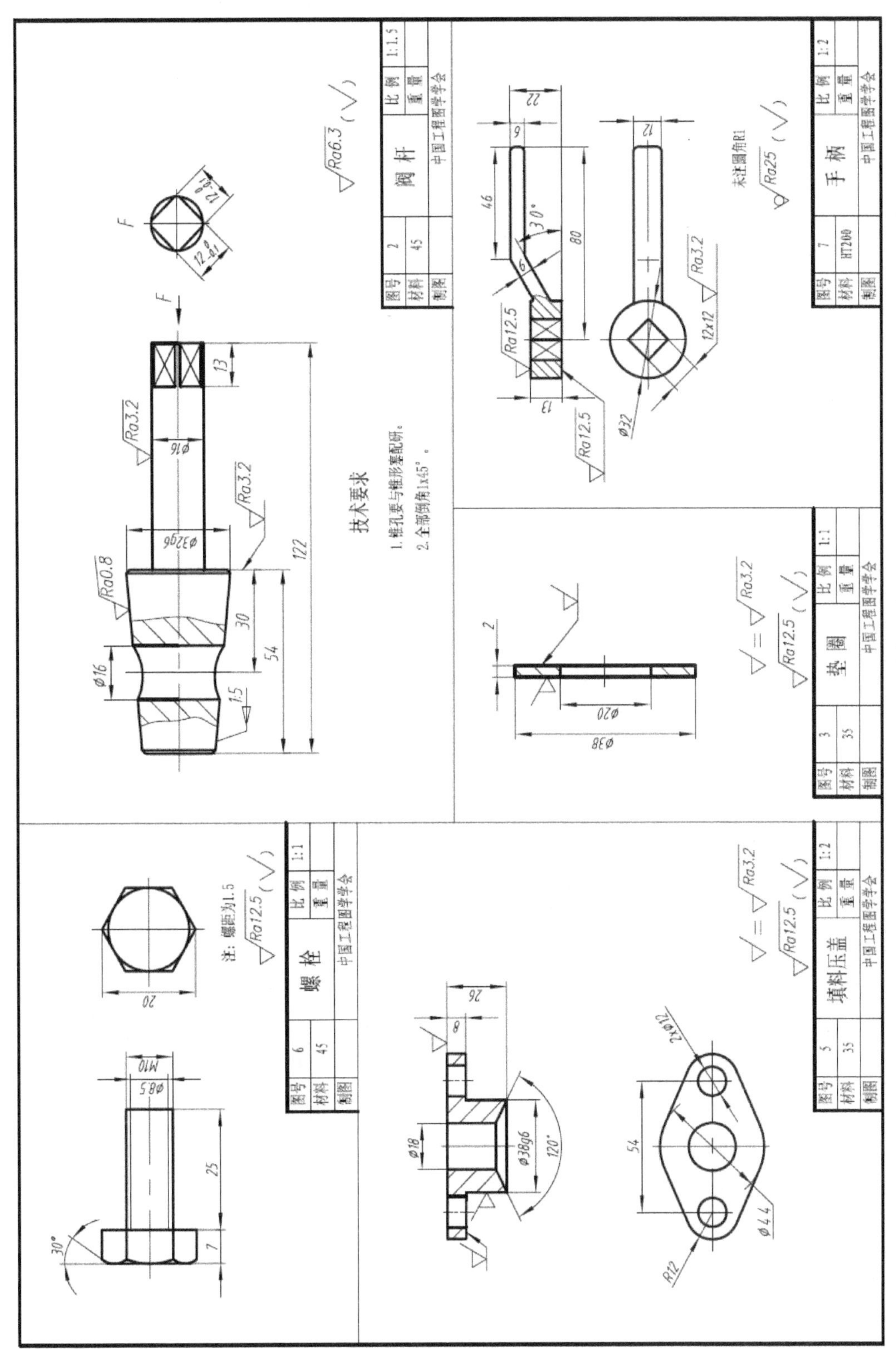
阀杆
图号 2
材料 45
比例 1:1.5
重量
制图
中国工程图学学会
技术要求
1. 锥孔要与锥形塞配研。
2. 全部倒角1x45°。
手柄
图号 7
材料 HT200
比例 1:2
未注圆角R1
垫圈
图号 3
材料 35
比例 1:1
螺栓
图号 6
材料 45
比例 1:1
注：螺距为1.5
填料压盖
图号 5
材料 35
比例 1:2

图 6-166　阀零件图(一)

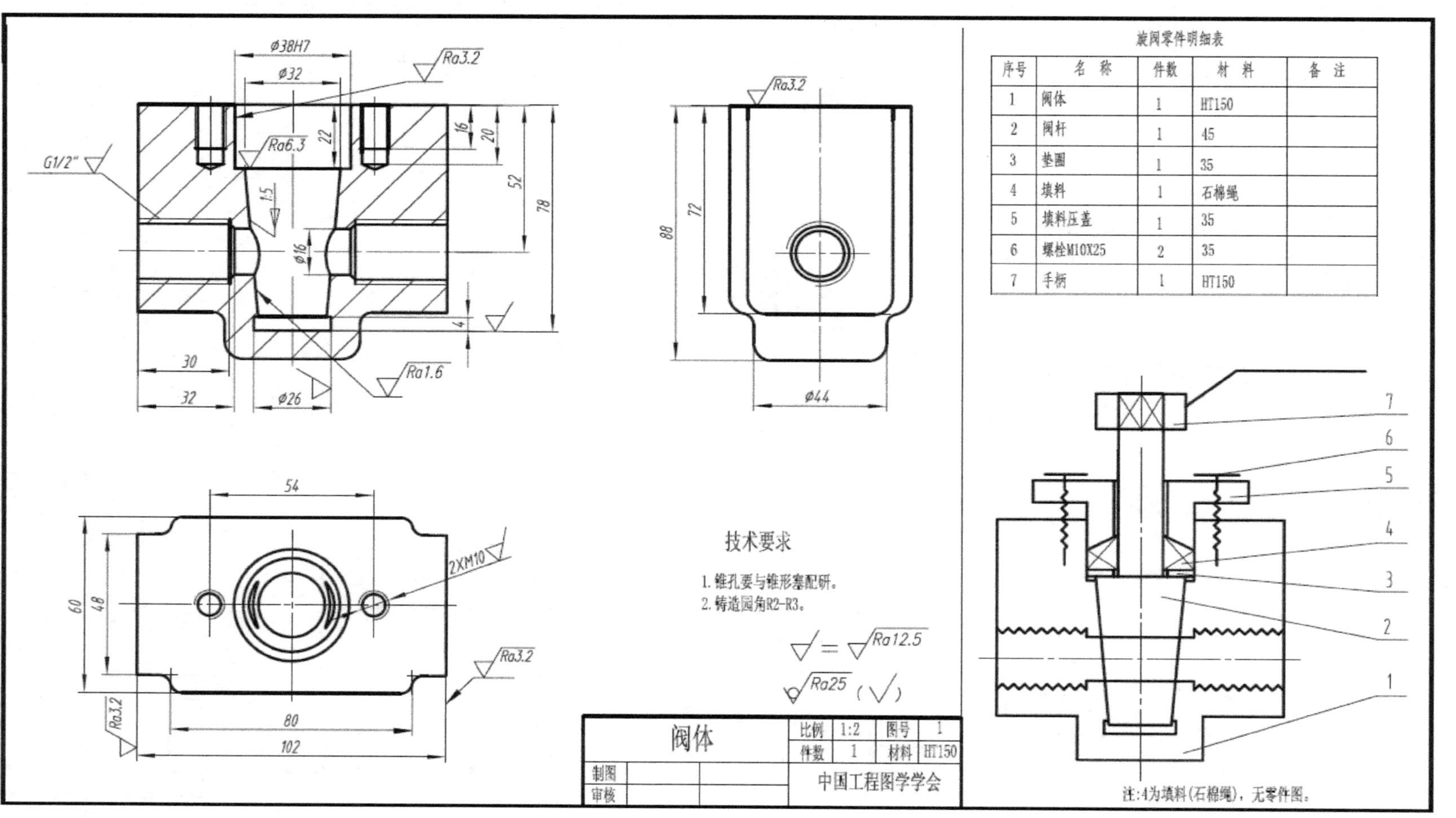
旋阀零件明细表
序号 名称 件数 材料 备注
1 阀体 1 HT150
2 阀杆 1 45
3 垫圈 1 35
4 填料 1 石棉绳
5 填料压盖 1 35
6 螺栓M10X25 2 35
7 手柄 1 HT150
注:4为填料(石棉绳),无零件图。
技术要求
1. 锥孔要与锥形塞配研。
2. 铸造圆角R2-R3。
阀体
比例 1:2
件数 1
图号 1
材料 HT150
制图
审核
中国工程图学学会
Ra3.2
Ra1.6
Ra6.3
Ra12.5
Ra25
Ø38H7
Ø32
Ø26
Ø16
Ø44
G1/2"
2XM10
1:5
78
52
20
16
22
4
30
32
72
88
54
80
102
48
60

图 6-166 阀零件图(二)

【综合案例练习二】定位器零件装配

根据定位器各零件的尺寸(见图6-167)绘制出三维模型,并完成零件的装配。

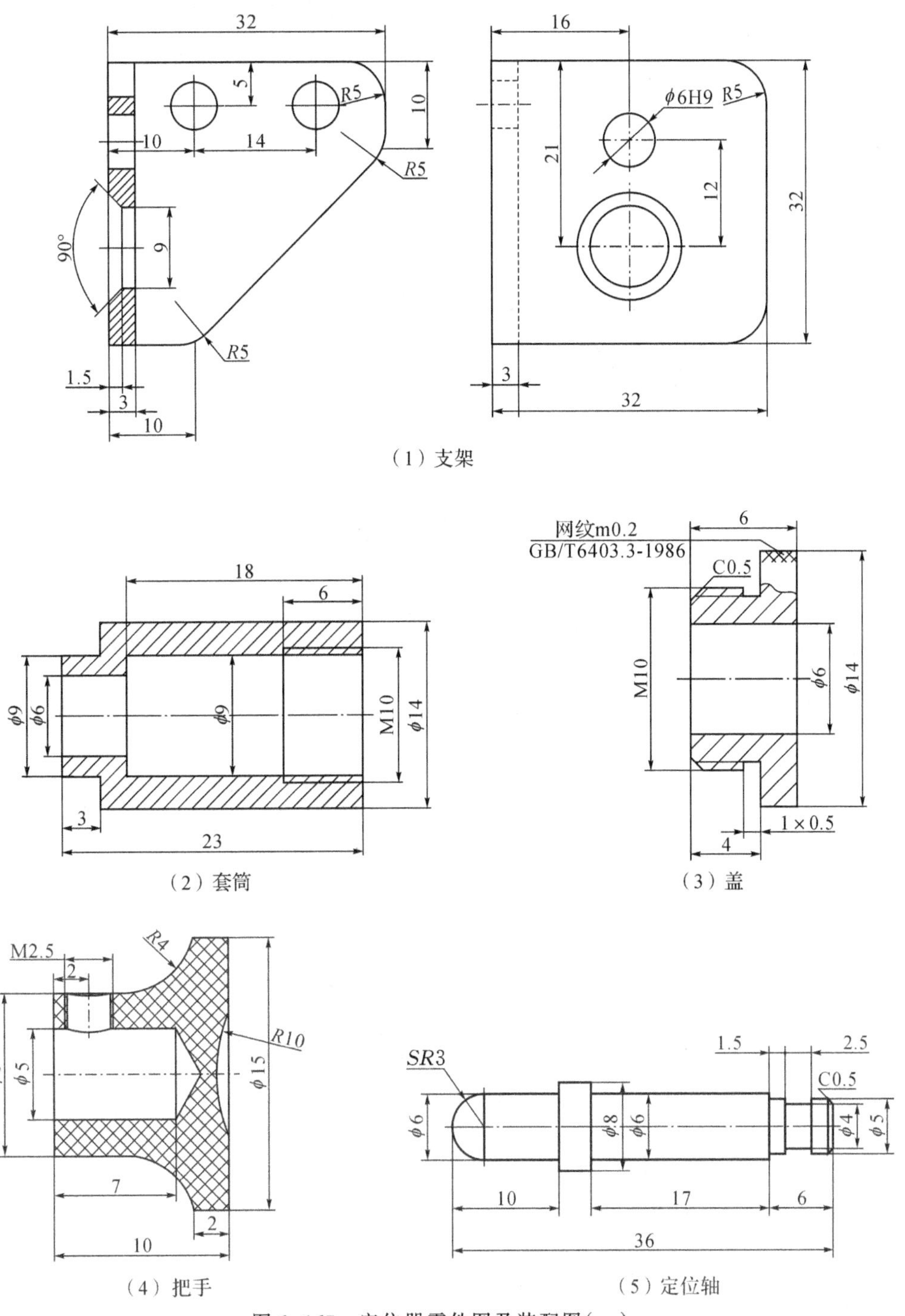

(1) 支架

(2) 套筒

(3) 盖

(4) 把手

(5) 定位轴

图6-167　定位器零件图及装配图(一)

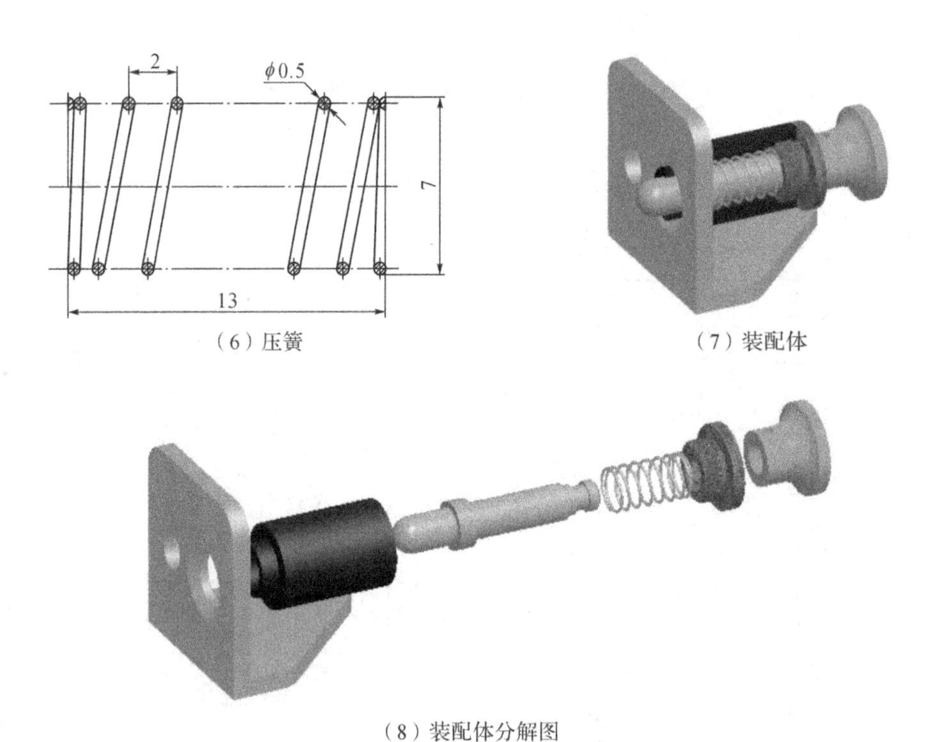

(6) 压簧　　(7) 装配体

(8) 装配体分解图

图 6-167　定位器零件图及装配图(二)

【综合案例练习三】虎钳零件装配与运动仿真

根据虎钳各零件的尺寸(见图 6-168)绘制出三维模型,并完成零件的装配与运动仿真。

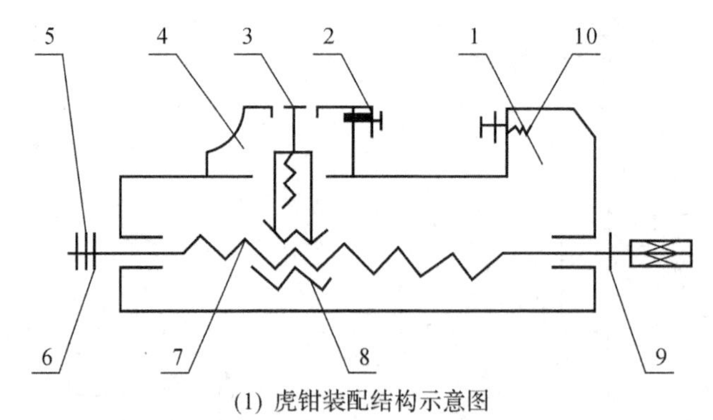

(1) 虎钳装配结构示意图

图 6-618　虎钳零件图及装配图(一)

表 6-2　虎钳的零件明细表

代号	名称	数量	材料	备注	代号	名称	数量	材料	备注
1	固定钳身	1	HT150		6	垫圈 12	1		GB97.1-1985
2	钳口板	2	45		7	丝杠	1	45	

续　表

代号	名称	数量	材料	备注	代号	名称	数量	材料	备注
3	固定螺钉	1	20		8	螺母	1	20	
4	活动钳口	4	HT150		9	垫圈	1	Q235A	
5	螺母M12	2			10	螺钉M16x18	4		GB68-2000

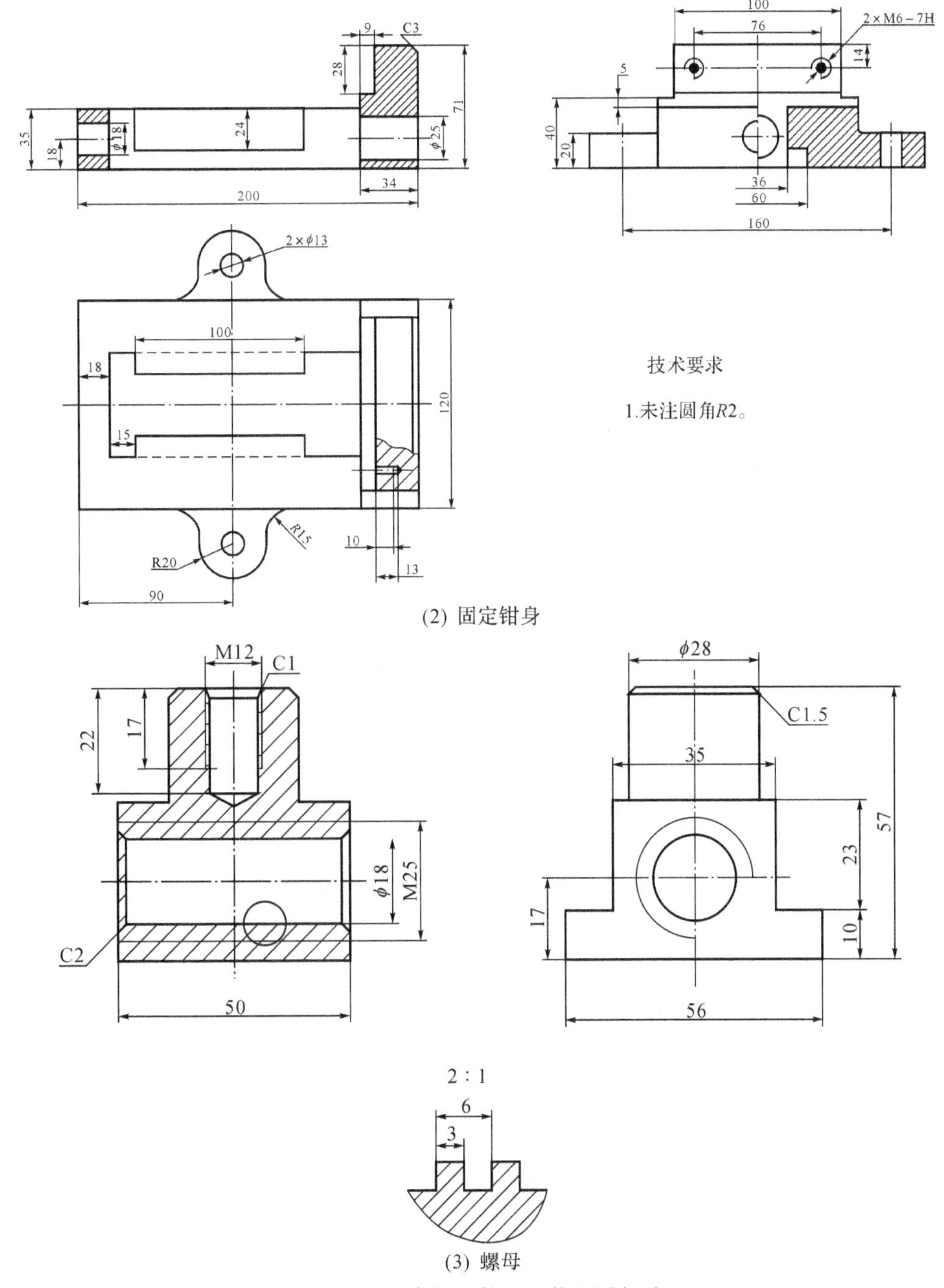

(2) 固定钳身

(3) 螺母

图6-618　虎钳零件图及装配图(二)

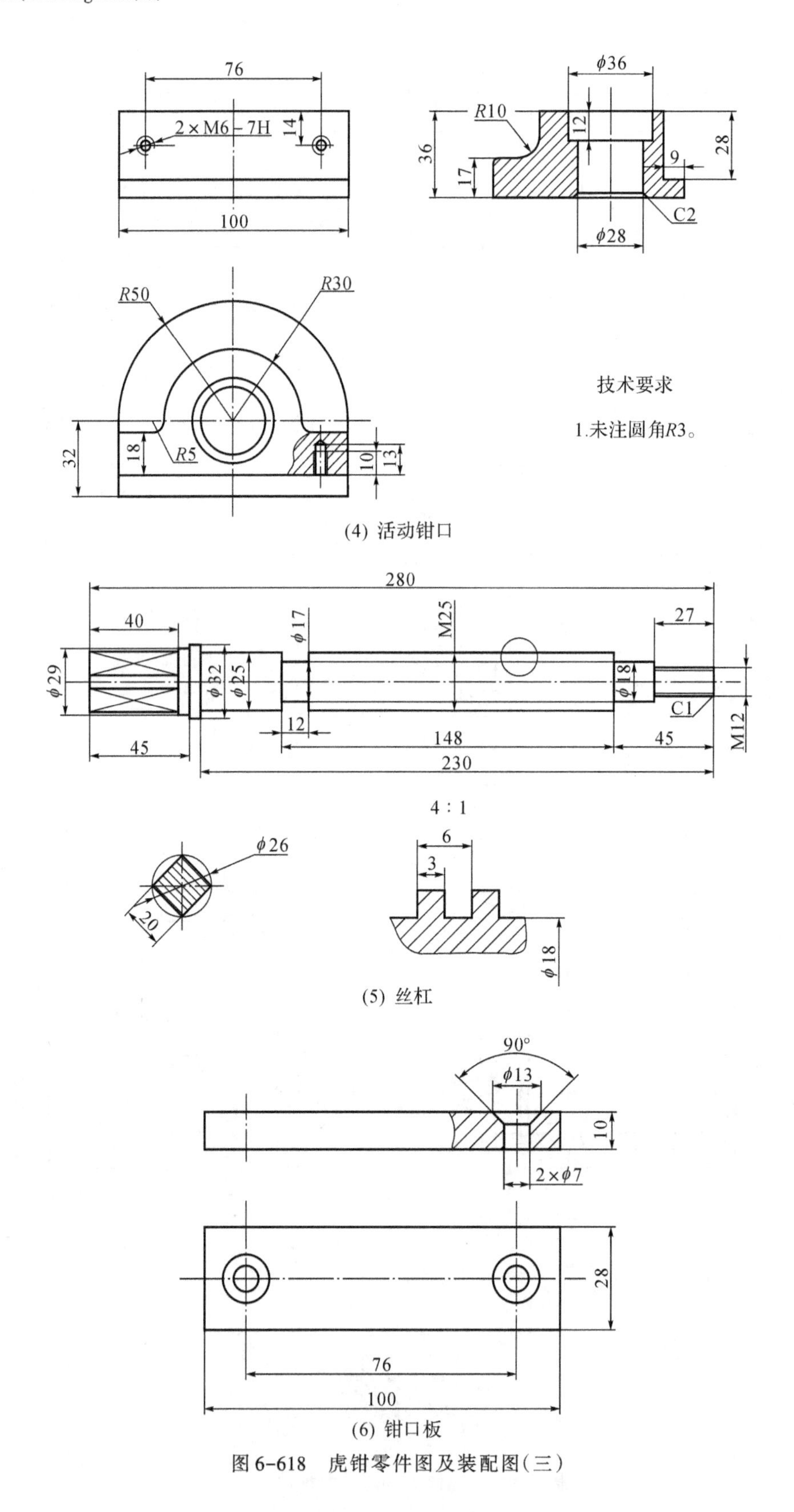

图 6-618 虎钳零件图及装配图(三)

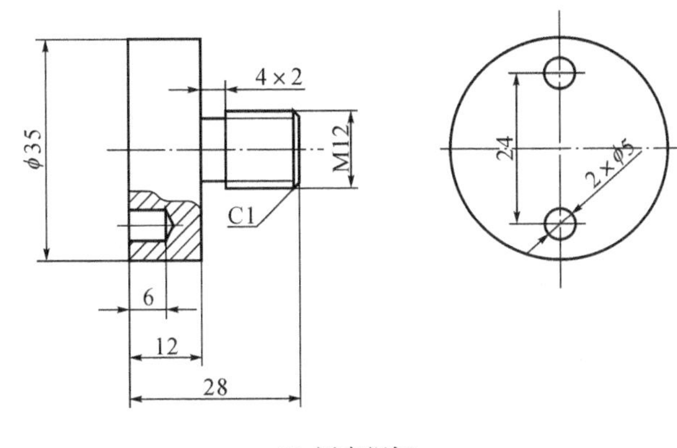

(7) 固定螺钉

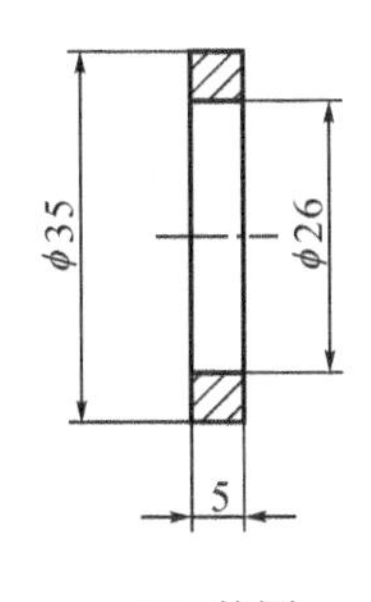

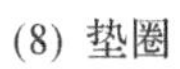

(8) 垫圈

(9) 虎钳装配结果

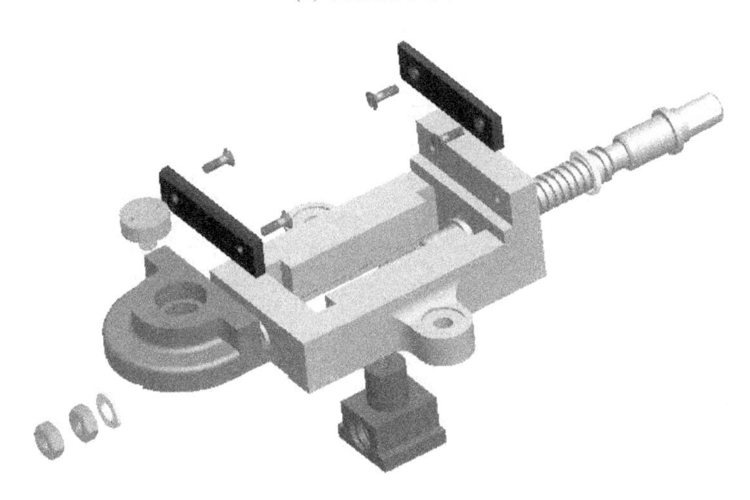

(10) 虎钳装配分解图

图 6-168　虎钳零件图及装配图(四)

项目七　工程图绘制

对于大多数形状比较规范的机械零件，如轴套类、盘盖类、箱体类等零件，工程图设计的作用是为了清晰地表达三维零件模型在加工时所需要达到的尺寸加工精度和粗糙度等相关加工信息。Creo(Pro/Engineer)提供了强大的工程图设计功能，用户可以直接通过相应的模块来生成三维实体零件相对应的工程图。另外，Creo(Pro /Engineer)还可以导入或导出其他系统的绘图文件，如AutoCAD文件等。

任务1　工程图图框及标题栏设计

视频7-1

【工程案例一】A4标准图框与标题栏制作

完成如图7-1所示A4标准图框及标题栏的制作。

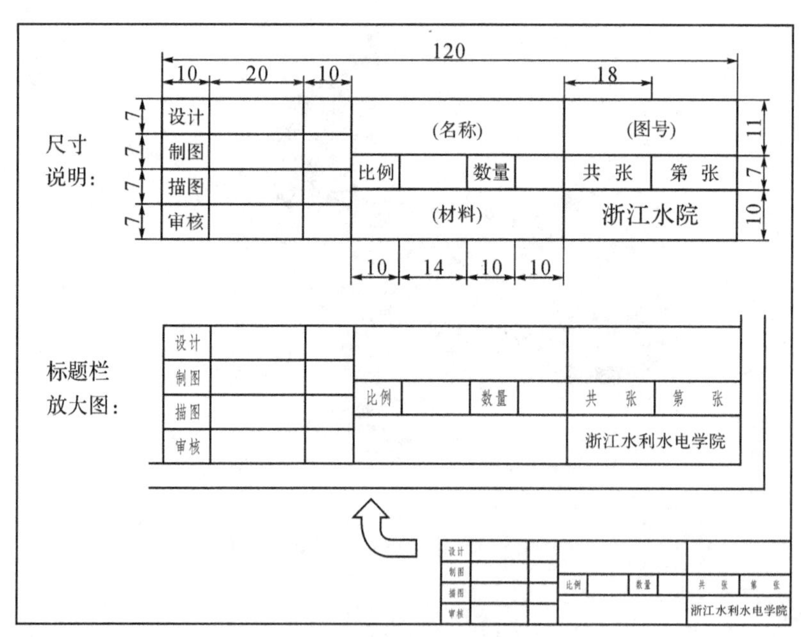

图7-1　图框与标题栏制作实例

学习目标

1. 能够制作工程图的模板文件。
2. 能够制作标题栏。
3. 能够根据制图标准正确修改系统配置参数。

工程图图框及标题栏设计分析

由于各企业有自己的图框和标题栏设计格式和尺寸，因此需要制作一些模板文件供用户调用，以简化工程图的制作过程。

相关知识点

1. 国标工程图图框的标准

国标提供了五种基本的图纸幅面：A0（1189×841），A1（841×594），A2（594×420），A3（420×297），A4（297×210）。其中A4图幅与图框的左边距为25mm，其余边距为5mm。

2. 工程图字体要求（见表7-1）

表7-1　字体大小与纸张规格

应用种类	图纸大小	最小字高		
		中文	英文	数字
标题图号件号	A0、A1、A2、A3	7	7	7
	A4	5	5	5
尺寸标注注解	A0	5	3.5	3.5
	A1、A2、A3、A4	3.5	2.5	3.5

操作步骤

步骤1　设置工作目录

单击菜单“文件”→“管理会话”→“选择工作目录”命令，将文件放置在自己建立的文件夹下。

步骤2　新建工程图模板文件

单击工具栏中的新建文件按钮，在“新建”对话框中选择“绘图”选项，在名称一栏中输入新的文件名“A4muban”（见图7-2），去除使用默认模板前的“√”号，单击“确定”按钮，打开如图7-3所示“新建绘图”对话框。在“新建绘图”对话框中，“默认模型”中不输入任何零件，为“无”，“指定模板”项为“空”，图纸方向为“横向”，选择图纸大小为“A4”图幅，单击“确定”按钮，完成图框大小的设置。系统进入工程图绘制环境，如图7-4所示。

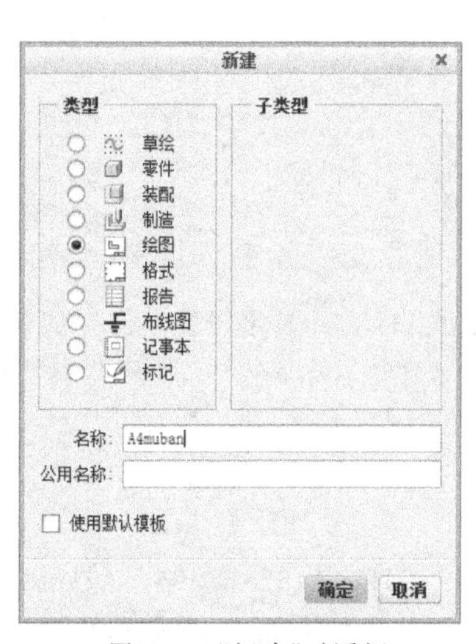

图 7-2 “新建”对话框

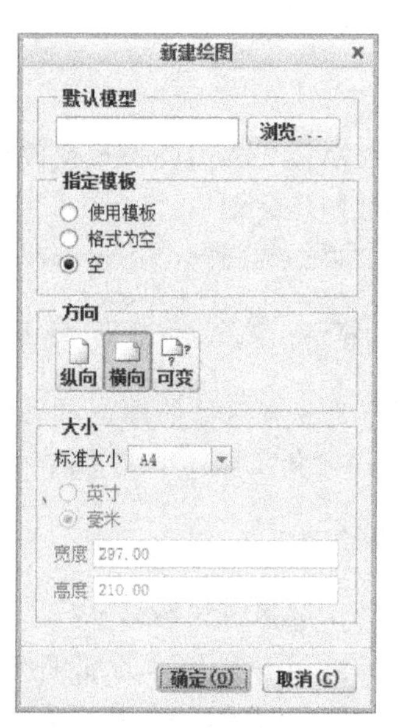

图 7-3 “新建绘图”对话框

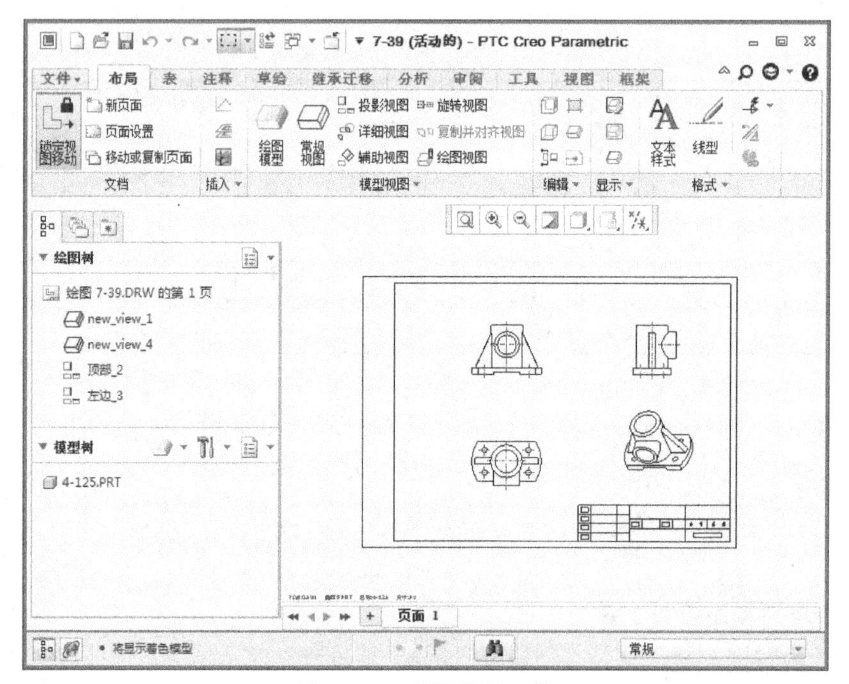

图 7-4 工程图绘制环境

步骤 3 修改系统配置参数

单击主菜单“文件”→“准备”→“绘图属性”命令，弹出“绘图属性”对话框(见图 7-5)，单击“详细信息选项”右边的“更改”按钮，弹出“选项”对话框(见图 7-6)，在“选项”下的输入框中输入“text_height”，将“值”输入框中的数值“0.15625”改为“3.5”，再单击“添加/更改”按钮，完成文本高度的修改。依同样的方式完成其他参数的修改，需要修改的参数如表 7-2 所示。

图 7-5　“文件属性”对话框

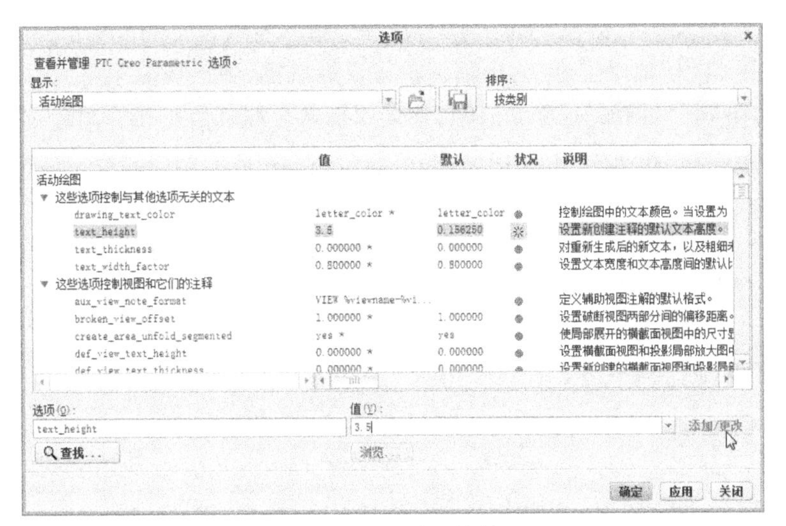

图 7-6　“选项”对话框

表 7-2　需要设置的系统参数

参数名	功能	默认值	修改值
Drawing_units	绘图单位	inch	mm
Projection_type	投影类型	third_angle	first_angle
Tol_display	是否显示公差	No	Yes
Arrow_style	箭头风格	closed	filled
Draw_arrow_length	箭头长度	0.1875	3.5
Draw_arrow_width	箭头宽度	0.0625	1.5
Text_height	文本高度	0.15625	3.5
Line_style_standard	控制绘图中线的显示标准	std_ansi	std_iso
Axis_line_offset	轴线延伸超出特征的距离	0.1	3
Dim_leader_length	箭头在尺寸界限外侧的尺寸线长度	0.5	10
Circle_axis_offset	圆中心轴的超出长度	0.1	3
Witness_line_delta	尺寸界限在尺寸导引箭头的延伸量	0.125	3
Witness_line_offset	尺寸线与标注尺寸对象间的偏移量	0.0625	1
Crossec_arrow_length	剖面箭头的长度	0.1875	3.5
Crossec_arrow_width	剖面箭头的宽度	0.0625	1.5

参数修改完后，单击对话框中的“应用”与“关闭”按钮，退出参数修改状态，返回“绘图属性”对话框。单击其中的“关闭”按钮，返回工程图绘图环境。

步骤 4 制作图框

在工程图绘制环境下，系统默认在“布局”功能区，单击切换到“草绘”功能区。单击“草绘”工具栏中的直线绘制按钮╲线，系统打开“捕捉参考”对话框（见图 7-7）。单击下方的“关闭”按钮，退出“捕捉参考”对话框。单击鼠标右键，弹出快捷菜单，选择“绝对坐标”项，弹出“绝对坐标”对话框（见图 7-9），在其中输入直线起点的坐标值（X:25，Y:5），按下确定按钮✓，退出“绝对坐标”对话框。单击鼠标右键，弹出快捷菜单，选择“相对坐标”项，弹出“相对坐标”对话框（见图 7-10），在其中输入直线起点的坐标值（X:267，Y:0），按下确定按钮✓，退出“相对坐标”对话框，此时在绘图工作区绘制出第一条水平线。

依同样的方法使用“绝对坐标”绘制出图框的其余三条直线，绝对坐标值依次为（X:25，Y:5；X:25，Y:205），（X:25，Y:205；X:292，Y:205），（X:292，Y:205；X:292，Y:5）。单击鼠标中键可取消直线绘制。

图 7-7 “捕捉参考”对话框

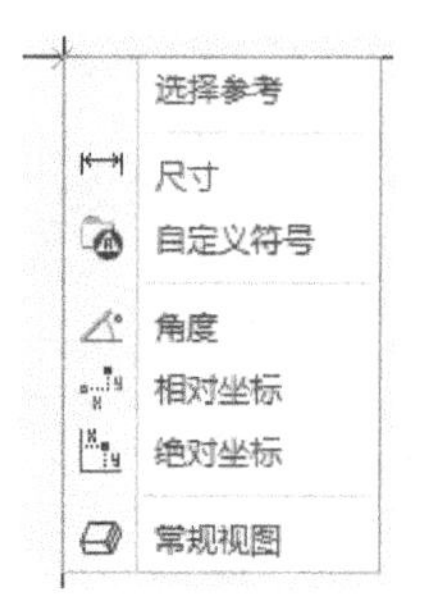

图 7-8 坐标输入快捷菜单

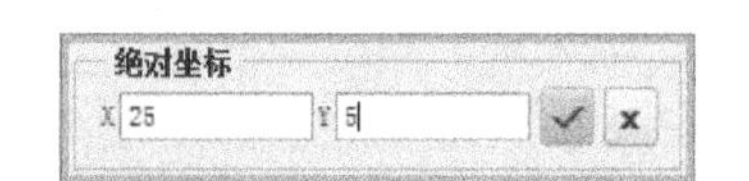

图 7-9 直线起点坐标输入（绝对坐标）

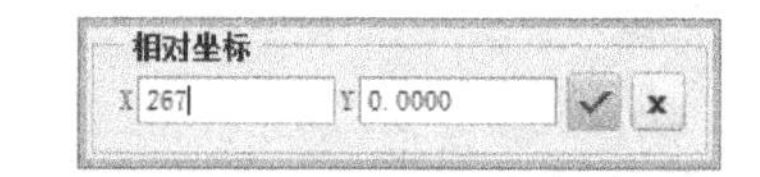

图 7-10 直线终点坐标输入（相对坐标）

（**注**：如果绘制的线不在框内，则可能的原因是前面新建文件时单位没有改为 mm。）

步骤 5 制作标题栏

（1）创建表格

单击工程图绘制环境上方的“表”选项，将“草绘”功能区切换到“表”功能区，如图 7-11 所示。单击“表”工具栏中的插入表格按钮▦，打开如图 7-12 所示“插入表”操作界面。用鼠标选择表格的行列数量 6×3（6 列 3 行）。在绘图工作区单击鼠标左键，此时会在绘图工作区鼠标单击位置绘制出相关表格，如图 7-13 所示。

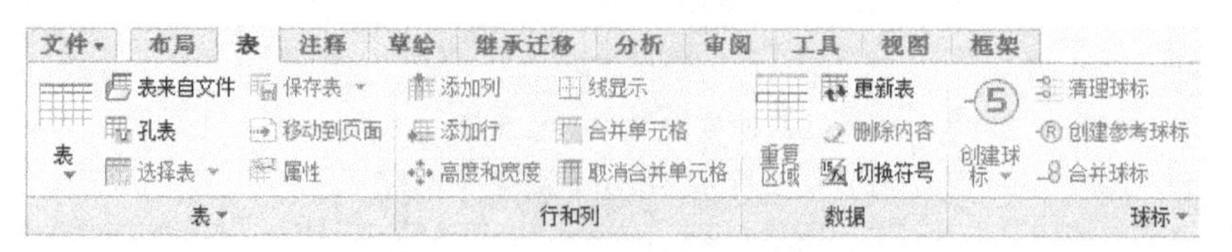

图 7-11 “表”功能区操作界面

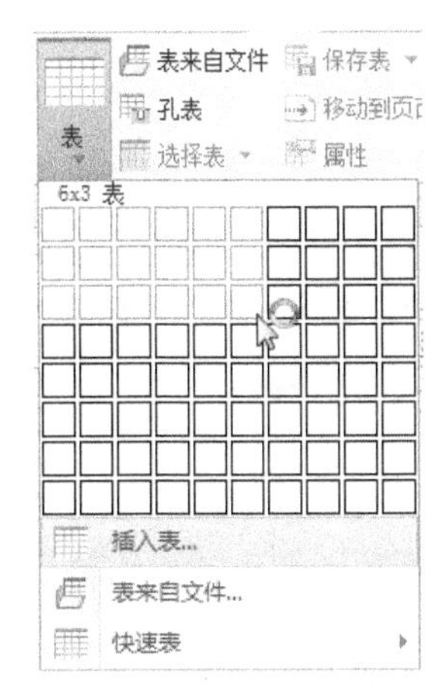

图 7-12　“插入表”操作界面

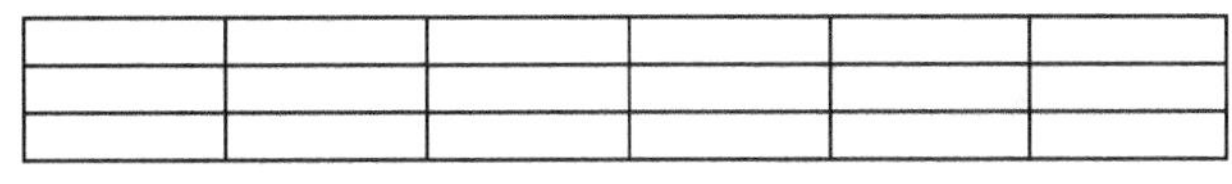

图 7-13　初始表格绘制

(2)确定表格尺寸

用鼠标左键单击表格左上角第一格,然后单击鼠标右键,弹出快捷菜单(见图 7-14)。单击其中的“高度和宽度”,弹出“高度和宽度”对话框,单击取消“自动高度调节”前的选中符号“√”,然后在“高度(绘图单位)”后面的编辑框中输入“11”,并在下方的列“宽度(绘图单位)”后面的编辑框中输入“10”,如图 7-15 所示。用同样的方法设置其他网格的高度和宽度,从左往右,每个格子的宽度为 10、14、10、10、18、18;从上往下,每个格子的高度为 11、7、10。设置完后,所得的表格如图 7-16 所示。

图 7-14　快捷菜单

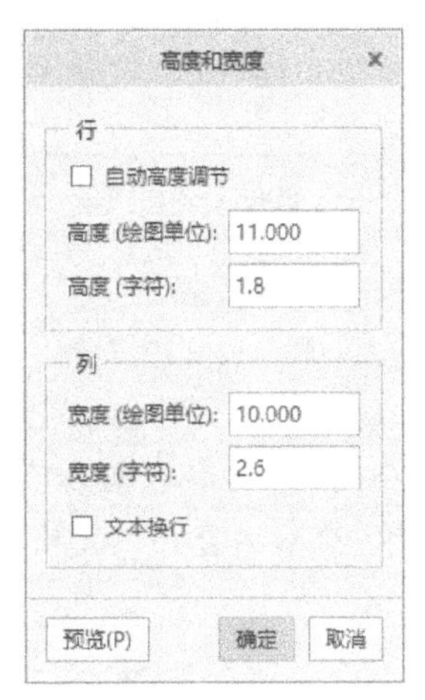

图 7-15　“高度和宽度”对话框

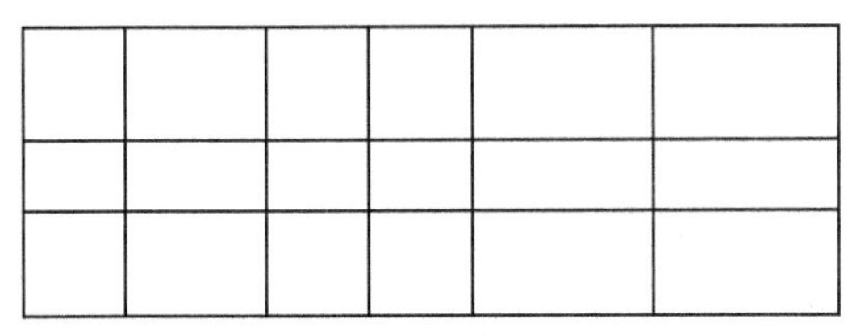

图 7-16　绘制的表格 1

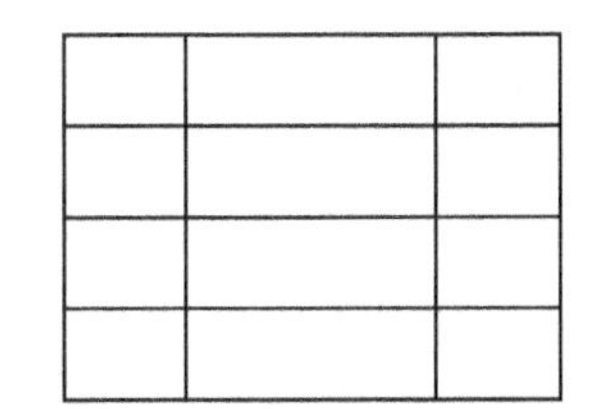

图 7-17　绘制的表格 2

按同样的方法绘制表格 2(见图 7-17),其中列的宽度依次为 10、20、10,行的高度依次为7、7、7、7。

(3)确定表格的位置

用鼠标框选表格1(默认情况下表格会变为绿色),单击“表”功能区“表”工具栏下方的“表”下拉按钮,在弹出的选项中选择“移动特殊”按钮 移动特殊(见图7-18)。单击鼠标中键,弹出“移动特殊”对话框(见图7-19),在其中“X:”后面的编辑框中输入坐标“212”,在“Y:”后面的编辑框中输入坐标“33”。坐标“212,33”为表格左上角的坐标值。表格移动结果如图7-20所示。

按同样的方法移动表格2(其中X坐标中输入172,Y坐标中输入33),移动结果如图7-21所示。

图7-18 “移动特殊”选项

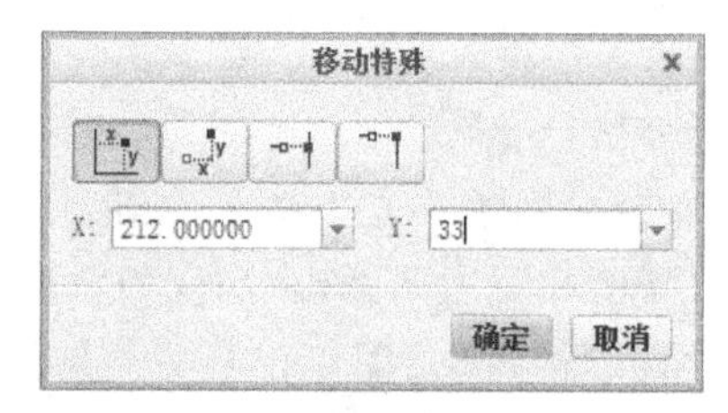

图7-19 “移动特殊”对话框

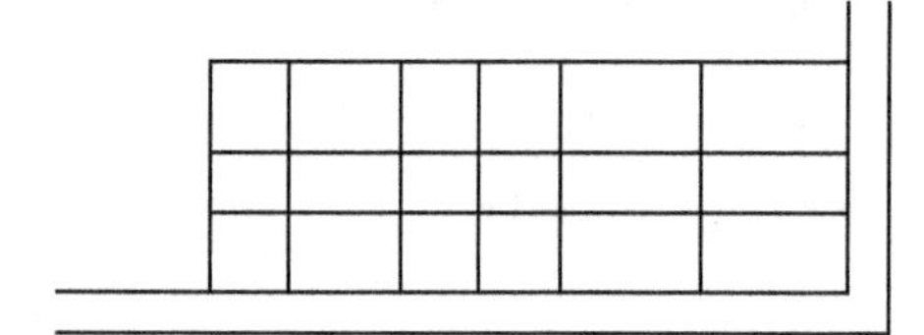
图7-20 表格1移动结果

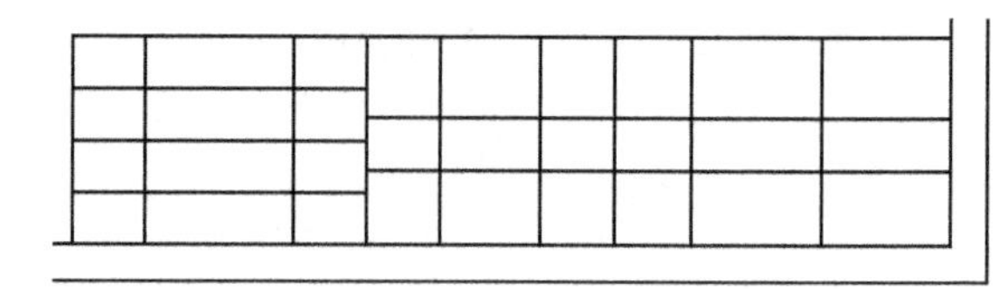
图7-21 表格2移动结果

(4)合并表格单元格

单击“行与列”工具栏中的“合并单元格”按钮 合并单元格,然后用鼠标左键点选表格中需要合并的相邻单元格(两两选择),合并后的表格如图7-22所示。按鼠标中键或单击“合并单元格”按钮可以取消表格合并命令。如果单元格合并出错,可以选中出错的单元格,然后再单击“取消合并单元格”按钮 取消合并单元格 即可。

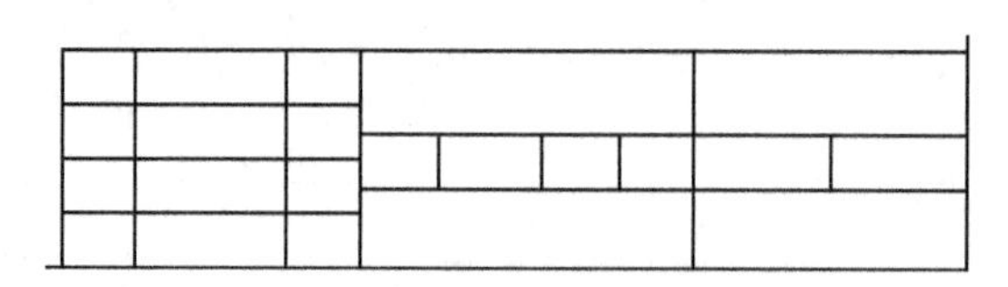
图7-22 单元格合并结果

步骤6 表格文字输入

双击要输入文字的单元格,弹出“格式”操作面板(见图7-23),在其中输入文字,如“设计”等。在操作面板中可修改文字的样式,如文字字体、粗细、对齐方式等。另外在选中表格的情况下也可单击鼠标右键弹出快捷菜单(见图7-24)。单击其中的“文本样式”,弹出“文本样式”对话框(见图7-25),在其中设置文字的样式。最后制作而成的标题栏如

图7-26所示。

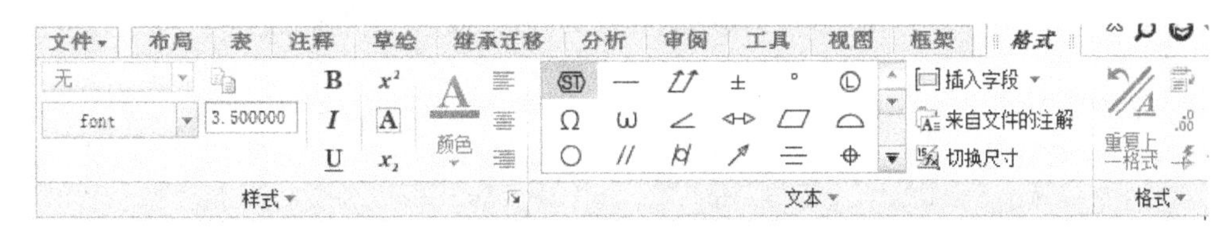

图7-23　“格式”操作面板

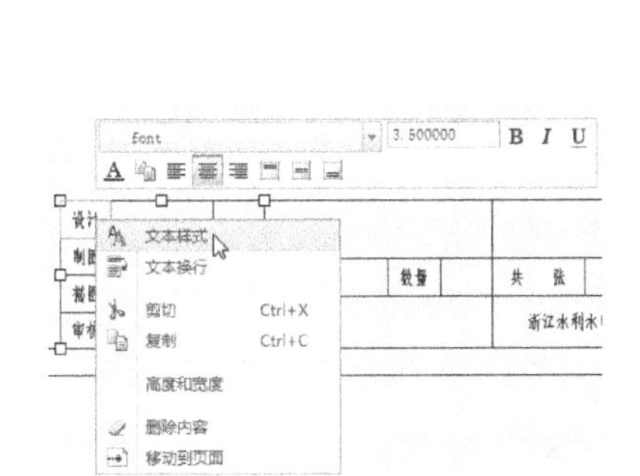

图7-24　右键快捷菜单

图7-25　“文本样式”操作面板

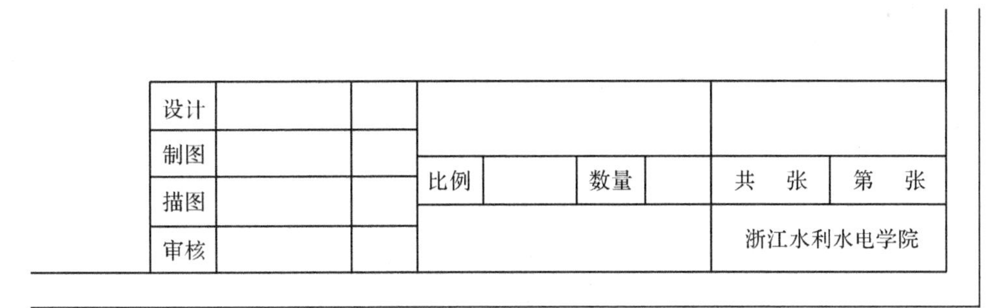

图7-26　标题栏制作结果

步骤7　文件保存

单击菜单“文件”→“保存”命令，保存当前模板文件。保存后文件名为a4muban.drw，其中drw为工程图文件的后缀名。然后将其复制到Creo(Pro/Engineer)安装目录文件夹templates下(如C:\Program Files\PTC\Creo 4.0\M010\Common Files\templates)，方便系统调用。

(**注**：Creo(Pro/Engineer)安装目录文件夹根据个人电脑的安装位置不同而不同，需要自己进行查找。)

任务2　基本视图创建与尺寸标注

【工程案例二】套接件的工程图制作

绘制如图7-27所示套接件零件的工程图。

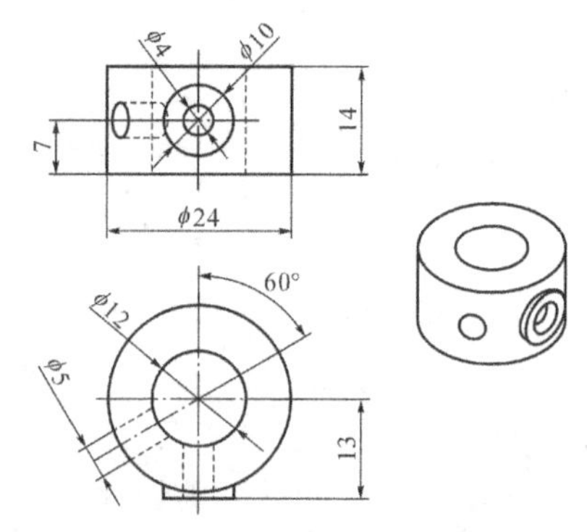

图7-27　套接件零件工程图

学习目标

1. 能够创建零部件的一般视图与投影视图。
2. 能够在工程图上正确标注尺寸。

工程图制作分析

该零件工程图由主视图、俯视图及一般三维视图构成，其中主视图和俯视图需要能够看见内部结构，而三维视图则不需要显示出内部结构。另外视图需要标注水平、竖直、对齐、角度、直径等尺寸。

相关知识点

视图类型

Pro/Engineer软件提供了以下几种常用视图的创建功能：

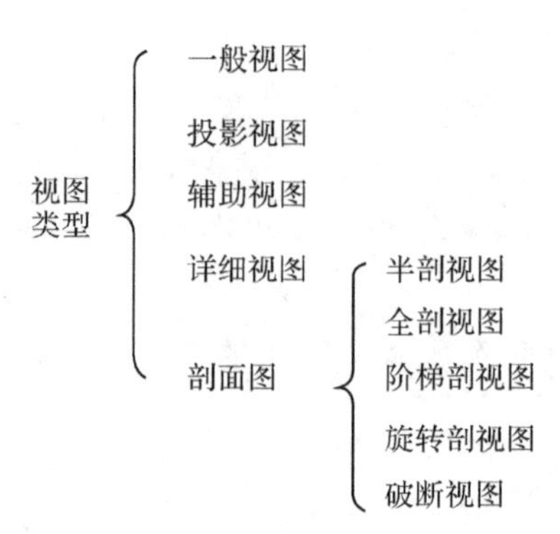

操作过程

步骤1　设置工作目录

单击菜单“文件”→“管理会话”→“选择工作目录”命令，将文件放置在自己建立的文件夹下。

步骤2　新建工程图

单击工具栏中的□按钮，弹出“新建”对话框（见图7-28），在“类型”栏中选中“绘图”选项，在“名称”中输入文件名“taojiejian”，去除使用默认模板前的“√”号，按下“确定”按钮，弹出“新建绘图”对话框（见图7-29），通过“浏览”按钮选择三维零件taojiejian.prt，单击“使用模板”项，通过浏览方式选择模板“a4muban”，按下“确定”按钮，进入工程图绘制环境。

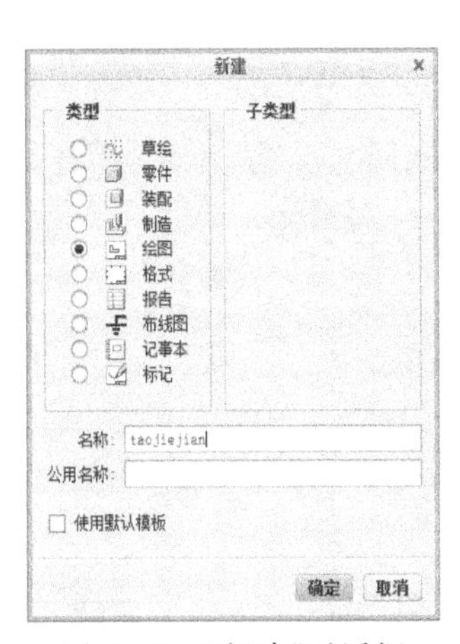

图7-28　“新建”对话框

图7-29　“新建绘图”对话框

步骤3　创建主视图

①单击“布局”功能区中“模型视图”工具栏中的插入“普通视图”（Creo3.0名称为“常规视图”）按钮，弹出“选择组合状态”对话框（见图7-30），单击其中的“确定”按钮，退出对话框。在屏幕绘图区单击鼠标左键，弹出“绘图视图”对话框（见图7-31），并在绘图工作区显示出零件三维模型。

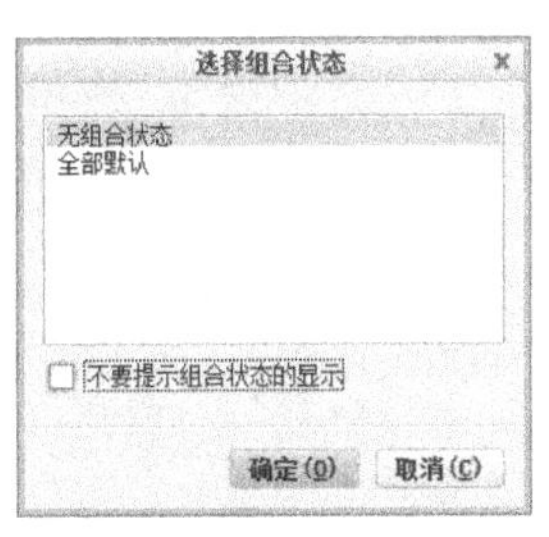

图7-30　“选择组合状态”对话框

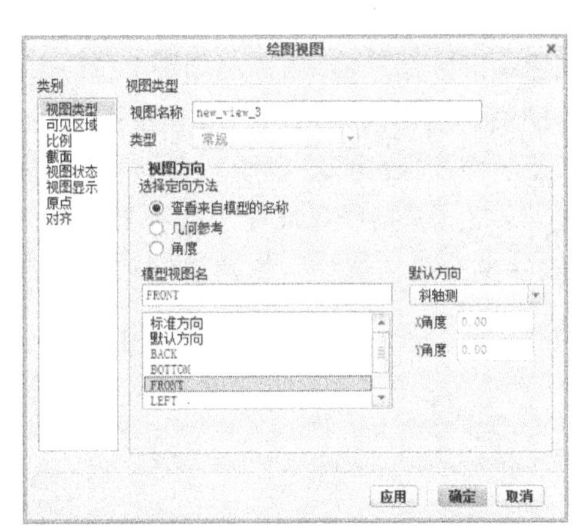

图7-31　“绘图视图”对话框

②在“类别”中的“视图类型”选项属性页中选择下方的模型视图名为“FRONT”或“BACK”,再单击对话框下方的“应用”按钮。

③单击“类别”中的“比例”选项,弹出“比例”属性页(见图7-32),将“自定义比例”设置为2,然后单击对话框下方的“应用”按钮。

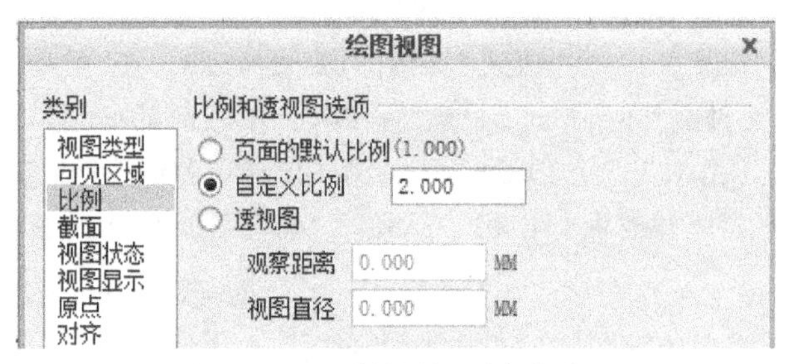

图7-32 “比例”属性页参数设置

④单击“类别”中的“视图显示”选项,弹出“视图显示”属性页(见图7-33),将“显示样式”设置为“隐藏线”,单击“确定”按钮,结果如图7-34所示。

图7-33 “视图显示”属性页

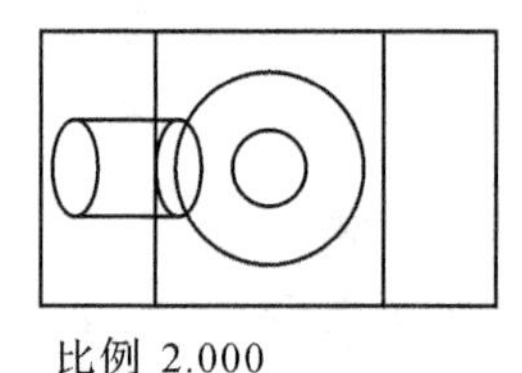

图7-34 主视图创建结果

步骤4 创建俯视图

①单击“模型视图”工具栏中的“投影视图”命令按钮 投影视图,拖动鼠标,在主视图下方合适的位置单击鼠标左键,创建出如图7-35所示俯视图。

②双击刚刚创建出的俯视图,弹出“绘图视图”对话框,单击切换到其中的“视图显示”属性页,将“显示样式”改为“隐藏线”,按下“确定”按钮。

③点选前导工具栏中“基准显示过滤器”按钮,单击隐藏基准平面、基准轴、坐标系等,再单击软件界面顶端第一行快速访问工具栏中的“重新生成活动模型”按钮,结果如图7-36所示。

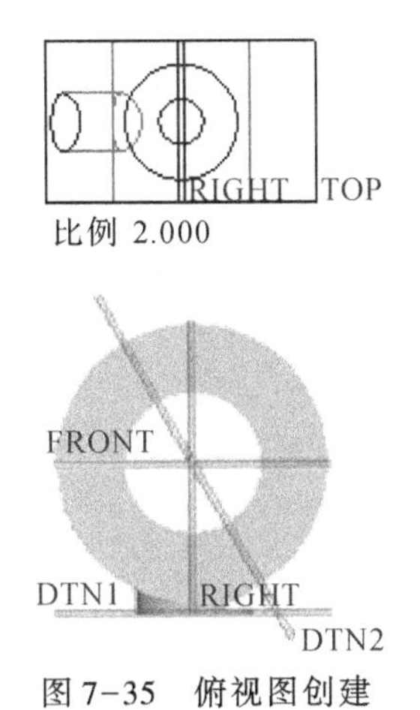

图7-35　俯视图创建

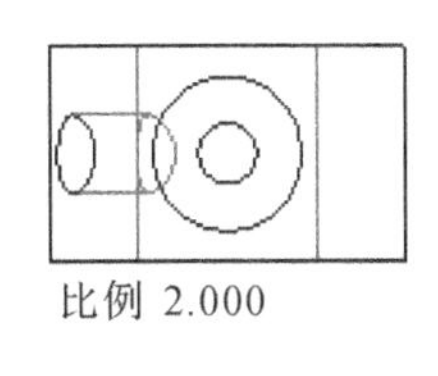

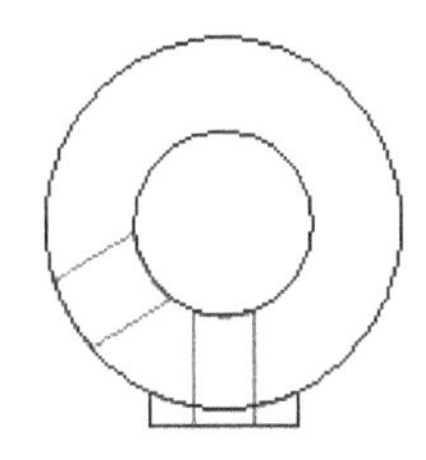

图7-36　俯视图改为隐藏线显示方式

（**注**：单击功能区“文档”工具栏左边的“锁定视图移动”按钮，将其设置为解锁状态（默认值为锁定状态，不允许视图移动），可以单击相应视图，并按住鼠标左键拖动，可调整视图的位置。）

步骤5　创建三维轴测视图

①单击“模型视图”工具栏中的插入“普通视图”按钮，弹出“选择组合状态”对话框，单击其中的“确定”按钮，退出对话框。在屏幕绘图区单击鼠标左键，弹出“绘图视图”对话框，并在绘图工作区显示出零件三维模型。

②点选“绘图视图”对话框中的“视图显示”属性页，将“显示线型”改为“消隐”模式。

③单击“类别”中的“比例”选项，弹出“比例”属性页，将“自定义比例”设置为2。按下“确定”按钮，得到如图7-37所示的三维视图。

（**注**：如果不想让视图中的“比例 2.000”显示出来，可单击选中文字后按住鼠标右键弹出快捷菜单，选择其中的“拭除”项，再单击下鼠标左键即可，结果如图7-38所示。）

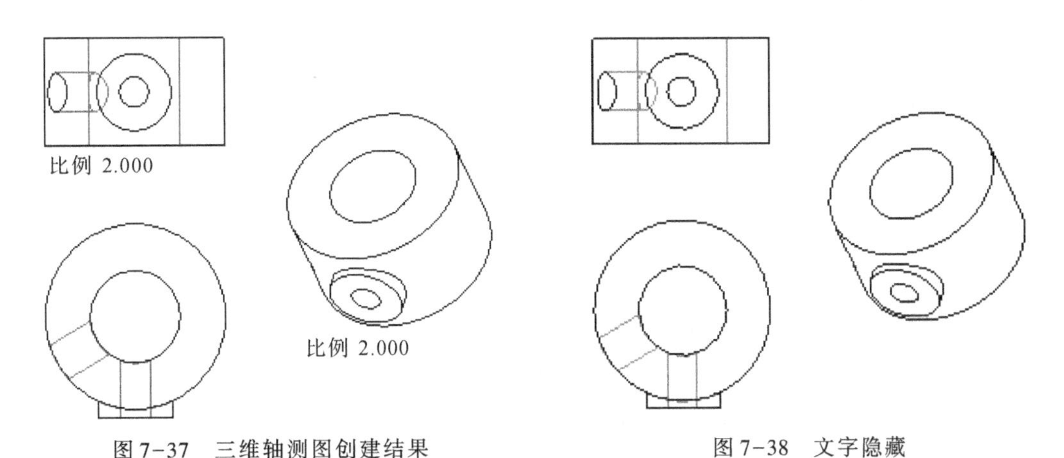

图7-37　三维轴测图创建结果

图7-38　文字隐藏

步骤6　创建中心轴

切换到“注释”功能区，然后单击“注释”工具栏上的“显示模型注释”按钮，或者在绘图区单击鼠标右键，弹出快捷菜单，在快捷菜单中选择“显示模型注释”命令显示模型注释，弹出“显示模型注释”对话框(见图7-39)。对话框中有六个选项卡，分别对应：显示/拭除模型尺寸、显示/拭除模型几何公差、显示/拭除模型注释、显示/拭除模型表面粗糙度、显示/拭除模型符号、显示/拭除模型基准等。单击符号切换到显示/拭除模型基准选项卡。

图7-39 “显示模型注释”对话框

单击“类型”右侧的下拉菜单，选择“轴”选项，然后单击套接件的俯视图(注意不要单击在模型上，而是当鼠标移动时视图出现边框时单击边框，如图7-40所示)，此时在“显示模型注释”对话框中会出现俯视图中需要显示的三个中心轴(见图7-41)。单击下方的“全部显示”按钮(见图7-42)，此时俯视图中将显示出全部的中心轴(见图7-43)。单击对话框中的“确定”按钮，便可实现中心轴的显示。用同样的方法可以实现其他视图中心轴的显示，结果如图7-44所示。

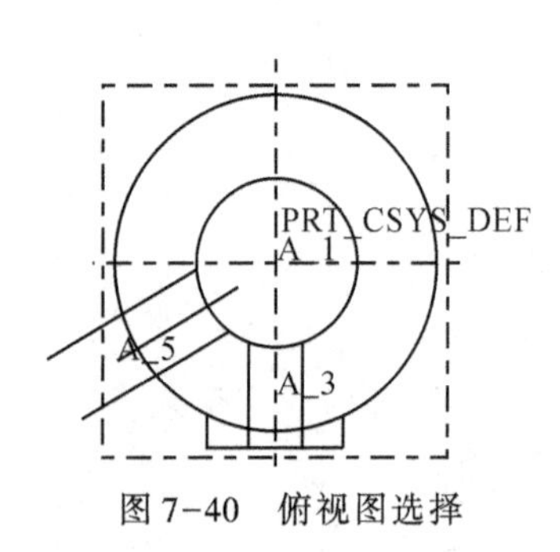

图7-40 俯视图选择

图7-41 对话框中俯视图需要显示的中心轴

图 7-42　对话框中勾选俯视图需要显示的中心轴

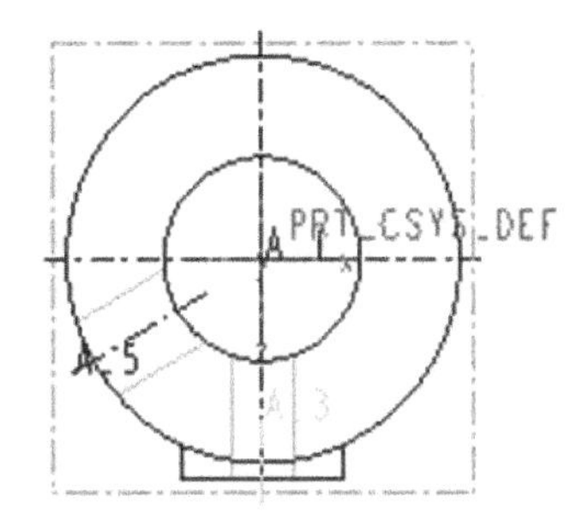

图 7-43　俯视图显示的中心轴

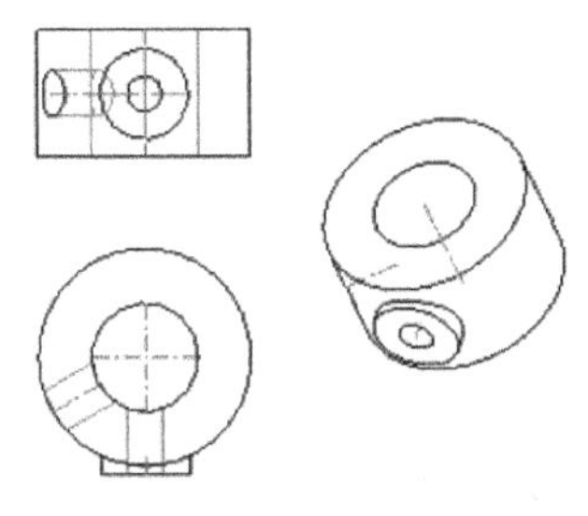

图 7-44　中心轴创建结果

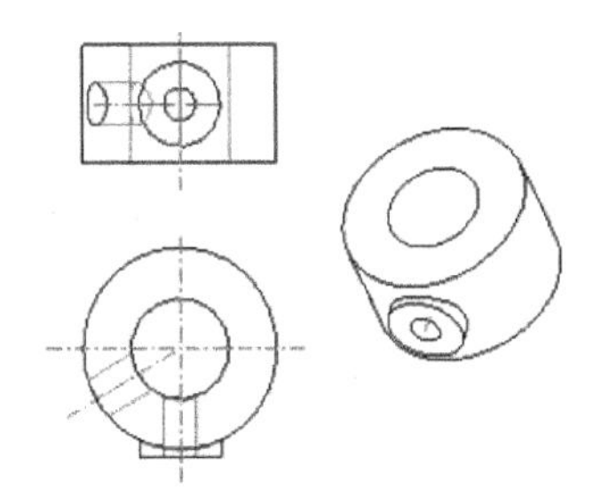

图 7-45　中心轴修改结果

（**注**：多余的中心轴可以通过拭除方式将其隐藏起来或通过删除方式将其去除，具体操作步骤为：将功能区从“布局”切换到“注释”，然后单击该中心轴，按住鼠标右键弹出快捷菜单，在其中选择“拭除”或“删除”项即可。中心轴的长度也可调整，具体操作方式为：单击选中该中心轴，然后拖动两个端点即可，结果如图 7-45 所示。）

步骤 7　尺寸标注

①ϕ24 的直径尺寸标注

Creo 3.0 的做法：单击“注释”工具栏上的尺寸标注按钮，双击俯视图中 ϕ24 的圆，系统弹出“选择参考”对话框，如图 7-46 所示。然后移动鼠标，在合适的位置单击鼠标中键，此时系统标注出圆的直径尺寸，并弹出尺寸类型选择图标。单击下拉按钮，弹出类型选项，用户可以单击相应的类型进行切换，如单击“半径”选项，则该尺寸改为半径标注样式。再次单击鼠标中键可结束尺寸标注。用同样的方法完成 ϕ4、ϕ10、ϕ12 的直径标注。

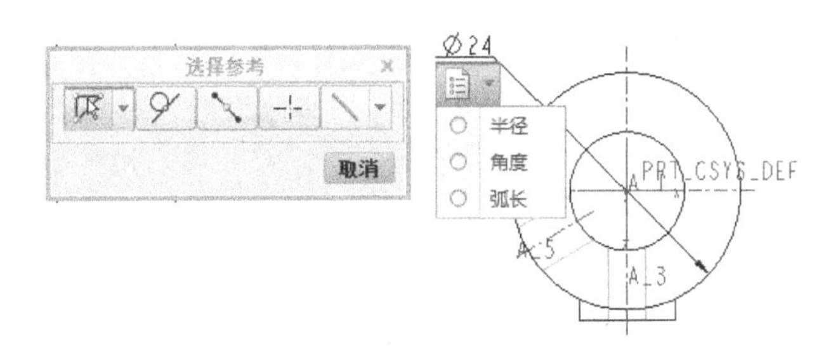

图 7-46　Creo 3.0 中 ϕ24 直径尺寸标注方法

Creo 4.0的做法：单击“注释”工具栏上的尺寸标注按钮 尺寸，系统弹出“选择参考”对话框，双击俯视图中ϕ24的圆，然后移动鼠标，在合适的位置单击鼠标中键，此时系统标注出圆的直径尺寸。再次单击鼠标中键可结束尺寸标注。用同样的方法完成ϕ4、ϕ10、ϕ12的直径标注。

②尺寸14的竖直标注

单击“注释”工具栏上的尺寸标注按钮 尺寸，用鼠标点选主视图的最右边的边界线，然后移动鼠标，在合适的位置单击鼠标中键，便可完成尺寸14的竖直标注，如图7-47所示。

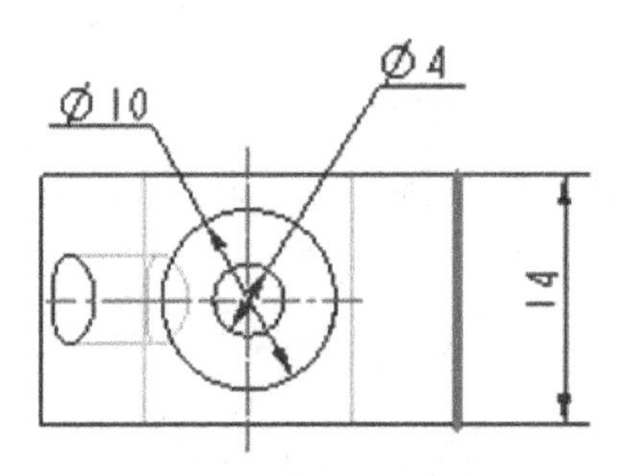

图7-47　尺寸14的竖直标注

③尺寸7的竖直标注

单击“注释”工具栏上的尺寸标注按钮 尺寸，按住Ctrl键用鼠标点选主视图中最下边的边界线与ϕ5孔的中心线，然后移动鼠标，在合适的位置单击鼠标中键，便可完成尺寸7的竖直标注，如图7-48所示。

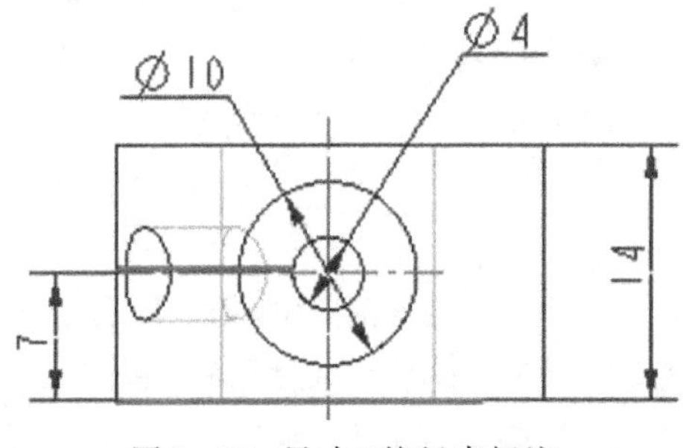

图7-48　尺寸7的竖直标注

④尺寸ϕ5的对齐标注

Creo3.0的做法：单击“注释”工具栏上的尺寸标注按钮 尺寸，按住Ctrl键用鼠标点选俯视图中ϕ5孔的两条边线，然后移动鼠标，在合适的位置单击鼠标中键，便可完成尺寸ϕ5的对齐标注。将鼠标移动到尺寸数字上，待尺寸数字改变颜色后双击鼠标左键，弹出“尺寸属性”对话框(见图7-49)。单击切换到“显示”属性页，单击右边的矩形文本编辑框。将光标放在@D符号前面，然后单击对话框下方的“文本符号…”按钮 文本符号…，在弹出的“文本符号”对话框中选择直径符号 Ø，此时矩形文本编辑框出现直径符号。单击对话框中的“确定”按钮，便可实现尺寸ϕ5的对齐标注，结果如图7-50所示。

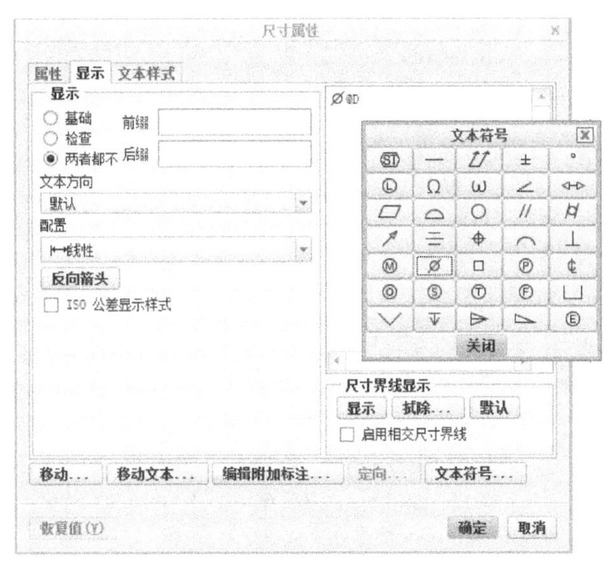

图 7-49　“尺寸属性”对话框与“文本符号”对话框

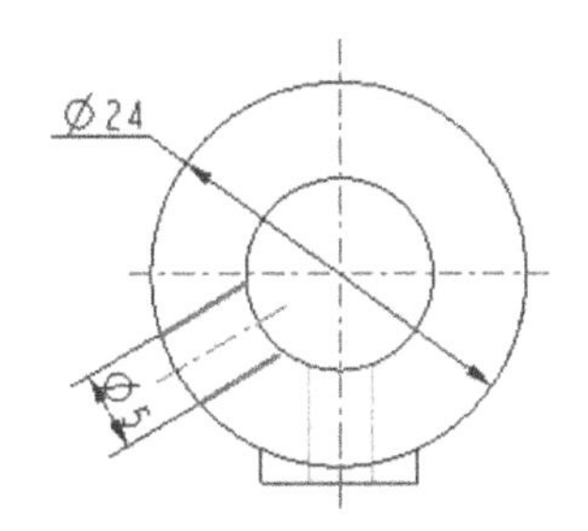

图 7-50　尺寸 ϕ5的对齐标注

Creo4.0的做法:单击“注释”工具栏上的尺寸标注按钮 尺寸 ,按住Ctrl键用鼠标点选俯视图中ϕ5孔的两条边线,然后移动鼠标,在合适的位置单击鼠标中键,便可完成尺寸ϕ5的对齐标注。将鼠标移动到尺寸数字上,待尺寸数字改变颜色后双击鼠标左键,弹出“尺寸”功能区工具栏(见图7-51(a))。单击其中的“尺寸文本”按钮,弹出尺寸文本修改对话框(见图7-51(b)),单击“前缀/后缀”下面第一个方框,然后选择下部符号Ø,此时矩形文本编辑框出现直径符号 Ø 。再单击一下“尺寸文件”按钮取消修改尺寸文件,便可实现尺寸ϕ5的对齐标注,结果如图7-50所示。

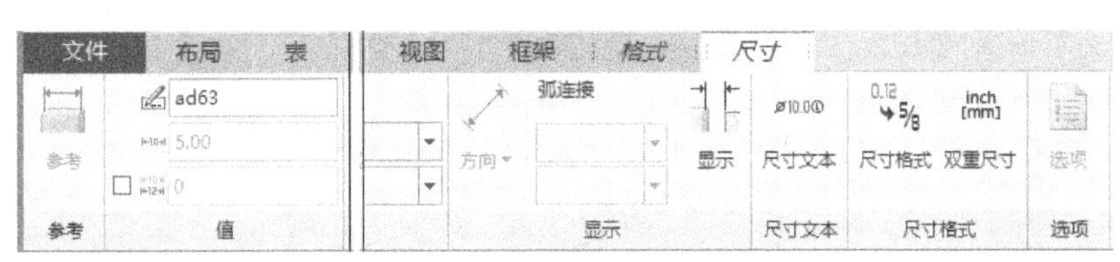

图 7-51(a)　“尺寸”功能区工具栏

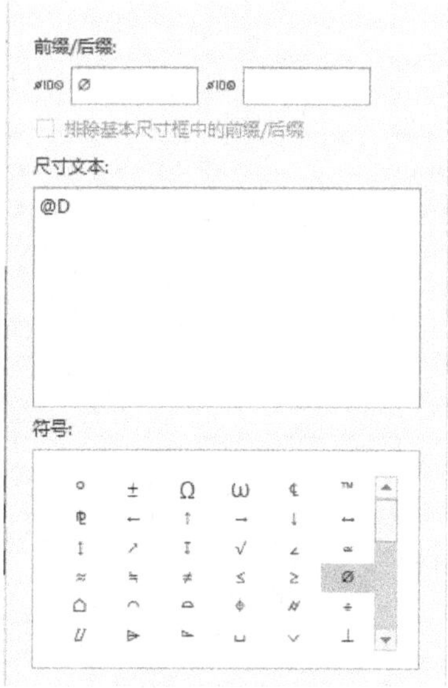

图 7-51(b)　尺寸文本修改对话框

⑤角度 60 的尺寸标注

单击【注释】工具栏上的尺寸标注按钮 尺寸，按住 Ctrl 键用鼠标点选俯视图中的两条中心线，然后移动鼠标，在合适的位置单击鼠标中键，便可完成角度 60 的尺寸标注，如图 7-52 所示。

⑥尺寸标注位置调整

将鼠标放在需要调整位置的相应尺寸数值上，然后单击鼠标左键，待其尺寸上显示移动箭头后，便可按住鼠标左键拖动尺寸数值的位置。最终标注的尺寸如图 7-53 所示。

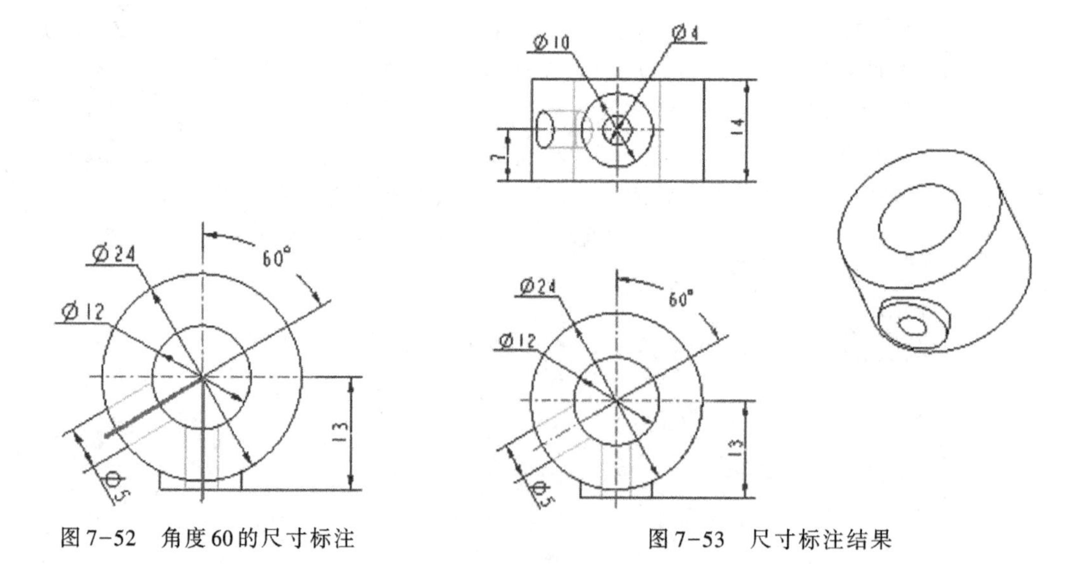

图 7-52　角度 60 的尺寸标注

图 7-53　尺寸标注结果

步骤 8　填写标题栏

双击要填写的单元格，在其中输入文本，并修改其位置，具体步骤从略。最终的结果如图 7-54 所示。

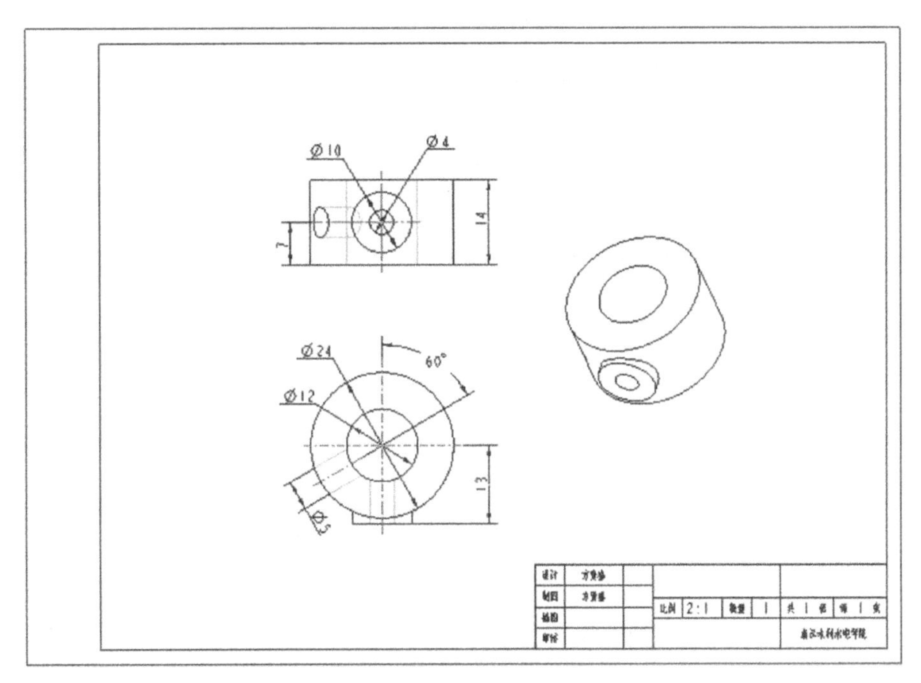

图 7-54　工程图绘制结果

步骤9　文件保存

单击菜单“文件”→“保存”命令，保存当前工程图文件。

举一反三戒指的工程图制作

绘制如图 7-55 所示戒指的工程图。

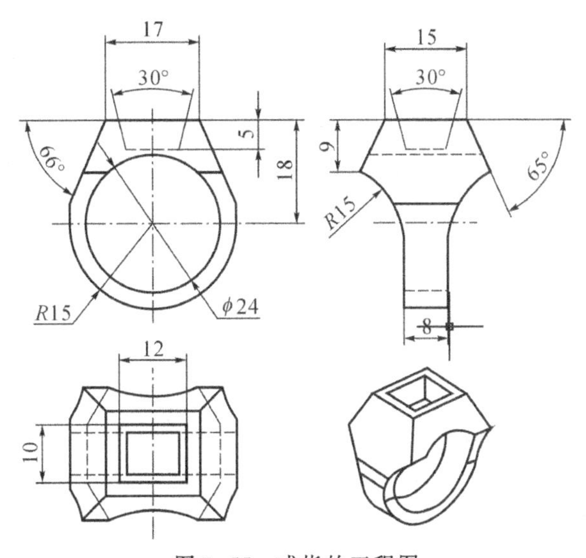

图 7-55　戒指的工程图

任务3　剖视图创建与尺寸标注

剖视图包含了全剖视图、半剖视图、局部剖视图等。

【工程案例三】支座的工程图制作

绘制如图7-56所示支座零件的工程图。

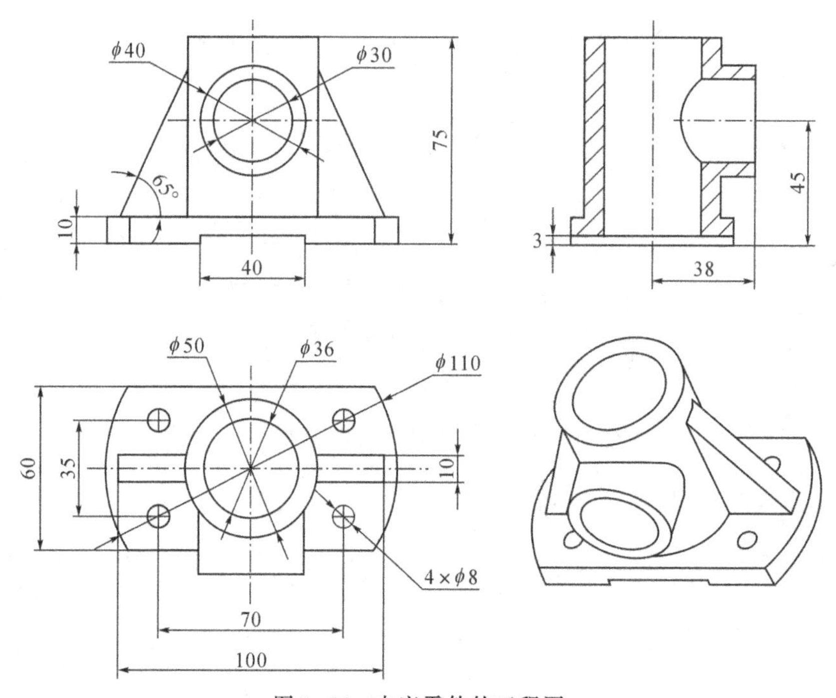

图7-56　支座零件的工程图

学习目标

1. 能够创建零部件的全剖视图。
2. 能够将Creo(Pro/Engineer)的工程图转换为AutoCAD图形。

工程图制作分析

该零件工程图由主视图、俯视图、左视图及一般三维视图构成。主视图和俯视图及一般三维视图与工程案例二相似,而左视图需要从中间进行剖切,因此需要创建全剖视图。

相关知识点

1. 剖视图

一般来说,零件上不可见结构形状用虚线来表示,但当零件内部形状复杂时,如果视图虚线过多,会给读图与标注尺寸带来困难,因此宜用剖视图来表达零件内部结构。剖视图包括全剖、半剖、局部剖、旋转剖、阶梯剖等。

2. 全剖视图

全剖视图是使用一个剖切平面将零件完全剖开的视图。

3. CAD软件的转换接口

二维图形绘制最常用的软件是AutoCAD,其图形绘制速度快,操作方便,功能强大,深受国内外用户的喜爱,但其三维建模能力较弱。Creo(Pro/Engineer)软件提供了强大的三维建模功能,而且可以由三维模型转化为二维工程图,但其标注不太方便,最主要是不太符合国家标准,修改起来比较麻烦。如果将这两个软件结合起来,发挥各自的特长,则会达到事半功倍的效果。在Creo(Pro/Engineer)软件中提供了相关的工程图转换接口,可以将工程图文件格式DRW转换为AutoCAD软件的图形文件格式DWG。此外,Creo(Pro/Engineer)软件还提供了一些三维图形转换格式,如IGES(曲面格式)、SAT(ACIS实体格式)等,方便其他软件如Solidworks、UGS等打开在Creo(Pro/Engineer)环境下绘制的图形。

操作过程

步骤1　设置工作目录

单击菜单“文件”→“管理会话”→“选择工作目录”命令,将文件放置在自己建立的文件夹下。

步骤2　新建工程图

单击工具栏中的按钮,弹出“新建”对话框,在“类型”栏中选中“绘图”选项,在名称中输入文件名“zhizuo”,去除使用缺省模板前的“√”号,按下“确定”按钮,弹出“新建绘图”对话框,通过“浏览”按钮选择三维零件zhizuo.prt,单击“使用模板”项,通过浏览方式选择模板“a4muban”,按下“确定”按钮,进入工程图绘制环境。

步骤3　创建主视图

①单击“布局”功能区中“模型视图”工具栏中的插入“普通视图”按钮,弹出“选择组合状态”对话框,单击其中的“确定”按钮,退出对话框。在屏幕绘图区单击鼠标左键,弹出“绘图视图”对话框,并在绘图工作区显示出零件三维模型。

②在“类别”中的“视图类型”选项属性页中选择下方的模型视图名为“FRONT”,再单击对话框下方的“应用”按钮。

③单击“类别”中的“比例”选项,弹出“比例”属性页,将“自定义比例”设置为0.75,然后单击对话框下方的“应用”按钮。

④单击“类别”中的“视图显示”选项,弹出“视图显示”属性页,将“显示样式”设置为“消隐”,单击“确定”按钮,结果如图7-57所示。

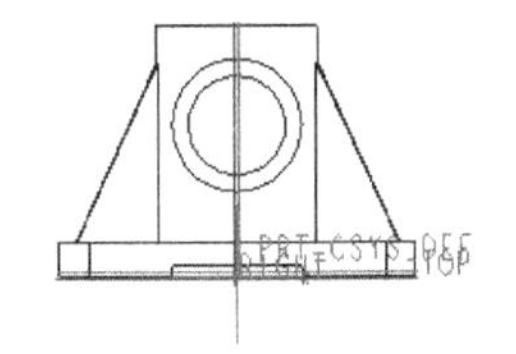

图7-57　主视图创建结果

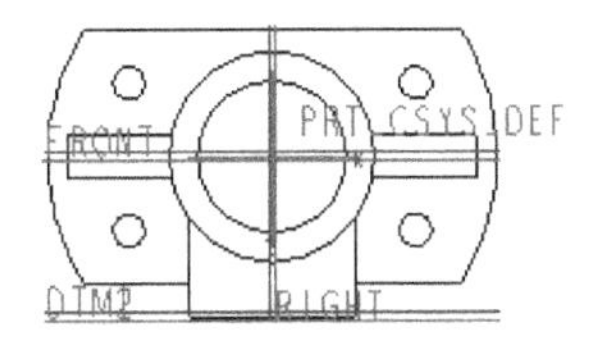

图7-58　俯视图创建结果

步骤4 创建俯视图

①单击“模型视图”工具栏中的“投影视图”命令按钮 投影视图,拖动鼠标,在主视图下方合适的位置单击鼠标左键,创建出俯视图。

②双击刚刚创建出的俯视图,弹出“绘图视图”对话框,单击切换到其中的“视图显示”属性页,将“显示样式”改为“消隐”,按下“确定”按钮,结果如图7-58所示。

步骤5 创建全剖左视图

①单击“模型视图”工具栏中的“投影视图”命令按钮 投影视图,系统提示选择父视图,用鼠标点选主视图,然后拖动鼠标,在主视图右侧合适的位置单击鼠标左键,创建出左视图。

②双击刚刚创建出的俯视图,弹出“绘图视图”对话框,单击切换到其中的“视图显示”属性页,将“显示样式”改为“消隐”,按下“应用”按钮。

③在“绘图视图”对话框中将左边类别切换到“截面”项,然后将右边“截面选项”改为“2D截面”(见图7-59),接着单击下面的添加截面按钮+,弹出“横截面创建”对话框(见图7-60),接受默认的选择“平面”“单一”,再单击“完成”项,在系统提示区弹出“输入截面名”对话框(见图7-61),在其中输入“A”后,单击确定按钮✓,弹出“设置平面”对话框(见图7-62),在绘图区俯视图中点选RIGHT基准平面,按下“确定”按钮,创建的剖视图如图7-63所示。

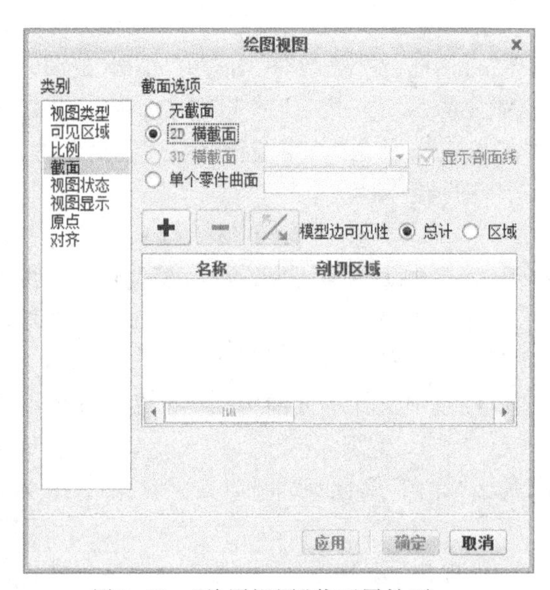

图7-59 “绘图视图”截面属性页

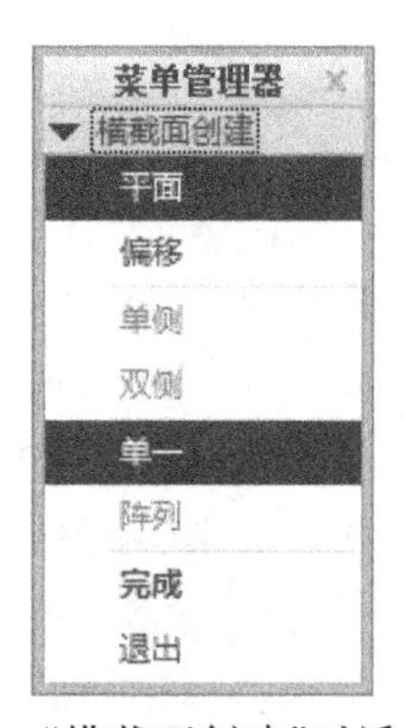

图7-60 “横截面创建”对话框

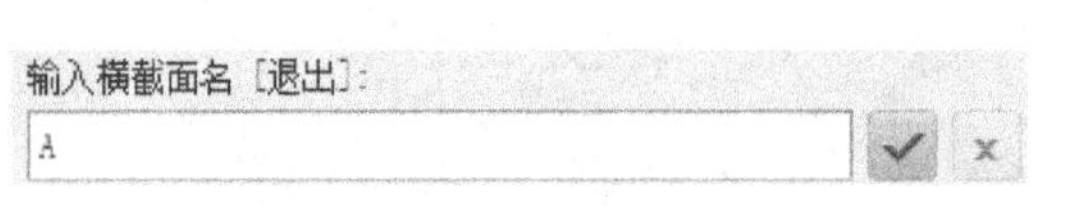

图7-61 “输入截面名”对话框

图7-62 “设置平面”对话框

步骤6 创建一般三维视图

①单击“布局”功能区中“模型视图”工具栏中的插入“普通视图”按钮，弹出“选择组合状态”对话框，单击其中的“确定”按钮，退出对话框。在屏幕绘图工作区右下角合适位置单击鼠标左键，弹出“绘图视图”对话框（见图7-31），并在绘图工作区显示出零件三维模型。

②双击刚刚创建出的三维视图，弹出“绘图视图”对话框，修改其中的“视图显示”属性页，将“显示线型”改为“消隐”，然后单击对话框下方的“应用”按钮。单击“类别”中的“比例”选项，弹出“比例”属性页，将“自定义比例”设置为0.75，再单击对话框下方的“确定”按钮，结果如图7-64所示。

（**注**：如果不想让视图中的“比例0.75”显示出来，可单击选中文字后按住鼠标右键弹出快捷菜单，选择其中的“拭除”项，再单击鼠标左键即可。）

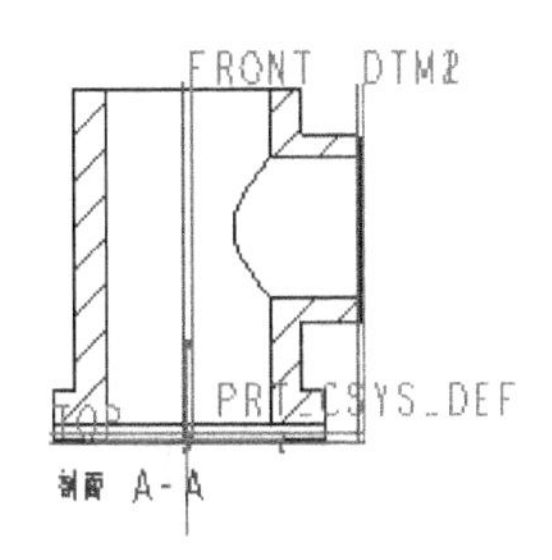

图7-63　剖视图创建结果

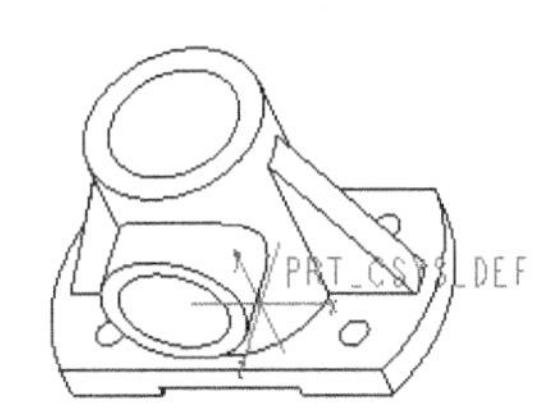

图7-64　一般三维视图创建结果

③点选前导工具栏中“基准显示过滤器”按钮，单击隐藏基准平面、基准轴、坐标系等，再单击屏幕上方快速访问工具栏中的“重新生成活动模型”按钮，结果如图7-65所示。

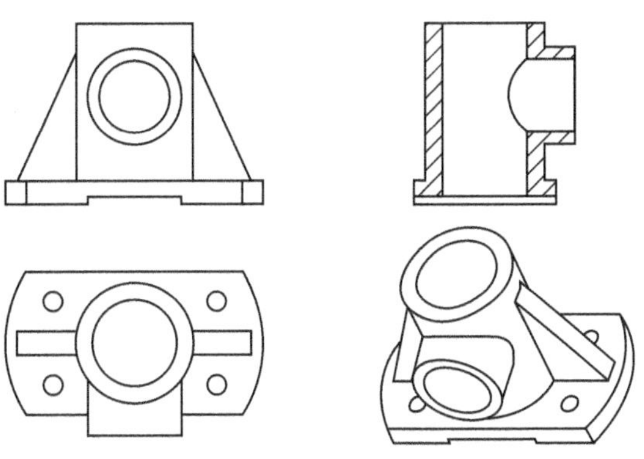

图7-65　视图创建结果

步骤7 创建中心轴

切换到“注释”功能区，然后单击“注释”工具栏上的“显示模型注释”按钮，或者在绘图区单击鼠标右键，弹出快捷菜单，在快捷菜单中选择“显示模型注释”命令 显示模型注释，弹出“显示模型注释”对话框。单击符号 切换到显示/拭除模型基准选项卡。

单击“类型”右侧的下拉菜单，选择“轴”选项，然后单击支座的主视图（注意不要单击在模型上，而是移动鼠标，当视图出现边框时单击边框），此时在“显示模型注释”对话框中会出现主视图中需要显示的中心轴。单击下方的“全部显示”按钮，此时主视图中将显示出全部的中心轴。单击对话框中的“确定”按钮，便可实现中心轴的显示。用同样的方法可以实现俯视图与左视图中心轴的显示，结果如图7-66所示。用户可点选中心轴，拖动两个端点调整中心轴的长度。

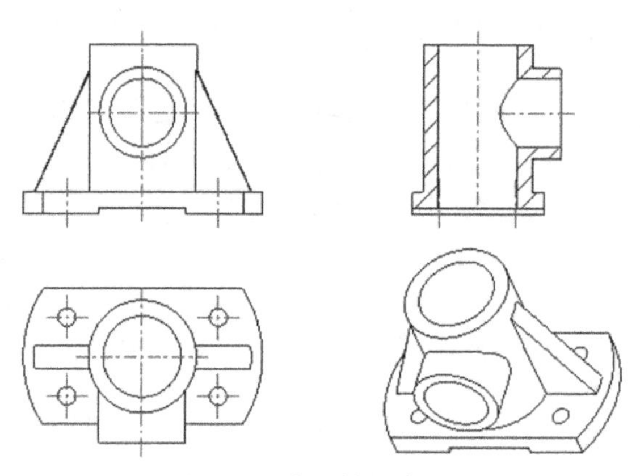

图7-66　中心轴创建结果

步骤8　将工程图文件保存为AutoCAD图形文件DWG格式

单击菜单“文件”→“另存为”→“保存副本”命令，在弹出的“保存副本”对话框下方的“文件名”栏输入文件名“zhizuo”，在“类型”栏中选择“DWG(*.DWG)”格式(见图7-67)，然后按下“确定”按钮，弹出“DWG的导出环境”对话框(见图7-68)，接受默认(AutoCAD2013版本格式)的选项，单击对话框的“确定”按钮即可。

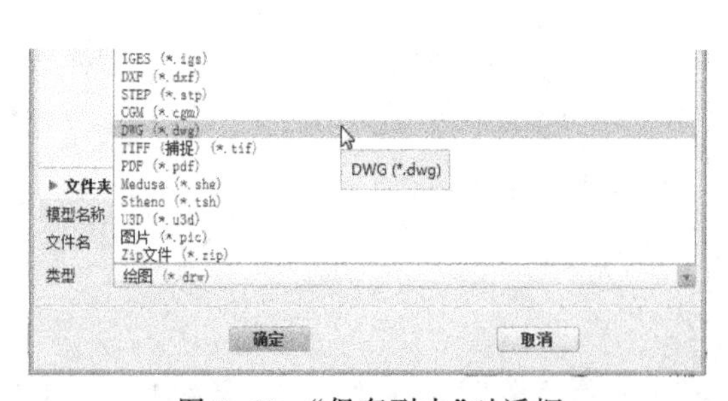

图7-67　“保存副本”对话框

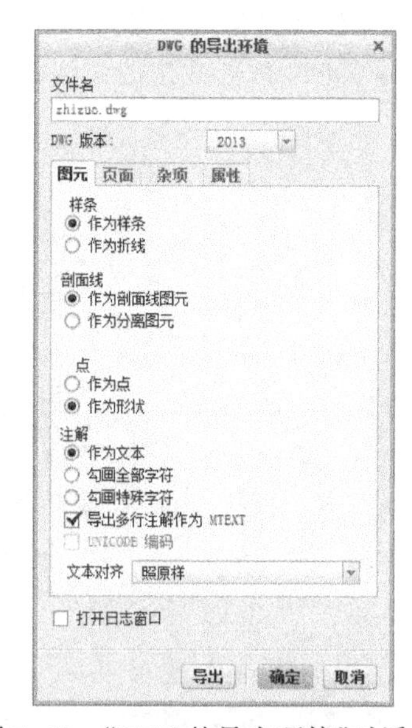

图7-68　“DWG的导出环境”对话框

步骤9　在AutoCAD环境下进行尺寸标注

先打开AutoCAD软件，再打开图形文件“zhizuo.dwg”，然后在AutoCAD环境下新建一个文件，并通过复制粘贴方式将zhizuo.dwg中的图形复制到新文件中，再进行尺寸标注(注：如果不做这一步，原有的标注样式将很难得到修改，因为直接打开zhizuo.dwg文件，尺寸标注样式为“STANDARD”;而通过新建文件再复制,此时的尺寸标注样式为“ISO-25”,符合国标要求),结果如图7-56所示。

举一反三固定座零件的工程图制作

绘制如图7-69所示固定座零件的工程图。

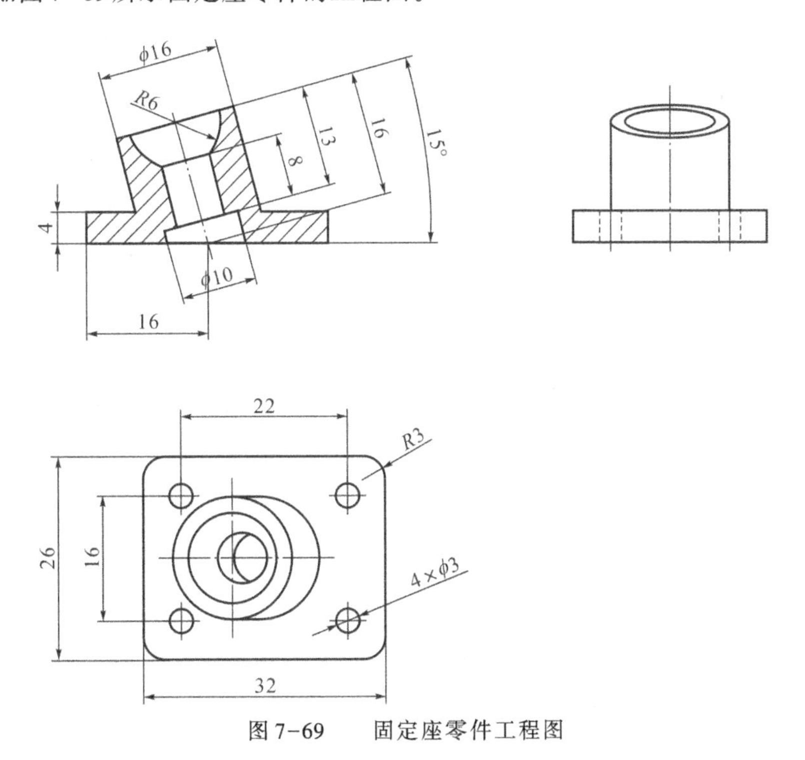

图7-69　　固定座零件工程图

【工程案例四】轴承内圈的工程图制作

绘制如图7-70所示轴承内圈零件的工程图。

视频7-2

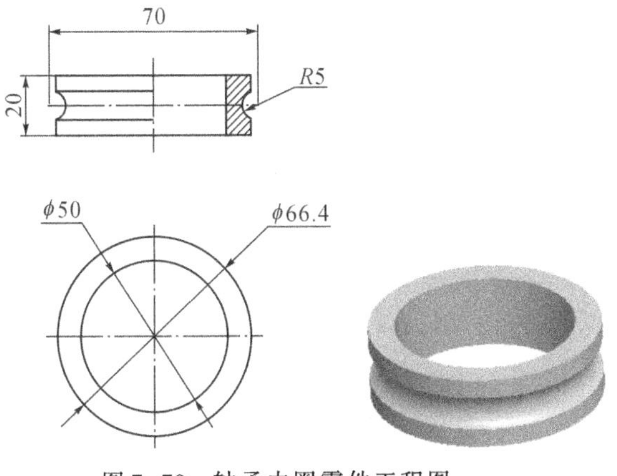

图7-70　轴承内圈零件工程图

学习目标

能够创建零部件的半剖视图。

工程图制作分析

该零件工程图由主视图、俯视图构成,其中主视图不仅需要表达外部结构,而且需要表达内部结构,因此需要创建半剖视图。

相关知识点

半剖视图

半剖视图是使用剖切平面将零件半剖开的视图,主要适用于缸体类零件。

操作过程

步骤1 设置工作目录

单击菜单"文件"→"管理会话"→"选择工作目录"命令,将文件放置在自己建立的文件夹下。

步骤2 新建工程图

单击工具栏中的□按钮,弹出"新建"对话框,在"类型"栏中选中"绘图"选项,在名称中输入文件名"neiquan",去除"使用缺省模板"前的"√"号,按下"确定"按钮,弹出"新建绘图"对话框。通过"浏览"按钮选择三维零件 neiquan.prt,单击"使用模板"项,通过浏览方式选择模板"a4muban"(注:如果用户没有自己创建模板,也可选择系统自带的模板"a4_drawing"),按下"确定"按钮,进入工程图绘制环境。

步骤3 创建主视图

①单击"布局"功能区中"模型视图"工具栏中的插入普通视图按钮,弹出"选择组合状态"对话框,单击其中的"确定"按钮,退出对话框。在屏幕绘图区单击鼠标左键,弹出"绘图视图"对话框,并在绘图工作区显示出零件三维模型。

②在"类别"中的"视图类型"选项属性页中选择下方的模型视图名为"FRONT",再单击对话框下方的"应用"按钮。

③单击"类别"中的"视图显示"选项,弹出"视图显示"属性页,将"显示样式"设置为"消隐",单击"确定"按钮,结果如图7-71所示。

步骤4 创建俯视图

①单击"模型视图"工具栏中的"投影视图"命令按钮 投影视图,拖动鼠标,在主视图下方合适位置单击鼠标左键,创建出俯视图。

②双击刚刚创建出的俯视图,弹出"绘图视图"对话框,单击切换到其中的"视图显示"属性页,将"显示样式"改为"消隐",按下"确定"按钮,结果如图7-72所示。

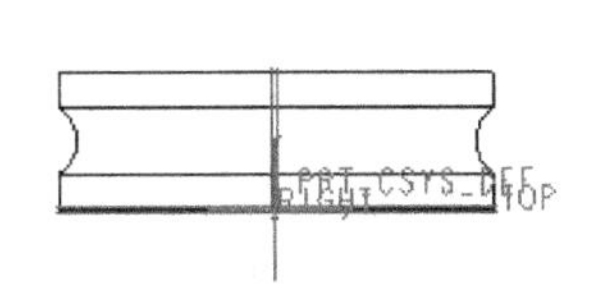

图7-71　主视图创建结果

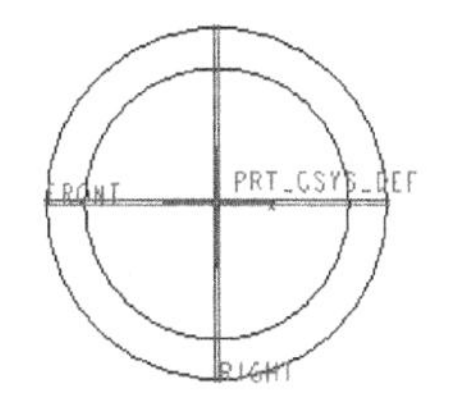

图7-72　俯视图创建结果

步骤5　主视图修改为半剖视图

①双击主视图，弹出“绘图视图”对话框，修改其中的“视图显示”属性页，将“显示线型”改为“消隐”。

②在“绘图视图”对话框中将左边类别切换到“截面”项，然后将右边“截面选项”改为“2D截面”，接着单击下面的添加截面按钮 ✚，弹出“横截面创建”对话框，接受默认的选择“平面”“单一”，再单击“完成”项，在系统提示区弹出“输入截面名”对话框，在其中输入“B”后，单击确定按钮，弹出“设置平面”对话框，在绘图区俯视图中点选FRONT基准平面，系统返回“绘图视图”对话框，将“剖切区域”改为“半倍”（见图7-73），系统提示“为半截面创建选取参考平面”，在绘图区点选RIGHT基准平面，接受默认的方向选择（见图7-74），按下“确定”按钮，创建的剖视图如图7-75所示。

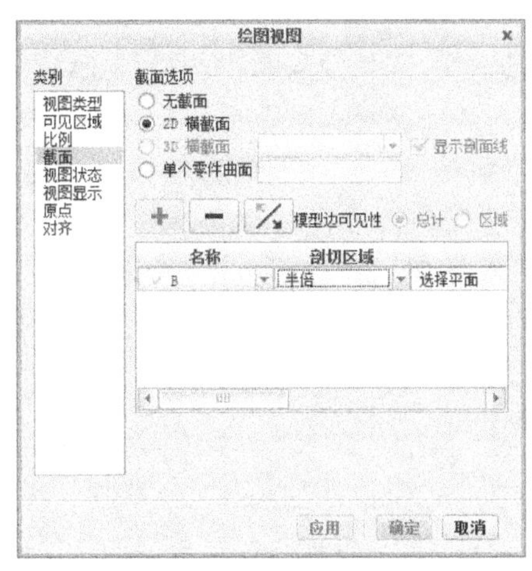

图7-73　“绘图视图”对话框

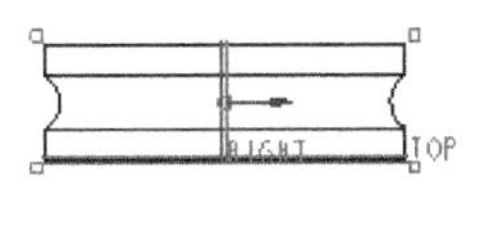

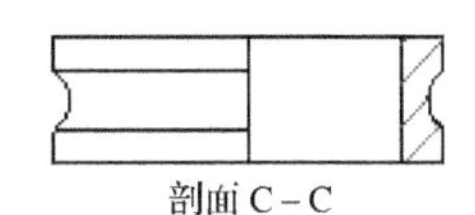

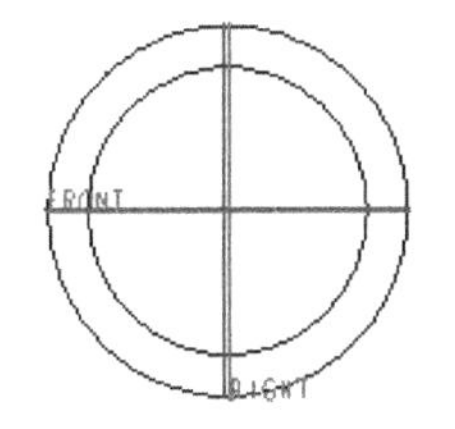

图7-74　剖视方向选择

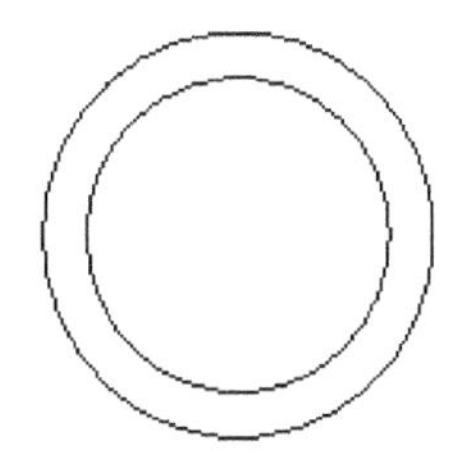

图7-75　主视图剖切结果

③点选前导工具栏中“基准显示过滤器”按钮，单击隐藏基准平面、基准轴、坐标系等，再单击屏幕上方快速访问工具栏中的“重新生成活动模型”按钮，结果如图7-75所示。

步骤6 修改剖面线的间距

在“布局”功能区下，双击剖视图中的剖面线，弹出“修改剖面线”对话框(见图7-76)，依次选择其中的“X元件”(Creo 3.0)/“X分量”(Creo 4.0)、“间距”(Creo 3.0)/“比例”(Creo 4.0)、“剖面线”“整体”“半倍”“完成”等选项，修改后的剖面线如图7-77所示。

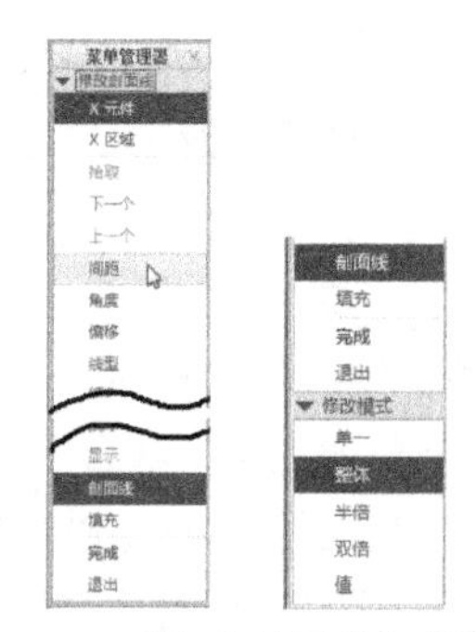

图7-76 “修改剖面线”对话框

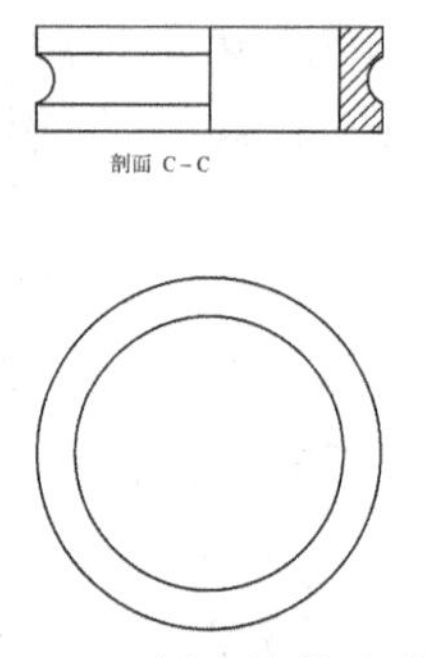

图7-77 剖面线修改结果

步骤7 创建中心轴

切换到“注释”功能区，然后单击“注释”工具栏上的“显示模型注释”按钮，或者在绘图区单击鼠标右键，弹出快捷菜单，在快捷菜单中选择“显示模型注释”命令 显示模型注释，弹出“显示模型注释”对话框。单击符号切换到显示/拭除模型基准选项卡。

单击“类型”右侧的下拉菜单，选择“轴”选项，然后单击内圈的主视图(注意不要单击在模型上，而是移动鼠标，当视图出现边框时单击边框)，此时在“显示模型注释”对话框中会出现主视图中需要显示的中心轴。单击下方的“全部显示”按钮，此时主视图中将显示出全部的中心轴。单击对话框中的“确定”按钮，便可实现中心轴的显示。用同样的方法可以实现俯视图中心轴的显示。用户可点选中心轴，拖动两个端点调整中心轴的长度。结果如图7-78所示。

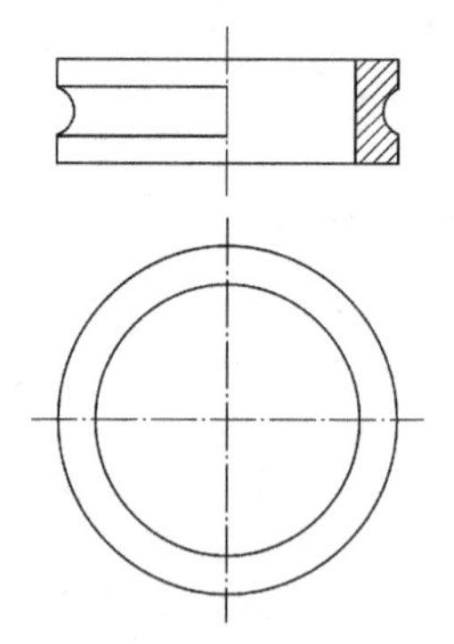

图7-78 中心轴创建结果

步骤8 尺寸标注

①$\phi50$的直径尺寸标注

单击“注释”工具栏上的尺寸标注按钮 尺寸，系统弹出“选择参考”对话框，双击俯视

图中 ϕ50的圆，然后移动鼠标，在合适的位置单击鼠标中键，此时系统标注出圆的直径尺寸。再次单击鼠标中键可结束尺寸标注。用同样的方法完成 ϕ66.4圆的直径标注。

②*R*5的半径尺寸标注

单击“注释”工具栏上的尺寸标注按钮 尺寸，系统弹出“选择参考”对话框，单击主视图中右侧*R*5的圆弧，然后移动鼠标，在合适的位置单击鼠标中键，此时系统标注出圆弧的半径尺寸，再次单击鼠标中键可结束尺寸标注。

③尺寸70的水平标注

单击“注释”工具栏上的尺寸标注按钮 尺寸，按住Ctrl键，用鼠标点选主视图的两段圆弧，然后移动鼠标，在合适的位置单击鼠标中键，便可完成尺寸70的水平标注。用同样的方法可标注出尺寸20的竖直标注。结果如图7-79所示。

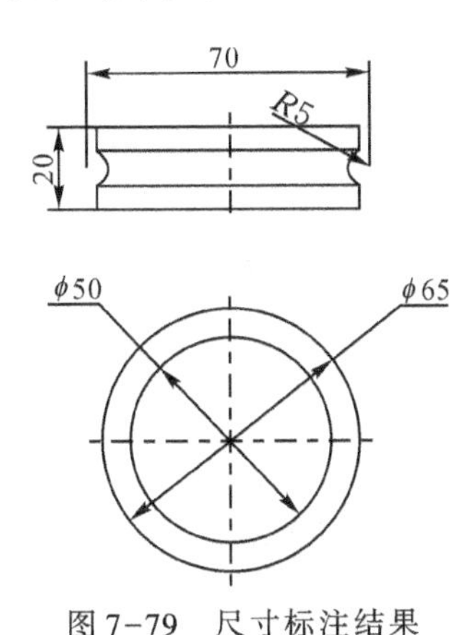

图7-79　尺寸标注结果

步骤9　填写标题栏

在“注释”功能区，双击要填写的单元格，在其中输入文本，并修改其位置，具体步骤从略。最终的结果如图7-80所示。

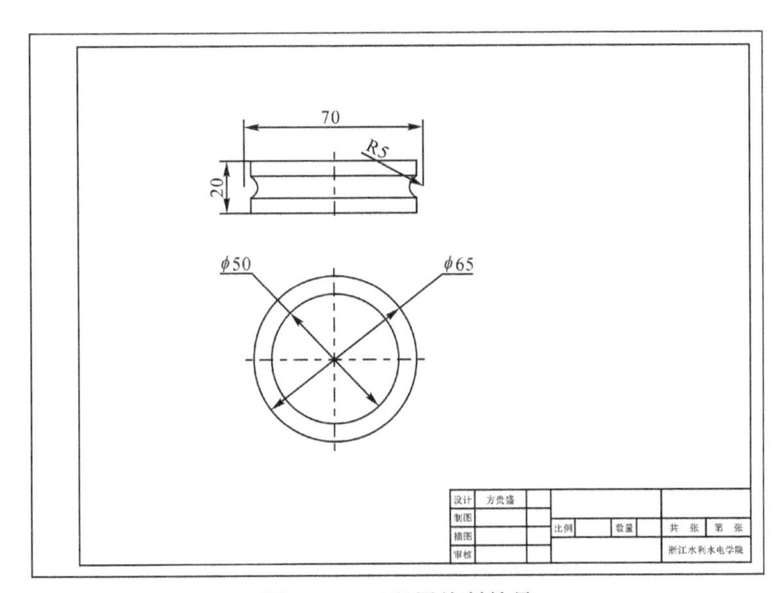

图7-80　工程图绘制结果

步骤10 文件保存

单击菜单“文件”→“保存”命令,保存当前工程图文件。

举一反三 螺母零件的工程图制作

绘制如图7-81所示螺母零件的工程图。

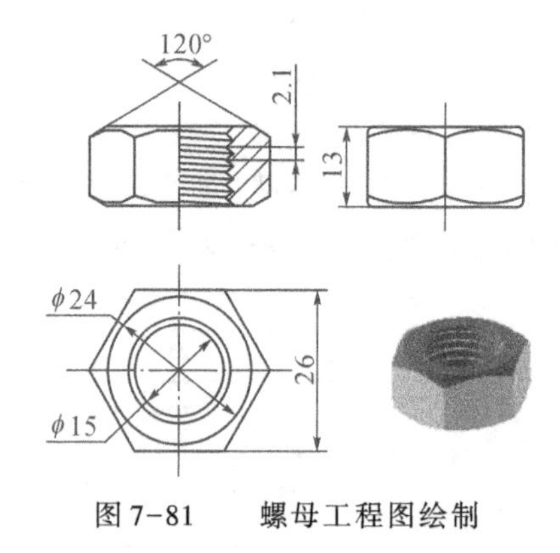

图7-81　螺母工程图绘制

【工程案例五】连接套零件的工程图制作

视频7-3

绘制如图7-82所示连接套零件的工程图。

注：未注圆角$R2$

图7-82　连接套零件工程图

学习目标

能够创建零部件的旋转剖视图。

工程图制作分析

该零件工程图由主视图和左视图构成，由于要表达孔和凸台的内部结构，因此需要采用旋转剖的方法。

相关知识点

旋转剖视图

旋转剖视图是绕某个轴展开的区域剖面视图，系统绕选定的轴旋转某一偏移剖面的所有切割平面，直到这些切割平面与屏幕平行为止。这种视图的创建需要用户自定义剖截面。

操作过程

步骤1 设置工作目录

单击菜单“文件”→“管理会话”→“选择工作目录”命令，将文件放置在自己建立的文件夹下。

步骤2 新建工程图

单击工具栏中的□按钮，弹出“新建”对话框，在“类型”栏中选中“绘图”选项，在名称中输入文件名“lianjt”，去除“使用缺省模板”前的“√”号，按下“确定”按钮，弹出“新建绘图”对话框，通过“浏览”按钮选择三维零件lianjt.prt，单击“使用模板”项，通过浏览方式选择模板“a4muban”（注：如果用户没有自己创建模板，也可选择系统自带的模板“a4_drawing”），按下“确定”按钮，进入工程图绘制环境。

步骤3 创建主视图

①单击“布局”功能区中“模型视图”工具栏中的插入普通视图按钮，弹出“选择组合状态”对话框，单击其中的“确定”按钮，退出对话框。在屏幕绘图区单击鼠标左键，弹出“绘图视图”对话框，并在绘图工作区显示出零件三维模型。

②在“类别”中的“视图类型”选项属性页中选择下方的模型视图名为“TOP”，再单击对话框下方的“应用”按钮。

注：具体选择哪个视图，要根据零件的创建者最初主视图是创建在哪个视图下而定，因为这里创建的零件的主视图是在“TOP”视图下，因此选择“TOP”视图。

③单击“类别”中的“视图显示”选项，弹出“视图显示”属性页，将“显示样式”设置为“消隐”，单击“确定”按钮，结果如图7-83所示。

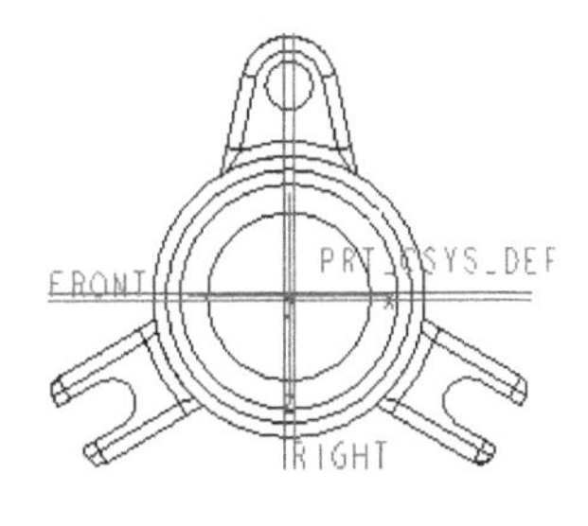

图7-83 主视图创建结果1

④从图7-83看出，Creo生成的主视图有多余的圆角线，因此要把多余的圆角线删除。方法是：双击刚刚创建出的主视图，弹出“绘图视图”对话框，修改其中的“视图显示”属性页，将相切边显示样式从“实线”改为“无”，按下“确定”按钮，结果如图7-84所示。

步骤4 创建左视图

①单击“模型视图”工具栏中的“投影视图”命令按钮 投影视图，拖动鼠标，在主视图右侧合适位置单击鼠标左键，创建出左视图。

②双击刚刚创建出的左视图，弹出“绘图视图”对话框，修改其中的“视图显示”属性页，将“显示线型”改为“隐藏线”，“相切边显示样式”改为“无”，按下“确定”按钮，结果如图7-85所示。

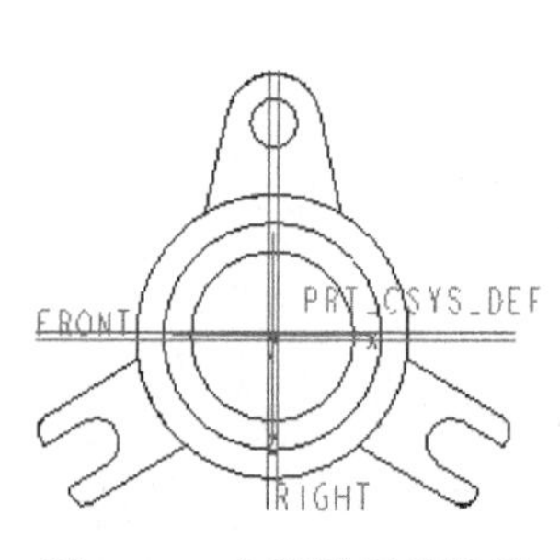

图7-84 主视图创建结果2

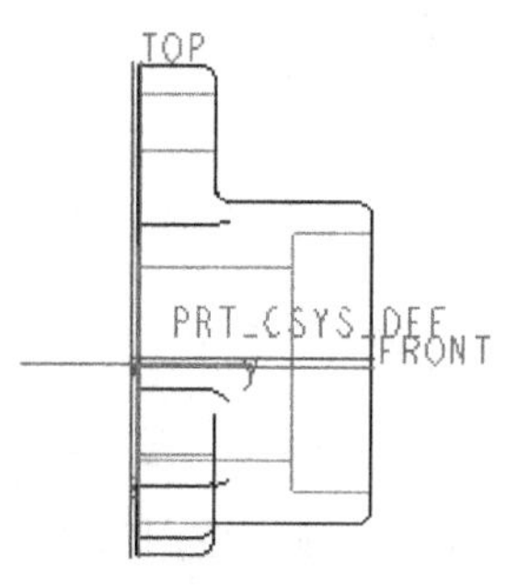

图7-85 左视图创建结果

步骤5 左视图修改为旋转剖视图

①创建旋转剖视图之前，需要先在零件模型中自定义剖截面。其方法是：打开“lianjt”零件。从“模型”功能区切换到“视图”功能区。单击“模型显示”工具栏上的“管理视图”按钮，弹出“视图管理器”对话框，如图7-86所示。

②在“视图管理器”对话框中选择“截面”选项，单击“新建”按钮，在弹出的菜单项中选择“偏移”（见图7-87）。在“名称”列表框中就会多出一个默认名称为“Xsec0001”的文本框，将该名称改为“A”，如图7-88所示。

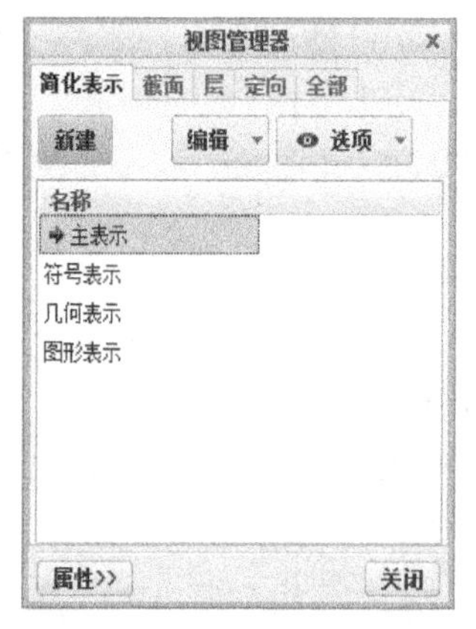

图7-86 “视图管理器”对话框

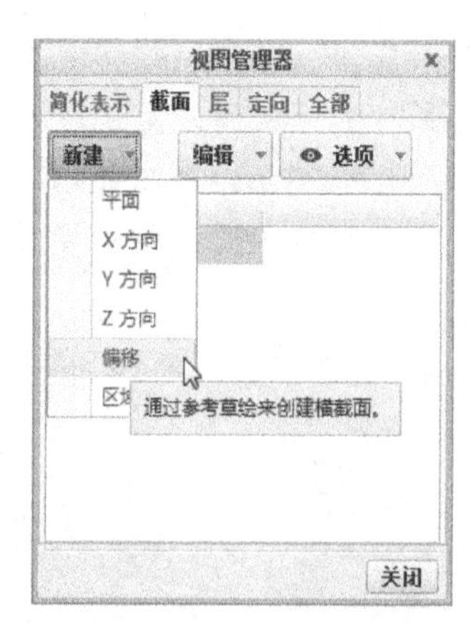

图7-87 “截面”选项对话框

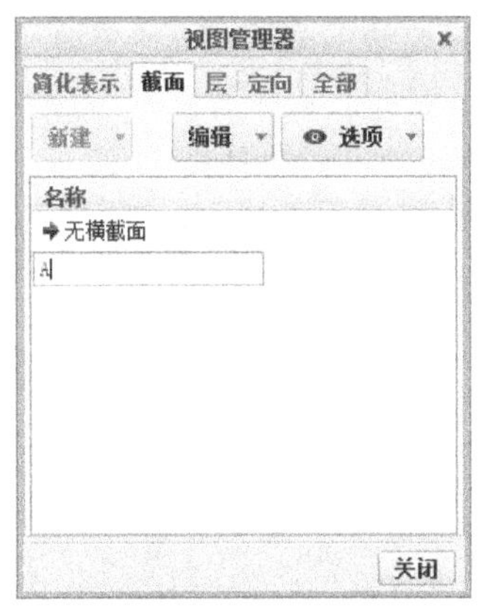

图 7-88　截面“A”输入

③按回车键确认后，功能区上会添加“截面”操作面板（见图 7-89）。单击下方的“草绘”选项，在弹出的对话框中单击“定义”按钮，弹出“草绘”对话框。

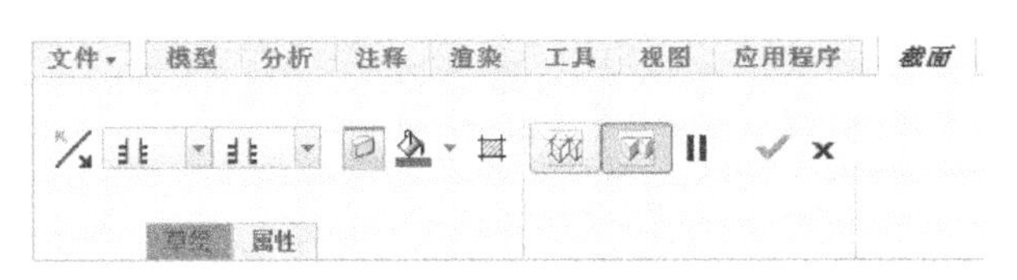

图 7-89　“截面”操作面板

④选择零件 TOP 基准平面为草绘平面，草绘参考平面与方向按缺省值设置。单击“草绘”按钮，系统进入草绘工作环境。

⑤绘制如图 7-90 所示剖切线（为两条通过中心轴的直线）。单击草绘完成按钮✔，返回截面操作面板。

⑥单击截面操作面板上的改变方向按钮，可得如图 7-91 所示的模型剖切结果。单击截面特征完成按钮✔，返回“视图管理器”对话框。单击下方的“关闭”按钮，结束剖截面的创建。

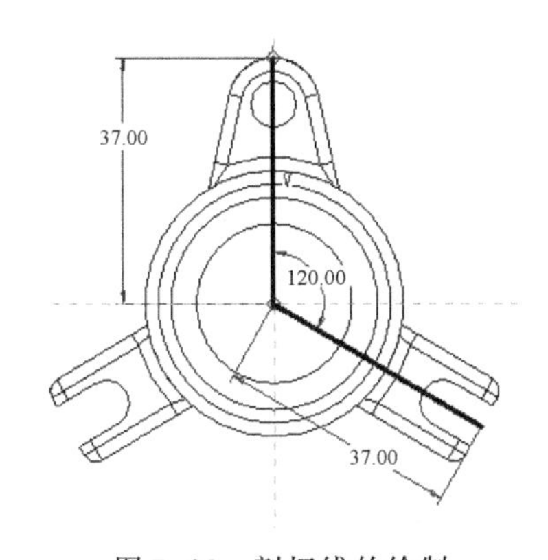

图 7-90　剖切线的绘制

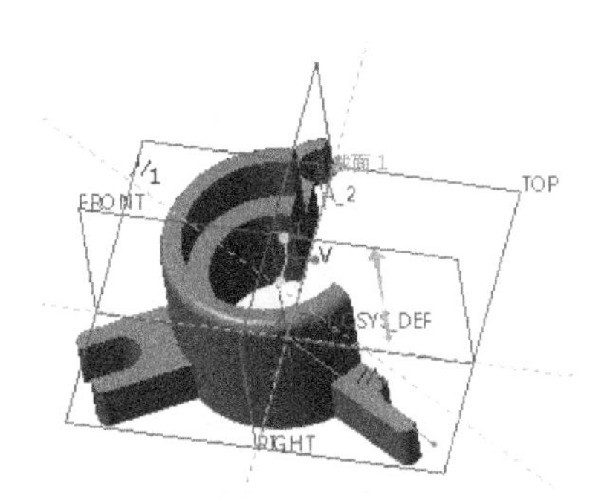

图 7-91　模型剖切结果

⑦切换到“lianjt”工程图环境中，双击前面已创建的左视图，弹出“绘图视图”对话框，修改其中的“视图显示”属性页，将“显示线型”改为“消隐”。

⑧在“绘图视图”对话框中将左边类别切换到“截面”项,然后将右边“截面选项”改为“2D横截面”,接着单击下面的添加截面按钮 ✚ ,在“名称”下拉列表中选择前面已经创建的“A”剖面,“剖切区域”选择“全部(对齐)”,如图7-92所示。鼠标点选图7-92所示的“参考”中“选取轴”选项,选择左视图的中心轴线,如图7-93所示,表示剖视图绕该中心轴线展开。单击“确定”按钮退出“绘图视图”对话框,左视图剖切结果如图7-94所示。

图7-92 “绘图视图”对话框

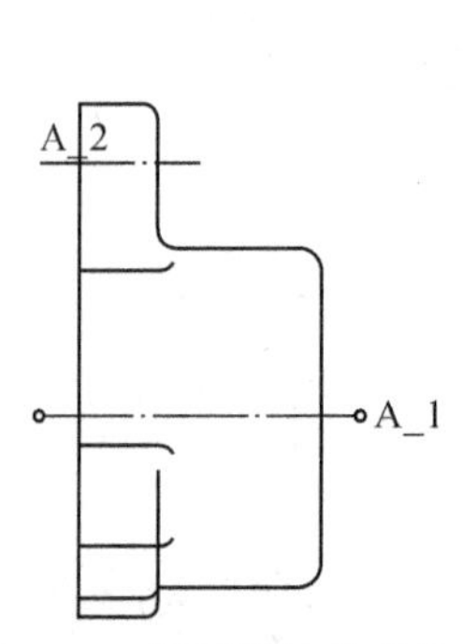

图7-93 剖面旋转轴的选择

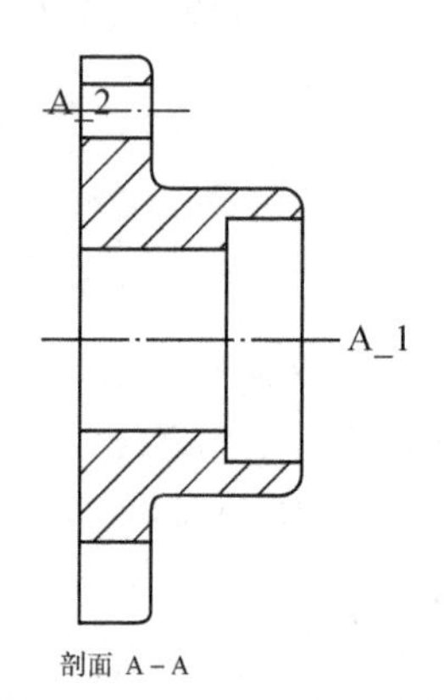

图7-94 左视图剖切结果

⑨左键单击左视图,然后单击鼠标右键,在弹出的快捷菜单中选择“添加箭头”,再选择主视图,此时在主视图中添加如图7-95所示的投影箭头。

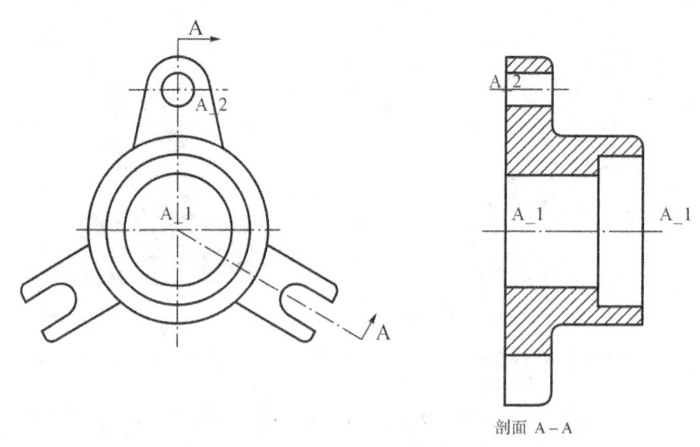

图7-95 最终视图

步骤6 创建中心轴

切换到“注释”功能区，然后单击“注释”工具栏上的“显示模型注释”按钮，或者在绘图区单击鼠标右键，弹出快捷菜单，在快捷菜单中选择“显示模型注释”命令 显示模型注释，弹出“显示模型注释”对话框。单击符号切换到显示/拭除模型基准选项卡。

单击“类型”右侧的下拉菜单，选择“轴”选项，然后单击连接套的主视图（注意不要单击在模型上，而是移动鼠标，当视图出现边框时单击边框），此时在“显示模型注释”对话框中会出现主视图中需要显示的中心轴。单击下方的“全部显示”按钮，此时主视图中将显示出全部的中心轴。单击对话框中的“确定”按钮，便可实现中心轴的显示。用同样的方法可以实现左视图中心轴的显示，结果如图7-95所示。

步骤7 将工程图文件保存为AutoCAD图形文件DWG格式

单击菜单“文件”→“保存副本”命令，在弹出的“保存副本”对话框中“新建名称”栏输入文件名“lianjt”，在“类型”栏中选择“DWG(*.DWG)”格式，然后按下“确定”按钮，并在弹出的“DWG的导出环境”对话框中单击“确定”按钮即可。

步骤8 在AutoCAD环境下进行尺寸标注

先打开AutoCAD软件，再打开图形文件“lianjt.dwg”，然后在AutoCAD环境下新建一个文件，并通过复制粘贴方式将lianjt.dwg中的图形复制到新文件中，再添加缺少的中心线以及进行尺寸标注，结果如图7-82所示。

【工程案例六】落料凹模零件的工程图制作

绘制如图7-96所示落料凹模零件的工程图。

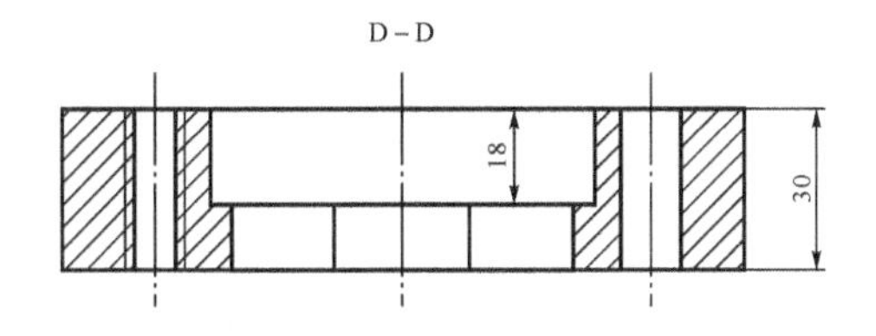

视频7-4

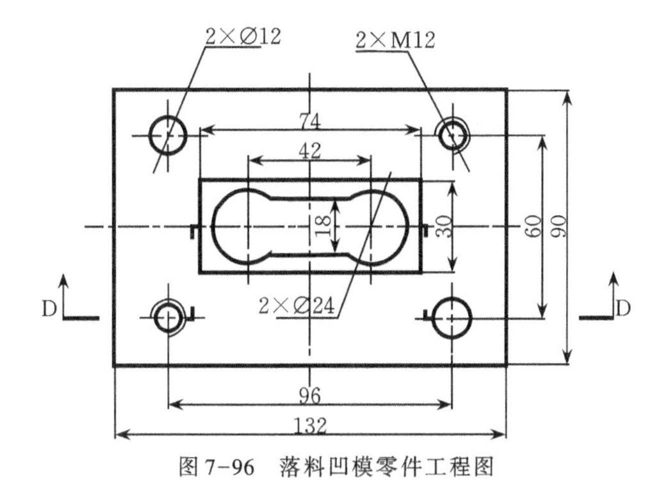

图7-96　落料凹模零件工程图

学习目标

能够创建零部件的阶梯剖视图。

工程图制作分析

该零件工程图由主视图、俯视图构成,由于要表达多个孔的内部结构,因此采用了阶梯剖的方法。

相关知识点

阶梯剖视图

阶梯剖视图是使用几个平行或相交的剖切面对零件进行剖切的视图。这种视图的创建需要用户自定义剖截面。

操作过程

步骤1 设置工作目录

单击菜单“文件”→“管理会话”→“选择工作目录”命令,将文件放置在自己建立的文件夹下。

步骤2 新建工程图

单击工具栏中的按钮,弹出“新建”对话框,在“类型”栏中选中“绘图”选项,在名称中输入文件名“luoliaoaomu”,去除“使用缺省模板”前的“√”号,按下“确定”按钮,弹出“新建制图”对话框,通过“浏览”按钮选择三维零件luoliaoaomu.prt,单击“使用模板”项,通过浏览方式选择模板“a4muban”(注:如果用户没有自己创建模板,也可选择系统自带的模板“a4_drawing”),按下“确定”按钮,进入工程图绘制环境。

步骤3 创建主视图

①单击“布局”功能区中“模型视图”工具栏中的插入普通视图按钮,弹出“选择组合状态”对话框,单击其中的“确定”按钮,退出对话框。在屏幕绘图区单击鼠标左键,弹出“绘图视图”对话框,并在绘图工作区显示出零件三维模型。

②在“类别”中的“视图类型”选项属性页中选择下方的模型视图名为“FRONT”,再单击对话框下方的“应用”按钮。

③单击“类别”中的“视图显示”选项,弹出“视图显示”属性页,将“显示样式”设置为“隐藏线”,单击“确定”按钮,结果如图7-97所示。

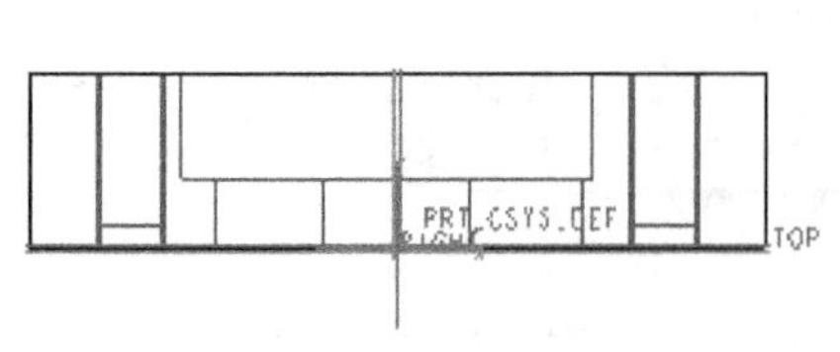

图7-97　主视图创建结果

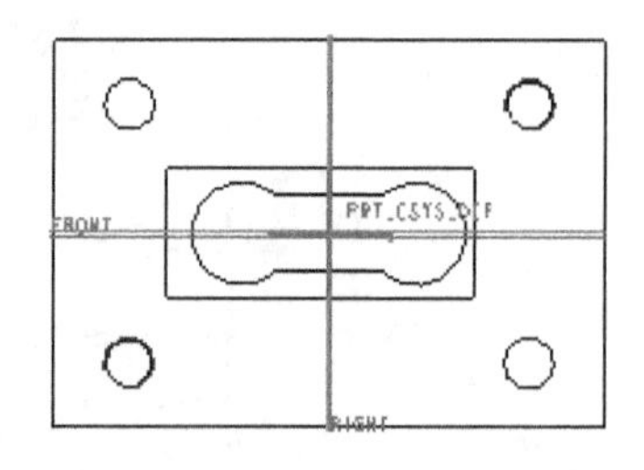

图7-98　俯视图创建结果

步骤4　创建俯视图

①单击“模型视图”工具栏中的“投影视图”命令按钮 投影视图，拖动鼠标，在主视图下方合适位置单击鼠标左键，创建出俯视图。

②双击刚刚创建出的俯视图，弹出“绘图视图”对话框，修改其中的“视图显示”属性页，将“显示线型”改为“隐藏线”，按下“确定”按钮，结果如图7-98所示。

步骤5　俯视图修改为阶梯剖视图

①创建旋阶梯剖视图之前，需要先在零件模型中自定义剖截面。其方法是：打开“luoliaoaomu”零件。从“模型”功能区切换到“视图”功能区。单击“模型显示”工具栏上的“管理视图” 按钮，弹出“视图管理器”对话框。

②在“视图管理器”对话框中选择“截面”选项，单击“新建”按钮，在弹出的菜单项中选择“偏移”。在“名称”列表框中就会多出一个默认名称为“Xsec0001”的文本框，将该名称改为“D”。

③按回车键确认后，功能区上会添加“截面”操作面板。单击下方的“草绘”选项，在弹出的对话框中单击“定义”按钮，弹出“草绘”对话框。

④选择零件TOP基准平面为草绘平面，草绘参考平面与方向按缺省值设置。单击“草绘”按钮，系统进入草绘工作环境。

⑤绘制如图7-99所示剖切线(为五条通过相连直线，其中水平线需要通过添加重合约束，使之与圆的轴心对齐)。单击草绘完成按钮✔，返回截面操作面板。同时可得如图7-100所示的模型剖切结果。

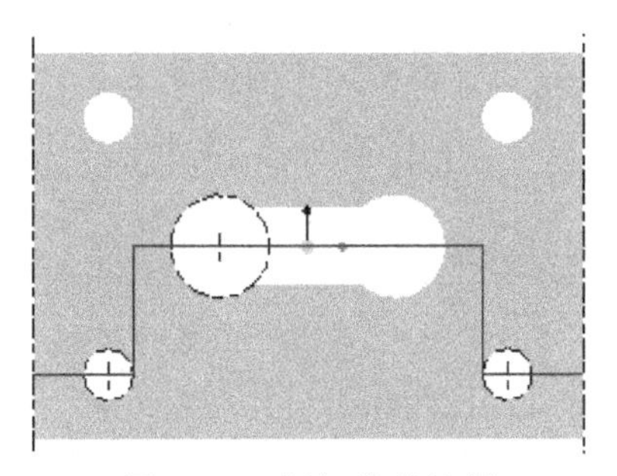

图7-99　剖切线的绘制

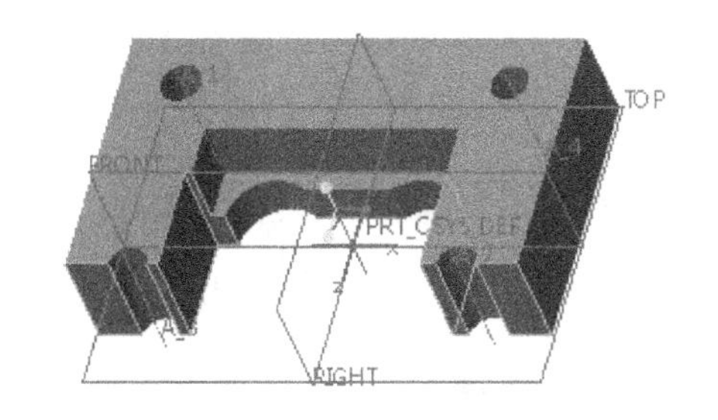

图7-100　模型剖切结果

⑥单击截面特征完成按钮✔，返回“视图管理器”对话框。单击下方的“关闭”按钮，结束剖截面的创建。

⑦切换到“luoliaoaomu”工程图环境中，双击前面已创建的主视图，弹出“绘图视图”对话框，修改其中的“视图显示”属性页，将“显示线型”改为“消隐”。

⑧在“绘图视图”对话框中将左边类别切换到“截面”项，然后将右边“截面选项”改为“2D横截面”，接着单击下面的添加截面按钮✚，在“名称”下拉列表中选择前面已经创建的“D”剖面，“剖切区域”选择“完整”，如图7-101所示。单击“确定”按钮退出“绘图视图”对话框，主视图剖切结果如图7-102所示。

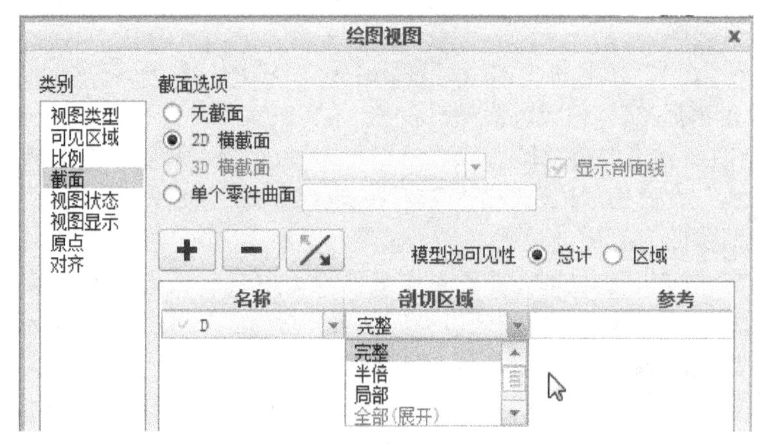

图 7-101 “绘图视图”对话框

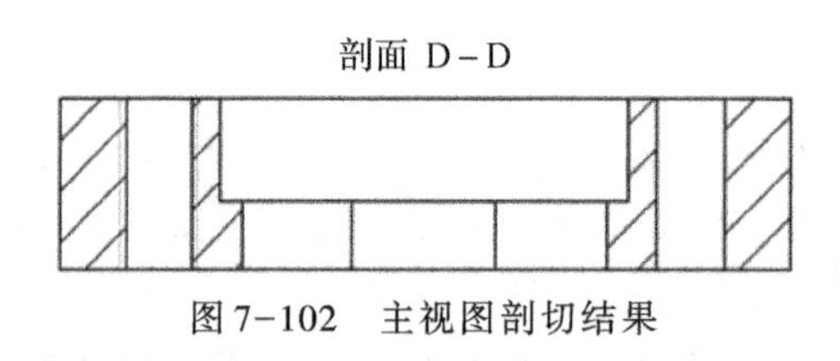

图 7-102 主视图剖切结果

⑨左键单击主视图，然后单击鼠标右键，在弹出的快捷菜单中选择“添加箭头”，再选择俯视图，此时在俯视图中添加图 7-103 所示的投影箭头。如果箭头显示方向相反，此时可以将鼠标移动到箭头上，待其变色后，然后单击鼠标左键，再单击鼠标右键，弹出快捷菜单，单击其中的“反向材料移除侧”(见图 7-104)，便可实现投影箭头方向的改变。

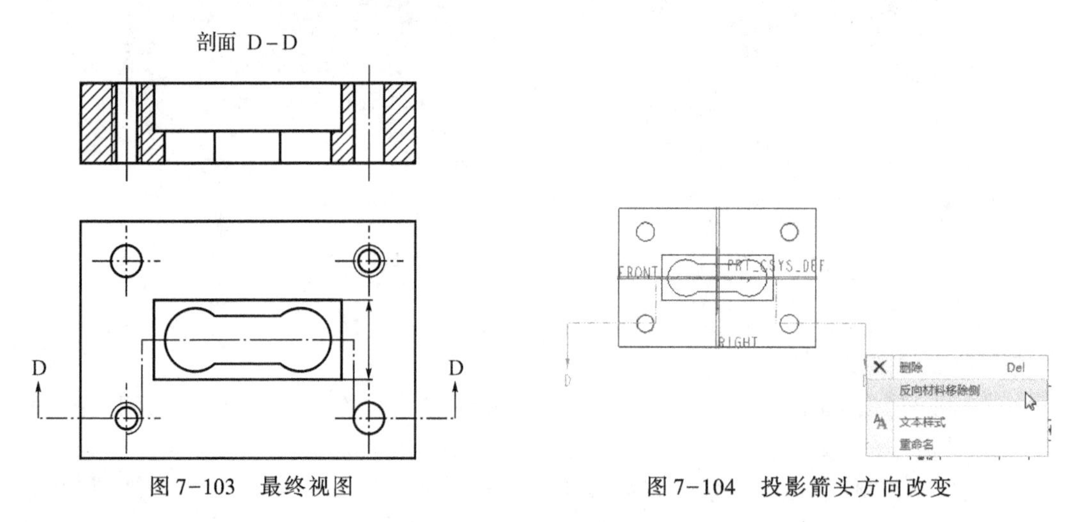

图 7-103 最终视图

图 7-104 投影箭头方向改变

步骤 6 创建中心轴

切换到“注释”功能区，然后单击“注释”工具栏上的“显示模型注释”按钮，或者在绘图区单击鼠标右键，弹出快捷菜单，在快捷菜单中选择“显示模型注释”命令 显示模型注释，弹出“显示模型注释”对话框。单击符号，切换到显示/拭除模型基准选项卡。

单击“类型”右侧的下拉菜单，选择“轴”选项，然后单击主视图（注意不要单击在模型上，而是移动鼠标，当视图出现边框时单击边框），此时在“显示模型注释”对话框中会出现主视图中需要显示的中心轴。单击下方的“全部显示”按钮，此时主视图中将显示出全部的中心轴。单击对话框中的“确定”按钮，便可实现中心轴的显示。用同样的方法可以实现俯视图中心轴的显示，结果如图 7-103 所示。

步骤7　将工程图文件保存为 AutoCAD 图形文件 DWG 格式

单击菜单“文件”→“另存为”→“保存副本”命令，在弹出的“保存副本”对话框下方的“文件名”栏输入文件名“luoliaoaomu”，在“类型”栏中选择“DWG(*.DWG)”格式，然后按下“确定”按钮，弹出“DWG 的导出环境”对话框，接受默认的选项，单击对话框的“确定”按钮即可。

步骤8　在 AutoCAD 环境下进行尺寸标注

先打开 AutoCAD 软件，再打开图形文件“luoliaoaomu.dwg”，然后在 AutoCAD 环境下新建一个文件，并通过复制粘贴方式将 luoliaoaomu.dwg 中的图形复制到新文件中，再进行尺寸标注，结果如图 7-96 所示。

任务4　其他视图的创建

【工程案例七】支架零件的工程图制作

绘制如图 7-105 所示支架零件的工程图。

视频 7-5

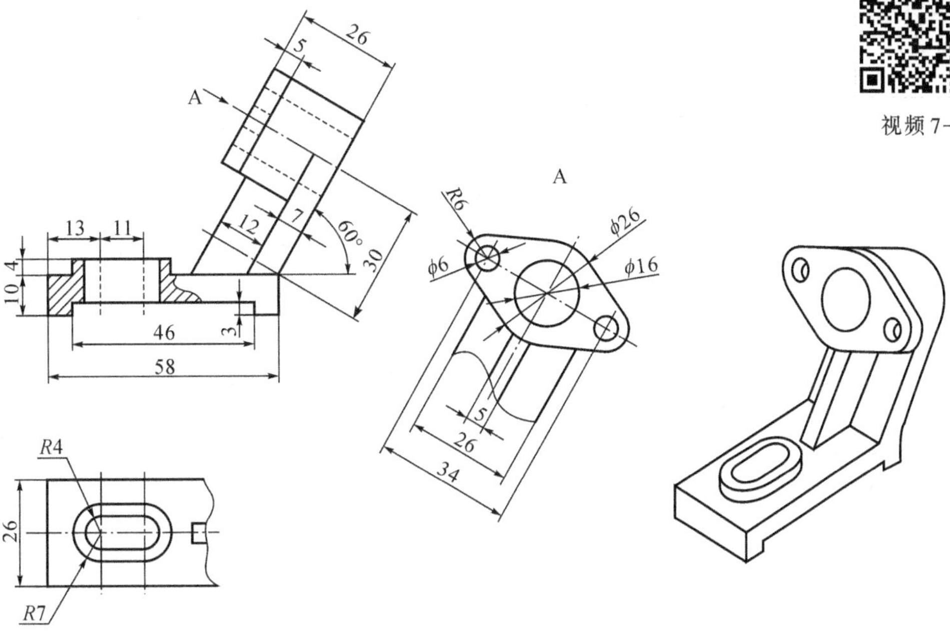

图 7-105　支架零件工程图

学习目标

1. 能够创建零部件的局部视图。
2. 能够创建零部件的局部剖视图。
3. 能够创建零部件的斜视图。

工程图制作分析

该零件工程图由主视图、俯视图、斜视图及一般三维视图构成，其中主视图需要进行局部剖，以观察孔的内部结构。俯视图和斜视图均需要创建局部视图。

相关知识点

1. 斜视图

斜视图主要用于表达零件的倾斜部分，因为它在基本投影面上的投影不能反映零件的真实形状。

2. 局部视图

局部视图是将物体的某一部分向基本投影面投射所得的视图。局部视图适用于物体的主体形状已由一组基本视图表示清楚，而只有局部形状尚需进一步表达的场合。

3. 局部剖视图

局部剖视图是用剖切平面局部地剖开机件所得的视图。局部剖视图是一种灵活的表达方法，用剖视的部分表达机件的内部结构，不剖的部分表达机件的外部形状。局部剖视图常用于轴、连杆、手柄等实心零件上有小孔、槽、凹坑等局部结构需要表达其内形的零件。

操作过程

步骤1 设置工作目录

单击菜单“文件”→“管理会话”→“选择工作目录”命令，将文件放置在自己建立的文件夹下。

步骤2 新建工程图

单击工具栏中的按钮，弹出“新建”对话框，在“类型”栏中选中“绘图”选项，在“名称”中输入文件名“zhijia”，去除“使用默认模板”前的“√”号，按下“确定”按钮，弹出“新建绘图”对话框，通过“浏览”按钮选择三维零件 zhijia.prt，单击“使用模板”项，通过浏览方式选择模板“a4muban”(注：如果用户没有自己创建模板，也可选择系统自带的模板“a4_drawing”)，按下“确定”按钮，进入工程图绘制环境。

步骤3 创建主视图

①单击“布局”功能区中“模型视图”工具栏中的插入普通视图按钮，弹出“选择组合状态”对话框，单击其中的“确定”按钮，退出对话框。在屏幕绘图区单击鼠标左键，弹出“绘图视图”对话框，并在绘图工作区显示出零件三维模型。

②在“类别”中的“视图类型”选项属性页中选择下方的模型视图名为“FRONT”，再单击对话框下方的“应用”按钮。

③单击“类别”中的“视图显示”选项，弹出“视图显示”属性页，将“显示样式”设置为“隐藏线”，“相切边显示样式”设置为“无”，单击“确定”按钮，结果如图 7-106 所示。

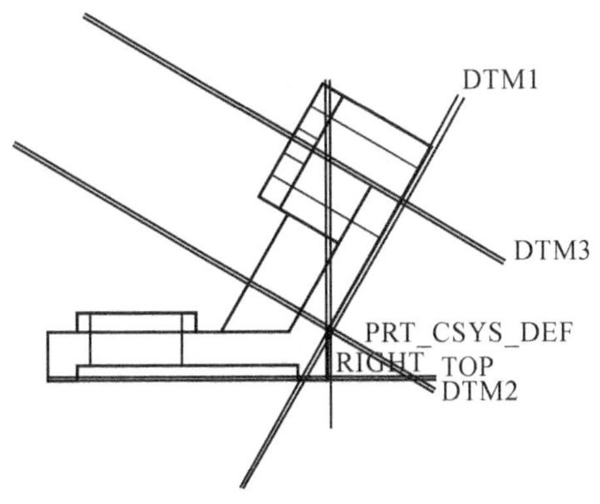

图 7-106　主视图创建结果

步骤 4　创建俯视图

①单击“模型视图”工具栏中的“投影视图”命令按钮 投影视图，拖动鼠标，在主视图下方合适位置单击鼠标左键，创建出俯视图。

②双击刚刚创建出的俯视图，弹出“绘图视图”对话框，修改其中的“视图显示”属性页，将“显示线型”改为“消隐”，按下“确定”按钮，结果如图 7-107 所示。

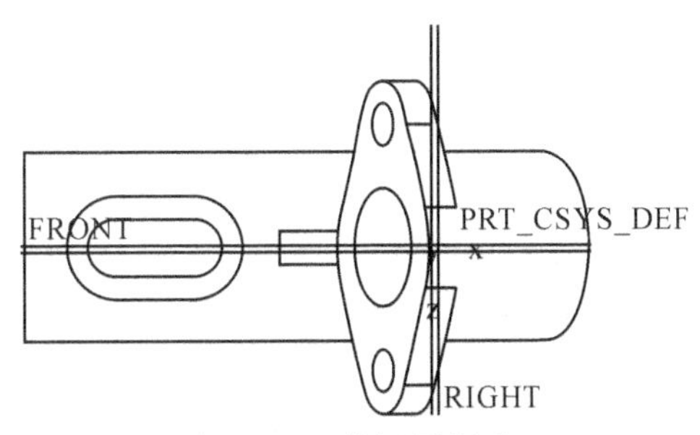

图 7-107　俯视图创建

步骤 5　主视图修改为局部剖视图

①双击步骤 3 已建好的主视图，弹出“绘图视图”对话框。将左边类别切换到“截面”项，然后将右边“截面选项”改为“2D 截面”，接着单击下面的添加截面按钮，弹出“横截面创建”对话框，接受默认的选择“平面”“单一”选项，再单击“完成”项，在系统提示区弹出“输入横截面名”对话框，在其中输入“A”后，单击确定按钮，弹出选择“设置平面”对话框，在俯视图中点选 FRONT 基准平面(局部剖所在的平面，具体依零件创建时的参照面选择而定)，系统返回“绘图视图”对话框。

②在“绘图视图”对话框中，将“剖切区域”改为“局部”(见图 7-108)，此时系统在下方提示区显示“选取截面间断的中心点”。在绘图区需要局部剖的中间位置的几何图元上左键单击，在绘图区即出现一中心点(见图 7-109)。

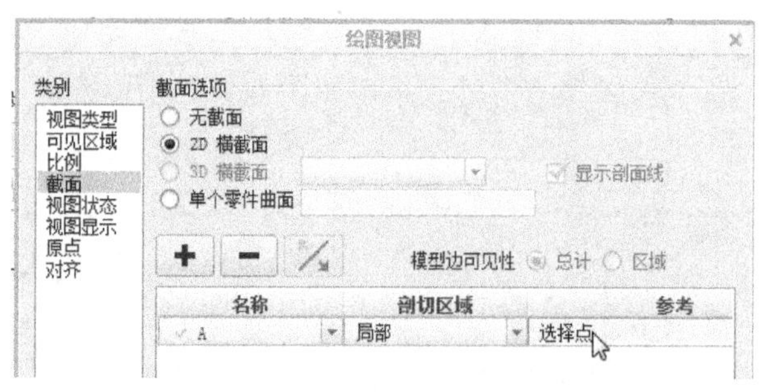

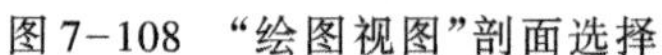

图7-108 “绘图视图”剖面选择

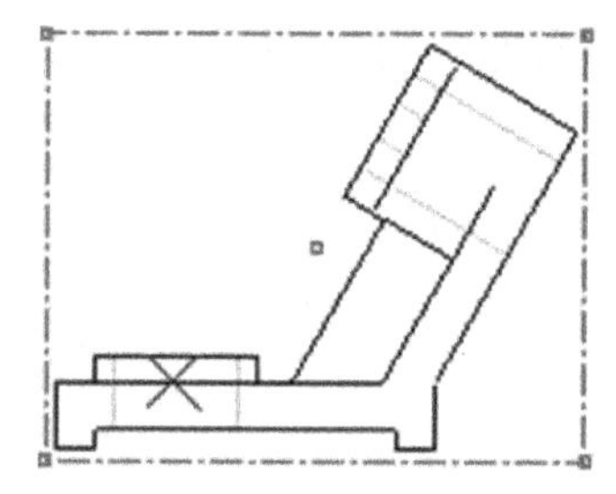

图7-109 绘制截面间断的中心点

③此时系统在下方提示区显示“草绘样条,不相交其他样条,来定义一轮廓线”,在绘图区中需要局部剖的区域左键点选样条曲线经过的点(用鼠标左键点选绘制样条曲线,用鼠标中键结束样条曲线的绘制),便在需要局部剖的区域绘制出一圈轮廓线(见图7-110)。

④在“绘图视图”对话框中单击“确定”,便在绘图区中创建一局部剖视图,结果如图7-111所示。

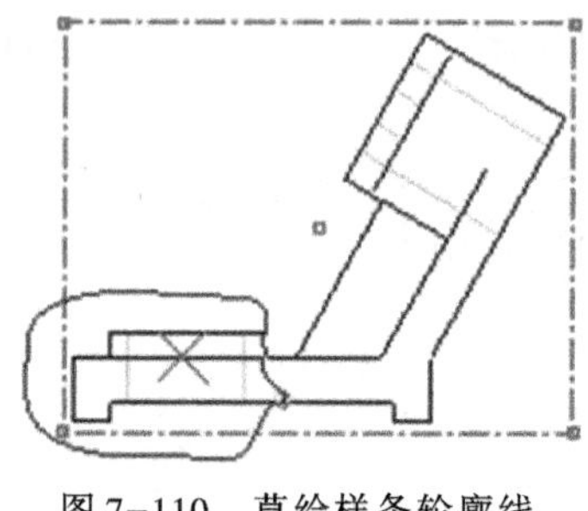

图7-110 草绘样条轮廓线

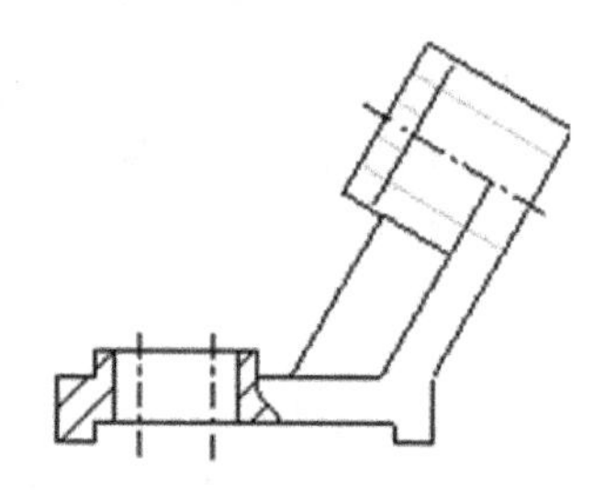

图7-111 局部剖视图

步骤6 将俯视图更改为局部视图

①双击俯视图,弹出“绘图视图”对话框。将“绘图视图”对话框切换到“可见区域”属性页。单击将“视图可见性”后面的“全视图”选项改为“局部视图”,如图7-112所示。系统提示选择“几何上的参考点”。在绘图区俯视图上选择一参考点,如图7-113所示。系统提示选择“样条边界”(见图7-114),在绘图区中左键点选样条曲线经过的点,便绘制出一圈轮廓线(见图7-115)。

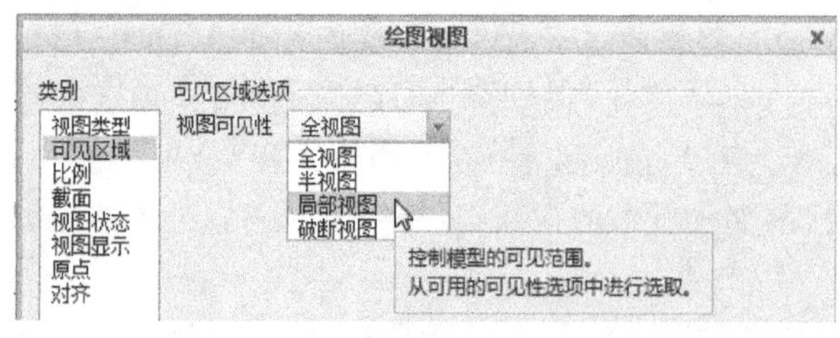

图7-112 “视图可见性”选择

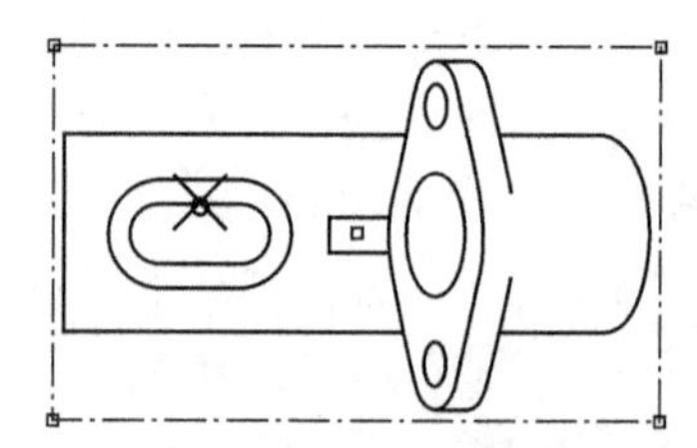

图7-113 几何上的参照点选择

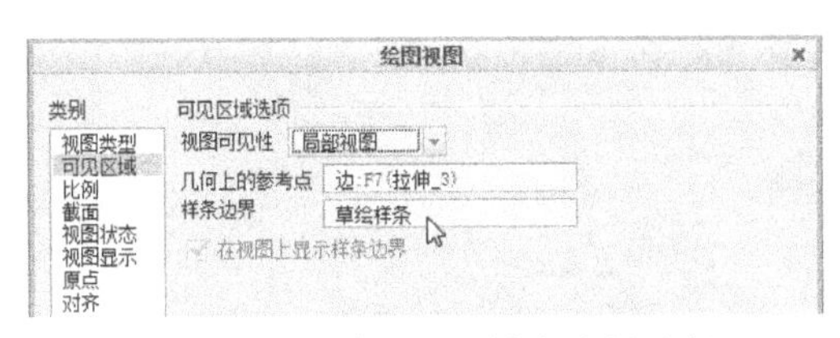

图7-114　“局部视图”样条边界选择

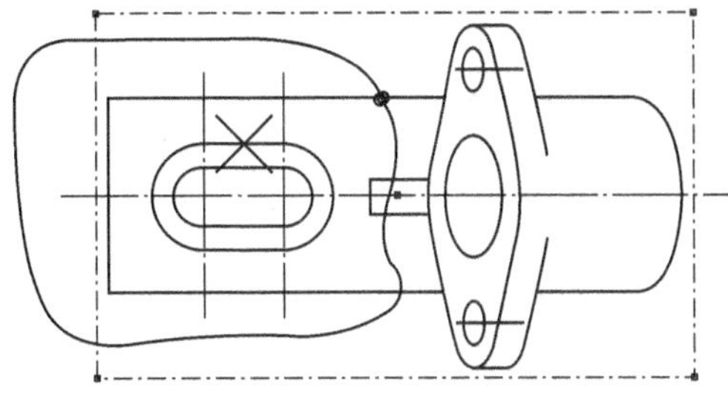

图7-115　绘制样条边界线

②单击“绘图视图”对话框中的“确定”按钮，退出“绘图视图”对话框，生成局部视图如图7-116所示。

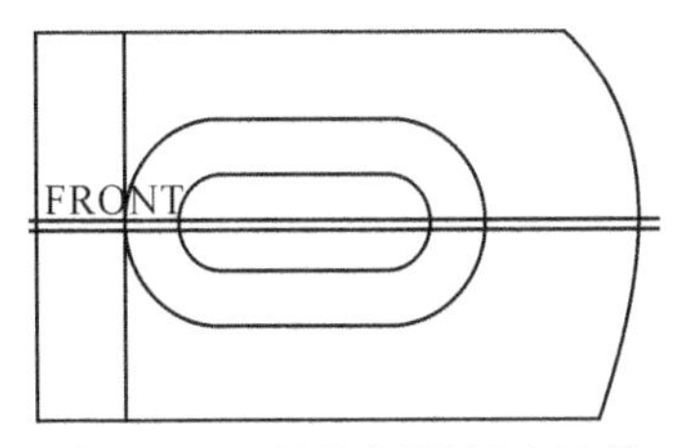

图7-116　局部视图创建结果

步骤7 创建斜视图

①单击“模型视图”工具栏中的“辅助视图”命令按钮 辅助视图，系统提示“在主视图上选取穿过前侧曲面的轴或作为基准曲面的前侧曲面的基准平面”，选择图7-117所示的DTM1辅助平面，拖动鼠标，在主视图右下角合适的位置单击鼠标左键，创建出斜视图。

②双击刚刚创建出的斜视图，弹出“绘图视图”对话框，修改其中的“视图显示”属性页，将“显示线型”改为“隐藏线”，按下“确定”按钮，结果如图7-118所示。

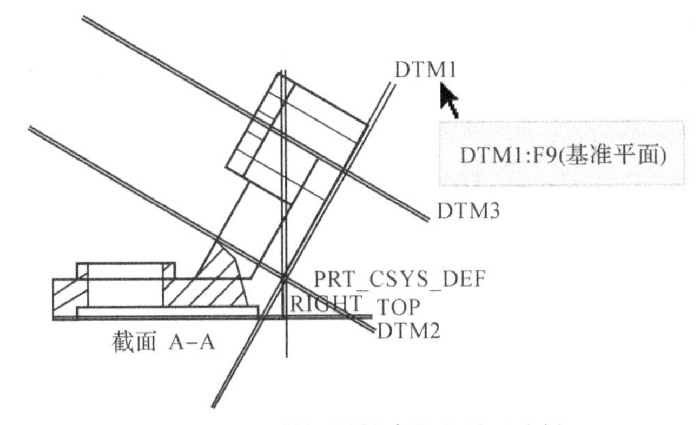

图7-117　斜视图创建基准平面选择

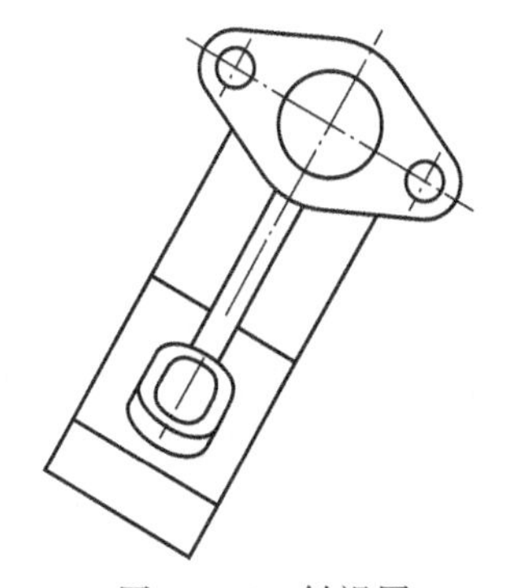

图7-118　斜视图

步骤8 将斜视图改为局部斜视图

①双击斜视图，弹出“绘图视图”对话框。将“绘图视图”对话框切换到“可见区域”属性页。单击将“视图可见性”后面的“全视图”选项改为“局部视图”。系统提示选择“几何上的参考点”。在绘图区斜视图上选择一参考，系统提示选择“样条边界”，在绘图区中左键点选样条曲线经过的点，便绘制出一圈轮廓线(见图7-119)。

②单击“绘图视图”对话框中的“确定”按钮，退出“绘图视图”对话框，生成局部斜视图如图7-120所示。

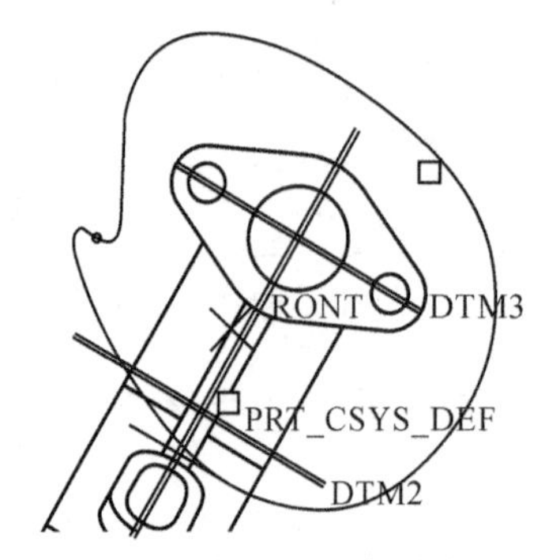

图7-119　局部斜视图样条曲线绘制

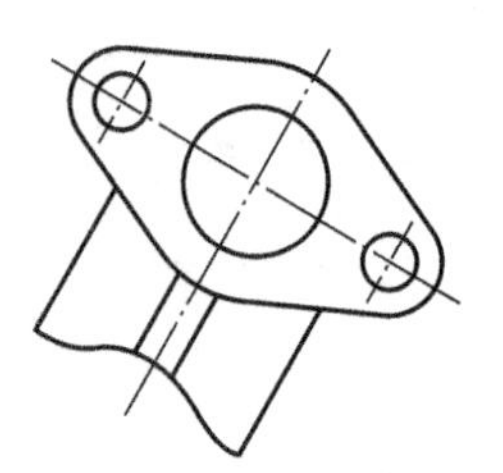
图7-120　局部斜视图

步骤9　创建一般三维视图

①打开支架零件图，按住鼠标中键将零件调整至合适的视图方向，如图7-121所示。

②从“模型”功能区切换到“视图”功能区。单击“模型显示”工具栏上的“管理视图”按钮，弹出“视图管理器”对话框。在弹出的“视图管理器”对话框中，选择“定向”选项，单击“新建”按钮，在名称列表框中多出一行名为“View0001”的文本，将该名称改为“Yib”，如图7-122所示，按回车键确认，此时便建立了如图7-122所示定位方向的名称为“Yib”视图。单击对话框中的“关闭”按钮。

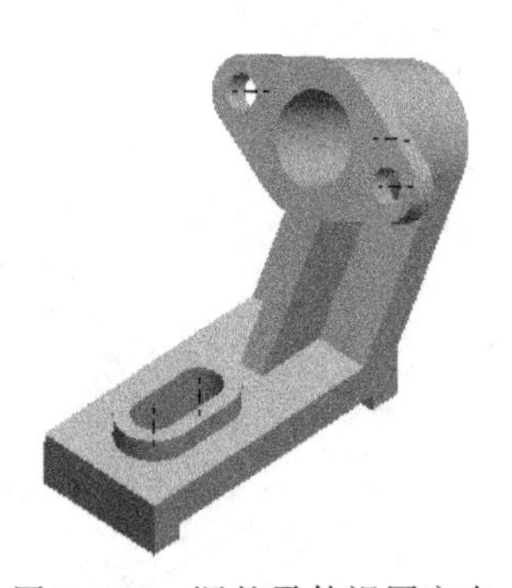
图7-121　调整零件视图方向

图7-122　“视图管理器”对话框

③打开工程图创建文件。单击“布局”功能区中“模型视图”工具栏中的插入常规视图按钮，弹出“选择组合状态”对话框，单击其中的“确定”按钮，退出对话框。在屏幕绘图区单击鼠标左键，弹出“绘图视图”对话框，并在绘图工作区显示出零件三维模型。

④在“视图类型”选项中的“视图方向”的模型视图名列表框中选择“YIB”视图，单击“应用”，绘图区此时显示的一般视图的定位变为“YIB”视图的定位方向(见图7-123)。

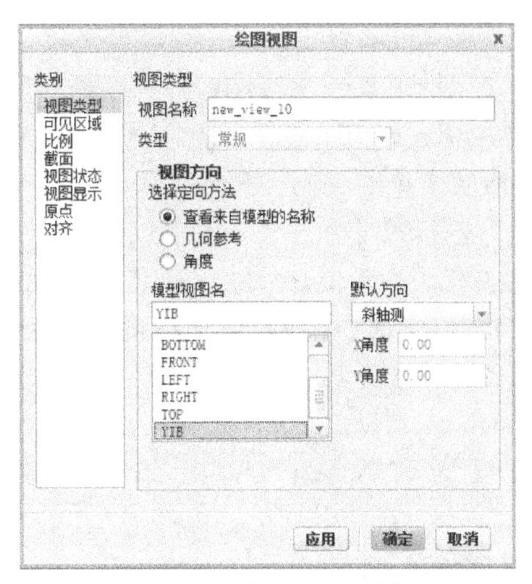

图 7−123　视图方向选择

⑤在“绘图视图”对话框中，切换到“视图显示”属性页，将“显示线型”改为“消隐”，再单击对话框下方的“确定”按钮退出对话框，最终创建的视图如图 7−124 所示。

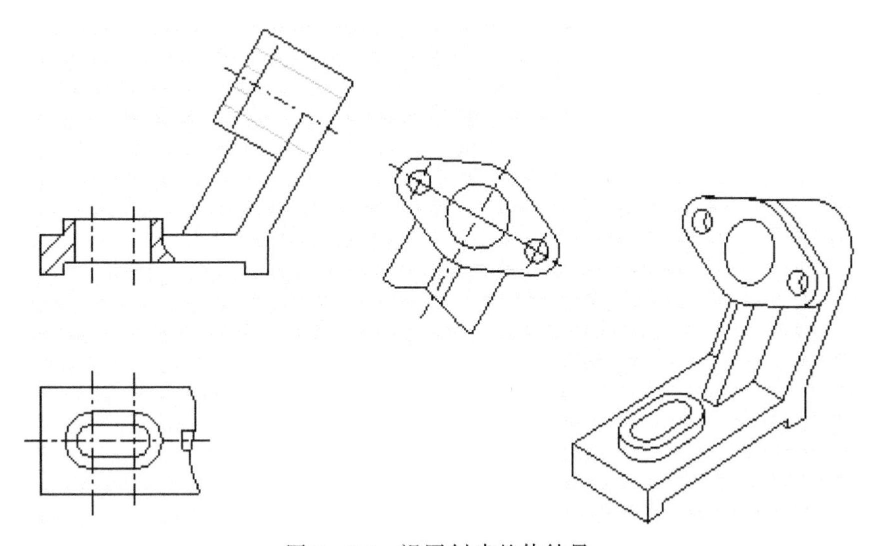

图 7−124　视图创建整体结果

步骤 10　创建中心轴

切换到“注释”功能区，然后单击“注释”工具栏上的“显示模型注释”按钮，或者在绘图区单击鼠标右键，弹出快捷菜单，在快捷菜单中选择“显示模型注释”命令 显示模型注释，弹出“显示模型注释”对话框。单击符号，切换到显示/拭除模型基准选项卡。

单击“类型”右侧的下拉菜单，选择“轴”选项，然后单击零件的主视图，此时在“显示模型注释”对话框中会出现主视图中需要显示的中心轴。单击下方的“全部显示”按钮，此时主视图中将显示出全部的中心轴。单击对话框中的“确定”按钮，便可实现中心轴的显示。用同样的方法可以实现其他视图中心轴的显示，结果如图 7−124 所示。

步骤 11　将工程图文件保存为AutoCAD图形文件DWG格式

单击菜单“文件”→“保存副本”命令,在弹出的“保存副本”对话框中“新建名称”栏输入文件名“zhijia”,在“类型”栏中选择“DWG(*.DWG)”格式,然后按下“确定”按钮,并在弹出的“DWG的导出环境”对话框中单击“确定”按钮即可。

步骤 12　在AutoCAD环境下进行尺寸标注

先打开AutoCAD软件,再打开图形文件“zhijia.dwg”,然后在AutoCAD环境下新建一个文件,并通过复制粘贴方式将zhijia.dwg中的图形复制到新文件中,再添加缺少的中心线以及进行尺寸标注等,结果如图7-105所示。

【工程案例八】轴零件的工程图制作

视频7-6

绘制如图7-125所示轴零件的工程图。

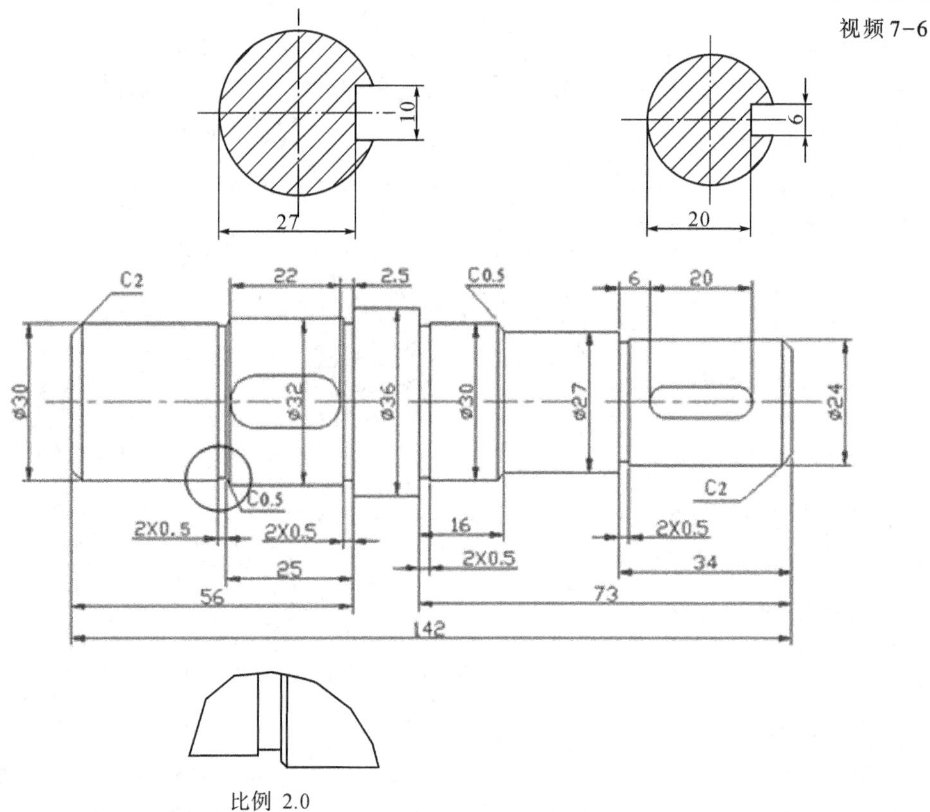

图7-125　轴零件工程图

学习目标

1. 能够创建零部件的局部放大视图。
2. 能够创建零部件的轴截面图(断面图)。

工程图制作分析

该零件工程图由主视图、轴截面图及局部放大视图构成。主视图创建较为简单，而轴截面图则需要先创建右视图，然后将其修改为轴截面图。局部放大视图是通过创建详细视图而得。

相关知识点

1. 断面图

断面图是假想用剖切面将零件的某处切断，仅画出该剖切面与零件相接触部分的图形。

2. 详细视图

详细视图用于显示局部细节的视图，也称局部放大视图。

操作过程

步骤1 设置工作目录

单击菜单“文件”→“管理会话”→“选择工作目录”命令，将文件放置在自己建立的文件夹下。

步骤2 创建轴零件

根据图7-125所示零件尺寸创建轴零件zhou.prt，并分别在每个键槽处添加一个辅助平面，具体操作过程从略，由读者自己完成，结果如图7-126所示。

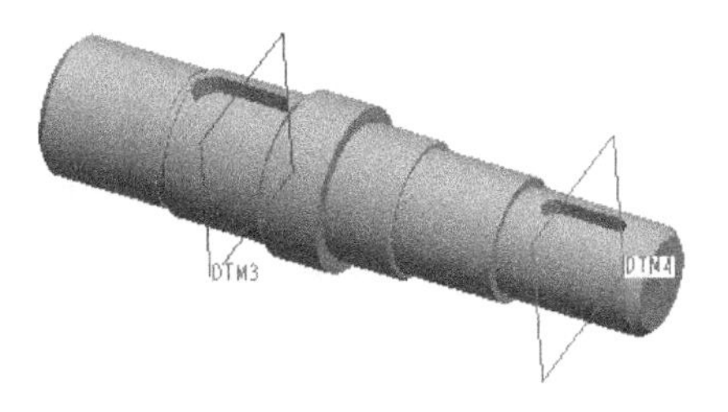

图7-126　轴零件

步骤3 新建工程图

单击工具栏中的□按钮，弹出“新建”对话框，在“类型”栏中选中“绘图”选项，在“名称”中输入文件名“zhou”，去除“使用默认模板”前的“√”号，按下“确定”按钮，弹出“新建绘图”对话框，通过“浏览”按钮选择三维零件zhou.prt，单击“使用模板”项，通过浏览方式选择模板“a4muban”，按下“确定”按钮，进入工程图绘制环境。

步骤4 创建主视图

①单击“布局”功能区中“模型视图”工具栏中的插入普通视图按钮，弹出“选择组合状态”对话框，单击其中的“确定”按钮，退出对话框。在屏幕绘图区单击鼠标左键，弹出“绘图视图”对话框，并在绘图工作区显示出零件三维模型。

②在“类别”中的“视图类型”选项属性页中选择下方的模型视图名为“FRONT”，再单击对话框下方的“应用”按钮。

③单击“类别”中的“视图显示”选项，弹出“视图显示”属性页，将“显示样式”设置为“消隐”，单击“确定”按钮，结果如图 7-127 所示。

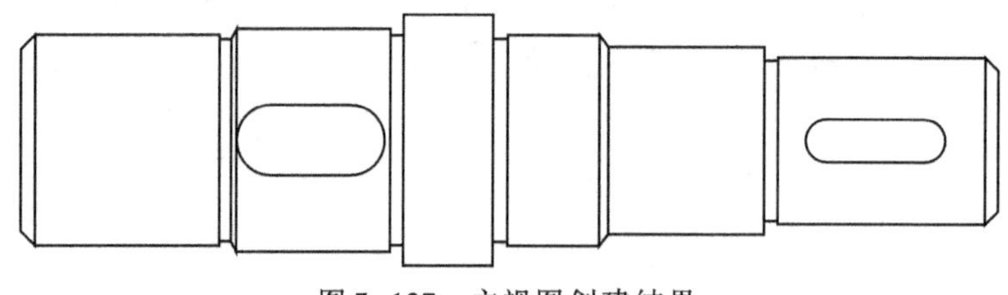

图 7-127　主视图创建结果

步骤 5　创建轴截面视图 1

①单击“模型视图”工具栏中的“投影视图”命令按钮 投影视图，拖动鼠标，在主视图右侧合适位置单击鼠标左键，创建出左视图。

②双击刚刚创建出的左视图，弹出“绘图视图”对话框，修改其中的“视图显示”属性页，将“显示线型”改为“消隐”，按下“确定”按钮。

③在“绘图视图”对话框中将左边类别切换到“截面”项，然后将右边“截面选项”改为“2D 横截面”，将“模型边可见性”改为“区域”(见图 7-128)，接着单击下面的添加截面按钮 ✚，弹出“横截面创建”对话框，接受默认的选择“平面”“单一”选项，再单击“完成”项，在系统提示区弹出“输入截面名”对话框，在其中输入“A”后，单击确定按钮，弹出“设置平面”对话框，在绘图区主视图中点选 DTM3 基准平面，按下对话框中的“确定”按钮，创建的剖视图如图 7-129 所示。

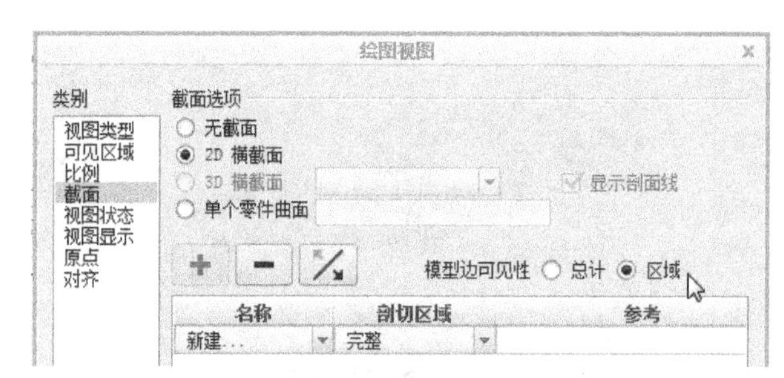

图 7-128　“绘图视图”对话框“截面”选项

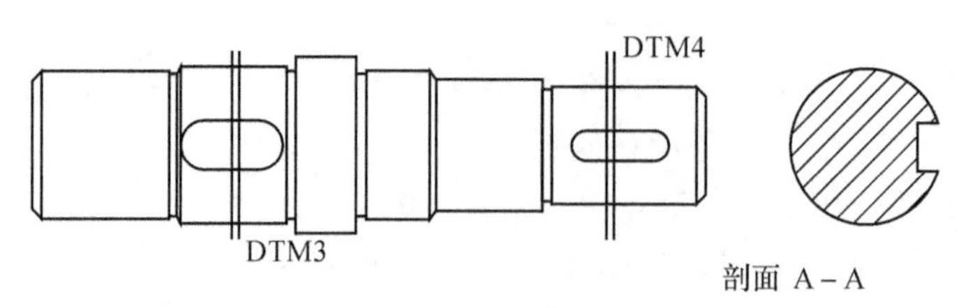

图 7-129　剖视图创建结果

④双击创建的剖视图，弹出“绘图视图”对话框，修改其中的“对齐”属性页，将“视图对齐选项”中“将此视图与其他视图对齐”前的选项钩去除，结果如图 7-130 所示，按下对话框中的“确定”按钮。

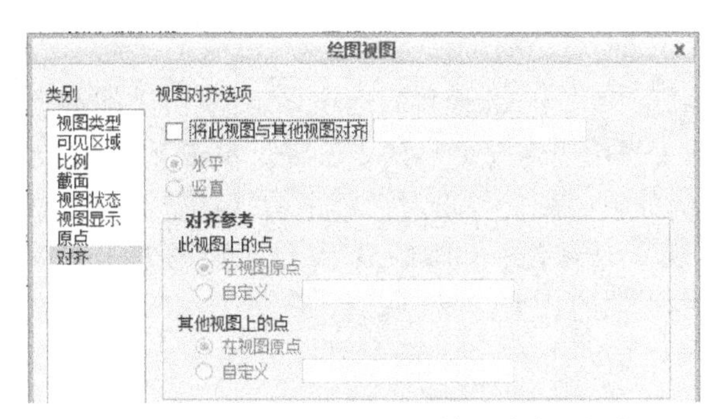

图 7-130　“绘图视图”对话框“对齐”选项

⑤单击“布局”功能区“文档”工具栏中的“锁定视图移动”按钮，使其呈弹出状态，然后单击剖视图，待其四周出现移动标志后，按住鼠标左键拖动视图，将其移动到合适的位置，结果如图 7-131 所示。

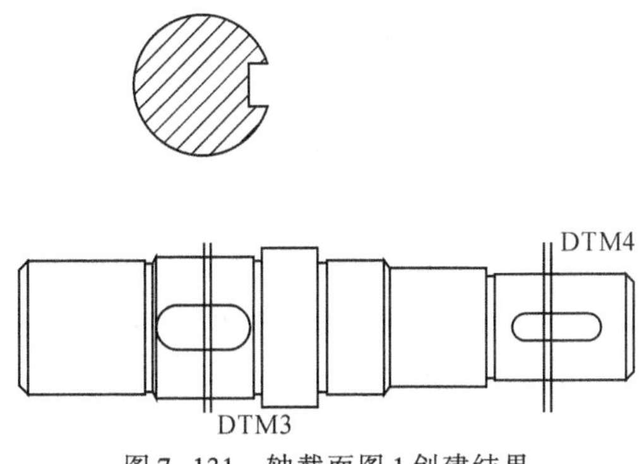

图 7-131　轴截面图 1 创建结果

步骤 6　创建轴截面视图 2

用同样的方法创建轴截面图 2，结果如图 7-132 所示。

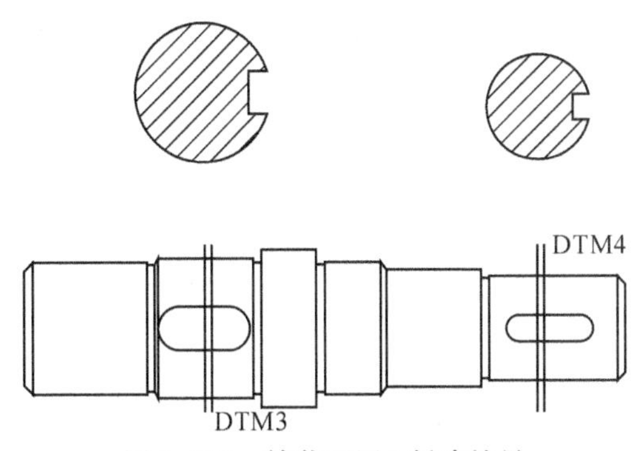

图 7-132　轴截面图 2 创建结果

步骤 7　创建中心轴

切换到“注释”功能区，然后单击“注释”工具栏上的“显示模型注释”按钮，或者在绘图区单击鼠标右键，弹出快捷菜单，在快捷菜单中选择“显示模型注释”命令 显示模型注释，弹出“显示模型注释”对话框。单击符号，切换到显示/拭除模型基准选项卡。

单击“类型”右侧的下拉菜单，选择“轴”选项，然后单击轴的剖视图，此时在“显示模型注释”对话框中会出现主视图中需要显示的中心轴。单击下方的“全部显示”按钮，此时剖视图中将显示出全部的中心轴。单击对话框中的“确定”按钮，便可实现中心轴的显示。用同样的方法可以实现其他视图中心轴的显示，结果如图7-133所示。用户可点选中心轴拖动两个端点调整中心轴的长度。

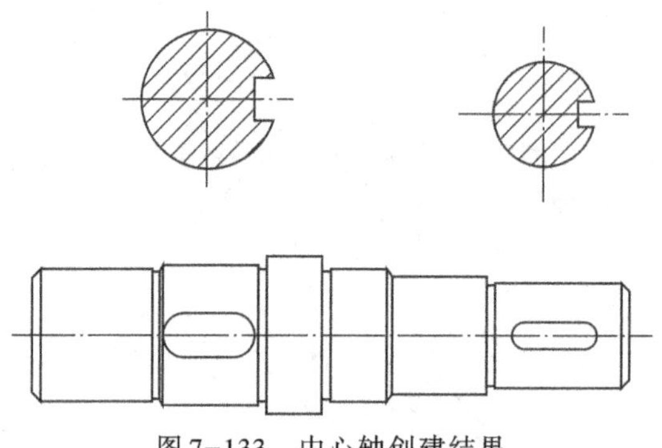

图7-133　中心轴创建结果

步骤8　创建局部放大视图

单击“模型视图”工具栏中的“详细视图”命令按钮 详细视图，在主视图要创建局部放大视图的边上选取一个参照点，然后围绕此参照点绘制一条样条曲线，以此作为生成的局部放大视图的轮廓线。完成后，单击鼠标中键以闭合此样条曲线。然后在绘图区主视图下方单击鼠标左键选取一个位置作为局部放大视图的放置中心，结果如图7-134所示。

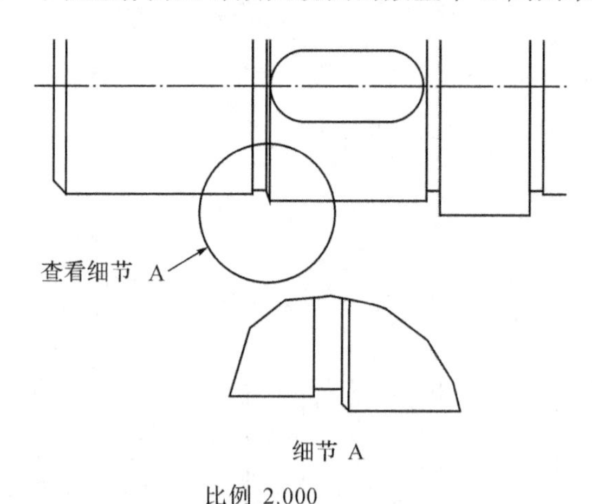

图7-134　局部放大视图创建结果

步骤9　将工程图文件保存为AutoCAD图形文件DWG格式

单击菜单“文件”→“保存副本”命令，在弹出的“保存副本”对话框中“新建名称”栏输入文件名“zhou”，在“类型”栏中选择“DWG(*.DWG)”格式，然后按下“确定”按钮，并在弹出的“DWG的导出环境”对话框中单击“确定”按钮即可。

步骤10　在AutoCAD环境下进行尺寸标注

先打开AutoCAD软件，再打开图形文件“zhou.dwg”，然后在AutoCAD环境下新建一个文件，并通过复制粘贴方式将zhou.dwg中的图形复制到新文件中，再进行尺寸标注，结果如图7-125所示。

举一反三　壳体的工程图制作

绘制如图7-135所示壳体零件的工程图，并标注尺寸。

视频7-7

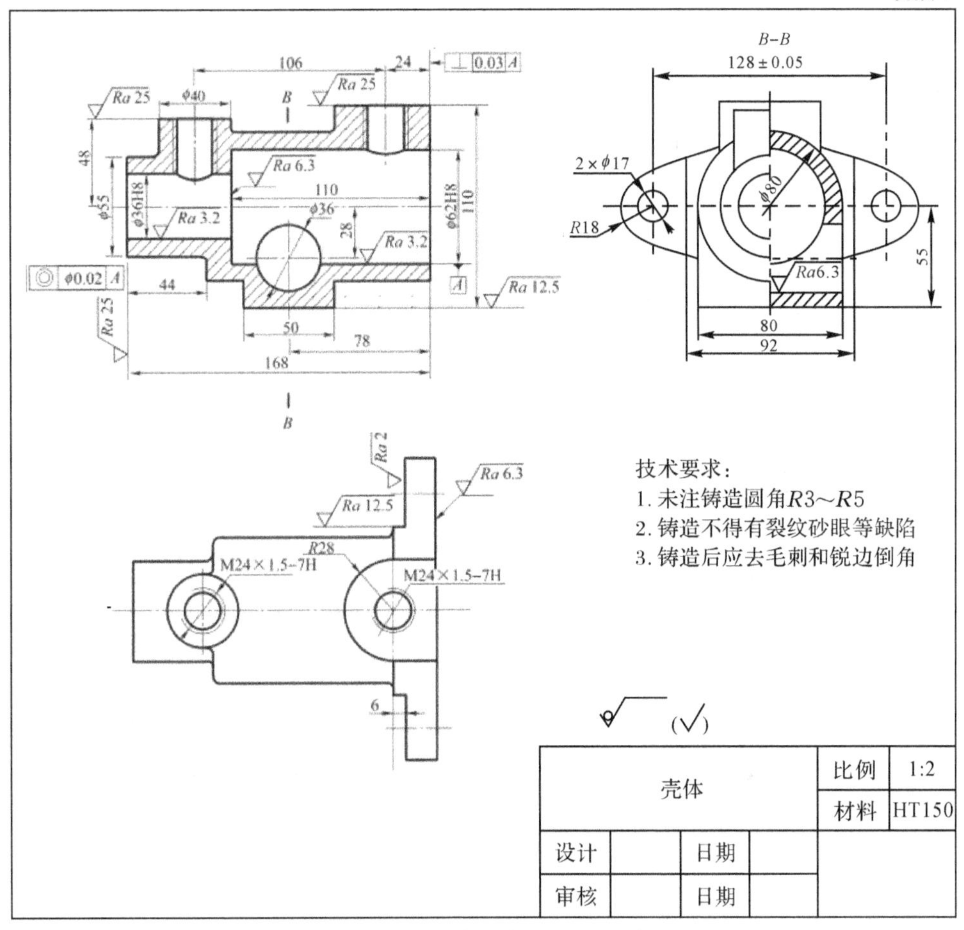

图7-135　壳体零件工程图制作

学习目标

1. 能够在工程图上直接标注尺寸公差。
2. 能够在工程图上直接标注几何公差。
3. 能够在工程图上直接标注表面粗糙度。
4. 能够在工程图上直接进行注释标注。

工程图制作分析

壳体零件工程图由主视图、俯视图、左视图构成，其中主视图全剖，左视图半剖，其后需要创建中心线标注、尺寸公差标注、几何公差标注、表面粗糙度标注和注释标注。

步骤1 创建三视图

根据前面所学,选择2号工程图模板“a2_drawing”,创建壳体零件工程图的主视图、俯视图、左视图,其中主视图全剖,左视图半剖,如图7-136所示。

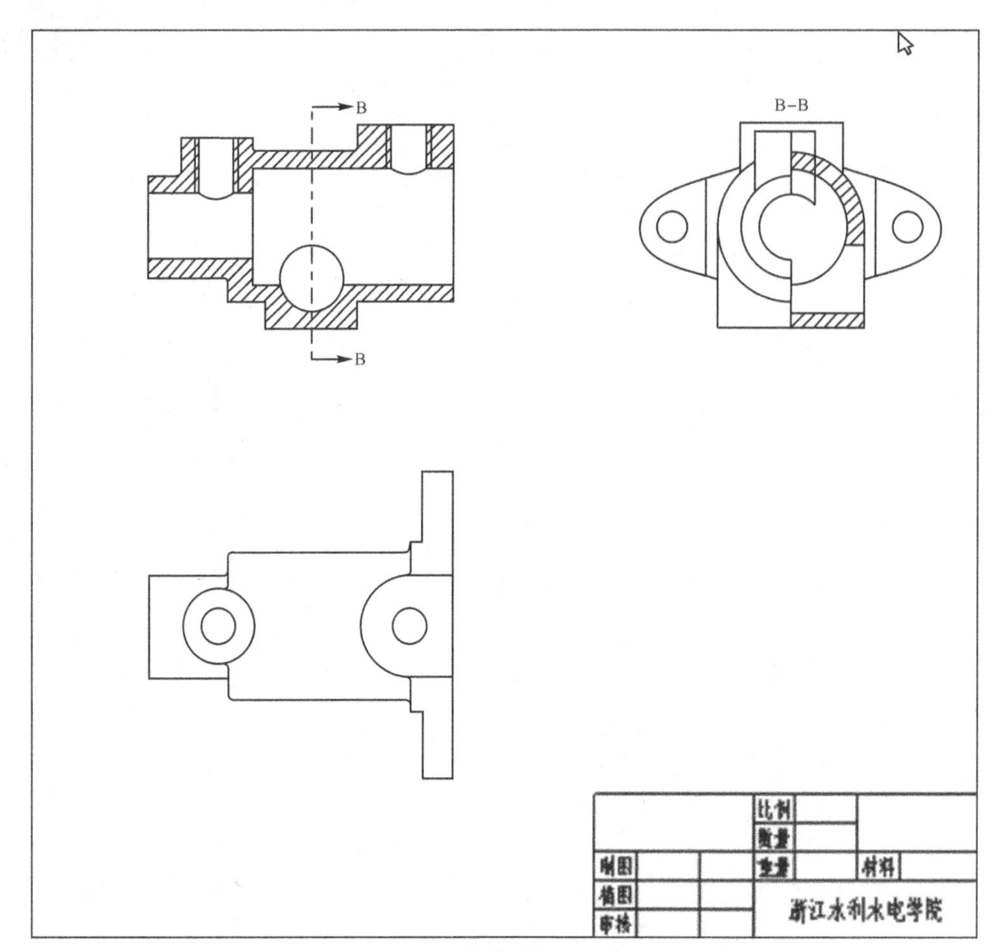

图7-136 壳体零件的三视图

步骤2 中心线的标注

单击“注释”工具栏中的显示模型注释按钮,此时系统弹出“显示模型注释”对话框,在“显示模型注释”对话框中单击“显示模型基准”按钮,设置“类型”为“轴”,按住Ctrl键不要放松,选中主视图、俯视图和左视图,单击“全部选中”按钮,完成添加中心线的标注,如图7-137所示。

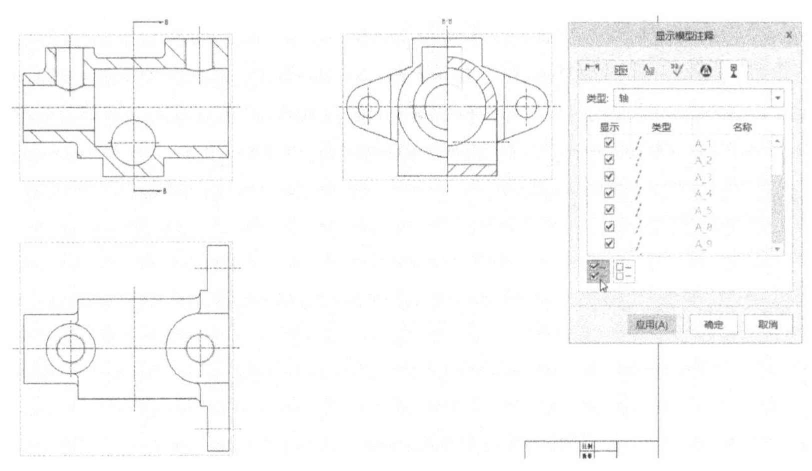

图 7-137　中心线的标注

步骤 3　尺寸的标注

单击“注释”工具栏中的尺寸按钮，在标注长度、宽度或高度尺寸时，按住 Ctrl 键不要放松，选中所标注尺寸的两个边界，鼠标移动到尺寸标注的合适位置，单击鼠标中键确定，完成一个尺寸的标注。其他长度、宽度或高度尺寸的标注类似操作，先标注小的、在内侧的尺寸，再标注大的、在外侧的尺寸。其中，主视图上面的两个长度尺寸 106 和 24 需要水平对齐，同时选中这两个尺寸，单击“注释”工具栏中的对齐尺寸按钮，选中的第二个尺寸将与选中的第一个尺寸对齐，如图 7-138 所示。

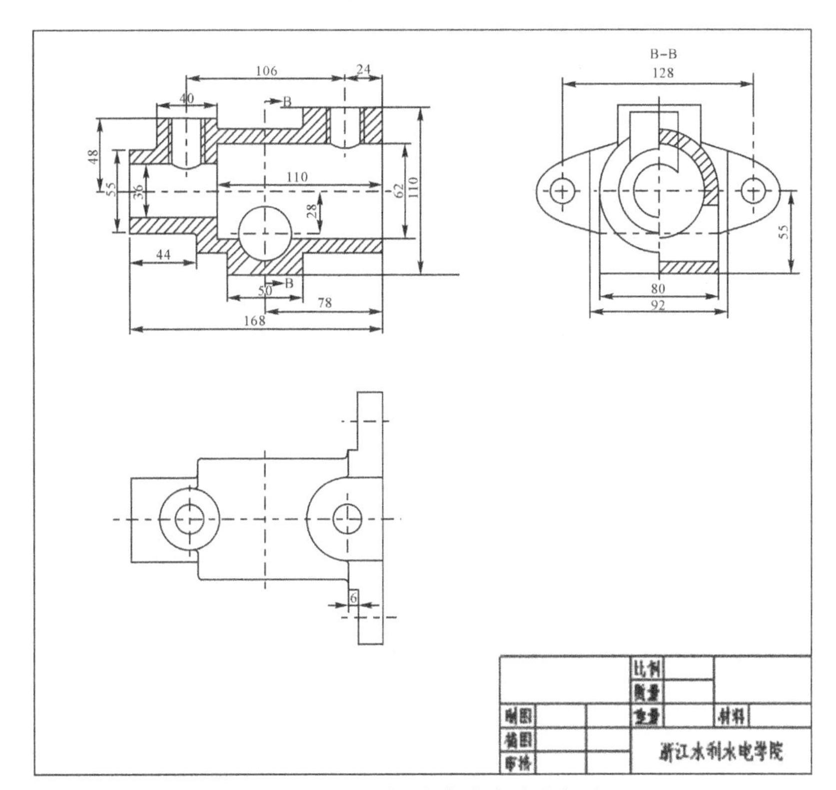

图 7-138　长度、宽度或高度的标注

步骤4 尺寸公差和非圆视图中直径符号的标注

①在主视图中从左至右有40、55、36、62四个尺寸需要添加直径符号ϕ,其中36、62后面还要添加尺寸公差代号H8。单击选中需要添加直径符号ϕ或公差代号H8的尺寸标注,如单击选中尺寸标注62,单击“尺寸”工具栏中的尺寸文本按钮,在弹出的面板中“前缀/后缀”的前缀选“ϕ”符号,后缀输入“H8”,其他的操作方法类似,添加后如图7-139所示。

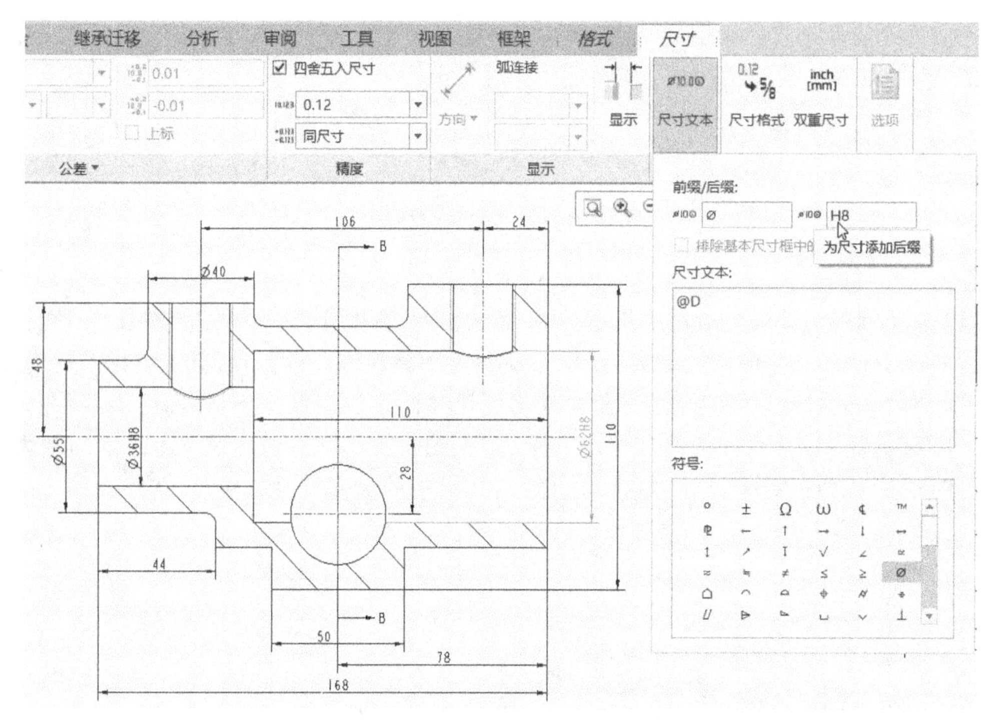

图7-139 尺寸公差符号和非圆视图中直径符号的标注

②在左视图上面的128尺寸标注也需要添加一尺寸公差,但此尺寸公差不是尺寸公差符号,而是尺寸公差数字,单击选中128尺寸标注,单击“尺寸”工具栏中的公差按钮,在弹出的下拉列表中选对称按钮 ±0.1 对称 ,在“尺寸”工具栏中的 0.05 中输入0.05,设置公差值,如图7-140所示。

注:如果要显示公差,必须把“是否显示公差”的系统参数“Tol_display”的值,从“No”修改为“Yes”,否则“尺寸”工具栏中的公差按钮一直是灰色,无法选中。具体操作方法见工程图绘制任务1步骤3。

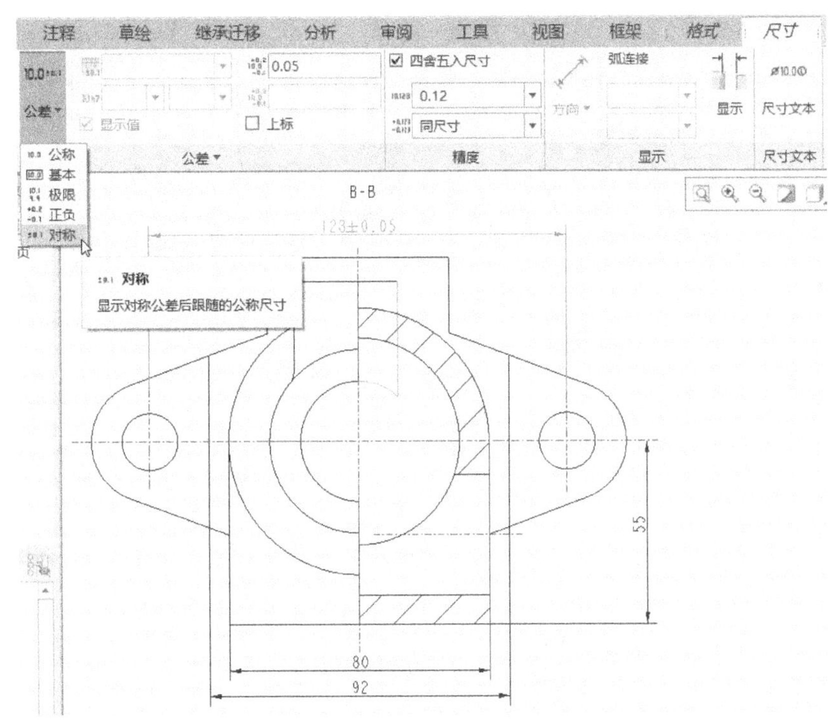

图 7-140　尺寸公差值的标注

步骤5　半径和直径的标注

①在三个视图中均有半径或直径的标注，如左视图的左侧有半径 R18 和直径 2×ϕ17。如标注半径 R18，单击“注释”工具栏中的尺寸按钮，单击 R18 圆弧，单击“尺寸”工具栏中的显示按钮，在“显示”对话框中的“文本方向”项选择“ISO－居上－延伸” 文本方向 ISO-居上-延伸，单击“箭头方向”的“反向”，可以标注出如图 7-141 所示半径标注。

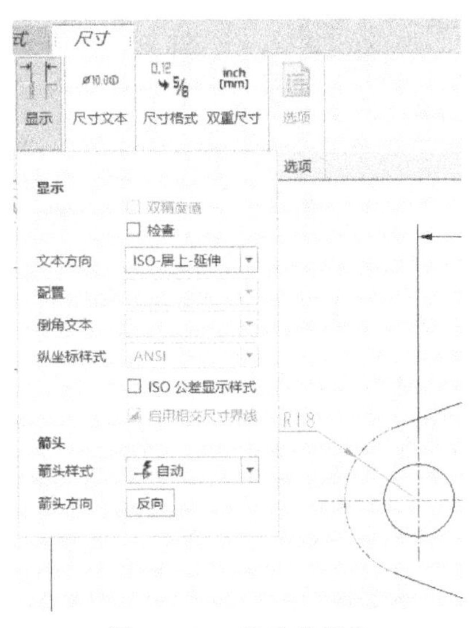

图 7-141　半径的标注

②以标注直径 2×ϕ17 为例，双击 ϕ17 圆，单击“尺寸”工具栏中的显示按钮，在“显示”

对话框中的“文本方向”项选择“ISO-居上-延伸” 文本方向 ISO-居上-延伸 ，单击“箭头方向”的“反向”，可以标注出如图7-142所示直径标注。

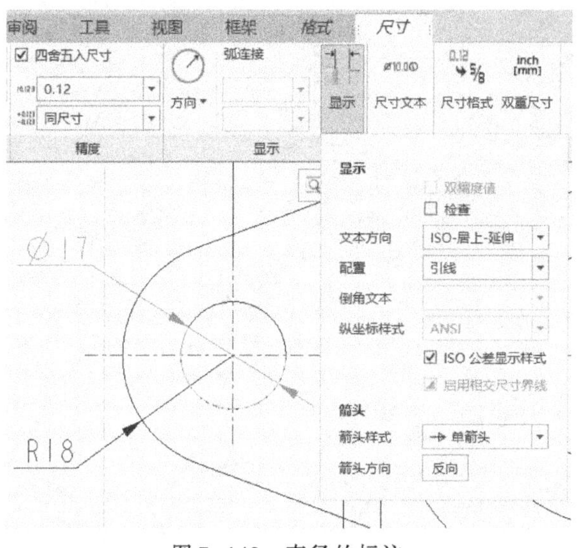

图7-142　直径的标注

步骤6　几何公差的标注

①以主视图右端面的几何公差 ⊥ 0.03 A 为例，先标注几何公差基准A，单击“注释”工具栏中的基准特征符号按钮 基准特征符号 ，单击选中 ϕ62H8下侧的尺寸界线，移动鼠标至合适位置，单击鼠标中键确认，如图7-143所示。

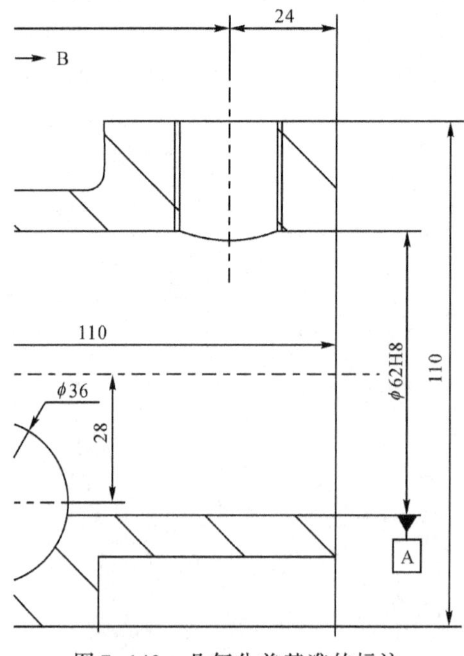

图7-143　几何公差基准的标注

②单击“注释”工具栏中的几何公差按钮，单击选中主视图右端面，鼠标移动至合适

位置，单击鼠标中键确认，鼠标放至箭头左端位置，按下鼠标左键不要放松，移至箭头水平位置，完成几何公差标注，如图7-144所示。其他几何公差标注操作步骤类似。

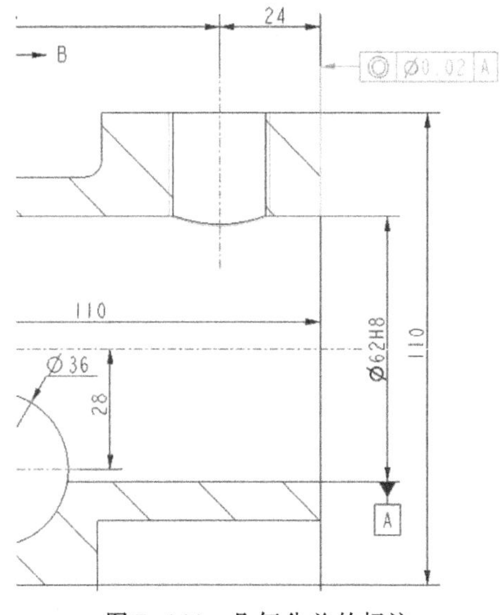

图7-144　几何公差的标注

步骤7　表面粗糙度的标注

①旧标准表面粗糙度的标注。单击“注释”工具栏中的表面粗糙度按钮 表面粗糙度，弹出“打开”对话框，如图7-145所示。对话框中可以选择打开的有三个文件夹：generic、machined、unmachined，其中generic标注的是用任何加工方法获得的表面粗糙度，machined标注的是用去除材料的加工方法获得的表面粗糙度，unmachined标注的是用非去除材料的加工方法获得的表面粗糙度。每个文件夹中包含有两个模板文件：no_value.sym 和 standard.sym，以machined文件夹中的两个模板文件为例，no_value.sym 的表面粗糙度符号为 √，standard.sym 的表面粗糙度符号为 3.2√。

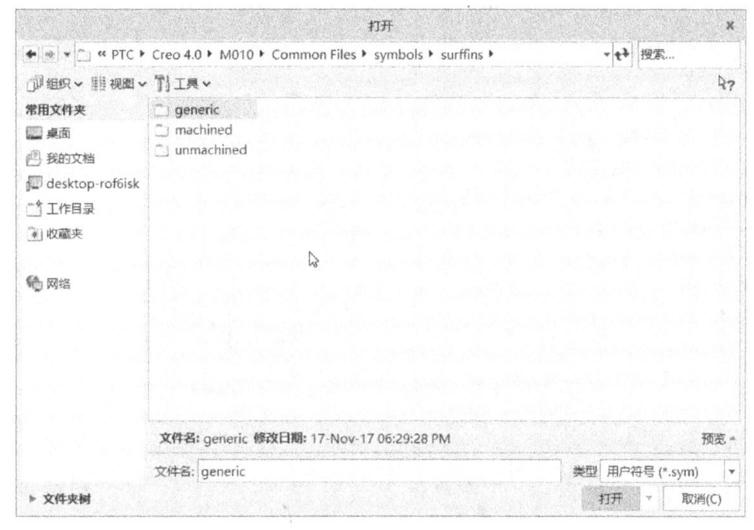

图7-145　“打开”对话框

②以主视图上端面的表面粗糙度标注为例，选择machined文件夹中的 standard.sym 模板文件，弹出“表面粗糙度”面板，选择“放置”-“类型”为“图元上”类型 图元上 或者“垂直于图元”类型 垂直于图元 均可，单击“可变文本(V)”，输入粗糙度值25，单击选中主视图上端面的直线，以鼠标中键确认，如图7-146所示。其他表面粗糙度标注方法与此类似，如图7-147所示。

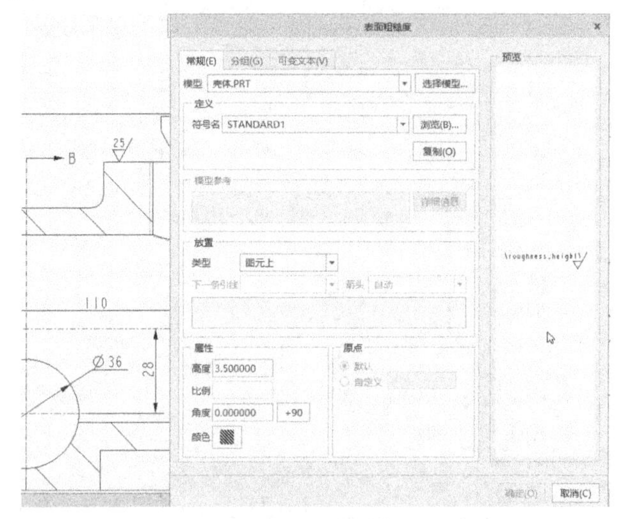

图7-146　表面粗糙度标注一例

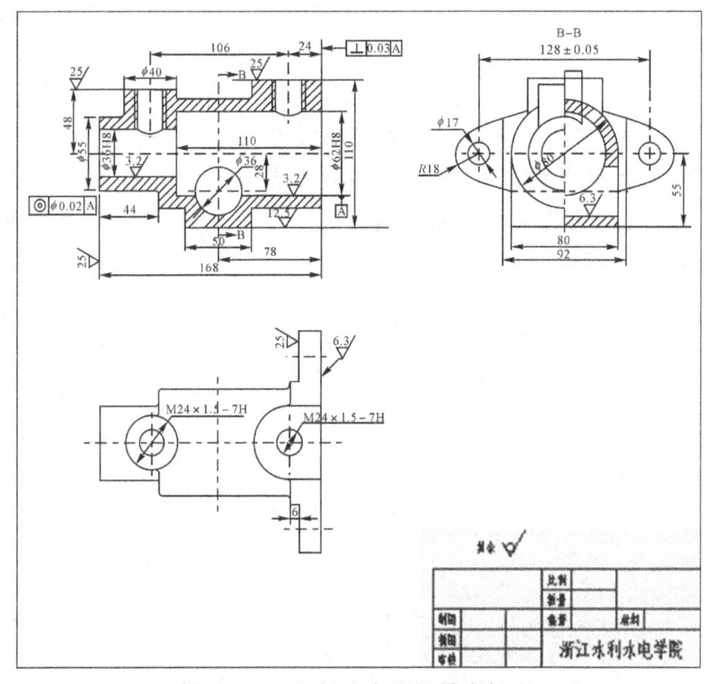

图7-147　旧标准表面粗糙度标注

③新标准表面粗糙度的标注。Creo软件中所具有的表面粗糙度模板文件都是旧标准，如果标注新标准表面粗糙度，就需要网上搜索并下载新标准表面粗糙度的模板文件，并在“表面粗糙度”面板的“定义”中的“符号名”中浏览选择网上下载的新标准表面粗糙度

的模板文件 符号名 RA 浏览(B)... ,其他操作与旧标准表面粗糙度的标注操作类似,完成后如图 7-148 所示。

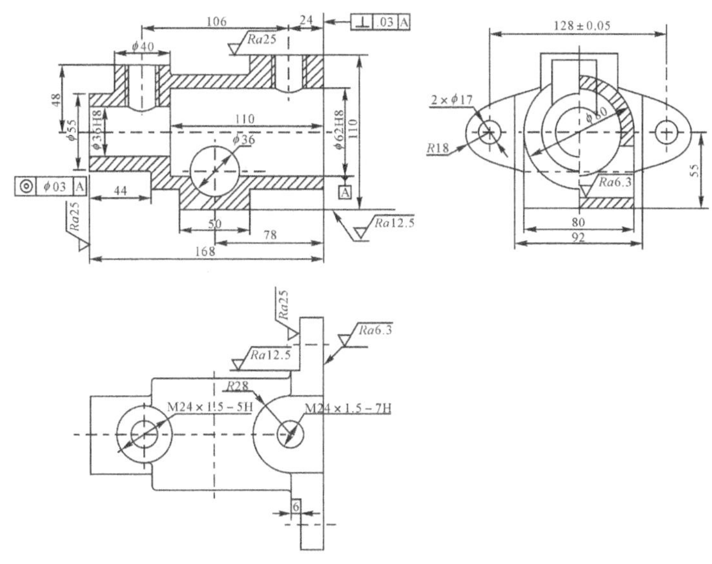

图 7-148　新标准表面粗糙度标注

步骤 8　技术要求的标注

单击“注释”工具栏中的注解下拉按钮 注解 ,选择独立注解 独立注解,鼠标移动至合适位置单击左键,输入技术要求的内容,完成技术要求的标注,也完成了整个工程图的制作,如图 7-149 所示。

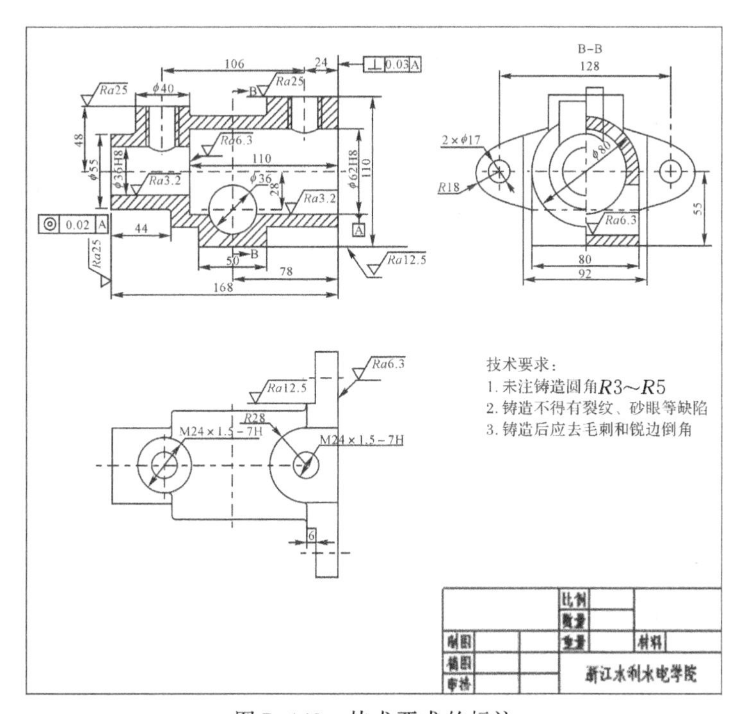

图 7-149　技术要求的标注

综合工程案例实战演练

绘制如图7-150所示各零件的三维模型,并制作工程图。

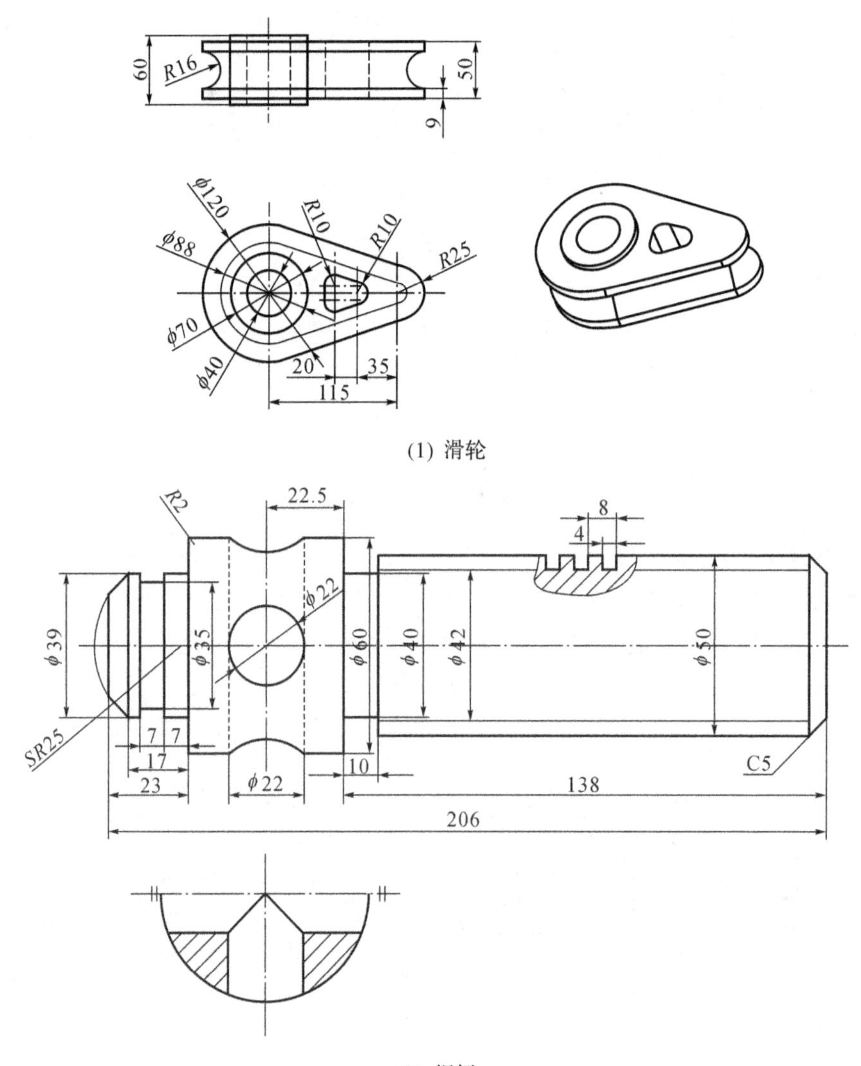

(1) 滑轮

(2) 螺杆

图7-150　工程图制作练习题(一)

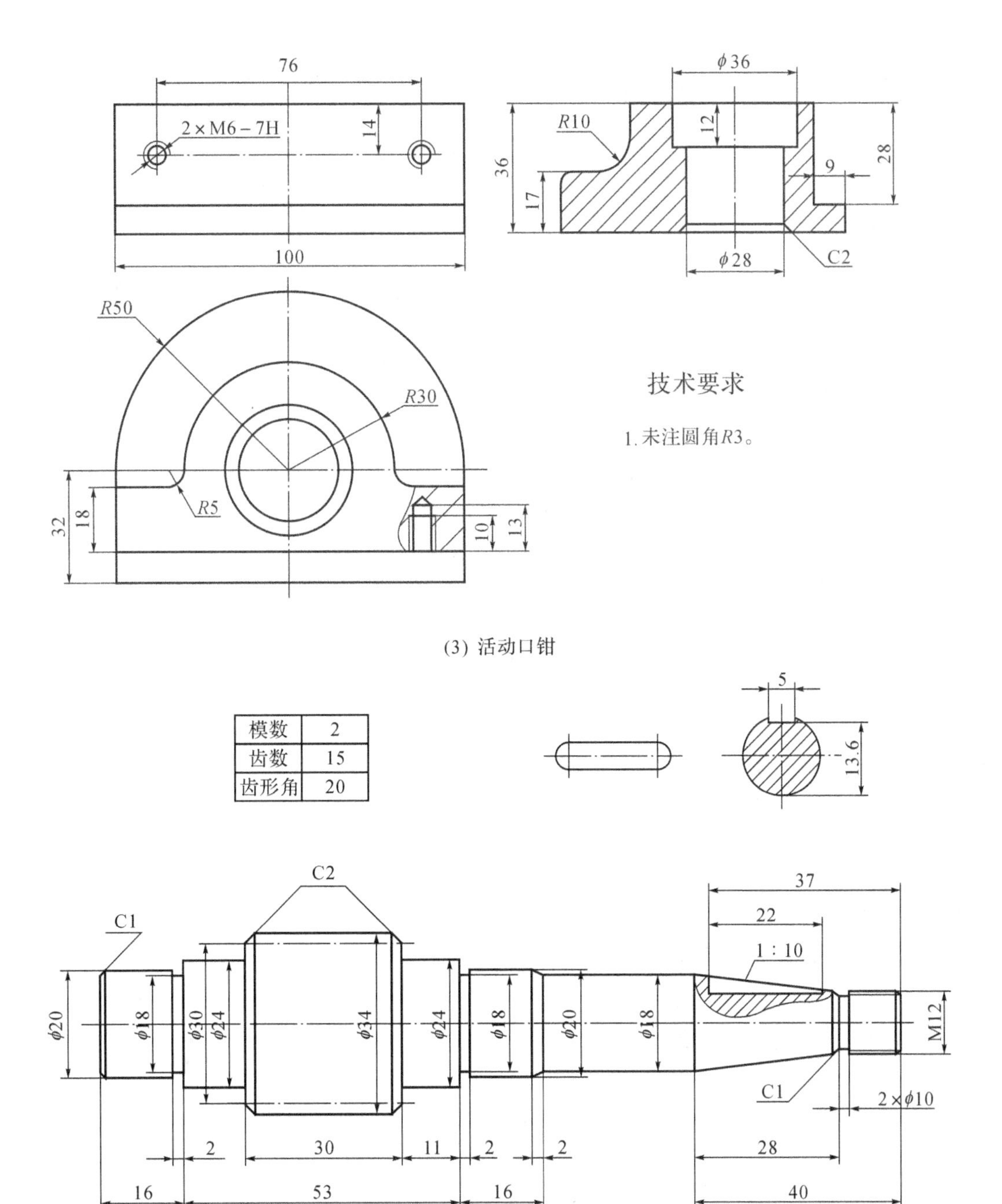

模数	2
齿数	15
齿形角	20

(4) 齿轮轴零件工程图

图7-150　工程图制作练习题(二)

项目八　三维实体建模与设计综合训练项目

任务1　齿轮泵三维零件建模设计与零部件装配

一　项目任务

根据下列二维零件图纸的要求绘制出齿轮泵零件的三维模型，然后装配并进行运动仿真。标准件零件请参考机械设计手册进行绘制。

二　项目预期学习目标

1. 机械识图，巩固机械制图与机械设计方面的基础知识。
2. 三维构思，提高三维空间想象能力。
3. 三维建模，巩固CAD三维软件的基本操作技能。
4. 零件装配，锻炼学生的零件装配与运动仿真分析技能。
5. 协同设计，锻炼学生团队分工协作能力。

三　项目开展方式

以小组的形式开展项目工作。

四　零件工程设计图纸

齿轮泵装配结构如图8-1所示，其零件清单如表8-1所示。

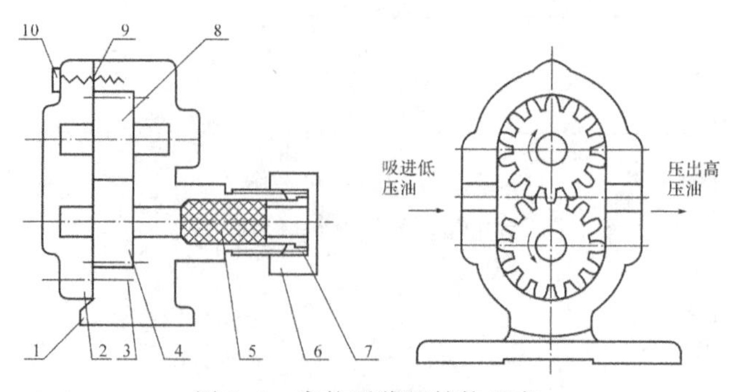

图8-1　齿轮泵装配结构示意

表8-1　齿轮泵零件清单

代号	名称	数量	材料	备注	代号	名称	数量	材料	备注
1	泵体	1	HT200		6	压紧螺母	1	Q235－A	
2	泵盖	1	HT200		7	填料压盖	1	Q235－A	
3	销 C4×5	2		GB 119.1-2000	8	被动轴齿轮	1	45	
4	主动轴齿轮	1	45		9	垫片	1	描图纸	厚度 0.1
5	填料	1	麻绳		10	螺钉 M6×6	6		GB 65-2000

各零件图纸如图8-2所示。

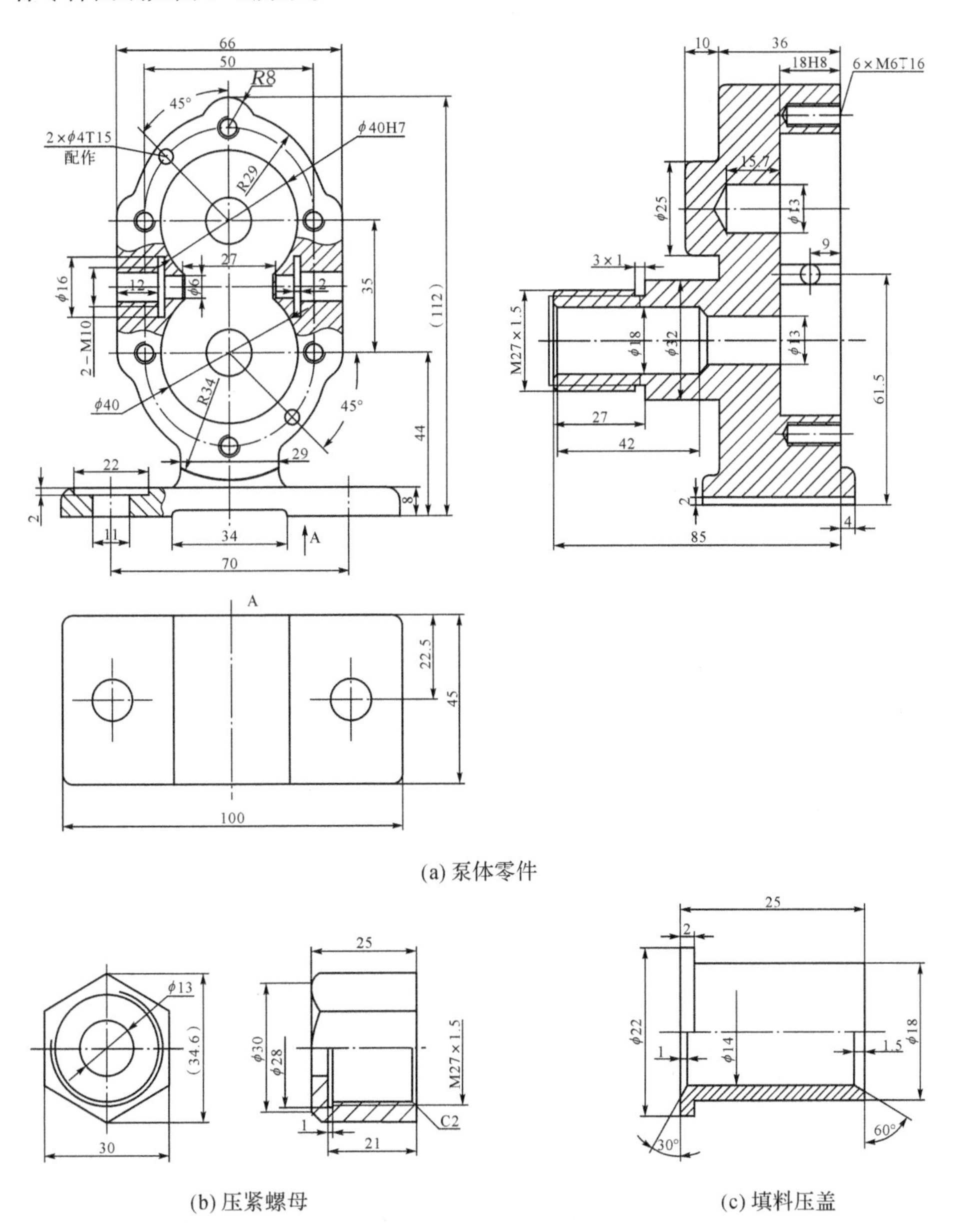

(a) 泵体零件

(b) 压紧螺母

(c) 填料压盖

图8-2　齿轮泵各零件图(一)

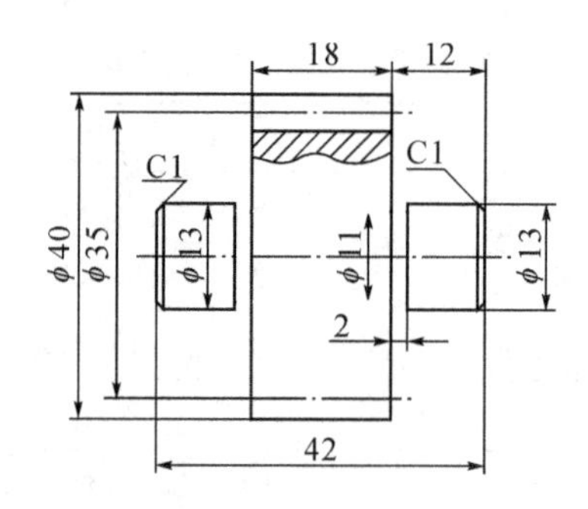

(d) 从动轴齿轮(模数为2.5，齿数为14)

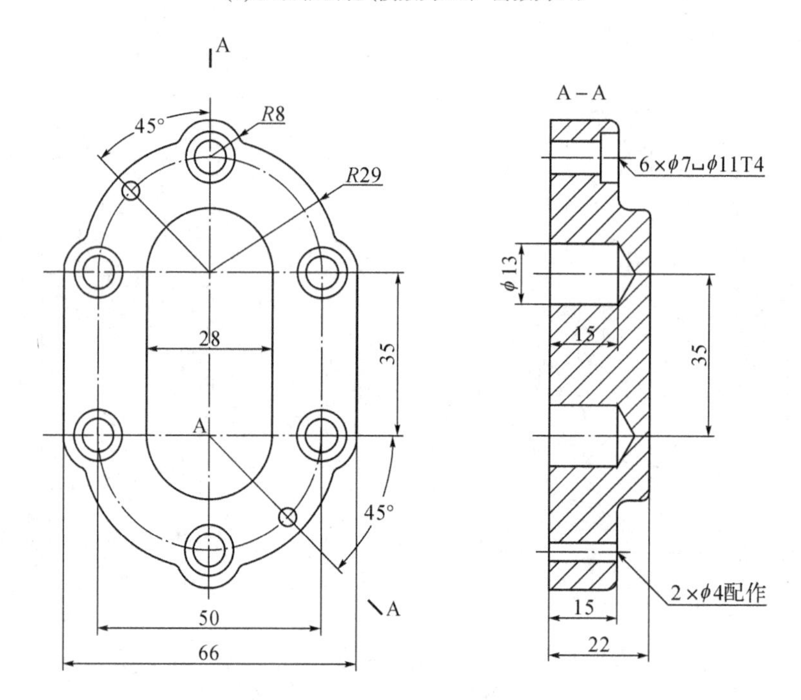

末注圆角R2～R3

(e) 泵盖

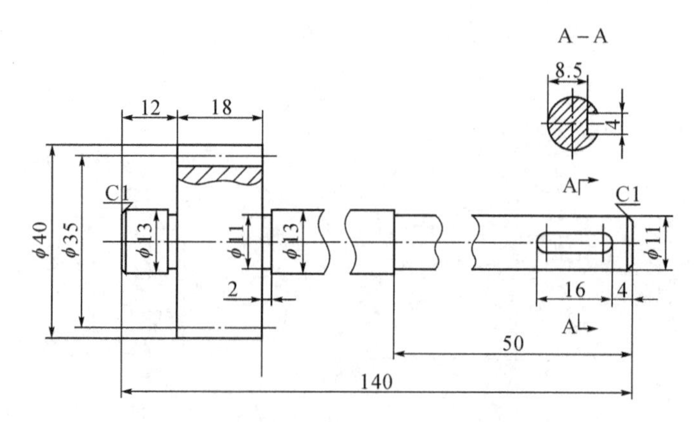

(f) 主动轴齿轮(模数为2.5，齿数为14)

图 8-2　齿轮泵各零件图(二)

五　零件三维模型及装配结果

齿轮泵三维零件装配结果如图8-3所示。

图8-3　齿轮泵三维零件装配结果

任务2　减速器三维零件建模设计与零部件装配

一　项目任务

根据下列二维零件图纸的要求绘制出减速器零件的三维模型，然后装配并进行运动仿真。标准件零件请参考机械设计手册进行绘制。

二　项目预期学习目标

1. 机械识图，巩固机械制图与机械设计方面的基础知识。
2. 三维构思，提高三维空间想象能力。
3. 三维建模，巩固CAD三维软件的基本操作技能。
4. 零件装配，锻炼学生的零件装配与运动仿真分析技能。
5. 协同设计，锻炼学生团队分工协作能力。

三　零件工程设计图纸

减速器装配结构如图8-4所示，其零件清单如表8-2所示。

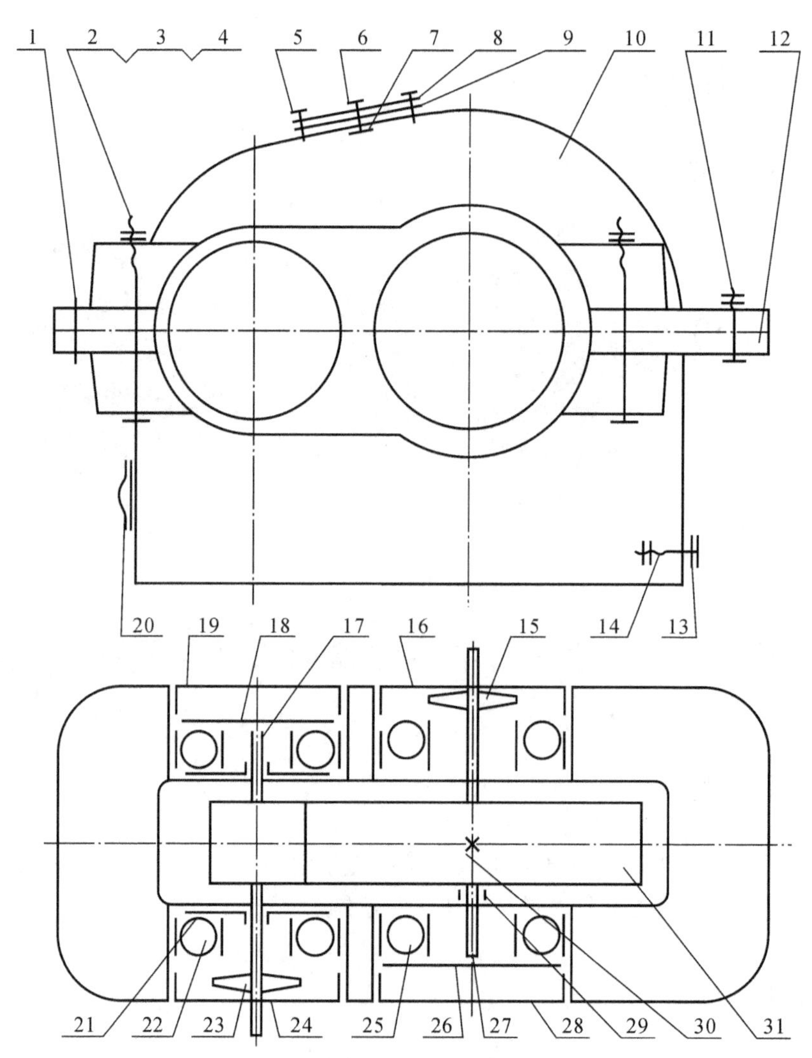

图 8-4 减速器装配结构示意

表 8-2 减速器零件清单

序号	名称	数量	材料	序号	名称	数量	材料	序号	名称	数量	材料
1	销 A4×18	2	Q235	12	机体	1	ZL102	23	填料	1	毛毡
2	螺栓 M8×65	4	Q235	13	垫圈	1	石棉	24	嵌入端盖	1	Q235
3	垫圈 8	6	65Mn	14	油塞	1	Q235	25	滚动轴承 6	2	
4	螺母 M8	6	Q235	15	填料	1	毛毡	26	调整环	1	Q235
5	螺钉 M3×10	4	Q235	16	嵌入端盖	1	Q235	27	轴	1	45
6	透气塞	1	Q235	17	齿轮轴	1	45	28	嵌入端盖	1	尼龙
7	螺母 M10	1	Q235	18	调整环	1	Q235	29	支撑环	1	Q235
8	视孔盖	1	Q235	19	嵌入端盖	1	尼龙	30	键 10×22 GB1096—79	1	45

续　表

序号	名称	数量	材料	序号	名称	数量	材料	序号	名称	数量	材料
9	垫片	1	石棉	20	圆形塑料游标	1		31	齿轮	1	HT200
10	机盖	1	ZL102	21	挡油环	2	10				
11	螺栓 M8x25	2	Q235	22	滚动轴承	2					

零件图纸如图 8-5 所示。

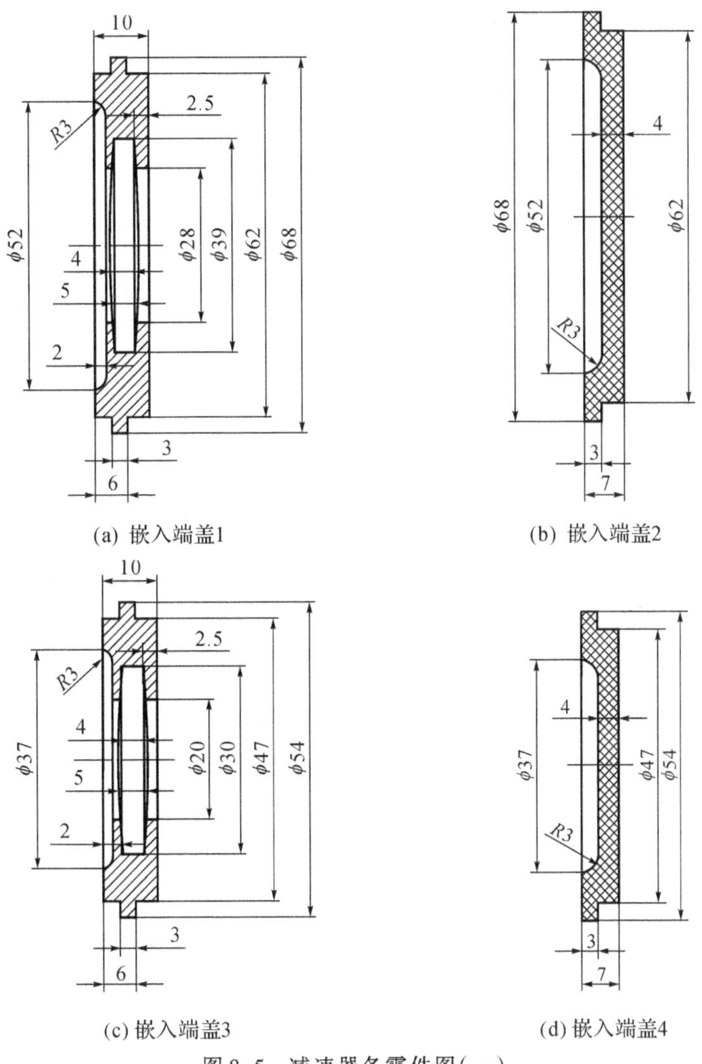

图 8-5　减速器各零件图(一)

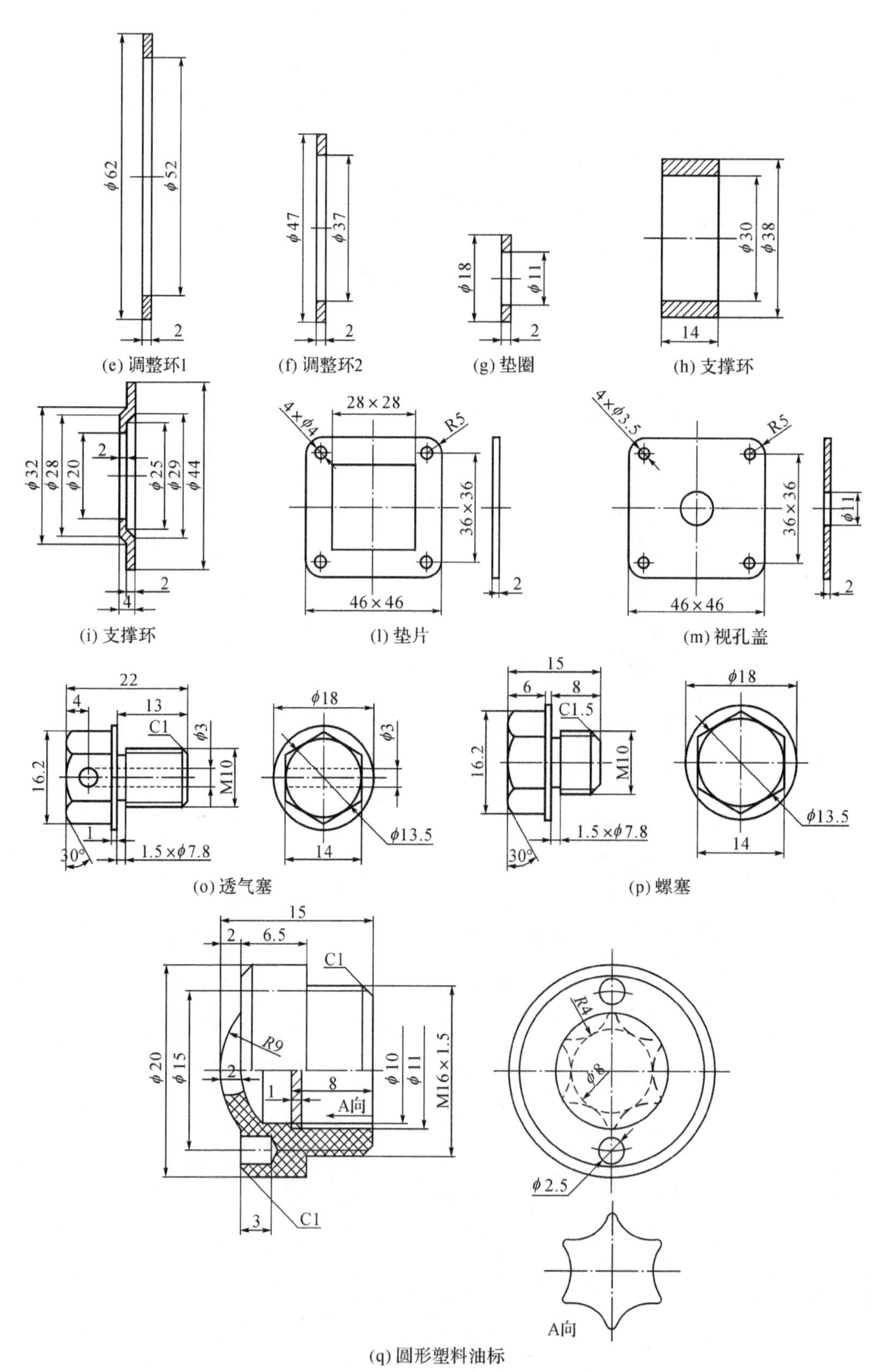

图 8-5 减速器各零件图(二)

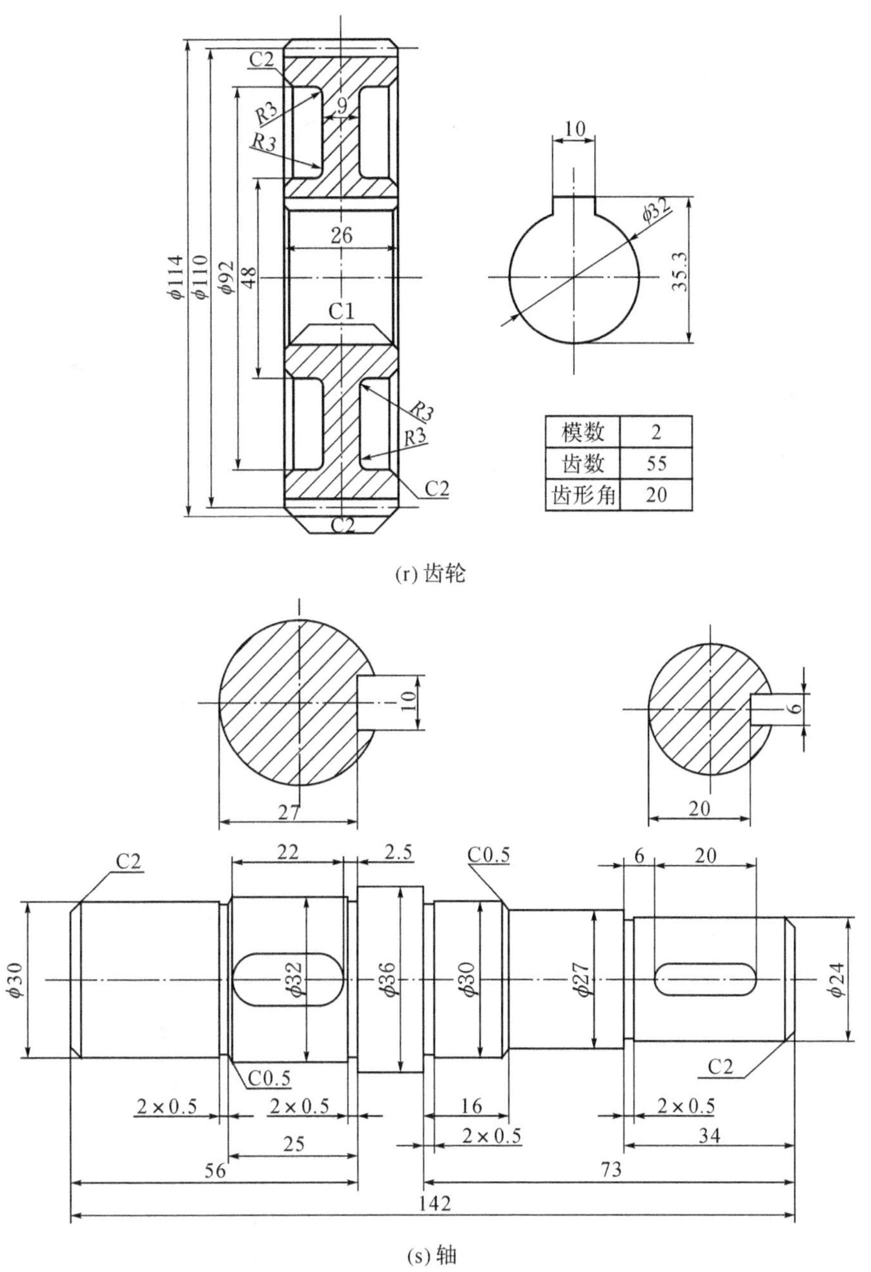

模数	2
齿数	55
齿形角	20

(r) 齿轮

(s) 轴

图 8-5 减速器各零件图(三)

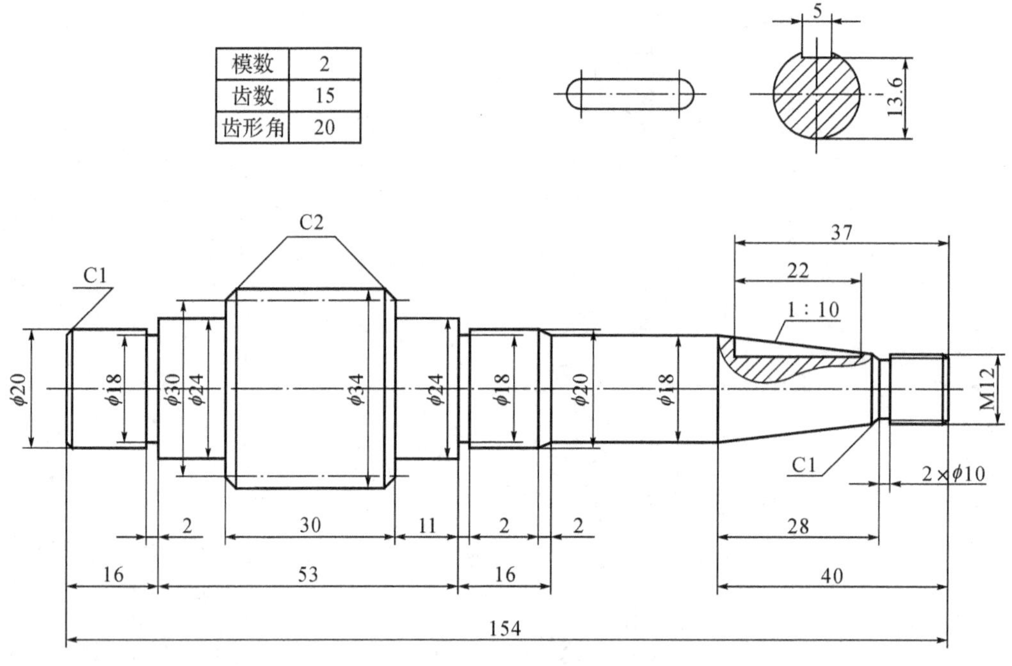

(t) 齿轮轴

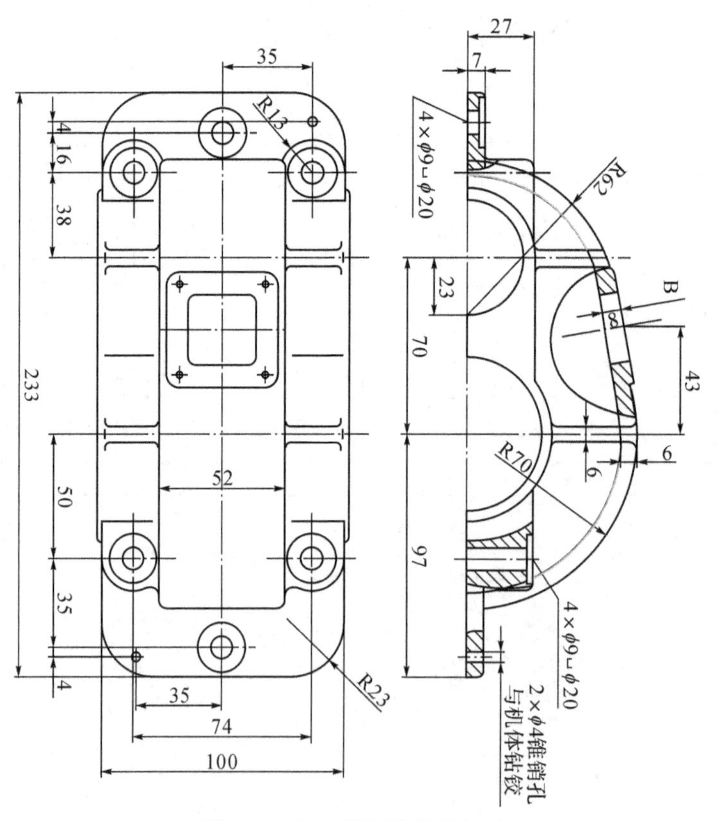

图 8-5　减速器各零件图(四)

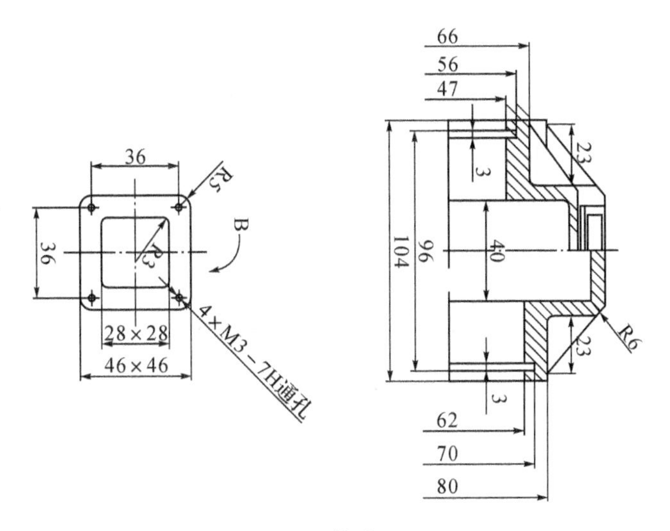

(u) 箱盖

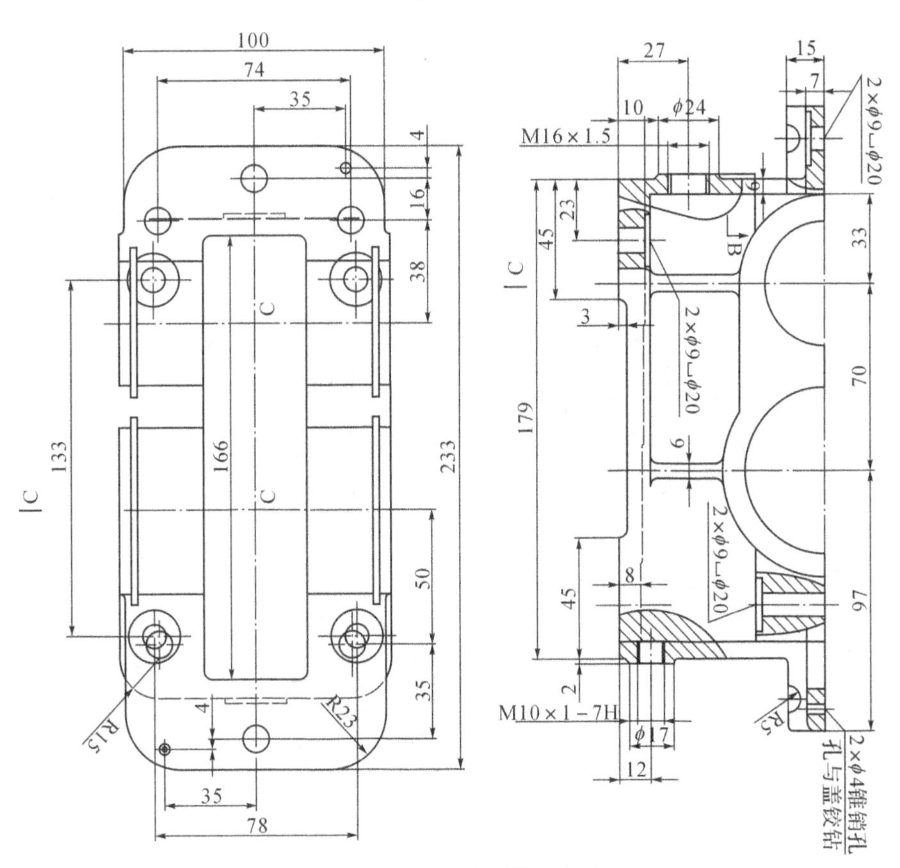

图 8-5　减速器各零件图（五）

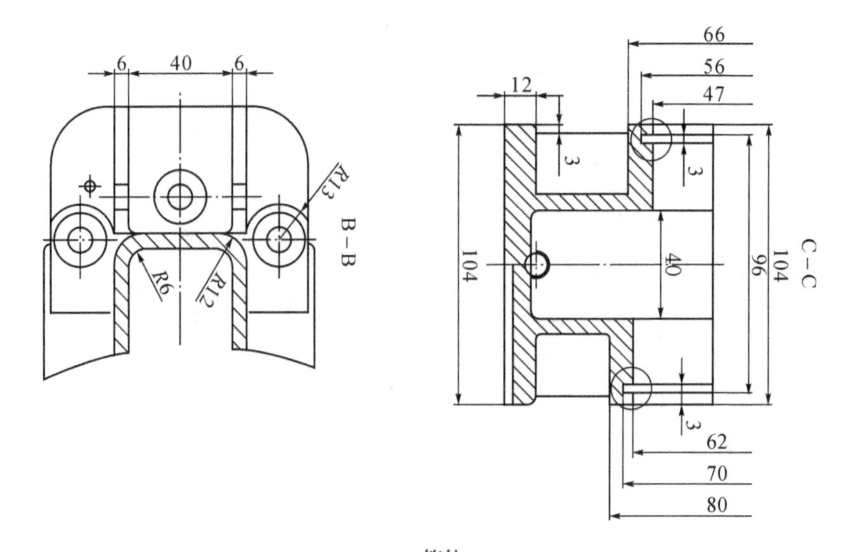

(v)箱体

图8-5　减速器各零件图(六)

四　主要零件三维模型及装配结果

减速器主要零件三维模型图及装配图如图8-6所示。

图8-6　减速器主要零件三维模型图及装配图

任务3　风扇三维零件建模设计与零部件装配

一　项目任务

根据风扇实物的形状绘制出每个零件的三维模型，然后进行装配与运动仿真。标准件零件请参考机械设计手册进行绘制。

二　项目预期学习目标

1. 能够根据实物图绘制零件的三维模型。
2. 能够根据所设计的三维模型进行零部件装配。
3. 能够根据实物运转情况进行机构运动仿真。

三　风扇主要零件实物图

风扇实物如图 8-7 所示。

图 8-7　风扇实物图

四　主要零件三维建模与装配结果

风扇主要零部件三维图如图 8-8 所示。

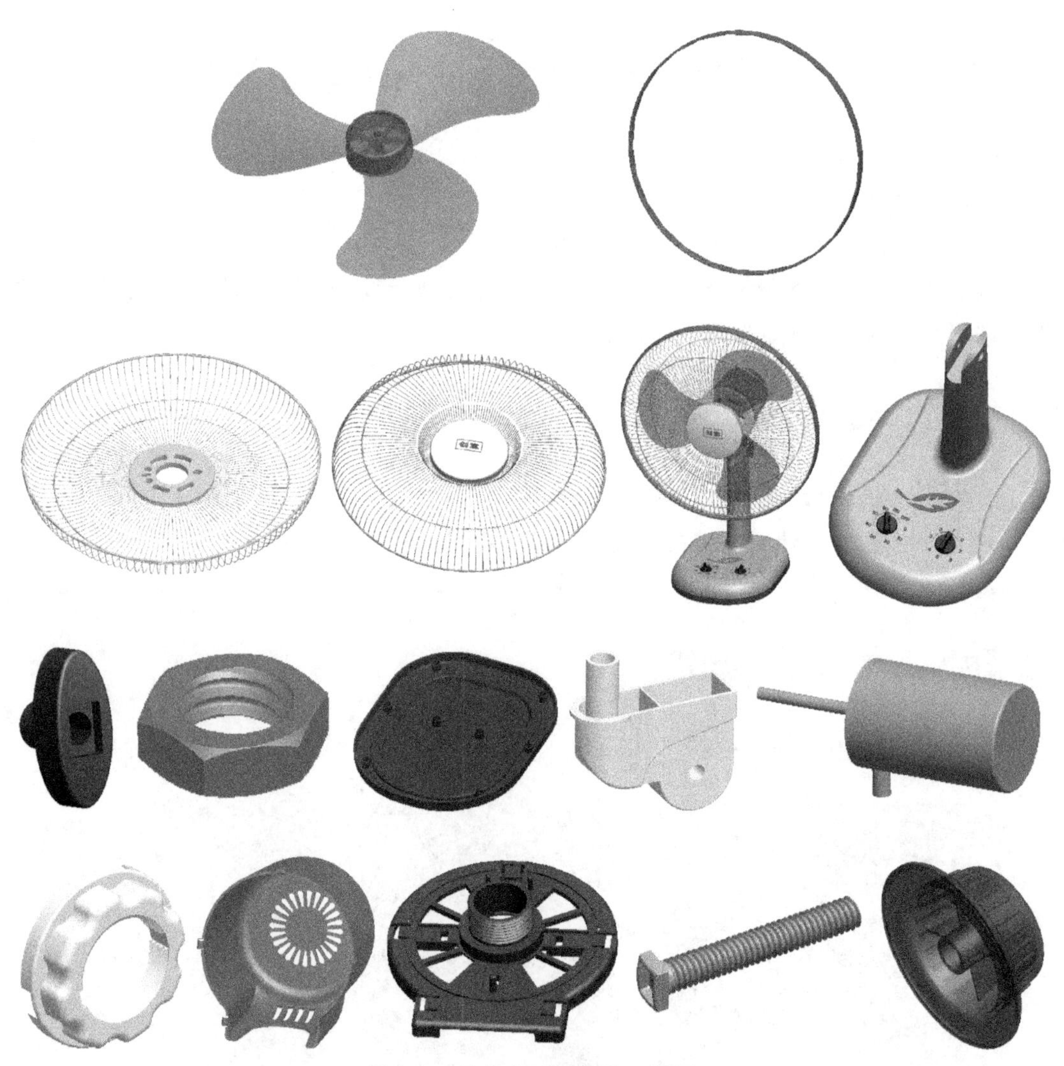

图 8-8　风扇主要零部件三维图

参考文献

[1]方贵盛,黄爱文. Pro/Engineer三维数字化设计学训结合教程[M]. 杭州:浙江大学出版社,2010.

[2]周敏,牛余宝,杨秀丽. 中文版PTC Creo 4.0完全实战技术手册[M]. 北京:清华大学出版社,2017.

[3]王全景. Creo 3.0完全自学教程[M]. 北京:电子工业出版社,2014.

[4]钟日铭. Creo 3.0机械设计实例教程[M]. 北京:机械工业出版社,2015.

[5]陈景文. Creo综合建模与3D打印[M]. 北京:机械工业出版社,2015.

[6]全国CAD技能等级培训指导工作委员会. CAD技能等级考评大纲[M]. 北京:中国标准出版社,2008.

[7]刘伟,李学志,郑国磊. 工业产品类CAD技能等级考试试题集[M]. 北京:清华大学出版社,2015.

附录1 CAD技能等级考评大纲

——摘自中国图学学会网站 http://www.cgn.net.cn

1. CAD技能一级(计算机绘图)

表1 工业产品类CAD技能一级考评表

考评内容	技能要求	相关知识
二维绘图环境设置	新建绘图文件及绘图环境设置	· 制图国家标准的基本规定(图纸幅面和格式、比例、图线、字体、尺寸标注式样) · 绘图软件的基本概念和基本操作(坐标系与绘图单位,绘图环境设置,命令与数据的输入)
二维图形绘制与编辑	平面图形绘制与编辑技能	· 绘图命令 · 图形编辑命令 · 图形元素拾取 · 图形显示控制命令 · 辅助绘图工具、图层、图块 · 图案填充
图形的文字和尺寸标注	图形的文字和尺寸标注技能	· 国家标准对文字和尺寸标注的基本规定 · 组合体的尺寸标注 · 绘图软件文字和尺寸标注的功能及命令(式样设置、标注、编辑)
零件图绘制	零件图绘制技能	· 形体的二维表达方法 · 零件的视图选择 · 文字和尺寸的标注 · 表面粗糙度、尺寸公差、形状和位置公差的标注 · 标准件和常用件画法
装配图绘制	装配图绘制技能	· 装配图的图样画法 · 装配图视图选择 · 装配图的标注、零件序号和明细表 · 计算机拼画二维装配图
图形文件管理	图形文件管理与数据转换技能	· 图形文件操作命令 · 图形文件格式及格式转换

2. CAD技能二级(三维几何建模)

表2 工业产品类CAD技能二级考评表

考评内容	技能要求	相关知识
零部件三维建模环境设置	新建模型文件及环境设置	· 零件三维实体造型基本知识 · 三维装配设计基本知识 · 三维建模软件坐标系和建模环境设置
草图设计	草图设计技能	· 草图绘制 · 草图约束 · 草图编辑 · 参考面(用户坐标)的设置 · 显示控制
基于特征的零件实体造型	基于特征的零件实体造型与编辑技能	· 基本特征与辅助特征的创建 · 布尔运算操作 · 特征编辑
规则曲面造型	三维规则曲面造型与曲面编辑技能	· 三维曲线生成 · 基本曲面的创建 · 曲面编辑 · 曲面实体化操作
三维装配建模	· 构建由10~30个零件组成的三维装配模型的技能 · 装配体与零件的联动修改	· 由底向上的三维装配建模方法 · 自顶向下的三维装配建模方法 · 装配约束与定位 · 装配模型的编辑与联动修改
生成二维零件图和二维装配图	· 由三维零件模型生成二维零件图的技能 · 由三维装配模型生成二维装配图的技能	· 2.1中制图的基本知识 · 由三维零件模型和三维装配模型生成二维零件图和二维装配图的操作方法 · 二维零件图和二维装配图的编辑与标注
图形文件管理	图形文件管理与数据转换技能	· 图形文件操作命令 · 图形文件格式及格式转换

3. CAD技能三级(复杂三维模型制作与处理)

表3 工业产品类CAD技能三级考评表

考评内容	技能要求	相关知识
复杂曲面造型	复杂曲面造型与编辑技能	· 复杂曲面基本知识 · 复杂曲面造型方法 · 复杂曲面编辑方法
零件参数化和变量化设计技术	零件参数化和变量化设计的方法	· 零件参数化和变量化设计的知识 · 零件参数化和变量化设计实现的方法
模型与场景渲染	· 表面纹理粘贴的技能 · 三维模型渲染的技能 · 场景渲染的技能	· 表面纹理的知识和粘贴方法 · 对象的渲染属性及操作 · 场景渲染属性及操作 · 场景光源应用 · 图像处理与输出
动画制作	动画制作与播放技能	· 光源和视向动画的制作 · 飞行与漫游动画的制作 · 动画的保存与输出
装配仿真与运动仿真	实现装配仿真与运动仿真的技能	· 装配体爆炸图和装配顺序的调整方法 · 机构运动仿真的实现方法 · 仿真过程录制和重放方法
图形文件管理	图形文件管理与数据转换技能	· 图形文件操作命令 · 图形文件格式及格式转换

4. 考评内容比重表

表4 工业产品类CAD技能等级考评内容比重表

一级		二级		三级	
考评内容	比重(%)	考评内容	比重(%)	考评内容	比重(%)
二维绘图环境设置	10	零部件三维建模环境设置	5	复杂曲面造型	20
平面图形绘制与编辑	15	草图设计	10	零件参数化和变量化设计技术	20
图形文字和尺寸标注	10	基于特征的零件造型	25	模型与场景渲染	20
零件图绘制	30	规则曲面造型	10	动画制作	20
装配图绘制	30	三维装配建模	20	装配仿真与运动仿真	15
图形文件管理	5	由三维模型生成二维零件图和二维装配图	25	图形文件管理	5
		图形文件管理	5		

附录2　CAD技能等级考试样题(中级)

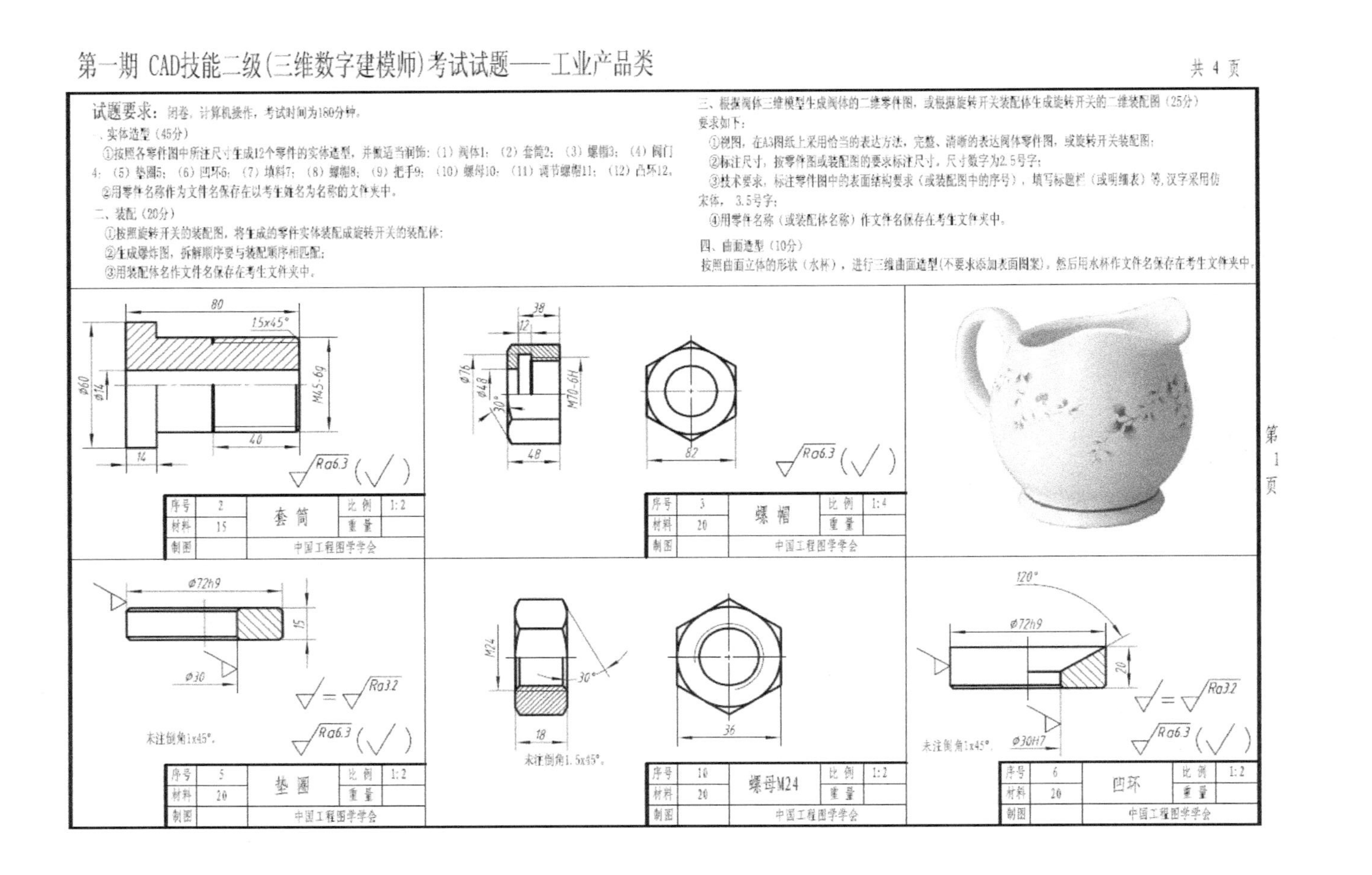

第一期 CAD技能二级(三维数字建模师)考试试题——工业产品类

共 4 页

第 1 页

试题要求：闭卷，计算机操作，考试时间为180分钟。

一、实体造型（45分）

①按照各零件图中所注尺寸生成12个零件的实体造型，并做适当润饰：（1）阀体1；（2）套筒2；（3）螺帽3；（4）阀门4；（5）垫圈5；（6）凹环6；（7）填料7；（8）螺帽8；（9）把手9；（10）螺母10；（11）调节螺帽11；（12）凸环12。

②用零件名称作为文件名保存在以考生姓名为名称的文件夹中。

二、装配（20分）

①按照旋转开关的装配图，将生成的零件实体装配成旋转开关的装配体；

②生成爆炸图，拆解顺序要与装配顺序相匹配；

③用装配体名作文件名保存在考生文件夹中。

三、根据阀体三维模型生成阀体的二维零件图，或根据旋转开关装配体生成旋转开关的二维装配图（25分）

要求如下：

①视图，在A3图纸上采用恰当的表达方法，完整、清晰的表达阀体零件图，或旋转开关装配图；

②标注尺寸，按零件图或装配图的要求标注尺寸，尺寸数字为2.5号字；

③技术要求，标注零件图中的表面结构要求（或装配图中的序号），填写标题栏（或明细表）等，汉字采用仿宋体，3.5号字；

④用零件名称（或装配体名称）作文件名保存在考生文件夹中。

四、曲面造型（10分）

按照曲面立体的形状（水杯），进行三维曲面造型(不要求添加表面图案)，然后用水杯作文件名保存在考生文件夹中。

序号	2	套筒	比例	1:2
材料	15		重量	
制图		中国工程图学学会		

序号	3	螺帽	比例	1:4
材料	20		重量	
制图		中国工程图学学会		

未注倒角1x45°。

序号	5	垫圈	比例	1:2
材料	20		重量	
制图		中国工程图学学会		

未注倒角1.5x45°。

序号	10	螺母M24	比例	1:2
材料	20		重量	
制图		中国工程图学学会		

未注倒角1x45°。

序号	6	凹环	比例	1:2
材料	20		重量	
制图		中国工程图学学会		

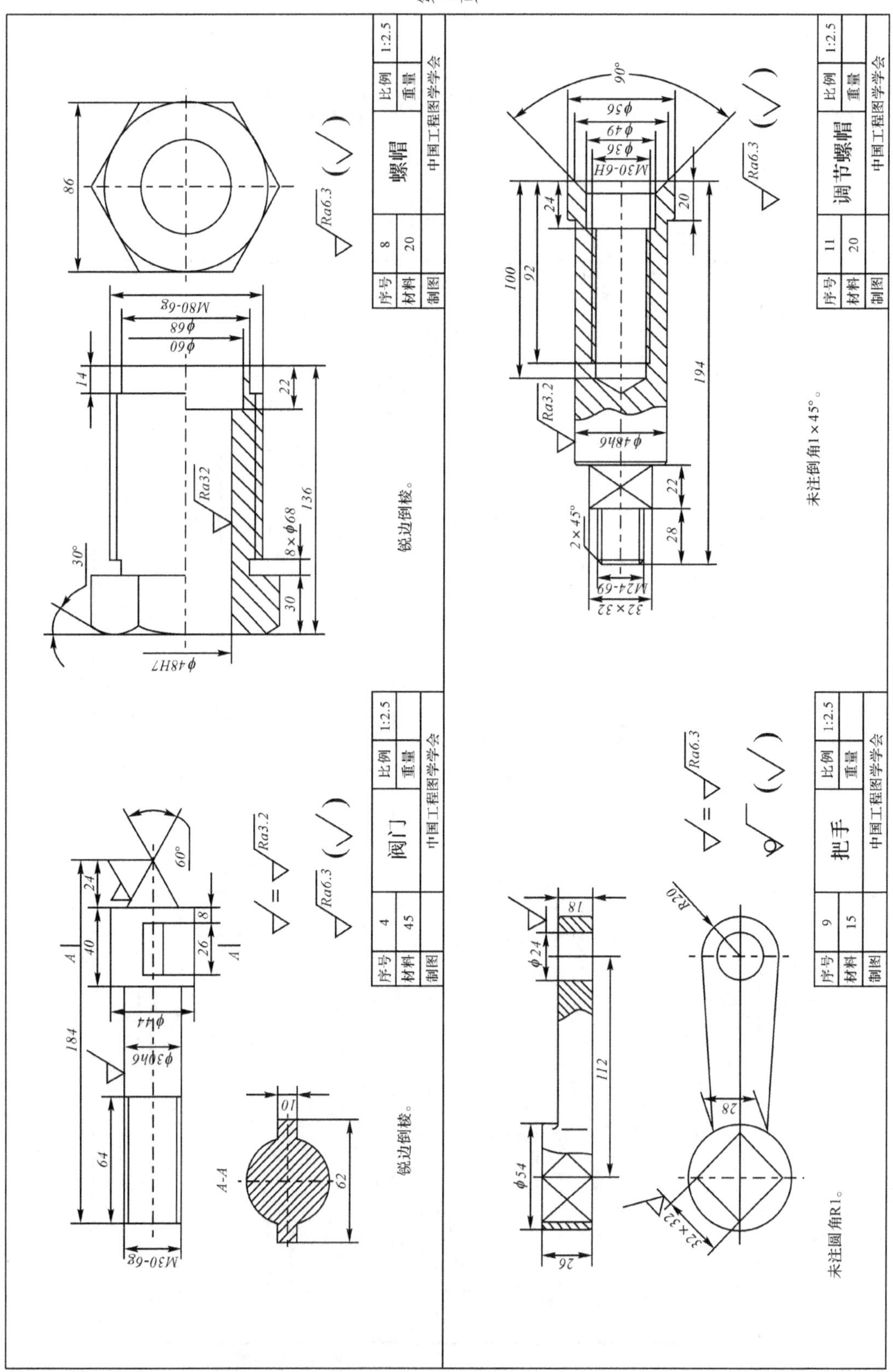
第2页
序号 8
材料 20
制图
螺帽
比例 1:2.5
重量
中国工程图学学会
锐边倒棱。
序号 11
材料 20
制图
调节螺帽
比例 1:2.5
重量
中国工程图学学会
未注倒角1×45°。
序号 4
材料 45
制图
阀门
比例 1:2.5
重量
中国工程图学学会
锐边倒棱。
序号 9
材料 15
制图
把手
比例 1:2.5
重量
中国工程图学学会
未注圆角R1。

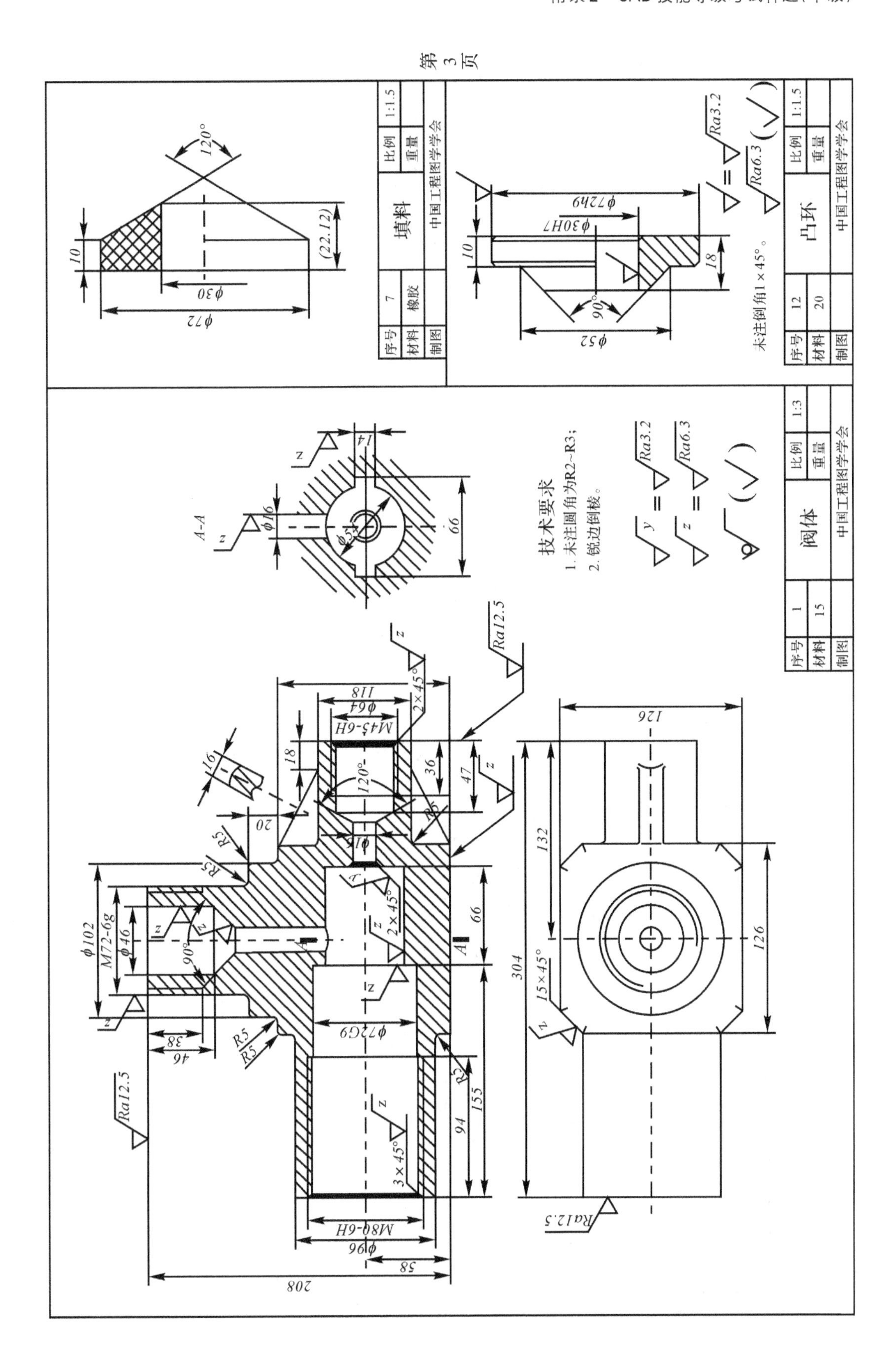
第3页
序号 7
材料 橡胶
制图
填料
比例 1:1.5
重量
中国工程图学学会
未注倒角1×45°。
序号 12
材料 20
制图
凸环
比例 1:1.5
重量
中国工程图学学会
技术要求
1. 未注圆角为R2~R3;
2. 锐边倒棱。
序号 1
材料 15
制图
阀体
比例 1:3
重量
中国工程图学学会

旋转开关工作原理

旋转式开关由阀体1，阀门4，调节螺帽11，把手9等主要件组成， 它安装在液体 、气体的管路上，用以调节液、气体的流量和压力。

使用时，转动把手带动调节螺帽转动，由于左端M30螺纹与阀门左端螺纹连接，驱动阀门向右或向左移动，便可改变阀体腔内右边孔通路的截面积，从而达到出口处（上端）管路中液、气体的流量和压力的大小。

第4页

序号	名称	数量	材料	备注
12	凸环	1	20	
11	调节螺帽	1	15	
10	螺母M24	1	15	GB6170-2000
9	把手	1	15	
8	螺帽	1	15	
7	填料	1	橡胶	
6	凹环	1	20	
5	垫圈	1	20	
4	阀门	1	45	
3	螺帽	1	20	
2	套筒	1	15	
1	阀体	1	15	

旋转开关	比例	1:2.5
	重量	
制图		中国工程图学学会
审核		